Wolfgang Coy, Frieder Nake,
Jörg-Martin Pflüger, Arno Rolf,
Jürgen Seetzen, Dirk Siefkes,
Reinhard Stransfeld (Herausgeber)

Sichtweisen der Informatik

Theorie der Informatik

herausgegeben von Wolfgang Coy

Das junge technische Arbeitsgebiet Informatik war bislang eng mit der Entwicklung der Maschine Computer verbunden. Diese Kopplung hat die wissenschaftliche Entwicklung der Informatik rasant vorangetrieben und gleichzeitig behindert, indem der Blick auf die Maschine andere Sichtweisen auf die Maschinisierung von Kopfarbeit verdrängte. Während die mathematisch-logisch ausgerichtete Forschung der Theoretischen Informatik bedeutende Einblicke vermitteln konnte, ist eine geisteswissenschaftlich fundierte Theoriebildung bisher nur bruchstückhaft gelungen.

Die Reihe "Theorie der Informatik" will diese Mängel thematisieren und ein Forum zur Diskussion von Ansätzen bieten, die die Grundlagen der Informatik in einem breiten Sinne bearbeiten. Philosophische, soziale, rechtliche, politische wie kulturelle Ansätze sollen hier ihren Platz finden neben den physikalischen, technischen, mathematischen und logischen Grundlagen der Wissenschaft Informatik und ihrer Anwendungen.

Vieweg

Wolfgang Coy, Frieder Nake,
Jörg-Martin Pflüger, Arno Rolf,
Jürgen Seetzen, Dirk Siefkes,
Reinhard Stransfeld (Herausgeber)

Sichtweisen der Informatik

Die Deutsche Bibliothek - CIP-Einheitsaufnahme

Sichtweisen der Informatik / Wolfgang Coy ... (Hrsg.). -
Braunschweig ; Wiesbaden : Vieweg, 1992
(Theorie der Informatik)
ISBN 3-528-05263-5
NE: Coy, Wolfgang [Hrsg.]

Die Computergrafiken sind von Frieder Nake (aus den Jahren 1964 und 1965). Die Fotografie wurde von Jürgen Seetzen aufgenommen.

Das in diesem Buch enthaltene Programm-Material ist mit keiner Verpflichtung oder Garantie irgendeiner Art verbunden. Die Autoren und der Verlag übernehmen infolgedessen keine Verantwortung und werden keine daraus folgende oder sonstige Haftung übernehmen, die auf irgendeine Art aus der Benutzung dieses Programm-Materials oder Teilen davon entsteht.

Der Verlag Vieweg ist ein Unternehmen der Verlagsgruppe Bertelsmann International.

Druck und buchbinderische Verarbeitung: W. Langelüdecke, Braunschweig
Gedruckt auf säurefreiem Papier
Printed in Germany

ISBN 3-528-05263-5

Inhalt

Einleitung

Grundlagen einer Theorie der Infomatik

Computer und Arbeit

Kultur – Anthropologie – Computer

Informatik – Ethik – Verantwortung

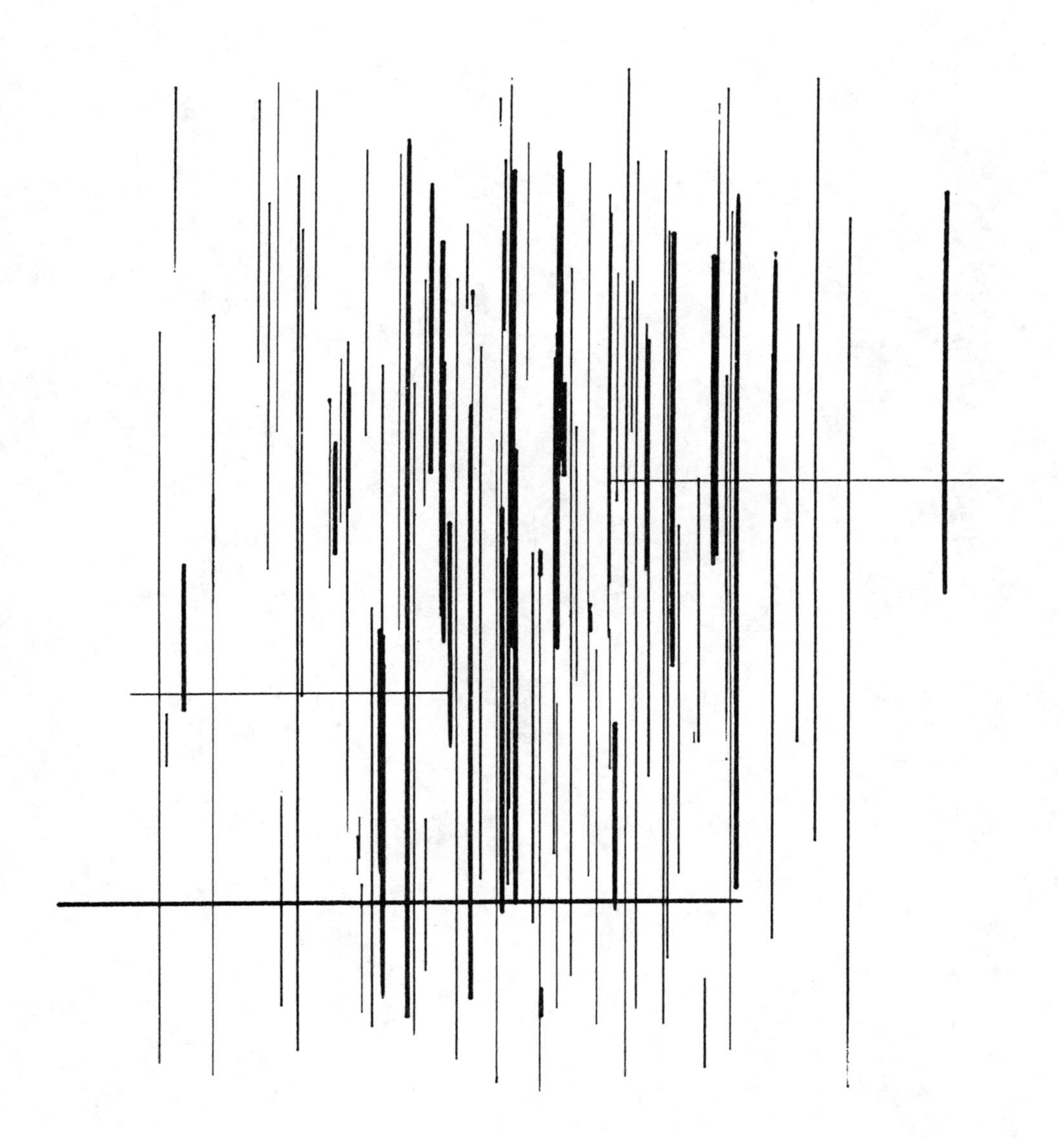
NAKE/ER56/264

INFORMATIK – EINE DISZIPLIN IM UMBRUCH ?

WOLFGANG COY

> Abgesehen von der Betonung der allgemeinen mathematischen Methoden werden die logischen und statistischen Aspekte im Vordergrund stehen. Ferner sollen in erster Linie, wenn auch nicht ausschließlich, Logik und Statistik als Grundlagen der »Informationstheorie« angesehen werden. Im Mittelpunkt des Interesses dieser Informationstheorie wird auch der bei der Planung, Auswertung und Kodierung komplizierter logischer und mathematischer Automaten gewonnene Erfahrungsschatz stehen. Die typischsten, wenn auch nicht die einzigen Automaten dieser Art sind natürlich die großen elektronischen Rechenautomaten.
>
> Am Rande sei vermerkt, daß es sehr befriedigend wäre, könnte man von einer »Theorie« solcher Automaten sprechen. Bedauerlicherweise kann das zu diesem Zeitpunkt vorliegende Material, auf das ich mich berufen muß, bis jetzt nur als ein unvollkommen artikulierter und kaum formalisierter »Erfahrungsschatz« beschrieben werden.
>
> John v. Neumann, Die Rechenmaschine und das Gehirn (geschrieben 1957)

1. Ausgangslage

Ein gemeinsames Verständnis der technischen Disziplin Informatik hat sich im deutschsprachigen Raum erst während der siebziger und achtziger Jahre herausgebildet. Die allgemeine Auffassung geht dahin, Informatik einerseits von den umfassenden naturphilosophischen Visionen der Kybernetik oder der Systemtheorie abzusetzen, sie aber andererseits nicht auf eine bloße Erweiterung der Nachrichtentechnik, Ökonomie oder Mathematik im Sinne einer primär auf den Rechner bezogenen Computer Science zu reduzieren. Mit der Sprachschöpfung »Informatik« und dem folgenden Aufbau wissenschaftlicher Studiengänge, Fachbereiche und Forschungsabteilungen hat sich die Informatik schnell, teuer und auf den ersten Blick erfolgreich mit einer Vielzahl von Teilgebieten vom Betriebssystembau bis zur Künstlichen Intelligenz etabliert.

In einer 1990 verabschiedeten gemeinsamen Resolution der beiden Fakultätentage für Elektrotechnik und Informatik [Brandenburg et al. 1990] wurde eine gemeinsame Definition des Begriffs Informationstechnik erarbeitet, die eine darauf bezogene Definition der beiden Fachgebiete Informatik und Nachrichtentechnik einschließt. Ziel dieser Spracheinigung sollte es sein, eine neuerliche Spannung zwischen diesen beiden um Anerkennung und Fördermittel bemühten technischen

Wissenschaften zu erreichen, ohne den gemeinsamen Bezugspunkt der Informationstechnik weiterhin einem kleinlichen Hickhack auszusetzen.

Auf den ersten Blick scheint demnach definitorisch alles zum Besten bestellt in diesen Bereichen, deren Protagonisten ihnen gerne den Rang von Schlüsseltechnologien zuweisen. So heißt es im genannten Einigungspapier: »Der Einsatz von Systemen zur Verarbeitung und Übertragung von Information gewinnt zunehmend an Bedeutung für Industrie, Verwaltung, Wissenschaft und Gesellschaft. Dies geschieht mit starken Auswirkungen und derart umfassend, daß man allgemein vom Informationszeitalter spricht. Nun sei dahingestellt, ob »man« allgemein vom Informationszeitalter, vom Atomzeitalter, dem Zeitalter des Neokolonialismus oder von ganz anderen Charakterisierungen dieser Epoche sprechen sollte. Zwischen Informatikern und Elektrotechnikern werden dabei vor allem Selbstbewertungen ausgetauscht. Zur Informatik heißt es: »Für die Zukunft wird der Informatik eine besondere Bedeutung für die wirtschaftliche und die technologische Entwicklung von Industrie und Gesellschaft im Informationszeitalter zugemessen.«

Weiter heißt es: »Die Informatik ist die Wissenschaft, Technik und Anwendung von der Informationsverarbeitung und den Systemen zur Verarbeitung, Speicherung und Übertragung von Information.« »Die Informatik versteht sich gleichzeitig als systemtechnische Wissenschaft und als ingenieurwissenschaftliche Disziplin.« Begriffe wie System oder Information dienen freilich kaum der inhaltlichen Bestimmung dessen, was die Informatik ausmacht. Auch in der Fachdisziplin werden sie typischerweise nicht weiter präzisiert.

Die notwendige inhaltliche Bestimmung der jungen Disziplin zeigt freilich nicht nur im deutschen Sprachraum verschwommene Konturen. So hat die Association for Computing Machinery bereits vor mehreren Jahren eine »Task Force on the Core of Computer Science« eingesetzt, die »Computing as a discipline« untersuchen und definieren wollte und daraus eine vernünftige Perspektive der wissenschaftlichen Ausbildung ableiten sollte. Ihr 1989 vorgelegtes Ergebnis [Denning et al. 1989] beginnt mit den Sätzen: »Wir sind im 42-ten Jahr der ACM und eine alte Debatte wird fortgesetzt. Ist Computer Science eine Wissenschaft? Eine Ingenieurwissenschaft? Oder bloß eine Technologie, eine Erfinderin und Trägerin von Rechendiensten? Was ist die intellektuelle Substanz der Disziplin? Bleibt sie – oder wird sie innerhalb der nächsten Generation verschwinden? Spiegeln die entwickelten Curricula in Computer Science und Computer Engineering das Feld korrekt wider?« [1]

Soweit die Analyse der ACM Task Force. Doch dann kommt die Studie zu dem etwas schlichten Ergebnis: »Die Disziplin der Informatik ist das systematische Studium algorithmischer Prozesse, die Information beschreiben und transformieren; Theorie, Analyse, Entwurf, Effizienz, Implementierung und Anwendung dieser Pro-

[1] Der besseren Lesbarkeit halber sind diese und die folgenden Passagen (von mir) übersetzt.

zesse. Die grundlegende Fragestellung der Informatik ist ‚Was kann effizient automatisiert werden?'« Die maschinenzentrierte Definition der Computer Science wird durch die etwas wissenschaftlichere Rede von der »Science of Computing« ersetzt. Die deutsch-französische Wortschöpfung »Informatik« scheint eingeholt.

Nun werden viele Informatiker dieser harmlos klingenden Definition schnell zustimmen – und im alten Trott fortfahren wollen. Aber ist die Informatik durch *Computer Science* oder durch *Science of Computing* angemessen beschrieben? Sind die Fragen nach dem Bestand einer neuen Wissenschaft und Lehrdisziplin damit beantwortet? Ist »eine alte Debatte« damit beendet – oder muß sie mit besseren Argumenten fortgesetzt werden?

Auch in Nordamerika gibt es abweichende Meinungen zu diesen Fragen. David L. Parnas hat im Januar 1990 die Diskussion erneut eröffnet [Parnas 1990] und einen radikalen Kurswechsel vorgeschlagen. »Informatikabsolventen landen in Ingenieursjobs. Informatikcurricula müssen deshalb zu einem klassischen Ingenieursansatz zurückkehren, der das Grundlegende stärker betont als die neuesten Moden.« Und: »Wenn ich Informatikfachbereiche rund um die Welt anschaue, bin ich entsetzt über das, was meine Kollegen *nicht* wissen.«

Parnas' Kritik, die aus beruflichem Engagement an so unterschiedlichen Universitäten wie der Carnegie-Mellon-University, der TH Darmstadt, der University of North Carolina und der kanadischen Queens University entstanden ist, gipfelt in einem umfassenden Ingenieurscurriculum unter Verzicht auf Programmierkurse als Einführungsveranstaltung. Er kommt zu dem Schluß: »Sehr wenig Informatikstoffe sind von derart grundsätzlicher Bedeutung, daß sie Studienanfängern beigebracht werden sollten.« In verwandter Weise, aber mit anderer inhaltlicher Zielsetzung argumentiert Edsger W. Dijkstra in seinem Aufsatz »On the Cruelty of Really Teaching Computing Science« [Dijkstra 1989], wo er eine »harte (grausame)« mathematisch-theoretische Ausrichtung der Informatikausbildung verlangt. Sein Argumentationshintergrund wird deutlich, wenn er – nur vordergründig ironisch – die akronymische Bezeichnung VLSAL (*Very Large Scale Application of Logic*) für das Fach »Computer Science« vorschlägt.

Weder Parnas' noch Dijkstras Pointierungen blieben unwidersprochen. Terry Winograds Entgegnung zu Dijkstras Papier deutet die Spannweite der Diskussion an: »Hinter Dijkstras Vorstoß und Beschimpfung versteckt sich eine kohärente Argumentation über den Charakter der Informatikausbildung. Kohärent und interessant, aber falsch, da auf fehlerhaften Prämissen beruhend. ... Dijkstra ist im Irrtum über das, was Computer tun, darüber, was die Arbeit der Programmierer ist, und über das, was Ingenieure tun.« [Winograd 1989] Winograds Argumente gehen im weiteren auf die Problematik der Gestaltung von Computerprogrammen und -systemen ein, erinnern daran, daß Technik ein Mittel zu konkreten Zwecken ist. In Dijkstras formallogischer Sicht ist dies nur ein »Gefälligkeitsproblem« (*pleasantness problem*), das er mit einer »Brandmauer« vom Korrektheitsproblem der Programmierung trennen will. In seiner Sicht bildet das Korrektheitsproblem die Essenz der Informatik.

Den Dijkstraschen Thesen widerspricht auch der Komplexitätstheoretiker Richard Karp, dessen wissenschaftliche Arbeiten aufs Engste mit formalen Methoden verbunden sind [Karp 1989]. Er weist Dijkstra darauf hin, daß ein formallogischer Ansatz die Kernproblematik der Erstellung zuverlässiger Software nicht hinreichend trifft: »Ich fühle mich zu der Aussage gedrängt, daß formale Beweise und formale Spezifikationen nicht zu den vielversprechendsten Wegen gehören, um brauchbare und zuverlässige Ergebnisse mit Hilfe von Rechnern zu erhalten.«

Dijkstras Vorstoß erinnert wie Parnas Versuch, die Informatik als Ingenieurswissenschaft zu exponieren, an die mehr als ein Jahrzehnt vorher geführte Auseinandersetzung zwischen Donald Knuth und David Gries. Während Knuth sein nach zwanzig Jahren immer noch höchst lesens- und nutzenswertes mehrbändiges Lehrbuch provokativ »The Art of Computer Programming« nannte, setzte David Gries diesem Handwerker-Künstler-Verständnis sein anspruchsvolles »The Science of Programming« entgegen [Knuth 1971, Gries 1981]. Der Grabenkrieg zwischen Formalisten und Intuitionisten war eröffnet – sofern diese Anleihe bei der Mathematik erlaubt ist.

Die Debatte werde also in der Informatik fortgesetzt. Über eines sind sich die Vertreter des strikten Formalismus mit den Vertretern einer Informatik einig, die sich ihrer Anwendungen weniger verschließen will: Der Zustand der Profession ist stark verbesserungswürdig. Sie treffen damit auf offene Ohren bei Praktikern der Datenverarbeitung. Tom deMarcos Analyse von 500 Software-Projekten kommt zu dem niederschmetternden Ergebnis: Jedes sechste DV-Projekt wurde ohne jegliches Ergebnis abgebrochen, alle Projekte überzogen den Zeit- und Kostenrahmen um 100 bis 200 Prozent, und auf hundert ausgelieferte Programmzeilen kommen im Durchschnitt drei Fehler [Boes & Boß 1991]. Umso erstaunlicher ist es, daß sich nach wie vor ein großer Teil der Informatikergemeinde und ganz sicher ein einflußreicher Teil ihrer Auftraggeber auf dem richtigen Weg wähnt. Joseph Weizenbaum befand kürzlich in einem Interview: »Wenn der Kaffee im Flugzeug nicht warm genug ist, sind die Kunden sehr wohl bereit, sich bei der Fluggesellschaft zu beschweren. Daß es bei der Informationstechnik genau umgekehrt ist, ist ein Phänomen. Möglicherweise schämen sich die Leute; sie denken vielleicht, daß sie hereingefallen sind, und das wollen sie nicht zugeben.« [Weizenbaum 1991]. Weizenbaums Kritik ist, auch wenn seine Gegner dies glauben machen wollen, keine Marginalie. Unter dem Titel »Is there a computer science?« schreibt der DV-Praktiker John Henderson im britischen Computer Bulletin: »The arrogance of the computing academic is that of not identifying and accepting the limits of its skills. This is particularly ironic as computer professionals always stand on the shoulders of others; no one starts from scratch.« [Henderson 1991]

2. Elektronengehirn, Maschinensystem, Werkzeug, Medium

Die Rezeption des technischen Artefakts Computer überforderte von Anfang an selbst das gutwillige wissenschaftliche Publikum. Es war zuallererst eine quantitative Überforderung der Vorstellungskraft (ein Phänomen, daß in Dijkstras Aufsatz völlig zu recht betont wird [Dijkstra 1989]).

Zuse berichtet in seiner Autobiografie, daß er sich mit Schreyer um 1940 zwar klar wurde, daß elektronische Rechner wohl leicht eine Leistungssteigerung um einen Faktor von einer Million erreichen könnten, daß diese utopisch anmutende Bemerkung aber wohl kaum zu den notwendigen Fördermitteln führen würde [Zuse 1970]. Als diese Leistungssprünge mit den ersten amerikanischen Entwicklungen sichtbar wurden, beherrschte die Metapher vom »Elektronengehirn« die Debatte. Erst in den Sechzigern kühlte diese Phantasie ab und wurde durch die distanzierte Redeweise vom Rechner-System abgelöst (wenngleich für das IBM System/360 mit dem anthropologisierenden Wort »Rechnerfamilie« geworben wurde).

Dieser quantitativen Überforderung folgte bald eine qualitative Überforderung. Mit der Ausbreitung der Minis, Workstations und Mikrorechner in den siebziger und achtziger Jahren wurde die quantitative Ungeheuerlichkeit der Rechenmaschinen zur Alltagserfahrung. Der Computer wurde nicht mehr primär als Rechenbeschleuniger, sondern nach seinen neuen Qualitäten im Arbeitsprozeß beurteilt. Die Nutzung dieser Maschinen geriet in Konkurrenz zu anderen Arbeitsmitteln. Die Aufgabenstellungen der Informatik erweiterten sich entsprechend.

In der Folge wurde der Computer als neues »Werkzeug« bestaunt. Bei manchen gar als »universelles Werkzeug«, auf jeden Fall aber als Artefakt, dem ein gewisser »Werkzeugcharakter« nicht abgesprochen werden konnte [Petri 1983, Nake 1986]. In den Verästelungen theoretischer Reflexion wurde unter kalifornischer Sonne sogar Heideggers »Bruch eines Hammers« als Bild des nicht ganz bruchlosen PC-Einsatzes bemüht [Winograd & Flores 1986].

Auch dies kennzeichnete nur eine Zwischenphase auf dem Weg zur Anerkennung des Computers als Computer. Die lokale wie weltweite Vernetzung der Rechen- und Informationstechnik verdeutlichte die strukturelle Ähnlichkeit zu Telefon und Sendetechniken. Die Integration von Bild, Film und Ton, wie taktiler Rückmeldung impliziert ein Verständnis des Computers als technisches Medium. Dies läßt es denkbar erscheinen, daß die bisherige Rechnerentwicklung nur die Vorgeschichte des Mediums Computers ist. Dennoch bleibt natürlich festzuhalten: *Ein Computer ist ein Computer*, so wie ein Stuhl nicht durch seinen Pseudo-Tischcharakter und ein Auto nicht als pferdeloses Fahrzeug gekennzeichnet wird.

3. Universalität, Abstraktion, Kontext

Computer sind erstaunlicherweise gleichzeitig als abstrakte wie als konkrete Maschinen erfunden worden. Während Konrad Zuse mit Freunden an der Z1 laubsägte, entwarf Alan Turing eine Maschine auf dem Papier, die in wenigen Zeilen einen universalen Computer vollständig beschrieb. Diese mathematisch vollständige Beschreibung brachte dem Computer die Bezeichnung Universalrechner ein, eine Bezeichnung, die in gewisser Weise unheilvolle Wirkungen zeigte. Während Turings »universal machine« den Abschluß seiner Überlegungen gegenüber dem mathematischen Begriff der Berechenbarkeit zeigte, ist der Universalrechner alles andere als eine universelle Maschine. Zwar können Computer Abstrakta in Form von Zeichenreihen (oder genauer Signalfolgen, die extern als Zeichenreihen interpretiert werden) manipulieren. Ihr Einsatz ist aber konkret; ihre Auswirkungen und Folgen, ihr Scheitern oder ihr Erfolg ist kontextabhängig. Und der Kontext des Computereinsatzes ist zwar nicht ausschließlich, jedoch überwiegend die Organisation von Arbeit und die Gestaltung von Arbeitsplätzen. Doch dafür sind die Absolventen eines Informatikstudiums im Regelfall schlecht gerüstet. Programmieren wird zu oft in der Tradition Turings als mehr oder minder geschickte Anwendung der Logik verstanden – bis hin zu Dijkstras Aufforderung, die Informatik als *Very Large Scale Application of Logic* zu betrachten. Die Besinnung auf die konstitutive Zweck-Mittel-Relation jeder Technik bleibt dabei auf der Strecke. und die Informatik mag so leicht dem Goetheschen Diktum verfallen: »In der Logik kam es mir wunderlich vor, daß ich diejenigen Geistesoperationen, die ich von Jugend auf mit der größten Bequemlichkeit verrichtete, auseinanderzerren, vereinzeln, und gleichsam zerstören sollte, um den rechten Gebrauch derselben einzusehen.«

Mit dem Computer verknüpfte Arbeit ist nicht abstrakt und ihre Bewältigung erfolgt nicht universell. Sie durch Programme und Geräte zu unterstützen, bedarf nicht nur der Logik, sondern in engster Verbindung dem Durchdringen des Kontextes. Das Verständnis der sozialen Beziehung »Arbeit« kann durch eine Daten- oder Steuerflußanalyse nicht ersetzt werden; es gibt keine feuersichere »Brandmauer« zwischen Programmierung und Kontext der Anwendung, wie Dijkstra sie errichten möchte. Die Informatik ist schlecht beraten, wenn sie sich im vermeintlich sicheren formalen Rückgriff auf einen universellen Berechenbarkeitsbegriff als gesellschaftliche Universalwissenschaft versteht. Es könnte schnell das Wenige von ihr übrigbleiben, was von imperialistischen Ansprüchen in der Geschichte übrigbleibt.

4. Arbeit, Kultur, Erkenntnis: Die Notwendigkeit einer Theoriebildung für die Informatik.

Die Technikwissenschaft Informatik ist eine Wissenschaft und eine Technik, die sich vor allem anderen mit der (Re-)Organisation von Arbeitsprozessen und

Arbeitsplätzen befaßt. In diesem Sinne ist sie gmeinsam mit anderen Disziplinen Teil einer noch zu schaffenden »Wissenschaft der Arbeit«.

Informatik zeigt sich nicht ausschließlich als Wissenschaft der Arbeit, sie hat weitere Anwendungsfelder – von der Forschung über die Kunst zur Kultur, in der Produktion wie im Alltag und in der Freizeit. Und die Informatik bringt eigene Erkenntnisfragen hervor – theoretischer wie praktischer Art: Was ist der materiale Gehalt des Algorithmischen, des Formalen, des Logischen? Wie kann ein konviviales Verhältnis von Menschen und Computern konstruiert werden? Was sind die Voraussetzungen und Bedingungen erfolgreicher Interaktion mit informationstechnischen Geräten und Programmen? Wie können zuverlässige und benutzungsfreundliche Geräte und Programme konstruiert werden?

Ein Bündel von Fragen – und wenig Antworten.

Was die Informatik auszuzeichnen scheint, ist ein erheblicher Mangel an theoriegeleitetem Arbeiten – und dies trotz oder wegen einer entfalteten »Theoretischen Informatik«, die freilich aus der Nähe betrachtet vor allem eine mathematische Theorie der Algorithmen und ihrer Komplexität ist. Diese Theorie leistet mit ihrer Entwicklung des Berechenbarkeitsbegriffs einen bedeutenden Beitrag zu Mathematik und Philosophie, doch leider nur einen sehr beschränkten Beitrag zur Praxis des Rechnereinsatzes. Hier fehlt eine »Theorie der Informatik«, die eine Fundierung der Informatikpraxis ebenso wie eine Erklärung der grundlegenden Phänomene ermöglicht.

5. Sicherheit und Schutz – Zuverlässigkeit und Rechte

Zuverlässige Informationstechnik ist ein herausragendes Forschungsziel der Informatik – nicht ohne Grund. Die hohe Komplexität bisher umgesetzter Anwendungen bedingt außerordentliche Risiken beim Einsatz dieser Technik. Und die Geschichte dieser Technik zeigt, daß dieses Risikopotential immer wieder realisiert wird. Hier wird der von Parnas beklagte Kontrast der Informatikausbildung zur Ingenieursausbildung verständlich. Unter hoher Wachstumsgeschwindigkeit hat die Informatik kein professionelles Selbstverständnis entwickelt, das *per se* zuverlässige und bedachte Konstruktionen zum beruflichen Normalfall werden läßt. Andere Ingenieurswissenschaften haben – in längerer Zeit und mit gemächlicherem quantitativen Wachstum – solche Prinzipien auf der Basis wissenschaftlicher Erkenntnis wie auf der Basis entfalteter praktischer Plausibilität und Evidenz herausgearbeitet. Dies gilt nicht in allen Fächern, nicht zu jeder Zeit, nicht überall, aber in vielen anderen technischen Fächern eben doch besser, als es bislang in der Informatik geleistet wurde. Die explizite Erklärung der GMD und anderer Institutionen, sich künftig vor allem der Konstruktion zuverlässiger Systeme zuzuwenden, ist in diesem Sinne sehr zu begrüßen. Ob dies freilich allein aus dem bisherigen Selbstverständnis der Profession heraus möglich ist, oder ob nicht doch die Anerkennung der sozialen Einbindung der Informatik in die Arbeitswelt dem vorangehen muß, bleibt eine offene Streitfrage.

Zuverlässigkeit und Sicherheit der Informationstechnik sind freilich nicht nur technische Fragen. Sie zeigen auch rechtliche Aspekte – und über dieses Vehikel gesellschaftspolitische Bezüge, die in gemeinsamer Arbeit von Juristen, Informatikern und anderen Beteiligten einem politischen Lösungsprozeß zugeführt werden müssen.

6. Qualität der Produkte und Qualität der Arbeit

In einem Technikbereich, in dem quantitative Leistungsverdopplungen zumindest im Hardware- und Gerätebereich im Schnitt alle drei Jahre erfolgen, gerät die wichtigste bestimmende Größe ihrer Aktivitäten leicht in den Hintergrund: die Qualität der Arbeit. Qualitativ hochwertige Arbeit ist auf den ersten Blick eine (fast banale) Meta-Forderung, die sich den konkreten Ausprägungen insoweit entzieht, daß sie als Forderung an die tätigen Menschen, das Arbeits- und Forscherkollektiv, die Scientific Community wie die Gesellschaft gleichermaßen gerichtet ist, und sich gegenüber dem spezifischem Verständnis des Arbeitsgebietes scheinbar neutral verhält. Wer möchte schon schlechte Arbeit zulassen? Gute Arbeit können alle leisten, auch wenn ihre Leitideen stark differieren.

Doch bei näherer Bestimmung der qualitativ hochwertigen Arbeit schieben sich konkrete Kriterien in den Vordergrund, die nicht unabhängig von gesellschaftlichen Leitbildern sind. Qualität der Arbeit im Bereich der Informatik muß sich mit den Folgen und Wirkungen der Informatik auseinandersetzen. Dann bleibt sie nicht nur die selbstreferentielle Befriedigung des Wissenschaftler-Künstlers. Qualität der Arbeit muß mit Blick auf Anwender und Nutzer der Informationstechnik die Verantwortung für die Zuverlässigkeit wie für die Nützlichkeit und die tatsächliche Nutzbarkeit ihrer Produkte anerkennen. Produkte der Informationstechnik sind jedoch in hohem Maße Veränderungen von Arbeitsorganisation und Arbeitsplätzen. Qualitativ hochwertige Arbeit in der Informatik muß demnach zuverlässige Produkte und zumindest sozial verträgliche, besser jedoch sozial wünschbare Folgen erzeugen. Qualität der Arbeit und Qualität der Produkte soll deshalb zu einer Leitlinie für eine praxisleitende Theorie der Informatik in einer demokratischen Gesellschaft werden [vgl. Nakes Aufsatz in diesem Buch].

7. Professionelle Verantwortung

Professionelle Verantwortung zu übernehmen, Verantwortung für die Produkte der eigenen Arbeit und für die Gestaltung der Arbeit anderer, ist eine zentrale Forderung an die Informatik. Wie dies im Einzelnen zu bewerkstelligen ist, bleibt das Problem der Disziplin und der professionell Tätigen. Gelingt es nicht, aus der Disziplin heraus eine Anbindung an die gesellschaftlichen Folgen und Wirkungen zu erzielen, könnte die Informatik katastrophal untergehen und zur »bloßen Technologie, zum Erfinder und Träger von Rechendiensten«, wie es im ACM-Report befürchtet wird, verkommen.

Das Verantwortungsproblem läßt sich nicht auf eine Sammlung kontextfreier Verhaltensregeln reduzieren: »Sei gut und mache Deine Arbeit ordentlich!«

Solche Ansätze, wie sie im »Universal Code of Ethics« des amerikanischen Institute of Electrical and Electronics Engineers, dem »Code of good Practice« der britischen IEE oder jüngst in der IFIP-Sektion »Computers and Work« vorgeschlagen werden, müssen ob ihrer Kontextfreiheit leer und beliebig bleiben [vgl. den Aufsatz von Lutterbeck und Stransfeld in diesem Buch]. Es gibt keine rein innerdisziplinäre Steuerung verantwortlichen Handelns, und es wird auch keine solche Steuerung geben.

Eine Disziplin Informatik, die zum verantwortlichen Handeln in einer pluralen demokratischen Gesellschaft erziehen will, muß diese Gesellschaft in ihre Disziplin hineinlassen. Das heißt in ihre Curricula, in ihre wissenschaftlichen Diskussionen, in ihre Forschungs- und Entwicklungsgruppen, in ihre wissenschaftlichen und berufsständischen Organisationen, in die Universitäten und Betriebe. »Informatik und Gesellschaft« muß als wissenschaftliches und praktisches Arbeitsfeld entfaltet werden.

8. Wie weiter?

Dieses Buch dokumentiert einen Diskussionsprozeß, der an vielen Orten stattfindet und vom Arbeitskreis »Theorie der Informatik« in der *Gesellschaft für Informatik* zusammengeführt wird. Zwei Konferenzen in Bederkesa haben das Themenfeld abgesteckt, das in diesem Buch festgehalten wird: wissenschaftstheoretische und philosophische Grundlagen der Informatik, gesellschaftliche, kulturelle, anthropologische und ethische Verankerungen und Perspektiven – Sichtweisen der Informatik von innen, aber auch von außen. Ohne daß es explizit intendiert war, wird damit eine Brückenfunktion sichtbar: Eine Brücke zwischen einer technischen Wissenschaft und den damit unlösbar verbundenen Anwendungen und Auswirkungen. Brücken haben zwei Enden. Deshalb müssen künftige Diskussionen im Kern der Informatik ebenso wie in den gesellschaftlichen Bezügen stattfinden. Alte Sichtweisen müssen hinterfragt werden, neue können sich zeigen.

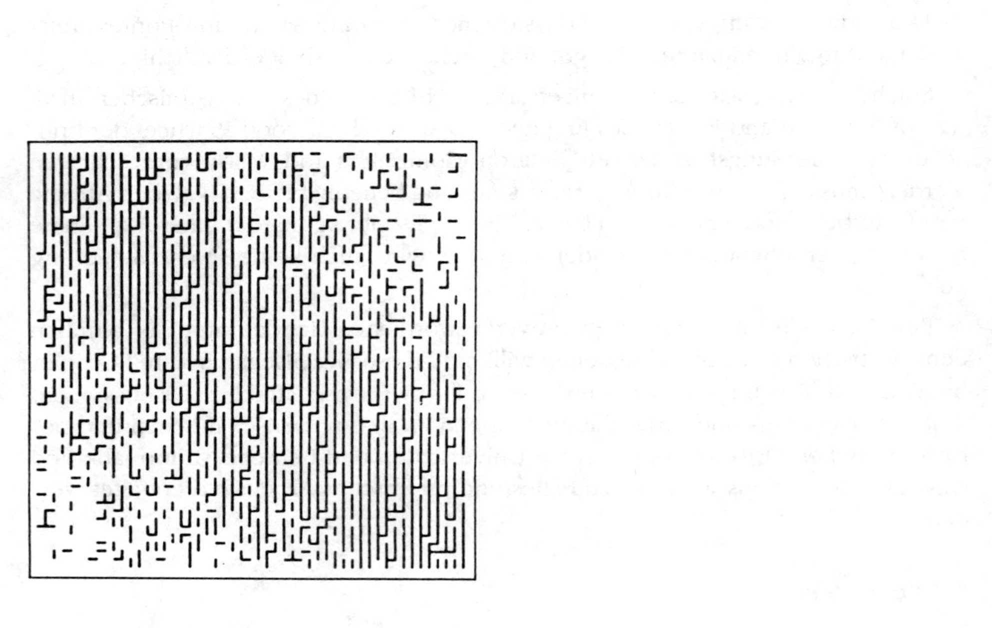

Grundlagen einer Theorie der Informatik

Wozu Grundlagen?

Arno Rolf und Dirk Siefkes

Der Krieg ist vorbei, die Kriege gehen weiter. Bei der Perfektionierung der Waffensysteme stehen Informatiker an der vordersten Front. Aber auch eine friedliche Welt ist ohne Computer nicht mehr denkbar. Wie sonst sollte man die Einhaltung von Verträgen überwachen? Die Menschen ernähren, medizinisch versorgen, transportieren? Wie sollte man Wissenschaft und Technik weiterbringen? Nur der Computer kann die Menschheit retten, sagen die einen. Der Computer stürzt uns ins Verderben, die anderen. Dagegen setzen die dritten: Der Computer kann weder stürzen noch retten, er ist neutral, eine Sache; es hängt von uns ab, ob wir ihn zum Guten oder Bösen verwenden. Wie naiv, lächeln die vierten: Der Computer symbolisiert – und realisiert gleichzeitig – die Flucht der modernen Menschen ins Formale, in eine irreale Gegenwirklichkeit. Eins ist sicher: Aktiv und passiv, bewußt oder unbewußt – wir Informatiker sind dabei, die Welt in höchster Eile *grundlegend* zu verändern; und wir haben keine Ahnung, was dabei herauskommen könnte. Wir folgen technischen Möglichkeiten und gesellschaftlichen Notwendigkeiten, wissenschaftsinternen Zwängen und politischem Druck; aber wir wissen nicht, wohin die Reise geht. Können wir das verantworten?

Für Informatiker ist nicht faßbar, was sie tun. Einzelne haben – im Team zumal – keine Übersicht und keinen Einfluß, die Erzeugnisse lassen sich als so oder so verwendbar kaum identifizieren. Das sagt man auch über andere, insbesondere Ingenieurswissenschaften. Aber die Informatiker haben die geringste, nämlich keine, Tradition, auf der sie sich in Sicherheit wiegen könnten. Kein Gerät ist so in aller Mund und Händen wie der Computer; keine Selbstbezichtigung hat sich so durchgesetzt wie die der ‚Informationsgesellschaft'; alle sehen, was man mit Information, oder gar fehlender Information anrichten kann. Doch derweil fragen sich die Zögerlichen unter den Informatikern: Was ist denn Information, daß man sie verarbeiten, speichern, löschen könnte? Wenn niemand greifbar ist, weder handelnd noch betroffen, wer kann verantwortlich sein? Sowieso ist keine für alle verbindliche Ethik sichtbar. Wen also kann man ‚verantwortungslos' nennen? Solche Fragen beschäftigen die Autoren im Abschnitt »Ethik«; aber sie tauchen ebenso bei der »Arbeit« auf und treiben Fürchtegott und Ada in der Kultur um.

Vorerst können wir nur auf eigene Faust verantwortlich handeln. Aber eine Faust kann leicht ins Auge gehen, wenn man nicht recht sieht. Wir brauchen Licht; wir brauchen eine Theorie. Eine Theorie ist im ursprünglichen Sinne des Wortes eine Sicht auf die Dinge, die Verstehen ermöglicht, also eine verantwortliche Sichtweise. Die Städte senden Vertreter, die an den heiligen Spielen teilnehmen und hinterher berichten, was sie gesehen haben; diese *theoria* der Dabeigewesenen erlaubt den Daheimgebliebenen zu erfahren, was sie nicht unmittelbar erleben konnten. »Für eine Theorie der Informatik!« Damit hat *Wolfgang Coy* Ende 1989 Arbeitsziele für unseren Arbeitskreis »Theorie der Informatik« zusammengefaßt – Ziele, die auch Fragen und Anfänge sind. Deswegen steht der Artikel am Anfang dieses Abschnitts.

Wieso fragen wir nach einer Theorie der Informatik, wo es doch eine ausgefeilte Theoretische Informatik gibt? In der Theoretischen Informatik befaßt man sich mit mathematischen Methoden zum Entwerfen, Analysieren und Bewerten von Rechnern und Programmen. Rechner sind »symbolische Maschinen« [Krämer 1988], Programme sind formale Instruktionen für Rechner; also ist die Mathematik die richtige Wissenschaft dafür. Aber nicht die einzige. Betroffen vom Einsatz von Rechnern sind nicht die Rechner, sondern die Menschen, oft auch die Natur. Warum also so bescheiden? Informatiker konstruieren nicht Rechnersysteme, sondern sie manipulieren soziale und ökologische Systeme, indem sie Rechner hineinkonstruieren. Nur mit dieser weiteren Sicht können sie versuchen, zu verstehen, was sie herstellen. Rechnergestützte Systeme verstehen und herstellen heißt, sie gestalten. Deswegen plädiert *Arno Rolf* in seinem Beitrag »Sichtwechsel« dafür, Informatik als Gestaltungswissenschaft zu verstehen. Gestaltend balancieren Informatiker zwischen den Humanisten, die interpretieren, und den Ingenieuren, die konstruieren. Nur so können sie die menschlichen Belange wahren.

Informatiker nutzen Rechner, um »Information zu verarbeiten« – so der Jargon. Um Rechner zu verstehen, müßten wir also wissen, was Information ist. Aus der Informationstheorie lernen wir das nicht; dort geht es um die mathematische Analyse technischer Nachrichtenübertragung. Übertragen kann man aber nur Daten; Information ist keine Sache, die man verarbeiten könnte. Peter Naur hat vorgeschlagen, die Informatik ‚Datalogie' zu nennen. Information ist ein Vorgang: Die Beteiligten wählen aus, was und wie sie reden und verstehen wollen. Durch diese Entscheidung verändern sie sich: sie informieren und interpretieren. In diesem Sinne kritisieren *Klaus Fuchs-Kittowski* und *Jürgen Seetzen* in ihren Beiträgen »Theorie der Informatik im Spannungsfeld zwischen formalem Modell und nicht-formaler Welt« und »Information, Kommunikation, Organisation – Anmerkungen zur ›Theorie der Informatik‹« den in der Informatik gängigen Informationsbegriff. *Jürgen Seetzen* beleuchtet von da aus in einem kritischen Rundgang Vorstellungen und Sprachgebrauch der Informatiker auf den verschiedenen Gebieten. *Klaus Fuchs-Kittowski* setzt sich insbesondere mit der Kognitionswissenschaft und dem Konnektionismus, den alten und neuen Grundlagen der Künstlichen Intelligenz, auseinander.

Diese Kritik greift auch *Alfred Luft* in seinem Beitrag »‚Wissen' und ‚Information' bei einer Sichtweise der Informatik als Wissenstechnik« auf: Verarbeiten kann man nicht Informationen, sondern nur den Niederschlag, den sie im Wissen finden. Informatik ist daher eine technische Wissenschaft, in der man sich mit der Verarbeitung von Wissen befaßt. Vom gleichen Ansatz her wie *Arno Rolf*, nämlich die Menschen als durch Informatik Betroffene in den Blick zu nehmen, kommt er doch zu einem ganz anderen Aufbau: Er trennt die Kerninformatik von »Schalen-« und »Bindestrich-Informatiken«, in denen es um die theoretische Fundierung der Informatik bzw. die Auseinandersetzung mit den Folgeproblemen geht.

Wieso können Menschen überhaupt etwas mit Formalismen anfangen, da sie sich als lebendige Wesen doch dauernd entwickeln, während sich künstliche Gegenstände nicht verändern? Mit dieser Frage setzt sich *Dirk Siefkes* in seinem Beitrag »Sinn im Formalen?« auseinander. Wie Tiere einst das Denken »entdeckt« haben, um sich freie Entscheidungen »zu ermöglichen«, haben die Menschen einen sechsten Sinn für Qualität entwickelt, meint er. Was bei *Arno Rolf* »Gestalten« heißt, nennt er »Kleine-Systeme-Bauen«. Die Informatiker sollten von ihrem hohen Roß heruntersteigen und sich unter das Fußvolk der anderen Disziplinen mischen.

Was tragen wir mit dieser Sammlung zu einer Theorie der Informatik bei? Unter einer Theorie versteht man gemeinhin ein Gebäude von Tatsachen und Methoden, vermörtelt durch rationale Erklärungen. Ein solches Gemäuer bleibt innerhalb der Wissenschaft, ruht höchstens auf anderen Wissenschaften, hilft uns aber nicht, zu verstehen, was wir tun. Mit einer Theorie wollen wir uns und anderen zeigen, schreibt *Dirk Siefkes* in »Wende zur Phantasie« [Siefkes 199], warum wir etwas tun, was wir erreichen wollen, wo wir herkommen, was unsere Sicht auf die Dinge ist. Wenn wir Wissenschaft betreiben wollen, »als ob es auf die Menschen ankäme« [Schumacher 1974], dann müssen wir eine Sicht aufs Ganze gewinnen, von außen und von innen, die Betroffenen wie die Treffenden einbeziehend.

Mit drei solchen Sichten auf die Informatik beleuchten die Autoren in den folgenden Abschnitten die Arbeit, die Ethik und die Kultur. Andere Sichten wären nötig, zum Beispiel auf die Wissenschaft selbst. Es sind gleichzeitig Sichten aus der Informatik heraus. Manches mag den Experten aus anderen Disziplinen naiv klingen. Wir können uns bei der Aufgabe aus anderen Wissenschaften Unterstützung holen, aber wir können die Verantwortung nicht abwälzen. Die können nur die tragen, die in der Informatik arbeiten.

In diesem Kapitel sondieren wir, graben den Boden um, auf dem wir gleichzeitig Ausluge errichten. Deswegen nennen wir das Kapitel ‚Grundlagen'. Wir verstehen ‚Grundlagen' nicht historisch (»was schon immer so war«) oder normativ (»was jeder wissen müßte«). Wir legen kein Fundament für alle, sondern bereiten den Boden vor. Dabei können wir leicht uns und andere ins Stolpern bringen, auf Sturzacker läuft sich schlecht. Können wir das verantworten?

FÜR EINE THEORIE DER INFORMATIK! †

WOLFGANG COY

Informatik hat sich als technische Wissenschaft herausgebildet, ohne deshalb eine reine Ingenieurswissenschaft zu werden. Noch deutlicher als andere technische Wissenschaften ist sie in sehr kurzer Zeit durch ihre dauerhaften und unmittelbaren, technisch wie ökonomisch motivierten Eingriffe in die Arbeitsorganisation und in viele andere gesellschaftliche Bereiche eine sozial wirksame Wissenschaft geworden. Sie teilt diese Eigenschaft mit anderer Technik, da technische Wissenschaft von ihrer Bestimmung her immer als sozial wirksam gedacht werden muß. Dennoch unterliegt die Informatik sozialen Bezügen stärker als die klassischen Ingenieurswissenschaften, da sie gesellschaftliche Prozesse, wie etwa die Gestaltung der Arbeit, zum unmittelbaren Objekt ihrer Forschung und Anwendung macht. Ihre Herkunft aus Mathematik und Rechentechnik, ihre engen Verbindungen zur Nachrichtentechnik und zur Halbleitertechnik und ihre Anwendungen und Rückwirkungen in Betrieb und Produktion haben in der Informatik Besonderheiten herausgebildet, wegen derer sie als eigenständige Wissenschaft interpretiert werden kann. Eine theoretische Begründung hat die Informatik bisher fast ausschließlich aus der mathematischen Theorie der Berechenbarkeit und, in geringerem Maße, aus der Formalen Logik erfahren. Einzelne methodische Ansätze einer Entwurfstheorie als Software Engineering oder zum Hardware-Entwurf sind unzusammenhängend und partikulär geblieben. Die Software-Krise, die in ihren Grundzügen nicht aufgelöst ist, beruht wahrscheinlich weniger auf mathematisch-logischen oder programmtechnischen Mängeln der bislang verwendeten Methoden des Software-Entwurfs, sondern vielmehr auf der unzureichenden Reflexion des Wechselspiels von technischer Gestaltung und sozialer Wirkung informationstechnischer Systeme. Ähnliches gilt für die Methoden des Hardware-Entwurfs, wo sich zunehmende Schwierigkeiten aus der unzureichenden begrifflichen Trennung von Gerätetechnik, Informationssystem und Anwenderebene ergeben.

Aus diesen Defiziten und Anforderungen folgt die Notwendigkeit, eine Theorie der Informatik zu entwickeln, die Begriffe, Methoden und Anwendungspotentiale der Informatik beschreibt und den wissenschaftlichen Standort der Informatik bestimmen helfen soll. Die Theorie der Informatik soll so eine ähnliche Rolle spielen

† Das vorliegende Papier ist in leicht überarbeiteter Fassung unter dem Titel »Brauchen wir eine Theorie der Informatik?« im Informatik-Spektrum erschienen [Coy 1989].

wie theoretische Fundierungen in Geistes- und Gesellschaftswissenschaften, aber auch in Naturwissenschaften. Dabei soll nicht verkannt werden, daß der Begriff ‚Theorie' in Philosophie, Mathematik, Humanwissenschaft, Physik, Biologie oder Architektur durchaus unterschiedliche Form annimmt und daß auch innerhalb der jeweiligen Disziplin die Theorien in kontroverser Weise entfaltet werden. So pflegt selbst die Mathematik einen »Grundlagenstreit«, der zwar kaum öffentlich ausgetragen wird, sondern sich mehr in Haltungen zeigt, aber dennoch benannt, bekannt und virulent ist. Daß auch in den anderen genannten Gebieten die theoretischen Fundierungen keineswegs umfassend anerkannt sind, sondern in lebhaften und manchmal verbissenem Streit stehen, läßt sicher nicht den Schluß zu, daß auf sie verzichtet werden könnte. Dies ist ein Indiz dafür, daß auch eine Theorie der Informatik nicht ohne inhaltliche Auseinandersetzung entstehen kann, aber es gibt keinen Grund, diese Auseinandersetzung weiterhin zu verdrängen.

Gegenstand der Informatik ist vor allem anderen:

- Analyse und (Re-)Organisation der Arbeit mit Hilfe informationstechnischer Mittel, ihrer maschinellen Unterstützung oder ihrer Ersetzung durch Maschinen und
- die Entwicklung der Informationstechnik zu diesen Zwecken, insbesondere die Entwicklung des methodisch begründeten Entwurfs von Software und Hardware und der Integration informationstechnischer Komponenten zu Systemen.

Die Herangehensweise der Informatik als technischer Wissenschaft umfaßt dabei im Kern die Aspekte:

- Grundlagenforschung zur Bestimmung des Charakters der Informatik, ihrer Möglichkeiten, Grenzen und Wirkungen, einschließlich mathematischer Begründungen der Informatik;
- Praktische Informatik mit den Schwerpunkten in der Entwicklung technischer informationsverarbeitender Systeme, der Analyse, der Formalisierung und der Maschinisierung komplexer Arbeitsvorgänge und der Erstellung dafür einsetzbarer Software, kurz: der Bereitstellung informationstechnischer Instrumente zur Gestaltung von Arbeitsprozessen;
- Anwendungen der Informatik zur Analyse, Formalisierung und (Re-)Organisation von Arbeitsprozessen und weiteren informationstechnisch modellierten Vorgängen.

Informatik ist somit die Wissenschaft des instrumentalen Gebrauchs der Informationstechnik; einer Sammlung von Instrumenten, mit denen ein soziales Verhältnis, nämlich das der Menschen zu ihrer Arbeit bestimmt wird. Dieses soziale Verhältnis hat mehrere Facetten: Einerseits umfaßt es die Beziehungen arbeitender Menschen zu ihren Arbeitsmitteln und – Gegenständen, doch ebenso werden die Beziehungen zwischen den am Arbeitsprozeß beteiligten Menschen und die Beziehungen zwischen den arbeitenden Menschen und den sie determinierenden sozialen und ökonomischen Zwängen durch den Einsatz der Informatik neu bestimmt.

Aufgabe der Informatik ist also die Analyse von Arbeitsprozessen und ihre konstruktive, maschinelle Unterstützung. Nicht die Maschine, sondern die Organisation und Gestaltung von Arbeitsplätzen steht als wesentliche Aufgabe im Mittelpunkt der Informatik. Die Gestaltung der Maschinen, der Hardware und der Software ist dieser primären Aufgabe untergeordnet. Informatik ist also nicht ‚Computerwissenschaft'. An dieser Stelle zeigt sich deutlich, daß sich Informatik von Nachrichten- oder Informationstechnik in ihrer Ausrichtung wesentlich unterscheidet; der Kern der Unterscheidung liegt in der viel engeren Kopplung der Informatik an reale Arbeitsprozesse.

Die klare Abgrenzung der Informatik von einer maschinenzentrierten ‚Computer Science' ist eine dringliche und aktuelle Aufgabe. Die kürzlich vorgestellte Studie [Denning et al. 1989] der ACM Task Force on the Core of Computer Science »Computing as a Discipline« fragt zwar einleitend: »Is computer science a science? An engineering discipline? Or merely a technology..., an inventor and purveyor of computing commodities?« Die definierende Kernantwort dieses nach vierjähriger Arbeit vorgelegten Ausschußberichtes heißt aber: »The discipline of computing is the systematic study of algorithmic processes that describe and transform information; their theory, analysis, design, efficency, implementation, and application. The fundamental question underlying all of computing is ‚What can be (efficiently) automated?'« Der Bericht zeigt in höchst eindringlicher Weise den Mangel an verstandener und praktisch relevanter Theorie der Informatik.

Zu den auffälligen Besonderheiten der Informatik gehört es, daß sie auch nach über vierzigjähriger Geschichte weiter in neue Anwendungsbereiche eindringt und ihre Bedeutung und Wirkung in den bereits erfaßten Bereichen steigert. Als Folge dieses stark expansiven Charakters verschärft sich die Frage nach der durch die Wissenschaft Informatik leistbaren Integration von technischen, geistes- und gesellschaftswissenschaftlichen Grundlagen und Grundannahmen, also die Frage nach ihren wissenschaftlichen Fähigkeiten und ihren Grenzen. Zu diesen Grenzen der Informatik gehören sachliche und methodische Grenzen, aber auch die Grenzen eines verantwortbaren Einsatzes der Informatik, die nicht allein von externen Beurteilungen durch Wirtschaft und Politik bestimmt werden können und dürfen. Auch wenn hier keine abschließende Antwort auf noch laufende Entwicklungen gegeben werden kann, sollte und kann diese Frage nicht länger ignoriert werden. Selbst vorläufige Antworten erweitern den Diskurs!

Mit der stärkeren Ausbreitung der Computertechnik im Bürosektor und in der Produktion wenden nun auch die Geistes- und Gesellschaftswissenschaften ihr Interesse dem Phänomen Informatik zu, das sie bisher weitgehend ignoriert haben. Dennoch kann es nicht Aufgabe dieser Wissenschaften sein, eine Theorie der Informatik zu entwickeln. Dies ist die originäre Aufgabe der Informatik selber, wenngleich sie dies wohl nicht allein mit ihren bisher verfügbaren Methoden leisten kann. Im folgenden sollen verschiedene Aspekte einer solchen Theorie der Informatik entfaltet werden. Die Aufzählung ist nicht vollständig und kann es nicht sein. Es sollte klar werden, daß die Entwicklung einer solchen Theorie ein umfassender und langwieriger Prozeß sein muß, der nur gelingen kann, wenn sich viele arbeitende Informatiker und Informatikerinnen zumindest an Aspekten einer solchen Theorie beteiligen.

Deshalb sollen einige Thesen zur Diskussion gestellt werden in der Hoffnung, daß sich aus einer solchen Diskussion Ansätze zur Gestaltung einer Theorie der Informatik ergeben.

1) Die wesentlichen Grundbegriffe der Informatik müssen erkannt und präzisiert werden.

Ein erheblicher Teil wissenschaftlicher Forschung besteht aus der permanenten Definition und Überprüfung grundlegender Begriffe. Dies gilt natürlich auch in der Informatik. Dennoch mag es verblüffen, wenn man an Begriffe wie Information, Kommunikation oder Sprache denkt, die letztlich ohne klare, breit akzeptierte Definition in der Informatik verwendet werden. Der Rekurs auf die Shannonsche Informationstheorie, die zur formalen Beschreibung der Signalübertragung äußerst nützlich ist, hat der Informatik praktisch nicht geholfen. Auch der Begriff Sprache, der in vielfältiger Weise in der Informatik verwendet wird, muß präzisiert und zumindest auf den Erkenntnisstand anderer Wissenschaften gebracht werden. Der Begriff Kommunikation wird dann in seiner doppelten Verankerung in Sprache und Information zu klären sein. Dies folgt schon aus der zunehmenden Bedeutung des Computers als technischem Medium [Brand 1987, Winograd & Flores 1986], einer Rolle, die die Ausprägung der Informatik schon jetzt stark beeinflußt.

Eine verbreitete Haltung in der Informatik, wie in allen technischen Wissenschaften, geht davon aus, daß die Realität, auf die die jeweilige Wissenschaft oder Technik einwirkt, für alle Beteiligten unmittelbar gegeben und verständlich sei und in manch‘ unschuldigem Kopf mag sich dies sogar soweit steigern, daß die ganze Realität als programmierbar erscheint. Diese naive Abbildtheorie, deren Wurzeln im kartesischen und leibnizschen Weltbild einer durch und durch mathematisierbaren Welt liegen, wird nur vereinzelt in der Informatik hinterfragt. Dabei liefern bereits die Interpretationen der Gödelschen Sätze und verwandter Ergebnisse Ansätze der Besinnung, die manchmal bis zu einer radikalen Infragestellung des Realitätsbegriffs der europäisch-naturwissenschaftlichen Tradition führt. So ist auch das Bild einer Informatik, die eine neue Realität konstruiert, in die Diskussion gedrungen [Floyd et al. 1992], aber keineswegs zum breiten Selbstverständnis geworden.

Es ergibt sich die Frage, warum diese begrifflichen Grundlagen in der Informatik nicht umfassend reflektiert werden – und zu welchen Ergebnissen eine solche Reflexion führt.

2) Die methodische Entwicklung der Informatik ist einseitig auf mathematisch-formale Methoden fixiert, die ihren gesellschaftlichen Anwendungsfeldern nicht umfassend gerecht werden. Eine wissenschaftliche Öffnung zu humanwissenschaftlichen Fragestellungen und Methoden ist notwendig.

Mathematische Modelle spielen in der Informatik eine hervorragende Rolle; sie sind und bleiben wesentlicher Bestandteil des Grundlagenwissens und -könnens. Aber sie sind nicht der alleinige Zugang zu einer angemessenen Modellierung ihrer gesellschaftlichen Anwendungsfelder; oft spielen sie sogar nur eine untergeordnete Rolle in diesen komplexen Aufgaben.

Die Ergebnisse der Informatik entziehen sich wegen ihrer unmittelbaren Wirksamkeit leicht der herkömmlichen politischen, sozialen und ökonomischen Kontrolle. Diese ist schon bei klassischer Technik schwer auszuüben, aber wenn solche Prozesse nicht verstanden werden, ergeben sich immer wieder neue, unerkannte gesellschaftliche Gefahrenpotentiale aus dem Einsatz der Informatik.

3) Die Informatik ist keine Formalwissenschaft.

Dies gilt, obwohl sie stark in der Mathematik verankert ist. Informatik ist in wesentlichen Aspekten eine technische Wissenschaft [Luft 1990]. Wie andere technische Wissenschaften beruht sie in erheblichem Umfang auf mathematischen und formalen Methoden, doch ist die Informatik in starkem Maße als Antwort auf gesellschaftliche Anforderungen entstanden und somit in ihrem sozialen Umfeld zu sehen. Unter den länger etablierten technischen Wissenschaften steht sie in ihren Wirkungen und Verantwortlichkeiten somit der Architektur näher als etwa der Elektrotechnik [Ehn 1988]. Auch die Definition des Begriffs *Informatique* durch die Académie Française unterstreicht diese gesellschaftliche Bindung der Informatik. Informatik wird dort definiert als Wissenschaft der rationalen, vorrangig maschinell unterstützten Verarbeitung von Informationen, die menschliche Fachkenntnisse und Kommunikation in technischen, ökonomischen und sozialen Bereichen unterstützen sollen. In Skandinavien wurde diese soziale Bindung früh erkannt und benannt. So beschreibt Kristen Nygaard die Informatik als die »Wissenschaft, deren Objektbereich durch Informationsprozesse und verwandte Erscheinungen in technischen Produktionen, Gesellschaft und Natur gebildet wird« [Nygaard 1986]. Und er betont: »To program is to understand!!«

In diesen Auffassungen wird deutlich, daß die Informatik trotz enger Verflechtung der theoretisch-mathematischen Aspekte mit der Theorie berechenbarer Funktionen keine *Formalwissenschaft* ist. Auch der von W. Brauer geprägte, auf C. F. v. Weizsäcker zurückgehende Ausdruck *Strukturwissenschaft* [Brauer et al. 1978, Weizsäcker 1971] kann trotz eines gewissen Appeals kein Ausweg sein, denn damit wird die Informatik der ebenso klassifizierten Mathematik zur Seite gestellt, von der sie sich im Charakter unmittelbarer technischer und sozialer Wirksamkeit ganz wesentlich unterscheidet. B. Booß, M. Bohle-Carbonell und G. Pate [Booß et al. 1988] haben diese Besonderheit der Informatik gegenüber der Mathematik, die immer wieder zur unüberprüften Verwendung nicht-beherrschbarer ad-hoc-Modelle führt, klargestellt und den unheilvollen Einfluß dieser ad-hoc-Modellierbarkeit durch Programmierung auf die neuere mathematische Modellierung betont. Gerade der direkte Zugriff auf reale Arbeitsprozesse zeigt, daß es sich bei der Arbeit der Informatiker nicht nur um eine Strukturierung von Informationsströmen handelt, sondern daß die Inhalte der zu analysierenden und zu maschinisierenden Prozesse eine wesentliche Rolle neben ihren formalen Strukturen spielen.

4) Die Theoretische Informatik ist keine ausreichende Theorie der Informatik.

Einerseits ist die mathematische Begründung der formalen Konstrukte der Informatik, wie Algorithmen, Komplexität, Programmsyntax, operationaler Semantik und formaler Spezifikation, ebenso wie die Entwicklung mathematischer Modelle in Formalen Sprachen, Automaten, Netzen u. ä. unerläßlich; andererseits zeigen die Schwierigkeiten bei der theoretischen Formulierung methodischer Prinzipien, wie Verifikation, Modularisierung, Spezifikation, Adäquatheit von Modellen oder Beschreibung interaktiver Arbeit am Rechner, daß eine umfassende theoretische Begründung der Informatik von der Theoretischen Informatik nicht geleistet wird. Dies kann letztlich von der mathematisch-theoretischen Beschreibung wegen ihres ausgesprochen formalen Charakters nicht geleistet werden, da viele grundlegende Fragen der Informatik keine formalen Fragen sind, sondern den realen menschlichen Arbeitsprozeß betreffen. Da sozial bedingte und im sozialen Diskurs aufgeworfene Probleme beschrieben werden müssen, sind entsprechende sozial- und geisteswissenschaftliche Grundlagen der Informatik zu entwickeln.

Im Kontext der Forschungen zur Künstlichen Intelligenz werden die Grenzen nicht-formaler Begriffsbildung noch deutlicher: So scheitern die bisherigen Ansätze zu einer umfassenden oder auch nur vernünftig handhabbaren Formalisierung der Begriffe ‚Wahrnehmung', ‚Wissen' und ‚Verstehen' völlig. Damit fehlt der KI-Forschung im engeren Sinne die theoretisch-formale Fundierung ihres zentralen Postulats der gleichwertigen maschinellen Ersetzbarkeit menschlicher Kognitionsleistungen durch Maschinen. Da dieses Postulat inhaltlich unmittelbar mit der Forderung nach Formalisierung der genannten und einiger weiterer Begriffe verbunden ist, ist der Anspruch einer einheitlichen ‚Kognitiven Wissenschaft (cognitive science)' etwa im Sinne von Herbert Simon bisher nicht eingelöst – und vermutlich nicht einlösbar [Dreyfus & Dreyfus 1987, Taube 1966].

Wahrnehmung und Verstehen sind aber nicht nur zur Formalisierung komplexer Arbeits- und Denkvorgänge unerläßlich, sondern bereits unumgänglich bei den einfacheren Perzeptionsprozessen der Bild- und Sprachverarbeitung. Selbst die scheinbar schlichte Kategorie ‚Ähnlichkeit von Objekten und Szenen' entzieht sich weitgehend einer befriedigenden Formalisierung. Ähnlichkeit und Analogie spielen dabei in so disparaten Bereichen wie Mustererkennung, Software-Technik und Fehlertoleranz eine wesentliche Rolle. Ihre Struktur, ihre Funktion und ihre Wirkungen sind also für die Informatik von Bedeutung, ohne daß bisher eine befriedigende Klärung in Sicht wäre.

Noch schwieriger scheint es, Begriffe wie Angemessenheit oder Verträglichkeit, wie sie etwa hinter der Forderung nach angemessenem Grad der Automatisierung oder sozial verträglich gestalteten Arbeitsplätzen stehen, im Rahmen bisheriger informatischer Begriffsbildung zu erfassen (vgl. D. Siefkes' Versuch der Beschreibung ‚kleiner Systeme' [Siefkes 1982], die den Rahmen formaler Komplexitätstheorie völlig sprengt).

Sicher gibt es auch gelungene Ansätze und Fortschritte bei der Formalisierung ‚schwieriger' Begriffe, etwa in der (allerdings nicht unwidersprochenen) Formalisierung des Begriffs ‚Zufälligkeit eines Ereignisses' in Termini der Theorie der Berechenbarkeit durch Kolmogoroff, Schnorr, Hotz u. a. [Hotz 1988]. Auch bei der Klärung des Charakters ‚paralleler Prozesse' sind gewisse Fortschritte erkennbar, wenngleich diese noch weit hinter den Anforderungen zurückbleiben, die mit dem Stand der Hardware-Entwicklung erreichbar scheinen [Hoare 1981, Hillis 1985]. Dennoch sind die Unzulänglichkeiten der Formalisierungsversuche selbst bei in der Informatik alltäglich eingesetzten Begriffen wie ‚Bildschirmgestaltung', ‚Benutzungsfreundlichkeit' und ‚Intuitive Benutzungsschnittstelle', ‚Programmierparadigma', ‚Erklärungskomponente' oder ‚Fehlertoleranz' allzu deutlich.

5) Die Informatik ist aus wissenschaftlichen und gesellschaftlichen Gründen verpflichtet, sich sozialwissenschaftlichen Fragen zu öffnen, da sie in wachsendem Maß unmittelbar sozial wirksam wird. Informatik modelliert soziale und technische Prozesse mit den formalen Mitteln der Software und Hardware; Ergebnis dieser Modellierung sind neue Arbeitsorganisationen und -verfahren.

Die klassischen formalen Ansätze zur Modellierung, wie sie von Mathematik und Formaler Logik geleistet wurden, haben eine Fülle vielseitig verwendbarer formaler Beschreibungskonzepte hervorgebracht, darunter Reelle Funktionen, Gleichungssysteme, Differentialgleichungen, numerische Verfahren. Diese mathematischen Modelle haben sich in vielen Wissenschaften, auch in der Informatik, als nützliche Hilfsmittel erwiesen. Daneben wurden in der Informatik eigenständige formale Modelle wie Automaten, logische Schaltungen, Sprachen, Netze entwickelt oder weiterentwickelt. Dennoch kranken die formalen Modelle der Informatik an der mangelhaften Überprüfbarkeit ihrer adäquaten Anwendung und Anwendbarkeit, da dies gerade kein rein formales Problem ist, und daran, daß ein integrierter Theorieansatz zur Beschreibung dieser Phänomene fehlt. Die Fortdauer der Software-Krise und die daraus resultierenden neueren Theorien des Software Engineering bei K. Nygaard [Nygaard 1986], T. Winograd und F. Flores [Winograd & Flores 1986], Ch. Floyd [Floyd 1987], P. Ehn [Ehn 1988] u. a. bestätigen dies ausdrücklich.

6) Die Einführung elektronischer Datenverarbeitung wird überwiegend wirtschaftlich begründet, wobei erwartete Rationalisierungseffekte die wesentlichen Entscheidungen motivieren.

Ob und in welcher Weise der Einsatz von Computern die Arbeitsproduktivität erhöht, ist im jeweiligen Einzelfall nicht einfach zu überprüfen. Sehr schnell besteht bei vielen Einsätzen die Bereitschaft, Rechner als Mittel zur Steigerung der Rationalität der umgestalteten Arbeit zu betrachten – mit allen positiven und negativen Wirkungen. Ökonomische Rationalität beschränkt sich aber nicht nur auf den unmittelbaren Kostenaspekt, der bei betrieblichen Entscheidungen meist vorrangig genannt wird und schnell allein durch die Zahl der eingesparten Arbeitsstunden bewertet wird. Ebenso wichtig sind die produktivitätsrelevanten Aspekte der Arbeitsorganisation, die die Einengung offener und mehr noch verborgener Spiel- oder Freiräume der Beteiligten im Arbeitsprozeß betreffen. Hier zeigt sich die Informatik wie andere Technik als Mittel der reellen Subsumtion des Arbeitsprozesses. Ihre Besonderheit gegenüber diesen allgemeinen Tendenzen des Technikeinsatzes erweist sich in einem gewissen Erfolg bei der Rationalisierung geistiger Arbeit, die bislang als nicht oder nur mit unverhältnismäßigem Aufwand maschinisierbar galt. Diese allgemeinen und besonderen Aspekte und Auswirkungen sind in einer Theorie der Informatik zu reflektieren.

Ist die Informatik also eine Rationalisierungswissenschaft? Die Frage soll hier nicht beantwortet werden, da sie Teil einer gesellschaftlicher Kontroverse ist und sicher nicht allein aus der Sicht der Informatik gesehen werden darf. Das darf aber die Diskussion derartiger Fragen innerhalb der Informatik nicht verhindern; sie müssen auch von Informatikerinnen und Informatikern gestellt, präzisiert, transparenter und diskutabler gemacht werden.

7) Die Informatik greift in die historisch entwickelte Arbeitskultur ein, ohne diesen Eingriff hinreichend zu reflektieren.

Mit den umfassenden Versuchen, Fabrik- und Büroarbeit durch den Einsatz von Rechnertechnik zu reorganisieren, werden letztlich Fragen der Arbeitskultur technischen Lösungsansätzen ausgesetzt, deren Folgen Informatiker ohne bessere theoretische Durchdringung nicht überschauen und begreifen können. So sind nicht einmal die Auswirkungen des Rechnereinsatzes auf das duale Ausbildungssystem, das die Arbeitskultur in der Bundesrepublik deutlich anders gestaltet als in anderen Ländern, hinreichend untersucht [Rauner 1988a]. Die Bemühungen vieler Forschungsprojekte in staatlichen Förderprogrammen wie ‚Humanisierung des Arbeitslebens' (HdA) oder das Programm zur ‚Sozialverträglichen Technikgestaltung' des Landes Nordrhein-Westfalen belegen, daß schwerwiegende ungelöste Probleme durch den Einsatz der Informatik entstehen. Diese sozial brennenden Fragen, die vor allem anderen von den Effekten der seit über fünfzehn Jahren steigenden Arbeitslosigkeit geprägt sind, aber ebenso andere langfristige Probleme der

‚Zukunft der Arbeit' betreffen, sind von der Wissenschaft der Informatik freilich bisher nur verschämt zur Kenntnis genommen worden. Es sind theoretische wie praktische Klärungen und Lösungsvorschläge notwendig.

Neben Rationalisierungseffekten, die die Zahl und die Gestaltung von Arbeitsplätzen berühren, zeigen sich zunehmend Auswirkungen der Informatik auf die Qualität der Arbeit und die Qualität der Produkte. Eine Steigerung dieser Qualitäten kann eine wesentliche Perspektive eines gesellschaftlich nützlichen Einsatzes der Informatik werden [Ehn 1988, Nake 1986].

8) Bei der Modellierung von Arbeitsprozessen werden sozial ausgehandelter Konsens wie offener und verborgener Konflikt abgebildet. Die Modelle der Informatik interpretieren dabei notwendigerweise die vorgefundene Situation. Informatikerinnen und Informatiker müssen sich dieser Situation bewußt werden und ihre Interpretationen offenlegen und für alle Beteiligten diskutabel und änderbar gestalten.

Für die Informatik wie für die Ingenieurswissenschaften ist die Behandlung solcher Fragen besonders schwierig, da sie in ihrem wissenschaftlichen Selbstverständnis eher von einem Konsensmodell gesellschaftlichen Verhaltens als von einem offen liegenden oder gar im Interesse der Beteiligten versteckten Konfliktmodell gesellschaftlichen Umgangs geleitet sind. Doch gerade im Arbeitsprozeß liegen offene und versteckte Arbeits- und Handlungsmotive vor, die entweder nicht konsensfähig sind oder bewußt der Konsensbildung entzogen werden (vgl. [Wiedemann 1986]). Die informationstechnische Gestaltung von Arbeitsplätzen greift in solche Konflikte manchmal bewußt und noch häufiger unbewußt ein. Es zeigt sich ein methodisches Defizit, das durch eine entwickelte Theorie der Informatik möglicherweise nicht abgebaut, aber wenigstens sichtbar gemacht werden kann.

Einige arbeitsorganisatorische Probleme lassen sich technisch lösen, andere nicht. Hier darf sich die Informatik nicht falsch als Universalwissenschaft verstehen, wo es tatsächlich nur um die Vielschichtigkeit der behandelten Probleme geht. Die Informatik als Wissenschaft muß sich dieser Problematik so offen wie möglich stellen, sie gehört zu ihrer wissenschaftlichen Substanz, deren Aufarbeitung ein Schritt zur Lösung der Software-Krise bedeuten kann.

Arbeitende Informatikerinnen und Informatiker müssen sich bewußt darüber werden, wo sie vorhandene Konfliktbereiche nicht modellieren können oder wollen, und diesen Sachverhalt allen Beteiligten am Planungs- und Rationalisierungsprozeß deutlich machen, auch wenn dies in ihrer alltäglichen Arbeit nicht immer leicht umsetzbar ist. Hier ist eine entwickelte professionelle Ethik gefordert [Coy et al. 1988, Wedekind 1987].

9) Informatikerinnen und Informatiker müssen ihre Verantwortung für die Gestaltung reorganisierter Arbeitsplätze aktiv übernehmen.

Gestaltung von Arbeitsplätzen ist keine rein technische Aufgabe, wenngleich sich Techniker bei ihrer Arbeit gerne auf die Aufzählung technischer Alternativen beschränken. Bereits die Reduktion auf das bloße Aufzählen technischer Alternativen ist ein angesichts der Komplexität der durch die Informatik behandelten Probleme ein Verzicht auf gesellschaftliche Verantwortung für die nachfolgenden Entscheidungen. Dies ist aber nur eine scheinbare Neutralität der Techniker und Wissenschaftler, die von der Verantwortung für die aus ihren Darlegungen folgenden Entscheidungen nicht freizusprechen sind. Informatikerinnen und Informatiker müssen sich ihrer offenen wie versteckten arbeitsethischen Motive bewußt werden und alle gesellschaftlichen Gruppen in die Lage versetzen, die Folgen technischen Handelns nach besten Möglichkeiten abzuschätzen. Gerade die Erkenntnis, daß die Abschätzung der Folgen technischer Prozesse oft außerordentlich schwierig ist, zeigt die Notwendigkeit eines klugen Versuches solcher Abschätzung. Es darf nicht geschehen, daß technische Prozesse mit einem nur schlecht abschätzbaren Risiko zugelassen werden, nur weil die Einschätzung dieser Risiken so schwierig erscheint.

Unter allen Umständen muß die Rolle des arbeitenden Menschen als verantwortliches Subjekt des Arbeitsprozesses gegenüber den maschinellen und materiellen Objekten des Arbeitsprozesses erhalten bleiben. Die Informatikerinnen und Informatiker müssen deshalb Systeme entwickeln, bei denen es möglich bleibt, Verantwortung zu erkennen und wahrzunehmen. Diese Problematik stellt sich in erweitertem Maße mit der beginnenden Einführung sogenannter Expertensysteme [Bonsiepen & Coy 1991, Coy & Bonsiepen 1989b].

Bei diesen arbeitsethischen Fragen sind auch die Berufsverbände und andere politische und gesellschaftliche Organisationen gefordert, wobei erste Ansätze erkennbar sind, so in der Empfehlung des Fachbereichs 8 der Gesellschaft für Informatik (GI) zu *Informatik und Verantwortung* [Coy et al. 1988] und in den Tagungen des *Forums InformatikerInnen für Frieden und gesellschaftliche Verantwortung* (FIFF) oder der amerikanischen Vereinigung *Computer Professionals for Social Responsibility* (CPSR).

Verantwortung für die Folgen des Informatikeinsatzes sind dabei nicht nur im Bereich militärischer oder ziviler Anwendungen zu sehen. Sie betreffen genauso die Kernbereiche der Informatikforschung, wie z. B. Fragen der Rechengenauigkeit [Kulisch 1986], der Fehlertoleranz von Hardware, der Programmierfehler [Valk 1987], der Datensicherung oder der Compiler-Sicherheit. In diesem letzten Punkt mag die vom US-Verteidigungsministerium erzwungene Validierung von Ada-Compilern als beispielhaft gelten. Doch darf diese positiv einzuschätzende Aktivität nicht unabhängig von C. A. R. Hoares Kritik an geplanten Einsätzen von Ada in (über-)komplexen, kritischen Systemen gesehen werden [Hoare 1981], der ein

Grunddilemma der Informatikentwicklung deutlich macht: Systeme mit verbesserter Fehlersicherheit werden in Bereichen eingesetzt, wo diese erhöhte Fehlersicherheit unabdingbar ist, die erreichte Verbesserung aber gerade nicht ausreicht. Die Validierung von ADA-Compilern wird als Baustein für komplexere militärische Anwendungen wie in der Strategic Defense Initiative (SDI) gesehen, doch gerade der Einsatz von extrem umfangreicher und komplexer Software, wie er bei SDI notwendig scheint, wird auch mit fehlerfreien Compilern mit unwägbarem Fehlerrisiko behaftet sein und muß schon deshalb unterbleiben [Parnas 1987]. Die von C. A. R. Hoare, D. Parnas u. a. begonnene kontroverse Diskussion zeigt deutlich, wie komplex die Probleme beruflicher Verantwortung sind, aber auch, wie notwendig es ist, daß sich Informatikerinnen und Informatiker als kompetente Fachleute an dieser Diskussion beteiligen.

10) Der Computer, Produkt der industriellen Massengesellschaft, muß nicht nur Rationalisierungsmittel und Krisenverstärker sein. Er mag ein Schlüsselelement zur Überwindung einiger negativer Aspekte dieser Industriegesellschaft werden.

Daß diese Maschinen im Prinzip Mittel zur flexibleren, energie- und materialsparenden Produktion in überschaubar strukturierten Produktionseinheiten sein können, ist eines der zentralen Argumente der Herstellerwerbung, aber diese Vorstellung gehört auch zum Selbstverständnis vieler Techniker und Informatiker. Das erhoffte Potential ist von der Wissenschaft Informatik selbst präziser und konkreter zu untersuchen. Die Gestaltungsfreiheit für die Arbeitsprozesse, die mit Hilfe des Rechnereinsatzes steigt, mag Arbeitsplätze zulassen, die für viele Menschen attraktiver als die heute vorherrschenden sein mögen, wenn sie überschaubare, sinnvoll gestaltbare Arbeit und Lebensperspektiven für jeden anbieten können – sofern die gesellschaftlichen Weichen dafür gestellt werden. Hier ist Begriffs- und Meinungsbildung auch in der Informatik gefordert. Auch dies gehört zur Entwicklung einer selbstbewußten professionellen Ethik der Informatik.

Die für die industrielle Produktionsweise typische Großindustrie ist in vieler Hinsicht mit dem Argument angetreten, eine quantitative Ausweitung relativ starrer Produktion sei ökonomisch vorteilhafter als eine flexible, anpaßbare, aber quantitativ weniger produktive Technik. Die Nachteile der großtechnischen Massenproduktion, wie ihre sinnentleerende Arbeitsorganisation, ihr mächtiger Überhang an Verwaltung der Produktion oder ihre materialverschwendenden und umweltzerstörenden Wirkungen in manchen Bereichen dieser Produktion, werden durch eine neu gewonnene, anpaßbare, rechnergestützte Gestaltbarkeit in Frage gestellt. Mit Gründen technischer Rationalität verworfene gesellschaftliche Alternativen können zumindest neu diskutiert werden. Eine Theorie der Informatik mag dazu politische und gesellschaftliche Entscheidungsfähigkeiten entwickeln helfen.

Leitlinien solcher Diskussionen sind in einer Erörterung eines erweiterten Werkzeugbegriffes [Nake 1986], der Handhabbarkeit und des Computers als neuem

Medium [Petri 1983, Winograd & Flores 1986] und der Leitlinie sozialer Zweckbestimmung, wie sie in [Coy et al. 1988] entwickelt wurde, erkennbar. Die Steigerung der Qualität der Arbeit und der Qualität der Produkte könnte zum Maßstab eines gesellschaftlich nützlichen Einsatzes der Informatik werden.

11) Eine Theorie der Informatik soll helfen, die von der Informatik mitverursachten sowie die auf die Informatik einwirkenden rechtlichen und politischen Entwicklungen frühzeitig zu erkennen und offen zu legen.

Science Fiction Schriftsteller und ihre Leser im Umfeld der Künstlichen Intelligenz beschäftigen sich mit der Frage, ob Computer oder Roboter juristische Personen sind oder werden. Im Alltag steht der Einsatz der Informationstechnik unter einfacheren, überkommenen rechtlichen Randbedingungen, doch er schafft auch neue rechtliche Situationen, die von der Informatik – wo möglich – antizipiert und mit Unterstützung der Informatik zum gesellschaftlichen Konsens geführt werden müssen. Die Qualität dieser rechtlichen Probleme ist höchst unterschiedlich. Wie bei jeder neuen Technik ergeben sich Fragen nach den Haftungs- und Gewährleistungsrechten für den korrekten Einsatz und die Folgen solcher Technik. Im gleichen Kontext entstehen auch rechtliche Probleme der Konkurrenz in der geistigen Produktion, die im Sinne des Schutzes geistigen Eigentums gelöst werden müssen (über das Patentrecht oder über den Schutz durch ein Copyright), ebenso wie vertragsrechtliche Probleme, die die Erfüllung bestimmter Leistungen überwachen sollen.

Mit dem Verfassungsgerichtsurteil zur Volkszählung [Steinmüller 1984] sind Bürgerrechte bezüglich der Erfassung, Speicherung und Verarbeitung von Daten präzisiert worden; sie bedürfen rechtlicher Fortschreibung, die sich am Stand der technischen Entwicklung orientiert. Diese Reflexion des technischen Standes und seines Gefahrenpotentials kann nur in enger Zusammenarbeit mit der Informatik geleistet werden. Hier liegt eine Aufgabe im Vorfeld politischer Entscheidung, zu der Informatikerinnen und Informatiker wegen ihrer einschlägigen technischen Kenntnisse besonders herausgefordert sind. Außer im öffentlichen Raum hat das ‚Recht auf informationelle Selbstbestimmung' auch arbeitsrechtliche Relevanz, die noch keineswegs ausgelotet scheint. Im betriebspolitischen Umfeld gewinnt die Mitgestaltung an den Arbeitsplätzen zunehmendes Gewicht, in Form von Normen ebenso wie über gesetzliche, tarifliche oder andere betriebliche Mitbestimmungsrechte oder -vereinbarungen.

Und selbst die Fortschreibung des transnationalen Rechts wird mit der schnellen Entwicklung technischer Kommunikationsmöglichkeiten gefordert; man denke nur an die Nutzung von Datenbanken, die materiell im Ausland gespeichert sind, aber über die bereits vorhandenen Netze ohne relevante Zeitverzögerung im Inland genutzt werden können. Genauso sind Probleme mit dem freien Zugang zu wissenschaftliche Datenbanken im Ausland antizipierbar.

Schließlich spielt die Informatik eine wesentliche Rolle in der Modernisierung staatlich organisierter Gewaltorgane. Sowohl Polizei wie andere staatliche Dienste und der umfassend finanzierte Bereich militärischer Forschung und Ausrüstung partizipieren an den Ergebnissen der Informatik. Dies sind in der Öffentlichkeit kontrovers diskutierte Phänomene, die bereits in die Diskussion unter Informatikerinnen und Informatikern eingedrungen sind – eine Diskussion, die sowohl innerhalb der GI wie im FIFF und natürlich an vielen Arbeitsplätzen und in den Hochschulen stattfindet. Doch auch in diesem Diskussionsfeld ist die gute Absicht häufiger anzutreffen als das fundierte Argument, und es besteht ein sichtbares Verlangen nach einer besser verstandenen Theorie der komplexen Wechselwirkung zwischen Informatik und diesen Bereichen der Gesellschaft.

12) Mittel- und langfristige Auswirkungen des Computereinsatzes auf die kulturelle Produktion und Rezeption sind von einer Theorie der Informatik nach ihren Möglichkeiten zu antizipieren, zu beschreiben und diskutierbar zu machen.

Die Folgen der Integration von Informatik und Nachrichtentechnik in den elektronischen Medien sind bisher kaum absehbar und die Auswirkungen großer Netze der Post, aber auch in Firmen, sind nur schwer einzuschätzen. Falls die Vorhersagen stimmen, daß mit diesen Netzen eine Infrastruktur geschaffen wird, die mit dem Bau von Wasser- und Elektrizitätsnetzen, Eisenbahnen oder Autobahnen vergleichbar ist, muß eine sorgsame und informierte öffentliche Diskussion dieser Entwicklung erfolgen [Franck 1987, Kubicek & Rolf 1986], wobei die Informatik auf Grund ihrer technischen Führerschaft zu frühzeitiger Teilnahme verpflichtet ist.

Prognostizierte Auswirkungen dieser technischen Vernetzung auf die Massenmedien, insbesondere die zunehmende Verschmelzung von Rechnernetzen, Postdiensten und Fernsehen [Brand 1987] bedürfen aufmerksamer Bewertung. Es kann ein enormes Potential gesellschaftlichen Wandels entstehen, der über die ökonomischen und politischen Machtverhältnisse hinaus in die kulturellen Werte der Gesellschaft eingreift, ohne daß dies den Beteiligten und Betroffenen in diesem Umfang klar ist. Nicht nur die Medien und Postdienste, auch Ausbildung und Schule sind Einsatzgebiete der Informatik, auch die medizinische Versorgung wird ein weiterer Bereich wachsenden alltäglichen Wirkens der Informatik. Schlagwörter wie ‚Computer und Alltag' oder ‚Computer und Persönlichkeit' zeigen, daß diese beginnenden kulturellen Eingriffe von den Sozialwissenschaftlern bereits zur Kenntnis genommen werden. Hier sind auch Informatikerinnen und Informatiker gefordert.

Doch nicht nur die Alltagskultur wird durch den Einsatz der Informatik berührt; mittel- und langfristig kann unsere ästhetische Wahrnehmung verändert werden durch Eingriffe, die sich in den Bildenden Künsten, der Literatur, der Musik und im Film bereits abzeichnen [Nake 1974, Nake 1987a]. Noch tiefer gehen die psychischen Aus- und Wechselwirkungen des Informatikeinsatzes, um die eine gewisse Diskussion inner- und außerhalb der Informatik entstanden ist.

13) Die formalen und die maschinellen Mittel der Informatik wirken zunehmend auf andere Wissenschaften zurück. Informatik wird so auch zu einer Hilfswissenschaft anderer Disziplinen. Dies verpflichtet die Informatikerinnen und Informatiker zu einer allseitig überprüfbaren Offenlegung und Bereitstellung ihrer Methoden, aber auch zur bereitwilligen Diskussion mit diesen anderen Wissenschaften. Auch dies erfordert eine entfaltete Theorie der Informatik.

Trotz mancher offensichtlichen (und versteckten) Mängel informatischer Modellbildungen sind erste Rückwirkungen auf andere Wissenschaften zu sehen und weitere zu erwarten. Gerade für Naturwissenschaften wie Biologie, Chemie oder Ökologie, die mit mathematischen Methoden aus dem Umkreis der Differentialgleichungen und der reellen (kontinuierlichen) Funktionen nicht allzu gut zurechtkommen, bieten die diskreten Modelle der Informatik viele neue Ansatzpunkte, die wohl mit wachsender Bekanntheit breitere Wirksamkeit erzielen werden. Dies mag auch für die Gesellschaftswissenschaften und selbst für gewisse Phänomene der Physik gelten und letztlich wieder auf die Mathematik zurückwirken, von der die Informatik so viel übernehmen konnte. Auch die Methode der digitalen Simulation wird sich um so mehr verbreiten, je mehr geeignete Rechner und Programme dafür zur Verfügung stehen. In der Verbreitung informatischer Methoden und Modelle wird sich eine wesentliche Wirkung des steigenden Einsatzes von PCs in Wissenschaft und Forschung zeigen. In diesem methodischen Export zeigt die Informatik ihre Eigenständigkeit als (Hilfs-)Wissenschaft. Die Klärung der theoretischen Probleme solcher Methoden und Modelle der Informatik wird gleichermaßen Aufgabe der theoretischen (mathematischen) Informatik wie einer zu schaffenden Theorie der Informatik sein.

14) Eine Theorie der Informatik muß sich mit den Thesen und Grundannahmen der »Künstlichen Intelligenz« offen, sorgfältig und präzise auseinandersetzen.

Es scheint, daß sich die Informatik in zunehmendem Maße mit einer besonderen Variante der Forschung auseinandersetzen muß, zu der sie von Anfang an ein eigentümliches Spannungsverhältnis hatte, nämlich der Forschung im Bereich der Künstlichen Intelligenz (KI, Kognitionswissenschaft). Die enge historische, methodische und thematische Verzahnung von Forschungsthemen der KI-Forschung mit Themen der Informatikforschung mag zu einer partiellen Annäherung der beiden Gebiete führen. Dies wird sich immer wieder in der praktischen Aneignung funktionaler *spin-off*-Produkte der KI durch die fortgeschrittene Informatik zeigen, wie dies bei Programmierumgebungen, heuristischen Suchstrategien oder in der Expertensystemtechnik bereits stattfindet. Andererseits ist es nicht zu erwarten und mit dem Wunsch nach einer soliden theoretischen Fundierung auch kaum vereinbar, daß die von der KI-Forschung geäußerten Kernideologien explizit in das Selbstverständnis der Informatik übergehen werden. Hier ist eine theoretische Auseinandersetzung offensichtlich nötig [Coy & Bonsiepen 1989a, Dreyfus & Dreyfus 1987, Winograd & Flores 1986]. Erste Scharmützel haben unter eher verhaltener Beteiligung der Informatik begonnen, wobei derzeit sowohl radikale Ablehnung wie eine gewisse Öffnung der Informatik zur KI beobachtbar sind. Die Theorie der Informatik steht vor der doppelten Aufgabe, einmal die philosophischen Grundlagen der Informatik offenzulegen und zum anderen Differenzen und Beziehungen zwischen Informatik und Künstlicher Intelligenz deutlich zu machen.

Forschungen zur Künstlichen Intelligenz und das sich rasch abspaltende Arbeitsgebiet »Neuronale Netze« bieten einen (oder mehrere) Paradigmenwechsel für die Informatik an. Dies geschieht unter dem Anspruch einer von der materialen Substanz gelösten, universellen kognitiven Struktur, deren Realisierung als pure Software versprochen wird, die sowohl auf Kohlenstoff wie auf Silizium (oder GaAs?) als materiellem Träger implementierbar sei. Dies geschieht aber auch bei konnektionistischen Ansätzen unter dem Anspruch neuer »Non-Von« (Neumann-) Architekturen, die nicht mehr »programmiert« werden müssen, da sie ihre Aufgaben aus geeigneten Beispielen lernen.

Bei vielen dieser Ansprüche auf einen Paradigmenwechsel scheint es möglich, sie mit den entwickelten Methoden der Theoretischen Informatik in ihre Schranken zu weisen. Doch die eigentliche paradigmatische Herausforderung betrifft ein adäquateres Verständnis der Software-Entwicklung, das die wirklichen Probleme des Eingriffs in reale menschliche Arbeitsstrukturen, in die gewachsene Kultur gesellschaftlich bedingter Arbeit versteht und sich diesen Gegebenheiten in sozial verträglicher Weise anpaßt. Die Möglichkeit der Erleichterung der täglichen Last gehört sicher zu den großen Errungenschaften der Technik, aber die Vorstellung eines umfassenden vollautomatischen Schlaraffenlandes, das die Menschen nur noch als Schmarotzer erträgt, scheint reichlich kindisch. Dabei ignoriert diese Vorstellung die reale Arbeit bis zur Unkenntlichkeit und führt dort, wo sie durchgesetzt wird, schnell zur Lähmung der Produktion, wie die zahlreichen »CIM-Havarien« beweisen. Statt sich mit der fruchtlosen Vorstellung einer kognitiven Gleichwertigkeit von Mensch und Maschine und dem unerreichbaren Fernziel umfassender Vollautomatisierung von Produktion und Verwaltung abzugeben, sollte sich die Informatik in ihrem Selbstverständnis besser die Vorstellung einer ‚kontrastiven Analyse‘, wie sie von dem Arbeitspsychologen Walter Volpert entwickelt wurde [Volpert 1987a], zu eigen machen, bei der Maschine und maschinisierter Arbeitsplatz zur Ergänzung menschlicher Fähigkeiten konstruiert werden.

Zusammenfassend läßt sich feststellen: Die Informatik leidet wie alle technischen Wissenschaften unter einem Mangel an offengelegter, diskutierbarer, philosophisch fundierter Substanz. Dies ist der Ausgangspunkt einer zu entwickelnden Theorie der Informatik. Die vorherigen Thesen sollten zeigen, daß die Grundlagen der Informatik nicht nur in einer soliden mathematisch-formalen Fundierung bestehen können, so unverzichtbar diese letztlich sein mag, sondern daß eine umfängliche

Klärung des Verhältnisses der Informatik zu den benachbarten Wissenschaften und ihren Anwendungsfeldern in der Gesellschaft dringend geboten ist. Denktraditionen, gesellschaftliche und kulturelle Leitbilder, die Verflechtungen der Informatik mit anderen Bereichen sind in und außerhalb der Informatikwissenschaft zu erkennen, zu benennen, diskutierbar und bewertbar zu machen. Der Prozeß von Veränderung und Bewahrung soll durch solch einen Erkenntnis- und Diskussionsvorgang einer zufälligen und nicht bewußten Entwicklung entzogen werden.

Die bisher benannten Phänomene belegen letztlich, daß die Informatik nun in einem Alter ist, in dem sie sich ihrer eigenen Geschichte nicht mehr länger verschließen darf. Auch diese gehört nicht einfach nur in eine – wie immer geartete – Technikgeschichte, sondern muß zumindest als Ideengeschichte Teil einer Theorie der Informatik sein.

Durch ihre sozialen Auswirkungen und nicht zuletzt durch die heftig fortschreitende Durchdringung immer weiterer gesellschaftlicher Bereiche steht eine Theorie der Informatik vor unmittelbar aufzugreifenden Aufgaben. Dies gilt, selbst wenn die Fragen im Konkreten nicht allein von der Informatik beantwortet werden können oder sollen, da der Ausgangspunkt dieser Fragen im Gegenstandsbereich der Informatik liegt, wenngleich er weit über diese hinausgeht. Die Informatikwissenschaft darf als Mitverursacher diesen Phänomenen gegenüber nicht einfach sprachlos bleiben.

Sicher ist dies nur eine vorläufige und unvollständige Problembeschreibung, die in jedem Punkt zu kontroverser Diskussion einladen mag und soll. Doch gerade kontroverse Reaktionen zeigen: Wir brauchen eine Theorie der Informatik!

Sichtwechsel
Informatik als Gestaltungswissenschaft

Arno Rolf

Die Informatik versteht sich als Nutzenforschung, die Verfügungswissen, d. h. über kurz oder lang praxisrelevantes Fachwissen, bereitstellen will. Forschungen, die Orientierungswissen erarbeiten, um festzustellen, was man machen soll und nicht nur, was man machen kann, sind nicht Teil dieser Sichtweise. Sie haben im traditionellen Verständnis ihren Platz in den Geistes- und Sozialwissenschaften.

Dieses Verständnis von Informatik und wissenschaftlicher Arbeitsteilung ist brüchig geworden. In der Informatik finden sich mittlerweile einige Ansätze, die diese Trennlinie überwinden und zu einem erweiterten Verständnis der Informatik kommen wollen. Einige sind in diesem Buch dokumentiert. Gebündelt sind es drei Stränge, die über die klassische Sichtweise der Informatik hinausweisen:

(1) Die Frage nach den Wirkungen von Informatiksystemen und der Verantwortung des Informatikers [Lenk 1987; in diesem Buch die Beiträge von Stransfeld, Mahr, Lutterbeck/Stransfeld und Schefe].

(2) Die Frage nach dem disziplinären Kern der Informatik, also dem Spezifischen, Einmaligen, Unterscheidbaren, Unveränderbaren, Zeitlosen der Informatik; er wird darin gesehen, daß die Informatik den technischen Umgang mit Wissen [Luft] bzw. Informationen [Fuchs-Kittowski] bzw. Sprache, verstanden als Codierung von Vorstellungen [Seetzen, alle in diesem Buch] zum Gegenstand hat, sowie in der Eigenschaft des Computers als symbolverarbeitende Maschine [Adam 1971, Heibey et al. 1977; in diesem Buch die Beiträge von Nake und Raeithel].

(3) Die Frage nach Zweck und Sinn der Informatik, die in ihren Anwendungen [Capurro 1990] und hier insbesondere in der Analyse und (Re-)Organisation der Arbeit [Coy 1989, Ehn 1988] bzw. in der Maschinisierung von Kopfarbeit [Nake, in diesem Buch] gesehen werden.

Diese mehr oder minder deutlichen Aufforderungen zum Paradigmenwechsel sind innerhalb der Informatik (noch) eine Randdiskussion. Häufiger sind Diskussionen, die eher versteckt darauf hinweisen, daß die aus Mathematik, Ingenieur- und Naturwissenschaft entlehnten Theorien, Modelle und Methoden die Anwendungsprobleme in der Praxis nur unzureichend lösen; und Diskussionen über die ausbleibenden Antworten der Informatik auf die universelle Nutzung von Computern und Informatik-Werkzeugen. Die wachsenden Probleme bei der Software-Gestaltung

(Software-Krise, Komplexitäts- und Wartungsprobleme) verweisen auf die Unzulänglichkeit der bloß technischen Orientierung. Die zunehmenden gesellschaftlichen Anforderungen an die Informatik (hier v. a. die Informatisierung vieler Anwendungsbereiche und fast aller Wissenschaften), lassen sie zuweilen als neue Universalwissenschaft erscheinen. Dieser eher aus der Praxis als aus der Informatik kommende Sichtwechsel macht zweierlei deutlich: die theoretischen Grundlagen der Informatik sind offensichtlich keine ausreichende Theorie der Informatik, und Informatik ist mehr als computer science; sie umfaßt auch Gestaltung und Anwendung.

Was ist eine »angemessene« Sichtweise der Informatik?

Die Fragen nach Folgen und Verantwortung, nach dem Kern der Informatik und nach Zweck und Sinn der Informatikforschung sind grundlegend für die Theoriebildung der Informatik. Mein Ausgangspunkt wird jedoch zunächst ein anderer sein; er beginnt mit der Frage, was heute und für die überschaubare Zukunft eine »angemessene« Sichtweise der Informatik sein kann – angesichts der vielfältigen Anforderungen und der Tatsache, daß die Informatik heute universell genutzt und massiv in den Wandel der Industriegesellschaften eingreift; anders als zu Beginn ihrer Entwicklung, als Modelle, Methoden und Auswirkungen relativ eng begrenzt waren.

Eine »angemessene« Sichtweise sollte vor allem drei Dinge leisten. Sie sollte erstens einen Rahmen bereitstellen, in dem der laufende Diskurs zur Theoriebildung Platz hat, und in dem Begriffe an den Standards, die Wissenschaftstheorie und Philosophie vorgeben, überprüft werden können. Dazu wird insbesondere die Frage gehören, ob die Konzentration auf ihren disziplinären Kern, und hier die Sichtweise der Informatik als Technische Semiotik, eine ausreichende Grundlage für die Theoriebildung sein kann.

Sie muß zweitens Funktion und Potentiale der Informatik und IuK-Techniken beim Wandel der Industriegesellschaften sowie den daraus resultierenden Gestaltungsprozeß mit seinen Folgen sichtbarmachen; dieses Orientierungswissen ist Voraussetzung für die immer wieder angemahnte Übernahme von Verantwortung durch den Informatiker. Es verortet sein Handeln und seine Rolle bei der Gestaltung der Industriegesellschaft, es vermittelt ihm sein Eingebundensein.

Drittens sollte eine »angemessene« Sichtweise der Informatik über die Diskussion von disziplinärem Kern, Zwecksetzung, Analyse ihrer Phänomene und Begriffe sowie ihrer Eingriffe in die Industriegesellschaften hinaus die Entwicklung von Vorstellungen zu einer wünschenswerten Entwicklung der IuK-Techniknutzung ermöglichen.

Die Formulierung von Kriterien für eine »angemessene« Sichtweise der Informatik ist die eine Seite; auf der anderen Seite ist zu fragen, unter welchem Paradigma diese

Forderungen und Ideen zusammenfließen können. In jedem Fall wird dies eine Öffnung der Informatik zu anderen Disziplinen erfordern. Eine Öffnung über die Ingenieurssichtweise hinaus wird vermutlich bedeuten, daß Informatik und Ökonomie, Sozialwissenschaften und Philosophie sich wechselseitig durchdringen müssen. Dies wird man sich eher als einen symbiotischen, die Orientierungen der Informatik verändernden Prozeß als eine selektive Vornahme von Anleihen bei anderen Fachdisziplinen vorzustellen haben.

In den folgenden Abschnitten werde ich eine Sichtweise der Informatik als Gestaltungswissenschaft begründen (s. in diesem Buch auch die Beiträge von Volpert, Falck, Nake, Siefkes). Die Motivation zur Entwicklung dieser Sichtweise liegt vor allem darin, daß die bestehenden Modelle und Methoden kaum Raum lassen, Begriffe und Phänomene zu klären, und ebenso wenig für Fragestellungen, die die Risiken aber auch Chancen der Informatikgestaltung betreffen. Die Chancen werden der Informatik zumeist durch mehr oder minder berufene Zukunftsforscher oder Leitbilder der Medien und Industrie vorgegeben. Eine Gestaltungswissenschaft Informatik will sich damit ebenso wenig zufriedengeben wie mit der Gegebenheit, daß alle Folgen und Risiken als »Umgestaltung« unter den Tisch der Informatik fallen und die Entsorgung einzelnen Betroffenen, der Allgemeinheit oder anderen Wissenschaften überlassen wird.

I. Sichtwechsel: Informatik als Gestaltungswissenschaft

> »Studiengestaltung, Feiergestaltung, Reisegestaltung, Modegestaltung, Raumgestaltung, Tischgestaltung, Gartengestaltung – und die dazu gehörigen geprüften Spezialgestalter. In solchen Montagen ... ist das vordem seltene Wort »Gestaltung« üppig ins Kraut geschossen ... das Wort ist längst ins Freiland gekommen und wuchert in ihm in allen seinen Sektoren als Unkraut. Seine grammatische Unbestimmtheit hat sich vereinfacht, niemand, der von derlei Gestaltungen redet oder hört, denkt an etwas anderes als eben an ein Machen, an ein Aus- und noch mehr an ein Durchführen: das Wort hat man verallgemeinert und um seinen Sinn gebracht.«
>
> Sternberger, Storz, Süskind, 1945

Der Gegenstand der heutigen Informatik ist die (konstruktive) Gestaltung von technischen Artefakten. In diesem Sinne gestaltet der Informatiker immer, er kann, wie Walter Volpert betont, »nicht nicht gestalten« [Volpert, in diesem Buch]. Das Hervorgebrachte, egal ob Software oder Hardware, ob gelungen oder mißlungen, ist durch den Gestaltungsprozeß vorhanden. Es entspricht dem Selbstverständnis der Informatik, durch Konstruieren und Entwickeln technischer Artefakte etwas hervorzubringen. Und daher ist es für sie unmöglich, nicht zu gestalten. Einzuhalten, um zu erhalten, ist nicht Teil des Gestaltungsbegriffs, an dem sich die heutige Informatik orientiert.

Als Ausgangspunkt, um zu einer »angemessenen« Sichtweise der Informatik zu gelangen und von dem aus der Diskurs mit anderen Disziplinen organisiert werden kann, wird hier vorgeschlagen, Gestaltungsbegriff, Gestaltungszwang, Gestaltungsziele und Gestaltungsprozeß der Informatik in den Mittelpunkt zu stellen. Wenn Gestaltung (technischer Artefakte) ein wesentlicher Gegenstand der Informatik ist, so sollte es hilfreich für die Theoriebildung der Informatik sein, Gestaltung zum Thema zu machen.

Gestalten heißt nicht nur »Herstellen« sondern auch »Interpretieren« und »Verstehen«

Dies ist ein doppelter Sichtwechsel: er enthält zum einen die Aufforderung, Gestalten und Handeln der Informatik, wozu ich sowohl die Forschung und Entwicklung der Informatik wie die Software- und Systemgestaltung zähle, ins Zentrum zu rücken. Darüber hinaus fordert dieser Sichtwechsel auf, den heutigen Gestaltungsbegriff der Informatik zu reflektieren und zu überwinden. Es wird stattdessen ein Gestaltungsbegriff gefordert, der nicht nur auf das Machen und Konstruieren, das Aus- und Durchführen abstellt, sondern das Zusammenspiel von Verstehen und Herstellen in den Vordergrund rückt. Dieser Gestaltungsbegriff schließt auch künstlerisches Schaffen und kreative Arbeit mit ein.

Für die Informatik haben meines Wissens als erste Winograd und Flores in ihrem Buch »Understanding Computers and Cognition« auf diesen hermeneutischen »Doppelcharakter« von Gestaltung (im englischen Originaltext: Design) aufmerksam gemacht und auf die Chancen für die Informatik-Theoriebildung hingewiesen, sofern sie beabsichtigt, sich nicht auf das Funktionieren von Informatiksystemen zu beschränken [Winograd & Flores 1986]. Gestaltung ist für sie immer Eingreifen in Arbeits-, Produktions-, Lebens-, Qualifikationsprozesse; genau dieses tut die Informatik heute wie kaum eine zweite Wissenschaft.

Gestaltung ist, so Winograd und Flores, Teil des Tanzes, in dem sich die menschlichen Entwicklungsmöglichkeiten immer aufs neue generieren. Durch Gestaltung verändert sich menschliches Bewußtsein und Handeln; sie ist eingebunden in Tradition und Kultur, zugleich ist sie auf die Zukunft orientiert und antizipiert neue Formen des Zusammenlebens und des Umgangs. Der Gestaltungsprozeß, so Pelle Ehn, vollzieht sich im Schnittpunkt von Politik und Ökonomie, Kunst und Technik. Gestaltung verstehen heißt darüber hinaus auch Auseinandersetzung damit, wie eine Gesellschaft Innovationen hervorbringt, deren Umsetzung wiederum die Gesellschaft insgesamt verändert [Ehn 1988].

Informatiker und Software-Gestalter werden dem entgegenhalten, daß Gestalten nie allein ein Machen ist, sondern das Verstehen voraussetzt. Indes beschränkt sich dieses Verstehen auf das Begreifen der technischen Möglichkeiten und Zusammenhänge, es verengt sich auf Funktionen und Funktionalität; es geht um das Erkennen der technischen Logik. Alle Erkenntnismöglichkeiten »jenseits des Pflichtenheftes« werden ausgeblendet, z. B. soziale und ökologische Wirkungen von Informatiksystemen. Dieses Gestalten ist nur ein Konstruieren.

Insofern enthält unser Gestaltungsbegriff auch ein Stück Utopie: Informatikgestaltung als Symbiose des technisch Möglichen und des sozial Wünschbaren

[Rauner 1988b]. Er fordert die Informatik und Informatiker heraus, Verantwortung anzunehmen; Gestalten hat dann viel damit zu tun, wie Dirk Siefkes betont, etwas »Auf-menschliche-Weise-zu-Machen«.

Diese »Gestaltung mit Bekümmerung« relativiert das »pure Design« der konstruktiven Informatik- und Software-Gestaltung, und macht ihre ausschließliche Orientierung am technischen Verstehen und Herstellen als Prozeß der Selektion und Isolierung deutlich [Volpert, in diesem Buch]. Dieses traditionelle Verfahren gestattet allerdings, daß der Blick für die Folgen des eigenen Tuns verhindert wird und die Thematisierung der Eingriffe in Lebensprozesse übersehen werden kann.

Mit der Aufforderung, Informatiker sollten ihre Tätigkeit in diesem Sinne als Gestaltungsaufgabe auffassen, wird eine tiefgreifende Veränderung im Selbstverständnis verlangt; denn, und darauf weist Dirk Siefkes hin, Informatiker und Ingenieure konstruieren, wohingegen vor allem Geistes-, Sozialwissenschaftler und Juristen interpretieren, Architekten dagegen wollen gestalten: »Verstehen und Herstellen, Interpretieren und Konstruieren, sind zwei so gegensätzliche Tätigkeiten, daß wir entsprechende Menschentypen unterscheiden: die Denker und die Macher – wie eben in den Wissenschaften die Konstrukteure und die Interpreten« [Siefkes, in diesem Buch]. Dennoch ist dieses Dilemma nicht auflösbar, es ist Ausdruck der klassischen Arbeitsteilung der Wissenschaften. In der Überwindung dieser strengen Arbeitsteilung liegt die eigentliche Herausforderung für die Informatik und die Informatiker.

Der Sichtwechsel zu einer »grundlagenorientierten Gestaltungsforschung« schafft den Rahmen für die theoretische Fundierung der Informatik

Winograd und Flores stellen dem Herstellen ein Interpretieren und Verstehen voran, dadurch schaffen sie die Voraussetzung, IuK-Techniken und Informatikentwicklung über ihre Erscheinungsformen hinaus begreifen zu können. Sie bereiten so eine theoretische Grundlage vor, die offen ist für die Fundierung und Erweiterung der Informatik, auch durch andere Wissenschaftsdisziplinen. Sie gehen einen Schritt zurück, um das implizite Verständnis von Gestaltung untersuchen zu können, das als Teil der bestehender Denktraditionen technische Entwicklungen steuert: »nur durch Aufdecken dieser Tradition und durch explizites Bewußtmachen ihrer Hintergrundannahmen können wir uns selbst für Alternativen und für sich daraus ergebende neue Gestaltungsmöglichkeiten öffnen« [Winogrd & Flores 1986, S.21].

Bislang haben sich Versuche, die traditionelle Ingenieurssichtweise der Informatik hin zu einer grundlagenorientierten Gestaltungsforschung zu erweitern, auf Modelle und Methoden der Software- und Systemgestaltung konzentriert [Floyd 1981, Ehn 1988]. Die hier vorgeschlagene Gestaltungsforschung will darüberhinausgehen und die Orientierungen und Entwicklungen, die bestimmte Wege der Informatik hervorbringen, die in der Informatik verbreiteten Vorstellungen, Phänomene und verwendeten Begriffe verstehen um so eine Fundierung der Informatik an von anderen Disziplinen erarbeiteten Standards zu erreichen.

Ich möchte einige dieser Phänomene, Begriffe und Beziehungen beispielhaft nennen, um die sich eine gestaltungsorientierte Grundlagenforschung kümmern muß.

Verstehen der Begriffe und Phänomene: Sprache, Information, Wissen

Um die Rolle der Sprache für die Gestaltung von Informatiksystemen zu verstehen, müssen wir die naive, in der Informatik aber übliche Sichtweise von Sprache als Transportmittel von Informationen hinter uns lassen. Die Welt ist keine Sammlung von interpretationsunabhängigen Fakten, und Informationen repräsentieren deshalb keine objektive Wirklichkeit; Sprache ist nur in der Triade Interpret -Sache -Interpretation zu verstehen. Sprache vermittelt und formt Wertorientierungen, Leitbilder etc. Computer verlangen die Semiotisierung der Dinge und Prozesse; Zeichen verlieren durch den Computer ihre vom Menschen gesetzte Semantik und Pragmatik [Nake in diesem Buch]. Wenn die Informatik ihr bisheriges Grundverständnis in dieser Weise in Frage stellt, dann werden sich, so [Capurro 1987], ganz neue Horizonte in Forschung und Praxis der Informatik eröffnen[2].

Verstehen der Beziehung zwischen Systemtheorie und Informatik

Die Systemtheorie ist ein wesentliches Fundament der Informatik; zuweilen scheint es so, daß die Informatik ihre Aussagen als universelle, letztgültige Rationalität wahrnimmt; ohne die Systemtheorie verliert eine Vielzahl ihrer Modelle ihre Gültigkeit. Hinter der klassischen Systemtheorie verbirgt sich die Vorstellung, die Welt erkennen zu können, wie sie objektiv ist. Die Vertreter des Radikalen Konstruktivismus (Maturana, Varela, v. Förster) und vereinzelt auch Informatiker (Nygaard mit seinem Perspektivenkonzept, und Siefkes mit seinen »Kleinen Systemen«) bezweifeln dies und sprechen davon, daß wir stets nur unseren Ausschnitt von Welt erkennen; ein System ist dabei immer das, was ein Beobachter als »geordnete Ganzheit« wahrnimmt. »Und weil es immer eine Vielzahl von Beobachtern gibt, ist Wahrheit abhängig von deren Standpunkt. Sie wird plural, statt einer gibt es viele Wahrheiten ... Unsere Weltbilder sind also nichts als innere Raster, die es uns erlauben, die Welt zu vereinfachen und irgendwie beherrschbar zu machen« [Wagner 1991, S.35]. Die Informatik muß reflektieren, was dieser Paradigmenwechsel, der in Biologie, Sozialwissenschaft, Organisationstheorie und Psychologie heftig diskutiert wird, für ihre Modelle bedeutet. Bislang hat diese Diskussion nur die Künstliche Intelligenz erfaßt [Varela 1990]; es ist zu vermuten, daß er darüberhinaus insbesondere Konsequenzen für die Software- und Systemgestaltung, für die Modelle der Rechnervernetzung und für die Software-Ergonomie hat.

Verstehen der Technikfolgen (insbesondere für Arbeit und Umwelt)

---

[2] Siehe hierzu auch den Abschnitt: »Gestaltungsorientierte Informatik« oder »Technische Semiotik« – ein Gegensatz?

Hier geht es zum einen um Technikfolgen, die aus den Grundeigenschaften der Technik bzw. den Bedingungen und Grenzen resultieren, die die Technik setzt [Heibey et al. 1977]; sie sind zu unterscheiden von den Wirkungen, die sich aus spezifischen Orientierungen oder Kontexten der Nutzung und Gestaltung ergeben. Hier kann die Informatik auf ein Vielzahl von sozial- und arbeitswissenschaftlichen Forschungsergebnissen zurückgreifen. Das Problem ist also weniger ein Mangel an Forschungsbefunden; ungeklärt ist vielmehr die Frage der Integration in die Informatik: wie wären bestehende Modelle und Methoden zu erweitern oder zu verändern? Eine grundlagenorientierte Gestaltungsforschung sollte sich insbesondere an drängenden gesellschaftlichen Problemstellungen orientieren und deshalb die Wirkungen der Informatik auf Arbeit und Umwelt vorrangig betrachten.

Eine »gestaltungsorientierte Informatik« ist mit dem Wandel der Industriegesellschaften verknüpft

Die Informatik geht in ihren Modellen, Methoden und Theorien von einer »Labor-Orientierung« aus, das heißt sie bewegt sich in ihrem »Kästchen Informatik«, ohne sich mit ihren gesellschaftlichen Inputs und Outputs auseinanderzusetzen; sie unterstellt, ohne dies wirklich zum Thema zu machen, daß technischer Fortschritt durch technische Logik oder ökonomische Weltmarktzwänge hervorgerufen wird. Die Informatik versteht sich als ein dem technisch-wissenschaftlichen Fortschritt verpflichtetes, »freischwebendes« Projekt; die Verknüpfung und Auseinandersetzung mit Entwicklungs-Bedingungen oder Entwicklungs-Prozeß der Informatik und ihrer Nutzung ist ebenso wenig ihr Thema wie die Auseinandersetzung mit ihrer Funktion beim Wandel der Industriegesellschaften.

Die Informatik muß nach meiner Auffassung einbeziehen, daß sie in einem Wechselverhältnis zum »Projekt« Industriegesellschaft steht: einerseits geben die Industriegesellschaften Bedingungen für die Informatikentwicklung und -forschung vor, andererseits ist die Informatik mit ihrer Mischung aus technischen Potentialen und verborgenen Orientierungen und Leitbildern beteiligt an der Ausgestaltung der Industriegesellschaften. Informatik ist kein Selbstzweck, sondern eine zentrale Disziplin bei der Modernisierung der Industriegesellschaften. Dies ist ein Gestaltungsprozeß, den die Informatiker verstehen sollten und der Teil des Informatik-Gebäudes sein sollte.

Ein gestaltungsorientierter Ansatz kann der Informatik helfen, ihre »Labor-Orientierung« zu überwinden, indem der Forschungs- und Gestaltungsprozeß ins Zentrum gerückt wird. Die Informatik wird dadurch um die Dimension Orientierungswissen ergänzt.

Damit wird auch deutlich, daß es nicht ausreicht, wenn sich die Informatik lediglich mit der Gestaltung von Software und betrieblichen Systemen beschäftigt. Software-Entwicklung und Reorganisation von Arbeit sind eingebettet in den Makrokosmos »Technikgestaltung und Gesellschaft«. Deswegen darf sich eine Theorie der Informatik nicht auf die Methodik planmäßigen Gestaltens von Software und Systemen beschränken. Mit Hilfe der Informatik und IuK-Techniken wird es möglich Realität zu konstruieren und umzugestalten, nicht nur Arbeit und Arbeitsorganisation, sondern Branchen, Märkte, aber auch Natur und Kultur.

Eine »gestaltungsorientierte Informatik« gibt dem, »was wir uns wünschen, Inhalt und Form«

Informatik, so der Ausgangspunkt, »gestaltet« immer und greift damit in ein Netzwerk von sozialen Beziehungen ein. Es wurde daraus ein Sichtwechsel für die Informatik begründet, der die von ihr ausgehenden Umgestaltungen explizit macht.

Die Verknüpfung von Verstehen und Herstellen kann nicht nur bedeuten, die derzeit üblichen Formen des Herstellens und Handelns zu verstehen und zu interpretieren. Es geht auch darum, eigene sozialverträgliche Handlungsnormen und Gestaltungsorientierungen zu reflektieren und zu begründen. Die Verantwortung des Informatikers endet nicht mit dem Verstehen und Interpretieren, woraus dann vielleicht ein Einhalten folgt; sie muß sich in Gestaltungszielen und veränderten Leitbildern umsetzen. Die Diskussion über Ethik und Verantwortung des Informatikers ist dann eine notwendige Vorstufe, sie kann nicht nur das Einhalten rechtfertigen, sondern Klarheit bringen für sozialverträgliches Herstellen und Handeln.

Bei den derzeit diskutierten sozialverträglichen Gestaltungsorientierungen fällt die Konzentration auf die Dimension Arbeit und den Software- und Systemgestaltungsprozeß auf. Dies hängt damit zusammen, daß der Gegenstand der Informatik insbesondere in der Reorganisation der Arbeit (Coy) bzw. in der Maschinisierung von Kopfarbeit (Nake) gesehen wird. Beispiele sind Volperts Normen, die er der »kontrastiven Arbeitsanalyse« zugrundelegt, oder Ehns Gestaltungsziele: Demokratisierung des Arbeitsplatzes und Verbesserung der Qualität der Arbeit. Verschiedene Autoren benennen ihre Normen nicht explizit, sondern lassen ihre Sympathie für Bilder, von denen sie geleitet werden, durchschimmern: oft drückt sich dies in Metaphern wie »Werkzeug« oder »Kleine Systeme« aus.

Nach meinem Verständnis muß die Informatik über die Orientierung an sympathischen Leitbildern hinauskommen und ihr Herstellen und Handeln an prinzipiellen gesellschaftlichen Problemen orientieren; ich nenne Gestaltungsorientierungen, die mir wichtig sind und wo ich vermute, daß die Informatik durch ihre Anwendung im Negativen wie im Positiven besonders wirksam ist bzw. sein kann: die Herstellung menschenwürdiger Arbeitsbedingungen und die Wiederherstellung einer intakten Umwelt.

Die Beziehung Informatik und Arbeit ist in der Vergangenheit schon sehr grundsätzlich behandelt worden, dies gilt nicht für das Verhältnis Informatik und Ökologie. Sie wurde bislang von der Wirkungsforschung übersehen, wohingegen sich die Informatik allein auf die Gestaltungsseite gestürzt hat: die Umweltinformatik entwirft z. B. computer-gestützte Meßnetze oder Simulationsmodelle für Ökosysteme; Mikroelektronik und Informatiksysteme erhöhen die Energie- und Materialproduktivität; sie sind auch in der Lage, Schadstoffbelastungen zu reduzieren. Diese Gestaltungsansätze sollten aus ihrem Dasein an der Peripherie (als Bindestrichinformatik) herausgeholt werden. Dies scheint mir aber nur die eine Seite der Beziehung zu sein.

Die Janusköpfigkeit des Verhältnisses Ökologie und Informatik liegt darin, daß die durch die Informatik mitverursachten Produktivitätssteigerungen in der geltenden Wachstumslogik neue Nachfrage nach sich zieht: Informatik und Ökonomie verknüpfen sich häufig zum Credo des »schneller, höher, weiter«, oft zu Lasten der Ökologie. Diese Beziehung hat zur Entfaltung von Produktivkräften und zu ökonomischen Strukturen geführt, mit der Folge immer weiterer »Entgrenzungen« in der Nutzung von Zeit und Raum und zur »Grenzenlosigkeit« im Gebrauch von Energie, Rohstoffen und Landschaft. Dem entspricht, was heute Alltagserfahrung ist: die rastlose Erzeugung neuer Produkte und Verfahren, das industrielle Eindringen in die letzten Zonen der Natur, die Ausbeutung verbliebener Zeitreservate. Die Informatik hat für diese Entwicklung »Werkzeuge« in Form von Beschleunigungs- und Globalisierungstechniken zur Verfügung gestellt.

Die schwierige Aufgabe, die sich einer Gestaltungsforschung stellt, liegt darin, die verdeckten technisch-ökonomisch-ökologischen Wirkungsketten nicht nur zu verstehen, sondern Handlungsnormen und Gestaltungsorientierungen für die Informatik zu entwickeln. Dies hat sie für die Dimension Arbeit schon ein gutes Stück weit geleistet, für die Ökologie liegen nur wenige Ansätze vor.

Die Informatik sollte einbeziehen: Natur und Technik sind zwei Seiten, die unser Leben bestimmen; das eine aufzugeben, um das andere zu erhalten, ist nicht möglich. Es geht um die Suche nach dem Gleichgewicht, wobei die Informatik derzeit zugleich stabilisiert und destabilisiert, aber nur die Sonnenseite betrachtet.

Zusammenfassung

Die Sichtweise, die hier vorgeschlagen wird, rückt Gestaltungsbegriff, Gestaltungsprozeß, Gestaltungszwang Gestaltungsnormen der Informatik ins Zentrum. Es ist nicht der Versuch, den »großen Theorieentwurf« oder ein Curriculum-Konzept zu präsentieren, vielmehr eine mögliche Sichtweise, die helfen soll, mit der Informatik »besser« umzugehen und ihre Chancen und Risiken zu verstehen.

Eine gestaltungsorientierte Grundlagenforschung verschließt sich nicht der Notwendigkeit der mathematischen, physikalischen, elektro- und nachrichtentechnischen Fundierung der Informatik. Sie allein reicht allerdings nicht für die theoretische Begründung der Informatik aus; wissenschafts- und sprachtheoretische, anthropologische, sozial- und arbeitswissenschaftliche Fundierungen müssen hinzukommen, auch wenn dies zunächst als Überforderung der Informatik erscheint [vgl. Luft, in diesem Buch]. Dadurch wird erreicht, daß das technikorientierte Begriffssystem der Informatik durch ein human- und geisteswissenschaftliches korrigiert und ergänzt wird; es eröffnet die Chance, zentrale Begriffe der Informatik wie Objekt, Zeichen, Logik, Regel, Komplexität, Werkzeug, Sprache, Wissen, Information in

Festlegungen zu verwenden, die auch ihrer Fundierung innerhalb der Humanwissenschaften Rechnung tragen (vgl. [Boos-Bavnbek & Pate 1989]).

Die Informatik hat viele Anwendungsbereiche mit ihren Produkten und ihrer Logik durchdrungen und ist bereits in viele Wissenschaftsdisziplinen eingedrungen. Dies alles läßt Befürchtungen aufkommen, daß sie sich schleichend den Thron für eine »neue« Universalwissenschaft errichtet; unter diesem Dach, so Walter Volpert in diesem Buch, könne sich dann der allseitige Dilettant einrichten. Die Gefahr dieser »imperialistischen Manier« ist nicht von der Hand zu weisen, indes liegt hierin eine Chance, die immer wieder angemahnte Interdisziplinarität konkret werden zu lassen. Sie setzt den Diskurs voraus, der Verstehen, Zusammenwachsen und die Herausbildung neuer Schnittstellen, sinnvoller Arbeitsteilungen und Schwerpunkte voranbringt. Es kann sich daraus eine wissenschaftliche Kultur entwickeln, in der bislang zu enge Sichtweisen, Methoden und Modelle überwunden werden. Es gibt letztlich keine Alternative zu diesem Weg, dieser Prozeß wird ansonsten gänzlich unkontrolliert verlaufen.

II. »Gestaltungsorientierte Informatik« oder »Technische Semiotik« – ein Gegensatz?

Die derzeitige Informatik geht in großen Teilen von der Fiktion aus, daß Dinge und Vorgänge der Wirklichkeit eindeutig und unproblematisch repräsentiert werden können, wobei die Abbildung in Zeichen die Voraussetzung für die maschinengerechte Verarbeitung bilden. Der Kunstgriff dieser Sichtweise besteht darin, so Sybille Krämer, eine kognitive Tätigkeit, bei welcher wir Symbolen Bedeutung zuweisen und mit ihnen interpretierend umgehen, so umzustrukturieren, daß die Symbole nach Regeln interpretiert werden können, die keinen Bezug mehr nehmen auf Bedeutung, Wertigkeit und Kontextbezogenheit [Krämer 1990]. Die zentrale Aufgabe der Informatik besteht dann darin, geistige Prozesse, die stets auch eine wesentliche formale Seite besitzen und als berechenbare Funktion beschrieben werden können, außerhalb der Subjekte zu realisieren [Nake, in diesem Buch]. Mit diesem Formalisierungsprozeß findet eine doppelte Reduktion statt: von Sinn (Pragmatik) auf Bedeutung (Semantik) sowie von Bedeutung auf Zeichen und Algorithmen [Stransfeld 1992, S.23]; dies wird in dem Augenblick bedenklich, wo dieser Reduktionsprozeß nicht bedacht wird, und die Abbildung zum allgemeingültigen Prinzip und Grundpfeiler der Theoriebildung wird.

Anders als die traditionelle Sicht, die die Transformation von Objekten in Zeichen, von Informationen in Daten und von Handlungen in Operationen und Algorithmen für unkritisch hält, weisen Kritiker daraufhin, daß die unterstellte naive Abbildtheorie kein tragfähiges Fundament für die Theoriebildung der Informatik sein kann; es wird betont, daß die Formalisierung Handlungen von Person und Kontext des Handelns trennt und Dinge und Vorgänge aus ihrem ursprünglichen, sozial und kulturell vermittelten Umfeld löst. Bei dieser Sicht werden dann vor allem Vorgänge der Dekontextualisierung und Entpersonalisierung bzw. der Rekontextualisierung und Repersonalisierung zum Thema. Denn mit der Operationalisierung einer Handlung wird von der Personalität des Handlungssubjektes abgesehen, und damit geht der Verlust ihrer ethischen Dimension einher: »Handlungen sind Vorkommnisse, die der Rechtfertigung fähig sind. Von einer Handlung zu sprechen heißt, eine Person vorauszusetzen, der wir die Handlung zurechnen können: die Verantwortung trägt und für ihr Tun somit zur Rechenschaft gezogen werden kann« [Krämer 1988].

Angesichts der Bedeutung, die Zeichenprozessen und dem Prozeß der Semiotisierung beizumessen ist, scheint eine Sicht der Informatik als »Technische Semiotik« nahezuliegen [Stransfeld 1992, S.44]. Einige Autoren in diesem Buch (Luft, Nake, Fuchs-Kittowski, Raeithel) schlagen vor, von hier aus mit der Theoriebildung zu beginnen, sie sehen hier den disziplinären Kern der Informatik, also das Spezifische und Unveränderbare der Informatik. Sie setzen an bei den Begriffen und Phänomenen (Sprache, Information, Wissen, Formalisierung), mit denen die derzeitige Informatik keine Probleme zu haben scheint, weil sie sie für eindeutig und geklärt hält.

Für die Theoriebildung halte ich diesen Ansatz für grundlegend, vereinnahme ihn jedoch als eine Säule in einer »gestaltungsorientierten Grundlagenforschung«; ich vermute, daß er allein für die Theoriebildung der Informatik nicht ausreicht, weil er nicht alle Bedingungen für eine »angemessene« Sichtweise erfüllen kann: weder kann er Funktion und Potentiale der IuK-Techniken beim Wandel der Industriegesellschaft sichtbarmachen noch lassen sich daraus Vorstellungen über wünschenswerte Entwicklungen ableiten.

III. Erhalten statt Gestalten versus Gestalten statt Erleiden?

Bei denen, die es mit Anwendungen von Informatiksystemen zu tun haben, gibt es zwei Pole: den »Macher« und den »Erkenner«, letztere besser als Wirkungsforscher bekannt. Diese Arbeitsteilung hat sich verfestigt und ist selbstverständlich geworden; die »Erkenner« und »Interpretierer« kommen zumeist aus der sozialwissenschaftlichen Technikforschung und sehen ihren Schwerpunkt bei der Technikfolgenabschätzung und -bewertung.

Den Macher stellt Walter Volpert in seinem Beitrag in diesem Buch heraus; er beschreibt ihn als den Typus des unbekümmerten, vom Zwang des Herstellens technischer Artefakte geleiteten Informatiker, der übersieht, daß er mit seinem Machen in komplexe Lebensprozesse eingreift. Für den Macher ist Gestaltung gleichbedeutend mit Lösung von Problemen, und es ist für ihn unvorstellbar, daß in vielen Situationen ein Innehalten, um zu erhalten, besser wäre als zu »gestalten«.

Volpert kritisiert zurecht den in der Informatik verbreiteten Macher, unfähig (weil durch seine Ausbildung nicht darauf vorbereitet), seinen Fortschrittsglauben zu reflektieren und seinen Gestaltungsdrang zu zähmen und zuweilen mit Allmachtsphantasien einer Informatik als universeller Gestaltungswissenschaft ausgestattet. Dem stellt er eine gezähmte Gestaltungswissenschaft mit gezähmtem Gestaltungsdrang gegenüber, die das Moment des Erhaltens und Beschützens bestehender Spielräume ebenso wie das der Ausgestaltung und Erweiterung gemeinsamer Handlungsmöglichkeiten enthält (»[ko-]evolutionsgerechte Ausgestaltung«).

Ich vermag keinen Widerspruch zwischen dem Volpert-Ansatz und dem hier vertretenen Gestaltungsansatz zu erkennen: was dort mit Erhalten bezeichnet wird, ist hier ein Verstehen und Erkennen, das zunächst immer ein Innehalten und ein Abwägen und Einlassen auf Folgen beinhaltet. Volpert wird insofern konkreter, als er mit der kontrastiven Arbeitsanalyse Gestaltungsnormen für den Software-Entwickler vorgibt; allerdings macht er damit nur die Software-und Systemgestaltung und nicht die Informatik zu seinem Thema.

Volpert läßt die nicht unbedeutende Gruppe der »Erkenner« und »Interpretierer«, zu der er sich selber zählen dürfte, außen vor. Sie hält sich eher zurück, wenn es um sozialverträgliche Entwürfe, Normen und Orientierung von Gestaltungsentwicklung und -prozeß geht. Dies ist in gewisser Weise verständlich, wie auch Doris Janshen betont, denn »angesichts des ungeheuren technischen Zerstörungspotentials, das in unserer Zeit entwickelt wird, scheint der Atem innezuhalten, wenn es um mehr geht als nur Kritik. Zweifellos sind Kritik und Widerstand unabdingbar, aber zum Sand im Getriebe werden wir erst mit dem Mut, dem anderen, das wir uns wünschen, auch Inhalt und Form zu geben« [Janshen 1986]. Es ist die Ausschließlichkeit dieser Arbeitsteilung von Machern und »Erkennern«, die lähmt; wären nicht »bekümmerte Macher« und »gestaltungsorientierte Interpretierer« besser? Diese Position aber fällt der Wirkungsforschung schwer.

Mir scheint aber noch ein weiterer Grund für die Zurückhaltung vorzuliegen: Veränderungen mitzugestalten und eine Strategie des Jasagens durchzuhalten, ist, so der Philosoph Peter Sloterdijk, deshalb für viele schwierig, weil eigentlich viel eher ein allgemeines Nein zum prinzipiellen Verlauf des Veränderungsprozesses gesagt werden sollte; doch: »Es ist wichtig, nicht einfach blind verschlungen zu werden von einem Unheilsprozeß, der schon vorher da war und der über mich hinweglaufen wird. Es ist der Ausgangspunkt zu suchen, von dem das Mitmachen bestimmter Dinge überhaupt bejahbar wird, der Punkt, von dem Wissen und Glück eindeutig erfahrbar wird« [Sloterdijk 1990],

Sloterdijk führt die wachsende Bereitschaft zum Gestalten auf den Abschied von Projekten der Menschheitsbeglückung und umfassenden Zukunftsentwürfen und auf die Hinwendung und das Einlassen auf viele kleine sinnhafte Dinge sowie der gesteigerten Aufmerksamkeit für das Leben in uns und um uns zurück.

Es wird dann erforderlich, Störungen zu integrieren und etwas von der Stellung aufzugeben, die man zu halten versucht. Es ist der Versuch, noch einmal in die Situation hineinzukommen, Klippen intelligenter zu umfahren und Konflikte auszutragen. Dies heißt auch, mehr in die Beweglichkeit zu investieren und nicht in die Kraft, in der man Gegenkräfte bekämpft; es ist das Abenteuer, kluge Prozesse einzufädeln und zu begünstigen statt Welt zu vermeiden, um Leid und Enttäuschungen zu vermeiden, was stets auch damit zu tun hat, Leben selbst zu vermeiden.

Die Zahl der Informatiker, Systemgestalter und Wirkungsforscher wächst, die glauben, für sich den Ausgangspunkt gefunden zu haben, von dem es – mit Hilfe der Werkzeugmetapher und »Kleiner Systeme« – möglich erscheint, noch einmal in die Situation zu kommen. »Herr Fröhlich« (siehe den Briefwechsel »Fröhlich und Blues«, in diesem Buch) nennt diese Metaphern Schimären und Ausdruck eines unpolitischen Gestus, mit denen man scheinbar das Subsystem lieben und das umfassende, dazugehörende System vergessen kann; man will den Moloch loswerden, den man nicht gemacht hat und ablehnt. Für »Herrn Fröhlich« sind »Kleine Systeme« nichts anderes als Moduln des großen vernetzten Systems; die positive Metapher läßt die Idylle zu, das »Heile-kleine-Welt-Denken«. Habermas spricht in diesem Zusammenhang von »nicht gestaltbaren Systemzusammenhängen«.

In der Tat ist die Lösung komplizierter; Verantwortung ist nicht allein im Kleinen oder mit dem Werkzeug zu haben. Man kann sich nicht davonschleichen, indem man eine angenehmere Metapher wählt, und die Perspektive verengt. Verantwortung, so »Herr Fröhlich«, ist ans Verstehen der Zusammenhänge und an Übersicht gebunden. Jede metaphorische Nähe wird eng, wenn sie gegen den Horizont abgeschirmt ist, es kommt auf die Durchlässigkeit zwischen den großen und kleinen Problemen an. Oder konkreter: ohne Verstehen der Funktion der Informatik in der Industriegesellschaft und der Nutzungsbedingungen der IuK-Techniken bleibt die Gestaltung kleiner Systeme Idylle. Das Orientierungswissen muß in die Gestaltung kleiner Systeme »durchsacken« und einen zu engen Gestaltungskorridor überwinden helfen. Häufiger wird dies wohl zu der Einsicht führen müssen, daß Werkzeugmetapher und Gestaltung kleiner Systeme nicht geeignet sind, z. B. vielmehr rechtliche Regelungen gefragt sind, um mit den anstehenden Problemen fertig zu werden.

Dennoch: Fürs Große, so »Ada Blues«, kommt mehr heraus, wenn man im Kleinen, mit Blick aufs Große, tätig ist. Für Informatiker und Systemgestalter in ihrer täglichen Kleinarbeit kann es keine ernsthafte Alternative sein, ohne Not diesen Gestaltungseinfluß zu verschenken. Und auch für die sozialwissenschaftliche Technikforschung gilt: vor dem Hintergrund eines durchlässigen Horizontes Gestalten statt Erleiden.

IV. Architektur – ein Leitbild für die Informatik?

Die Metapher Gestaltungswissenschaft fordert die Informatik zum Überdenken ihrer Sichtweise auf; wo gibt es ein Vorbild? Pelle Ehn schlägt vor, sich an der Architektur zu orientieren.

Für viele Architekten spielen neben dem funktional Konstruktiven ästhetische Kategorien und Wertmaßstäbe für ihr Handeln eine Rolle; Gestaltung hängt hier, und das thematisiert die Architektur in ihrem Curriculum, nicht nur von den

Kompetenzen des Designers, seinen individuellen Vorstellungen oder denen des Auftraggebers ab, sondern ist Auseinandersetzung über Wandel und Gestaltung der Industriegesellschaft. Viele Architekten sind sich bewußt, daß sie Beteiligte, Mitinitiatoren und Gestalter von gesellschaftlichen Prozessen sind, daß sie in Lebens-, Arbeits- und Wohnprozesse eingreifen. Der Architekt nimmt die in der Gesellschaft vorhandenen Wertorientierungen auf, zugleich beeinflußt er sie durch seine Entwürfe.

In der Architektur haben sich zahlreiche »Schulen« herausgebildet; sie berufen sich auf unterschiedliche Weltsichten, soziale Orientierungen und ästhetische Mittel; sie streiten zum Teil heftig um den »richtigen« Weg. Das Leitbild enthält deshalb auch viel Brisanz und wird viele Informatiker eher beunruhigen. Ein kurzer Blick auf die gegenwärtigen Diskussionen zeigt dies:

Die großen unter den Architekten dieses Jahrhunderts wie Gropius (»Bauen heißt Gestalten von Lebensvorgängen«) und Le Corbusier sind weit über den Funktionalismus des technischen Entwurfs hinausgegangen, sie hatten den Anspruch, Grundsätze der modernen Technologie und Kultur zum Ausdruck zu bringen. Diese Orientierung war besonders deutlich bei den Bauhaus-Vertretern, den Wegbereitern der Moderne. Sie waren optimistisch, glaubten an Industrialisierung und Fortschritt, übertrugen die Produktionsprinzipien von Ford und Taylor auf die Bautechnik und forderten zugleich, über die ökonomischen Probleme hinaus, soziale und ästhetische Dimensionen zu bedenken und zu lösen. Es ging ihnen um die Einheit von Kunst, Technik und gesellschaftlicher Entwicklung und die Überwindung der Stile und Formalismen; Vorrang sollte die Lösung sozialer Probleme durch Verstehen und Herstellen haben, unter Nutzung der Möglichkeiten, die der technische Fortschritt und neue Materialien bereitstellen, jenseits von Pomp und Schnörkel. Bauen wurde für Gropius zu einer gesellschaftlichen, geistigen und symbolischen Tätigkeit; er strebte das an, was wir heute Interdisziplinarität nennen und darüber hinaus ein Selbstverständnis als sozialer Gestalter und Künstler auf dem Fundament des Handwerkslehre.

Die heute einflußreiche Postmoderne verwirft dagegen die Orientierungen der Moderne und kritisiert, daß ihre Vertreter zu den Problemen der Industrialisierung beigetragen haben; sie habe auf soziale Probleme mit technischen Lösungen geantwortet, augenfälliger Ausdruck dessen seien die Massensiedlungen. Die Moderne habe sich auf die Probleme der Bewohner und Benutzer, die ihren Stil weder liebten noch verstanden, nicht eingelassen noch sie beteiligt [Jencks 1990].

Selbstkritische Befürworter des Projekts der Moderne setzen der Kritik der Postmoderne entgegen, sie weiche der alles entscheidenden Fragen der »nicht mehr gestaltbaren Systenmzusammenhänge« aus, ergehe sich allein in Stilfragen. Eine Antwort auf die Nicht-Gestaltbarkeit und die Fortsetzung der Tradition der Moderne sieht z. B. Habermas in der »vitalistischen« Architektur, die von ökologischen Fragestellungen und der Erhaltung gewachsener Stadtquartiere ausgeht, Gestaltung eng mit räumlichen, kulturellen und geschichtlichen Kontexten verknüpft und Stadtteile im Dialog mit den Klienten plant. Diese, in letzter Konsequenz, »Architektur ohne Architekten« versucht die Herausforderung anzunehmen, die die Moderne ins Zwielicht gebracht hat: die negativen Folgen für die Betroffenen, die die Intentionen der Moderne durchkreuzt haben, resultieren aus, so Habermas, »Imperativen verselbständigter, wirtschaftlicher und administrativer Handlungssysteme«; der Ansatz der vitalistischen Architektur ist, diese Imperative durch die »willensbildende Kommunikation der Beteiligten« (Habermas) zu bändigen. Die Parallelen zu Diskussionen in der Informatik sind leicht zu erkennen.

Obwohl die Informatik nicht minder stark in den Wandel der Industriegesellschaft eingreift, haben erst wenige Informatiker sich der Sicht der Architektur genähert; diese veränderte Sicht drückt sich noch vorsichtig in unterschiedlichen Computermetaphern (Werkzeug, Medium) aus. In Vergessenheit geraten ist, daß in den Gründungsjahren der deutschen Informatik einige hervorragende Fachvertreter über die klassische Ingenieursichtweise hinausgehende Konzepte für die Informatik entworfen haben, die der Sichtweise der Architektur nahestanden [Adam 1971, Zemanek 1978, Petri 1976]. Sie konnten sich gegen das Übergewicht der amerikanischen *Computer-Science*-Orientierung, nicht durchsetzen; ihre Arbeiten sind vergessen.

Der Informatiker mag es als angenehm empfinden, sich nicht »im Kampf um Schulen und Dogmen aufreiben« zu müssen und sich auf das Technisch-Mathematische und den technischen Fortschritt konzentrieren zu können. Ein Verzicht bedeutet zwar mehr Zeit für Forschung, heißt indes aber auch, nicht mit einem fundierten Orientierungswissen wuchern zu können und auf eine Akteursrolle im Prozeß des industriellen Wandels verzichten.

Als Erfinder des Computers gilt der Bauingenieur Konrad Zuse; seine Motivation zur Entwicklung des Rechners war der Wunsch, die immer wieder anfallenden, umfangreichen baustatischen Berechnungen zu automatisieren. Ihm, wie jedem Bauingenieur und Baustatiker, geht es um die Rationalität des technischen Denkens.

Die Informatik ist in Deutschland kaum ein Vierteljahrhundert alt. Im Vergleich zur Architektur ist sie eine sehr junge Disziplin. Ihr Problem ist, daß sie in dieser kurzen Zeit das Stadium der Berechnungen und technischen Rationalität weit hinter sich gelassen hat; sie ist eine Wissenschaft geworden ist, die mindestens so stark in soziale Zusammenhänge eingreift wie die Architektur. In ihrem Selbstverständnis befindet sich die Informatik aber erst auf der Entwicklungsstufe des Bauingenieurs. Die Informatik scheint in der Situation des zu schnell gewachsenen Kindes zu sein, dem das Reifezeugnis noch nicht ausgestellt werden kann.

»Wissen« und »Information« bei einer Sichtweise der Informatik als Wissenstechnik

Alfred Lothar Luft

»Die Informationstechnik ist ein solcher Bereich, worin man hilflos herumirren muß, wenn man keine geeignete Brille für das geistige Auge hat – man sieht dann nämlich den Wald vor lauter Bäumen nicht. Bücher über die Bäume, d. h. über die Details der Informationstechnik, gibt es viele, aber vom Wald, d. h. von der Einbettung der Details in eine zusammenhängende Struktur, ist nur selten die Rede.«

Siegfried Wendt[3]

Einleitung

In dem Buch »Informatik als Technik-Wissenschaft« ging es mir um die Erarbeitung eines Gesamtrahmens für die Informatik, der ein besseres Verständnis und Detailstudium der Informatik als Technikwissenschaft ermöglichen soll – mit dem Ziel der Gewinnung einer besseren Theorie für die Praxis der Informatik [Luft 1988, S.5]. Informatik ist danach weder eine (deskriptive) »Computerwissenschaft« noch eine »Wissenschaft von der Maschinisierung der Kopfarbeit« ,[4] sondern eine von den Menschen und ihren Anforderungen ausgehende Technikwissenschaft, in der es »um die Repräsentation von Wissen in Form von Daten und um die Reduktion geistiger Tätigkeiten auf Algorithmen und maschinell simulierbare Prozesse« [Luft 1988, S.14] geht.

Dieser Gesamtrahmen für ein besseres technikwissenschaftliches Grundverständnis der Informatik ist inzwischen in Richtung eines *wissenstechnischen*« Grundverständnisses weiter präzisiert und vertieft worden: Informatik ist danach eine *Technikwissenschaft*, die wie die Elektro- und Nachrichtentechnik neue technische Möglichkeiten erforscht – allerdings im Hinblick auf die Bedeutung des

---

3 [Wendt 1989] Vorwort S. V.

4 »Computerwissenschaft« bringt den notwendigen Praxis- und Anwendungsbezug der Informatik nicht zum Ausdruck; sie hat andere Zielsetzungen, Gegenstände und Methoden als eine Technikwissenschaft. Eine »Wissenschaft von der Maschinisierung der Kopfarbeit« kann die Informatik schon allein deshalb nicht sein, weil wir über die »Kopfarbeit« viel zu wenig wissen – und normativ verstanden wäre eine derartige Wissenschaft genauso fragwürdig wie eine normativ verstandene KI-Forschung. In einer Stellungnahme hat F. Nake allerdings zum Ausdruck gebracht, daß der »technische Umgang mit Wissen« und »Maschinisierung von Kopfarbeit« für ihn »ganz deutlich zwei Benennungen des gleichen Umstandes« sind.

Menschenbildes sowie des Sprach- und Wissensbegriffs der *Philosophie*, im Hinblick auf Entwurf und Gestaltung der *Architektur* weitaus näher steht als der Elektro- und Nachrichtentechnik (hierzu auch [Coy 1989, S.259])! Durch den Bezug auf die nicht-physikalischen Gegenstandsbereiche der Philosophie und Architektur unterscheidet sich eine als Technikwissenschaft verstandene Informatik grundlegend von anderen Technikwissenschaften. Ein technikwissenschaftliches Verständnis der Informatik ordnet jedoch nicht nur der Anthropologie und Ethik (hierzu [Capurro 1990, S.314]), sondern auch und vor allem der Sprach- und Wissenschaftstheorie – bzw. der Methodologie der Wissensdarstellung und Wissensüberprüfung – eine fundamentale Bedeutung zu.[5]

Im folgenden wollen wir die *Welt der Informatik* etwas besser verständlich machen – allerdings nicht wie die Theoretische Informatik mit Hilfe von mathematischen Theorien und Formalismen, sondern im Zuge einer Ausarbeitung des Wissens- und des Informationsbegriffs. Dabei gehen wir von der Feststellung aus, daß nicht nur KI-Systeme, sondern auch herkömmliche Software- und DV-Systeme ein (ggf. nur subjektives) *Wissen repräsentieren* und diese Wissensrepräsentationen in Form von Daten und Programmen *maschinell verarbeiten*: Durch die Daten eines Datei- oder Datenbanksystems wird ein ausgewähltes Wissen über einen Diskursbereich (bzw. eine »Miniwelt«) und durch ein Programm ein (algorithmisches bzw. maschinenverarbeitungsmodellbezogenes) Wissen über das Lösen von Problemen oder über die Benutzung[6] bzw. Simulation von Geräten/Systemen dargestellt; und ein auf diese Weise technisch dargestelltes Wissen kann DV-gestützt für Zwecke der (besseren) Informationsgewinnung, der Rationalisierung oder Automation von Arbeit oder der Erkenntnisgewinnung durch Simulation genutzt werden.

Software-Systeme sind also *wissenstechnische Systeme* und ein Benutzer wissenstechnischer Systeme nutzt das Wissen,

- das Systemanalytiker und Wissensingenieure im Zuge einer System- und Anforderungsanalyse gewonnen ,
- Systemarchitekten und Programmierer verstanden ,[7]
- sowie in Form von Daten und Programmen mit Hilfe von Implementierungs-Werkzeugen (Programmiersprachen, Compilern, Programmierungs- oder Datenhaltungssystemen) maschinell verarbeitbar sowie mit Hilfe von Zugangs-, Betriebs- und Nutzungssystemen systemgestützt verfügbar gemacht haben.

---

[5] Eine ausführlichere Erörterung der methodologischen Grundlagen einer als Technikwissenschaft verstandenen Informatik findet sich in [Luft 1988, S. 94-204] sowie in [Luft et al. 1991].

[6] »Benutzung« soll hierbei auch »Aktivieren«, »Steuern« und »Bedienen« umfassen.

[7] Daß es beim Programmieren primär um ein Verstehen geht, wurde besonders deutlich in [Nygaard 1986] herausgearbeitet.

Beispielsweise wird beim Computerschach nicht mit einem denkenden Computer gespielt, sondern in programmierter Weise mit seinen Entwerfern und Programmierern auf der Basis des Wissens, das sie der daten- und programmtechnischen Darstellung eines Schachspiel-Wissens zugrundegelegt haben. Erst nach der »Einhauchung eines Geistes« – bzw. der Schaffung einer eigenständigen »Subjektivität« des Schachprogramms im Zuge des Übergangs von Wissensdarstellungen zu einem eigenständigen Wissen, über das »Schachspiel-Subjekt« eigenständig reflektieren und im Dialog mit anderen »Schachspiel-Subjekten« reden kann und das lernend aufgrund gemachter Erfahrungen und eingegangener Informationen eigenständig modifiziert werden kann, würden wir von einem denkenden Schach-Computer sprechen.

Ein Wissen, das in Form von Daten und Programmen dargestellt und danach mit Hilfe von Zugangs-, Betriebs- und Nutzungssystemen genutzt wird, sollte vor seiner technischen Darstellung und Nutzung erst einmal umgangs- bzw. fachsprachlich ausgedrückt, rekonstruiert oder präzisiert sowie so dokumentiert werden, daß es im Hinblick auf seine »richtige« Nutzung und Pflege auch von anderen Menschen möglichst »richtig« verstanden werden kann: Die Verständlichkeit von Daten und Programmen wird bedingt durch die Verständlichkeit von umgangs- bzw. fachsprachlichen Ausdrücken, mit deren Hilfe den Daten und Programmen (z. B. im Rahmen einer Datenmodellierung oder Programmspezifikation) eine Bedeutung zugeordnet wird. Neben den verarbeitungs- bzw. maschinenbezogenen Methoden für die daten- und programmtechnische Wissensdarstellung kommt deshalb beim Entwurf wissenstechnischer Systeme auch den verstehens- bzw. verständigungsbezogenen *Methoden der umgangs- bzw. fachsprachlichen Wissensrekonstruktion* – einschließlich ihrer geisteswissenschaftlichen Grundlagen – eine herausragende Bedeutung zu.[8]

Unter »Technik« verstehen wir in der Informatik nicht nur stoffliche Verkörperungen für zweckmäßige Mittel. Wie schon in den Benennungen »Programmierungstechnik«, »Softwaretechnik« und »Informationstechnik« zum Ausdruck kommt, beschränkt sich die moderne Technik nicht auf den Umgang mit materiellen Objekten und die überlegte Nutzung naturwissenschaftlicher Erkenntnisse. Gleichzeitig haben geisteswissenschaftliche Ausarbeitungen den Technikbegriff so erweitert, daß darunter auch Verfahren des effektiven Denkens (insbesondere der effektiven Wissensgewinnung sowie des effektiven Programmierens, Nutzens und Gestaltens wissenstechnischer Systeme) fallen können, »die methodischen Operationsregeln folgen und strategisch einen bestimmten Zweck anstreben« [Rammert 1989, S.725].

---

8 Den in Kapitel 3 von [Luft 1988] behandelten »erkenntnis- und wissenschaftstheoretischen Orientierungshilfen« kommt somit auch eine technische Bedeutung zu.

Dieses weiter gefaßte Verständnis von Technik, zu der auch das einer bestimmten Strategie dienende wissenschaftliche Wissen zählt (z. B. [Zimmerli 1989]) liegt unserem Verständnis der Informatik als Wissenstechnik zugrunde.

Wir vertreten also den Standpunkt, daß grundlegende Probleme der Programmierung, Datenmodellierung und Wissensrepräsentation (bzw. »Repräsentation eines Objektsystems« oder »Repräsentation eines Ausschnitts der realen Welt«), der Integration von Datenbank- und Expertensystemen (z. B. [Schütt & Schweppe 1988, S.74]) sowie der Gestaltung von Zugangs-, Betriebs- und Benutzungssystemen in den Problemen des technischen Umgangs mit Wissen eine angemessene Erklärung finden. Zu den für die Gewinnung einer maschinell verarbeitbaren Darstellung von Wissen relevanten Prinzipien, Methoden und Techniken sind in den Forschungs- und Lehrgebieten Datenbanksysteme, Softwaretechnik und Künstliche Intelligenz – teilweise völlig unabhängig voneinander! – zwar umfangreiche Untersuchungen angestellt worden, wobei sehr viele verschiedene maschinelle Verarbeitungs- und Nutzungsmodelle für Wissensdarstellungen (bzw. Rechnerarchitekturen, Betriebs-, Programmierungs-, Datenverwaltungs-, Zugangs- und Nutzungssysteme) entwickelt und implementiert worden sind. Die theoretischen Möglichkeiten und praktischen Vorzüge einer explizit wissenstechnischen Vereinheitlichung von Forschungs- und Lehrgebieten der Informatik sind hierbei allerdings noch nicht berücksichtigt worden. Ebenso unberücksichtigt blieben wichtige Analysen und Ausarbeitungen des Wissens- und Informationsbegriffs.

1. Zum Gebrauch des Worts »Wissen«

Bei der Erklärung unseres Gebrauchs von »Wissen« hoffen wir auf ein wohlwollendes Vorverständnis des Lesers, das »Wissen« weder mit »Blabla« noch mit Abgründen des Mißverstehens (hierzu [Witt 1989, S.279]) gleichsetzt und das sich – falls erforderlich – darauf hinweisen läßt, daß im Rahmen philosophischer und insbesondere wissenschaftstheoretischer Ausarbeitungen hinreichend klar wurde, daß ein (anspruchsvolles) Wissen

- mit Gewißheitsansprüchen sowie (empirisch belegten oder logischen) Geltungsansprüchen[9] verbunden ist,
- die damit verknüpften Geltungsansprüche gegenüber »vernünftig argumentierenden« Gesprächspartnern eingelöst werden können,

[9] Gewißheits- oder Geltungsansprüche können dabei auch mit Unsicherheitsfaktoren oder Wahrscheinlichkeiten behaftet sein. Nach Th. Vieweg dürfen die grundlegenden Topoi (Schlüsselbegriffe) eines Forschungsbereichs durchaus einen hypothetischen, problematischen, tentativen und angreifbaren Charakter besitzen, da sie in erster Linie dazu dienen, »den Fragenhorizont eines Fachbereiches als solchen abzustecken.« ([Vieweg 68] zitiert nach [Witt 1989, S. 276])

- in Form von Aussagen (für theoretische Behauptungen) oder Aufforderungen (für praktische Orientierungen, einschließlich Methoden und diesbezüglich relevanten Einstellungen, Haltungen, Werten/Normen) zum Ausdruck gebracht werden kann,
- sich auf Handlungen oder die damit verknüpften Ziele, Zwecke und Probleme bezieht.[10].

Ein in diesem Sinne verstandenes Wissen ist damit etwas anderes als ein »nur intuitives« Können (bzw. etwas anderes als ein »implicit« oder »tacit knowledge« [Polanyi 1958] oder ein »knowing how« [Ryle 1969], sowie etwas anderes als ein Glauben, der sich »nur« auf Gewißheitsansprüche (und nicht auch auf allgemein einlösbare Geltungsansprüche!) stützen kann.

Sind die mit einem Wissen verknüpften Geltungsansprüche begründet, so spricht man auch von *begründetem Wissen*, wobei ein solches Wissen dann als *Überzeugung* oder *Meinung* bezeichnet wird, wenn die Geltungsansprüche nur eine – bei der bloßen Meinung unklare – subjektive Gültigkeit beanspruchen. Ist die Einlösung der Geltungsansprüche eines Wissens (bis auf weiteres) anerkanntermaßen unabhängig von individuellen Umständen, historischen Zufälligkeiten und beteiligten Personen möglich, so liegt (bis auf weiteres) ein *objektives Wissen* vor. Relativ problemlos lassen sich Objektivitätsbedingungen für ein Wissen meist dann herstellen, wenn es um ein rein technisches Wissen im Zuge einer rein *technischen Daseinsbewältigung* geht – wie z. B. bei einem Wissen über das Funktionieren von Geräten. Die »anwendungsorientierte Grundlagenforschung« hat insofern – im Unterschied zur »erkenntnisorientierten Grundlagenforschung« großer Teile von Mathematik, Physik und Chemie! – auch keine methodologischen Grundlagenprobleme bezüglich der erhobenen Geltungsansprüche ihrer Forschungsergebnisse! Bei der im Zuge einer *praktischen Daseinsbewältigung* notwendigen Gewinnung eines ethisch-politischen Wissens kann ein Bemühen um Objektivität aufgrund oft sehr verschiedener Lebensformen und Lebensziele ein gehöriges Maß an Toleranz, Einigungsbereitschaft und Mitmenschlichkeit (bzw. »Nächstenliebe«) voraussetzen. Technische und praktische Probleme bedürfen zu ihrer Lösung häufig der theoretischen Stützung, andererseits lassen sich bestimmte theoretische Probleme nur bewältigen, wenn vorher technische und praktische Probleme gelöst sind. Entsprechend diesen Überlegungen können wir auch zwischen *technischem, praktischem und theoretischem* Wissen unterscheiden.

Der unserer Sichtweise der Informatik als Wissenstechnik zugrundeliegende Wissensbegriff kann jedoch nicht nur das aus guten wissenschaftlichen Gründen gewußte Wissen berücksichtigen, sondern muß auch das vorwisssenschaftliche Alltagswissen mit seinem subjektiven Meinen, Glauben, Wünschen und Hoffen um-

---

10 Eine ausführlichere Darstellung philosophischer und wissenschaftstheoretischer Ausarbeitungen des Wissensbegriffs findet sich in [Luft 1988, S. 94-204] und [Luft et al. 1991].

fassen: Die Daten und Programme wissenstechnischer Systeme repräsentieren oft ein nur *subjektives Wissen*, das sich nach der Idee vernünftiger Argumentation und wissenschaftlicher Institutionen nicht rechtfertigen oder begründen läßt.

Unser sehr weit gefaßter Gebrauch des Worts »Wissen« deckt sich weitgehend mit dem Gebrauch von »knowledge«; außerdem liegt er i. a. auch dem Gebrauch der Wörter »wissensbasiertes System« und »Wissensrepräsentation« zugrunde: »Repräsentationen von Wissen in der KI verzichten auf Wahrheit als die für Philosophen notwendige Bedingung für Wissen« [Kalinski 1989, S.245]. Zum Beispiel kann man in wissenstechnischen Systemen nicht nur das wissenschaftliche Lehrbuchwissen über eine Krankheit sowie das für ihre Diagnose und Therapie erforderliche Erfahrungswissen von Ärzten daten- und programmtechnisch darzustellen versuchen, sondern auch das subjektive (Erfahrungs-)Wissen von Patienten über ihre Krankheit.

Nach der erkenntnistheoretischen Position des *Empirismus* (erste Blütezeit im England des 17. u. 18. Jahrhunderts) hat jedes Wissen seine Wurzel in der über unsere Sinne erfahrenen Wahrnehmung. Es wurde jedoch bald erkannt, daß Wahrnehmungen eine durchaus problematische Basis der Wissensgewinnung sind, weil nicht jedes empirisch fundierte Urteil korrekt ist, Wahrnehmungen immer singulär sind und nicht die Rekonstruierbarkeit theoretischer Begriffe (wie z. B. »Masse« und »Kraft«) ermöglichen sowie die Art unserer Wahrnehmungen von unserem jeweiligen Vorwissen, unseren Interessen sowie unseren »internen« physischen und psychischen Zuständen abhängen kann. Nach der (im Bereich der semantischen Datenmodellierung vorherrschenden) *materialistisch-realistischen* Auffassung des Empirismus sind unsere Sinneswahrnehmungen Abbildungen der Realität. Diese erkenntnistheoretische Position hat sich eng an die Naturwissenschaften angelehnt und einen »Physikalismus« als These propagiert; die *sensualistisch-phänomenalistische Auffassung* meint dagegen, zwischen den extern gelieferten Sinnesdaten und ihrer internen Aufnahme und Verarbeitung unterscheiden zu müssen.

Der Gedanke, daß ein anspruchsvolles Wissen immer ein *sprachlich gefaßtes* Wissen sein muß, wurde von Empiristen erst zu Beginn unseres Jahrhunderts ausgearbeitet: *logische Empiristen* verwarfen die naive Abbildungsmetaphorik der Erkenntnis im Zuge einer Hinwendung zu den sprachlichen Grundlagen von Wissen. Dabei wurde für Begriffe und Sätze ein Sinnkriterium gefordert, nach dem sich jeder sinnvolle Begriff auf unmittelbar beobachtbare Gegenstände beziehen oder sich mit Hilfe solcher Begriffe ausdrücken lassen muß und Begründungen letztlich immer unter Bezugnahme auf die Ergebnisse unmittelbarer Beobachtung erfolgen. Was sich diesem Sinnkriterium nicht beugt, wurde als Unsinn bezeichnet. Die Idee von Kant, daß bestimmte Sätze – wie z. B. das Kausalprinzip – Bedingungen der Möglichkeit für Objekt-Erfahrungen darstellen, wurde kategorisch verworfen. Das methodische Vorgehen der Physik wurde als Muster für Wissenschaftlichkeit schlechthin dargestellt. Für die sprachliche Axiomatisierung von Theorien wurden nur *Beobachtungsbegriffe*, sogenannte theoretische Begriffe sowie logische Partikel und mathematische Begriffe zugelassen, wobei eine Reduzierbarkeit der theoretischen Begriffe auf die Beobachtungsbegriffe gefordert wurde.

Nach den Vorstellungen von Rudolf Carnap sollte die Vermittlung zwischen dem theoretischen Bereich und dem Bereich der Wahrnehmungen durch eine Art »Wörterbuch« geleistet werden, das dem Axiomensystem zur Seite gestellt wird. Wie im Wiener Kreis jedoch bald festgestellt wurde, kann die Bedeutung theoretischer Begriffe nicht durch explizite Definitionen sichergestellt werden. Neben diesem Definitionsproblem führten vor allem ein Induktions- und Wahrheitsproblem[11] zur Aufgabe des ursprünglichen Programms der rationalen Rekonstruktion von Wissen.

Nach der vor allem von Sir Karl Popper erarbeiteten Erkenntnistheorie des ***kritischen Rationalismus*** können generelle Sätze nicht induktiv gefunden, sondern nur als Hypothesen gesetzt werden; und sie können nicht verifiziert, sondern nur falsifiziert werden: treten die aus Hypothesen und Randbedingungen hergeleiteten empirischen Konsequenzen eines Gesetzes nicht ein, so ist das Gesetz zunächst einmal widerlegt und als problematisch einzuschätzen.[12] Ob man aufgrund von Beobachtungen, metaphysischer Spekulationen oder schlichter Einfälle zur Formulierung von Hypothesen kommt, ist hierbei gleichgültig, denn die Auszeichnung von Wissen erfolgt bei Popper nicht über ein Sinn-, sondern nur über ein Abgrenzungskriterium: »Ein empirisch-wissenschaftliches System muß an der Erfahrung scheitern können.« [Popper 1972, S.15]

Als praktische Konsequenz aus dem Falsifikationsprinzip wird nicht selten die Forderung nach einer konkurrierenden Theorienvielfalt im Bereich der Realwissenschaften und die Forderung nach ethisch-politischem Pluralismus im politisch-sozialen Bereich angesehen. Vermeidbares menschliches Leid sollte nach Popper als das dringendste Problem der rationalen öffentlichen Politik anerkannt werden, während die Förderung des Glücks unserer privaten Initiative überlassen bleiben sollte.

Der Begründungsbegriff des kritischen Rationalismus führt in das sogenannte Münchhausen-Trilemma (Zirkel, infiniter Regreß, Dogmatismus), wobei für die Eliminierung von Irrtümern nur eine Idee des Wirklichen (Realismus), nicht aber auch eine Idee des Guten oder Gerechten anerkannt wird.

Die ***konstruktive Wissenschaftstheorie*** berücksichtigt die linguistische und pragmatische Wende in der modernen Wissenschaftstheorie: Das Programm der konstruktiven Wissenschaftstheorie um P. Lorenzen geht von vornherein davon aus,

---

[11] Induktionsproblem: mit zunehmender Zahl der Versuche muß die relative Häufigkeit keinesfalls nach der objektiven Wahrscheinlichkeit konvergieren, d. h. induktiv bestätigte Beobachtungen vermitteln keine Gewißheiten, sondern allenfalls ein gewisses Vertrauen in die prognostische Leistungsfähigkeit des der Beobachtung zugeordneten Satzes. Wahrheitsproblem: Die Korrespondenztheorie der Wahrheit wurde durch eine Kohärenztheorie ersetzt, da Sätze immer nur mit Sätzen, nicht aber mit der »Realität« an sich verglichen werden können.

[12] Dies ist Poppers berühmtes Falsifikationsprinzip.

daß (anspruchsvolles) Wissen immer sprachlich darstellbar sein muß und die Grundlagen der Wissenschaften in der Praxis der vorwissenschaftlichen Lebenswelt liegen. Die Wissenschaften und ihre Entwicklung werden deshalb im Rahmen der konstruktiven Wissenschaftstheorie nicht frei von ökonomischen und machtpolitischen Interessen verstanden. Insbesondere wird für den ethisch-politischen Bereich des Denkens das Vorbild der »scientia« nicht akzeptiert.

Nach P. Lorenzen berät technisches Wissen darüber, was machbar ist (über diesbezügliche Aufwands- und Risikofragen) und wie gesetzte Zwecke effizient mit welchen Mitteln und Verfahren erreicht werden können. Dabei ist jedoch nicht zu übersehen, daß die Erforschung und Entwicklung technischen Wissens weder zwecklos noch wertfrei ist – wenn auch die Zwecke technischer Forschung i. a. nur aus einer vorwissenschaftlichen Praxis resultieren und Bewertungen erst dort ins Spiel kommen, wo es um die Wichtung von Aufwänden oder Risiken technischer Mittel geht. Insofern wird die Objektivität technischen Wissens begrenzt durch die Objektivität von Zwecken und Bewertungen – durch ein *Orientierungswissen*, das Einstellungen und Haltungen ausprägt.

Zum Betreiben einer Wissenschaft gehört demnach mehr als das Aufstellen, Beweisen, Widerlegen oder Anwenden eines Systems von Sätzen. Aufgrund einer z. T. recht langen Tradition sind die Bezüge der Wissenschaften zu den für den Wissenschaftsbetrieb relevanten außerwissenschaftlichen Interessen allerdings nicht immer klar zu erkennen.

2. Zum Gebrauch des Worts »Information«

Bei der für die Wissenstechnik fundamentalen begrifflichen Unterscheidung zwischen »Wissen« und »Information« gehen wir zunächst vom Informationsbegriff der Nachrichtentechnik und Kybernetik aus: Eine Information ist danach eine Nachricht, die von einer Nachrichtenquelle durch einen Auswahlvorgang aus einem Zeichen- bzw. Sprachvorrat erzeugt, von einem Sender aus einer statischen Nachrichtenform in eine dynamische Nachrichtenform (Töne, elektrische Impulse u. ä.) umgesetzt und danach von einem Empfänger aufgenommen und durch einen Interpretationsvorgang mit einer (syntaktischen!) Bedeutung verknüpft wird.

Semiotisch gesehen berücksichtigt der Informationsbegriff der nachrichtentechnischen Informationstheorie nur einen syntaktischen Aspekt von Nachrichten – genauer die Beziehungen, in denen die Zeichen eines Zeichenvorrats im Hinblick auf die Wahrscheinlichkeit ihres Auftretens zueinander stehen.[13] Wollen wir jedoch

[13] Bekanntlich kommt den Auswahlvorgängen, die sich auf einen Zeichenvorrat aus zwei Zeichen beziehen (i. a. die Ziffern »0« und »1«), in technischer Hinsicht eine herausragende Bedeutung zu: Der elementare Auswahlvorgang der Entscheidung zwischen zwei Möglichkeiten hat das Maß 1 Bit; diese Maßeinheit ermöglicht die Definition des Informationsgehalts der Zeichen eines Zeichenvorrats. Ist beispielsweise n die Zahl der Zeichen eines Zeichenvorrats V, so ist der Informationsgehalt eines dieser Zeichens –ld n Bit (unter der Voraussetzung, daß alle Zeichen des

zwischen einem Sender und Empfänger mit Hilfe sprachlicher Ausdrücke (und ggf. wissenstechnischer Systeme) ein Wissen austauschen, so müssen wir auch die semantische und pragmatische Dimension von Sprache sowie die mit dem Wissen ggf. verknüpften Geltungsansprüche berücksichtigen. Deshalb verstehen wir unter einer *Information* eine Nachricht, die mit Hilfe eines sprachlichen Ausdrucks A ein Wissen W1 eines Senders S ausdrückt und einem Empfänger E über einen Nachrichtenkanal mit Hilfe eines sprachlichen Ausdrucks B ein Wissen W2 vermittelt. Eine derartige Nachricht kann ein zweckdienliches bzw. handlungsrelevantes Wissen vermitteln (»pragmatischer Informationsgehalt«), die Verhaltensweisen und Ereignisse in der Welt des Empfängers in kausale Beziehungen des Bewirkens oder Verursachens bringen (»explanatorischer Informationsgehalt«), den intensional-mentalen Zustand des Empfängers auf etwas ausrichten (»semantischer Informationsgehalt«) oder dem Empfänger ermöglichen, etwas wahrzunehmen, in Zweifel zu ziehen, zu denken oder zu fühlen (»phänomenaler Informationsgehalt«).

Bei dem mit einer Nachricht verknüpften Wissen können wir – analog zur sprechakttheoretischen Bedeutung sprachlicher Ausdrücke – zwischen drei verschiedenen Ebenen unterscheiden:

- der Ebene des objektiv ausgedrückten Wissens,
- der Ebene des subjektiv ausgedrückten Wissens,
- der Ebene des subjektiv empfangenen Wissens.[14]

Das mit einer Nachricht vermittelte Wissen kann nämlich nicht nur aufgrund von »Verzerrungen« im Nachrichtenkanal, sondern auch aufgrund unterschiedlicher Lebensformen, Ausdrucksmittel und Interessen von Sender und Empfänger »falsch« empfangen werden.

Zeichenvorrats mit der gleichen Wahrscheinlichkeit $1/n$ auftreten). Der mittlere Informationsgehalt H eines Zeichenvorrats V mit n Zeichen (seine »negative Entropie«) ist dann nach C. E. Shannon die negative Summe (über alle Zeichen des Zeichenvorrats) aus dem Produkt von Informationsgehalt multipliziert mit der Wahrscheinlichkeit eines Zeichens.

[14] Die sicherlich sehr interessanten Beziehungen zwischen der Sprechakttheorie und den Sprach- bzw. Wissenschaftstheorien eines Bühler, Wittgenstein oder Lorenzen können hier selbstverständlich nicht weiter aufgearbeitet werden. Es handelt sich dabei um einen eigenständigen Forschungsgegenstand, der von dem Gegenstand dieser Arbeit unterschieden werden sollte: Die Erarbeitung einer neuen Orientierung für die Forschung und Lehre in der Informatik sollte nicht von vornherein mit dem Hinweis auf sehr schwierige Grundlagenfragen unterbunden werden. Außerdem können neue begriffliche Unterscheidungen auch dann sehr hilfreich sein, wenn ihre philosophische Einordnung noch vertiefungs- und ergänzungsbedürftig ist.

Festzuhalten ist, daß unser Informationsbegriff explizit im menschlichen Bereich angesiedelt wurde und an die Begriffe »Nachricht«, »Sprache«, »Wissen«, »Kommunikation« gebunden ist.[15]

Allerdings gibt es auch wichtige zeitliche und intensionale Verzerrungen des kommunikativen Kontextes des Informationsbegriffs: Bekanntlich kann man sich auch zeitlich verzögert über ein z. B. in Büchern ausgedrücktes Wissen informieren, und ein zur Verfügung gestelltes Wissen kann auch von Subjekten informativ »ausgeschlachtet« werden, für die es eigentlich nicht bestimmt war. Außerdem ist für einen Informationsempfänger in vielen Fällen unerheblich, welches Wissen mit welcher Absicht vom Sender der Information ausgedrückt wurde: Einen Informationsempfänger interessiert oft nur, ob und wie ein ihm mitgeteiltes oder zugängliches Wissen zur Lösung seiner Probleme beitragen kann. Deshalb können aus der Sicht eines Informationsempfängers bedeutungs- und wissensvermittelnde Daten auch völlig losgelöst von einem kommunikativen Kontext eine Information darstellen. Und im übertragenen Sinne können dann auch beliebige Wahrnehmungen als Informationen interpretiert werden – und auf diese Weise weiter gesponnen können wir auch definieren, was eine »Information« für eine Maschine ist, die bekannterweise nichts wahrnehmen, sondern nur auf Eingaben reagieren kann:

Eine »Information« für eine Maschine ist eine Eingabe, durch die ein Zustand dieser Maschine verändert und/oder eine Ausgabe ausgelöst wird.

Von einem einseitigen oder (auf Maschinen) übertragenen Gebrauch des Worts »Information« sollte allerdings ein Gebrauch unterschieden werden, bei dem es im Rahmen von Informationssystemen explizit darum geht, für antizipierte Problemlagen antizipierter Benutzer relevantes Wissen zu vermitteln.[16]

Entsprechend dem Ideal moralisch verantwortlichen Handelns ist bei der Beeinflussung des Verhaltens und Handelns von Menschen durch Informationen bzw. Informationssysteme schließlich wichtig, zwischen der Beeinflussung durch (vernünftige) Rede und der direkten leib- und gefühlsbezogenen Intervention (z. B. durch Bilder oder Töne) zu unterscheiden.

---

[15] Vgl. hierzu auch [Luft 1988, S. 220-224], [Scarrott 1989] sowie [Barkow et al. 1989]. In vielen Ausarbeitungen wird der Informationsbegriff nicht an die Begriffe »Kommunikation« und »Sprache« gebunden – unter »Information« werden oft (scheinbar völlig losgelöst von einem kommunikativen und sprachlichen Kontext) solche Ausdrücke, Daten oder Sinneseindrücke verstanden, die bei einem spezifischen Wissen bzw. Zweck als relevant erscheinen. Dabei scheint insbesondere auch unberücksichtigt zu bleiben, daß mit Daten immer eine Bedeutung und damit auch ein Wissen verknüpft sein muß (sonst handelt es sich nur um syntaktische Konstrukte bzw. Zeichenketten) und insofern bereits die Verknüpfung von Daten neue Einsichten und zusätzliches Wissen vermitteln kann.

[16] Aus dieser Antizipation von Benutzern und deren Problemlagen können sich allerdings spezifische Verstehens- und Relevanzprobleme für die tatsächlichen Benutzer ergeben, die zwar berücksichtigt, aber letztlich nur durch Rückgriff auf die Möglichkeit der Kommunikation und Rede gelöst werden können.

3. Bezüge zur Softwaretechnik und zur Informationswissenschaft

Eine maschinell nutzbare Darstellung von Wissen wird zusammen mit einer Erklärungs- und Dokumentationszwecken dienenden Beschreibung (Modellierung) dieses Wissens (einschließlich von Gültigkeits- und Korrektheitsfragen) traditionell als *Software* bezeichnet: Der Software-Begriff umfaßt einerseits die bezüglich eines maschinellen Verarbeitungsmodells maschinell nutzbaren Daten und Programme, andererseits in Form einer Datenmodellierung, Programmspezifikation oder Programmdokumentation eine Erklärung der lebensweltlichen Bedeutung und Gültigkeit von Daten und Programmen sowie der Korrektheit (genauer: Widerspruchsfreiheit) dieser Bedeutung bezüglich eines zugrundeliegenden Wissens über die maschinelle Verarbeitung dieser Daten und Programme gemäß einem Verarbeitungsmodell. Bezüglich dem Verarbeitungsmodell stellen Programme selbstverständlich nur berechenbare Funktionen dar. Den Prozeß der maschinell verarbeitbaren Darstellung von Wissen in Form von Daten und Programmen sowie der Durchführung von hierfür erforderlichen (geistigen!) Konstruktionen bezeichnet man als »Programmierung«, »Datenmodellierung« oder »Wissensrepräsentation«.

Die *Softwaretechnik* läßt sich als Technikwissenschaft rekonstruieren, in der es um die Erforschung und Lehre eines wissenschaftlich begründeten Wissens geht, mit dessen Hilfe Software effektiver, risikoloser sowie verantwortbarer entworfen, konstruiert und entwickelt sowie genutzt, gestaltet und gepflegt werden kann.[17] Die Benennung »Softwaretechnik« drückt jedoch nicht das aus, was wir mit Wissenstechnik zum Ausdruck bringen wollen: In der Benennung Wissenstechnik kommt im Unterschied zu »Softwaretechnik« explizit zum Ausdruck, daß das Spezifische dieser neuen Technik nicht der technische Umgang mit »weicher Ware« oder völlig unverständlichem Blabla ist, sondern der technische Umgang mit Wissensdarstellungen. Außerdem sollte bei der (software-)technischen Darstellung von Wissen explizit zwischen verschiedenen Wissensebenen (bzw. Ebenen geistiger Konstruktionen und den ihnen vor- bzw. nachgelagerten Lebenswelten) unterschieden werden können – und nicht nur implizit mit Hilfe von Prozeduren, abstrakten Datentypen, Frames oder sonstigen Objekten problem- oder objektorientierter Programmiersprachen;[18] und es sollten explizit »höhere« Wissenstechniken zum Einsatz

---

[17] Ob »Softwaretechnik« damit als synonym mit »Software Engineering« anzusehen ist, hängt davon ab, was unter »Software Engineering« verstanden wird. Nach [Schönthaler & Németh 1990, S. 5] gibt es kein einheitliches Verständnis von »Software Engineering«, »weil sich in dieser vergleichsweise jungen Disziplin bisher weder eine einheitliche Begriffswelt noch eine allgemein anerkannte Menge von Grundwissen ausgebildet hat.«

[18] Eine pragmatisch fundierte Unterscheidung von Wissensebenen mit den ihnen jeweils zugeordneten oder »vererbten« Objekten ist unseres Erachtens der Schlüssel zum Verständnis – und damit auch zur Beherrschbarkeit, Sicherheit und Wartbarkeit – komplexer Softwaresysteme.

kommen, die eine effektivere und risikoärmere Nutzung von »tiefer« liegenden Wissenstechniken erleichtern.[19]

Wenn *Informationswissenschaft* definiert wird als die »Wissenschaft von der Repräsentation und Rezeption, v. a. aber vom Transfer von Wissen«[20], so gibt es zwischen unserer Sichtweise der Informatik als Wissenstechnik und dieser Selbstdarstellung der Informationswissenschaft enge Berührungen: »Informationswissenschaft – in welcher Spielart auch immer – konzentrierte sich irgendwie auf die Rolle des Wissens in der Gesellschaft (und nicht auf Institutionen oder Technologien), auf Methoden der Wissensorganisation, auf Wissensquellen, manchmal sogar auf Menschen mit Informationsbedürfnissen.« [Wersig 1990b, S.1185]

Auch die philosophischen Grundlagen des Wissens- und Informationsbegriffs sowie der soziale und organisatorische Kontext der Informationsverarbeitung werden in der Informationswissenschaft berücksichtigt – analog zur Wissenstechnik, jedoch in teilweise sehr krassem Unterschied zum derzeitigen Curriculum der Informatik.

Im Unterschied zur Wissenstechnik beschränkt sich die Informationswissenschaft jedoch auf den Bereich der Informationssysteme, läßt also den Bereich der Rationalisierung und Automation von Arbeit sowie den Bereich der Erkenntnisgewinnung durch Simulation unberücksichtigt.

4. Forschungs- und Lehrgebiete einer als Wissenstechnik verstandenen »Kerninformatik«

Bei unserer Sichtweise der »Kerninformatik« als Wissenstechnik bietet sich die folgende Einteilung ihrer Forschungs- und Lehrgebiete an:

- Techniken für die Wissensgewinnung und Wissensakquisition;[21]

---

[19] Mit einer Anpassung der Wissenstechnik an die jeweilige Wissensebene – H. Wedekind spricht in diesem Kontext in [Wedekind 1989] von »Veredelungsabstraktion« – läßt sich ein maschinell verfügbar gemachtes Wissen sehr viel benutzerfreundlicher und schneller wiederfinden sowie an neue pragmatische Gegebenheiten oder Anforderungen anpassen; außerdem lassen sich auf einer der jeweiligen sprachlichen Form des Wissens adäquaten »höheren« wissenstechnischen Ebene wissenstechnische Systeme sehr viel effektiver (insbesondere sehr viel schneller und billiger) sowie risikoloser (insbesondere weniger fehleranfällig) entwerfen, konstruieren, nutzen, gestalten und pflegen – sowie nicht zuletzt auf ihre Korrektheit und Verantwortbarkeit hin überprüfen.

[20] [Zimmermann 1990, S. 1100]. Weitere Beschreibungen der Informationswissenschaft finden sich in [Wersig 1990a], [Wersig 1990b], [Lustig 1990], [Henrichs 1990] und [Kuhlen 1990].

[21] Nach H. Wedekind sagte man anstelle von »Wissensakquisition« früher »Datenerfassung«. Dennoch sollte nicht übersehen werden, daß die Erfassung eines sehr viel anspruchsvoller gewordenen Wissens (wie z. B. die des Erfahrungswissens von Experten) mehr als nur die Berücksichtigung von »Datenerfassungs«-Techniken erfordert. Unter »Wissensakquisition« werden oft auch nur die Techniken zur Erhebung von Wissen und Meinungen verstanden, die in den letzten 30 Jahren in der empi-

- Techniken für die Darstellung von Wissen in Form maschinell verarbeitbarer Daten und Programme (einschließlich von Entity-Relationship-Modellierungstechniken und sonstigen »objektorientierten« Darstellungstechniken), insbesondere für die logische bzw. objekt- oder problemorientierte Organisation von großen Datenbeständen;
- Techniken für den Aufbau und die Nutzung von Datenhaltungs- und Programmierungssystemen (mit der diesbezüglich relevanten Geräte-, Maschinen-, Betriebs- und Systemprogrammierung sowie den diesbezüglich relevanten Programmiersprachen, Compilern und Entwicklungsumgebungen);[22]
- Techniken für Entwurf, Entwicklung, Nutzung, Gestaltung und Pflege wissenstechnischer Systeme, einschließlich einer (angemessen abstrakten) Behandlung von Problemen der Korrektheit, Zuverlässigkeit und Sicherheit dieser Systeme – und des daraus resultierenden Nutzungsrisikos;
- Reflexion und Erklärung der Phänomene wissenstechnischer Praxis, insbesondere Reflexion und Erklärung dieser Praxis mit dem Ziel einer sittlichen Verbesserung wissenstechnisch gestützten Handelns in der Arbeitswelt – entsprechend einem vom Menschen und den Anforderungen seiner Praxis ausgehenden Technikverständnis.[23]

Die Forschung und Lehre in diesen Bereichen erfordert einerseits eine *wissenschaftliche Fundierung* durch Fachdisziplinen, denen bei einer Gleichsetzung der Wissenstechnik mit der »Kerninformatik« die Rolle von »Schaleninformatiken« zukommt; andererseits ist aber auch eine *praxisbezogene Fundierung* notwendig, die aus dem Einsatz der modernen Wissenstechnik in jeweils ausgezeichneten Wissens-

---

rischen Sozialforschung entwickelt worden sind (z. B. in [Schirmer 1988]). Neben diesem sozialwissenschaftlichen Grundlagenstrang gilt es bei der Ausarbeitung von Techniken der Wissensakquisition aber auch bzw. primär diejenigen erkenntnis- und wissenschaftstheoretischen Grundlagen zu berücksichtigen, die bei der Auszeichnung eines als »objektiv begründbar« angesehenen Wissens herangezogen werden (vgl. hierzu [Luft 1988, S. 94-204], [Laske 1989] und [Luft et al. 1991]).

[22] Eine besondere Schwierigkeit bei der weiteren Erforschung und Entwicklung von Programmierungssystemen liegt darin, daß die Nutzer eines wissenstechnischen Systems oft selbst in der Lage sein sollten, das in Daten und Programmen ausgedrückte Wissen zu verstehen und im Hinblick auf seine Gültigkeit zu pflegen.

[23] Unsere Sichtweise der Informatik als Wissenstechnik liefert ein Erklärungsmuster, mit dem analog zu naturwissenschaftlichen Forschungsprogrammen bestimmte Phänomene unserer Praxis einheitlich beschrieben und erklärt werden können. Mit dieser Sichtweise ist also ein Forschungsprogramm und eine heuristische Erklärungsstrategie verbunden. Analog zu anderern Forschungsprogrammen müssen die im Rahmen der Wissenstechnik zu erklärenden Phänomene jedoch noch nicht vollständig oder auch im Detail bereits instantiiert sein.

gebieten und den ihnen zugeordneten Praxisbereichen resultiert[24]. Diese praxisbezogene Fundierung der Wissenstechnik erfolgt traditionell über »Informatik-Nebenfächer«[25] und »Bindestrichinformatiken«, in denen die Möglichkeiten und Probleme des Einsatzes der modernen Wissenstechnik wissensgebietsspezifisch ausgeforscht, systematisiert und gelehrt werden.

Insofern ergibt sich die Notwendigkeit für eine Zusammenarbeit zwischen einer als Wissenstechnik verstandenen »Kerninformatik« und traditionellen Fächern

- aus dem Anspruch auf eine solide wissenschaftliche Fundierung für diese neue technische Disziplin im Rahmen infradisziplinärer Bemühungen, wobei einer sich als Grundlagenwissenschaft vom Menschen (bzw. seinem Fühlen, Denken, Wissen und Handeln) verstehenden Philosophie eine besondere Bedeutung zukommt;[26]
- aus der Notwendigkeit einer Bewältigung der Wissenstechnik im Rahmen supradisziplinärer Bemühungen;
- und aus den fach-, praxis- und wissensgebietsspezifischen Anwendungen der Wissenstechnik.

Die notwendige fachgebietsüberschreitende Zusammenarbeit ist bereits im Rahmen verschiedener Projekte und Vorhaben explizit gesucht worden, zum Beispiel im Rahmen des BMFT-geförderten Diskursprojektes »Rechtliche Beherrschung der Informationstechnik«[27] (Leitung: B. Lutterbeck), des BMFT-geförderten Verbundvorhabens »Veränderung der Wissensproduktion und -verteilung durch Expertensysteme«[28] (Sprecher: A. B. Cremers) oder des von der VDI-Gesellschaft für Verfah-

---

[24] Nach [Booß-Bavnbek 1990a, S. 148/149] ist ein unverzichtbarer Bestandteil des Emanzipationsprozesses der Informatik zu einer eigenen, selbständigen Disziplin (die sich von einer Sicht der Informatik als bloße maschinenorientierte »instrumentelle Mathematik« grundlegend unterscheidet!) ein »Anpassen« der Informatik-Grundlagen an den Wissensstand und an das Problembewußtsein in den Disziplinen Wissenschaftstheorie, Psychologie, Sprachwissenschaft und Jura.

[25] Die bisher wichtigsten »Informatik-Nebenfächer« sind Betriebswirtschaftslehre, Mathematik, Linguistik, Elektrotechnik, Fertigungstechnik, Bauingenieurwesen, Verkehrswesen, Verfahrenstechnik sowie Steuerungs- und Regelungstechnik.

[26] Vgl. hierzu [Capurro 1990, S. 312/313]. Allerdings denken wir hierbei nicht an die »Daseins«-Philosophie Heideggers oder die ausufernde »Hermeneutik« Gadamers, sondern primär an die sprachkritische Philosophie im Umfeld des von W. Kamlah und P. Lorenzen begründeten sowie von H. Wedekind in die Informatik eingebrachten Erlanger Konstruktivismus.

[27] H. Wedekind verdanke ich den Hinweis, daß das Wort »Bewältigung« oder »Meisterung« in diesem Kontext sehr viel angemessener wäre als »Beherrschung«! Nachdem jedoch ein Sprachgebrauch üblich ist, der – z. B. im Bereich des Sports – vom »Beherrschen einer Technik« spricht, können wir an dem Ausdruck »Beherrschung der Informationstechnik« nicht Anstoß nehmen.

[28] Selbstverständlich kann Wissen nicht so produziert werden, wie sich materielle Güter produzieren lassen. »Wissensproduktion« kann nur meinen, daß die Gewinnung eines Wissens mit Hilfe eines produktiven Einsatzes wissenstechnischer Systeme gefördert oder erleichtert werden kann.

renstechnik im Chemieingenieurwesen (GVC) und der DECHEMA (Deutsche Gesellschaft für Chemisches Apparatewesen, Chemische Technik und Biotechnologie) gemeinsam begonnenen Diskurs-Vorhabens »Informationstechnik in der chemischen Technik«.

Entsprechend der hier begrifflich vertieften Sichtweise der Informatik als Wissenstechnik sollte der theoretische Teil der »Vorschule der Kerninformatik« im Grundstudium nicht nur formal gehalten sein, sondern auch einen begrifflich und methodologisch fundierten Zugang zu den für Wissenstechniker besonders relevanten Aspekten der Darstellung, Überprüfung und Erklärung von Wissen ermöglichen ([Luft 1988, S.94-204] sowie [Luft et al. 1991]). Eine an der Architektur und dem Entwurf wissenstechnischer Systeme orientierte »Hauptschule der Informatik« [Wedekind 1989, S.1046] »mit den Erkenntnissen der Anwendungen als Begrenzungen« benötigt nicht nur ein Wissen über die Techniken für die Darstellung und Organisation von Wissen in Form maschinell bearbeitbarer Daten und Programme, sondern auch und primär über Techniken für die Wissensgewinnung und deren methodologische Grundlagen. Neben der Grundthese des philosophischen Pragmatismus[29] ist bei den methodologischen Grundlagen der Wissensgewinnung vor allem die sprachanalytische Philosophie zu berücksichtigen, nach der wir ohne Sprachkritik nicht sicher sein können, die Objekte einer (Mini-)Welt richtig zu sehen. Bei einer sprachkritisch fundierten Wissensgewinnung werden sich deshalb Wissensingenieure erst dann unter wissenstechnischen Aspekten mit »Objekten« beschäftigen, wenn sie sich mit der Art des praxisbezogenen Redens über sie beschäftigt und dabei Sprachirrtümer aufgedeckt und beseitigt haben.[30] Die pragmatische und die sprachkritische Wende in der Erkenntnistheorie unseres Jahrhunderts haben weitreichende Folgen für die Wissensgewinnung und die Gestaltung der hierbei notwendigen Verständigungsprozesse – auch für Wissensingenieure im Kontext des Entwurfs und der Entwicklung wissenstechnischer Systeme!

Die Frage nach dem jeweils wissensgebiets-spezifischen Einsatz der Wissenstechnik für die Rationalisierung und Automatisierung von Arbeit, für die Verbesserung von Informations- und Kommunikationsmöglichkeiten oder für die Schaffung nützlicher Simulationssysteme stellt sich nach der hier vertretenen Sichtweise der Informatik erst in spezifischen »Bindestrichinformatiken« bzw. »Angewandten Informatiken«. Das Studium dieser Wissensgebiete deckt sich weitgehend mit der Intention des »Nebenfaches« in den derzeitigen Informatik-Studienplänen. Jedoch kann nicht übersehen werden, daß der Umgang mit wissenstechnischen Systemen

---

29 »Wissen aus der Praxis und für die Praxis«.

30 Das ontologische Paradigma des Mittelalters oder das mentalistische Paradigma der Erkenntnistheorie des 18. und 19. Jahrhunders bilden eine wissenschaftstheoretisch völlig überholte Grundlage für die Ausarbeitung von Methoden der Wissensgewinnung. Ein Verständnis von Sprache als Nomenklatur für die Benennung von real oder geistig bereits gegebenen Objekte läßt sich nicht länger rechtfertigen!

für jeden Wissenschaftler – bzw. für jede wissenschaftliche Disziplin – von fundamentaler Bedeutung wird.

Auch die Frage nach einer besseren Kontrollierbarkeit, Steuerbarkeit, Bewältigbarkeit und Verantwortbarkeit der wissenstechnischen Umgestaltung von Lebensbedingungen, sozialen Beziehungen und Institutionen läßt sich hinreichend konkret erst unter Berücksichtigung der konkreten Anwendungen der Wissenstechnik im Rahmen von »Bindestrichinformatiken« jeweils fach- und wissensspezifisch beantworten: Die Aufgabe der Informatik als einem »vorgeschalteten Fach« [Wedekind 1989, S.1046] ist es, nur die *Bedingungen möglicher Technisierung des Umgangs mit Wissensdarstellungen* zu untersuchen. Das Fachwissen, das im Zuge von Anwendungen Wissenstechnik maschinell verfügbar gemacht wird (bzw. gemacht werden kann), steht in der »Kerninformatik« nicht zur Debatte. Die an einem spezifischen Fachwissen ausgerichtete Organisation und Gestaltung von Arbeitsplätzen kann demnach auch nicht im Mittelpunkt der Informatik stehen, nicht zu ihrem disziplinären Kern gehören!

Allerdings gibt es anwendungsinvariante Aspekte des Entwurfs und der Gestaltung wissenstechnischer Systeme, die für die wissenstechnische Umgestaltung von Lebenswelten (bzw. von sozialen Verhältnissen) von fundamentaler Bedeutung sind und deshalb zum disziplinären Kern einer als Wissenstechnik verstandenen Informatik gezählt werden müssen.[31] Zum Beispiel stellt sich unabhängig von der Art des technisch nutzbaren Wissens die Notwendigkeit, Expertensysteme möglichst so zu entwerfen und zu gestalten, daß ihre Nutzer auch ohne fortwährende Unterstützung durch die Systementwickler in der Lage sind, das für Zwecke einer maschinengestützten Nutzung dargestellte Wissen auch richtig zu verstehen und effizient zu nutzen.

Eine als Wissenstechnik verstandene Informatik kann ihre Grenzen also nicht dort finden, wo sie angewandt wird. Vielmehr gehören diese Anwendungen ebenfalls zum Kern ihres Selbstverständnisses, d. h. eine als Wissenstechnik verstandene Informatik ist die techno-logische Disziplin par excellence.

---

[31] Deshalb wird zurecht gefordert, daß die Informatik-Forschung und -Lehre auch »Auswirkungen« zu berücksichtigen habe. Einen guten Überblick über die gesellschaftlichen Auswirkungen der Informations- und Wissenstechnik vermittelt K. Lenk in [Lenk 1989a]. Grenzen eines verantwortbaren Einsatzes der Informations- (und Wissens-)technik hat der Arbeitskreis 8.3.3 der Gesellschaft für Informatik aufzuzeigen versucht (siehe [Coy et al. 1988], nachgedruckt in diesem Buch).

Schlußbemerkungen

> »A university's primary responsibilities are to its students and society at large. It is unfortunate that they are often run for the comfort and happiness of the teachers and administrators.« [Parnas 1990, S.22]

Mit unserer Sichtweise der Informatik als Wissenstechnik verbindet sich implizit eine Abkehr von wissenschaftlichen und philosophischen Orientierungen, die die Informatik folgendermaßen zu definieren versuchen:

- als eine Strukturwissenschaft für die (praxis- und wert-)freie Erforschung und Entwicklung beliebig anwendbarer Strukturen, insbesondere der von Datenhaltungs- und Programmierungssystemen;[32]
- als mathematische Teildisziplin für den maschinellen Umgang mit »Information« entsprechend der Gleichung »Informatik = Information + Mathematik«;
- als traditionelle Ingenieurwissenschaft bzw. als rein mathematisch-naturwissenschaftlich orientierte Technikwissenschaft für die Erforschung und Entwicklung neuer technischer Möglichkeiten auf der Basis naturwissenschaftlicher Erkenntnisse und mathematischer Berechnungsverfahren;[33]
- als Softwaretechnik für die Erforschung und Entwicklung »weicher Ware« auf »nicht-physikalischer« Grundlage;[34]
- als Hardwaretechnik für die Erforschung und Entwicklung »harter Ware« auf physikalischer und elektro- un d nachrichtentechnischer Grundlage;
- als Informationstechnik für den technischen Umgang mit »Informationen« – wobei oft unberücksichtigt bleibt, daß Zeichen und Nachrichten erst vor dem Hintergrund einer Praxis und eines darauf bezogenen Wissens zu einer Information werden können;

---

32 Da sich die Informatik nicht in das bestehende Wissenschaftsgefüge (mit seiner Unterscheidung zwischen Natur-, Ingenieur- und Geisteswissenschaft) einordnen läßt, wird in [Brauer et al. 1978, S 33] als Ausweg Carl Friedrich von Weizsäckers Einteilung der Wissenschaften angeboten, in der die Informatik neben der Mathematik als Strukturwissenschaft eingeordnet wird. Sieht man in der Informatik jedoch eine Strukturwissenschaft, »dann weitet sich ihr Bereich jenseits der technischen (Computer-)Systeme nämlich auf biologische und soziale Systeme aus, womit dann die Trennung zu den Natur- und Geisteswissenschaften zugleich aufgehoben wird« [Capurro 1990], was auch Bauer zugibt.

33 Die Trennung zwischen einer angeblich wert- und ethik-freien Arbeit von Ingenieuren und Technikern einerseits, und der allein vom Auftraggeber oder Technik-Anwender andererseits zu übernehmenden Verantwortung wird inzwischen allerdings als untragbar angesehen.

34 Die Hinwendung zum Menschen ist im Rahmen eines softwaretechnischen Selbstverständnisses der Informatik allerdings schon hinreichend deutlich geworden. Die Programmentwicklung wurde bereits hinreichend deutlich in den Kontext sozialer Aktivitäten gerückt, z. B. in [Nygaard 1986].

- als Arbeitswissenschaft für die Analyse und (Re-)Organisation von Arbeit mit Hilfe neuer Daten-, Informations- und Wissenstechniken;[35]
- als Gestaltungswissenschaft für die sozial- und insbesondere verwaltungswissenschaftlich orientierte Gestaltung unserer (wissens- und informationstechnischen) Praxis[36];
- als Kognitionswissenschaft für die (praxis- und wert-)freie Erforschung »kognitiver Strukturen«;[37]
- als »Künstliche Intelligenz« für die Erforschung und Entwicklung von KI-Systemen, die in Analogie zu uns Menschen eine Intelligenz und ein Wissen besitzen (sollen) sowie geistige Konstruktionen (bzw. sprachliche Ausdrücke und Informationen) intelligent produzieren und auswerten können.[38]

Dabei sollte deutlich geworden sein, daß in der Forschung und Lehre einer sich als Wissenstechnik verstehenden Informatik neben den traditionellen Grundlagenfächern einer Technikwissenschaft auch geistes-, kultur- und sozialwissenschaftliche Grundlagenfächer berücksichtigt werden müssen; die Erforschung eines effektiveren, risikoärmeren und verantwortbareren Umgangs mit wissenstechnischen Systemen ist auf der Basis eines Verständnisses der Informatik als Strukturwissenschaft oder als traditioneller Technikwissenschaft nicht bzw. nur sehr begrenzt möglich (vgl. hierzu auch [Luft 1989b, S.267-269]). Diese schlichte Feststellung soll

---

[35] Wie von Capurro [in diesem Buch] wohl zurecht festgestellt wird, sind Arbeitsprozesse nur ein möglicher Anwendungsfall einer sich universell verstehenden Informatik.

[36] Von dieser Abgrenzung unberührt bleibt selbstverständlich die Notwendigkeit einer sozial- und verwaltungswissenschaftlichen Fundierung der gesellschaftlichen Bezüge einer als Wissenstechnik rekonstruierten Informatik.

[37] An dem Programm der Kognitionswissenschaft zur naturwissenschaftlichen Beschreibung und Erklärung »kognitiver Strukturen« beteiligen sich neben der kognitiven Psychologie und den Neurowissenschaften auch die Informatik (bzw. die »Neuroinformatik« und die »Künstliche Intelligenz«) sowie die theoretische Linguistik und die Analytische Philosophie. Eine ausführliche Darstellung der Geschichte dieses wissenschaftlichen Forschungsprogramms findet sich in [Gardner 1989].

[38] Das zentrale Postulat der KI von der Ersetzbarkeit menschlicher Kognitionsleistungen durch Maschinen kann sich bei unserer Sichtweise der Informatik als Wissenstechnik schon allein deshalb nicht stellen, weil in Maschinen nur Darstellungen eines Wissens verarbeitet werden. Das jeweilige Wissen bleibt bei den Menschen, die dieses Wissen mit dementsprechenden Gewißheitsansprüchen gewonnen haben. Möglich ist jedoch die Simulation und damit auch Automation intelligenter Verhaltensweisen. Der Anspruch, mit derartigen Simulationen menschliches Verhalten erklären zu wollen, muß jedoch fallengelassen werden: Ein wissenstechnisches System bringt Verhaltensleistungen i. a. kausal auf eine andere Weise zustande als Menschen. Auch nach [Tetens 1990] kann sich die »Künstliche Intelligenz« sinnvollerweise gar nicht die Aufgabe stellen, auf Maschinen das »mentale Innenleben«, die psychologischen Zustände einer Person nachzubilden. Eine »Künstliche Intelligenz«, die nur beobachtbares Verhalten von Menschen nachmachen und funktional ersetzen will, ist jedoch nur noch ein Teilgebiet unserer Wissenstechnik: Ein Wissen über das beobachtete Verhalten von Menschen wird in einer maschinell bearbeitbaren Form dargestellt und ermöglicht danach die Simulation bzw. funktionale Ersetzung des dargestellten Verhaltens.

selbstverständlich nicht der »persönlichen Verunglimpfung« von Wissenschaftlern und Technikern dienen, sondern dem notwendigen Umdenken in der Informatik-Forschung und -Entwicklung.

Unsere Abkehr von herkömmlichen Orientierungen in der Informatik ist mit der neuen Bezeichnung Wissenstechnik explizit zum Ausdruck gebracht worden. Darüber hinaus wurde herauszuarbeiten versucht, daß eine als Wissenstechnik verstandene Informatik sehr wohl einen eigenständigen disziplinären Kern besitzt. Die sich dabei ergebende Aufteilung der Informatik in eine »Kerninformatik« einerseits, »Schaleninformatiken« und »Bindestrichinformatiken« andererseits sollte jedoch nicht so verstanden werden, daß damit die Folgenprobleme der Wissenstechnik an andere Fachdisziplinen zur Aufarbeitung und »Entsorgung« verwiesen werden. Vielmehr geht es bei dieser begrifflichen Unterscheidung darum, funktionstüchtige wissenschaftliche Arbeitsgebiete abzustecken und explizit auf die Notwendigkeit (konkret benennbarer!) infra-, supra- und interdisziplinärer Bemühungen verweisen zu können. Die mit der Erforschung der Folgenprobleme befaßten »Schaleninformatiken« sind ein integraler Bestandteil unserer Sichtweise der Informatik als Wissenstechnik!

Ein Verständnis der Informatik als Wissenstechnik öffnet aber auch den Blick dafür, daß die maschinelle Verfügbarmachung von Wissensdarstellungen nicht erst mit der »Logikprogrammierung« und neuartigen Wissensrepräsentationsschemata der KI beginnt, sondern bereits mit traditionellen Programmiersprachen: Bereits mit herkömmlichen Daten- und Programmstrukturen wird ein Wissen repräsentiert und maschinell nutzbar gemacht. Schon allein deshalb kann »Wissen« (in den Kategorien der Politischen Ökonomie!) nicht erst seit den KI-Bemühungen »zum zentralen 5. Produktionsfaktor und damit der kritische Erfolgsfaktor Nummer 1 eines jeden Unternehmens« [Gill 1990, S.147] geworden sein.[39]

Bei einem Verständnis der Informatik als Wissenstechnik erweist sich schließlich eine begriffliche Unterscheidung zwischen Daten, Information und Wissen als ebenso unverzichtbar wie eine Unterscheidung zwischen Verfügungs- und Orientierungswissen – und gleichermaßen unverzichtbar ist eine explizite Aufarbeitung und Berücksichtigung der wissenschaftstheoretischen Grundlagen des Wissensbegriffs und von Methoden der Wissensgewinnung. Auf das diesbezügliche Aufklärungsdefizit im Bereich der Datenmodellierung und des Datenbank-Entwurfs haben bereits E. Ortner und H. Wedekind hingewiesen. Besondere Berücksichtigung verdient hierbei der Sachverhalt, daß in der Informatik das erkenntnis- und wissenschaftstheoretische Selbstverständnis des logischen Empirismus klar domi-

---

[39] Der wichtigste Produktionsfaktor scheint uns nach wie vor der arbeitende Mensch zu sein: Die Wissenstechnik kann nicht Phantasie, Kreativität und Wissen, sondern nur Wissensdarstellungen technisch verarbeitbar und verfügbar machen. Für die »richtige« und insbesondere produktive Nutzung der neuen wissenstechnischen Möglichkeiten können nach wie vor nur Menschen zuständig und verantwortlich sein!

niert.[40] Auch im Bereich der Software-Entwicklung wurde noch nicht hinreichend zur Kenntnis genommen, daß die Verwendung formaler Sprachen den Einsatz der Umgangssprache nicht erübrigen kann ([Luft 1982] und [Luft 1987]). Dieser Einsatz sollte jedoch nicht »blind«, unreflektiert und dementsprechend unvernünftig erfolgen, sondern auf der Basis einer orthosprachlichen Rekonstruktion und Präzisierung.

Dem Wissensbegriff kommt selbstverständlich nicht nur bei der Entwicklung und Nutzung von Informationssystemen eine fundamentale Bedeutung zu: Die Darstellung, Erklärung, Überprüfung, Nutzung und Pflege eines Wissens mit einem diesbezüglich relevanten »Wissensmanagement« sollte im Zentrum des Managements aller wissenstechnischen Systeme stehen. Das Wissen, das in Daten und Programmen dargestellt, maschinell verfügbar gemacht sowie maschinengestützt genutzt, gestaltet und verwaltet wird, sollte im Zuge eines »Wissensmanagements« explizit berücksichtigt werden und im Hinblick auf die Optionen »Erkennen«, »Auswählen«, »Entwickeln«, »Bezweifeln« und »Begründen« verwaltet werden. Insofern benötigt auch die Datenmodellierung und das Datenmanagement zur Vermeidung oder Behebung eines »Datenchaos« (in dessen Bewältigung M. Vetter das »Jahrhundertproblem der Informatik« sieht [Vetter 1989]) eine Fundierung durch ein »Wissensmanagement«. Bei diesem »Wissensmanagement« darf selbstverständlich nicht übersehen werden, daß technisch verfügbar gemachte Wissensdarstellungen stets das Wissen bestimmter Personen oder Personengruppen darstellen und insofern ein »Wissensmanagement« unmittelbar mit einem »Personenmanagement« korrespondiert. Insofern gibt es auch enge Beziehungen zwischen einer als Wissenstechnik verstandenen Informatik und den Verwaltungswissenschaften (siehe hierzu vor allem [Lenk 1989a] und [Lenk 1990]), sowie zu einer Sichtweise der Informatik, die von den Begriffen »Arbeit« und »Arbeitsorganisation« ausgeht. Wissenstechnische Systeme sind bereits rein begrifflich nicht denkbar als Entscheidungsautomaten, deren Resultate vom Menschen weder durchschaut noch verantwortet werden können.

Eine Universalwissenschaft, die die Grenze zu den »Bindestrichinformatiken« völlig verwischt und sich als eine universell zuständige »Gestaltungswissenschaft« versteht, kann eine als Wissenstechnik verstandene Informatik nicht sein! Außerdem verwischt der Begriff »Gestaltungswissenschaft« nicht nur die wichtige Schnittstelle zwischen »Kerninformatik« und »Bindestrichinformatiken«, sondern auch die

---

[40] Der wissenschaftstheoretische Rückstand der Informatik zeigt sich i. a. auch an der dort gelehrten mathematischen Logik, die sich im wesentlichen auf R. Carnap und A. Tarski zurückführen läßt, und die die in den letzten Jahrzehnten erfolgten Weiterentwicklungen (die den Boden des logischen Empirismus verlassen haben!) nicht oder nur sehr oberflächlich berücksichtigt. Auch die Frage, warum viele Informatikinstitute die praktischen Grundlagen der Informatik unberücksichtigt lassen, läßt sich mit dem Hinweis auf die Dominanz des logisch-empiristischen Wissenschaftsverständnisses beantworten.

Unterscheidung zwischen technischem Entwurf und praktischer, insbesondere ethisch-politischer und ästhetischer Gestaltung.

Dem notwendigen Bemühen um global menschenwürdige Arbeits- und Lebensverhältnisse und die Wiederherstellung einer ökologisch intakten Umwelt versucht sich eine »nur« als Wissenstechnik verstandene Informatik dennoch nicht zu entziehen. Keinesfalls soll unsere Perspektive der Informatik als Wissenstechnik den Zugang zu der Erkenntnis erschweren, daß die Entwicklung und Nutzung von Techniken – bzw. die ihnen zugrundeliegenden geistigen Orientierungen und materiellen Interessen – auch negative Wirkungen zu Lasten von Mensch und Umwelt nach sich ziehen können; im Gegenteil, denn mit unserer Sichtweise der Informatik als Wissenstechnik verbindet sich auch die Forderung nach einer grundsätzlichen Neuorientierung in den Technikwissenschaften, wobei es bei dieser Neuorientierung und den darauf aufbauenden Richtlinien für die Arbeit von Wissenschaftlern, Ingenieuren und Technikern selbstverständlich nicht um einen »Ausstieg aus der Technik« geht, wie er neuerdings sogar dem VDI unterstellt wird (vgl. [Heß 1990, S.335]). Jedoch verweigern wir uns dem Versuch, den aus wirtschaftlichen Gründen unvermeidlichen wissenstechnischen Strukturwandel in der Arbeitswelt aufhalten zu wollen.

Der Kenntnisstand der Wissenstechnik ändert sich in rascher zeitlicher Folge – insbesondere wegen der steigenden Leistungsfähigkeit wissenstechnischer Geräte, Maschinen und Systeme. Nach H. Wedekind geben diese Bedingungen keinen Anlaß für ein Spezialistentum [Wedekind 1989, S.1055]. Und aus dem gleichen Grunde sind auch Informatik-Studierende gut beraten, das Erlernen des (konkreten) Umgangs mit wissenstechnischen Geräten, Maschinen und Systemen nicht in den Mittelpunkt ihres wissenschaftlichen Studiums zu rücken: Der Computer wird immer stärker zu einem Massenprodukt werden mit letztlich wenigen Einheitsformen – »nicht nur für Gehäuse von Computern, sondern auch für Programmiersprachen, Betriebssystemschnittstellen und vieles andere« [Witt 1989, S.275]. Deshalb werden längerfristig nicht mehr, sondern weniger Spezialisten benötigt. Dennoch wird nach D. L. Parnas in der Ausbildung von Informatikern zu viel Zeit mit »praktischen Details« des Umgangs mit Computern vergeudet, die besser für eine theoretische Fundierung dieses Umgangs verwendet werden sollte [Parnas 1990, S.21]. Diesem Standpunkt haben wir uns u. a. auch deshalb angeschlossen, weil ohne eine umfassende theoretische Fundierung Informatiker in voraussichtlich stark zunehmendem Maße in Konkurrenz mit den in der Wirtschaft ausgebildeten wissenstechnischen Facharbeitern und DV-Fachkräften geraten. Da sich die Ausbildung von Drehern, Maschinenbauern, Werkzeugmachern und anderen (für den konkreten Umgang mit Maschinen und Werkzeugen geschaffenen) Facharbeiterberufen in der Wirtschaft schon seit vielen Jahrzehnten hinreichend bewährt hat, werden sicherlich auch für den konkreten Umgang mit wissenstechnischen Systemen verstärkt Lehr- und Ausbildungsangebote in der Wirtschaft geschaffen werden. Außerdem wird es einem stark zunehmenden Personenkreis technisch ermöglicht, wissenstechnische Systeme selbst zu programmieren sowie zu nutzen, zu gestalten und zu pflegen. Die Professionalität der Informatiker wird sich bei dieser Entwicklung nur aufgrund einer theoretisch fundierten Grundlagenausbildung bewähren können, die nach D. L. Parnas mit den derzeitigen Informatik-Lehrprogrammen nicht ermöglicht wird [Parnas 1990, S.19]. Außerdem scheinen so manche Informatik-Studierende vergessen zu haben, daß ein wissenschaftliches Studium primär der Ausbildung von Wissenschaftlern und Ingenieuren dient – und nicht dem Erlernen der neuesten Programmiersprachen oder gar der Einweisung und Schulung von (simplen) Maschinisten. Oder mit den Worten von D. L. Parnas »Universities should not be concerned with teaching the latest network protocol, programming language, or operating system feature. Graduates need the fundamentals that will allow a lifetime of learning new developments.« [Parnas 1990, S. 22]

Theorie der Informatik im Spannungsfeld zwischen formalem Modell und nichtformaler Welt

Klaus Fuchs-Kittowski

1. Theorie der Informatik und ein verändertes Verständnis der Information

Information entsteht in Organisation

Die Theorie der Informatik steht und entwickelt sich im Spannungsfeld zwischen formalem Modell und nichtformaler Wirklichkeit [Zemanek 1989]. Das Verständnis und die bewußte menschengerechte Gestaltung des Verhältnisses von technischem Automaten und schöpferisch tätigem Menschen, von formalem Modell und der nichtformalen natürlichen und gesellschaftlichen Umwelt wird gegenwärtig immer deutlicher als das philosophische, theoretische und methodologische Grundproblem der Informatik erkannt. Das kritiklose Akzeptieren der Welt des technischen Automaten als Modell für die gesamte Wirklichkeit erweist sich zunehmend als gefährlicher Irrtum. Der Mensch hat den Unterschied zwischen formalem Modell (programmierter Struktur) und der tatsächlichen Dynamik und Mannigfaltigkeit des natürlichen und gesellschaftlichen Lebens zu überwinden.

Die Einführung von Informationstechnologien bedeutet einen Sprung von der Totalität der sozialen Organisation zur Gestaltbarkeit und Machbarkeit von Funktionssystemen. Soziale Organisation als Ganzes ist jedoch nicht als ein kybernetisches Funktionssystem darstellbar. Es findet ein *Übergang* von der sozialen Organisation als sich organisierendes System zu einem schon organisierten, dem formalen Funktionssystem statt, eine Reduktion der menschlichen Tätigkeit auf formalisierte Operationen und Abstraktion vom Prozeß der Entstehung von Information und der Bildung von Werten in der sozialen Organisation. Dies kann der Informatik nicht zum Vorwurf gemacht werden, denn »Maschinisierung von Kopfarbeit« [vgl. den Aufsatz von Nake, in diesem Buch] ist die Voraussetzung für die Automatisierung der Informationsverarbeitung. Eine entscheidende Aufgabe der Informatik ist es jedoch, diesen Übergang theoretisch wie praktisch zu beherrschen sowie den Weg wieder zurückzugehen, d. h. die durch die Informations- und Kommunikationstechnologien veränderte Organisation in die Gesamtorganisation zu integrieren. Das ist nur auf der Grundlage entsprechender organisationstheoretischer, sprach- und arbeitswissenschaftlicher Überlegungen möglich [Docherty et al. 1987, Besselaar et al. 1991, Coy, in diesem Buch].

Für eine Theorie der Informatik soll die Information eine zentrale Kategorie sein. Sobald nun die Gestaltung und Nutzungsfragen sowie Folgeprobleme der Technik zum Kern der Informatik gerechnet werden und sie damit auch in eine Theorie der Informatik integriert werden müssen [Rolf, in diesem Buch], stellt sich für diese Theorie die Frage nach dem tieferen Verständnis ihrer Grundkategorie. Dabei geht es nicht vorrangig um das Verständnis der Information als formalem Strukturmaß, sondern um das Verständnis ihrer Entstehung, Erhaltung und Nutzung im Prozeß der menschlichen Arbeit.

Die gegenwärtigen Diskussionen um die weitere Entwicklung der Forschung zur Künstlichen Intelligenz und der Kognitionswissenschaft zeigen deutlicher die Möglichkeiten und Grenzen der Computer-Metapher vom Menschen und von der sozialen Organisation. Es wird klarer, daß mit dem Computermodell vom Leben und vom Denken sowie von der sozialen Organisation – dem »Informationsverarbeitungsansatz« – von wesentlichen Eigenschaften des Lebendigen und des Geistigen, von der spezifischen inneren Dynamik, der Zeit, von den Prozessen der Informationsentstehung abstrahiert wird. Eine tiefere Reflexion des Wesens der Information wird auch Gründe der paradigmatischen Kontroverse in der Kognitionsforschung – Kognitivisten versus Konnektionisten – verdeutlichen und wahrscheinlich zu einer Vertiefung der theoretischen Grundlagen beitragen können.

Es war das Grundanliegen einer Reihe unserer theoretischen Arbeiten (so z. B. [Fuchs-Kittowski 1976]), herauszuarbeiten, daß man Information nicht als vorgegeben Struktur verstehen kann, sondern daß Information entsteht. Es gibt keine unmittelbare Aufnahme schon vorhandener Informationen aus der Außenwelt, also keine Instruktion des Immunsystems, sondern selektives Lernen auf molekularem Niveau [Fuchs-Kittowski & Rosenthal 1972]. Es muß vor allem die landläufige Auffassung überwunden werden, nach der Information eine Substanz ist, daß Bedeutungen, Gefühle, Intentionen und Werte übertragen oder Ideen, Gedanken, Informationen gespeichert und zerteilt werden. Stattdessen gilt es zu verdeutlichen, daß Information ein Verhältnis ist, daß Informationen in einem mehrstufigen Prozeß der Abbildung, Bedeutung und Bewertung erzeugt und genutzt werden. Entgegen einer landläufigen Auffassung überträgt Sprache nicht Information, sondern erzeugt ein Verständnis in einer Interaktion zwischen dem Gesagten und dem Vorverständnis, welches dem Hörer schon gegenwärtig ist. Gerade diese Problematik des erforderlichen Vorverständnisses gewinnt entscheidende Bedeutung bei der Entwicklung und Nutzung moderner Informations- und Kommunikationstechnologien, insbesondere lokaler und globaler Netze.

Für ein verändertes Verständnis der Information gilt es, wie wir hier zeigen wollen, den »kleinen« aber für die theoretischen Grundlagen der Informatik außerordentlich wichtigen Unterschied zwischen Sein und Werden zu beachten. Diese Unterscheidung ist für den Informatiker wichtig, der hierbei von den theoretischen Erfahrungen des Biologen lernen kann, für den die »kleine« Differenz »Ist Nukleinsäure Information oder wird Nukleinsäure zur Information?« auch nicht von vornherein selbstverständlich war. Die Information sollte nicht mit einer schon vorhandenen Struktur identifiziert werden, die Erbinformation also nicht mit der DNA-Struktur [Fuchs-Kittowski 1976]. Ihr expliziter und impliziter semantischer Gehalt bildet sich erst in Wechselwirkung mit weiteren Strukturen und Prozessen heraus. Auch der Informatiker, der Kognitionsforscher und andere sollten ein vertieftes, ja anderes Verständnis der Information gewinnen. W. Elsasser hat in seinem Buch »The physical Foundation of Biology« [Elsasser 1958] schon frühzeitig darauf aufmerksam gemacht, daß mechanistisches Denken, nach dem sich alle Prozesse gemäß vollständig objektivierbaren und formalisierbaren Gesetzen vollziehen, die Information immer schon als eine vorgegebene Ordnung voraussetzen muß. Informatik, KI-Forschung und Kognitionswissenschaften müßten dagegen davon ausgehen, daß Information erst durch die kognitive Tätigkeit entsteht. In einer der jüngeren Arbeiten von F. J. Varela [Varela 1990] wird dies von ihm als Quintessenz seiner Überlegungen herausgestellt. Es wird damit dem Informationsbegriff und dem Verständnis des Phänomens Information zur Klärung theoretischer Fragen mehr Gewicht als in früheren Arbeiten beigemessen.

Die technische Informatik befaßt sich vorrangig mit der Frage der Verarbeitung formalisierter Informationen (Daten und ihrer Übertragung) und nicht mit den Fragen der Entstehung von Informationen. Eine Theorie der Informatik, die auch theoretische Grundlage für die Praxis der Anwendung sein will, muß jedoch über dies hinausführen. Um das Wesen der Information voll zu erfassen, muß eine Theorie der Informatik z. B. Erkenntnisse der Sprach- und Biowissenschaften in ihre Überlegungen einbeziehen [Eigen 1988]. Wie deutlich gemacht wurde [Fuchs-Kittowski 1976, Küppers 1986], besteht das Wesen der Information im Lebenden darin, daß sie nicht einfach in einseitig zielgerichteten Prozessen übertragen sondern in zyklischen Prozessen ausgetauscht wird und neu entsteht. Der Austausch erfolgt in einem bestimmten Kontext, in einem Bedeutungsprozeß bzw. Sinnzusammenhang. Dieser Bedeutungsprozeß als Kernprozeß der Informationsentstehung wird erst dadurch voll erkennbar, daß Information wirkt. Für das Verständnis der Pragmatik der Information ist, wie von E. v. Weizsäcker herausgearbeitet wurde, der Zusammenhang von Erstmaligkeit und Bestätigung wichtig [Weizsäcker 1971].

Bei der physikalisch-chemischen Theorie der Lebensentstehung wie auch für ein tieferes Verständnis der Phylogenese und Ontogenese war das Problem der biologischen Informationsentstehung einer der zentralen erkenntnistheoretischen und methodologischen Aspekte. Wie herausgearbeitet wurde [Fuchs-Kittowski 1976, Küppers 1986], war das Problem der Informationsentstehung auch von grundsätzlicher Bedeutung für die Modell- und Theorienbildung im Grenzbereich von Physik, Chemie und Biologie. In diesem Zusammenhang wurde von uns wiederholt betont, daß Prozesse der Informationsentstehung und Wertbildung charakteristisch sind für schöpferische Denkprozesse des Menschen [Fuchs-Kittowski 1976].

Wir vertreten hier die These: *Eine Theorie der Informatik muß weiter, tiefer und zugleich auch konkreter sein als eine allein am Automaten und seinen Prinzipien, an seinem Begriffssystem orientierte Theorie. Das Problem der Informationsentstehung ist von grundsätzlicher Bedeutung für die Modell- und Theorienbildung im Spannungsfeld von Computerprogramm und menschlichem Geist.*

2. Information und Geist

Geist entfaltet sich in spezifischer Organisation des Lebenden, im Netz sprachlicher und sozialer Interaktion

Seit langem beschäftigt sich die Philosophie mit der Frage: Was ist Geist? Die Fortschritte in der Psychologie und in jüngster Zeit auch in der Neurologie sowie in der Informatik, besonders auf dem Gebiet der künstlichen Intelligenz, haben dazu geführt, daß das Phänomen des Geistes auch Gegenstand einzelwissenschaftlicher Forschungen geworden ist. Hierbei haben sich unterschiedliche Positionen herausgebildet:

1. Geist und Materie sind zwei oder mehr Ebenen der Beschreibung einer Ganzheit wie die Ebenen von Hard- und Software (Informationsverarbeitungsansatz und Funktionalismus, z. B. [Fodor 1968]; Grundhaltung der Kognitivisten).
2. Geist und Materie sind identisch. Vernünftiges Denken ist eine Art natürlicher Kausalität (z. B. Neurophilosophie von P. Churchland [Churchland 1986], Grundhaltung auch vieler Konnektionisten).
3. Geist ist nicht der Materie entgegengesetzt, aber ist eine selbstorganisierende Qualität. Er koordiniert die räumlich zeitliche Struktur der Materie (Theorie der Selbstorganisation entsprechend dem Konzept von E. Jantsch [Jantsch 1982]).
4. Geist als Phänomen des In-der-Sprache-Seins ist nicht etwas, das sich im Gehirn befindet. Bewußtsein und Geist gehören dem Bereich sozialer und sprachlicher Koppelungen an, dort kommt ihre Dynamik zum Tragen [Maturana & Varela 1987].
5. Geist ist kein Teil des Menschen aber in der Tat ein Aspekt des ganzen Menschen.[41]
6. Geist ist durch seine qualitativ spezifische Leistung charakterisiert, daß er vergangene Erfahrungen ohne mechanische Speicherung für längere Zeit erhalten, in Erinnerung rufen sowie zu neuen Denkmustern, zu Voraussagen oder Verallgemeinerungen zusammenfügen kann und vor allem, daß er Bedeutungen und Werte hervorbringt (Stufenkonzept der Information Fuchs-Kittowski & Wenzlaff [Fuchs-Kittowski & Wenzlaff 1976, Fuchs-Kittowski 1991]).

Aus der Sicht von Position 6 unter Nutzung von Gedanken, die der Position 4 und 5 nahekommen, soll gegenüber der Position 1 hervorgehoben werden, daß der

[41] Vgl. M. Dehlbrück: Konzeption einer methodologischen Analogie zur erkenntnistheoretischen Situation in der Quantenphysik [Dehlbrück 1986].

Informationsverarbeitungsansatz heuristisch durchaus fruchtbar ist, jedoch der implizierte Dualismus, die Trennung von der physiologischen Grundlage immer deutlicher Begrenzungen zeigt. Gegenüber der Position 2 werden wir versuchen deutlich zu machen, daß sich mit der Orientierung an der Funktionsweise des Gehirns gegenüber dem Kognitivismus neue Möglichkeiten bieten, daß mit einer Identifizierung von Geist und Materie das Problem der Semantik jedoch auch nicht lösbar wird. Gegenüber der Position 3 soll hier vermerkt werden, daß man Geist nicht durch Identifizierung mit Information bzw. Programm, aber auch nicht durch Trennung von der Information (als eine diese organisierende Kraft) verstehen kann. Vielmehr entfaltet sich Geist im Zusammenwirken der verschiedenen Prozeßstufen: Form (Syntax), Inhalt (Semantik), Wirkung (Pragmatik) der Informationserzeugung und Nutzung auf unterschiedenen, miteinander verbundenen, sich wechselseitig konstituierenden Ebenen der Organisation lebender Systeme im Netz der sprachlichen und sozialen Interaktion des Menschen unter Menschen. Bei diesem Stufenkonzept der Information werden fünf verschiedene Ebenen der Organisation lebender Systeme unterschieden: die makromolekulare, die neuronale, die des Bewußtseins der Außenwelt, die des Bewußtseins der Gesellschaft und die des Bewußtseins der Werte bzw. des Selbstbewußtseins (die Ebenen und Stufen wurden in [Fuchs-Kittowski & Wenzlaff 1976, Fuchs-Kittowski 1991, Wenzlaff 1990] ausführlicher dargestellt). Dabei wird gerade auf den oberen Ebenen die Schwäche einer naturalistischen Position beim Verständnis des Menschen am deutlichsten. Die Person hat eine Anzahl von Eigenschaften wie Einzigartigkeit, Unersetzbarkeit und den für das Verständnis des Geist-Körper-Problem besonders wichtigen freien Willen.

3. Der kognitivistische Ansatz

Ist der Geist des menschlichen Gehirns ein Computerprogramm?

Menschlicher Geist, die Fähigkeit etwas zu erkennen, die Wahrheit zu wissen und Bedeutungen und Werte hervorzubringen, hat sich im Rahmen der Evolution als Produkt natürlicher Selektion aus einer zuvor nicht lebenden und nicht geistigen Materie entwickelt. Auch menschlicher Geist kann und muß damit im Rahmen des von der Physik aufgespannten Möglichkeitsfeldes liegen. Was biologisch möglich ist, muß also auch physikalich-chemisch möglich sein, aber das Umgekehrte gilt nicht. Nicht alles, was physikalich-chemisch möglich ist (z. B. ein faules Ei), ist auch biologisch möglich. Es kommen die physikalisch-chemischen Möglichkeiten einschränkende Bedingungen hinzu. d. h. *nur physikalich mögliche Systeme, die auch bestimmte biologische Funktionen ausführen können, werden unter spezifischen, die biologischen Möglichkeiten wiederum einschränkenden Bedingungen denken können*. Denn: was auf der unteren Ebene eine Einschränkung von Möglichkeiten ist, bewirkt auf der höheren Ebene die Entfaltung neuer Potenzen.

In den letzten Jahrzehnten wurde jedoch der Frage, ob eine Maschine oder genauer ein physikaliches System denken kann, eine andere Interpretation gegeben. Die Frage, die jetzt gestellt wird, ist: Kann eine Maschine allein dadurch denken, daß man ihr ein Programm eingibt? Ist menschlicher Geist ein Computerprogramm? Es geht also nicht mehr um die durch die physikalichen Gesetze gegebenen Entwicklungsmöglichkeiten, nicht um kausale Eigenschaften realer oder möglicher physikalicher Systeme, sondern um die abstrakte Rechenfähigkeit formaler Computerprogramme.

Die Computer-Metapher des Gehirns stellt ein wichtiges heuristisches Instrument der kognitiven Wissenschaften dar. Entsprechend dieser Metapher wird angenommen, daß man wesentliche Aspekte der Funktionsweise des menschlichen Gehirns verstehen kann, wenn man es als einen hochkomplexen vermutlich digitalen Computer auffaßt, dessen Struktur noch unbekannt ist. Es gibt bis heute keine befriedigenden Annahmen darüber, wie z. B. Algorithmen der Sprachverarbeitung im Gehirn realisiert sind. Aber die Frage nach der physischen Realisierung der Sprachkenntnis ist damit deutlicher gestellt und erlaubt [Bierwisch 1991].

Das methodologische Konzept des modernen Funktionalismus, die damit weithin akzeptierte Theorie des Geistes, enthalten philosophische Annahmen, die sehr schnell weite Verbreitung gefunden haben, insbesondere dank der Kognitionswissenschaft, die als wichtige Grundlagenwissenschaft der Informatik verstanden wird. Der Computer ist ein automatisches formales System; er manipuliert automatisch die Symbole formaler Systeme, entsprechend formaler Regeln. Diese Regeln müssen explizit sein zumindest im Program der virtuellen Maschine. Die Bemühungen in der KI-Forschung sind darauf gerichtet, bessere Heuristiken und bessere Algorithmen zu finden und sie maschinell zu implementieren. Der Computer als automatisches formales System kann mehr sein als nur ein Spiel, da die Symbole eine Interpretation erfahren können, die sie zur Außenwelt in Beziehung setzen: Das ist der Bereich der Semantik und Pragmatik. Die Idee, daß ein formales System (mit einer Interpretation) derart funktioniert, daß die Semantik für sich selbst sorgen wird, daß eine semantische Maschine möglich sein wird, ist die treibende Kraft der harten KI-Forschung und Kognitionswissenschaft [Haugeland 1981].

Dieser Arbeitshypothese wird durch J. Searle [Searle 1980] massiv widersprochen. Seine Argumentation gründet sich auf die fundamentale Unterscheidung zwischen Syntax und Semantik und richtet sich entschieden gegen die Computer-Metapher bei der Beschreibung des menschlichen Denkens, gegen die sogenannte starke KI-These, die in der Behauptung zusammengefaßt werden kann, der Mensch sei selbst ein Computer. Mit dem Gedankenexperiment »chinesisches Zimmer« versucht J. Searle den Nachweis zu führen, daß ein Operieren allein mit Syntaxstrukturen keine Semantik erzeugt. Bekanntlich hat die Semiotik seit langem gefordert, auch den Bedeutungs- bzw. Semantik-Aspekt und den Bewertungs- bzw. Pragmatik-Aspekt bei allen Informationswirkungen zu berücksichtigen. Mit J. Searle verneinen wir die oben gestellte Frage, weil ein Programm eine Manipulation von

Symbolen ermöglicht, während das menschliche Gehirn ihnen ein Bedeutung zuordnet. Allerdings haben wir mit der Unterscheidung zwischen Syntax und Semantik zugleich auch das enge Wechselverhältnis von Syntax und Semantik zu beachten, so daß eine völlige Trennung ebenso falsch wäre.

Mit Recht wehren wir uns dagegen, Gedanken und Gefühl einfach mit Stoff zu identifizieren, und es ist ebenfalls schwierig, Form und Ort des Geistes und der Ideen anzugeben. Entsprechend der Auffassung von Hegel [Hegel 1964, S.558] erscheint Geist notwendigerweise in der Zeit. Diese grundlegende Idee von Hegel ist besonders bedeutsam für das Verständnis der Information. Die These ist, daß es immer nur die Syntax einer Information ist, die maschinell speicherbar, übertragbar usw. ist, da nur ihr räumlich Existenz zukommt. Sie ist wiederum Ergebnis der Bewertung ihrer Semantik im selektiven Lernprozeß. Die Semantik einer Information hat keine räumliche Existenz und kann daher nicht gespeichert werden. Daher muß die Zeit als Existenzform der Semantik genutzt werden. Die Syntax oder Struktur kann nur Träger formalisierter Semantik, entsprechend reduzierter Abbilder, sein.

Das Paradigma des orthodoxen Informationsverarbeitungsansatz, das die gegenwärtige Kognitionswissenschaft noch weithin bestimmt, läßt sich am besten durch die Substanzauffassung der Information charakterisieren. Information ist in dieser Vorstellung sowieso nur eine strukturierte »Substanz«, die man speichern, abgreifen und transportieren kann, für die immer wieder neuartige Maße entdeckt und für die eine eigenartige Zwischenexistenz im Verhältnis von Geist und Materie angenommen wird. Information wird mit der Erzeugung von einer äußeren Realität adäquaten Abbildern in Verbindung gebracht, die, im Gehirn des Menschen repräsentiert, werden und die Grundlage für ein rationales Verhalten bilden sollen. Es wird nach den Mechanismen geforscht, die die hierbei auftretenden Zuordnungen zwischen den Vorgängen in einer Welt jenseits der Informationserzeugung und Informationsnutzung und einer mit Hilfe der Information widergespiegelten Welt bewirken sollen. Das ist es, was von K. Popper in anderem Zusammenhang als eine »Kübeltheorie des Geistes« bezeichnet wurde, worauf Lischka und Diederich in der Diskussion um einen Paradigmenwechsel in der KI-Forschung aufmerksam gemacht haben [Lischka & Diederich 1987]. Mit der Trennung von Hard- und Software wird einerseits die Körper-Geist-Dualität verfestigt und andererseits das Programm des Reduktionismus der vollständigen Reduktion der Biologie auf Physik in einer speziellen Weise als realisiert angesehen, da eine solche Übertragung von Gehirnprozessen auf Elektronik beim Rechnen ja schon gelungen ist. Sollte diese vollständige Reduktion des menschlichen Denkens auf elektronische Prozesse gelingen, dann hätte es der schöpferische menschliche Geist fertiggebracht, auf einer niedrigeren Evolutionsstufe als der eigenen, auf der Ebene rein physikalischer Prozesse bestimmte Leistungen zu realisieren, für die in der Evolution bis zur Herausbildung des Gehirns eine Vielzahl qualitativ unterschiedlicher Entwicklungsschritte in der Organisation lebender Materie erforderlich waren [D'Avis 1988].

Eine solche vollständige Substituierbarkeit des Gehirns durch Elektronik ist wenig wahrscheinlich und bisher nicht erwiesen. Vielmehr ist dagegen anzunehmen, daß auf jeder neuen Integrationsstufe der Evolution eine qualitativ neue Stufe der Organisation der Materie mit nicht reduzierbaren Eigenschaften durch Einschränkung der physikalich-chemischen Möglichkeiten vermittels neuer spezifischer Strukturen und Mustern erreicht wird. Gegenwärtig findet ein Paradigmenwechsel in der KI-Forschung und Kognitionswissenschaft statt, der die bisherige Kritik an den methodologischen Voraussetzungen der jetzt als konventionell bezeichneten KI-Forschung aufnimmt, wie sie insbesondere von H. Dreyfus geübt wurde [Dreyfus 1979]. Konnektionismus ist als eine neue Richtung in der Kognitionswissenschaft entstanden. Das Ziel der Schaffung bewußter Maschinen soll nun vielleicht über die Mimik des Gehirns möglich werden. Ein entscheidendes Argument hierfür ist, daß das Konzept der Ebenen, wie es von der Computer Science übernommen wird – die Ebenen der Semantik, der Syntaktik und der Mechanismen –, die wirklichen Ebenen der Organisation des menschlichen Gehirns nicht sachgerecht definiert. Es ist evident, daß es zwischen der Ebene der makromolekularen und interzellulären Dynamik und der Ebene des menschlichen Gehirns als Ganzem viel mehr Organisationsebenen gibt. Darauf machen gegenwärtig insbesondere P. Churchland in ihren Arbeiten zur Neurophilosophie (Position 2) sowie Vertreter des Konnektionismus aufmerksam.

4. Die konnektionistische Arbeitshypothese der Neuroinformatik

Vom Symbol zum Neuron – Paradigmenwechsel in der KI-Forschung

Modelle neuronaler Netze wurden schon von den Pionieren der Rechentechnik entwickelt. Im Jahre 1943 veröffentlichten McCulloch und Pitts ihre Arbeit zur Theorie neuronaler Netze, in der sie zeigen konnten, daß jede aussagenlogische Funktion vermittels eines neuronalen Netzwerkes von einfachen binären Schwellenwerten simuliert werden kann. Der entscheidende Durchbruch auf dem Gebiet der neuronalen Netze wurde im Jahre 1958 durch Frank Rosenblatt [Rosenblatt 1961] erzielt. Mit dem Perzeptron hatte er ein Modell entwickelt, welches sich teilweise selbst organisieren und formales Lernen realisieren, einfache Muster erkennen und klassifizieren konnte. Diese Erfolge kamen zu einem vorläufigen Ende durch die Veröffentlichung des Buches von M. Minsky und S. Papert über Perzeptrone. In diesem Buch werden prinzipielle Schwächen einstufiger perzeptronähnlicher Netzwerkmodelle aufgezeigt. Für mehrstufige Netzwerke tritt das Problem auf, daß für die Schichten von Neuronen ohne Verbindung zur Außenwelt nicht direkt angegeben werden kann, welche Werte sie annehmen. Erst 1985 wurde von Rumelhart und Hinton ein leistungsfähiger Lernalgorithmus entwickelt, der es ermöglicht, ein Fehlerintegral auch für die Neuronen verdeckter Schichten zu definieren. Mit diesem Algorithmus der Backpropagation wird es nun möglich, Netzwerke mit mehreren verdeckten Schichten zu entwickeln und neuronale Netzwerke wieder verstärkt zu untersuchen. H. Bremermann [Bremermann & Anderson 1989] konnte zeigen, daß der Backpropagation-Algorithmus den biologischen Bedingungen nur eingeschränkt entspricht, und hat verfeinerte Algorithmen vorgeschlagen; denn die Berücksichtigung der spezifischen Plastizität des Gehirn ist besonders wichtig.

Aufgrund der sich abzeichnenden Mängel des Kognitivismus, nämlich daß Symbolverarbeitung auf sequentiellen Regeln beruht und lokalisiert erfolgt und daß es aus der Sicht der Neurophysiologie einer synthetischen Vorgehensweise bedarf, entwickelt man heute wieder verstärkt auf der Grundlage des Prinzips der Selbstorganisation konnektionistische Modelle. Sie sollen wichtige kognitive Fähigkeiten wie Wiedererkennen und assoziatives Gedächtnis realisieren. Wie in [Dreyfus 1986, Varela 1990 und Crick 1989] hervorgehoben wird, eröffnet der Konnektionismus durch eine Reihe von Lernverfahren neue Möglichkeiten. Sie beruhen u. a. darauf, daß die Lernfähigkeit des Systems schon auf der neuronalen und damit einer kognitiv unabhängigen Ebene gegeben ist. Man hofft, bisher nicht oder ungenügend beachteten Bedingungen der Intelligenz besser zu genügen, als es durch die Suche nach einer zeichenhaften Repräsentation gelang.

Nach dem Paradigma des Konnektionismus ist die Semantik nicht in bestimmten Symbolen lokalisiert, sondern eine Funktion des Gesamtzustandes des Systems. Sie ergibt sich aus dem Funktionieren z. B. der Wiedererkennung oder des Lernens. Der Gesamtzustand entsteht aus einem Netzwerk von Einheiten – oft als »sub-symbolische Ebene« bezeichnet. Indem die Bedeutungen nicht in diesen Bestandteilen, sondern in den sich aus der Interaktion der Bestandteile ergebenden komplexen Aktivitätsmustern existieren, gibt es hier eine deutlich andere Ebene für die Semantik. Entsteht aus dem Zusammenspiel syntaktischer Strukturen schon Semantik, dann könnte auch das aus Englisch sprechendem Mann und Zimmer bestehende Ganze in Searles »chinesischem Zimmer« ein Verständnis der Vorgänge gewinnen und nicht nur formale Operationen mit den chinesischen Zeichen ausführen. Wenn Searles »chinesisches Zimmer« als Ganzes chinesisch versteht, wendet sich das Gedankenexperiment nur gegen die kognitivistische Arbeitshypothese, nicht aber gegen die modernen Versuche zur Entwicklung neuronaler Netze und die konnektionistischen Arbeitshypothese. Die meisten diskutierten Modellvorstellungen neuronaler Netzwerke sind jedoch bisher nur zur Interpretation von Nervensystemen anwendbar, die ähnlich denen von Insekten nur zwischen fest gespeicherten Programmen umschalten, aber weder wirklich lernen (durch Begreifen und Erfassen), noch denken können. Diese Netzwerke können etwas tun, aber sie besitzen weder den Willen etwas zu tun noch haben sie ein Wissen darüber, was sie tun. Dies sind wichtige Merkmale einer qualitativ höheren Nerventätigkeit, die für den menschlichen Geist wesentlich sind. Das ganze System »Zimmer plus Inhalt« wird auch nach Auffassung von P. M. und P. S. Churchland [Churchland 1990] kein Chinesisch verstehen. Für die Diskussion ist m. E. eine klarere Unterscheidung zwischen formalem Lernen, technischer Selbstorganisation und Selbstorganisation lebender

Systeme aus der inneren Widersprüchlichkeit und verbunden mit Entstehung von Information wichtig [Fuchs-Kittowski & Rosenthal 1972, v. Foerster 1950]. Da sich Form (Syntax), Inhalt (Semantik) und Wirkung (Pragmatik) der Information auf den verschiedenen Ebenen der Organisation lebender Systeme wechselseitig voraussetzen, muß ein enger Zusammenhang zur Syntax berücksichtigt werden. Aber gerade aus diesem wechselseitigen Bedingungszusammenhang ergibt sich auch die Schlußfolgerung, daß Syntax für sich alleine weder konstitutiv noch ausreichend für die Semantik ist. Daraus folgt: Programme alleine sind weder konstitutiv noch ausreichend für Geist. Aus der Sicht des Stufenkonzepts der Information scheint es durchaus richtig, wenn J. Searle [Searle 1990] solche Schlußfolgerungen aus seinem Gedankenexperiment auch gegenüber dem Konnektionismus aufrecht erhält. Für die verschiedenen Ebenen der Organisation lebender Systeme ist zu zeigen, daß die Bedeutung der Information bzw. die Semantik der jeweiligen Organisationsebene sich nur durch die für diese Ebene relevante Funktion, die das entsprechende Verhalten realisiert, erfassen läßt. Information und Funktion stabilisieren sich gegenseitig: die Funktion realisiert die Informations-Reproduktion, und die Information produziert wieder die Funktion.

5. Computer und Mensch

Zur nicht reduzierbaren Pluralität der Sichtweisen

Gegenwärtig vollzieht sich ein Paradigmenwechsel in der Informatik von einem Verständnis künstlicher Intelligenz als Konkurrenten des Menschen hin zum Erfassen einer Mensch-Maschine-Kombination, bei der Vorzüge und Besonderheiten beider Seiten integriert werden. Die kognitivistische Computer-Metapher und konnektionistische Modelle sind im Rahmen der kognitiven Wissenschaften von heuristischem Wert, andererseits wird jedoch immer klarer, daß das Spannungsfeld zwischen formalem Modell und nichtformaler Welt bestehen bleibt. Es sind alternative Sichtweisen erforderlich, will man die Realitäten des menschlichen Geistes wirklich erfassen. Will man das Spannungsfeld zwischen Formalem und Nichtformalem überbrücken, stellt sich die Frage nach dem Verhältnis der verschiedenen Ansätze zueinander. Unsere Antwort ist: Computer mit künstlicher Intelligenz und menschlicher Geist stehen in einem widersprüchlichen Verhältnis von Gemeinsamkeit und Unterschied.

Wenn Geist in Materie verankert ist, so werden bestimmte Formen, soweit sie geistige Operationen abbilden, die sich durch Symbolmanipulationen formal darstellen lassen, durch Maschinen erzeugt werden können. Die Computer, selbst solche mit künstlicher Intelligenz, sind jedoch keine Teilnehmer am sozialen Prozeß, sind keine Persönlichkeiten, für deren Entwicklung ein Lebensprozeß als Einheit biologischer psychologischer und sozialer Prozeße charakteristisch ist. Um Bedeutungen zu verstehen oder Metabedeutungen im Kontext der Kommunikation zwischen Menschen zu erfassen und sozial relevante Werte bilden zu können, müßte der Computer ein praktisches, sinnlich konkret die Welt veränderndes Leben gelebt und Zugriff zum Bewußten und Unbewußten haben. Dies wird gerade in der Diskussion zum Wesen der Sprache, ihrer Offenheit für alle Erfahrungen des Menschen und seiner ganzen Geschichte besonders deutlich (vgl. auch die Beiträge von D. Siefkes und J. Seetzen, in diesem Buch). Bei der formalen Manipulation von Symbolen kann der Computer sehr viel leisten. Doch ist heute deutlich, daß eine vollständige Formalisierung der natürlichen Sprache bzw. ihre grundsätzliche Berechenbarkeit, wie es z. B. noch Leibniz vorschwebte, nicht zu realisieren ist. Es zeigt sich, daß bei der natürlichen Sprache in den meisten Fällen der semantisch relevante Kontext ohne eine Begrenzung bleibt. Denn die menschliche semantische Kompetenz fußt auf der Gesamtheit aller bewußten und unbewußten menschlichen Gedächtnisinhalte.

Eine nicht reduktionistische und nicht dualistische Theorie der Informatik befindet sich in einer erkenntnistheoretisch analogen Situation wie seiner Zeit die Quantenphysik und die Biologie. Wie die Quantenphysik lernen mußte, daß die Bewegung des Elektrons nur ein Aspekt des Ganzen ist, und die Biologie lernen mußte, daß auch lebende Organisationen nicht einfach aus Teilen bestehen, die analysiert und wieder zusammengesetzt werden können, wird nun auch die Berücksichtigung des ganzheitlichen Zusammenhanges von Form, Prozeß/Inhalt und Wirkung der Information in der sozialen Organisation unausweichlich. In Übereinstimmung mit den Gedanken des Begründers der Molekularbiologie Max Dehlbrück zum Thema der Entstehung des menschlichen Geistes (wie sie von G. Stent in [Dehlbrück 1986] zusammengefaßt wurden) kann formuliert werden: Der Geist ist weder eine »rein physikaliche Maschine« mit besonders komplexen kybernetischen Mechanismen oder Programmen noch etwas Außerphysikalisches »rein Psychisches«, sondern etwas gegenüber den Funktionen, die für eine rein physikalische Maschine möglich sind, Spezifisches, das sich nicht einfach aus den diesen Funktionen zugrundeliegenden Gesetzmäßigkeiten deduzieren läßt.

Die methodologische Analogie zur erkenntnistheoretischen Situation in der Quantenphysik führt zu dem Schluß: Eine Theorie der Informatik muß tiefer, weiter und damit zugleich konkreter sein als eine Theorie der Automatisierungstechnik und der Prinzipien der Struktur und Funktion von Software, da sie auf das Lebende, das Geistige und das Soziale angewendet wird. Bei einer Reduktion der Differenziertheit und der Wechselbeziehungen, bei einer Beschränkung auf eine hinreichend grobe Struktur lassen sich jedoch biologische Formen des Verhaltens sowie praktische und geistige Tätigkeiten des Menschen durch technisch-kybernetische Systeme, durch Automaten als formale Symbolmanipulatoren beschreiben. Die Erforschung biologischen und menschliche Verhaltens sollte daher in enger *Korrespondenz* mit der Erforschung der Struktur und Funktion komplizierter Automaten, ihrer Hard-, Soft- und Orgware erfolgen, da Kybernetik und Informatik begrenzt gültige Modelle dieser Systeme und Prozesse liefern. Die Aufklärung kognitiver Prozesse des Erkennens, Lernens und Problemlösens sowie ihrer Umsetzung in maschinelle Funktionen trägt entscheidend zur raschen Entwicklung der modernen Informations- und Kommunikationstechnologien bei. Für die Informationssystemgestaltung und Softwareentwicklung wurden aus einem entsprechend veränderten Informationsverständnis [Foerster 1950] konkrete Schlußfolgerungen gezogen [Keil-Slawik 1990, Floyd & Keil-Slawik 1983, Winograd & Flores 1986]. Der lebenden und sozialen Organisation treten wir mit Begriffen entgegen, die der anschaulichen Welt der Automatisierungstechnik und der formalen Welt der Softwareentwicklung entnommen sind. Diese Abstraktionen müssen *modifiziert werden, sobald sie wieder in den allgemeinen Kontext integriert werden.* Die theoretisch und praktisch von der Informatik zu bewältigende Aufgabe besteht darin: Von einer modernen demokratischen Gesellschaftskonzeption und einem humanistischen Menschenbild ausgehend sind die Potenzen der modernen Informations- und Kommunikationstechnologien zu entwickeln und in den gesellschaftlichen und individuellen Entwicklungsprozeß zu integrieren. Das Spannungsfeld zwischen formalem Modell und nichtformaler Welt ist zu überbrücken, so daß der Mensch als Subjekt der Entwicklung, als Mensch unter Menschen, Ausgangspunkt und Ziel der Softwareentwicklung, der Informationssystem-, Arbeits- und Organisationsgestaltung ist und bleibt.

Information, Kommunikation, Organisation
Anmerkungen zur »Theorie der Informatik«

Jürgen Seetzen

»Wir fühlen, daß, selbst, wenn alle *möglichen* wissenschaftlichen Fragen beantwortet sind, unsere Lebensprobleme noch gar nicht berührt sind.«

L. Wittgenstein, Tractatus logico-philosophicus, 6.52

Die Frage nach der Theorie der Informatik führt zunächst zu zwei weiteren Fragen. Erstens, was verstehen wir unter Theorie und zweitens, was bedeutet der automatische Umgang mit Information? Demnach, was verstehen wir unter Information in der uns erscheinenden und praktisch erlebten Wirklichkeit?

1. Theorie und Informatik

Die Ansicht, daß Vorstellungen, die ein Programmierer beim Schreiben eines Programmes entwickelt, bereits Theoriebildung sei, wie sie P. Naur in seinem Aufsatz »Programming as Theory Building« [Naur 1985] vertritt, bedarf der genaueren Überlegung.

Der Ursprung der Informatik im technisch-wissenschaftlichen Bereich war hinsichtlich der »Theorie« unproblematisch. Programmieren bedeutet in diesem Bereich auch heute noch die algorithmisierte (automatisierte) Form der Abarbeitung von »Rechenschritten«, die durch die Formeln vorgegeben sind, welche die natur- und ingenieurwissenschaftliche Theorie liefert. So entstand eine »Theoretische Informatik«, die tatsächlich auf mathematische Theorie zurückführt.

Im physikalischen und technischen Bereich gelten als Theorie Modellvorstellungen, die es erlauben, beliebige Fälle des jeweiligen Objektbereiches ohne weitere Experimente zu erklären oder vorauszuberechnen. Letztlich geht diese Vorstellung auf die neuzeitliche Auffassung von Erkenntnis in Objektbereichen der Physik zurück, die durch Galilei begründet wurde. Dabei werden Beobachtungen, wie der Fall schwerer Körper, mit Hilfe der Mathematik in Modellvorstellungen gefaßt. Solche Modellvorstellungen gehen meistens über die unmittelbare Anschauung hinaus, wie sie beispielsweise Aristoteles zum Gegenstande der Fallgesetze vertreten hat. Die Newtonsche Mechanik war die wissenschaftlich revolutionäre Konsequenz dieser Verknüpfung von Empirie und Mathematik, die bisher paradigmatisch für alle naturwissenschaftliche Theorie geblieben ist.

Wir verfügen heute über Theorien der Physik und der Chemie, aber auch der Biologie, die im Sinne der Konsenstheorie der Gewißheit in weiten Bereichen des Naturgeschehens abgesichert sind, so daß technische Anwendungen sich auf diese Theorien stützen können und mit Hilfe der mathematischen Formulierungen Simulationen von realen Vorgängen erlauben. Es ist dabei gleichgültig, ob die mathematischen Formulierungen sich auf deterministische oder stochastische Modellvorstellungen beziehen.

Erst in den letzten zwanzig Jahren haben sich weite Gebiete der Naturwissenschaft, und zwar in Physik, Chemie und Biologie herausgebildet, die sich mit rückgekoppelten (iterativen) nichtlinearen, dynamischen Strukturen befassen, die der Erkenntnis erst durch die Computersimulation zugänglich werden, da geschlossene Lösungen nicht existieren und der Rechenaufwand sehr groß ist. In diesem Bereich ist es durchaus offen, ob Programmieren Theoriebildung bedeutet, oder ob Programmieren der Erkenntnis für die Theoriebildung dient [Briggs & Peat 1990].

Rechenintensive Bereiche gibt es aber nicht nur in Wissenschaft und Technik, sondern besonders auch im kaufmännischen Bereich. Die Abrechnung von ökonomischen Transaktionen, die Buchhaltung, ist mühsam, aber vom Kalkül her einfach. Deswegen hat die Informatik in den sechziger Jahren besonders auch auf diesem Gebiet Fuß gefaßt, weil es offensichtlich rationeller war, für die Buchhaltung Rechner und Rechenprogramme zu nutzen, als »Handrechnungen« auszuführen. Heute ist das Bilanzwesen, das Steuersystem, das Banksystem nicht mehr ohne Informatik vorstellbar. Insgesamt überwiegt diese Anwendung nach Anzahl der Computer und der Summe der »instructions per second« gegenüber der wissenschaftlich-technischen Anwendung.

Die Wunschvorstellung, aus den monetär-geschäftlichen Datenverarbeitungen etwas wie Management-Informations-Systeme (MIS) zu entwickeln, die unternehmens- und unternehmerspezifische strategische Informationen bereitstellen, ist jedoch weitgehend gescheitert, weil Unternehmen sich nicht allein aus ihren monetären Indikatoren heraus bestimmen und steuern lassen, so wichtig diese Daten für die Kontrolle auch sind. Programmieren als Theoriebildung greift in diesem Bereich in keiner Weise, weil es »die Theorie« der Organisation nicht gibt, die die realen Informations- und Kommunikationsprozesse, in die das Programmieren und die Informatik eingreifen, berücksichtigt. Hier herrscht »Handwerk« oder bestenfalls »Kunst«, aber nicht Theorie. Es ist nicht zu bestreiten, daß in Zukunft eine Theorie der Organisation unter Berücksichtigung der Informations- und Kommunikationsprozesse entwickelt werden kann und wünschenswert wäre, und daß dann die Programmierungsprozesse, ähnlich wie in der Wissenschaft und Technik, ihren Beitrag zu verbesserten Ergebnissen organisatorischen Handelns leisten können, aber so wie die Dinge heute stehen, leistet das Programmieren geschäftlicher Vorgänge keinen Beitrag zur Theorie der Organisation.

Es gibt ein anderes Gebiet, in dem der Versuch gemacht worden ist, über programmierte Simulationen mehr Einsicht in die Zusammenhänge zu gewinnen und damit einen Beitrag zur Theorie zu leisten, das ist die Ökonometrie. Wirtschaften sind äußerst komplex und die Wechselwirkungen zwischen ökonomischen Größen oder Indikatoren nicht eindeutig. Deswegen ist verschiedentlich der Versuch gemacht worden, diese Größen oder Variablen in ökonometrischen Modellen aufgrund von mehr oder weniger plausiblen Annahmen in simultanen Differenzen-Gleichungssystemen zu verknüpfen und damit die Wirtschaftsdynamik abzubilden und iterativ zu lösen. Diesen Versuch kann man als Theoriebildung durch Programmierung verstehen. Nur ist er, von der kurzfristigen Abbildung von konjunkturellen Entwicklungen abgesehen, gescheitert, weil Wirtschaften wegen der unvorhersehbaren Entscheidungen von Menschen und wegen der technischen Innovationen offene, nichtlineare Systeme sind, die sich entweder nicht in »physikalistischen« Gleichungssystemen abbilden lassen oder wegen ihrer Nichtlinearität der Vorhersagbarkeit entziehen, wie das Wetter.

Die Informatik hat in den siebziger Jahren den Bereich der »Datenverarbeitung« überschritten und ist zur Text- und Bildverarbeitung fortgeschritten. Dieser Bereich erscheint aber als weitgehend theorielos und nur praktisch. Programmieren von Text- oder Bildverarbeitungs-Software folgt den rudimentären Einsichten in diese Objektbereiche, so effektiv sie auch für den praktischen Gebrauch sein mögen.

Programmieren folgt also entweder der Theorie oder geht ihr simulierend voraus. Wo Theorie nicht vorhanden ist, kann das Programmieren nur den gewissermaßen handwerklichen, kunstgemäßen oder routinemäßigen Umgang mit Objektbereichen abbilden. Wenn Informatik als Technikwissenschaft oder als »Wissenstechnik« [Luft, in diesem Buch] verstanden werden soll, muß sie sich mit anderen Techniken vergleichen lassen. Techniken haben die Eigenschaft, sich theoretisch auf die Naturwissenschaften und praktisch auf gesammelte Erfahrungen abzustützen. Ursprünglich war Technik nur der gesammelte Erfahrungsschatz, das praktische Können.

Das Anliegen P. Naurs ist es, zu zeigen, daß die Informatik und insbesondere das Programmieren Veränderungen der Wirklichkeit, das heißt der Wirkungsgeflechte, herbeiführt und insofern Anlaß gibt, über die veränderten Zusammenhänge der anthropotechnischen Systeme, in denen wir auch durch die Telematik und Informatik leben und leben werden, Rechenschaft zu geben. Unbestreitbar ist, das Programme explizite oder implizite, durchdachte oder ad-hoc gestaltete modellhafte Ausschnitte der Wirkungsgeflechte realisieren.

Naur plädiert dafür, daß dem Programmierer, der »die Theorie besitzt«, mehr Beachtung geschenkt wird. Er erläutert dies an Fällen, wo es praktisch unmöglich ist, komplexe Software am Leben zu halten, die nicht mehr von den ursprünglichen Autoren, die die »Theorie« dieser Software noch verstanden haben, betreut wird. Der Programmierer ist nicht einfach ein Fabrikarbeiter, der bestimmten einfachen

Regeln der Arbeit folgt. Der Programmierer gestaltet ein Programm aufgrund seiner Einsicht in die Zusammenhänge. Dem ist zweifellos zuzustimmen. Aber hiermit wird deutlich, daß dem Wort »Theorie« im englischen Sprachraum eine andere Vorstellung unterliegt als im deutschen. Programmierer bauen an Software mit ihrem Können und ihrer Einsicht und damit an sehr komplexen Gebilden, wie etwa die früheren Dombauhütten an ihren Kathedralen. Das Wissen hierüber muß sorgfältig gewahrt und weitergegeben werden. Wenn dies nicht geschieht, ist das ein Grund für die beklagte »Software-Krise«. Es ist deswegen einleuchtender, daß Programmieren etwas mit Gestalten zu tun hat, wie A. Rolf in diesem Buch hervorhebt. Theoriebildung und Gestaltung sind nicht notwendig zur Deckung kommende Bereiche der Pragmatik. D. Siefkes [Siefkes 1990a] hat, in vergleichbarer Absicht wie Naur, die Wende zur Phantasie in der Softwaregestaltung angemahnt.

Programmierer, die nicht im Kernbereich der Informatik arbeiten [siehe hierzu Luft, in diesem Buch], sehen sich mehr oder weniger gezwungen, auch den Objektbereich, für den das jeweilige Programm geschrieben wird, theoretisch oder praktisch verstehen zu müssen oder sehr eng mit Fachleuten, die das entsprechende Verständnis haben, zusammenzuarbeiten. Hierin liegt eine ungewöhnliche Herausforderung an die Informatiker. Sie müssen mehrere Fachgebiete beherrschen oder verstehen, jedenfalls die »Bindestrich-Informatiker«.

W. Coy vertritt den Standpunkt, daß die Informatik, und damit das Programmieren, in die Arbeitszusammenhänge eingreift [Coy in diesem Buch]. Dies ist offensichtlich, wenn man sieht, in welchem Umfang Routine-Arbeit im Umgang mit Information von entsprechend programmierten Computern übernommen wird. Es entstehen auf diese Weise neue organisatorische Wirklichkeiten, deren Folgen nicht ohne weiteres überschaubar sind. Diese Tendenz wird verstärkt durch die Entwicklungen der Telematik, das heißt der Verknüpfung dezentraler Informatik. Dies greift besonders in die Produktion, die Logistik und in die Verwaltung und das Management ein. Es sind aber nicht nur die Arbeitsbedingungen, sondern nahezu alle Lebensbedingungenen, die durch die Informationstechnik verändert werden. Man denke nur an den Politikbereich durch die Massenmedien.

Die informationstechnische Entwicklung erfordert wegen der Unübersichtlichkeit ihrer systemtechnischen Gestaltungsspielräume und Folgen eine systematische Technikfolgenabschätzung. Hierzu ist zunächst genauer zu untersuchen, was der Gegenstandsbereich der Informatik, gerade im Hinblick auf Organisationen, ist. Dabei muß der anthropologische Bezug des Umgangs mit Information aufgeklärt und schließlich die Frage behandelt werden, was in Zukunft vernünftiges Handeln im kollektiven Sinn bedeuten kann. Das heißt, die Frage nach der Verantwortung beziehungsweise Ethik im Hinblick auf die Informatik zu stellen.

2. Information, Kommunikation

2.1 Information und Informatik

Informatik ist im üblichen Verständnis die automatische Verarbeitung von Information. Von einer Theorie der Informatik erwartet man die Vermittlung einer zureichenden Vorstellung von dem, was hier verarbeitet wird. Ist dies die Verarbeitung von Symbolen nach vereinbarten Regeln, so ergeben sich kaum Schwierigkeiten [Krämer 1988]. Wenn aber gefragt wird, was diese Symbole symbolisieren und was die Wirkungen der Ergebnisse der regelhaften Symbolverarbeitung sind oder sein können, wird diese eingegrenzte Vorstellung der Informatik unzureichend.

Es genügt dann auch nicht zu sagen, daß die Symbole Sprache oder Wissen kodieren [siehe hierzu den Beitrag von A. Luft, in diesem Buch], denn es stellt sich sofort die nächste Frage, was Sprache oder Wissen sei. Wirklich grundlegend läßt sich das Problem, zureichende Vorstellungen vom Gegenstand der Informatik zu gewinnen, nur angehen, wenn man versucht, eine Vorstellung von Information selbst zu gewinnen. Hierbei sind Anleihen aus anderen Wissenschaftsbereichen nötig. Es wird sich ergeben, daß »Informatik« den technischen Umgang mit »Informationen« bezeichnet, die in einem gesellschaftlichen Kontext von Bedeutung sind.

Die Informatik hat bisher in ihrer theoretischen Ausprägung keine zureichende Klärung herbeigeführt, was wir uns unter Information vorstellen sollten. Die Übernahme des Shannonschen Informationsbegriffes ist unzweckmäßig, weil er sich allein auf einen anderen Objektbereich bezieht, den der Nachrichtentechnik. Auch der Wienersche Begriff von Information in der Kybernetik, der gegenüber dem Shannonschen erweitert ist, bleibt für unsere Betrachtung unzureichend, weil er die Bedeutungsebene (Semantik) und die Handlungsebene (Pragmatik) ausblendet.

Es ist nicht verwunderlich, daß die Kybernetik oder die Informatik Schwierigkeiten hat, den Kern ihres Gegenstandsbereiches zu durchschauen. Diese »Theorien« (Sichtweisen) sind noch nicht alt. Wenn man bedenkt, wie lange es gedauert hat, bis sich eine theoretische Vorstellung von Energie herausgebildet hat, wird man bei den noch schwierigeren Aussagen zur Information Geduld haben müssen. Beiden Vorstellungen ist gemeinsam, daß es erst der technische Umgang mit der jeweiligen Entität war und daran anschließend die wissenschaftlich vertiefte Betrachtung, die dazu zwangen, die Vorstellungen zu klären. Bei der Energie waren es die Wärmekraftmaschinen, die elektrischen Geräte und schließlich die Quantenfeldtheorie, bei der Information die Nachrichtenübertragung, die Computer und schließlich die Molekularbiologie. Wir können übergehen, daß Wiener die bis auf das Vorzeichen formale Homologie des statistischen Ausdruckes für »Information« und »Entropie« im Sinne einer tieferliegenden Kongruenz deutete. Seine Einsicht, daß Information Information ist und nicht Materie oder Energie, war die tiefere, wenn auch sein Schluß, daß damit der Materialismus über den Vitalismus vollständig gesiegt hätte, genau falsch war [Wiener 1963, S. 81 und S. 192].

2.2 Information als Kategorie

Die These, die hier vertreten werden soll, heißt, daß über Energie und Materie hinaus Information kategoriale Bedeutung hat und zwar in dem Sinn, daß Information die Bedingung der Möglichkeit für das Verhalten lebender Strukturen oder Systeme ist, das sich in Raum und Zeit und auf der Basis energetischer und materieller Prozesse abspielt. Wir kennen keine lebende Struktur, die nicht »informiert« ist, das heißt, die nicht in jeder ihrer Zellen den vollständigen Kode zur Replikation und zur Ausdifferenzierung ihrer »Organe« (Werkzeuge) in sich trägt und die ihren inneren Chemismus steuert. Ob die Menschen je dahinter kommen, wie dieser Kode entstanden ist, ist fraglich [Vollmert 1985].

Es ist zunächst nicht zwingend, die biologische Erkenntnis von einem einheitlichen makromolekularen »Buchstabensystem« lebender Strukturen mit der Informationsvorstellung zu verknüpfen. Betrachtet man aber zusätzlich die Vorgänge der Evolution, so wird diese Verknüpfung schlüssig.

Zunächst ist festzuhalten, daß einzelne lebende Strukturen (Individuen) in komplizierten biochemischen Prozessen ihre genetische Information kopieren und weitergeben. Dies kann nur durch lebende, informierte Zellen geschehen. Weiter erkennen wir, daß es durch – wiederum nicht im einzelnen nachvollziehbare – Prozesse, die wir Zufall nennen, eine Tendenz lebender Strukturen (Arten) gibt, durch die im Laufe der Zeit die genetische Information der Individuen an Menge zunimmt. Wir nennen dies Evolution, obwohl die ursprüngliche Darwinsche Vorstellung von Evolution noch nichts mit Informationszunahme zu tun hatte. Zum Wesen der Evolution gehört, daß Individuen mit Sicherheit und Arten mit Wahrscheinlichkeit ihre Existenz nach einer bestimmten Zeit verlieren und damit Raum geben für neue Individuen und Arten.

Der zentrale Aspekt der biologischen Information ist, daß die Lebewesen aufgrund ihrer Informiertheit in die Lage versetzt sind, sich in lebenserhaltender Weise zu verhalten. Mehr Information bedeutet ein größeres Repertoire an Verhaltensmöglichkeiten und damit einen lebenserhaltenden Vorteil. Information steuert Verhalten, oder anders ausgedrückt, Verhalten lebender Strukturen ist immer informativ bedingt. Durch Biooszillatoren (makromolekulare Eigenschwingungen) ist Leben auch immer »getrieben«. Insofern braucht man heute keine Hemmung mehr zu haben, Information, allerdings auf der Basis energetischer und materieller Gegebenheiten und Prozesse, als die lange gesuchte vis vitalis anzusehen. Diese drei kategorialen Bedingungen – Energie, Materie und Information – der uns erkennbaren Welt überwinden den Dualismus in überraschender Weise zu einem Trialismus.

2.3 Evolution, Lernen und Kommunikation

Die Evolution hat ermöglicht, daß sich das Zentralnervensystem der Tiere in einer Weise ausgebildet hat, sensorische Signale speichern zu können. Diese Möglichkeit ist ein weiterer außerordentlicher evolutiver Vorteil für Individuen und Arten. Auf diese Weise sind sie für ihr Verhalten nicht mehr nur auf die genetische Information angewiesen, die sie instinktiv, »programmiert« antreibt, sondern sie können zum Teil auf ihre Umwelt aufgrund »gelernter« Beweggründe (Motive) reagieren. Solches Lernen geschieht teilweise auch im Artenverband durch Belohnung oder Bestrafung bestimmter Verhaltensweisen. Das heißt, Lernen ist unter Umständen durch kommunikatives Verhalten bedingt, und Kommunikation bedeutet einfach die Mitteilung von Information mit Hilfe eines Signalsystems.

Bei höher entwickelten Tieren und ganz besonders bei Menschen ist das zentrale Nervensystem so komplex – auch die Anzahl der verknüpften Neuronen nimmt im Laufe der Evolution zu –, daß sich innere Modelle der jeweiligen Umwelt einprägen lassen. Diese evolutive Stufe hat sehr große Vorteile im Existenzkampf. Denn auf diese Weise läßt sich ein Verhalten, zu dem das Individuum getrieben ist, im inneren Modell zunächst auf Erfolg oder Mißerfolg überprüfen. Dieses »Probeverhalten« ist bei Menschen sehr ausgeprägt, aber auch bei Primaten nachgewiesen. Es kann keinen Zweifel daran geben, daß Tiere Vorstellungen (innere Modelle) von ihrer Umwelt haben und sich in ihrem Verhalten daran orientieren. Wir haben also keinen Grund, erworbene Vorstellungen (Erfahrungen) nicht in den Bereich der verhaltensmotivierenden Informationen einzuordnen. Wichtig für unsere Betrachtungen ist, daß es verschiedene Weisen der Codierung von Information gibt, die genetische und die erlernte, die beide ganz verschieden gespeichert sind, aber doch beide auf das Verhalten einwirken.

Die Evolution hat nicht nur die Tendenz zur Informationszunahme, sondern auch zur Komplexitätssteigerung und zur Beschleunigung. Dies geschieht durch die Gewinnung von Variabilität, und das heißt schnellere Anpassung an Umweltmöglichkeiten und -gefahren durch größere Informiertheit und verstärkte Rückkopplungen. In dieser Sicht ist die Entwicklungsgeschichte der Menschen eine Evolutionsbeschleunigung außerordentlichen Ausmaßes. Sie ist die Fortsetzung der Evolution mit anderen Mitteln. Für unsere Betrachtungen machen wir deswegen weitere Anleihen aus der Anthropologie und der Kulturgeschichte.

2.4 Sprache, Wissen, Kultur

Menschen sind dadurch charakterisiert, daß sie Sprache und Werkzeuge benutzen sowie sich externer Energie bedienen. Sprache ist die besondere, nur den Menschen mögliche Kodierung von Vorstellungen. Sprache ist das Kommunikationsmittel zur Mitteilung von vorgestellten Motiven und Orientierungen. Sprache muß sozial vermittelt werden, ehe sie vom Individuum benutzt werden kann. Ursprünglich war und ist Sprache das Mittel, im Sozialverband ein arbeitsteiliges Verhalten zu ermöglichen, das über die Reaktion auf Sinneseindrücke hinausgeht. Das heißt, Arbeitsteilung kann verabredet werden und ist nicht nur auf Anweisungen ad hoc angewiesen. In heutiger Sicht überwiegt aber besonders die andere Möglichkeit der

Sprache, nämlich »Wissen« zu vermitteln, das heißt den Orientierungsraum zu erweitern. Doch diese verkürzte funktionale Sicht von Kommunikation über Sprache führt zu vielen Fehleinschätzungen, auch gerade im Bereich der Informatik.

Sprache ist kein individuelles Phänomen. Durch die soziale Vermittlung überindividueller Vorstellungen reichert sich die Vorstellungswelt des Einzelnen weit über das persönlich Erfahrbare hinaus an. Sprache ist die Basis jeder Kultur, aber auch der Hauptgrund für die kulturellen Verschiedenheiten. Zwar steht die verbale Sprache im Vordergrund der menschlichen Existenz, aber die Formsprachen, die Tonsprachen und die Gestensprachen sind ebenso bedeutsam, und sie sind auch die ursprünglicheren Weisen von Sprache und Kommunikation. Man kann insgesamt Kultur als die jeweiligen Formen der Kommunikation bezeichnen.

Sprache kodiert Vorstellungen und zwar sowohl Wunschvorstellungen als auch Orientierungsvorstellungen. Vorstellungen sind aber vage und nicht unbedingt dauerhaft. Es gibt keine Möglichkeit, zu erkennen, wie ähnlich oder unähnlich Vorstellungen verschiedener Individuen zum »gleichen« Inhalt sind. Die Sprachspiele dienen überwiegend dem Zweck, Vorstellungen anzugleichen. Vorstellungen können völlig irreal sein, denn beispielsweise besteht auch die Traumwelt aus Vorstellungen, über die sich sprechen läßt. Deshalb ist es vergebens, davon auszugehen, daß Sprache, so wie sie für die Kodierung von Vorstellungen in einem bestimmten Kulturkreis gebraucht wird, unmittelbar Wirklichkeit abbilden würde. Alle Repräsentanztheorien, die voraussetzen, daß Sprache oder Symbole ohne weiteres Wirklichkeit kodieren, scheitern daran. Hinzu kommt das bekannte Phänomen, daß Sprache häufig dazu benutzt wird, die tatsächlichen Vorstellungen, besonders die Wunschvorstellungen, zu kaschieren oder lügend zu verfälschen.

Der nächste große Schritt in der Evolution der menschlichen Gesellschaft ist die Entwicklung der Schriftsprache. Sie entstand aus Zeichensprachen und zeigt somit wieder die Abhängigkeit von den bildhaften Vorstellungen. Erst vor dreitausend Jahren gelang der vollständige Übergang zur phonetischen Schrift bei den Griechen. Das bedeutet, Schrift in der europäischen Kultur kodiert Lautsprache und die Lautsprache, wie gesagt, Vorstellungen. Die Schrift hat aber die Eigenschaft, genau und dauerhaft zu sein, so daß sie sich vor allem dafür eignet, Verträge festzuhalten, aber auch die großen Erzählungen der Kulturkreise bis hin zu wichtigen geschichtlichen Ereignissen und zur Einsicht in die Weltzusammenhänge. Schrift ermöglicht die Kommunikation von Information über Raum und Zeit hinweg, so daß Menschen Vorstellungen in unübersehbarer Menge gewinnen können.

Wir haben in der Schriftsprache, die auch die Formalsprachen der Logik und der Mathematik umfassen, eine dritte Form der Speicherung von Information zu erkennen.

Die Schrift hat im europäischen Kulturkreis bewirkt, daß sich das »Wissen« in den Vordergrund gedrängt hat, denn alles was schriftlich fixiert war, konnte zu Wissen werden. Dabei war und ist eine entscheidende Frage, wie die Menschen zu

»gewissem« Wissen gelangen, was unangemessenerweise mit der Wahrheitsfrage verknüpft wurde und wird. Es ist auffällig, daß andere Kulturkreise einen Wissenschaftsbegriff, wie er sich in Europa nach der Renaissance herausgebildet hat, nicht entwickelt haben und ihn nun übernehmen müssen. In der Konsequenz der Wissensbetonung werden die pragmatischen, ethischen und ästhetischen Aspekte der Lebenswirklichkeit ausgeblendet, wie überhaupt der Verhaltensbezug von Schriftsprache verblaßt.

Eine weitere Wirkung der europäischen Schriftsprache war die Vereinsamung in der Kommunikation. Besonders schwierige Vorstellungen werden in der individuellen Kommunikation mit Schriftzeugnissen gesucht. Auf diese Weise hat besonders das philosophierende Individuum einen Stellenwert erhalten, der den lebensweltlichen, besonders den über die Sprache unumgänglichen sozialen Bezug des Denkens großenteils verloren gehen läßt.

Es soll hier nur erwähnt werden, daß die überragende Bedeutung der Schriftsprache erst voll zum Tragen kommen konnte, als es durch den Buchdruck möglich wurde, die Schrifterzeugnisse kostengünstig zu vervielfältigen. Die Naturwissenschaft oder überhaupt die europäische Wissenschaft verdankt dieser Innovation weitgehend ihre Existenz.

2.5 Denken, Subjektivität, Gewißheit und Objektivität

Die Frage, wie das menschliche Denken in diesen Gang der Überlegungen einzubeziehen ist, kann nun mit einiger Schlüssigkeit behandelt werden. Platon hat schon das Denken als die Unterhaltung der Seele mit sich selbst beschrieben (Platon, Sophistes 263 e). Aber erst durch neuere anthropologische Arbeiten, insbesondere von A. Gehlen, ist Denken und insbesondere das innere Sprechen als die häufigste Form des Probeverhaltens von Menschen deutlich geworden [Gehlen 1940]. Die innere Sprache, die ja keine Hervorbringung des Einzelnen ist sondern eine im Sozialisierungsprozeß erworbene Fähigkeit, ist in der Lage, die übrigen, meist bildlichen Vorstellungen, die ein Mensch hat, zu ordnen oder zuzuordnen. Sie dient gewissermaßen auf einer Metaebene – eben weil sie vor aller individuellen Erfahrung vorhanden sein kann – der Strukturierung der Vorstellungen. Daß den äußeren Sprachakten innere entsprechen, wird vielfach übersehen, wenn über Sprache geschrieben wird (nicht so im Beitrag von D. Siefkes, in diesem Buch).

Diese Form des Probeverhaltens, bei dem Vorstellungen durch inneres Sprechen strukturiert werden, nennen wir auch Reflexion. Schon dieses Wort deutet an, daß es sich um eine Rückbezüglichkeit handelt.

Eine entscheidende Konsequenz des inneren Sprechens ist die Herausbildung der Individualität oder Subjektivität. Erst durch die erworbene Sprache ist ein Mensch in der Lage, »ich« zu sich selbst zu sagen und eine Vorstellung von sich selbst zu gewinnen. Das Selbstbewußtsein ist erst im Spiegel der Sprache möglich, es ist deswegen ein Phänomen einer besonderen Rückbezüglichkeit oder genauer

Selbstbezüglichkeit. Wie gesagt kann die Evolution auch als eine wachsende Möglichkeit von Rückbezüglichkeiten gesehen werden. Aber die Figur der Selbstbezüglichkeit ist erst in der Sprache, beziehungsweise in den Formalsprachen wie der Logik, möglich und damit nur ein Problem der menschlichen Lebenswirklichkeit.

Das menschliche Denken steht ständig in der Herausforderung, Vorstellungen auf ihre Gewißheit hin zu prüfen, anders ausgedrückt, Traum und Phantasie von Wirklichkeit zu scheiden. Das Problem, Gewißheit zu gewinnen, hat heute in der Wissenschaftstheorie eine weitgehend abschließende Antwort gefunden, wie A. Luft dargestellt hat [Luft 1989a]. Man sollte dabei nicht von Wahrheit sprechen, weil dieser Ausdruck zu sehr metaphysisch besetzt ist. Aber die diskursive Suche nach überindividuellem Angleichen von Vorstellungen über Objektbereiche unserer Umwelt oder von den Bedingungen des menschlichen Lebens ist die heute als einzig sinnvoll erscheinende Beschreibung der Gewinnung von Gewißheit. Wie wir besonders in den sogenannten exakten Naturwissenschaften erkennen, folgen aus solcher Suche im günstigsten Fall Modellvorstellungen von Objektbereichen, die sich als invariant gegen Ort, Zeit und Beobachter erweisen und damit als objektiv gelten. Da wir aber mit unseren auch kollektiven Erkenntnismöglichkeiten hinter bestimmte kategoriale Aspekte nicht gelangen können, bleiben auch diese Gewißheiten kollektiv subjektiv.

Die objektivste Form der Informationsgewinnung sind Zähl- und Meßprozesse, deren Formen kollektiv festgelegt sind. Diese führen zu »Daten«. Mit Hilfe von mathematisch formulierten Modellvorstellungen lassen sich damit Ergebnisse errechnen, die neuen Zähl- oder Meßprozessen entsprechen würden. Das heißt, mit Hilfe von quantifizierten Modellvorstellungen lassen sich, wie eingangs erwähnt, in einem bestimmten Objektbereich verläßliche Voraussagen machen.

Wir können feststellen, daß die Berechnungen mit Hilfe von Modellvorstellungen äußere Reflexionen sind. Dies ist insofern eine wichtige Feststellung, als damit wiederum eine weitere Stufe der gesellschaftlichen Evolution erreicht ist. Wiederum tritt eine neue Form der Speicherung und diesmal auch der Verarbeitung von Information als evolutiver Sprung auf, die elektronische und photonische symbolische Repräsentation, die zur schriftlichen Repräsentation von Vorstellungen hinzukommt.

2.6 Modelle und Simulation

Es wird nun eine besondere Rolle der Informatik deutlich. Vom Zeitpunkt an, wo es seit den fünfziger Jahren dieses Jahrhunderts möglich wurde, durch technische Geräte Daten im Rahmen formaler Modelle automatisch zu verarbeiten, war eine sprunghafte Anwendung solcher Modelle die Folge. In den letzten Jahrzehnten haben sich viele naturwissenschaftliche und technische Gebiete entwickelt, bei denen die weitere Entwicklung der Erkenntnis oder der Konstruktionsergebnisse direkt von den Möglichkeiten der elektronischen Datenverarbeitung abhängen. Diese

Entwicklung hat sich aber weitgehend öffentlich unbemerkt abgespielt. Ob ein Kraftfahrzeug, ein Flugzeug, eine Brücke, ein Kraftwerk, die Linienführung einer Straße oder eine integrierte Schaltung mit Hilfe der Datenverarbeitung entworfen wird, interessiert bestenfalls die Fachleute. Aber es ist offensichtlich, daß diese Form der Informatik darin besteht, gesellschaftlich bedeutsame Informationen zu verarbeiten und zu erzeugen, denn hiervon wird das technische Leistungsniveau bestimmt.

2.7 Natürliche und künstliche Intelligenz

In letzter Zeit gewinnt das Konzept der Künstlichen Intelligenz als Produkt der Informatik öffentliche Aufmerksamkeit. Abgesehen davon, daß dieser Ausdruck zunächst eine falsche Übersetzung ist und eigentlich künstliche Informationsbeschaffung und -bereitstellung heißen müßte, ist der semantische Fehlbezug zur eigentlichen Bedeutung geworden.

Aber was ist Intelligenz, die künstlich, informatisch simuliert werden soll? Natürliche Intelligenz hat mit Vorstellungskraft, mit Assoziationsvermögen, mit Sprachvermögen und mit Realitätssinn zu tun. Ein Simultanübersetzer transformiert den gesprochenen Satz einer Sprache in eine Vorstellung und drückt diese in einer anderen Sprache aus.

Weil Computer keine Vorstellungen haben, ist die künstliche Sprachübersetzung, von trivialen sprachlichen Abbildungen abgesehen, die immerhin eine bedeutende Menge der Übersetzungen ausmachen können, ein hoffnungsloses Unterfangen. Generell ist »Künstliche Intelligenz« als Sprachverstehen und als Wissensverarbeitung mit Sicherheit ein Holzweg, obwohl zu erwarten ist, daß Mustererkennungs- und Lernprozesse künstlich simuliert werden können. In Anfängen ist dies heute schon realisiert.

Wir wissen nicht oder nicht genau, wie sich Vorstellungen im zentralen Nervensystem repräsentieren. Ob wir es je wissen werden, ist angesichts der außerordentlichen Komplexität des menschlichen zentralen Nervensystems ungewiß [Young 1989]. Es ist wahrscheinlich, daß das menschliche Gedächtnis eine Ähnlichkeit zu Hologrammen hat. Es ist deswegen fragwürdig, einfach von Repräsentationen oder Symbolen der Wirklichkeit in der menschlichen Denkfähigkeit auszugehen. Menschen sind keine symbolverarbeitenden Maschinen, sondern sie sind informierte Lebewesen, die nicht außerhalb ihres Sozialverbandes leben können und deshalb auf Kommunikation lebensnotwendig angewiesen sind.

Andererseits ist nicht zu bestreiten, daß sich bestimmte Denkoperationen kalkülisieren lassen. Allerdings ist zu bedenken, daß dabei fast immer Hilfsmittel (Finger (Digiti), Rechensteine, Abakus, Papier und Stift) eine Rolle spielen. Solche Kalküle sind der automatischen Informationsverarbeitung zugänglich. Aber der Umkehrschluß, daß Denken grundsätzlich kalkülisierbar sei, kennzeichnet nur ein hohes Maß an anthropologischer Unbildung. Man kann etwas überspitzt sagen, daß die erste künstliche Intelligenzleistung die Aristotelische Logik war. Denn das freie Assoziieren, das sich im Wachzustand unter innersprachlich reflektierter Kontrolle vollzieht, ist die primäre Basis unseres Denkens, nicht das schlüssige Räsonieren.

Assoziationen sind meistens Verknüpfungen von Vorstellungen, die zunächst wenig oder gar nichts miteinander zu tun haben, aber gewisse Analogien aufweisen. Die meisten dieser Assoziationen sind witzlos oder nur witzig. Aber von Zeit zu Zeit entsteht ein neuer Gedanke; wir nennen das Intuition. Wir können diesen Vorgang auch Einfall nennen, der dadurch charakterisiert ist, daß er nicht vorhersehbar ist, also unverfügbar. Es ist schlechterdings nicht zu erkennen, wie dieser Vorgang des »einfallenden« Denkens kalkülisiert werden könnte. Man wende nicht ein, daß auch die Schachautomaten lange für unmöglich gehalten wurden. Denn das Schachspiel ist offensichtlich bis auf den intuitiven Teil der Fähigkeiten von Großmeistern kalkülisierbar.

Es ist die Verknüpfung vielfältiger und vager, zum Teil phantastischer Vorstellungen, die beim menschlichen Denken geschehen. Aber der zentrale Punkt beim menschlichen Denken ist die ständige Verknüpfung von Wunsch- und Orientierungsvorstellungen. Die Menschen sind Getriebene (nach Heidegger Geworfene), die auch über ihr Verhalten frei assoziieren können und müssen.

Wiederum ist aber zu bemerken, daß die informatischen Hilfsmittel, die unter dem übertriebenen Schlagwort der künstlichen Intelligenz bereitgesellt werden, als Verstärkung menschlicher Intelligenzleistungen gesellschaftlich sehr bedeutsam sein können.

2.8 Information und Verhalten

Es war im Abschnitt 3.2 gesagt, daß Information als die Kategorie gelten kann, die das Verhalten lebender Strukturen ermöglicht. Die wesentliche Schwierigkeit, die sich für die Praxis der Informatik in anthropotechnischen Systemen aus dieser Sicht ergibt, besteht darin, daß sich dies auf ganz verschiedenen, getrennt erscheinenden Ebenen abspielt. Man kann diese Ebenen grob in die genetische, die subkognitive, die kognitive und die kollektive Ebene trennen. Das individuelle und das kollektive Verhalten speist sich aus allen vier Ebenen. Da wir die genetische (instinktive) und die subkognitive Ebene der Motive aber nicht durchschauen, hat menschliches Verhalten sowohl in der individuellen wie auch in der kollektiven Ausprägung einen unübersehbaren Kontingenzbereich und ist deswegen nicht voraussehbar. Hinzu kommt das »einfallende« Denken als unverfügbares. Hiermit stößt die »Rationalität« an offensichtliche Grenzen. Informatik, die nur die Wissensebene betrachtet, hat – mit Wittgenstein gesprochen – die Lebensprobleme noch gar nicht berührt. Unsere Lebensprobleme sind aber vor allem die Probleme, die aus dem Zusammenleben und der gegenseitigen Motivation entstehen, also besonders auch daraus, wie wir uns organisieren.

3. Organisation

Organisieren bedeutet, wie jeder Praktiker weiß, vor allem Antreiben, mit anderen Worten, ein kollektives Motivfeld über Fremdmotivationen schaffen.

Die Informatik hat besonders starke Aufmerksamkeit erweckt, als sie in aktuelle Arbeitsprozesse einzugreifen begann. Es geht dabei zunächst in der Hauptsache um buchhalterische Formen der Datenverarbeitung, das heißt im wesentlichen der Fixierung und Kontrollierung von geldlichen Transaktionen. Dieser Bereich ist heute ohne elektronische Datenverarbeitung nicht mehr zu denken. Bedeutsam für diese Überlegungen ist hieran, daß die kaufmännische Datenverarbeitung es nicht mit objektiven Daten im Sinne der exakten Wissenschaften zu tun hat. Eine geldliche Transaktion ist nicht objektiv, sondern von Zeit, Ort und den handelnden Personen abhängig. Zwar entspringen die Daten im wirtschaftlichen Bereich Zählprozessen. Geld ist eine Information, eine Zahl, über ein bestimmtes Kaufvermögen. Die Transaktion des Tausches von Gütern gegen Geld ist ein Spiel im Sinne der Spieltheorie [Neumann & Morgenstern 1961]. Das Ergebnis dieses Spieles, der Preis eines Gutes, ist nicht festgelegt, sondern hängt von den Wunschvorstellungen des Käufers und des Verkäufers ab. Dies zeigt, daß es ein Trugschluß ist, zu meinen, allein die Verarbeitung von Daten sei schon eine Garantie dafür, daß man es mit objektiver Realität zu tun hat. Trotzdem bedeutet auch hier die Informatik die technische Verarbeitung von gesellschaftlich relevanter Information, denn die Information über Kaufvermögen gehört zu den wesentlichen Bereichen des gesellschaftlichen Motivationssystems.

Die heutige Informatik greift weiter und unmittelbarer in organisatorische Zusammenhänge ein. Neben wissenschaftlich-technische Produktentwicklung, produktionssteuernde und kaufmännische Datenverarbeitung tritt mehr und mehr Informationsverarbeitung im Sinne von Text- und Bildverarbeitung. Gerade die Texterstellung und -weiterverarbeitung betrifft zum Beispiel in Gestalt von Formularen, Planungen, Anweisungen, Anfragen, Angeboten, Bestellungen und Abrechnungen den Kern organisatorischen Handelns. Derartige Informationen haben überwiegend motivierenden Charakter, und Organisieren ist, wie gesagt, im wesentlichen nichts anderes als zweck- und zielgerichtetes Motivieren.

Es ist unmittelbar einleuchtend, daß eine Organisation, die die technischen Möglichkeiten der Informationsverarbeitung und der Kommunikation nutzt, anders organisiert ist als eine Organisation ohne diese Hilfsmittel, einfach weil die Arbeitsabläufe teilweise technisiert sind. Ob eine Anweisung von einem Computer kommt oder unmittelbar von einem Menschen, ist funktional verhältnismäßig gleichgültig, nicht aber organisatorisch. Funktional entscheidend ist, welches Ziel das jeweilige System, in dem die Menschen kommunizieren, verfolgt. Wir leben heute in Organisationen, bei denen die Fertigung von Gütern, und das können materielle, energetische oder informationelle sein, weitgehend technisiert verlaufen. Das heißt mit anderen Worten, Organisationen sind anthropotechnische Systeme, bei denen die organisierten Prozesse in der Regel sowohl menschliche wie auch technische Fertigkeiten erfordern. Daß solche technischen Fertigkeiten heute auch in Bereiche vordringen oder vorzudringen scheinen, die bisher ausschließlich Menschen vorbehalten waren, führt zu erneuten Irritationen, wie sie bereits seit längerem mit dem Begriff der Automation verbunden sind. Hiermit sind Gestaltungsräume gegeben, die Organisatoren und Informatiker gemeinsam zu bearbeiten haben. Aber es ist nicht klar, wie hierbei die Verantwortlichkeiten verteilt sind.

Hinsichtlich des Organisierens ist es entscheidend, zu erkennen, daß Organisationen keine Mechanismen sind, die streng »rational« mit Hilfe der Informatik gestaltet werden können. Wegen der komplexen Motivationsstruktur der in Organisationen zusammenwirkenden Menschen und wegen der unumgänglichen Schwierigkeiten bei der Kommunikation, die dem Austausch von orientierenden und motivierenden Vorstellungen zwischen diesen dient, bleibt das Organisieren auch in Zukunft neben aller Anstrengung, Regelhaftigkeit, Rationalität und Überschaubarkeit zu erreichen, zum großen Teil eine Kunst [siehe hierzu auch den Beitrag von M. Falck, in diesem Buch]. Wichtig bei der Frage des Organisierens, das notwendig zwischen Chaos und Ordnung angesiedelt ist, bleibt aber auch, eine geeignete Form von gemeinsamer Reflexion über die kollektiven Vorgehensweisen zu finden, was letzlich eine Frage der kollektiven Ethik ist. Man sieht aus diesen Überlegungen, daß Informatik und Organisation durchaus und unüberwindlich in einem problematischen Wechselverhältnis stehen.

Sinn im Formalen ?
Wie wir mit Maschinen und Formalismen umgehen

Dirk Siefkes

Gregory Bateson hat die These aufgestellt, daß individuelle Entwicklung und natürliche Evolution denselben Gesetzen unterliegen; er setzt daher Lernen und Evolution gleich. Ich buchstabiere die Gleichsetzung fürs menschliche Lernen aus, wobei Begriffe die Rolle der Gene erhalten: Wir entwickeln unsere Gedanken begrifflich durch Selektion, so wie sich Lebewesen genetisch entwickeln. Daraus ergeben sich Folgerungen fürs Lernen und Lehren; viele von ihnen sind bekannt, erscheinen so aber in neuem Licht. Eine Schwierigkeit ergibt sich: Maschinen und Formalismen entwickeln sich nicht. Maschinen handeln nicht, Formalismen denken nicht; Vernunft allein reicht daher nicht im Umgang mit ihnen. Zum Ausgleich haben die Menschen einen sechsten Sinn, für Qualität, entwickelt. So wie Tiere einst das Denken »entdeckt« haben, um sich freie Entscheidungen zu »ermöglichen«, haben die Menschen gelernt, Sinn von Unsinn zu trennen; sonst könnten sie es in selbst hergestellten Umgebungen nicht aushalten. Anders als die Tiere müssen sie ihre Systeme selber »klein« halten, gut zwischen »maßlos« und »unterbemessen« balancieren. Da stecken die Informatiker in der Klemme: Ihre Aufgabe ist, so scheint es, jede Art von Kommunikation auf Elektronik zu reduzieren; wie können bei solchem Größenwahnsinn ihre Systeme »klein« sein? Sie müssen rechnergestützte Systeme »gestalten«, heißt es heute, auf menschliche Weise machen, balancierend zwischen »interpretieren« und »konstruieren«. Das können sie nicht ohne Andersgesinnte: Philosophen, Pädagogen, Psychologen, Soziologen. Wird Informatik solcherart zu einer Utopie?

Was ist Geist?

Der Mensch – sagt er – unterscheidet sich vom Tier dadurch, daß er Geist hat. Lebewesen unterscheiden sich von anderen Gebilden, insbesondere von technischen Systemen, dadurch, daß sie lebendig sind. Sie können, nein, sie müssen sterben. Tiere unterscheiden sich von Pflanzen durch ihr Bewußtsein. Einen Hund kann ich bewußtlos treten, ein Gänseblümchen nicht. Und Menschen schließlich unterscheiden sich von Tieren durch Geist.[42] Was aber ist Geist? Geist ist mehr als Intelligenz; auch Tiere verhalten sich intelligent. Geist hat Selbstbewußtsein: Menschen grübeln über sich nach und ändern darauf ihr Verhalten oder machen Witze oder verlieren ihren Verstand. Aber zumindest hochgezüchteten Tieren kann man das Selbstvertrauen erschüttern, sie »verrückt machen«. Beruhen Werturteile auf geistigen Fähigkeiten? Nur Menschen haben Religionen und Ethiken, scheint es, und »unmenschlich« verhält sich jemand, nicht wenn es ihm an Intelligenz oder Selbstbewußtsein mangelt, sondern wenn er gegen höhere Werte verstößt.

Gregory Bateson sieht »Geist und Natur« als »eine notwendige Einheit« – so der Titel des Buches [Bateson 1979], in dem er die Erkenntnisse seines Lebens zusammenfaßt. Schon früh hat er als Anthropologe nach Interaktionsmustern gesucht, nach denen menschliches Verhalten sich aufbaut, erstarrt und wieder verfällt. Er beschreibt die Muster durch das Paar *Form* und *Prozeß*: Wir bewegen uns (Prozeß) auf gelegten Geleisen (Form), beurteilen das Erreichte nach gegebenen Maßstäben (Prozeß und Form eines höheren Typs), bewegen uns entsprechend anders mit neuen Ergebnissen, bis sich die Geleise allmählich verschieben oder plötzlich zerbrechen (Prozeß und Form wieder höheren Typs). Er findet dieselben Muster überall: bei seinen Patienten in der Psychiatrie, bei spielenden Tieren, bei seinen Schülern, im Großen in der Evolution. In diesem Sinn setzt er daher Entwicklung von Individuen und Evolution in der Natur gleich: Beides sind Lernprozesse, die nach denselben Gesetzen auf verschiedenen Ebenen (Lernen 1., 2. und 3. Ordnung) verlaufen.[43] Aggregate, die man so beschreiben kann, haben *Geist*: Geist ist evolutionär, Natur hat Geist. Bateson unterscheidet also nicht, wie das im Deutschen üblich ist, zwischen ‚Verstand' und ‚Geist'. Er wendet seine Theorie auch auf die Ästhetik an, in seinem Alterswerk »Angels Fear« [Bateson 1987], das seine Tochter nach seinem Tod ergänzt und fertiggestellt hat, schließlich auf Ethik und Religion. Sein ‚mind' mit ‚Geist' zu übersetzen, ist daher folgerichtig.

Bateson ist Biologe. Daher betrachtet er vor allem die Evolution, weniger den Geist, und auch da allgemein Lernen von Lebewesen, weniger menschliches Lernen. Ich bin Informatiker, lehre und lerne mit Studenten, mit meinen Söhnen, meiner Frau. Ich habe daher Bateson aus dem Aquarium ins Klassenzimmer versetzt und seine Theorie speziell für den menschlichen Geist ausformuliert. Manches davon steht bei Bateson, teilweise nur angedeutet, so daß ich es erst nachher fand. Auf jeden Fall sind die Ergebnisse lohnend, teilweise aus Philosophie, Psychologie, Didaktik bekannt, teilweise – zumindest für mich – überraschend. Insbesondere habe ich die Analyse auf Lernen von formalen Sachverhalten – Umgang mit Maschi-

---

[42] Diese alte Gliederung der Welt in Stufen habe ich aus dem schönen Büchlein »Rat für die Ratlosen« von E. F. Schumacher [1979] gelernt.

[43] Seine eigene Entwicklung kann man in dem Band »Steps to an Ecology of Mind« [Bateson 1972] verfolgen, in dem seine wichtigsten Aufsätze und Reden gesammelt sind. Ich kann die Batesonsche Theorie hier und im folgenden nur andeuten. Wer sie nicht kennt, sollte ihn lesen.

nen und Formalismen – angewendet, das nur bei Menschen auftritt. Dadurch verstehe ich die besonderen Probleme besser, die dabei auftreten. Allerdings erweitere ich dabei Batesons Begriffswelt um die Kategorie ‚Sinn' und kann so menschliches von tierischem Lernen trennen. Von da an werde ich daher Batesons ‚mind' mit ‚Verstand' übersetzen und ‚Geist' weiter fassen.

Ich stelle zunächst Batesons Theorie der Evolution kurz dar, spezialisiere sie fürs menschliche Denken und komme dann zu ‚Sinn' und formalem Lernen und damit zur Informatik. Ich entwickle meine Ansichten nicht als Theorie im klassischen Sinn, als ein Gerüst von rational begründeten Erklärungen und Methoden. Anders als zum Beispiel Jürgen Seetzen in seinem Beitrag in diesem Buch halte ich eine solche Theorie nicht für hilfreich, um davon zu lernen. Will ich die beteiligten Menschen in Sicht bekommen – das versuchen wir ja hier mit einer Theorie der Informatik –, muß ich die Theorie wie im Gespräch entwickeln, sich entwickeln lassen, evolutionär. Das habe ich in meinen Arbeiten »Prototyping is Theory Building« [1989b] und »Wende zur Phantasie – Zur Theoriebildung in der Informatik« [1990a] beschrieben.

Evolution und Lernen

Wir teilen *Lebewesen* nach ihren biologischen Eigenschaften in *Arten* ein. Es gibt Affen und Giraffen und Menschenaffen. Laffen bilden keine Art, sie sind unartig und ungebildet. Biologische Eigenschaften werden *vererbt.* Affenkinder sind immer Affen; Kinder von Laffen dagegen können durchaus artig und gebildet sein. Eigenschaften sind auf komplizierte Weise in Systemen von *Genen* codiert, die bei der Vermehrung an neue Lebewesen weitergegeben werden. Durch die Genkombination ist festgelegt, wie das neue Lebewesen sich in Auseinandersetzung mit der Umwelt verhalten wird; so vererben sich die Eigenschaften. Und so ändern sie sich auch. Gene können sich auf zufällige Weise durch *Mutation* und bei der Vermehrung durch *Kombination* verändern. Meist sind die Änderungen gering, das Kind schlägt nicht aus der Art; sonst wäre es nicht lebensfähig. Hühner legen keine Enteneier; und ist das Schwanenkind ein häßliches Entlein, wird es weggebissen. Ist es dagegen besonders schön oder klug oder stark oder schnell, so hat es mehr Aussichten, groß zu werden und viele schöne, kluge, starke, schnelle Nachkommen groß zu ziehen, und so weiter. Bald gibt es nur noch solche Enten – wenn sie nicht außerdem besonders schmackhaft sind. Alle Lebewesen interagieren mit ihrer Umgebung; diejenigen, die sich ihr oder sie sich am besten anpassen, haben die besten Chancen, zu wachsen und sich zu mehren – sie werden ausgewählt, *seligiert.* Dadurch verändert sich die Art, oder genauer, lokal, die *Population.* Deswegen nennt Bateson Evolution einen doppelten stochastischen Prozeß: Individuen und Populationen entwickeln sich durch zufällige Einflüsse auf einen regelhaften Vorgang. Lebewesen entstehen aus Genen, und vergehen wieder, auf festgelegte Weise; aber bei der Vermehrung verändern sich die Gene auf zufällige, nicht rückgängig zu machende Weise. Auch der Lebenslauf der Individuen wird zufällig beeinflußt; Feinde und Freunde, Glück und Unglück verändern uns. Aber was wir lernen und was man uns zufügt, schlägt sich außer in Ausnahmefällen nicht im Erbgut nieder. »Unsere Enkel fechten's besser aus«, ist der Wunschtraum aller geschlagenen Eltern. Wenn er überhaupt in Erfüllung geht, dann nicht, weil die Kinder durch die Eltern besser gewappnet wären. Erst die Population entwickelt sich nach festen Regeln durch Selektion. Dadurch wieder entwickelt sich die Art, und so weiter; der Zufall auf einer Stufe treibt die geregelte Entwicklung auf der nächsten Stufe voran. Das ist ein ganz grobes Bild der *Evolution*, für die, die es auf der Schule nicht gehabt oder schon wieder vergessen haben. Können wir es auf menschliches *Lernen* übertragen?

Gedanken sind Denkwesen; sie entwickeln sich beim Denken. Gedanken sind also die Individuen der geistigen Evolution. Der *Mensch* als psychisches System könnte dann der Population[44] entsprechen: ein menschlicher Geist als ein Volk von Gedanken, ganz unterschiedlich und in sich widersprüchlich, aber doch zusammen passend, eine Einheit bildend, eben den geistigen Menschen. Die höheren Stufen wären dann Familien, Gesellschaften, Schulen, Kulturen. Diese verschiedenen Einteilungen und der Streit darum sind uns geläufig. Und nach unten? In was für Gene codieren wir die Charakteristika von Gedanken, so daß sie daraus geregelt wachsen und zerfallen? In die *Begriffe.*[45] Begriffe sind die Bausteine, aus denen wir Gedanken bilden. Aber nein, das paßt nicht; dann entsprächen die Begriffe den Zellen in der Biologie, nicht den Genen. Genkombinationen sind die Bausätze, in denen die Charakteristika von Lebewesen codiert sind und über die sich Lebewesen vermehren und so erhalten, über ihren Tod hinaus. Genauso komprimieren sich unsere Gedanken zu Vorstellungen, aus denen sich die Gedanken reproduzieren, mehr oder weniger verändert. Auch die Begiffe ändern sich dabei – ganz langsam, verglichen mit der raschen Abfolge von Gedanken.

Wie aber *mutieren* Begriffe? Gibt es das, daß sich Begriffe beim Denken plötzlich ändern und so völlig neue Ideen ermöglichen? Ist das die Quelle für Kreativität? Vielleicht, aber sicher nicht mehr als die Quelle. Genmutationen ermöglichen neue Lebewesen; aber lebendig wird und bleibt das Wesen nur, wenn es in die Art paßt und widerstandsfähig und stark genug ist. Genauso sind wir noch nicht geistig

---

[44] Oder einem ganzen Ökosystem. Die Populationen wären dann Denkbereiche oder -formen.

[45] Da Bateson an Lernen allgemein denkt, hat er dafür kein spezifisches Wort. In »Mind and Nature« [Bateson 1979] benutzt er ‚notion', häufiger ‚name', in »Angels Fear« [Bateson 1987] ‚mental images'. Vielleicht hat er – mehr als ich – den Zorn der Philosophen gescheut. ‚Begriff' ist ein durch die Tradition so beladenes Wort, daß es kaum noch lebendig zu verwenden ist. Ich werde es trotzdem in der ungewohnten Weise benutzen, nicht nur weil ich kein besseres weiß, sondern weil es gut zu dem paßt, was Bateson meint. Das wird hoffentlich noch deutlich werden. Nach Francisco Varelas Theorie vom Immunsystem als »zweitem Gehirn« könnte ich die Begriffe in den Lymphknoten siedeln lassen – Erfahrungen, die nicht direkt zugänglich, aber doch (über die Gedanken) geistig und (über Symptome) körperlich wirksam sind.

kreativ, wenn uns neue Ideen anfliegen; wir müssen sie annehmen und hegen können, wenn wir sie auch noch nicht ganz verstehen. Daß neue Gedanken außer durch Kombination auch spontan durch Begriffssprünge entstehen, ist eine Spekulation, die durch die Batesonsche Analogie nahegelegt wird. Kennen Sie eine bessere Erklärung für Kreativität?

Betrachtet man die Analogie genauer, ergibt sich eine erste Konsequenz: In allen Lebewesen einer Art kommen im wesentlichen immer wieder dieselben Gene vor, individuell variiert; also stecken auch Begriffe in vielen Gedanken, immer neu abgewandelt. Das ist fremd: Bei Plato sind Begriffe wie ‚Affe' und ‚Laffe' ewig und unteilbar, die kurzlebigen Erscheinungen und unsere Vorstellungen leiten sich daraus ab. In anderen philosophischen Schulen sind die Erscheinungen primär, oder unsere Vorstellungen. Aber immer bilden die Begriffe Einheiten; das Tier im Zoo ist Affe oder nicht, auch wenn es unklare Fälle gibt. Hier sind Begriffe verteilt: Jeder unserer Gedanken baut auf den gleichen – eben »unseren« – Begriffen auf; dennoch sind die Begriffe in jedem Gedanken ein wenig anders, durch den Gedanken geformt und gefärbt. Auch sind Begriffe nur in der Kombination im Gedanken sichtbar; will man sie einzeln greifen, tötet man den Gedanken. Ebenso aufregend finde ich die Konsequenz, daß Begriffe nicht für sich Bestand haben, sondern sich der Gedanken bedienen müssen, um sich zu erhalten. Der alte Streit, wer zuerst war, Ei oder Henne, ist müßig. Aber sicher ist, daß beide nötig sind, im Wechsel. Die Henne legt Eier und brütet, heraus schlüpfen die Küken. Die Eierschalen zerbrechen dabei. Die Henne muß noch die Küken aufziehen, aber irgendwann stirbt sie, sonst hätten die neuen Hühner keinen Raum.

Halt! Wir haben den Hahn vergessen. Es wäre schön, den geistigen Hahn im anderen Menschen anzusiedeln: Die Gesprächspartner befruchten sich, neue Gedanken entstehen, wenn fremde Begriffe zusammentreffen. Aber das paßt nicht ins Bild. Die Henne kann mit dem Erpel nichts anfangen; Hühner und Enten bilden keine Population. Gespräche entsprechen in der Batesonschen Analogie der Interaktion von Populationen. Lebewesen verschiedener Arten fressen, bekämpfen, verdrängen, unterstützen einander; so erhält und verändert sich die Art. Ebenso fressen, bekämpfen, verdrängen, unterstützen sich unsere Äußerungen – geäußerte Gedanken –, wenn wir miteinander reden; durch dieses *äußere Lernen* durch Reden erhalten wir die Energie zum *inneren Lernen* durch Denken. Schließlich lernen wir nichtsprachlich, durch unsere Körper, über unsere Gefühle, in direkter Erfahrung aus der Umwelt. Diese tiefste Weise zu lernen haben wir mit allen Lebewesen gemeinsam.

Das stochastische System »menschlicher Geist« besteht also auf den untersten Stufen aus Begriffen, Gedanken und Menschen (als psychischen Systemen). Gedanken entwickeln sich ständig, erzeugen neue Gedanken, verflüchtigen sich wieder. Permanenz erhalten sie durch Begriffe. Begriffe sind hart, verschlüsseltes Gedankengut; sie verändern sich nur zufällig, spontan und durch Kombination. Wie sich Gedanken zu Begriffen komprimieren und wie aus Begriffen neue Gedanken wachsen, wissen wir nicht. Viel besser kennen wir die zweite Ebene des stochastischen Systems. Populationen entwickeln sich unter den zufälligen Einflüssen aus der Umgebung. Ständig werden wir, beim Lesen und im Gespräch, mit den Äußerungen anderer Menschen konfrontiert, unsere Gedankenwelt ändert sich, wir lernen und vergessen. Neu an dem Bild ist, daß sich beim Lernen die Begriffe nicht direkt ändern. Erst durch Selektion – eigenes Verarbeiten, Austausch, Pflege und Festigung von Gedanken – verschiebt sich langsam das Begriffsfeld. Dieses äußere Lernen versteht Gregory Bateson, wie im ersten Abschnitt angedeutet, als ein Zickzack zwischen Form und Prozeß und nennt ihn ‚Kalibration': Wir stellen Begriffe ein und justieren, wieder und wieder, bis sie passen. In »Angels Fear« [Bateson 1987] ringt er damit, das Bild aufs innere Lernen zu übertragen, sieht sich dabei aber auf einem Gebiet, das »selbst Engel sich fürchten zu betreten«.

Folgerungen

Im letzten Abschnitt habe ich auf Konsequenzen hingewiesen, die sich ergeben, wenn wir die Analogie zwischen Evolution und Lernen aufs menschliche Lernen anwenden. Ich stelle die Konsequenzen noch einmal zusammen, füge neue hinzu und führe sie weiter.

Lebewesen können sich nur erhalten, indem sie sich vermehren, dabei ihre Eigenheiten weitergeben und selbst schließlich sterben. Damit unterwerfen sie sich der Selektion, also der Veränderung. Die Art hat Bestand durch Leben zwischen Geburt und Tod, nicht durch Mumifizierung. – Gedanken können sich nur erhalten, indem sie im Zusammenspiel neue Gedanken erzeugen, sich so fortpflanzen, aber selbst verflüchtigen. Damit unterwerfen sie sich der Selektion, also der Veränderung. Das menschliche Gedächtnis ist nicht ein Speicher, in dem Gedanken aufbewahrt werden; wir erinnern uns, indem wir Gedanken neu denken und wieder vergessen.

Lebewesen können (außer in niederen Formen) bei der Vermehrung ihre Eigenheiten nicht direkt weitergeben, sondern nur durch Codierung in Genen. Aus den Genen entstehen neue Lebewesen nach festen Regeln. – Wir können unsere Ideen (außer in niederen Formen!?) beim Denken nicht frei entwickeln, sondern nur in den Begriffen, über die wir verfügen. Aus den Begriffen schöpfen wir neue Gedanken, aber nach welchen Regeln?

Gene leben nicht direkt in der Welt, sondern nur in Lebewesen. Greifen können wir nur die Lebewesen, nicht die Gene. Jede Zelle enthält einen ganzen Satz von Genen; jedes Gen kommt in verschiedenen Lebewesen unterschiedlich ausgeprägt vor. Der Satz ist typisch für die Art, die Ausprägungen bestimmen das Individuum. Bei der Vermehrung sind alle Gene beteiligt. – Begriffe sind nicht direkt im Geist vorhanden, sondern nur in Gedanken. Begreifen können wir nur Gedanken, nicht Begriffe. Jeder Gedanke baut auf einem ganzen Satz von Begriffen auf; jeder Begriff kommt in verschiedenen Gedanken unterschiedlich nuanciert vor. Der Satz ist typisch für unsere Art zu denken, die Nuancierungen bestimmen den einzelnen Gedanken. Beim Denken sind immer alle Begriffe beteiligt.

Gene wandeln sich nicht durch Erfahrung, sonst könnten sie nicht der Vererbung dienen. Gene verändern sich zufällig durch Mutation und Kombination. Bei der Vermehrung sind nur Lebewesen derselben Art beteiligt. – Begriffe wandeln sich nicht, solange wir einen Gedanken hegen, sonst wäre Erinnerung nicht möglich. Begriffe verändern sich zufällig (durch Einfälle?) und durch neue Kombinationen beim Denken. Beim Denken sind nur unsere eigenen Gedanken beteiligt, nicht die anderer Menschen.

Lebewesen wandeln sich durch Kommunikation und andere Einflüsse aus der Umgebung. Diese Änderungen übertragen sich nicht auf die Gene, werden also nicht vererbt. Lebewesen können nicht Mitglieder anderer Populationen werden, können insbesondere nicht gemeinsam reproduzieren. Aber ohne Interaktion mit der Umwelt, insbesondere mit Lebewesen anderer Art, können Populationen nicht bestehen. – Gedanken wandeln sich durch Kommunikation und Wahrnehmung. Diese Änderungen übertragen sich nicht auf die Begriffe, werden also nicht erinnert. Wir können unsere Gedanken nicht in andere Gehirne hinein äußern, sie kommen beim Reden also nicht direkt zusammen. Aber ohne geistige Auseinandersetzung mit der Umgebung, insbesondere ohne sprachliche Kommunikation, können wir geistig nicht bestehen.

Die Population verändert sich durch Selektion: Die Lebewesen, die besser zur Umgebung passen oder sich die Umgebung besser passend machen können, leben länger und pflanzen sich eher fort. So verschiebt sich langsam auch der Genbestand, so verarbeitete Erfahrung wird vererbt. – Der menschliche Geist verändert sich durch Selektion: Die Gedanken, die besser zur Umgebung passen oder besser geeignet sind, sich die Umgebung passend zu machen, verweilen länger und pflanzen sich eher fort.[46] So verändern sich auch die Begriffe, so verarbeitete Erfahrung behalten wir im Gedächtnis.

Evolutionäre Veränderungen erscheinen dadurch schwierig und langsam: Im Leben erworbene Fähigkeiten sterben mit den Lebewesen. Trotzdem können Populationen sich schnell ändern. Da jedes Lebewesen einen kompletten Gensatz in sich trägt, kann sich eine neue Eigenschaft, die latent schon in den Genen steckt, schlagartig durchsetzen. – Geistige Veränderungen erscheinen dadurch langsam und schwierig: Im Denken erworbene Erkenntnisse verflüchtigen sich mit den Gedanken wieder. Trotzdem können Menschen schnell lernen. Da jeder Gedanke einen ganzen Satz von Begriffen in sich trägt, kann sich eine neue Idee, die latent schon in den Begriffen steckt, schlagartig in unserem Denken durchsetzen.

46 Sozialdarwinisten sollten den Abschnitt über Qualität lesen, bevor sie applaudieren. Ebenso wie im Biologischen bedeutet ‚passen‘ nicht Hilfs- oder Willenslosigkeit. Gegen den Strich denken ist oft am fruchtbarsten.

Folgerungen fürs Lernen und Lehren

Das detaillierte Bild von Lernen als Evolution, das wir jetzt gewonnen haben, paßt sehr gut zu einer Reihe von Phänomenen, die aus der Didaktik, der Psychologie, der Philosophie bekannt sind. Andere Teile das Bildes sind fremder. Ich gehe den letzten Abschnitt daraufhin noch einmal durch.

Das Gedächtnis ist kein Speicher. Wir können uns Gedanken (geschweige denn »Tatsachen«) nicht »einprägen«. Wir können sie nur immer wieder denken, in neuen Zusammenhängen, mit ihnen arbeiten. Dann tauchen sie auf, wenn wir sie brauchen. Mit der Vorstellung in der Künstlichen Intelligenz, daß man Denken auf dem Computer simulieren könne oder daß gar das Gehirn ein Computer sei, ist das nicht verträglich. Mehr darüber kann man in meiner Arbeit »Beziehungskiste Mensch – Maschine« [Siefkes 1989a] lesen.

Daß unsere Begriffe unser Denken prägen, ist geläufig. Aber dabei denkt man an Bausteine, nicht an Baupläne. Daß Begriffe Codierungen von Gedanken sind, finde ich verblüffend, aber einleuchtend. Tatsächlich sind Begriffe nicht Abstraktionen, sondern Vereinfachungen, mit denen sich's denken läßt, Gedanken auf den Punkt gebracht. Dann ist auch nicht mehr erschreckend, daß Gedanken Entfaltungen von Begriffen sein sollen. Bisher hielt ich Begriffe für tot, Gedanken für lebendig. Aber ist nicht das Ei grad so lebendig wie die Henne? Genauer: Die Henne ist grad so lebendig wie das Ei war, nicht mehr und nicht weniger. Noch genauer: Die Henne ist grad so wie das Ei war, von der Mutter der Henne gelegt. Das ist die einzige Regel, die ich bisher darüber formulieren kann, wie sich Gedanken aus Begriffen entwickeln: Bis auf Mutationen und Kombinationen kommt das heraus, was wir in die Begriffe hineingelegt haben. Aber wie geht das vor sich? Folgt da auch die Ontogenese der Phylogenese, die Entwicklung des Lebewesens der Entwicklung der Art, wie in der Biologie? Sind die »niederen« Gedanken, die sich »ungeschlechtlich«, also ohne Hilfe von Begriffen, erhalten und vermehren, die auf der emotionalen Ebene, die begehrlichen, verachtenden, erschreckten, begeisterten? Gibt es Gedanken »verschiedenen Geschlechts«, die zusammenkommen müssen, um fruchtbar zu sein? Uns fehlt eine Biologie, insbesondere eine Embryologie, des Denkens.

Nur Gedanken, nicht Begriffe, begreifen wir. Weniger pointiert: Mit Begriffen können wir uns nicht direkt, sondern nur in Form von Gedanken beschäftigen. Das folgt daraus, daß Begriffe Codierungen von Gedanken sind. Weiter gilt aber auch: Unsere Erfahrung begreifen wir in Form von Gedanken, nicht von Begriffen. Das Wort ‚Begriff' und eine ganze philosophische Tradition sprechen dagegen: »In den Begriffen begreifen wir die Welt.« Tatsächlich dienen die Griffe nur, um den Koffer der Erfahrung zu transportieren; die Erfahrung steckt im Koffer, nicht in den Griffen. Deswegen ist ein Begriff nicht eine Einheit, sondern auf die Gedanken verteilt, wie Blätter auf einen Baum. Mit jedem neuen Gedanken fügen wir ein Blatt hinzu, passend, aber ein bißchen anders in Farbe und Form.[47] Unser Denken ist durch die Bäume bestimmt, die wir kennen, die jeweiligen Gedanken durch die spezifischen Blätter.

Aufgrund der biologischen Analogie habe ich Gedanken und Begriffe ganz eng gekoppelt: Begriffe sind Codierungen von Gedanken, Gedanken entwickeln sich aus Begriffen. Andererseits habe ich die Veränderungsmechanismen strikt getrennt. Beim Denken kombinieren wir schon Bekanntes; durch Assoziation und Schlüsse entstehen neue Gedanken. Dabei entstehen durch das zufällige Zusammentreffen von Begriffen, aber auch spontan, sprunghaft neue Begriffssätze. »Gute Ideen« und »Einfälle« zeigen sich uns als neue Gedanken; tatsächlich geschehen die Änderungen aber auf der begrifflichen Ebene! Das klingt merkwürdig, ist aber folgerichtig: Neue Gedanken verfliegen wieder, wenn sie keine begriffliche Grundlage haben. Andererseits können wir nur Gedanken, nicht Begriffe selber, kombinieren. Die Begriffe, die dabei zusammentreffen, kennen wir nicht wirklich; also ist es immer eine Überraschung, was dabei herauskommt. (Arme Logik!) Wichtige Voraussetzung dafür, daß überhaupt etwas Neues entsteht, ist, daß wir die Gedanken auch frei laufen lassen können. Wir brauchen Phantasie und gedankliche Strenge, wenn wir geistig kreativ sein wollen. Das sind alte Erfahrungen.

Während sich beim Denken unsere Gedanken nackt begegnen, kommen bei der Kommunikation zwischen zwei Menschen die Gedanken nicht direkt zusammen. Darüber habe ich ausführlich in »Beziehungskiste Mensch – Maschine« und in »Wende zur Phantasie« [Siefkes 1989a, 1990a] geschrieben: Nur scheinbar wechseln sich Gesprächspartner mit Reden und Zuhören ab; tatsächlich reden beide ständig, und beide hören ständig zu. Das merkt man an Einwürfen, Gesten, Körperhaltung. Sonst würde das Gespräch sofort versiegen. Der Zuhörer formuliert das Gehörte ständig in eigene Worte um, redet (mehr oder weniger lautlos) beim Zuhören. Die Redende achtet ständig darauf, wie der andere ihre Worte aufnimmt, hört (mehr oder weniger merklich) beim Reden zu. Die Lehrerin kann ihre Gedanken der Schülerin nicht übertragen; sie kann nur versuchen, ähnliche Erfahrungen bei ihr auszulösen oder in Erinnerung zu rufen. Ebenso kann der Schüler dem Lehrer seine Fragen nicht direkt eingeben; er kann versuchen, ihn vor ähnliche Probleme zu stellen, tatsächlich oder aus dem Gedächtnis. Beim Lehren und Lernen wird nicht Wissen eingepflanzt, sondern Fähigkeit durch »Resonanz« erzeugt.

Das ist wohl am schwersten zu akzeptieren: daß wir die Gedankenwelt anderer nie direkt, sondern nur durch »Selektion« beeinflussen, indem wir sie dazu bringen, ähnliche Gedanken zu denken. Und doch ist es eine uralte Sache. Lehrer und Schüler, Eltern und Kinder, Liebende miteinander, Feinde gegeneinander – wir alle erleben es dauernd. Jammern darüber. Nutzen es als Entschuldigung. »Ausflüchte! Du willst mich bloß nicht verstehen.« Deswegen trennt Niklas Luhmann in seinem Buch »Soziale Systeme« [Luhmann 1984] strikt zwischen psychischen und sozialen

[47] So wird ‚Begriff' auch in der Walldorf-Pädagogik verwendet, wie mir Walter Volpert sagte.

Systemen. Im psychischen System entwickeln sich Gedanken durch geschlechtliche Vermehrung (um im biologischen Bild zu bleiben), im sozialen System durch Kommunikation; die Abstände beim äußeren Lernen sind größer als beim inneren, aber dafür auch die Veränderungen überraschender. Und das ist gut so.[48] Könnten wir unsere Gesprächspartner durch Reden geistig zurichten wie körperlich durch Schlagen oder Küssen, wie hilflos wären sie uns ausgeliefert. Niklas Luhmann definiert Kommunikation über eine dreifache Auswahl: Der Redende überlegt sich, was er mitteilen will, und wie, und der Zuhörende kann es so oder so verstehen. Fehlt einer der drei Auswahlakte, handelt es sich um bloße physische Interaktion, der Geist ist nicht im Spiel. Evolutionär entscheidend ist die Freiheit des Zuhörenden, ohne sie gäbe es kein Lernen durch Kommunikation, weder in kleinen Schritten noch in großen Sprüngen, weder sachte bergan noch im tiefen Fall. Deswegen dürfen Lehrer nur reden, nicht schlagen oder küssen; zwar können sie mit allem wohl- oder wehtun, aber nur gegen Reden können die Schüler sich leicht wehren: durch Nicht-Zuhören.

Obwohl ich zwischen Gedanken und Äußerungen nicht trenne, sind also inneres und äußeres Lernen, geistige Entwicklung durch Denken und durch Kommunikation, zwei völlig unterschiedliche Prozesse; »innere Dialoge« und laute Monologe sind zwar nützlich, doch nur ein Notbehelf oder ein Kunstgriff. Aber die Prozesse bedingen sich wechselseitig. Denken ohne Sprechen träte auf der Stelle ebenso wie Sprechen ohne Denken. Wieder greifen die Grundannahmen aus der Künstlichen Intelligenz hoffnungslos zu kurz.

Qualität

Die Evolutionstheorie gehört zu den Naturwissenschaften, nicht zur Philosophie oder gar Theologie; sie wurde im vorigen Jahrhundert der Kirche abgetrotzt. Charles Darwin ist sechs Jahre lang auf dem Forschungsschiff »Beagle« um die Welt gesegelt und hat sein Leben lang an der Theorie gearbeitet; andere mit, vor und nach ihm haben Ähnliches gemacht. Gregory Bateson hat seine »Beagle« in geistige Gewässer gesteuert und hat so die Kybernetik, die Lehre vom Steuern, mitbegründet. Auch sie gehört zu den Naturwissenschaften; seine Theorie des Geistes durchweht derselbe kühle Wind. Für ihn hat jedes System Geist, das seine sechs Kriterien erfüllt. Evolution und Lernen sind nicht analog, sondern dasselbe, in unterschiedlichen Bereichen. Wenn Mensch und Tier sich unterscheiden, so nicht im Geist. Mir fehlt bei diesem kybernetischen Geist die menschliche Qualität. Ich werde daher ab hier Batesons ‚mind' mit ‚Verstand' übersetzen und ihn so zu erweitern versuchen, daß ich dafür wieder ‚Geist' setzen kann.

In seinem Buch »Zen und die Kunst, ein Motorrad zu warten« beschreibt Robert Pirsig [Pirsig 1975] einen geistigen Bergrutsch, ausgelöst durch ein Wort: Qualität.

---

48 Das ist wieder Gregory Bateson. In »Angels Fear« [Bateson 1987] ist es ein zentrales Thema.

»Bringen Sie Ihren Studenten auch Qualität bei?« fragt die alte Dame – Dozentin für Englisch an einem kleinen College in Montana, kurz vor ihrer Pensionierung – gelegentlich ihren jungen Kollegen Phaidros, wenn sie durch sein Zimmer trippelt, um ihre Blumen zu gießen. Was soll die Frage? Natürlich tut er das. Tut er das? Was ist denn Qualität? Sie steckt nicht in den Dingen; denn ‚gut' und ‚schlecht' sind keine Eigenschaften, die wir objektiv feststellen könnten, wie ‚heiß' und ‚kalt'. Sie sitzt aber auch nicht bloß in den Köpfen der Menschen; denn wir erwarten, und erzielen auch meist, Einigkeit darüber, was gut und was schlecht ist, anders als bei subjektiven Empfindungen wie ‚mir ist heiß', ‚mir ist kalt'. Wenn aber so ein grundlegender Begriff weder objektiv noch subjektiv ist, was ist dann ‚objektiv' und ‚subjektiv'? Getrieben vom Geist der Rationalität haben wir in den westlichen Kulturen alles auf diese Unterscheidung gesetzt, aber warum gehorchen wir diesem Geist? Den alten Griechen war die aretê, das Streben nach Qualität, das Höchste. Sokrates und Plato haben die aretê ins Reich der Ästhetik verwiesen und an die höchste Stelle die alêtheia, die Wahrheit, gesetzt. Nach der Wahrheit muß man nicht streben; sie ist objektiv. Wirkliche aretê ist, an der alêtheia teilzuhaben. Auf diesen Mythos ist unsere Kultur gebaut; wer dem Mythos nicht vertraut, dem kann man nicht mehr trauen, der ist geistesgestört. Als Phaidros so weit ist, gerät ihm alles ins Rutschen, er wird selber verrückt. Seine Persönlichkeit wird mit Elektroschocks ausgelöscht; er lebt weiter, aber den Menschen Phaidros gibt es nicht mehr. Was ist das für eine Qualität, die er verloren hat? Und wann? Durch die Behandlung? Als er wahnsinnig wurde? Für seine Familie ändert Phaidros seine Qualität, als er sich verrennt, als er auf der Jagd nach dem Begriff ‚Qualität' alles andere aus den Augen verliert. In unserem Bild kommt ‚Qualität' nicht vor. Unterscheidet sie den Menschen vom Tier?

Am Anfang dieser Arbeit habe ich der Tradition folgend Tier und Mensch durch das menschliche Selbstbewußtsein unterschieden. Hat Selbstbewußtsein etwas mit Qualität zu tun? In seinem Buch »The origin of consciousness in the breakdown of the bicameral mind« läßt Julian Jaynes [Jaynes 1977] reflektierendes Bewußtsein im Zusammenbruch der alten Hochkulturen entstehen. Früher hatte die Stimme des Anführers die Menschen geleitet – als innere Stimme, wenn er abwesend oder gestorben war; bleiben die »Halluzinationen« aus, müssen die Menschen selber entscheiden. Das ist eine kühne These, die Jaynes überzeugend darstellt, die uns aber nicht weiterhilft. Die entstehende consciousness ist mind im Sinne Batesons. Sie entsteht, weil eine Qualität verloren gegangen ist. Tatsächlich datiert Jaynes für die Griechen den Sprung an den Beginn des Jahrtausends vor Christi Geburt, zwischen Ilias und Odyssee: Hektor und Achilles leben für die aretê, also nicht als Individuen; Odysseus ist ein Schlauberger, der für sich selber lebt. Plato hat den jahrhundertelangen Kampf zwischen den »Sophisten«, die die alte Tradition in der sinnlos gewordenen Welt mit allen Mitteln weiterzunutzen suchten, und den »Vorsokratikern«, die die Welt auf neue Weise, reflektierend, zu verstehen suchen, zugunsten der alêtheia entschieden.

Trotz diesem Sieg wissen wir sehr wohl von Qualität. Gerade in den Wissenschaften. Stellen wir nicht hohe Ansprüche an Qualität? Qualität ist mehr als die Trennung von ‚gut' und ‚schlecht'. »Das ist eine gute Idee«, besagt noch nicht viel: ein tragfähiger Gedanke – in der Biologie ein reproduktionsfähiges Exemplar. Sagt ‚Qualität' etwas über Populationen, um in der biologischen Sprechweise zu bleiben, nicht über Individuen? Aber ein Mensch, der geistig durchsetzungsfähig ist, mag einen scharfen Verstand haben; mit Qualität hat das nichts zu tun.

Die Analogie zwischen Evolution und Lernen gibt über ‚Qualität' nichts her. Kann sie nicht, wenn in der Qualität der Unterschied zwischen Mensch und Tier liegen soll. Niklas Luhmann betrachtet ‚Sinn' als die tragende Dimension sozialer Systeme. Es gibt sinn-negative, aber keine sinnlosen Situationen. Der Sinn zum Beispiel einer Kommunikation ergibt sich aus dem Verweis auf mögliche Fortsetzungen. Eine Kommunikation kann nicht sinnlos sein; denn dann wäre sie schon zusammengebrochen. Das paßt: Ein Gespräch ist möglich, wenn welche reden; aber sinnvoll ist es erst, wenn sie auch zuhören – beide gleichzeitig und doch verschieden, wie wir oben festgestellt haben. Also erweitere ich Batesons ‚Verstand' um die Dimension ‚Sinn'. Ein Mensch hat Geist, wenn er seinen Verstand – dieses System, das Batesons Kriterien erfüllt – sinnvoll gebraucht.

Ein Gedanke ist also sinnvoll, wenn er sich fortsetzen läßt? Ein Gedankengebäude, wenn es Bestand hat? Nein; Sinn muß mehr sein als Aussicht auf weitere Möglichkeiten. Betrachten wir noch einmal die am Anfang der Arbeit angeführte Stufung der Welt. Ein Ereignis ist möglich, wenn die Zutaten vorhanden sind und die einschlägigen Regeln es zulassen. Wenn ich unterm Apfelbaum schlafe, kann mir keine Birne auf die Nase fallen, und wenn ich über dem Birnbaum schwebe, auch nicht. Aber mit Sinn oder Unsinn hat das nichts zu tun. Um über Möglichkeiten zu diskutieren, muß ich denken und sprechen können. Apfel- oder Birnbaum? Trägt er? Aber im Sprachlichen allein liegt der Sinn auch nicht, haben wir gesehen. Damit kommen wir in den typisch menschlichen Bereich des Glaubens, des bewußten Wollens, der Werturteile. Wie sinnlos, von einem fallenden Apfel erschlagen zu werden. Aber ‚sinnvoll' und ‚sinnlos' ist etwas anderes als ‚gut' oder ‚schlecht', ‚gut' oder ‚böse'; das hatten wir auch schon. Und wollen, inbrünstig, kann ich auch Sinnloses. Die Religionen schließlich versprechen ein sinnerfülltes Leben; für den Gläubigen ruht der Sinn in Gott, nicht in der Welt. Auch das befriedigt mich nicht; denn es läßt sich dem Ungläubigen nicht vermitteln, nicht einmal dem Gläubigen einer anderen Religion. Sinn liegt quer zu allen weltlichen Dimensionen – zur materialen, zur sprachlichen, zur intentionalen; aber er liegt nicht außerhalb der Welt. Also kann Sinn nur im Zusammenspiel der Dimensionen liegen.

Genau dadurch habe ich in meinen Arbeiten über »Kleine Systeme« die Größe von Systemen festgelegt. Wird uns ein System zu groß, unternehmen wir etwas dagegen, und das hat, ob wir es wollen oder nicht, Konsequenzen in allen betrachteten Dimensionen. Wir verstärken die Hilfsmittel, verschärfen die Regeln, bereichern und bereinigen Denken und Sprache, präzisieren unsere Beurteilungen und Motive und distanzieren uns gleichzeitig. Extreme Größe führt zu extremen Bedingungen in jeder Beziehung, bis wir uns nicht mehr anpassen können und unser System zusammenbricht. Aber auch zahlenmäßig kleine Systeme geraten bei extremen Bedingungen aus den Fugen, und ein Extrem zieht andere nach sich. Ich kann nicht ruhig unterm Apfelbaum schlafen, wenn er zu voll hängt oder wenn die Brise zu steif weht. Aber auch an einem windstillen Tag in einem normalen Herbst liege ich schlaflos unterm Baum, wenn die Regel gilt »Apfel ab, Kopf ab«; wenn ich nicht weiß, wann der Chinese zum Schütteln kommt; wenn ich so einen Mordshunger auf Äpfel habe; wenn Im-Schlaf-unterm-Baum-vom-Apfel-erschlagen-werden in der Familie liegt. In solchen Situationen ist es sinnlos, zu schlafen zu versuchen; jede macht das System unhandlich, zu groß oder zu klein. »Sinnlos«? In der genannten Arbeit nenne ich ein System *klein*, wenn es in jeder Hinsicht angemessen ist, nicht übermäßig und nicht unterbemessen. Sind es die kleinen Systeme, die Sinn ergeben?

Ich erweitere den Systembegriff Luhmanns um den Aspekt ‚Größe'. Ein System ist *klein* oder *angemessen*, wenn es in allen Hinsichten beweglich ist, nicht in extremen Bedingungen fixiert. Nur in kleinen Systemen laufen die Interaktionen ungehindert ab; nur kleine Systeme sind lebendig, entwickeln sich weiter. ‚Größe' kommt bei Luhmann als ‚Komplexität' vor: Umwelt oder umgebendes System sind zu komplex, wenn sie nicht ausreichend vom System repräsentiert werden können; solche Komplexität wird ständig vom System abgebaut, nämlich durch interne Ausdifferenzierung ausgeglichen. Dabei bleibt aber ‚Größe' zahlenmäßig, bestenfalls strukturell, bestimmt, Zunahme wird durch Zuwachs ausgeglichen und ist doch tatsächlich ebenso ein moralisches und ein sprachliches Problem. Die Situation kann im Fahrstuhl genauso unerträglich sein wie in der Schulklasse, wobei das System einmal zu groß und einmal zu klein ist; beidemal ist Kommunikation unmöglich – einmal gibt es zu viele, einmal zu wenig Möglichkeiten; beidemal ist Reden und Horchen sinnlos. Sinn ist nicht in Welten, Worten oder Werten zu finden, ist nicht auf Technik, Sprache oder Ethik zu reduzieren; Sinn liegt quer zu den tragenden Dimensionen. Er besteht in der Aufgabe, das System klein zu halten. Es kann viele Möglichkeiten geben; aber welche zu ergreifen ist sinnvoll?

Formalisieren lernen

Warum gibt es bei den Regenwürmern keine Schulen? Weil sie nicht sitzen können. Schüler sitzen, Lehrer stehen. Regenwürmer lernen nur von ihren Genen. Höhere Tiere lernen außerdem durch Kommunikation im weitesten Sinne: Naturvorgänge und Verhalten anderer Tiere sind für sie nicht nur Ereignisse, sondern auch Botschaften. Botschaften muß man entschlüsseln, man kann sie so oder so verstehen, man kann so oder so darauf reagieren. Oder auch nicht. Die Freiheit des »Empfängers« macht aus dem Ereignis eine Kommunikation.[49] Freiheit ist nicht nur ein Segen, oder ein Fluch, sondern stellt Aufgaben: Der Empfänger – befreit davon, »von selbst« zu reagieren – muß sich entscheiden, ob und wie er reagieren will. Entwickelt er die Fähigkeit, sich die Entscheidung und ihre Folgen zu merken, hat er angefangen zu denken, hat er Bewußtsein.[50] Das hat Gregory Bateson immer wieder sehr schön beschrieben. Aber er ist so fasziniert davon, daß auch Tiere denken, daß er die Trennungslinie übersieht, die zwischen niederen und höheren Tieren verläuft. Bei ihm lernt auch die Knospe vom Zweig, das Blatt von der Knospe, was zu tun ist. Er unterscheidet nicht zwischen Kommunikation und Interaktion.

An der Stelle wird auch seine Analogie zwischen Evolution und Lernen brüchig. Höhere Tiere entwickeln sich individuell durch Kommunikation und Lernen, als Art durch geschlechtliche Vermehrung; Menschen entwickeln ihre Gedanken durch Kommunikation und Lernen, ihren Verstand durch begriffliches Lernen. Das paßt. Aber niedere Lebewesen entwickeln sich gar nicht individuell verschieden; und Tiere denken nicht begrifflich, soviel wir wissen. Regenwürmer haben kein Bewußtsein. An der Stelle müßte man die Analogie erweitern; das ist aber hier nicht das Thema. Näher am Thema wäre die Untersuchung »niederer Denkformen«. Sind Raum und Zeit, Emotionen, Bewertungen »Denkformen«, die sich »ungeschlechtlich« und ohne »Kommunikation«, nur durch »Selektion« entwickeln? Durch welche Gene wird diese Entwicklung getragen? Kann man da bei Plato und Kant lernen? Oder bei den Biologen?

Ich will Batesons Analogie an einer dritten Stelle weiter- und zu ihrem Ende führen: an der Verwendung künstlicher Hilfsmittel. Alle Lebewesen entwickeln sich »von selbst«, als Individuen und als Arten; wir wachsen, ohne nachzudenken. Höhere Lebewesen entwickeln sich durch Entscheidungen, individuell – als Arten nur indirekt über Selektion. Entscheidungen sind nicht blind, man muß interpretieren, abwägen – ohne Qual keine Wahl. Denken entwickelt sich also als eine Fähigkeit, die Entscheidungen ermöglicht. Dadurch werden manche Codierungen unnötig, die Lebewesen passen sich schneller an.

Die Menschen haben diese Entwicklung auf die Spitze getrieben. Sie umgeben sich mit Artefakten – Dingen, die sie selber herstellen. Artefakte entwickeln sich nicht von selbst, weder durch Vermehrung noch durch Kommunikation oder Erfahrung; auch wenn sie, als Maschinen, sich wie Lebewesen bewegen, wachsen sie

---

[49] Wie oben gesagt, gehört dazu die Freiheit des »Absenders«, die Mitteilung und ihre Form zu wählen; echte Kommunikation ist zweiseitig. Ich fasse im Moment ‚Kommunikation' weiter, um Verstehen von Naturvorgängen einzubeziehen. Wenn ich naß werde, kommuniziere ich nicht mit der Wolke. Aber wenn ich den Regenschirm aufspanne, um nicht naß zu werden, oder mich naßregnen lasse, um mich zu erfrischen, ist das halbseitige Kommunikation – keine echte, aber mehr als bloße Interaktion. Ein besseres Wort dafür habe ich noch nicht.

[50] Legt sich der Empfänger auf eine Antwort fest, verfliegt die Freiheit und damit die Aufgabe. Der Empfänger hört wieder auf zu denken.

nicht und kriegen keine Kinder. Was anders werden soll, müssen die Menschen ändern. Das hat einen großen Vorteil: Artefakte sind verläßlich – solange sie in Ordnung sind, immer zum bestimmten Zweck einsetzbar. Ein Hammer trinkt keinen Schnaps bei der Arbeit, und einem Auto wächst kein fünftes Rad. Die Nachteile liegen nicht so auf der Hand. Mit komplizierteren Hilfsmitteln, insbesondere mit Maschinen, kann und will oder soll man schwierigere Arbeiten verrichten. Ist man mit den Hilfsmitteln nicht genug vertraut, erwecken sie Angst, statt Sicherheit zu vermitteln, wozu sie eigentlich gedacht sind. Ist man mit ihnen vertraut, wird die Arbeit langweiliger, weil spezialisierter. Konsequente Arbeitsteilung macht die Arbeit schließlich sinnlos.

In der Batesonschen Analogie entsprechen den Artefakten in der Evolution die Formalismen im Denken. Formalismen sind Denkmaschinen, und haben analoge Vor- und Nachteile. Da sie sich beim Gebrauch nicht winden wie natürliche Denkgebilde, können wir mit ihnen ganz präzise Botschaften vermitteln. Auch formale Nachrichten können wir nicht direkt dem Partner übermitteln, aber die Kopplung ist eng – »erzwungene Resonanz« nennt man das in der Physik. Sind die Beteiligten mit den Formalismen vertraut, sparen sie viel Denkarbeit und machen neue möglich; die meisten modernen Wissenschaften kämen ohne Formalismen nicht aus. Aber der evolutionär wesentliche Vorteil der »Freiheit des Hörenden« geht verloren. Formale Begriffe sind keine Bäume, deren Blätter durcheinanderwehen. Ein formaler Begriff besteht aus lauter gleichen Blättern, maschinell gefertigt. Dosenspinat. Auch sonst finden wir dieselben Nachteile wie bei der Maschinisierung von körperlicher Arbeit: Zersplitterung, Angst, Monotonie, Sinnlosigkeit. Mathematik ist ein wunderbares Werkzeug, sagen die Mathematiker; mehr noch, sie ist die Produktionsstätte aller Formalismen. Aber die meisten Menschen, die überhaupt mit Mathematik zu tun gehabt haben, fürchten sich vor ihr. Durch Formalisieren eliminieren wir vertraute Kontexte, und Unvertrautes macht Angst. Noch viel schlimmer scheint es ums Programmieren zu stehen. Von der Softwarekrise spricht man, seitdem es Software (große Programmpakete) gibt. Eine Kollegin behauptete kürzlich, nur ein Fünftel der derzeit kommerziell hergestellten Software sei brauchbar, der Rest »Schrankware«: die Käufer stellen sie in den Schrank (Leider wird auch die unbrauchbare Software gebraucht, nicht nur von den Militärs. Das ist »evolutionäres Denken«: Das Unbrauchbare wird sich »von selbst« eliminieren, oder den großen Durchbruch bringen. Wohin?)

Das Problem ist, daß wir die Probleme des Formalisierens nicht dadurch lösen können, daß wir Formalismen beim Denken benutzen – so wenig wie die Probleme des Automatisierens dadurch, daß wir Maschinen bauen. Formalismen entwickeln sich nicht von selbst, weder durch Denken noch durch Reden; auch wenn sie, als Programme, sich wie Gedanken bewegen, wachsen sie nicht und kriegen keine Kinder. Wir denken über Formalismen nach, entwickeln Begriffe und Theorien. Aber es sind unsere Begriffe und Gedanken, nicht die der Formalismen.[51] Formalismen denken nicht. Dosenblätter wedeln nicht. Gibt es fürs Formalisieren kein evolutionäres Gegenmittel – so wie das Denken zugleich mit der Entscheidungsfreiheit entstanden ist?

Formale Systeme gestalten?

Arno Rolf unterscheidet in seinem Beitrag in diesem Buch interpretierende, konstruierende und gestaltende Wissenschaften. Konstruieren tun nur die Ingenieure; die Geistes- und Naturwissenschaftler interpretieren (und sprechen dabei den Ingenieuren die Wissenschaftlichkeit ab); gestalten wollen die Architekten, sollten die Sozialwissenschaftler, Juristen, Mediziner und Theologen. Software design ist Programmgestaltung, sagt zum Beispiel Christiane Floyd [Floyd 1987]. Arno Rolf fordert: Alle Informatiker sollten ihre Tätigkeit als Gestaltungsaufgabe auffassen. Das Wort greift er von den Arbeitswissenschaftlern auf, die sich schon lange mit »Arbeitsgestaltung« befassen;[52] inhaltlich knüpft er an Terry Winograd und Fernando Flores an, die in ihrem Buch »Understanding Computers and Cognition« [Winograd & Flores 1986] Gestalten als Zusammenspiel von Verstehen und Herstellen analysieren. Gestalten ist ein komplementäres Paar im Sinne der Dialektik: Verstehen und Herstellen, Interpretieren und Konstruieren, sind zwei so gegensätzliche Tätigkeiten, daß wir entsprechende Menschentypen unterscheiden: die Denker und die Macher – wie eben in den Wissenschaften die Konstrukteure und die Interpreten. Trotzdem kann ich nichts herstellen, das ich nicht verstanden habe – es sei denn mit Maschinen.[53] Und nichts verstehe ich besser, als was ich versuche, selber zu machen. So kommen die beiden Tätigkeiten auf einer höheren Ebene zusammen: Beim Herstellen verbessert sich mein Verständnis, beim Versuch zu verstehen arbeite ich geistig an dem Gegenstand. Nur im ständigen Wechsel zwischen Herstellen und Verstehen habe ich Spielraum zum Gestalten. Gestalten ist die unruhige Einheit aus Verstehen und Herstellen. Bloßes Konstruieren und reines Interpretieren sind nicht die einzigen Fallen; auch wenn ich nachmache, massenweise produziere oder egoistisch kreiere, gestalte ich nicht. Beim Gestalten muß ich die Wünsche und Bedürfnisse, die Fähigkeiten und Mittel der anderen Beteiligten ebenso einbringen wie meine eigenen. Gestalten ist Auf-menschliche-Weise-Machen.

---

[51] Dasselbe gilt für Steine, hält man mir entgegen. Aber Steine bröckeln mit der Zeit. Es ist schwierig, aber nicht unmöglich, zu ihnen ein natürliches Verhältnis aufzubauen. Darüber reflektiert Annie Dillard in ihrem Aufsatz »Teaching a Stone to Talk« in der gleichnamigen Sammlung [Dillard 1982].

[52] Siehe dazu den Beitrag von Walter Volpert, in diesem Buch.

[53] Ich kann nichts Geistiges herstellen, das ich nicht verstanden habe – es sei denn mit Formalismen!

Das klingt nach kleinen Systemen. In kleinen Systemen versuchen wir, unsere Umgebung menschlich zu halten, indem wir sie in alle Richtungen überschaubar machen. Sinn ist das Mittel, das wir in der Evolution entwickelt haben, um mit künstlich Geschaffenem umzugehen.[54] Sinn ist nicht zu verschlüsseln und nicht zu interpretieren, deswegen ist er technisch, sprachlich oder ethisch nicht zu gewinnen. Deswegen spricht Bateson nicht von ‚Sinn'. Bei Luhmann ist Sinn das wichtigste Merkmal sozialer Systeme; aber dabei ist wohl tierische Kommunikation mitgemeint – deswegen kann Sinn bei ihm nicht verloren gehen. Sinn können wir nicht verstehen und nicht herstellen; aber wir können ihn wahrnehmen und erhalten als die Aufgabe, in unserer Umgebung Vertrauen statt Angst zu fördern. In kleinen Systemen müssen wir nicht alle Möglichkeiten experimentell oder gedanklich durchprobieren, weil wir mit ihnen vertraut sind. Wir bauen Komplexität mit Sinn ab. Durch Sinn wird Verstand zu Geist. Wir können ihn nicht schaffen oder abschaffen; aber wir können ihm trauen, oder ihn ignorieren und leben wie die Tiere. Das ist unsere freie Entscheidung.

Alfred Luft kommt in seinem Beitrag in diesem Buch vom gleichen Ansatz her zu einem ganz anderen Aufbau: Informatiker sind mehr als Computerwissenschaftler, sie befassen sich mit allen Aspekten menschlicher Kommunikation. Information ist aber keine Sache, verarbeiten kann man sie nur, wenn sie zum Wissen kondensiert ist. Deswegen versteht er Informatik als Wissenstechnik. Allerdings trennt er dabei den Kern der Informatik von anderen Wissenschaften, in denen man sich mit ihrer Begründung und ihren Folgen befaßt, während ich im Sinne der kleinen Systeme diese Trennungen lieber aufgehoben sehen möchte.

Herstellen von Maschinen und Formalismen ohne Sinn führt die Menschen im Kreis zurück zu den niederen Tieren, die nicht denken und sich nicht entscheiden. Tatsächlich führt es in eine evolutionäre Sackgasse: Aus Dosenspinat wächst keine Spinatpflanze. Ob allerdings gerade die Informatiker Sinnträger sein können, ist fraglich. Walter Volpert hat sich als Arbeitspsychologe lange mit Gestaltung befaßt und spricht in seinem Beitrag in diesem Buch »von der notwendigen Zähmung des Gestaltungsdrangs« der Informatiker, die die Welt mit wohl-gestalteten Computersystemen überziehen. »Kein statt klein« könnte er mir entgegenhalten. Was soll ich dagegen sagen? Die Öko-Katastrophe wird nicht dadurch vermieden, daß man Spinat nur in kleinen Dosen verkauft. Ich würde ihm mein Buch [Siefkes 1990] »Formalisieren und Beweisen« geben, im dem ich eine Logik für Informatiker entwickele, die mir sinnvoll erscheint.

Auf einer Tagung unseres Arbeitskreises haben Arno Rolf und ich eine Gruppe zum Thema »Sichtweisen auf die Informatik« betreut. Am Ende saßen Doris Köhler, Mechthild Koreuber und ich als einzig Gebliebene und entwarfen ein utopisches Programm für die Informatik: Informatikprojekte aller Art werden nur noch von

[54] Ob das historisch stimmt, wäre nachzuprüfen.

Informatikern gemeinsam mit Philosophen, Pädagogen, Psychologen und Soziologen durchgeführt; Experten anderer Sparten werden nach Bedarf und Geschmack beteiligt; aber immer sind normale Menschen dabei, Betroffene und Außenstehende. Solches Vorgehen würde Projekte unmäßig verteuern und verlangsamen, viele überhaupt unmöglich machen. Es würde aber die Rationalisierung bremsen und damit das ungesunde Wuchern von Großindustrie, Agro-Technik und Megaverwaltung zugunsten anderer Entwicklungen eindämmen helfen. Zudem kann man hoffen, daß vor allem der Anteil der Schrankware verringert würde, der Anteil der nicht nur brauchbaren, sondern sozial verträglichen Software dagegen stiege. Das wiederum würde die Folgekosten drastisch senken. (Man denke an die Folgen eines militärischen Computerfehlers.) Auch könnten die genannten Nichtinformatiker aus Projektmitteln statt aus Arbeitslosengeldern bezahlt werden. Vor allem aber würden die Arbeit und ihre Produkte allen Beteiligten mehr Freude machen, was wiederum Krankheiten, auch geistig-seelische eindämmen könnte. Einen Haken hat der Plan: Experten verschiedener Fachrichtungen können nicht zusammenarbeiten, der Erpel kann mit der Henne nichts anfangen. Aber wenn sie sich auch nicht direkt befruchten können, sie können kommunizieren; dabei zu helfen, sind die normalen Menschen da. Und wie positiv das auf die verschiedenen Wissenschaften, besonders auf die Informatik, rückwirken würde.[55] Zur Sicherheit könnte man Projekte besonderer Wichtigkeit älteren Mitarbeitern übergeben, die Unmögliches schon gelernt haben. Trau keinem unter 53!

Ich habe noch einen Hintergedanken: Die »Bederkesa-Utopie« wäre ein erster Schritt hin zu kleinen Softwaresystemen. Wie Peter Schefe in seinem Beitrag in diesem Buch halte ich große Softwaresysteme, im Sinne dieser Arbeit große, für unverantwortlich.

---

[55] Die blieben ja erhalten – als Felder, in denen man phantasieren und damit theoretisieren darf, ohne daß gleich ein Experte seinen Zeigefinger hebt. Siehe meine Arbeit »Wende zur Phantasie – zur Theoriebildung in der Informatik« [Siefkes 1990a].

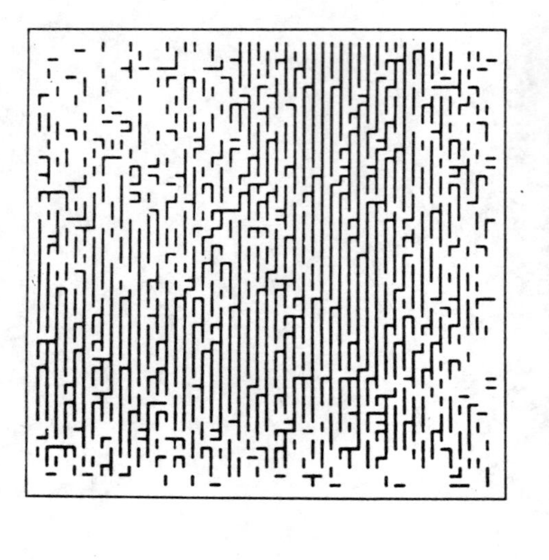

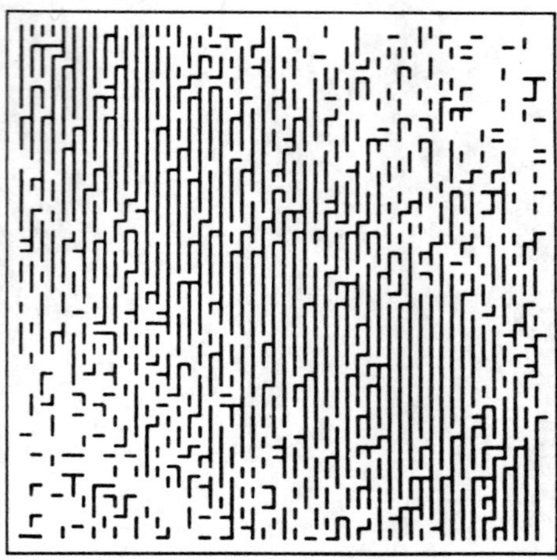

Computer und Arbeit

Der Anteil der Arbeit an der Theoriebildung der Informatik

Frieder Nake

Es kann keinen ernstzunehmenden Zweifel daran geben, daß die Arbeit ein zentraler Anlaß und wesentlicher Zielpunkt der Software-Entwicklung und des Einsatzes von Computern ist. Auch wird kaum jemand an der zentralen Bedeutung der Arbeit für das Herauswachsen des Menschen aus dem Zustand des Tieres zweifeln.[56] Und mindestens für manche Aspekte der menschlichen Situation bleibt die Arbeit zentral: »Keine andere Technik der Lebensführung bindet den einzelnen so fest an die Realität als die Betonung der Arbeit,« sagt Freud [Freud 1972, S.78].

Insofern die Informatik zu den Ingenieurwissenschaften[57] zählt, hat sie es mit Arbeit an der Arbeit anderer zu tun. Konsequenterweise sieht *Wolfgang Coy* in seinem Aufruf »Für eine Theorie der Informatik!« die Informatik als »die Wissenschaft des instrumentalen Gebrauchs der Informationstechnik« an. Im gleichen Atemzug sagt er, daß mit den Instrumenten der Informationstechnik »ein soziales Verhältnis, nämlich das der Menschen zu ihrer Arbeit, bestimmt wird«.

Coy grenzt die Aufgabe der Informatik deutlich von solchen Bestimmungen und Sichtweisen ab, die ausschließlich die Instrumente, sprich Computer und Programme, ins Zentrum der Betrachtung schieben. »Nicht die Maschine, sondern die Organisation und Gestaltung von Arbeitsplätzen steht als wesentliche Aufgabe im Mittelpunkt der Informatik.« [Coy, in diesem Buch] Die instrumentelle Seite wird dabei keinesfalls negiert oder auch nur geringgeschätzt, sie wird jedoch in eine umfassendere Betrachtung eingeordnet. Das Neue ist, daß diese umfassendere Betrachtung nicht zusätzlich geschieht, als Begleitung durch Sozialwissenschaftler etwa, sondern als integraler Bestandteil der Informatik gesehen wird. Informatik auf dem Weg zu den Arbeitswissenschaften?

---

[56] Das gilt jedenfalls für die Moderne bzw. den euro-amerikanischen Kapitalismus seit seinen Theoretikern Adam Smith und Karl Marx. Sie formulieren mit der Bedeutung der produktiven (im Gegensatz zur unproduktiven) Arbeit den Glaubenssatz der Neuzeit, nach dem die Arbeit alles gilt (s. hierzu [Arendt 1981, S. 80]).

[57] Der Begriff »Ingenieurwissenschaft« hat sich eingebürgert, wenn es auch unglücklich ist, eine Berufsbezeichnung zum Spezifikum einer Gruppe wissenschaftlicher Disziplinen zu erheben.

Dies macht die besondere Spannung aus, der sich die Informatik ausgesetzt sieht und die den Anlaß für das Fragen dieses Buches gibt. Die sachlichen Mittel, die die Informatik theoretisch wie praktisch zum Gegenstand hat, die isolierten Arbeitsmittel anderer also, weisen sie als eine knackige Ingenieurdisziplin aus – und doch ist sie mehr; die notwendige Behandlung der Benutzungsfrage schon für den technischen Entwurf (der einzelne Arbeitende und seine Mittel) bringen sie der Psychologie nahe – und doch bleibt sie weniger; die Organisation der Arbeit, auf die sie einwirkt (mehrere Kooperierende und ihre Mittel), verweisen sie auf die Arbeitswissenschaften – und doch erreicht sie nicht deren Niveau.

Wo klassische Ingenieurwissenschaften sich beruhigt im Ohrensessel der instrumentellen Vernunft zurücklehnen, da beginnt das Kopfzerbrechen der Informatik – sagen wir vorsichtiger: mancher Leute in und um die Informatik – erst so richtig mit Hermeneutik und Dialektik, Ethik und Ästhetik. Es ist deswegen wohl auch mehr als eine sprachliche Absonderlichkeit, wenn hier fast nur noch vom »Gestalten« die Rede ist und selten vom bescheideneren »Konstruieren«. Die relative Offenheit und Komplexität der Entscheidungssituation, mit der Informatikerinnen und Informatiker sich konfrontiert sehen, scheint mit »Gestaltung von Arbeit« tatsächlich besser, ja genauer, umschrieben zu sein als mit »Konstruktion von Maschinen«.[58]

Die Arbeit also rücken wir in den Mittelpunkt der fünf Beiträge dieses Abschnitts über »Computer und Arbeit«. Sie kommen von Informatikern und Arbeitspsychologen, die alle seit langen Jahren mit Fragen der Informatik, der Informationstechnik oder der Software-Entwicklung befaßt sind – die einen eher praktisch, die anderen theoretisierend. Die Aufsätze tragen Facetten zu der Frage bei, inwieweit die Kategorie der Arbeit und die wirkliche Entwicklung der Arbeit wesentliche Bestimmungselemente für eine theoretische Fundierung der Informatik darstellen. Sicherlich entsteht dabei noch kein geschlossenes Ganzes, auch noch kein vollendetes Mosaik. Es handelt sich eher um Schlaglichter, die hier zu einer Sichtweise versammelt werden. Teilweise ergänzen sich die Beiträge, weitgehend sind sie aber unabhängig voneinander. Schließlich sind Gesichtspunkte der Arbeit auch in anderen Beiträgen dieses Bandes von Bedeutung (so bei Coy, Rolf, Luft).

Arne Raeithel (»Ein kulturhistorischer Blick auf rechnergestützte Arbeit«) erörtert die wichtigsten Begriffe, die eine Differenzierung im Begriff der Arbeit erlauben: Tätigkeit, Arbeit und Praxis. Sorgfältig betrachtet er den Begriff der »gegenständlichen Tätigkeit«, der auf Wygotski zurückgeht und aktuell eine große Rolle spielt. Er scheint gut geeignet, um Besonderheiten der Arbeit mit Computern zu erfassen. Raeithels Beitrag ist notwendig, weil die Kategorie der Arbeit in der informatischen Diskussion selten oder nie über ein völlig naives Verständnis hinaus gehoben wird,

---

[58] Um keine überflüssigen Mißverständnisse aufkommen zu lassen: Ich behaupte hier nicht, es ginge der Informatik *nicht* um die Konstruktion von Maschinen, sondern *nur* um die Gestaltung von Arbeit. Um beides geht es, das eine aus und mit dem anderen.

das sich an spontanen Erfahrungen der Arbeit als Lohnarbeit orientiert. Damit bleibt die Debatte aber weit hinter dem anderswo erreichten Stand zurück.

Raeithels theoretischer Ort ist jene Richtung der Psychologie, die »Tätigkeitstheorie« (*activity theory*) genannt wird und die auf die russische Schule von Wygotski und Leontjew zurückgeht. Sie hat vor allem in Skandinavien, aber auch in den USA und Deutschland Anhänger gefunden. Raeithel stellt insbesondere das Verhältnis von subjektiven und objektiven Momenten im Arbeitsprozeß und ihre Vermittlung durch zunehmend abstraktere Zeichenprozesse heraus. Letztere erscheinen sinnlich wahrnehmbar, oft ikonisch geprägt, auf den Oberflächen grafisch ausgerichteter Computer. Jenseits des oft beklagten Verlustes an Sinnlichkeit im Umgang mit Software wird so eine neue Art sinnlichen Zugangs aufgetan. Der Aufsatz von *Arne Raeithel* weist mit großer Deutlichkeit darauf hin, daß gerade der Bezug auf die Arbeit und Tätigkeit des Menschen einen Schlüssel zum besseren Verständnis der grundlegenden Fragen der Informatik liefert.

Software-Entwicklung ist zumindest in ihren grundsätzlichen Aspekten ein Teilbereich der Informatik. Die Arbeit von Informatikerinnen und Informatikern ist in sehr vielen Fällen Software-Entwicklung. *Heinz Züllighoven* konzentriert sich in seinem Beitrag (»Umgang mit Software oder: Software als Werkzeug und Material«) auf die Software – jenen Gegenstand also, um dessen wirksame Gestaltung und gestaltende Wirkung es in der Informatik ständig geht. Vor dem Hintergrund einer Rezeption der hermeneutischen Philosophie Martin Heideggers betrachtet Züllighoven den alltäglichen Umgang solcher Leute mit Software, die selbst wieder Programme entwickeln. Ihnen ist Software einerseits Arbeitsgegenstand, andererseits Arbeitsmittel. Von einer differenzierten Begrifflichkeit ausgehend, fragt Züllighoven deswegen nach Software als einem Gegenstand, der einerseits konstruiert, andererseits benutzt wird.[59] Dies kann bis zur selbstbezüglichen Verschränkung führen.

Züllighovens Darstellung reicht bis zu konkreten Mitteln der Beschreibung und Konstruktion von Software. Sie liegen, vielleicht nicht überraschend, innerhalb des objektorientierten Rahmens der Programmierung. Mit den »Klassen« solcher Programmierung werden alltägliche Gegenstände quasi auf ihren Begriff gebracht. Züllighovens Sympathie gilt einem werkzeugartigen (im Gegensatz zum automatenhaften) Umgang mit Software. Die alltäglichen, selbstverständlichen Handlungen der Menschen geben Orientierung bei der Entwicklung und beim Verstehen von Software. Auch dieser konstruktive Blick auf einen Bereich der Informatik rückt insoweit den tätigen Menschen, die menschliche Arbeit – also Spiel und Plackerei, Lust und Frustration – in die Mitte der Betrachtung.

---

59 Zum gängigen Verständnis der Technik gehört, sie als Mittel zum Zweck und als Tun des Menschen zu begreifen (vgl. [Seubold 1986]). Gilt dies allgemein für Technik, so scheint die Informatik die Differenz zwischen Mittel und Zweck zu verringern, ja tendenziell aufzuheben. Dies hat seinen Grund im besonderen Sein ihres Gegenstandes.

Nicht die Arbeit des einzelnen an seinem isolierten Arbeitsplatz, sondern im Rahmen einer Organisation nimmt *Margrit Falck* zum Anlaß ihres Plädoyers für die Betrachtung größerer Zusammenhänge bei der Gestaltung von Software (»Arbeit in der Organisation«). Die isolierte Operation eines einzelnen als elementare Verrichtung in der Arbeit muß ergänzt werden um Momente der Kommunikation und Kooperation. Falcks Frage nach dem Zusammenhang von Kommunikation, Arbeit und Organisation erinnert an Habermas' Betrachtung der drei dialektischen Vermittlungen von Subjekt und Objekt durch Sprache, Werkzeug und Interaktion [Habermas 1968]. Auch Falck beruft sich, wie Raeithel, auf die Tätigkeitstheorie Leontjewscher Herkunft. In den Mittelpunkt ihrer Betrachtung rückt sie die Frage, ob und wieweit die einzelnen Arbeitenden zu Subjekten der Gestaltung auch ihrer Arbeitsorganisation werden können. Falck betrachtet dafür das Verhältnis von Organisation und Arbeit, den Formaspekt von Technik und Organisation sowie die besondere Rolle, die die Kommunikation für die Gestaltung kooperativer Arbeit spielt.

Einen anregenden, für manche hoffentlich provozierenden Blick auf die Gestaltungswut wirft *Walter Volpert* (»Erhalten und Gestalten – von der notwendigen Zähmung des Gestaltungsdrangs«). Mit gelegentlich ironischem Unterton weist er manchen Informatiker und manche Informatikerin darauf hin, daß die Arbeitswissenschaften für einige Fragen seit langem Antworten oder zumindest Methoden besitzen, die in der Informatik jetzt aufgeworfen werden. Ist es nicht auch frappierend, wenn der liebenswürdige humanistische Wille mancher in der Informatik Tätigen sich soweit emporschwingt, die Informatik insgesamt zu einer (oder gar: der?) Gestaltungswissenschaft zu erklären? Volpert fragt deswegen danach, ob es nicht auch hin und wieder etwas zu *erhalten* gebe. Züllighoven meint im gleichen Sinn: »renovieren statt demolieren«. Und noch drängender wirft Volpert die Frage auf, ob sich hinter freundlichen Partizipationsbemühungen oft nicht nur ein Ausweichen vor Verantwortung verbirgt. Volperts Vorschlag lautet, sich auf die Spielräume des Menschen und sein verantwortliches Handeln im Ausnutzen solcher Spielräume zu konzentrieren. Hinsichtlich der Veränderung von Arbeit Spielräume zu nutzen, bedeutet auch, die Möglichkeit des Verzichts auf Technik zu bedenken. Volperts Methode der kontrastiven Aufgabenanalyse gestattet es, der Maxime »Die menschlichen Stärken schützen und fördern« zu folgen. Für eine Theorie der Informatik deutet das auf eine Grundlegung technischer Wissenschaft in der Ethik hin – für eine Ingenieurwissenschaft eine zwar nicht fremde, im Ernstfall aber doch noch nie durchgeführte Aufforderung.

Im letzten Beitrag dieses Abschnitts begründet der Autor dieser Zeilen die These, der Gegenstand der Informatik könne treffend mit »Maschinisierung von Kopfarbeit« umschrieben werden. Er weist darauf hin, daß Mißverständnisse um diesen Begriff herum vor allem dann entstehen, wenn »Kopfarbeit« nicht als gesellschaftliche Kategorie aufgefaßt werde, sondern von vornherein die individuellen geistigen Operationen eines einzelnen bezeichne. Der Prozeß dieser Maschinisierung ist genauer als eine Semiotisierung zu kennzeichnen, ohne die er nicht stattfinden kann und auf die hin er immer neu drängt. An die Transformation in die Welt der Zeichen schließen sich weitere Reduktionen des realen Zusammenhangs an: die Reduktion auf die syntaktische Dimension innerhalb der Zeichenwelt und weiterhin die Reduktion auf berechenbare Vorgänge.

Die Behauptung, Ausgangs- und Zielpunkt informatischer Betrachtung und Gestaltung seien Arbeitsprozesse, stößt gelegentlich auf eine merkwürdige Abwehrreaktion, so als sage man damit der Informatik etwas Schlechtes nach. Wenn auch Sprachregelungen zur Definition der Informatik meistens an der Maschine ansetzen und damit vom Produkt der Technik ausgehen, so ist allen Beteiligten doch klar, daß das algorithmische Problem in einer Modellierung von Gegenständen und Abläufen mit dem Ziel eines automatischen Prozesses des Registrierens, Berechnens und Entscheidens liegt. Das Schachspiel oder auch das automatische Beweisen oder die Berechnung von Kunstobjekten waren in den sechziger Jahren längst dem informatischen Zugriff anheimgefallen (vgl. z. B. die Sammlung [Gunzenhäuser 1968]). Und die Benennung der Vorgänge, die dem Algorithmus unterworfen wurden, als »geistige Arbeit« hätte kaum für Aufregung gesorgt. Heute dagegen wird in der informatischen Diskussion der Hinweis auf »Arbeit« oft als ungebührlich eng oder gar herabsetzend begriffen, gleichgesetzt mit den in der Tat nicht ermutigenden Charakteristika von durchschnittlicher Lohnarbeit. Ich sehe zwei Gründe hierfür.

Der erste Grund mag in der Entwicklung der siebziger Jahre liegen, wo die Arbeit als Lohnarbeit praktisch und theoretisch wieder Aufmerksamkeit gewann. Praktisch durch Rationalisierung, Arbeitslosigkeit und Dequalifizierung. Theoretisch durch die neue Rezeption der Waren- und Wertanalyse von Marx. Die praktische Erfahrung von Millionen Lohnabhängiger und die theoretische Kritik des Geschehens als Gesetzmäßigkeit kapitalistischer Produktion haben dazu geführt, in der Arbeit nur die Lohnarbeit, die fremdbestimmte und entfremdete und nicht auch das andere, die Utopie der Befreiung von äußerer und innerer Gewalt und Not zu sehen: Arbeit als Existenzbedingung des Menschen, ewige Naturnotwendigkeit menschlichen Lebens als Stoffwechsel mit der Natur, die es gilt, in bewußter Kooperation und mit humanem Wollen zu gestalten.[60]

Der zweite Grund ist folgender. Erst in den achtziger Jahren wurde der Computer zur Konsum-Ware. Er ist heute nicht allein als Produktionsmittel, sondern massenhaft auch im privaten Bereich vorhanden und wird allmählich zur Erfahrung aller. Die Menschen sammeln Erfahrung mit Computern nicht mehr nur bei ihrer (Lohn-)Arbeit, sondern auch bei Tätigkeiten zu Hause, bei Vergnügungen, in Staat und Verwaltung. Der Computer tritt ihnen als Mittel der (privaten wie fremdbestimmten) Arbeit sowie der Kultur und der Herrschaft gegenüber. Er erscheint

---

60 Im Anschluß an [Arendt 1981] könnten wir sagen, daß diese Seite dem Animal laborans den Homo faber entgegenstellt.

ihnen als Instrument *und* als Medium. Insbesondere erfahren sie ihn als interaktiv benutztes Instrument und Medium zu Hause, in der sogenannten Freizeit. In der Frei-Zeit sind sie frei von (Lohn-)Arbeit, jener Form der Arbeit also, die ihnen als Arbeit schlechthin erscheint. Die Zeit, die sie für Lohnerwerb verbringen, erscheint ihnen als Nicht-Freizeit, also Un-Freizeit, also unfreie Zeit. Sie, und damit die Arbeit überhaupt, ist negativ: Not, Plackerei, Mühsal, Unterdrückung. Wenn sie den Computer dann in ihrer Freizeit als Instrument selbstbestimmter Tätigkeit oder als Medium kultureller Prozesse erleben, so erscheint den Leuten die Bestimmung des Computers aus der Arbeit als Herabsetzung und Fehlgriff.

Daraus den Schluß zu ziehen, die Arbeit sei nicht (mehr) zentraler – wenn vielleicht auch verborgener – Gegenstand der Informatik, vielmehr seien dies Sprache und Kultur, mag verständlich sein, geht aber dennoch am Kern der Sache vorbei. Die Beiträge dieses Abschnitts suchen das zu begründen.

Ein kulturhistorischer Blick auf rechnergestützte Arbeit

Arne Raeithel

1. Einführung

Seit der SDRC-Konferenz 1988 [61], die meines Wissens der erste größere Versuch von bundesdeutschen Informatikern war, sich explizit mit philosophischen Grundlagen der Informatik auseinanderzusetzen, ist die »neue Grundlegung des Entwerfens« von Terry Winograd und Fernando Flores [Winograd & Flores 1986] auch auf Deutsch erschienen. Einige Kommentatoren fanden es erstaunlich, daß auf diesem Weg die Philosophie von Martin Heidegger (gefiltert durch die Schriften von Hubert Dreyfus) und die Theorie des kommunikativen Handelns von Jürgen Habermas (verkürzt auf die Sprechakttheorie) zu uns zurückkommen. Abgesehen von Kritik an Einzelheiten, z. B. der Vergröberung der Quellen – bei einer solchen wegweisenden Skizze wohl unvermeidlich –, war die Aufnahme der zentralen Thesen von Winograd und Flores überwiegend positiv. Das Paradigma der informationsverarbeitenden Maschinen, die nach rein funktionalen, ingenieursmäßigen Erwägungen konstruiert werden müssen, hat Konkurrenz bekommen – das radikal gegensätzliche Paradigma des rechnerunterstützten Aushandelns von Verpflichtungen zwischen arbeitenden Personen, nach dem die (virtuellen) Maschinen als soziales Medium gestaltet werden müssen.

Aus europäischer Sicht ist diese Fokussierung auf die *kommunikativen Akte* der arbeitenden Personen allerdings, so begrüßenswert der Einbezug sozialer Beziehungen auch ist (vgl. [Bannon 1986]), eine zu starke Verengung der Sicht auf Arbeitsprozesse, die durch den Rechnereinsatz mehr und mehr umgestaltet werden [Pate 1990]. Im folgenden versuche ich zu skizzieren, wie eine umfassendere, insbesondere eine sozial- und kulturphilosophische Begründung der Informatik aussehen könnte. Mein Spezialgebiet ist jedoch weder Philosophie noch Soziologie

[61] Die Internationale Konferenz »Software Development and Reality Construction« (SDRC, Schloß Eringerfeld, Sept. 1988) wurde angeregt und organisiert von Christiane Floyd, Reinhard Budde, Reinhard Keil-Slawik und Heinz Züllighoven. Dort wurden erkenntnistheoretische Begründungen für die Entwicklung und den Gebrauch rechnergestützter Systeme diskutiert. Im Zentrum stand die konstruktivische Begründung des (Software-)Entwerfens von [Winograd & Flores 1986]. Aus dieser Konferenz ist ein Buch entstanden [Floyd et al. 1992]. Der vorliegende Text ist die deutsche Fassung und Erweiterung von Teilen eines Kapitels aus diesem Buch [Raeithel 1992].

oder gar Politökonomie, sondern eine besondere Form der Psychologie: die »kulturhistorische Psychologie«, auch »Tätigkeitstheorie« (englisch: *Activity Theory*) genannt.

Unter diesem Namen firmiert eine multidisziplinäre und internationale Bewegung in den Sozial- und Humanwissenschaften (vgl. [Hildebrand-Nilshon & Rückriem 1988]), die auf der kulturhistorischen Psychologie aufbaut und im Mai 1990 ihren zweiten Internationalen Kongreß in Finnland abhielt. Im folgenden kann ich keinen systematischen Überblick der dort präsentierten Arbeiten geben, sondern werde meine eigene Version, die *systemhistorische* Herangehensweise an das Tätigkeitskonzept [Raeithel 1983] zugrundelegen.

Die Tätigkeitstheorie ist von ihrem Begründer, dem russischen Linguisten und Psychologen Lew S. Wygotski, um 1930 explizit auf den Arbeiten von Karl Marx aufgebaut worden (s. [Wertsch 1985]). Dabei wurden einige der Grundthesen des historischen Materialismus aus psychologischer Sicht neu gefaßt, woraus sich die (im Vergleich) ungewöhnliche Betonung der Rolle von Personen und ihrer Tätigkeit im historischen Prozeß erklärt. Erst nach dem Tod von Stalin im Jahr 1953 konnte diese Psychologie in größerem Umfang betrieben werden – vor allem durch Alexej N. Leontjew und Alexander Luria (s. [Wertsch 1981, Kozulin 1986]). Die Grundkategorie dieser Theorie heißt »gegenständliche Tätigkeit«; sie wurde vom Deutschen Idealismus (Kant, Fichte, Schelling, Hegel) und seinen Kritikern Ludwig Feuerbach und Karl Marx entfaltet. Eine kurze Erläuterung dieser Kategorie im Vergleich mit »Arbeit« und »Praxis« soll vorweg zeigen, worum es geht.

• ***Tätigkeit:*** *Verfolgung subjektiver Zwecke und Produktion objektiver Resultate.*

In einer genetischen Begriffsentwicklung kommt die »gegenständliche Tätigkeit« zuerst; mit ihr soll das lebendige Handeln von Menschen, die ihre subjektiven Ziele zu erreichen versuchen, erfaßt werden. »Gegenständlich« werden hier diejenigen menschlichen Lebensäußerungen genannt, in denen die Personen sich mit physischen, sozialen oder vorgestellten Gegenständen auseinandersetzen. Diese Aktivitäten können sogar selbst zum Gegenstand der Reflexion und des Entwerfens werden und sind daher auch in diesem zweiten Sinn gegenständlich ([Keiler 1986], s. a. 2.4).

In die Kategorie der Tätigkeit können alle Arten menschlichen Handelns eingeschlossen werden, auch das kindliche Spiel, das schulische Lernen und die vielfältigen Aktivitäten außerhalb der Arbeit. Das wissenschaftliche Ziel der Verwendung dieser Kategorie ist es zu analysieren, warum die Menschen die Dinge tun, die sie tun, und welche objektiven Resultate ihr Tun hat. Die Ergebnisse menschlicher, absichtsvoller Tätigkeit sind stets zugleich mehr und weniger, als in den Intentionen (den bewußten Zielen) der handelnden Personen vorweggenommen werden konnte.

Um dies zu erfassen, hat A. N. Leontjew in [Leontjew 1979] vorgeschlagen, die Prozeßebene der ***konkreten Tätigkeiten*** (deren Resultate den Handelnden nicht vollständig bewußt sein müssen) von der Ebene der bewußt regulierten *Handlungen* zu unterscheiden, und diese wiederum von der Ebene, auf der die körperlich realisierten *Operationen* verlaufen (d. h.: die »automatisierten« Teilhandlungen, die ebenfalls nicht bewußtseinspflichtig sind).[62] Die Kategorie der gegenständlichen Tätigkeit – mit den drei unterschiedenen Ebenen – ist damit bestimmt zur *subjektzentrierten* Beschreibung der Aktivität von Personen.

• ***Arbeit:*** *Tätigkeit in gesellschaftlichen Formen und mit einem beschränkten Vorrat an Mitteln.*

Da es zur Gestaltung von Arbeitsprozessen aber nicht ausreicht, die menschliche Tätigkeit nur aus der Perspektive der Handelnden (»von innen«) zu betrachten, wird es in einem zweiten Schritt notwendig, die gegenständliche und widerständige Wirklichkeit zu erfassen, in der die heute lebenden Personen ihren Lebensunterhalt verdienen müssen. Damit wird die Kategorie der gesellschaftlichen Arbeit entfaltet, mit deren Hilfe beschrieben werden kann, wie die Tätigkeiten von Personen in bestimmten gesellschaftlichen Formen verlaufen. Diese Formen können, wie weiter unten noch zu erläutern sein wird, im wesentlichen durch die spezifische Beschränkung der verfügbaren Arbeitsmittel und durch die Qualität der sozialen Beziehungen in der Arbeit charakterisiert werden. All dies hatte Marx im Begriff der *Distribution,* d. h. der gesellschaftlichen Verteilung aller verfügbaren Mittel zusammengefaßt. Die ganze Problematik der Eigentumsrechte und anderer Regelungen von ökonomischen Beziehungen unter Menschen spielt hier eine wesentliche Rolle.

• ***Praxis:*** *Kooperative Reproduktion der Gemeinwesen durch die soziale (Wieder-)Erfindung von gemeinschaftlichen Formen.*

Obwohl viele glauben, daß der Marxismus bei der Frage nach dem Eigentum an den Produktionsmitteln endet, hat er eine weitere Kategorie neben »Tätigkeit« und »Arbeit« entwickelt: die der »Praxis«. Damit soll die Möglichkeit erfaßt werden, daß *soziale Subjekte* (Familien, Gruppen, Institutionen, Organisationen, sogar ganze Gesellschaften) gemeinschaftlich, durch kommunikatives Handeln mit dem Zweck der Verständigung ([Habermas 1981], s. a. [Krüger 1990]), über die Formen ihres Zusammenlebens bestimmen.

Natürlich ist gerade dies nicht nur eine Frage nach der besten theoretischen Fassung der Kategorie, sondern verlangt eben auch praktisch die Erfindung neuer

---

[62] Diese Leontjewsche Konzeption von relativ autonomen Prozeßebenen wurde in der »Kerndefinition der Arbeitswissenschaft« [Luczak et al. 1987] zum Zentrum eines erweiterten Ebenenmodells gemacht, mit dem die vielfältigen Forschungsansätze dieser werdenden Disziplin geordnet werden konnten.

sozialer Mittel der Selbstbestimmung. Beispiele hierfür sind die spontanen Formen der Bürgerrechtsbewegung in der ehemaligen DDR, aber auch – sehr viel spezieller, vielleicht auch hoffnungsvoller – die vielfältigen Ansätze zur partizipativen Arbeitsgestaltung [Bjerknes et al. 1987].

»Praxis« meint jedoch nicht nur solche bewußten und gemeinschaftlichen Anstrengungen zur (Re-)Produktion kultureller Muster. »Praxis« soll darüberhinaus auch den selbstorganisierenden (systemischen) Aspekt menschlichen Zusammenlebens erfassen, nämlich die Herstellung und Fixierung von sozialen Formen »hinter dem Rücken aller Beteiligten«. Auch hier kann uns die Entwicklung in den neuen Bundesländern als Beispiel dienen. Bei der »Computerisierung« oder »Informatisierung« von Arbeitsplätzen ist gleichfalls zu beobachten, daß die Endresultate von den Planern und Managern nicht vorhergesehen oder gar gesteuert werden konnten [Zuboff 1988].

2. Gegenständliche Tätigkeit: Fünf grundlegende Merkmale

Die folgenden fünf Abschnitte sollen ein erstes Verständnis für den Inhalt der komplexen Kategorie »gegenständliche Tätigkeit« vermitteln. Dabei halte ich ungefähr die zeitliche Reihenfolge ein, in der die entsprechenden Merkmale ausgearbeitet wurden und füge jeweils einen informatikbezogenen Kommentar an.

2.1 Menschliche Tätigkeit ist leibliche Aktivität – Nutzung »natürlicher« Mittel

Gegen Hegel, für den das Denken die wichtigste menschliche Aktivität war, hat Feuerbach eingewandt, daß wir Menschen lebendige, sinnliche Wesen sind, die in einer natürlichen Welt leben, die wir mit unseren Sinnen erfassen und mit unseren natürlich-leiblichen Mitteln beeinflussen können. Obwohl Feuerbach auch die praktischen Aspekte betonte, war seine Philosophie eher kontemplativ als revolutionär. Dies änderte sich, als Marx (der noch Hegelianer war) 1843 Feuerbach las, und diese Philosophie in seinem Kontext politischer Tätigkeit interpretierte – er mußte kurz darauf nach Paris auswandern. In seiner Kritik an Hegel und Feuerbach formulierte Marx die grundlegende These, daß menschliche Praxis vor allem als lebendige, sinnliche, weltverändernde und gegenständliche Tätigkeit verstanden werden müsse.

Als Merkmal der Arbeit an Rechnern wird zu Recht eine »Entsinnlichung« der Tätigkeit konstatiert [Volpert 1987a], womit die Reduzierung der Arbeitsgegenstände und der Arbeitsmittel auf Bildschirmdarstellungen, Maus- und Tastaturbedienung gemeint ist. Auch bei solchen Tätigkeiten sind jedoch die leiblich-natürlichen Fähigkeiten der Menschen unentbehrlich, die sich allerdings in historisch veränderten Fertigkeiten (»einverleibten« Mitteln) manifestieren – daher die Anführungszeichen im Zwischentitel.

2.2 Gegenständliche Tätigkeit schließt physische Mittel in sich ein

In seinen politischen und ökonomischen Studien erkannte Marx, daß die gesellschaftlich produzierten Mittel durch ihre Anwendung den Gang der Geschichte beeinflussen, oft gegen den Willen der handelnden Individuen. Er verstand menschliche Tätigkeit daher nicht nur als Bewegung lebendiger Wesen, sondern als Aktivität funktional erweiterter Körper, durch die die Natur in einem bisher unbekannten Umfang transformiert wurde – wie Vico und Hegel es auch schon erkannt hatten. Zusammengenommen machen diese erweiterten Tätigkeiten die *Produktionsweise* einer Gesellschaft aus, und sie werden in *sozialen Verkehrsformen* verwirklicht, in denen ebenfalls neue Mittel, neben »natürlichen« Arten der Kooperation und Kommunikation verwendet werden.

»Körperliche Arbeit« (Handarbeit) ist daher stets umfassender als die rein leibliche, organische Aktivität. Sie sollte keinesfalls der »geistigen Arbeit« (Kopfarbeit) entgegengesetzt werden, da auch diese eine um soziale Mittel erweiterte, also körperliche Tätigkeit ist – nur in ganz wenigen Fällen (z. B. Stephen Hawking) können Theoretiker ohne äußerliche Zeichen-Werkzeuge arbeiten. Dies ist besonders deutlich bei der Arbeit an Rechnern, die zu einem wesentlichen Teil maschinisierte Kopfarbeit ist (s. Frieder Nakes Beitrag in diesem Buch): Auch Teile dieser physischen Maschinen, an denen heute gearbeitet wird, gehören zum »dynamischen Körper« der Arbeitenden. So wie eine Schreibmaschine von der Sekretärin ganz selbstverständlich als Teil ihres Körpers gehandhabt wird, so sollte sich auch ein CAD-Programmbenutzer das simulierte Zeichenwerkzeug zu eigen machen können, um »durch die Schnittstelle hindurch« die *virtuellen Gegenstände* seiner Arbeit zuverlässig zu erreichen [Bødker 1991].

Der Begriff »virtuell« wurde in der deutschen Informatik zunächst einfach aus der englischen Literatur übernommen. Viele Autoren verstehen und verwenden ihn als Gegenteil von »real«, wenn sie Software-Objekte beschreiben wollen. Dies ist außerordentlich irreführend und macht den folgenden kleinen *Exkurs zur Virtualität* nötig.

Wissenschaftlich wurde dieses Adjektiv zuerst in der Physik verwendet und hieß dort soviel wie »effektiv«, bezogen auf Kräfte, die in bestimmten Gleichungen erscheinen, aber nicht zu den vier »Grundkräften« (Wechselwirkungen) gerechnet werden. Das ist nicht mehr ganz richtig, wie ich jetzt weiß: Auch die Grundkräfte werden nun als durch virtuelle Teilchen vermittelt verstanden. Der »Große Brockhaus« von 1955 definiert dementsprechend: »virtuell (von lat. »Tugend, Tauglichkeit«) der Kraft nach vorhanden, fähig zu wirken«. In dieser Interpretation ergibt sich für eine »virtuelle Maschine« der Informatik: Sie ist die für eine Arbeitsperson effektive Maschine, also gerade die wirkliche Maschine – im Sinn einer *bemerkbaren Eigenwirkung, die mit ihr realisierbar ist.*

Das ist Vicos Prinzip: *Wirklich ist, was wir zu bewirken vermögen,* kombiniert mit dem Prinzip des Pragmatismus [Peirce 1988a]: *Wirklich ist, was wir zu bemerken vermögen,* was wir als Zeichen interpretieren können.[63]

Was der Hardware-Spezialist mit »realer Maschine« meint, ist dagegen die physikalisch-technisch spezifizierte Rechnerarchitektur, die – ganz anders als klassische mechanische Maschinen – *bloß potentielle, nicht im Detail mitplanbare Außenwirkungen* hat, je nach der künftig ablaufenden Software und den angekoppelten Sensoren oder Motoren. Beim Rechnerentwurf sind die Register, Datenleitungen und Speicherbereiche ganz natürlich die realen *und* wirklichen Gegenstände der Informatikerarbeit. Die darin ablaufenden Programme erscheinen Ingenieuren mit Recht beliebig und unwirklich – bloß potentiell –, verglichen mit den binären Signalen, deren Verknüpfung sie auf vollkommen zuverlässige und möglichst effiziente Weise zu gewährleisten haben.

Der Blick der Informatik-Ingenieure auf die Rechner schließt in der Regel aus, die gleichen Geräte in ihrer Anwendung als Mittel der menschlichen Tätigkeit zu sehen. Das ist eigentlich erstaunlich. Würden die Kraftfahrzeugingenieure ähnlich denken, würden sie einen PKW auf der Autobahn als »virtuelles Auto« bezeichnen und dessen physische Leistungen im Prüfstand als realer ansehen als seine Fahreigenschaften. Dies geschieht natürlich deshalb nicht, weil potentielle und virtuelle Maschine hier fast ganz zusammenfallen – es dürfte nur wenige noch unbekannte Weisen geben, ein Automobil zu nutzen.

Zweifellos tut sich hier eine Kluft innerhalb der Informatik auf: Zwischen Rechnergestaltung und Software-Entwurf liegen manchmal schon Welten. A. Luft hat einen sehr plausiblen und rationalen Vermittlungsvorschlag auf Basis der Erlanger Wissenschaftstheorie gemacht [Luft 1988], der in der Informatik jedoch kontrovers zu sein scheint.

In der durch die Rede von einer Kluft herbeibeschworenen Entgegensetzung von Hardware- und Software-Spezialisten fehlen diejenigen, die auf formale, syntaktische oder begriffliche Weise eine Vermittlung versuchen: die Logiker und die Kognitionswissenschaftler. Es würde an dieser Stelle den Fluß der Argumentation stören, auf diese weitere und sehr wichtige Vermittlungsmöglichkeit näher einzugehen. Stattdessen versuche ich zu zeigen, daß ein erweiterter Maschinenbegriff (Maschine als operatives Mittel, s. weiter unten) zu einer sinnvollen und praktikablen Zwischenkategorie ausgebaut werden kann.

Auf marxistischer Grundlage hat Michaela Reisin kürzlich gezeigt, daß das spezifische Merkmal von Software-Objekten darin zu sehen ist, daß sie *zwar keine*

---

[63] Eine ähnliche *psychologische* Definition des Wirklichen – im Unterschied zum erkenntnistheoretischen Begriff des Realen – haben Michael Stadler und Peter Kruse schon früher vorgeschlagen (vgl. [Stadler & Kruse 1990]). In anti-objektivistischer und stark an der Biologie orientierter Fassung wurde das zweite Prinzip vom radikalen Konstruktivismus noch einmal formuliert und für die Sozialwissenschaften konkretisiert (s. [Schmidt 1991] und dort zitierte Literatur).

bestimmte physische Substanz haben, aber dennoch energetisch realisierbare, effektive, und daher auch physische Bewegungsformen sind – mit einer durch den Entwurf streng determinierten, genauer gesagt: typographisch spezifizierten Dynamik [Reisin 1990].

Diese *programmierte Eigendynamik* von Software-Objekten – vollkommen unbekannt bei allen Naturgegenständen und etwas wirklich Neues in der Geschichte der Menschheit – wird durch das Adjektiv »virtuell« sehr genau gekennzeichnet. Die Virtualität ist folglich gerade die *differentia specifica* für Software innerhalb der Familie aller semiotischen Objekte (s. u. 2.4). In der älteren Philosophie heißen ja mathematische, theoretische oder literarische Objekte nicht etwa »virtuell«, sondern »ideell«. Und bei einem Logiker des späten 19. Jahrhunderts, dessen Name mir leider entfallen ist, habe ich gelesen, daß die wichtigste Eigenschaft der logischen Zeichen sei, über Nacht auf dem Papier gerade so stehenzubleiben, wie man sie sich notiert hat – Eigendynamik wäre hier geradezu teuflisch. Und damit zurück zu den Merkmalen der gegenständlichen Tätigkeit!

2.3 Tätigkeit formt Gegenstände und wird durch die gegenständliche Wirklichkeit selbst geformt

Aus dem Vorigen folgt die wichtige Einsicht, daß wir Menschen buchstäblich eine *neue physische Wirklichkeit produzieren:* Durch menschliche Tätigkeit wird die Welt der stofflichen und semiotischen Gegenstände erzeugt, die von der nächsten Generation als objektiv gegebene, d. h. widerständige Wirklichkeit bewältigt werden muß, und durch welche auch die Tätigkeit aller Gesellschaftsmitglieder ausgeformt (d. h. kontextuell mitbestimmt, nicht aber determiniert) wird. Obwohl Marx die moderne Ökologie noch keineswegs vorweggenommen hat und sein spätes Werk auf die industrielle Produktion – ohne besondere Berücksichtigung der familiären oder ökologischen Reproduktion – konzentrierte, hat er dennoch auf die problematischen Aspekte dieser Wirklichkeitsproduktion hingewiesen, die uns heute so klar vor Augen stehen.

Die Erscheinungsweise der Gegenstände und Mittel von rechnergestützter Arbeit wird durch die »Schnittstelle« zwischen Arbeitsperson und Rechner bestimmt. Dieser Ausdruck stammt aus dem Zusammenschalten elektronischer Anlagen. Mit der Metapher eines Schnittes werden aber die virtuellen Objekte und Werkzeuge [Bødker 1991], die der Arbeitsperson vom Programm angeboten werden, eigentlich nicht erfaßt. Wir sollten vielleicht besser von einem »Vermittlungssystem« sprechen: Die zugrundeliegenden Datenstrukturen und Algorithmen sind nämlich den Arbeitenden in der Regel nicht bekannt, und der Software-Entwurf muß die Korrespondenz der Erscheinungsweise für die Arbeitsperson und der programmierten Wirkungsweise im Rechner möglichst weitgehend sichern (z. B. durch objektorientierte Programmierung).

Wie bei allen Maschinensystemen ist eine Rückwirkung der neuen Arbeitsplätze auf die Tätigkeits- und auch Persönlichkeitsstruktur der Arbeitenden unvermeidlich [Raeithel & Volpert 1985]. Ich gehe davon aus, daß die Chancen für humanere Arbeitsgestaltung hierbei größer sind als die Gefahren, aber dies muß sich erst noch erweisen.

2.4 Die Tätigkeit einer Person kann selbst zum Gegenstand der Tätigkeit anderer Personen werden – semiotische Selbstregulation

Die Selbstveränderung der Menschen durch ihre eigene Praxis wird jedoch nicht nur indirekt durch die Konfrontation mit den akkumulierten Produkten der vorangegangenen Generationen hervorgebracht, sondern kann auch durch Kommunikation und Reflexion bewirkt werden. Kognitionswissenschaftler, Semiotiker und die meisten Kulturwissenschaftler stimmen heute darin überein, daß Menschen nur an symbolischen Repräsentationen – eingeschlossen dramatische Medien (Theater bis TV), Sprache und Schrift sowie formale Zeichensysteme jeglicher Art – mit den Formen (der Syntax) ihrer Handlungen operieren und so neue Möglichkeiten ihres Handelns konstruieren können.

Das »Zusammenfallen des Änderns der Umstände und der menschlichen Tätigkeit und Selbstveränderung« [Marx 1962, S.6] kann also mit Bewußtsein nur durch die kommunikativ betriebene Reflexion der Handlungen eines »verallgemeinerten Anderen« [Mead 1968] geschehen. Dabei werden die Regelmäßigkeiten und funktionalen Muster von verallgemeinerbaren Handlungsformen zum Gegenstand der vorausgreifenden, antizipativen Form der Arbeit. Gemeint sind hier die Planung und Steuerung der Produktion, die Suche nach Gründen für fehlgegangene Intentionen, die kommunikative Verständigung über verwirklichbare Möglichkeiten, das Streiten und das Beschließen. Gemeint sind insbesondere auch die Wissenschaften insgesamt als eine gesonderte soziale Praxis [Krüger 1990].

Marx selbst und die orthodoxen Marxisten haben die *symbolische Konstruktion von Möglichkeiten* nie ausführlich behandelt. Die Einsicht, daß Sprache und andere Zeichensysteme genau wie alle anderen Mittel der Tätigkeit funktionieren, wurde in marxistischer Tradition zu Beginn der dreißiger Jahre von Wygotski entwickelt. Seine Analyse [Wygotski 1978] kommt zu sehr ähnlichen Resultaten wie die semiotische Philosophie von Charles Sanders Peirce [Peirce 1988a]. Erstaunliche Korrespondenzen, die ungeachtet der Tatsache bestehen, daß Peirce sich als objektiven Idealisten begriff (vgl. [Pape 1989]).

Das inhaltlich gleiche Resultat beider Forscher erklärt sich durch eine *realistische Interpretation der Objektivität von Ideen:* Als Zeichen existieren Allgemeinbegriffe und Möglichkeiten real – sowohl physisch als auch wirklich (bemerk- und bewirkbar) – in der Gegenwart der Handelnden (Peirce). Und Zeichen können praktisch verwendet werden zur Steuerung des eigenen Handelns, sie sind funktional gesehen die Werkzeuge des Wollens der Handelnden (Wygotski) – das ist die *autoregulative Funktion* von Zeichenprozessen.

Wygotskis »kulturhistorischer« Ansatz ist durch den Bezug auf Hegel und die Semiotik auch eng verwandt mit George Herbert Meads »Sozialbehaviorismus«, und beide teilen die zentrale Einsicht, daß die Bedeutungen der Zeichen nur im sozialen Verkehr stabilisiert und reproduziert werden können, mit der »Spätphilosophie« von Wittgenstein, der wiederum über William James und den Logiker Ramsey indirekt von Peirce beeinflußt wurde.[64]

Wygotski hat schon früh [Wygotski 1978, S. 55] eine sehr einfache Formel für den Unterschied von produktiven und kommunikativen Mitteln gefunden: *Herkömmliche Werkzeuge und Maschinen wirken »nach außen«, während Sprache und Zeichensysteme »nach innen« – also auto- oder selbstregulativ – ausgerichtet sind.* Hierbei sollten wir zweierlei Bedeutungsschattierungen dieses »Innen« unterscheiden: Sprechen wirkt »in die Köpfe hinein«, verändert also das Denken, Wahrnehmen und die Handlungsregulation. Sprechen wirkt aber auch »in die Kooperation hinein« und verändert die sozial geteilten Denkweisen, die tradierten Formen der Welterfassung und die kulturell typisierten, habituellen Handlungsmuster. Nur mit beiden Bedeutungen kann Wygotskis Formel anders denn als schöne Metapher genutzt werden.

Unter dem Begriff »semiotische Selbstregulation« möchte ich die Art und Weise verstehen, wie sich die Personen in kooperativer Arbeit durch den Austausch oder gemeinsamen Gebrauch von Zeichen koordinieren. Kooperative Arbeit ist sicherlich zu wesentlichen Anteilen ein Kommunikationsprozeß [Oberquelle 1991c] und dieser kann mit Gewinn als Semiose, als fortlaufende und selbstanschließende Interpretation von Zeichen, beschrieben werden. Das erfordert aber die Übertragung von Erkenntnissen der Semiotik in die Psychologie, eine Aufgabe, die erst noch zu leisten ist.

Da nun die Informatik ganz wesentlich die Wissenschaft der Maschinisierung von Zeichenprozessen ist, müssen sich die Informatiker im Licht der Wygotskischen Formel die Frage stellen: Sind sie sich ihrer Rolle im Rahmen der sozialen und semiotischen Selbstregulation genügend bewußt? Können sie die Folgen der durch sie bewirkten Veränderungen mit ihren eigenen Mitteln genügend einschätzen?

2.5 Menschliche Tätigkeit ist immer gesellschaftlich, sie existiert nur als Kooperation

Nach dem bisher Gesagten ist klar, daß jeder Versuch, die Struktur und Dynamik konkreter Tätigkeiten zu erfassen, auf der Kenntnis ihrer historischen, gesellschaftlichen und kulturellen Kontexte (ihrer »Formen« im marxistischen Sinn) aufbauen

---

64 Helmut Pape und Glen Pate danke ich für entsprechende Hinweise.

muß. Nach kulturhistorischer Auffassung sind sozial stabilisierte Muster der Kooperation das Flußbett, in dem jede einzelne Person ihre Tätigkeiten wie ein Flußlauf entfalten und sich so selbst entwickeln kann.

In Alexej N. Leontjews letzter Arbeit (1979) findet sich die Grundlage einer Theorie der Persönlichkeitsentwicklung, die auf der wohlbekannten, aber inhaltlich doch recht dunklen sechsten Feuerbachthese basiert: »... das menschliche Wesen ist kein dem einzelnen Individuum inwohnendes Abstraktum. In seiner Wirklichkeit ist es das *ensemble* der gesellschaftlichen Verhältnisse.« [Marx 1962, S.6] Leontjew versteht eine Persönlichkeit als System konkreter Tätigkeiten, das durch deren fortlaufende und selbstanschließende Verwirklichung in der sozialen Kooperation stets erneut hervorgebracht werden muß – als eine harmonische oder widersprüchliche Ganzheit, d. h. als System in dialektischer, nicht funktionalistischer Bedeutung.

So wichtig diese personenzentrierte Betrachtung auch sein mag, für die verantwortliche Abschätzung der sozialen Folgen des Rechnereinsatzes ist eine kulturwissenschaftliche, soziologische und ökonomisch-ökologische Betrachtung von wesentlich größerer Wichtigkeit. Im Rahmen dieses Artikels (und auch meiner Fachkompetenz) kann dies jedoch nicht detailliert geleistet werden. Ich werde mich darauf beschränken, die gegenwärtige Diskussion über die Möglichkeiten der Rechnerunterstützung für Arbeitsgruppen [Greif 1988] einzubeziehen. Als Grundlage hierfür ist es jedoch nötig, die bisher implizit gebliebene Dialektik von Mitteln der Tätigkeit und gesellschaftlichen Formen näher zu erläutern. Angesichts der Umbrüche in den Ländern, die vielen bis vor kurzem als real existierende Praxis des Marxismus galten, ist zunächst ein Zurückgehen zu den Wurzeln – ein philosophisches Backtracking – geboten.

3. Operative Mittel, gesellschaftliche Formen und ein Schema zu ihrer Analyse

Von Hegels großartiger Vision der Entwicklungsgeschichte des objektiven, d. h. gesellschaftlichen Geistes hat die marxistische Philosophie ihre charakteristische historische Orientierung geerbt. Karl Marx und Friedrich Engels konnten so entdecken, was sie für die »Triebkraft der Geschichte« hielten: die Dialektik von Produktionsmitteln und Produktionsverhältnissen. Als Charles Darwin seine Theorie der Evolution veröffentlichte, wurde dies von Marx enthusiastisch als naturwissenschaftliche Bestätigung seiner eigenen Theorie begrüßt.

Tatsächlich läßt sich heute, nach der Ausarbeitung verschiedener Koevolutionstheorien, erkennen, daß die Polarität von natürlicher Variation der leiblichen Mittel der Lebewesen und natürlicher »Zuchtwahl« durch die Bedingungen der – von den Lebewesen mitgestalteten – ökologischen Nische sich in der Dialektik von Mittelveränderung und Beschränkung durch die sozialen Formen fortsetzt (vgl. [Habermas 1976b, Bateson 1972]), wobei selbstverständlich zu beachten ist, daß die historischen Prozesse in vollkommen anderen Zeitmaßen verlaufen und ganz andere »Speicher« für die zur Reproduktion benötigten generativen Strukturen nutzen – die produzierte gegenständliche Welt (vgl. [Norman 1989a]) und vor allem die sozialen Zeichensysteme, von denen schon ausgiebig die Rede war.

3.1 Operative Mittel: regulative Strukturen der Subjekte, objektive »Gegenprozesse« und vermittelnde, flexible Realisierung je nach situativen Bedingungen

Vorbereitet durch die Arbeiten von Alexej N. Leontjew können wir nunmehr versuchen, die Parallele zwischen Evolution und Geschichte weiter zu entfalten. In seinem letzten Werk (»Tätigkeit, Bewußtsein, Persönlichkeit«, 1979) hat er erklärt, warum es keinen Sinn macht, die Arbeitsinstrumente getrennt von den arbeitenden Menschen, die sie zur Wirkung bringen, zu analysieren.[65] Für die Analyse der produktiven Fähigkeiten der Tiere ist dies selbstverständlich, da die meisten ihrer Mittel (abgesehen etwa von den Baumästen, die die Biber verwenden) untrennbar mit ihren Leibern verbunden sind. Es gilt nun aber auch für die menschlichen Produktionsmittel, daß jedes von ihnen als ein dynamisches, entwicklungsfähiges, *funktionales System* [Anochin 1978] verstanden werden muß, in dem stets die drei »einfachen Momente des Arbeitsprozesses« [Marx 1970, S.193] zusammenwirken. Operative Mittel umfassen demgemäß [Raeithel 1983]:

- Das subjektive Moment, nämlich die regulativen, steuernden Strukturen, die die einzelnen Arbeiter zu ihrer Verfügung haben, als kognitives und mitteilbares Wissen oder als Können, d. h. als implizites oder »stummes«, aber operatives, d. h. wirksames Wissen. Rainer Bromme unterscheidet »epistemisches Wissen«, das einer Person von einem Beobachter zugeschrieben wird, von »kognitivem Wissen«, das dieselbe Person dem Beobachter ohne weiteres mitteilen kann [Bromme 1988]. Implizites Wissen ist somit ein Teil des epistemischen, aber nicht des kognitiven Wissens.

- Das objektive Moment, nämlich die physischen, sozialen oder semiotischen Prozesse, aus denen die angezielten Arbeitsprodukte resultieren sollen, die dabei jedoch gegenüber den Arbeitenden ihren nie völlig verstandenen »Eigensinn« (ihre natürliche, historische oder programmierte Eigendynamik) zur Wirkung bringen. Wegen dieser dynamischen Autonomie gegenüber dem Subjekt der Arbeit schlage ich vor, von den »Gegenprozessen« der Arbeit zu sprechen. Dies ist eine handhabbare Abkürzung des umständlichen Ausdrucks »gegenständlicher Prozeß« und ein Ersatz für das Wort »Gegenstand«, das unvermeidlich die Konnotationen von statischen physischen Strukturen (wie Tische und Hämmer) hat.

---

65 Innerhalb der Informatik haben [Bannon & Bødker 1991] diese These sehr gründlich auseinandergelegt und Konsequenzen für den Systementwurf gezogen.

Diese Ersetzung ist besonders hilfreich, wenn von reproduktiven oder kommunikativen Tätigkeiten gesprochen werden soll [Raeithel 1989].

- Das Vermittlungsmoment, das (rekursiv) aus anderen operativen Mitteln besteht, durch welche die Einwirkung des Subjekts auf das Objekt (und dessen Rückwirkung) verwirklicht wird. Diese rekursive Organisation endet beim physischen Kontakt von Subjekt und Objekt.

Menschliche Tätigkeit (und daher auch historische Entwicklung) ist von tierischer Aktivität (und natürlicher Evolution) dadurch unterschieden, daß die Menschen operative Mittel unvergleichbar größerer Potenz in Bewegung setzen können. Sie umfassen die Spannweite von den einfachsten hergestellten Werkzeugen (im Gebrauch) bis zu den heutigen automatisierten Anlagen und von der gesprochenen Sprache bis zu rechnergestützten Kommunikationssystemen. Selbstverständlich erfordern diese Mittel wesentlich kompliziertere und flexiblere Regulationsstrukturen. Sie ermöglichen ja gerade die Transformation eines potentiell unbegrenzten Bereichs von Gegenprozessen, mehr Naturverwandlung als irgendeine sonstige Tierart vermag.

3.2 Gesellschaftliche Formen: Operativer Abschluß durch reproduzierte Kooperation

Die Kategorie der operativen Mittel ist ohne ihr polares Gegenteil unvollständig: die gesellschaftlichen (internationalen, nationalstaatlichen, organisationstypischen, institutionellen, kulturellen, mikro-sozialen) *Formen der Nutzung* dieser Mittel. Unter Bezug auf die begrifflichen Resultate der Kybernetik zweiter Ordnung (von Foerster, Maturana & Varela, von Glasersfeld) können wir gesellschaftliche Formen als energetisch offene, aber operativ geschlossene Systeme im folgenden Sinn verstehen: Sie bestehen aus einer bestimmten Auswahl der verfügbaren operativen Mittel und einem einschränkenden Muster des Zusammenwirkens dieser Mittel, das dennoch in diesen Grenzen die nötige Flexibilität bei ihrer Nutzung garantiert. Der selbstreferentielle Abschluß wird erzeugt durch den Einschluß der die ausgewählten Mittel reproduzierenden Mittel in diese Form (»reproduktiver Systemabschluß«, [Raeithel 1983]). In unseren modernen, funktional differenzierten Gesellschaften bestehen viele verschiedene Tätigkeitsformen nebeneinander und »durchdringen sich«, weil die sie realisierenden Personen immer zu mehreren solchen Systemen Beiträge leisten (vgl. [Luhmann 1984]).

Die Abgrenzung und Auswahl der Mittel wird nun normalerweise durch die faktischen Machtverhältnisse zwischen den kooperierenden Personen aufrechterhalten. Von daher können gesellschaftliche Formen nicht ohne weiteres mit »autopoietischen Systemen« [Maturana & Varela 1982] gleichgesetzt werden, da diese durch ihre Autonomie definiert sind. Auf der anderen Seite war ja eine der tiefsten Einsichten des Marxismus die Erkenntnis der eigenartigen Autonomie gesellschaftlicher Formen gegenüber den Personen, die sie zu produzieren oder zu beherrschen suchen, ohne vollständig zu wissen, was sie tun. Dies erfordert weiteres Nachdenken: Welche Grade und Schattierungen der Autonomie können und müssen wir unterscheiden?

Ein sehr wichtiger Punkt in der Dialektik von Mitteln und Formen ist jedoch klar genug: Gesellschaftliche Formen können in operative Mittel umgewandelt werden, was über kurz oder lang auch jedesmal geschieht. Als Beispiel können die mechanischen Werkstätten des späten 19. Jahrhunderts dienen, in denen die Kooperation noch durch soziale (Zwangs-)Regeln aufrechterhalten wurde. Der Vergleich mit den kombinierten automatisierten Werkzeugmaschinenzellen von heute zeigt, daß das kooperative Muster nunmehr im Prozeßrechner programmiert ist. Die alte soziale Form wurde in ein einziges operatives Mittel verwandelt, das von einem einzigen Arbeiter gesteuert werden kann.

3.3 Schema der funktionalen Differenzierung von Tätigkeitssystemen

Für konkrete Arbeitsforschung und erst recht für den Entwurf neuer Arbeitsmittel und Arbeitsumgebungen sind die bisherigen Ausführungen bei weitem zu allgemein und abstrakt. Das abgebildete Schema unterteilt die Ebene der Mittel (unten) und gleichfalls die Ebene der sozialen Formen (oben) in einen subjektnahen, selbstregulativen Bereich (links) und einen objektivierten, widerständigen Bereich (rechts). In der zentralen Ebene sind die eigentlichen Akteure erfaßt: die Arbeitspersonen (Subjekte) und ihre Gegenprozesse (Objekte).

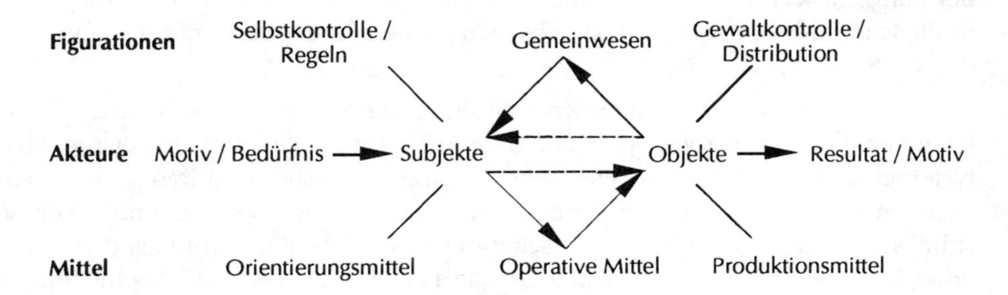

SCHEMA: Funktionale Differenzierung eines Tätigkeitssystems (s. Text)

Subjekte und Objekte sind zweifach vermittelt: einmal über die operativen Mittel, zum anderen über ein »Gemeinwesen« (eine Familie, Arbeitsgruppe, Institution oder Firma, Gemeinde, Region etc.), das die Resultate der Produktion normativ definiert, bewertet und verteilt. Die vierfache Ausdifferenzierung von funktionalen Subsystemen an den Außenseiten des zentralen Doppeldreiecks[66] folgt der Unter-

66 Engeström hat das Schema entwickelt, das ich hier erweitert und auf den Kopf (oder auf die Füße?) gestellt habe: in Engeströms Schema [Engeström 1987, S.78] sind die Mittel »oben« statt

scheidung von vier »Prozeßuniversalien« menschlicher Gemeinschaften und Gesellschaften, die [Elias 1987] herausgearbeitet hat: Ökonomisches Funktionieren (Produktionsmittel), Gewaltkontrolle, Selbstkontrolle und Wissensentwicklung (Orientierungsmittel) werden von den Mitgliedern jeder Gemeinschaft für deren Erhaltung ständig gewährleistet.

Im Schema ist die Formebene, ebenfalls nach Norbert Elias, näher gekennzeichnet als Ebene der »Figurationen«, worunter folgendes zu verstehen ist: *»Das Geflecht der Angewiesenheiten der Menschen aufeinander, ihre Interdependenzen, sind das, was sie aneinander bindet. Sie sind das Kernstück dessen, was hier als Figuration bezeichnet wird, als Figuration aufeinander ausgerichteter, voneinander abhängiger Menschen. Da Menschen erst von Natur, dann durch gesellschaftliches Lernen, durch ihre Erziehung, durch Sozialisierung, durch sozial erweckte Berdürfnisse gegenseitig voneinander mehr oder weniger abhängig sind, kommen Menschen, wenn man es einmal so ausdrücken darf, nur als Pluralitäten, nur in Figurationen vor.«* [Elias 1968, S.LXVII]

Damit wird der oben präzisierte Formbegriff (ein System von Mitteln) noch weiter konkretisiert, indem die »Angewiesenheiten der Menschen aufeinander« als die entscheidende Kraft der Erhaltung und Erweiterung jenes Systems benannt werden. Die Teilung der Arbeit, die mit der Distribution der Mittel einhergeht, bedeutet also immer eine besondere Art dieser gegenseitigen Angewiesenheit. Jedes Gemeinwesen wird versuchen, gewaltsame Neuaufteilungen der Mittel (und damit der Arbeit) möglichst durch gütliche Regelungen zu ersetzen. Hierzu ist die Verinnerlichung der gültigen, weil verständigen, richtigen und wahrhaftigen Regeln als Selbstkontrollinstanz aller Akteure eine ständig neu zu garantierende Voraussetzung (vgl. [Habermas 1981]).

Mit Hilfe dieses Schemas können nicht nur solche sozialphilosophischen Überlegungen erläutert werden. Auch konkrete Arbeitstätigkeiten werden genauer analysierbar und in ihrer historischen Entwicklung darstellbar und können so – zusammen mit den Arbeitenden – gezielt verändert werden: Das ist »entwickelnde Arbeitsforschung«. Die finnische Forschergruppe um Yrjö Engeström hat diese Strategie entwickelt, und bereits umfangreiche Forschungen in den verschiedensten Bereichen (von der Industrie bis zum Gesundheitswesen) durchgeführt [Engeström 1990].

Das Schema ist auch nützlich bei der Unterscheidung der Folgen, die durch die Einführung von Rechnern in den funktionalen Subsystemen entstehen, wie abschließend kurz gezeigt werden soll.

»unten«, und die Unterscheidung bzw. Ausdifferenzierung der Wissensverwendung (Orientierung) von bzw. aus der allgemeinen, produktiven Verwendung von Mitteln (Produktion) wird nicht explizit im Schema dargestellt, sondern in verschiedenen Ebenen der Entwicklung der Arbeitsmittel bei der Anwendung des Schemas berücksichtigt. Die Zusätze »Regeln« und »Distribution« auf der Ebene der Figurationen sind Engeströms entsprechende Bezeichnungen.

Nicht nur die automatische Produktion der Arbeitsresultate – im Programm der »Computer Science« vorrangig betrachtet – wird durch die Informatik vorangetrieben, sondern es ändert sich auch die Art und Weise der Wissensproduktion durch die Anforderungen der maschinellen Informationsverarbeitung (Vereindeutigung, Dekontextualisierung) sowie durch die völlig neuen Möglichkeiten der Simulation (mit Chancen und Gefahren: [Booß et al. 1988]). Die Zahl der neuen Typen von Orientierungsmitteln, so viel kann man ruhigen Herzens voraussagen, wird im nächsten Jahrhundert die Zahl der heutigen Typen von Produktionsmitteln weit übertreffen.

Noch ungenügend analysiert sind die bisher feststellbaren Wirkungen (und erst recht die künftigen Möglichkeiten) im Bereich der sozialen Formen, die einerseits durch die Implementierung von Kooperationsregeln in CSCW-Systemen entstehen, und andererseits durch die neuen Möglichkeiten der Leistungskontrolle, der verschärften Arbeitsteilung, aber auch der Enthierarchisierung von Organisationen [Howard 1987, Bannon & Bødker 1991, Oberquelle 1991b]. Meine eigenen Erfahrungen mit der elektronischen Post und den dadurch ermöglichten überregionalen Diskussionsforen läßt mich hier ebenfalls gespannt, und nicht sehr furchtsam, in die Zukunft sehen. Gewaltförmige Auswüchse der neuen Technik werden wohl auch vorkommen, aber die Gewaltkontrolle wird bis auf weiteres in der Hand von uns Menschen bleiben.

4. Schluß

Für einen Blick auf die Informatik von außen mögen die bisherigen Ausführungen genügen. Sie sollten vor allem deutlich machen, warum die kulturhistorische Perspektive sich besonders gut dazu eignet, die Grundfragen der Informatik in einem sozial- und humanwissenschaftlichen Kontext zu behandeln, und wie der kulturhistorische Blick unsere Reflexionsanstrengungen auf die mit den Produkten der Informatik und der Computerindustrie arbeitenden Menschen zu fokussieren vermag.

UMGANG MIT SOFTWARE oder SOFTWARE ALS WERKZEUG UND MATERIAL

HEINZ ZÜLLIGHOVEN

Eingrenzung des Themas

Dies ist kein Beitrag zur Theorie der Informatik in Gänze, sondern eine Betrachtung jenes Teils der Informatik, der sich mit Software beschäftigt. Was ist der Gegenstand der Betrachtung? Die traditionelle Informatik befaßt sich mit der Konstruktion von Software im Sinne von Spezifikation und Programmierung. Dieser Beitrag sieht Software als Gegenstand und im Prozeß ihrer Entstehung und ihres Einsatzes. Dies will sagen, daß Software nicht nur als isoliertes formales Konstrukt betrachtet werden kann, sondern gesehen werden soll als das Ergebnis der Tätigkeit von Software-Entwicklern und unter Berücksichtigung der Anwendungssituation, die zu ihrer Entwicklung geführt hat und zu deren Veränderung sie eingesetzt wird.[67]

Um Software-Entwicklung in diesem Sinne zu verstehen, fragen wir nach dem, was wir als Software-Entwickler in unserer Arbeit mit Software und mit dem Computer tun.[68] Schon die Formulierung »mit Software« verlangt nach Präzisierung. Arbeiten wir doch zunächst *mit* Software im Sinne von Hilfsmitteln *an* Software als unserem Arbeitsgegenstand. Dabei entwickeln wir zwar auch für unseren Eigenbedarf Software, doch, wenn Software-Entwicklung unser Beruf ist, arbeiten wir zumeist motiviert und beauftragt von anderen und für andere. Ob wir dies in unserer Arbeit explizit aufgreifen oder vernachlässigen, so treten damit doch notwendig die Menschen ins Blickfeld, die als Anwender oder Benutzer Software-Entwicklung teils bestimmen, teils von ihr betroffen sind. Unsere Fragen werden zwei Aspekte betreffen:

- Was ist Software als Gegenstand der Konstruktion?
- Was ist Software als Gegenstand der Benutzung?

---

67 Womit wir auch Walter Volperts Bemerkung über das Dilemma der Informatiker kommentieren: Software ist nicht nur »beiläufig« unser Gegenstand. Ihre Konstruktion, ihr Einsatz und die daraus resultierenden Wirkungen stehen im Mittelpunkt unserer Arbeit. Und so bleibt zu den Überlegungen Wolfgang Coys zu fragen, ob wir vielleicht doch mehr Ingenieure als Arbeitswissenschaftler sind.

68 Das Pronomen *wir* wird nicht als übliches Stilmittel zur Bezeichnung einer distanzierten »Autorenrolle« verwendet, sondern im Sinne von »die Personen, die wir, die Fragenden, selbst sind«.

Unsere Arbeit als Software-Entwickler

Wenn wir unsere Arbeit im Prozeß und Ergebnis verstehen wollen, dann legt uns die Hermeneutik nahe, nicht mit allgemeinen Konzepten anzufangen, sondern »mit den Sachen selbst«. Also bei dem zu beginnen, was diese Arbeit normalerweise ausmacht – unsere alltägliche Arbeitssituation, die gewohnte Arbeitsumgebung und die Dinge, mit denen wir dort selbstverständlich umgehen.[69] Wir entdecken: Selbst in einer Forschungseinrichtung (wie der GMD, der Gesellschaft für Mathematik und Datenverarbeitung) führen wir nicht ein rein kontemplatives Leben, indem wir über Theorien nachdenken und uns neue Algorithmen ausdenken. Zumeist sind wir geschäftig, laufen herum, suchen etwas, haben einen Termin vergessen, müssen telefonieren. Selbst wenn wir uns unserer – wie wir meinen – eigentlichen Aufgabe, dem Entwickeln von Software, zuwenden, hantieren wir mit einer Vielzahl von Dingen, die sich teils im, teils nicht im Computer befinden: Bücher, Dateien, Ausdrucke, Kopierer, Locher, Ordner, Editoren, Stifte, Tastaturen, elektronische Post, Wandtafeln, Terminkalender, Druckerschlangen, Grafiken. Selbst mit Software gehen wir je nach Arbeitssituation sehr verschieden um, mal als Quellcode, dann als zu testendem Programm, dann wieder als Hilfsmittel, mit dem wir ein anderes Programm bearbeiten. Mit Software stellen wir auch suchend und sortierend Ordnungen etwa in unseren Literaturverzeichnissen her oder informieren uns über die Auslastung unseres Arbeitsplatzrechners und das Änderungsdatum einer Textdatei.

Dies alles tun wir zumeist nicht analytisch durchdacht und detailliert geplant, sondern selbstverständlich und unmittelbar handelnd.[70] Wir haben uns für unsere Alltagsarbeit die Dinge im und um den Computer »griffbereit« zurechtgelegt und erschlossen.

Und wir arbeiten nicht auf uns alleine gestellt. Wir arbeiten mit anderen und für andere. Vieles von dem, was wir als Entwickler an Wissen und Fertigkeiten besitzen, haben wir uns in den ständigen Kontakten mit unseren Kolleginnen und Kol-

---

[69] Hier und im folgenden interpretieren wir Aussagen aus Heideggers *Sein und Zeit* [Heidegger 1986] im Sinne einer emanzipatorisch humanistischen Sichtweise. Ausführlicher geschieht dies in [Budde & Züllighoven 1990]. Kennzeichnend sind für uns dabei die Einbindung von Menschen und Dingen in den Zusammenhang einer »Lebenswelt«, die besondere Bedeutung des Umgangs mit Menschen und Dingen für unsere Existenz und unsere Fähigkeit, diese unsere Existenz und ihre Zusammenhänge aus einem Vorverstädnis heraus zu befragen. Die Verbindung von Informatik und Hermeneutik diskutiert unter einem verwandten Blickwinkel R. Capurro in [Capurro 1990]. Eine philosophische Einführung in Heideggers Schriften bietet [Steiner 1989]. Den Versuch einer ethischen Einordnung unternehmen die Autoren in [Gethmann-Siefert & Pögeler 1989].

[70] Wobei betont werden soll, daß, im Sinne Heideggers, dieser selbstverständliche Umgang, als das umfassende Fundament menschlichen Seins, nicht »blind« ist, sondern seine erkennende Komponente, die Umsicht, hat. Um diese Begriffsbildung von der gängigen Theorie-Praxis-Dichotomie abzuheben, hebt Heidegger an der Wissenschaft und »Theoriebildung« den praktisch-handelnden Anteil hervor. Zum Begriff des *Umgangs* vgl. [Gethmann 1989].

legen angeeignet. Manches System können wir nur deshalb selbstverständlich einsetzen, weil uns jemand einen nirgendwo dokumentierten Hinweis gegeben oder einen entscheidenden »Kniff« gezeigt hat. Schließlich gibt uns erst die Zusammenarbeit mit Benutzern und Anwendern[71] die notwendige Rückkopplung für unsere Arbeit. Erst durch Kooperation und Kommunikation können wir einen Qualitätsbegriff für Software gewinnen und lernen, uns selbst als arbeitende Menschen einzuschätzen und in Frage zu stellen.

Sehen wir uns in der »Welt der Anwendungen« um, so trifft diese Charakterisierung von Alltäglichkeit nicht nur auf uns Software-Entwickler zu, sondern, trotz aller Verschiedenartigkeit der Gegenstände und der Prozesse, auch für die Benutzer und Anwender unserer Arbeitsergebnisse. Dort finden wir vielleicht mehr Dinge, die nicht im Computer sind, als in unserer Arbeitsumgebung. Aber die Selbstverständlichkeit des Umgangs charakterisiert auch dort die tägliche Arbeit. Damit sind wir bei einem zentralen Punkt unserer Überlegungen angelangt: Alltägliche Arbeit ist gekennzeichnet durch den selbstverständlichen Umgang mit vertrauten Dingen. Wir haben gelernt, mit ihnen umzugehen. Diese Dinge sind unsere Arbeitsmittel und Arbeitsgegenstände. Sie sind das, was Heidegger unter dem Begriff »Zeug« zusammengefaßt hat. *Zeug,* das sind die Dinge »für uns« – zweckmäßig im Rahmen zielgerichteter menschlicher Aktivitäten.[72] Die Selbstverständlichkeit unseres Umgangs mit Zeug rührt daher, daß andere Menschen in ähnlicher Weise mit den Dingen umgehen und wir Umgangsformen von ihnen erlernt haben. Dies ist nicht nur eine Frage unserer individuellen Lebensgeschichte, sondern resultiert aus der Kultur und Tradition, die unsere »Lebenswelt«, unseren Horizont, bilden.[73]

Betrachten wir die Dinge unserer Alltagsarbeit genauer: Bezogen auf die jeweilige Aufgabe messen wir denjenigen Dingen eine besondere Bedeutung bei, die in das angestrebte Arbeitsergebnis eingehen oder mit denen wir dieses Arbeitsergebnis zustande bringen. Dies führt uns zu der Unterscheidung von Werkzeug und Material:

---

71 *Benutzer* sind in unserem Kontext nur Personen, die ein Softwaresystem tatsächlich einsetzen. *Anwender* sind diejenigen Personengruppen oder Organisationen, die in ihrer Arbeit von einem Softwaresystem direkt oder indirekt betroffen sind. Oft bezeichnen wir mit Anwender die Organisation insgesamt, in der ein Softwaresystem verwendet wird oder werden soll. Fallen Benutzer und Entwickler in einer Person zusammen, so ist dies ein gelegentlicher Sonderfall, der vieles vereinfacht. Dies als den Normalfall zu fordern, deutet uns auf ungenügendes Problemverständnis oder mangelndes professionelles Selbstverständnis.

72 Damit unterscheidet sich unser Begriff *Umgang* trotz aller Nähe von Arne Raeithels Tätigkeitsbegriff. Wir betonen die Pragmatik des »für uns« und den Bezug zu anderen Mit-Menschen und können die Trennung in »subjektiv« und »objektiv« nicht nachvollziehen.

73 Die im Bereich der Verwendung von Software noch mangelnde Tradition ergibt den Ansatzpunkt für die Untersuchung der Frage, was Software (noch) von Handwerks-Zeug unterscheidet.

- *Material* – die Dinge, die in das angestrebte Arbeitsergebnis eingehen, die wir bearbeiten, indem wir sie verändern, auf Zustand und Qualität prüfen und in ihrer Eignung bewerten.
- *Werkzeug* – die Dinge, mit denen wir das angestrebte Arbeitsergebnis hervorbringen, indem wir das Material bearbeiten. Dabei steht Werkzeug zwischen uns und dem Material.

Wir meinen, daß auch Software in unserer Alltagsarbeit für uns und andere, je nach Arbeitskontext, Werkzeug und Material sein kann und soll.[74] Bevor wir im Abschnitt *Software als Werkzeug, Automat und Maschine* weiter fragen können, was Software in der *Benutzung* ist, müssen wir den *Konstruktionsprozeß* von Software betrachten.

Die Konstruktion von Software

Haben wir unsere Arbeit als Entwickler zunächst durch das Hantieren mit vertrauten Dingen charakterisiert, so ist damit unsere Tätigkeit nicht vollständig erfaßt. Natürlich reflektieren wir auch und bilden Theorien. Unter diesem Aspekt können wir die Konstruktion von Software als Abstraktionsprozeß auffassen. Denn wenn wir für eine Anwendungssituation Software entwickeln, dann bedeutet dies, daß wir ausgewählte menschliche Aktivitäten (und eventuell damit verbundene maschinelle Vorgänge) zunächst analytisch aus den konkreten Kontexten herauslösen und auf ihre wiederholbare *Form* reduzieren. Dies führt zu unserem Prozeß- oder Prozedurbegriff und nur dies können wir in unseren Algorithmen und Programmen ausdrücklich machen. Formalisierung bei der Software-Entwicklung wird hier als Abstraktionsprozeß verstanden, der zur Beschreibung des routinisierbaren, kontextarm wiederholbaren Anteils menschlicher *Aktivitäten*[75] führt. Verwenden wir zur Notation eine Programmiersprache, so erhalten wir neben der *Beschreibung* ein formales *Konstrukt*, das unter entsprechenden Bedingungen ein ablauffähiges Programm, d. h. ein Modell dieser Beschreibung ist.

Wir haben bis hierher den Entwicklungsprozeß von Software unter einem theoretischen Gesichtspunkt als Dekontextualisierung mit dem Ziel einer formalen *Beschreibung* und, über das Beschreibungsmittel Programmiersprache, als *Konstruktion* einer Maschine dargestellt. Auch die traditionelle, mechanische Maschine

---

[74] Da Software, wie wir ausführen werden, nicht notwendig Werkzeug und Material *ist*, formulieren wir hier einen Anspruch an Entwicklung und Einsatzbedingungen, der nur ansatzweise in diesem Rahmen erläutert werden kann. Genaueres in [Budde & Züllighoven 1990].

[75] Wir verwenden hier den Begriff *Aktivität*, da wir die Entwicklung von Software nicht auf den Arbeitsbereich eingegrenzt sehen, sondern prinzipiell auch den Bereich des spielerischen und ästhetischen Umgangs miteinbeziehen wollen.

ist – so betrachtet –, festgelegte, routinisierte menschliche Handlung.[76] Doch ist die Betrachtung nicht abgeschlossen, da wir es mit der Dekontextualisierung menschlicher Handlungen zu einem Algorithmus, zu Software oder Maschine nicht bewenden lassen. Damit ein Formalismus als Konstrukt nicht nur ein sinnlos herumliegendes Ding bleibt, muß dieses Konstrukt in einen neuen Kontext menschlichen Handelns eingebracht, d. h. rekontextualisiert werden. Wir setzen eine Maschine und ein Software-System in einer sich dadurch verändernden Arbeitssituation ein – dazu sind sie gedacht und so werden sie für uns sinnvoll.[77]

Wir halten fest, daß im Konstruktionsprozeß Software und Maschine wesensmäßig gleich sind. Beide sind Vergegenständlichungen der formalen, routinisierbaren Anteile menschlichen Handelns. Im folgenden wollen wir den Zusammenhang zwischen der Konstruktion und der Verwendung von Software herstellen.

Software als Werkzeug, Automat und Maschine

Wir haben bereits gesagt, daß wir Software in der alltäglichen Arbeit verwenden wollen als Werkzeug und Material. Damit verbinden wir bestimmte Vorstellungen. Etwa, daß die Aktivität bei der Benutzung immer vom Menschen ausgeht. Ohne menschlichen »Antrieb« soll auch das Software-Werkzeug »herumliegen«.[78] In der Benutzung soll die von uns ausgehende Wirkung des Werkzeugs auf das Material unmittelbar sichtbar sein – Software-Werkzeuge sollen zwar niemals völlig transparent »verschwinden«, aber sie sollen keinesfalls den Blick auf das Material verstellen. Gerade diese Merkmale des körperlichen Hantierens, der sinnlichen Rückkopplung und teilweisen Transparenz, die in der Literatur zur Abgrenzung von Handwerkszeug gegenüber Software genannt werden, können u. E. als Qualitätskriterien für gute Software-Werkzeuge und geeignete Software-Materialien herangezogen werden.[79]

---

[76] In diese Richtung argumentiert auch H.-D. Bahr in [Bahr 1983]. Verwandt sind auch die entsprechenden Überlegungen Frieder Nakes.

[77] *Sinn* ist an Verstehen gebunden. Sinn kann nur menschliches Handeln und Wollen haben, nie das »herumliegende« Ding. Wir geben den Dingen im Zusammenhang Sinn. Sinn ist nicht notwendig allgemein positiv – sinnvolles menschliches Handeln kann für andere abträglich sein. Dies wäre die Basis zur Diskussion von Dirk Siefkes' Fragen in diesem Buch.

[78] Diese Vorstellung vom Umgang mit Software wird software-technisch heute als »user-driven« bezeichnet und wird besonders im Zusammenhang mit objekt-orientierter Entwicklung, auf die wir noch zu sprechen kommen, diskutiert.

[79] Es kann im Rahmen dieses Beitrags nicht weiter diskutiert werden, inwieweit die Analogie zwischen Handwerkszeug und Software trägt. Wir haben die Auseinandersetzung etwa mit der Position von [Wingert & Riehm 1985] in [Budde & Züllighoven 1990] geführt. Dort finden sich auch Argumente, um den Werkzeugcharakter von Software gegen ihren Mediencharakter abzugrenzen (vgl. Margrit Falcks Artikel in diesem Buch). Weiterführend scheint auch die Beschäftigung mit Arne Raeithels Begriff der Virtualität.

Wenn wir nur diese Kriterien an heutige Anwendungssoftware herantragen, so stellen wir in vielen Fällen fest, daß Software ganz anders wirkt. Häufig verhält sich ein Software-System eher wie ein Automat, an dem wir einige wenige Parameter durch »Knopfdruck« einstellen können, und der, wenn er einmal gestartet ist, in kaum nachvollziehbarer Art und Weise ein Ergebnis produziert. Entspricht dieses Ergebnis unseren Vorstellungen, sind wir mit solchen Software-Automaten auch zufrieden. So stört uns dieser intransparente innere Ablauf an einem funktionierenden Bankautomaten nicht. Problematisch werden der Fehlerfall oder ein Ergebnis, das wir uns nicht vorgestellt haben; besonders dann, wenn sie nicht überraschend zu unseren Gunsten ausfallen. Während wir die eingezogene Scheckkarte bei einer Fehlfunktion im Einzelfall noch tolerieren, erwarten wir von Software, die wir täglich für differenzierte Arbeitsaufgaben verwenden, mehr Einflußmöglichkeit und mehr Durchschaubarkeit.

Damit unterscheiden wir Merkmale von Software im Umgang und bezogen auf unser Verständnis. Zunächst zum Umgang:

- Wir konstruieren Software als *Maschine*, um so routinisierte Formen menschlicher Handlungen zu vergegenständlichen.[80]
- Wir hantieren mit Software als *Werkzeug*, um damit umsichtig und selbstverständlich Materialien zu bearbeiten.
- Wir benutzen Software als *Automat*, um ein ausgewähltes, fest eingeplantes Arbeitsergebnis ohne weitere Kontrolle herzustellen.

Betrachten wir diese Umgangsformen mit theoretischem Blick, so stellen wir fest:

- Wir verstehen Software als *Maschine*, wenn wir ihre Konstruktion unter formalen Aspekten betrachten. Zu ihrer Beschreibung verwenden wir formale Notationen, in denen wir die Menge der atomaren Handlungen und ihre Verknüpfung zu komplexeren Handlungen algorithmisch ausdrücken können.
- Wir verstehen Software als *Werkzeug*, wenn die Verwendung von Software bestimmte, dem handwerklichen Bereich entlehnte Kriterien erfüllt. Dazu zählen »Handlichkeit«, weitgehende Kontrollierbarkeit und Durchsichtigkeit und ein »menschliches Maß« der Dinge.[81]
- Wir verstehen Software als *Automat*, wenn sie in der Verwendung als *undurchschaubare* Maschine erscheint, die in ihrem Ablauf weitgehend der Kontrolle

---

80 Hier wäre der Ansatz zur Diskussion von Frieder Nakes Begriff der Maschinisierung und seiner Einschränkung auf die »Kopfarbeit«.

81 Wir haben so A. Kays Begriff »human scale« aus [Kay 1990] übertragen. Dirk Siefkes fordert wohl ähnliches mit seinen *kleinen Systemen* [Siefkes 1982, 1987].

des Benutzers entzogen ist. Die Veränderung eines Software-Automaten und das Beheben von Störungen erfordern meist ein detailliertes Konstruktionswissen.[82]

Software-Werkstatt oder Software-Fabrik

Betrachten wir jetzt den Kontext unserer Arbeit. Wenn wir von Arbeiten mit Werkzeugen und Materialien sprechen, dann haben wir nicht nur das isolierte Ding als Arbeitsmittel und -gegenstand im Auge, sondern meinen auch den bestimmten Zusammenhang einer räumlichen und organisatorischen Umgebung. Ob dieser Kontext eine Werkstatt oder ein Planungsbüro ist, immer bestehen Formen von Arbeitsteilung und Kooperation, die an der Qualifikation der Arbeitenden, ihren unterschiedlichen Fähigkeiten und Fertigkeiten und einer Vielzahl von kommunikativen und sozialen Faktoren orientiert sind. Diese Formen der Arbeitsorganisation und unsere persönlichen Präferenzen bestimmen auch die Gestaltung der Arbeitsräume. Hier haben Werkzeuge und »kleine Maschinen«[83] ihren Platz. Software als Werkzeug und Material soll sich in diese Umgebung einfügen lassen. Was die organisatorischen Merkmale anbetrifft, ist dies leicht vorstellbar. Denn bisher ist der Anteil an Software, der eine bestimmte Form von Arbeitsteilung *vorschreibt*,[84] noch sehr gering – dies gilt besonders für den Bereich der Software-Entwicklung selbst. Dagegen ist die *Vorstellung* einer räumlichen Anordnung von Software erst mit grafischen Arbeitsplatzrechnern hervorgerufen worden. Die Schreibtisch-Metapher für Bürosysteme oder HyperText-Anwendungen zeigen, daß eine räumliche Orientierung den Umgang mit Software erleichtert. In diese Richtung gehen auch Software-Entwicklungsumgebungen, in denen dann unsere verschiedenen Software-Werkzeuge und Materialien ihren gewohnten *Platz* haben und wo uns Zeichen als *Wegweiser* eine Orientierung geben.

Sehen wir die Arbeit mit Werkzeug und Material in diesem Kontext, dann bedeutet ein Mehr an guten Werkzeugen eine größere Flexibilität in der Arbeit und auch einen größeren Handlungsspielraum des Arbeitenden. Spezielle Werkzeuge, die der Verbesserung des Arbeitsergebnisses dienen, erfordern eine Erhöhung der Qualifikation ihrer Benutzer. Damit steckt hinter der Idee von Software-Werkzeugen und Materialien auch ein emanzipatorischer Gedanke, der einerseits die Arbeitsmittel und -gegenstände stärker der menschlichen Kontrolle unterstellen,

---

82 Damit darf unser Begriff des Software-Automaten nicht mit dem verwechselt werden, was W. Coy als Soft Engines bezeichnet [Coy 1992]. Seine Vorstellung von Soft Engines ist eher mit unserer Sicht von Software-Werkzeugen vergleichbar, wobei Coy den Aspekt der Veränderbarkeit durch die Benutzer in den Vordergrund stellt.

83 Vgl. dazu das Essay von [Seeßlen & Wetzel 1989].

84 Wir meinen damit, daß der Zweck von Software die *Implementierung* einer bestimmten Arbeitsteilung ist. Davon zu unterscheiden sind die *Veränderungen*, die Software im Anwendungsbereich auf dort vorhandene Formen der Arbeitsteilung ausübt.

andererseits die Qualifikation der Arbeitenden und Freiräume ihrer Arbeitsorganisation vergrößern will.[85]

Das Gegenbild zu Werkstatt und Planungsbüro ist unter dem hier betrachteten Gesichtspunkt die Fabrik.[86] Dort ist die Arbeitsteilung in der räumlichen Anordnung der Maschinen, die als Automaten bedient werden, festgelegt. In der Fabrik geht es um die massenhafte Re-Produktion uniformer Arbeitsergebnisse, bei der individuelle Qualität eines Ergebnisses und die individuelle Qualifikation des Einzelnen im Arbeitsprozeß nicht gefragt sind. Da der Prozeß von den Automaten vorangetrieben wird, ist für deren Bedienung nur eine durchschnittliche Qualifikation der Arbeitenden erforderlich, die sicherstellt, daß die routinisierten Handlungen ausgeführt werden, die der jeweilige Automat als Eingabe erwartet. Obwohl es auch Werkzeuge in der Fabrik gibt, ist sie als Arbeitsumgebung von der »großen Maschinerie« der Automaten geprägt.[87]

An der Fabrik orientiert sich die Vorstellung von der *Software Factory* [88], in der *Computer Aided Software Engineering (CASE) Tools* angeordnet sind. Diese Anordnung schreibt eine feste Form der Arbeitsteilung vor, in der die *Software Engineering* Spezialisten wie Maschineneinrichter den Gesamtprozeß »vorprogrammieren«, der dann von Programmierern und Hilfskräften als Bedienern dieser Automaten ausgeführt wird.[89] Die Idee der Softwarefabrik bezieht sich auf den Software-Entwicklungsprozeß. Im Bereich der Anwendungssoftware wird heute (immer noch oder immer wieder) über »*fool proof*« oder klarer »idiotensichere« Software gesprochen. Im Verbund mit Techniken aus dem Bereich regelbasierter Systeme[90] sollen Anwendungen so ausgelegt werden, daß sie von ihren Benutzern mit einem Minimum an Routinehandlungen bedient werden können. Es paßt u. E. sehr schön in diese Denkwelt, daß »Fehler« in der Handhabung solcher Software-

---

[85] Unser Begriff von Handlungsspielraum deckt sich weitgehend mit dem von Walter Volpert. In diesen Zusammenhang gehören auch die Überlegungen von Arno Rolf über *Gestaltung*.

[86] Damit soll nicht diskutiert werden, ob die Fabrik unter einem historisch-ökonomischen Blickwinkel nicht als Weiterentwicklung der Werkstatt verstanden werden muß. Doch in Anbetracht der Folgen der Fabrikarbeit auf menschliche Arbeitsbedingungen, des Verbrauchs unserer Lebenswelt und der Entwertung emanzipatorischer Werte, tun wir uns schwer, die Fabrik als »Fortschritt« in der Entwicklung der Menschheit zu verstehen.

[87] Damit sind für uns Werkstatt und Fabrik zwar im Sinne von Margrit Falck durch Organisation und Kooperation unterschieden, aber immer bezogen auf das »zu Besorgende«, d. h. die Arbeitsergebnisse.

[88] Wir hoffen, daß die Anglizismen, die zu unserer Alltagssprache gehören, die Verständlichkeit des Textes nicht reduzieren und die Sprachpuristen nicht vollständig abschrecken.

[89] In diese Richtung tendiert etwa [Osterweil 1988].

[90] ..., die in diesem Kontext stets als *wissensbasiert* oder als *Expertensysteme* bezeichnet werden und in unserem Verständnis Ansammlungen heuristischer Regeln für nicht durchgängig zu formalisierende Anwendungssituationen darstellen.

Automaten durch sogenannte adaptive Systeme aufgespürt werden sollen, die dann den Benutzer durch Lernprogramme in der »korrekten Bedienung« unterweisen.[91]

Wenn bis heute die Idee der Fabrik als durchgängiges Leitbild für Entwicklungsumgebungen und Anwendungssysteme erst in Ansätzen und Teilbereichen realisiert worden ist, so zeigen sich doch die Auswirkungen von Software-Automaten in der täglichen Benutzung. Da uns ihre Funktionsweise nur »von außen« und im störungsfreien Betrieb vertraut ist, können wir den Zusammenhang und ihre Auswirkungen auf andere Arbeitsbereiche selten überblicken. So kommt es, daß der Austausch eines Software-Automaten durch eine neue Version besonders in großen und vernetzten Systemen häufig zu ungeahnten Fernwirkungen und Störungen führt. Da die Konstruktion solcher Automaten und ihre Verknüpfung mit anderen Software-Komponenten kaum von den Entwicklern und erst recht nicht von ihren Benutzern zu durchschauen ist, bedeuten mehr Automaten auch immer ein Weniger an Flexibilität und Handlungsspielraum in der Benutzung, die sich auf die Befolgung eines festgelegten Satzes von Bedienanweisungen reduziert.

Um es noch einmal deutlich zu machen: Nicht der einzelne Software-Automat, den wir gelegentlich benutzen, produziert diese Routinisierung und Dequalifizierung von Arbeit, sondern die umfassende Vorgabe von festgelegten Handlungssequenzen und deren Kontrolle. Wir wenden uns daher nicht gegen den *Printer Server*, dessen *Spooling* unsere Druckaufträge verwaltet, sondern wir setzen das Bild einer Software-Werkstatt gegen die Idee der Softwarefabrik, die unsere Arbeit als Software-Entwickler durch Fließband-Routine ersetzen will.[92]

Entwicklung von Software-Werkzeug und Material

Das traditionelle Software Engineering unterscheidet bei der Software-Entwicklung den fachlichen und den technischen Entwurf. Diese Entwürfe trennt ein Bruch zwischen den verwendeten Methoden, Modellen und Darstellungsmitteln. Er manifestiert sich oft auch darin, daß unterschiedliche Personengruppen diese Entwürfe erstellen. Software-Techniken wie Datenabstraktion, Information Hiding, Modularisierung werden traditionell nur auf den technischen Entwurf bezogen diskutiert.[93] Ihr Bezug zu den Modellen des Anwendungsbereichs bleibt offen. Anders beim objektorientierten Entwurf. Da er seine Wurzeln im Bereich der Simulation hat ,[94] wurde dort bereits in den sechziger Jahren die Verbindung von Anwendungs- und

---

91 Vgl. [Herczeg 1986]. Dagegen argumentiert Walter Volpert in unserem Sinne zur »Unzulänglichkeit des Menschen«.

92 Wir wollen an dieser Stelle nicht weiter ausführen, daß u. E. sinnvolle und hochwertige Software-Entwicklung auf diese Weise gar nicht zu betreiben ist.

93 Vgl. [Booch 1991].

94 Vgl. [Nygaard & Dahl 1978].

technischen Modellen auf der Grundlage des Objektbegriffs diskutiert. Diesen Objektbegriff und die daraus abgeleitete Entwurfs- und Konstruktionsmethode betrachten wir abschließend.[95]

Ausgangspunkt objektorientierter Modellierung sind die »realen Dinge« des Anwendungsbereichs.[96] Sie sollen im Modell beschrieben werden. Meist gelten diese Dinge als »gegeben«: »*This is why object-oriented designers usually do not spend their time in academic discussions of methods to find the objects: in the physical or abstract reality being modeled, the objects are just there for the picking!*« [Meyer 1988, S.51]. Daß die relevanten Dinge des objekt-orientierten Entwurfs weder »einfach auf der Straße liegen« noch durch »akademische Diskussionen« zutage treten, werden wir aufzeigen.

Unsere *Grundidee der objektorientierten Modellierung* ist, von den selbstverständlichen Dingen des alltäglichen Umgangs (dem »Zeug«) auszugehen. Damit sehen und verstehen wir die Dinge in ihrer Zweckmäßigkeit für uns und betten sie in die Bezüge einer menschlichen Arbeits- und Lebenswelt ein. Die so erschlossenen Dinge wollen wir in ein formales Modell überführen und sie dann als Objekte im laufenden Anwendungssystem zur Verfügung stellen.

Damit ist für unseren Ansatz charakteristisch:

- Wir unterstellen keinen direkten Zugriff auf die Objekte unserer Modellbildung – die Objekte liegen nicht herum.
- Wir müssen uns erst ein Verständnis für Umgangsformen und Bezüge der Dinge erarbeiten, die wir als Objekte (formal) modellieren wollen.
- Wir wollen Sorge tragen, daß diese Objekte einmal als nützliche Dinge selbstverständlich benutzt werden können.[97]

Dazu gehen wir bei der objektorientierten Modellierung von zwei Aktivitäten aus, die eng miteinander verknüpft sind und die wir auch im weiteren so erläutern:

- Wir analysieren das Anwendungsgebiet.
- Wir beschreiben ausgewählte Aspekte in einem Modell.

Im Sinne unserer einleitenden Überlegungen betrachten wir in der Analyse die am Arbeitsplatz vorfindlichen Arbeitsmittel und Arbeitsgegenstände. Ziel dieser Analy-

---

95 Die folgenden Ausführungen basieren auf Kursunterlagen, die im Rahmen des Projektes WOK (»Werkstatt für objektorientierte Konstruktion«) der GMD von R. Budde, M.-L. Christ-Neumann, K.-H. Sylla und dem Autor erarbeitet wurden. Vgl. dazu auch [Budde et al. 1990].

96 Wir verwenden bewußt »die realen Dinge«, statt von Objekten im Anwendungsbereich zu sprechen. Aus hermeneutischer Sicht mißfällt uns die mitschwingende Subjekt-Objekt-Aufteilung der Welt.

97 In dieser Orientierung am alltäglichen Umgang, dem die Konzepte objektorientierter Modellierung entstammen und in den sie sich in ihren Ergebnissen wieder einordnen, scheint uns der Beitrag für eine Theorie der Informatik zu liegen.

se ist, diese Dinge anhand der alltäglichen Umgangsformen in ihrem Stellenwert für die Arbeitsergebnisse zu verstehen, und nicht bereits jetzt eine Einengung nur auf »Funktionen« oder »Datenstrukturen« vorzunehmen. Diese Analyse stellt u. E. eine wesentliche Schwierigkeit im Entwicklungsprozeß dar, da wir meist das »Zeug« und die Umgangsformen anderer analysieren müssen. Die Selbstverständlichkeit des Umgangs bedeutet nämlich auch, daß Sachverhalte und charakteristische Eigenschaften selten »*ausdrücklich*« formulierbar sind. Wir müssen uns daher einen Zugang zu den alltäglichen Arbeitssituationen anderer verschaffen, der uns ein Verständnis ermöglicht.[98]

Die methodische objektorientierte Analyse eines Anwendungsbereichs geht auf zwei Betrachtungsebenen vor:

- Wir klassifizieren den Umgang mit Arbeitsmitteln und Gegenständen anhand der Ähnlichkeit der Gegenstände und der Umgangsformen.
- Wir strukturieren den Umgang anhand der Bezüge zwischen den Gegenständen.

Die Klassifikation hebt ab auf die im Anwendungsbereich vorkommenden Begriffe und Abstraktionen, während die Strukturierung Auskunft über die Verwendungszusammenhänge der Dinge und die von ihnen erbrachten Leistungen gibt. Auf der Grundlage dieser Analyse wollen wir entsprechende Objekte des Anwendungssystems modellieren.

Objekte entsprechen den für die Anwendung relevanten Gegenständen. Sie sind charakterisiert durch die Art und Weise, wie mit ihnen gearbeitet wird, z. B.:

- Welche Informationen sie nach außen zeigen, und
- welche Veränderungen an ihnen vorgenommen werden können, ohne daß sie zerstört oder in andersartige Gegenstände transformiert werden.

Unter einem software-technischen Gesichtspunkt sind Objekte die Komponenten des Systems. Ein Objekt hat einen systemweit eindeutigen Namen und einen Zustand, der in einem privaten Speicherbereich des Objekts repräsentiert ist. Jedem Objekt sind Operationen zugeordnet, die Informationen über das Objekt liefern und den Zustand des Objektes verändern können. Nur mit diesen Operationen ist es möglich, den privaten Speicherbereich eines Objektes zu lesen oder zu verändern.

Die objektorientierte Analyse fragt:

- Wie gehen wir mit Gegenständen um?

---

98 Es führt über den Rahmen dieses Beitrags hinaus, die Mittel und Wege zu diskutieren, die diesen Zugang erleichtern und in die von uns intendierten Bahnen lenken helfen. Das Stichwort ist hier »Renovieren statt Demolieren«, die Diskussionsgegenstände wären evolutionäre Systementwicklung mit Szenarien und Prototyping (vgl. [Budde & Mahr 1992]). Die Arbeitswissenschaftler haben darüber hinaus ein reichhaltiges Analyseinstrumentarium entwickelt. Es wäre auch sehr reizvoll, einmal in diesem Zusammenhang Heideggers Überlegungen zu den verschiedenen Formen der Störung und der Auffälligkeit im alltäglichen Umgang weiterzudenken.

- Wie verhalten sie sich?

Die objektorientierte Modellierung setzt die Ergebnisse dieser Analyse um in Beschreibungen:

- der Gegenstände als Objekte von *Klassen* ,
- der Umgangsformen als *Zugriffsoperationen*.

Damit fassen wir *unter fachlichem Gesichtspunkt* in Klassen diejenigen Gegenstände zusammen, die wir als gleichartig ansehen. Wir bringen sie auf diese Weise »auf den Begriff«. In diesen Begriffsbeschreibungen wird unser Verständnis von Gegenständen des Anwendungsfeldes wiedergegeben.

Da der alltägliche, personenbezogene Umgang mit den Dingen diese erst zu Arbeitsgegenständen und -mitteln macht, ist auch die daraus abgeleitete Klassen- und Begriffsbildung selten eindeutig. Sie hängt vom jeweiligen Verständnis der beteiligten Personen ab. So wie sich unser Verständnis von einem Anwendungsbereich verändert, ändern sich auch die Begriffe und damit die Klassen. Die Qualität eines Anwendungssystems hängt daher entscheidend davon ab, ob es im Entwicklungsprozeß gelingt, ein gemeinsames Verständnis über die Begriffe der Anwendung und deren Übertragung in ein objektorientiertes Modell zu erzielen.

Software-technisch gesehen werden Objekte in Klassen beschrieben. Eine Klasse definiert die Eigenschaften ihrer Objekte. Diese Definition umfaßt die Speicherstruktur der Objekte und die den Objekten zugeordneten Operationen.

Bisher haben wir in der Analyse eines Anwendungsbereichs auf die Gemeinsamkeit gleichartiger Gegenstände abgehoben. Ausgehend von den Umgangsformen bestimmen wir aber auch Ähnlichkeiten von *unterschiedlichen* Gegenständen. Sofern diese Gemeinsamkeiten fachlich relevant sind, finden wir dazu passende *Oberbegriffe* bereits im Anwendungsbereich. Gelegentlich führen wir weitere Oberbegriffe ein. Durch solche Abstraktion oder Klassifikation entstehen *Begriffshierarchien.* Sie fördern das Verständnis eines Anwendungsgebiets.

Auf der software-technischen Seite entspricht dem der Begriff der *Oberklasse.* In Oberklassen beschreiben wir Abstraktionen oder Verallgemeinerungen von Klassen. Alle Beschreibungen der Oberklasse sind auch Teil der Beschreibungen der Klassen selbst. Diese Beschreibungen können in den Klassen erweitert und modifiziert werden.

Doch stellen wir in der Analyse nicht nur Gemeinsamkeiten zwischen den Dingen fest. Begriffe können auch spezialisiert oder konkretisiert werden. Im Sinne einer verständlichen Begriffsbildung und der angestrebten technischen Umsetzung ist es günstig, wenn sich die Unterbegriffe eines Oberbegriffs durch explizite Charakteristika unterscheiden. Diese Form der unterscheidenden Begriffsbildung ist die Konzession an die notwendige Formalisierung bei der Softwareentwicklung. Eine solche Taxonomie führt aber fachlich zur Re-Konstruktion von Begriffen, die sich in mehr oder weniger begrifflichen Nuancen vom ursprünglichen Gebrauch im Anwendungsbereich unterscheiden.[99]

In einer Unterklasse werden, technisch betrachtet, die Beschreibungen einer Klasse spezialisiert. Dies kann unterschiedlich geschehen:

- Operationen werden *definiert* (oder implementiert), die in einer der Oberklassen nur *spezifiziert* sind.
- Operationen werden *hinzugefügt*, wenn keine namensgleiche Operation in einer Oberklasse existiert.
- Operationen werden *redefiniert*, wenn eine Implementation in der Unterklasse eine bereits vorliegende Implementation einer Oberklasse ersetzt.

Während die ersten beiden Fälle technisch und anwendungsbezogen unproblematisch sind, ist im dritten Fall spezielle Aufmerksamkeit beim Entwurf erforderlich. Diese Spezialisierung oder Konkretisierung von Umgangsformen innerhalb von Begriffshierachien ist zum einen eine alltägliche Erfahrung: Wir *löschen* ein Wort auf einer Wandtafel anders als ein Wort in einer Textdatei. Doch andererseits müssen wir bei der technischen Redefinition darauf achten, daß das Verständnis für die spezialisierte Operation erhalten bleibt: Wenn das aus der Textdatei entfernte Wort in eine Zwischenablage wandert, haben wir es dann *gelöscht* oder ist es *ausgeschnitten*? Oder ist es für ein gelöschtes Wort *einer Textdatei* selbstverständlich, daß wir es aus der Zwischenablage wieder herausholen können?

Diese Klassifikation des Anwendungsbereichs ist ein wesentliches Mittel, um unser Verständnis auszudrücken. Dieses Verständnis wollen wir auch im Modell und dem daraus entstehenden Programm wiedergeben. Die hierarchische Klassifikation wird im Modell durch »Vererbung« (die sogenannte *inherit*-Beziehung) dargestellt. Die Spezialisierung gleichnamiger Umgangsformen in diesen Hierarchien wird vor allem durch die Polymorphie und das sogenannte dynamische Binden während des Programmablaufs realisiert.[100]

Wir haben bis hierher den Weg von der objektorientierten Analyse eines Anwendungsbereichs bis zum Programm aufgezeigt. Was noch fehlt, ist die Verbindung dieser Modellierungstechnik zum Software-Entwurf »im Großen«. Wir zeigen abschließend, wie sich unsere Forderung, Software als Werkzeug und Material *benutzen* zu wollen, auch konstruktiv im objektorientierten Modell niederschlägt. Unser Ansatz ist:

- Beim objektorientierten Entwurf modellieren wir interaktive Anwendungssysteme als Werkzeuge und Materialien.

---

99 Wieder müssen wir darauf verzichten, die aus dieser technischen Begriffsrekonstruktion resultierenden Probleme und Ansätze zur Problemlösung, wie etwa fachliche Glossare, hier zu diskutieren.

100 Technisch muß in diesem Zusammenhang noch der *redefine*-Mechanismus für gleichnamige Operationen in einer *inherit*-Hierarchie genannt werden.

- Dies drücken wir technisch in Werkzeug-, Material- und Aspektklassen aus.

Entsprechend ordnen wir Dinge, die im Rahmen einer Anwendung zum Arbeitsgegenstand werden, den *Materialklassen* zu. Materialien lassen sich in bestimmter Weise bearbeiten, d. h. verändern oder sondieren. Solche Arbeiten werden mit unterschiedlichen Werkzeugen ausgeführt.

Eine Materialklasse besitzt software-technisch im Rahmen einer Anwendung keine eigenständige Ein-/Ausgabe, sondern nur Operationen zur Veränderung und Sondierung des inneren Zustands von Klassenobjekten.

Auf Software als Material können wir nie »unmittelbar« zugreifen. Die Hand als ein »körperliches Werkzeug« (im aristotelischen Sinne) steht hier nicht zur Verfügung. Jede Textdatei, jedes Programm wird mittels eines Programms bearbeitet. Daraus folgt in unserem Zusammenhang, daß wir passend zu den Materialklassen Dinge, die im Rahmen einer Anwendung zum Arbeitsmittel werden ,[101] in Werkzeugklassen beschreiben. Wir hantieren immer mit Software werkzeugartig, wenn wir DV-Material bearbeiten.

Technisch beschreiben Werkzeugklassen die Umgangsformen eines Benutzers mit einem Anwendungssystem. Werkzeugklassen realisieren die »interaktive« Komponente des Systems.

Werkzeuge müssen für Materialien passend sein und Material muß sich für die Bearbeitung durch ein Werkzeug eignen. So wie Schraubenschlüssel und Muttern zusammenpassen müssen, ist dadurch auch software-technisch eine bestimmte Beziehung zwischen Werkzeug- und Materialklassen festgelegt. Nehmen wir als Beispiel einen Drucker und verschiedene Dokumente. Der Werkzeugcharakter des Druckers kommt u.a. darin zum Ausdruck, daß er diese Dokumente drucken kann. Entsprechend zeigt sich der Materialcharakter der Dokumente in ihrer Druckbarkeit. Diese Beziehung, die das »Zusammenpassen« des Werkzeugs *Drucker* und der Materialien *Dokumente* ausdrückt, beschreiben wir in einer Aspektklasse *Druckbar*.

Aspektklassen legen technisch die Schnittstellen zwischen Werkzeugklassen und Materialklassen fest. Jede Werkzeugklasse benutzt ausschließlich die entsprechenden Operationen der Aspektklasse, um auf die Materialien zuzugreifen. Jede Materialklasse implementiert alle Operationen ihrer zugehörigen Aspektklassen, um den geeigneten Werkzeugen die notwendigen Zugriffsoperationen zur Verfügung zu stellen. Damit erreichen wir mittels Aspektklassen, den für die Konstituierung von Werkzeug und Material notwendigen Zusammenhang im Modell *explizit* zu machen.

---

[101] Es ist wichtig, daß die Unterscheidung zwischen Werkzeug und Material aus dem Arbeitszusammenhang erfolgt und nicht »objektiv« ist. Dies ist uns – etwa beim Schärfen eines Sägeblatts, das dabei zum Material wird – auch aus dem Handwerk geläufig. Da Anwendungssoftware oft einen definierten Anwendungskontext hat, ist die Einteilung in Werkzeug- und Materialklassen im jeweiligen Kontext entscheidbar.

Resümee

Wir sind in unserer Betrachtung von der alltäglichen Arbeit des Software-Entwicklers ausgegangen. Im Umgang mit selbstverständlichen Dingen als Werkzeug und Material haben wir Konzepte erkannt, die auf viele Arbeitssituationen im Anwendungsbereich von Software-Entwicklung ebenfalls zutreffen. Diese Überlegungen haben wir um den Aspekt der Konstruktion von Software ergänzt, der uns zu einem (theoretischen) Maschinenbegriff führte. Mit der objektorientierten Modellierung haben wir ein Ausdrucks- und Konstruktionsmittel gefunden, ausgehend von den Dingen und Begriffen des Anwendungsbereichs, Software als Werkzeug und Material zu beschreiben und für die Benutzung bereitzustellen. Damit haben wir ein Konzept skizziert, das die fachliche und die technische Modellierung von Software miteinander verbindet. Darüber hinaus scheint uns die Orientierung am Umgang mit Werkzeug und Material den Ansatzpunkt dafür zu bieten, die Entwicklung und Benutzung von Anwendungssystemen aufeinander abzustimmen. Das heißt zum einen, daß Anforderungen an einen sinnvollen Umgang sich in technischen Konstruktionsmerkmalen niederschlagen, und zum anderen, daß bewährte software-technische Konzepte auf Qualitätsmerkmale der Benutzung bezogen werden können.

Auf der Suche nach einer Theorie der Informatik scheint uns die Orientierung der Software-Entwicklung am alltäglichen Umgang, d. h. an den zweckgerichteten, selbstverständlichen Handlungen der Menschen, ein erster und entscheidender Schritt. Ein nächster Schritt wäre, den bei der Software-Entwicklung wesentlichen Abstraktionsprozeß, das Formalisieren also, ebenfalls als Form menschlicher Handlungen zu begreifen, um somit auch Theoriebildung im kooperativen und kommunikativen Handeln zu fundieren.

Arbeit in der Organisation

Zur Rolle der Kommunikation als Arbeit in der Arbeit und als Gegenstand technischer Gestaltung

MARGRIT FALCK

Während uns die Informationstechnik bisher vor allem zu Überlegungen über die Aufteilung der Arbeit zwischen Mensch und Maschine sowie über die technische Gestaltung isolierter Arbeitsabläufe angeregt hat, veranlassen uns die Möglichkeiten der Kommunikationstechnik eher dazu, über die Verknüpfung arbeitsteiliger Tätigkeiten zu einem organisatorischen Verbund und über die technische Unterstützung gemeinschaftlicher Arbeit nachzudenken.

Zwar geht es auch bei der interaktiven Benutzung eines PC bereits um die Einbindung algorithmisierter Operationen in einen Organisationszusammenhang, doch betrifft dies nur die individuelle Arbeits- und Handlungsorganisation am Arbeitsplatz unter weitgehender Vernachlässigung seiner organisatorischen Umwelt. Deshalb stößt z. B. die Software-Ergonomie auf Schwierigkeiten bei der Berücksichtigung intra- und interindividueller Unterschiede, die während der Benutzung von Software aus den kooperativen Momenten der Arbeitsplatzumgebung entstehen.

Die moderne, multimediale Kommunikationstechnik dagegen dringt, über den einzelnen Arbeitsplatz hinaus, weiter in die Organisation vor. Sie liefert die Voraussetzungen dafür, Kommunikation technisch zu vermitteln und die Koordination von Arbeitstätigkeiten explizit zum Gegenstand technischer Lösungen zu machen. Deshalb rücken spätestens mit der Vernetzung rechnergestützter Arbeitsplätze neben den operativen Momenten menschlicher Arbeit auch ihre kommunikativen und kooperativen Momente ins Blickfeld technischer Gestaltung. Es besteht jedoch die Gefahr, daß durch die neuen Herausforderungen, die die Kommunikationstechnik an die Informatik stellt, Kommunikation und Kooperation isoliert zum Gegenstand technischer Unterstützung gemacht werden und dabei aus dem Gesamtzusammenhang menschlicher Arbeit herausgenommen werden. Mit der Verbindung von maschineller Informationsverarbeitung und technisch vermittelter Kommunikation ist die Technik aber sowohl Bestandteil der individuellen Tätigkeit am Arbeitsplatz, als auch Bestandteil der Organisation, in der Individuen gemeinschaftlich tätig werden können. Die modernen Technologien treten uns deshalb in unserer Tätigkeit sowohl in der Bedeutung eines Werkzeugs als auch in der eines Organisationsmittels entgegen. Es ist die Frage, ob die Informatik dies bereits ausreichend zur Kenntnis nimmt und ob Informatikerinnen und Informatiker bereits genügend verstehen, welche Folgen der Einsatz von Technik für die Organisation der Arbeit hat.

Vom Standpunkt der Gestaltung rechnergestützter Arbeit in Organisationen wird im folgenden dem Zusammenhang zwischen Kommunikation, Arbeit, Organisation und Technik nachgegangen, um daraus Erwartungen an eine Theorie der Informatik zu formulieren, die auf die Konsequenzen des gestaltenden Handelns von Informatikern und Informatikerinnen in Organisationen eingeht.

Organisation und Arbeit

Fragt uns jemand nach unserer Arbeit, so berichten wir in der Regel über unsere Tätigkeit, die wir bei einer Firma, in einer Institution oder in anderer Form mit anderen Menschen leisten, in der wir einen wesentlichen Teil unserer Kraft und Nerven lassen und für die wir in unterschiedlicher Art und Menge Lohn und Anerkennung erhalten. Arbeit ist für uns Arbeitstätigkeit in einer Organisation.

Die Arbeitstätigkeit betrifft uns primär selbst, denn ob wir ein Werkstück für eine Maschine drehen, ein Formular für ein Berechnungsverfahren ausfüllen oder eine Zeichnung für ein Bauvorhaben anfertigen, immer setzen wir unsere individuellen geistigen und körperlichen Kräfte und unser Können ein, um unter den organisierten Bedingungen unserer Umgebung zielgerichtet Veränderungen – informationeller oder energetischer Art – mit Hilfe von Werkzeugen an den betreffenden Gegenständen herbeizuführen. Unsere Leistung besteht dabei nicht allein darin, solche Veränderungsvorgänge auszuführen, sondern auch darin, daß wir sie in der Zeit aus bestimmten Gründen in Gang setzen bzw. beenden. Solche Vorgänge müssen willentlich ausgelöst und durch unsere Kräfte »angetrieben« werden, damit sie als Arbeitsabläufe überhaupt in Erscheinung treten können.

Die Informatik konzentriert sich bisher in der Gestaltung von Arbeit vorzugsweise auf die Rationalisierung jener Abläufe und damit vorrangig auf die Unterstützung der Ausführung von Tätigkeiten. Sie übersieht dabei, daß sich in der Arbeitstätigkeit ein kompliziertes Zusammenspiel von Antriebs- und Ausführungmomenten vollzieht, das als psychische Regulation der menschlichen Arbeitstätigkeit bezeichnet wird [Hacker 1986].

Der psychische Charakter dieser Regulationsvorgänge ergibt sich maßgeblich aus dem Auftragscharakter der Arbeitsaufgabe, denn mit der Arbeitsaufgabe verbindet sich nicht nur ein inhaltlicher Sachverhalt, sondern werden auch Erwartungen an uns herangetragen, die aus einem arbeitsrechtlichen Verhältnis sowie aus Interessen, Bedürfnissen, Absichten und Erfahrungen anderer resultieren.

Diesen äußeren Erwartungen stehen unsere eigenen Einstellungen gegenüber, d. h. unsere innere Haltung und Bereitschaft zu der im Zusammenhang mit der Aufgabe zu leistenden Tätigkeit. Dafür sind unsere Könnensvoraussetzungen ebenso ausschlaggebend wie unsere Interessen, Bedürfnisse, Absichten und Erfahrungen.

In diesem Spannungsfeld zwischen äußeren Erwartungen und eigenen Einstellungen entstehen persönliche Motivationen, die uns dazu bewegen, in einer gegebenen Situation im Sinne der Aufgabe tätig zu werden.

Motive bestehen in Absichten, Gefühlen und Überzeugungen, die als Antrieb zur Aufgaben- und Auftragserfüllung wirken. Sie haben Einfluß darauf, welche Ziele wir aus der Aufgabe ableiten und verfolgen.[102] Sie haben Einfluß auf die Form und die Intensität unserer Tätigkeit, d. h. wie wir die Folge unserer Handlungen wählen und mit welchem Einsatz wir handeln, mit welchen Werkzeugen und bis zu welchem Punkt wir arbeiten. Wie oft konnte ich z. B. an mir selbst beobachten, daß ich ein primitives Computerprogramm, trotz seiner Unzulänglichkeiten, unter Einsatz meiner letzten Nerven hartnäckig benutzt habe. In solchen Fällen traten die Mühen der Computernutzung hinter dem Motiv zurück, ein bestimmtes Resultat zu erzielen, das ich in dem Moment nicht anders als gerade mit diesem Werkzeug erreichen zu können glaubte.

Motive haben schließlich auch Einfluß auf die Qualität, nach der wir unsere Ergebnisse beurteilen und kontrollieren.

Während der Ausführung der Tätigkeit werden wir uns der realen Bedingungen bewußt, die uns in der beabsichtigten Art, wie wir unsere Tätigkeit verrichten und unsere Ziele erreichen wollen, mehr oder weniger beeinträchtigen. Sie wirken auf die Bereitschaft und auf die Motivation in der Tätigkeit zurück.[103]

Die Beschränkungen stecken in den gegenständlichen und sozialen Momenten, die den Strukturen und Prozessen der umgebenden Organisation innewohnen und die sich uns als formelle und informelle Arbeitsbedingungen präsentieren. Sie wirken auf alle Phasen unserer Tätigkeit und beeinflussen unser Arbeits- und Leistungsverhalten. Ihre Wirkung auf unsere Arbeitstätigkeit entsteht aus der Sicht, mit der wir die uns umgebenden Bedingungen und Gegebenheiten wahrnehmen und bewerten. Auf diese Weise haben wir unser eigenes Bild von der Organisation und von der Wirklichkeit, die uns in der Arbeit umgibt. Unter diesem Eindruck schöpfen wir Motive und entwickeln wir individuelle Strategien, um unsere tägliche Arbeit in dieser Organisation voranzutreiben und zu bewältigen.

Mit unserer Arbeit, die wir als individuelle Tätigkeit in der Organisation verrichten, stehen wir jedoch immer auch in Verbindung mit der Arbeit anderer. Unsere eigene Aufgabe ist Teil einer umfassenderen Aufgabe einer Gruppe, in einem

---

102 Es sei denn, daß die Ziele vorgegeben sind. Dann handelt es sich aber nicht um Tätigkeiten, sondern um Handlungen [Leontjew 1982].

103 A. Raeithel (in diesem Buch) benutzt dafür, unter Bezugnahme auf die Tätigkeitstheorie, die Begriffe Tätigkeit und Arbeit und unterscheidet zwischen der *gegenständlichen Tätigkeit*, in der Menschen durch ihr »lebendiges Handeln« subjektive Ziele anhand der Produktion objektiver Resultate zu erreichen versuchen, und der *Tätigkeit in gesellschaftlichen Formen mit einem beschränkten Vorrat an Mitteln*, in der der einzelne in der Verfolgung seiner subjektiven Ziele durch die umgebende Wirklichkeit eingeschränkt ist.

Unternehmen oder in einem größeren gesellschaftlichen Zusammenhang. Wir sind abhängig von den Resultaten der Arbeit anderer und von der Art, in der diese ihre Arbeit verrichten. Der Zusammenhang in der gemeinschaftlichen Arbeit kann anhand eines gemeinsamen Arbeitsgegenstandes, über den Austausch oder die gemeinsame Nutzung von Werkzeugen, über die gegenseitige Ergänzung von Fähigkeiten, über ähnliche Ziele und Interessen sowie durch gleiche Bedingungen entstehen. Ausschlaggebend für den Grad des Zusammenhalts sind die wechselseitigen Beziehungen, die sich im Vorfeld oder während des gemeinsamen Tätigseins sowie im Umfeld der Arbeit herstellen und die im wesentlichen durch Kommunikation zustandekommen.

A. A. Leontjew behandelt die Kommunikation selbst wieder als eine Tätigkeit und setzt dabei an die Stelle des Motivs die »Wechselwirkung«. Damit unterscheidet er, wie bei der Tätigkeit, zwischen dem Kommunikationsvorgang und dem konstituierenden Moment, über das der Vorgang in Bewegung kommt. »Beweggründe« (im wahrsten Sinne des Wortes) für die Kommunikation können sein [Leontjev 1980]:

- die Koordinierung von Tätigkeiten während ihrer Ausführung oder in vorausgehender Absprache (*sachbezogene Kommunikation*) ,
- die Übermittlung von Nachrichten, die den gemeinsamen Kontext betreffen, z. B. über Medien oder das Gespräch »am Rande« (*reine, sozialbezogene Kommunikation*) ,
- die Klärung und Erhaltung sozialer Beziehungen (*interpersonelle, modale Kommunikation* als spezielle sozialbezogene Kommunikation).

Durch Kommunikation werden somit sachbezogene und soziale Beziehungen gestiftet, reguliert und reproduziert, die es uns ermöglichen, uns in der Gemeinschaft zu orientieren und variable Verhaltensweisen in unserer Tätigkeit zu entwickeln. Dabei unterliegen auch die Vorgänge in der Kommunikation Beschränkungen durch die umgebende Organisation. Sie wirken nicht nur auf die Kommunikation selbst zurück, d. h. ob überhaupt und wie wir kommunizieren, sondern auf unser effektives Handeln in der Arbeit insgesamt.

Die Organisation ist somit der gegenständliche und soziale Rahmen, aus dem, über psychische und kognitive Prozesse vermittelt, einerseits die Motive und andererseits die Bedingungen für unser individuelles und gemeinschaftliches Arbeitshandeln herrühren. W. Hacker bezeichnet die Organisation als Rahmen für die psychische Struktur der Arbeitstätigkeit, der sowohl ihre Antriebsregulation als auch ihre Ausführungsregulation bedingt [Hacker 1986].

Zu den psychischen Komponenten in der Antriebsregulation gehören Ziele und Motive, an deren Entstehen die Organisation Anteil hat. Zu den psychischen Momenten in der Ausführungsregulation gehören Wahrnehmungs-, Vorstellungs-, Denk- und Gedächtnisprozesse, über die bedingungsadäquate Wege zur Erzielung des Arbeitsergebnisses ermittelt, eingesetzt und angepaßt werden. Auch deren

Verlauf wird durch die Bedingungen der Organisation maßgeblich bestimmt. Das Abwägen und Berücksichtigen der vorgefundenen Bedingungen erfordert in der Regel eine Modifizierung und Konkretisierung von Zielen und Motiven, die sich wiederum als persönliche Voreinstellungen bei Wahrnehmungs-, Vorstellungs-, Denk- und Gedächtnisprozessen auf die Ausführung der Tätigkeit auswirken. So besteht zwischen Ausführungs- und Antriebsregulation eine Rückbezüglichkeit, d. h. Motive und Ziele bilden in Abhängigkeit von den Bedingungen den Anlaß für das Handeln in der Tätigkeit, werden aber ebenso im Handeln in Abhängigkeit von den Bedingungen geformt. Daraus ergibt sich ein dynamischer Zusammenhang zwischen dem Antrieb zur Arbeit und ihrer Ausführung, der über die Organisation als Bedingungsrahmen vermittelt wird. Auch der Mensch selbst trägt zu dieser Dynamik bei, in dem Maße, wie er Erfahrungen macht, lernt und sich dabei psychisch wie physisch verändert.

Die Kommunikation ist in diesem Zusammenhang direkt auf die Regulation des Bedingungsumfeldes menschlicher Arbeit gerichtet, d. h. auf die dynamische Gestaltung einer für die jeweilige Arbeitstätigkeit »tauglichen« Organisation. Wobei eine Organisation immer dann tauglich in bezug auf eine bestimmte Tätigkeit ist, wenn aus ihr sowohl die Anstöße zur Tätigkeit kommen, als auch durch sie die Ausführung der Tätigkeit effizient unterstützt wird.[104] Die gestaltende Wirkung der Kommunikation bezieht sich dabei primär auf die sozialen Momente der Organisation, d. h. auf die sozialen Beziehungen, die durch sachbezogene und soziale Kommunikation entstehen und somit auch durch sie regulierbar sind. Darüber hinaus werden durch Kommunikation Arbeitshandlungen veranlaßt, die wiederum Veränderungen der Organisation in ihren gegenständlichen Momenten zur Folge haben.

Organisation und Technik

Eine Form der Organisation, die eine Vielzahl von Betrieben, Unternehmen und Institutionen in unserem Kulturkreis aufweist, folgt der mechanistischen Vorstellung von einer starren, hierarchischen Struktur- und Prozeßkonstruktion in einer über einen längeren Zeitabschnitt stabilen Umwelt [Morgan 1986, Westerlund und Sjöstrand 1981]. Organisationen gelten danach in ihrer Funktion als bestimmbar und durchschaubar, in ihrer Funktionsweise als formal beschreibbar und in ihrem Funktionsverhalten als vorhersehbar. Dazu gehört es allerdings, das Verhalten ihrer Mitglieder an fest umrissene Rollenerwartungen zu binden sowie durch Regeln festzulegen und zu kontrollieren. Verbreitet wird diese Vorstellung auch durch Darstellungstechniken, mit denen die Hierarchien der Arbeits- und Aufgabenteilung sowie die Ablauforganisation als »Momentaufnahme« durch Kästchen- und Linienschemata beschrieben werden. Dadurch verfestigt sich unser Verständnis von der Organisa-

---

104 A.Raeithel spricht von der »sozialen Qualität der Arbeit« (in diesem Band).

tion in dem Bild von der »sozialen Konstruktion«, d. h. von einem gegenständlich existierenden, festgefügten und weitgehend unabhängig von uns funktionierenden Mechanismus, in dem wir selbst nur ein »Rädchen im Getriebe« sind und der gegebenenfalls auch von einem auf den anderen Betrieb oder von einem auf das andere Unternehmen übertragbar ist. Jüngstes Beispiel für die Verbreitung dieser Vorstellung ist der Aufbau der Wirtschaft und der Öffentlichen Verwaltung in den neuen Bundesländern, der gegenwärtig nach dem Muster einer »Kopie eins zu eins« der entsprechenden Organisationen in den alten Bundesländern vonstatten geht.

Folgt man jedoch den Ankündigungen zur Zukunft unserer Arbeit [Morgan 1986, Baethge & Overbeck 1986], so werden, ausgelöst durch die wachsenden Möglichkeiten der Technik einerseits und durch die vom Konsum ausgehenden Erwartungen des Marktes an individuelle Produkte und Dienstleistungen andererseits, ständig neue Anforderungen an die Formen unserer Arbeit und Zusammenarbeit entstehen. Die Folge wird ein wachsender Veränderungsdruck sein, der einen permanenten Wandel der Organisationsstrukturen und ausgeprägte Fähigkeiten zur Kooperation erfordert.

Daraus entsteht aber ein ganz anderes Bild von der Organisation, das sich an der Vorstellung einer gestaltbaren, eher lebensweltlichen Arbeitsumwelt für den Menschen orientiert und in der Flexibilität ausschlaggebend dafür ist, daß individuelle Motivationen und kreative Fähigkeiten in innovative Veränderungen der Organisation münden.

Ein wichtiges äußeres Merkmal, durch das sich das mechanistische Modell vom lebensweltlichen Modell unterscheidet, ist die Art und Weise der Kommunikation. In den Konventionen und Bedingungen, unter denen Kommunikation stattfinden kann [Schmidt & Rasmussen 1991], kommt zum Ausdruck, inwieweit die sozialen Momente den Charakter der Organisation prägen. In Organisationen, die sich am mechanistischen Modell orientieren, dominiert die sachbezogene Kommunikation, die in stark gestaffelten Hierarchien, in vorwiegend vertikaler Richtung, innerhalb der als »Dienstweg« ausgewiesenen Hierarchiezweige stattfindet. Dagegen gehört zum lebensweltlichen Modell der Organisation eine entwickelte Kommunikationskultur, in der alle Arten der Kommunikation, wie sachbezogene, soziale und modale Kommunikation, in jeder Richtung, vertikal wie horizontal, über getrennte Bereiche und Hierarchiezweige hinweg möglich sind.

Beide Formen existieren in realen Organisationen nebeneinander als formale und informelle Organisation. Sie ergänzen einander und bilden eine Einheit in der Weise, daß mit der formalen Organisation die Regeln und Bedingungen für den »Normalfall« aller vorkommenden Arbeitsabläufe festgelegt sind, die im alltäglichen Arbeitsablauf durch die Regeln und Bedingungen der informellen Organisation überlagert und interpretiert werden oder gegen die gegebenenfalls auch verstoßen wird. Die informelle Organisation ist das Milieu, in dem vom Normalfall abweichende Erfordernisse situativ abgefangen werden können. Es vereint die sozialen

Kompetenzen und das Ensemble individueller Verhaltens- und Bewältigungsstrategien, ohne die eine formale Organisation nicht »funktionieren« würde.

Die informelle Organisation entsteht durch Kommunikation und wird ebenso in der ständigen Kommunikation und im täglichen Umgang miteinander fortgesetzt reproduziert und geformt. Daraus folgt zugleich, daß ihre Form und ihr Umfang in einem angemessenen Verhältnis zu dem Maß an Kommunikation und zwischenmenschlichem Umgang stehen müssen, das zu ihrer Reproduktion möglich und notwendig ist. Andernfalls wird die Organisation insgesamt, als Einheit von Formalem und Informellem, ineffektiv.

Mit Veränderungen in der formalen Organisation wird die bestehende informelle Organisation teilweise entwertet. Sie wirkt unter den neuen Bedingungen u. U. sogar behindernd, solange neue Strategien, Beziehungen und Umgangsweisen noch nicht zur Verfügung stehen. Diese müssen jedoch erst wieder entwickelt und als Teil der informellen Organisation etabliert werden. Je stärker und weitgehender die Veränderungen in der formalen Organisation sind, desto stärker ist die Entwertung, und je weniger entwickelt die Kommunikationskultur in einer Organisation ist, desto schwieriger ist die Neuetablierung einer informellen Organisation. Welcher Verlust damit für den Einzelnen verbunden ist, zeigt sich wiederum am Beispiel des wirtschaftlichen Umbruchs in der ehemaligen DDR. Die Geschichte hat uns hier zu einem einzigartigen Großexperiment verholfen, das uns Einblick gibt, welche Folgen Veränderungen in der formalen Organisation für ihre Mitglieder haben. Mit dem gesellschaftlichen Umbruch hat sich für einen großen Teil der erwerbstätigen Bevölkerung die formale Organisation grundlegend verändert. Die Folge ist ein tiefgreifender psychischer Umbruch, der vor allem darin seine Ursache hat, daß die in der informellen Organisation entwickelten, ehemals erfolgreichen Bewältigungsstrategien nun vollständig entwertet sind [Senghaas-Knobloch 1991]. Alte Erfahrungen und Beziehungsmuster führen in die Irre. Zudem sind die eingeübten Kommunikationsmuster für die Gewinnung neuer Orientierungen untauglich geworden, so daß auch eine völlig neue Kommunikationskultur entwickelt werden muß.

Das gleiche Beispiel macht aber ebenso deutlich, daß sich zentralistische Formen der Organisation nicht auf Dauer aufrechterhalten lassen. Am Ende steht der Verlust an Motivation, an Entwicklungs- und Innovationsfähigkeit sowie an Qualifikation und Persönlichkeitsentwicklung, weil die informelle Organisation, die sich als Komplement zu einer derart extremen, mechanistischen, formalen Organisation entwickelt hat, als Bedingungsumfeld der Arbeit ineffizient und deformiert ist [Falck 1991b].

Dennoch verleitet gerade die Informations- und Kommunikationstechnik Unternehmen und Betriebe dazu, den aus dem zuvor erwähnten zunehmenden Anpassungs- und Veränderungsdruck entstehenden Informations- und Steuerungsbedarf durch die Informatisierung überbetrieblicher Zusammenhänge, wie z. B. durch zentrales (rechnergestütztes) »Controlling«, zu lösen.

Obwohl die Informations- und Kommunikationstechnik im Vergleich zu anderen Techniken als ausgesprochen flexibel gilt und insbesondere die Software als ein universell gestaltbares Element dieser Technik, so trägt ihr Einsatz doch zu einer Verfestigung organisatorischer Strukturen und Prozesse bei. Tatsächlich ist die Software nur im Prozeß ihrer Entstehung wirklich gestaltbar, denn mit ihrer Freigabe und Installation als Produkt werden zugleich Nutzungs- und Verhaltensvorschriften »installiert«, die die Software zum Bestandteil der formalen Organisation machen. Dadurch werden zwar auf formaler Ebene Handlungs- und Verhaltensspielräume geschaffen, aber zugleich solche auf informeller Ebene begrenzt. Sie stehen für variable, individuelle Strategien nicht mehr zur Verfügung, die zur effektiven Nutzung von Software unter wechselnden Bedingungen notwendig sind. Mit zunehmendem Funktionsumfang und breiterer Anwendung zwingt die Software auf diese Weise immer mehr zur Anpassung, weil die verbleibenden, im Rahmen der formalen Organisation legitimen, informellen Spielräume immer enger werden. Die Software wird so zu einer mehr oder weniger restriktiven Bedingung der Organisation.

Insofern tragen umfangreiche Softwaresysteme eher dazu bei, die Organisation in ihrem formalen Charakter zu verstärken, zu Lasten einer flexibleren, informellen Organisation.[105] Als neue Qualität wird deshalb von Softwaresystemen gefordert, daß sie mehr Individualisierungsmöglichkeiten und mehr Autonomie für ihre Benutzer zulassen bzw. generell zur Reduzierung der Komplexität formaler Systeme beitragen.[106]

Mit der Möglichkeit, Kommunikation informationstechnisch zu unterstützen, dringt diese Art Technik nun auch in den Bereich der informellen Organisation vor. Einerseits kann die Technik zur Reproduktion bestehender Kommunikationsbeziehungen beitragen, ähnlich wie uns das Telefon hilft, einmal geknüpfte soziale Beziehungen über längere Zeit hinweg auf ihrem Stand zu halten. Andererseits bedeutet die Technisierung der Kommunikation und Kooperation auch eine Formalisierung und Automatisierung sozialer Strategien, die Ausdruck eines sozialen Zusammenhalts und der Kooperativität einer »Arbeits«-Gemeinschaft sind. Als individuelle Könnensvoraussetzungen und Quelle von Motivation werden sie dadurch entwertet. Zugleich werden wir in unserer Fähigkeit zur Anpassung an veränderte Arbeitssituationen solange beeinträchtigt ,wie wir noch keine geeigneten neuen Strategien entwickelt haben. Neue Verhaltens- und Handlungsstrategien zu entwickeln, setzt aber voraus, daß wir unsere individuellen Sichten von der

---

105 Das veranlaßt z. B. P. Schefe dazu, die Software auch als eine »zentralistische Großtechnologie der Arbeitsorganisation« zu bezeichnen (in diesem Buch).

106 Zu diesen Forderungen s. z. B. D. Siefkes und P. Schefe, in diesem Buch. H. Züllighoven bietet in seinem Beitrag eine Lösung an.

Organisation hinsichtlich der durch Technik verursachten Veränderungen korrigieren können, d. h. daß wir uns die neue Organisation aneignen können. Das erfordert wiederum Kommunikation und die bewußte Auseinandersetzung mit der neuen Situation. Inwieweit dafür selbst wieder Technik eingesetzt werden kann, wird davon abhängen, inwieweit man dabei auf kommunikative Kompetenz und auf soziale Erfahrungen zurückgreifen kann, die über technische Medien lediglich erinnert werden müssen [Mettler-Meibom 1987].

Kommunikation und Gestaltung kooperativer Arbeit

Mit fortgeschrittenem Entwicklungsstand der Kommunikationstechnik widmet sich die Informatik verstärkt der Kooperativität menschlicher Arbeit als Gegenstand technischer Gestaltung. Obwohl Arbeit immer gesellschaftlich und damit kooperativ ist, gilt das Interesse vor allem Formen der Gruppenarbeit, in denen die Arbeitsteilung nicht vollständig formal geregelt ist und die Kooperativität deshalb besonders ausgeprägt sein muß.

Als charakteristische, kooperative Arbeitssituationen hebt H. Oberquelle solche hervor, »*... in denen mehrere Personen als Gruppe zusammenarbeiten zwecks Erreichung eines Ergebnisses, welches nur gemeinsam, aber nicht einzeln erreicht werden kann. Für eine solche Situation sind folgende Eigenschaften bestimmend:*

- *mindestens partielle Übereinstimmung der Ziele der beteiligten Personen ,*
- *gemeinsame Nutzung knapper Ressourcen durch Austausch oder gleichzeitige Nutzung ,*
- *Koordination der Einzelhandlungen gemäß vereinbarten Konventionen ,*
- *Verständigung über Ziele und Konventionen der Zusammenarbeit zwecks flexibler Anpassung.*« [Oberquelle 1991a]

Trotz der engen Bindung an eine Gruppe darf nicht übersehen werden, daß kooperative Arbeit letztlich von Individuen mit individuellen Interessen und Motiven ausgeführt wird. So vereint die kooperative Gemeinschaft zwar einen Komplex von Bestrebungen und Erwartungen, ist aber darin doch jeweils durch individuelle Interessen motiviert. Das System der Aufgaben und Tätigkeiten ist weniger formal festgelegt, als das sonst in der Beschreibung durch Aufbau- und Ablauforganisationen zum Ausdruck kommt. Es besteht quasi informell in Form einer Koalition von Individuen mit partiell übereinstimmenden sowie voneinander abweichenden Interessen und Motiven.

Im Ergebnis ist kooperative Arbeit denn auch weniger ein perfekt zusammenarbeitendes System, als vielmehr eine Mischung aus Zusammenarbeit und Konflikt in einem durchaus nicht herrschaftsfreien Raum, in dem das Gelingen gemeinsamer Arbeit maßgeblich von der Kultur der Kommunikation abhängt [Schmidt & Rasmussen 1991].

Das Koordinieren von Handlungen und das Verständigen über Ziele erfordert »Verhandlungs- und Artikulationsarbeit«, in der die einzelnen Beteiligten, jeder als Entscheidungsträger, in der Planung, Verteilung und Kontrolle von Teilaufgaben und Ressourcen kooperieren. Diese Kooperation hat die Form eines mehr oder weniger freien Aushandlungsprozesses in einem Feld divergierender oder sogar konfligierender Interessen. Gegenstand der Aushandlung sind die Ziele und Kriterien, nach denen die sachbezogenen Arbeitsbeziehungen, jeweils angepaßt an die aktuellen Bedingungen und Erfordernisse, koordiniert werden. Durch diese Arbeitsbeziehungen wird wiederum das System von Aufgaben und Tätigkeiten bestimmt, das der eigentlichen Verrichtung der Arbeit zugrundeliegt.

Daraus ergeben sich drei Ebenen für die Organisation kooperativer Arbeit, die von K. Schmidt und J. Rasmussen als die Ebenen der *sozialen Kontrolle*, der *Koordination der Arbeit* und der *Zuweisung und Ausführung von Arbeit* bezeichnet werden [Schmidt & Rasmussen 1991].

In die Dynamik der Antriebs- und Ausführungsregulation kooperativer Arbeit sind alle drei Ebenen einbezogen, und auch zwischen formaler und informeller Organisation bestehen fließende Übergänge.

Die Gestaltung rechnergestützter kooperativer Arbeit erfordert es deshalb, diese komplexe Dynamik als eine wesentliche Eigenschaft kooperativer Arbeit zu berücksichtigen und sie in technisch unterstützten kooperativen Arbeitssystemen zu erhalten.

Tatsächlich besteht jedoch die Tendenz, einzelne Momente wie jene »Verhandlungs- und Artikulationsarbeit« isoliert durch Technik zu unterstützen und aus dem Zusammenhang der jeweiligen Konstellation von individuellen Arbeitstätigkeiten herauszulösen. Ebenso findet die informelle Organisation als Komplement der formalen Organisation bisher wenig Beachtung bei der Gestaltung rechnergestützter kooperativer Arbeit.

Während in der Gestaltung der formalen Organisation Methoden der Modellierung und der technischen Konstruktion Anwendung finden, setzen Veränderungen in der informellen Organisation die Veränderung von Sichtweisen voraus.

In den Sichtweisen kommt unser Bezug zur Wirklichkeit zum Ausdruck, den wir als Orientierung für unser Sozialverhalten sowie für unser Leistungsverhalten in der Arbeit benötigen. Unsere Sichtweise entsteht in der physischen und psychischen Auseinandersetzung mit unserer Umwelt, indem wir in der Arbeitstätigkeit Beziehungen zu den Menschen, Ereignissen und Objekten unserer Umgebung herstellen, ihren Sinn und Wert in der Kommunikation ergründen und auf diese Weise zu Vorstellungen und Anschauungen über die Wirklichkeit gelangen.

Dabei ist zu beachten, daß Sichtweisen kontextabhängig sind, d. h. daß unsere Wahrnehmungen und Wertungen von der sozialen Situation beeinflußt werden, in der wir uns befinden. Sie schließt Momente wie Interessen, Motive, Haltungen und Emotionen ein, die durch die Struktur unserer Persönlichkeit, von unserem Vorwissen, von Erfahrungen und Meinungen geprägt sind. Die Abhängigkeit von diesem Kontext drückt sich darin aus, daß unsere Wahrnehmungs- und Beurteilungsfähigkeit in einer der jeweiligen Situation sachdienlichen Weise voreingestellt ist, d. h. daß wir die Dinge durch die berühmte »rosarote« Brille oder auch »schwarz« sehen.

Veränderungen im Bereich der informellen Organisation beziehen sich auf die Revision von Haltungen und Voreinstellungen bei der Wahrnehmung der Wirklichkeit, auf die Entwicklung und Bewertung von sozialen Beziehungen und sozialen Strategien, auf die Formierung von Interessen, die Erweiterung von Wissen und Erfahrung u. a. m. Im Gegensatz zur Gestaltung mit Hilfe von Konstruktion und Modellierung, die auf Prinzipien der Zerlegung, der Komponentenentwicklung, der Analyse und Synthese beruhen, bezieht sich Gestaltung hier auf das Wachsen und Werden eines ganzheitlichen Zusammenhangs, der Sichtweise.

Sichtweisen verändern sich in der tätigen Auseinandersetzung mit den Arbeitsmitteln und -gegenständen, vor allem aber in der Kommunikation mit anderen. In der Kommunikation suchen wir mit Hilfe der gesprochenen, der geschriebenen und der gestischen Sprache eine Verständigung mit anderen über unsere Vorstellungen, versuchen Einfluß auf deren Vorstellungen zu nehmen oder selbst zu neuen Vorstellungen und Wirklichkeitsbezügen zu gelangen.

Die Verständigung durch Kommunikation beruht auf der Fähigkeit, sich aufgrund des eigenen Vorwissens und der eigenen Interessenlage in die Situation des jeweiligen anderen, des Kommunikationspartners hineinzuversetzen (Rollenübernahme) und so seine Sichtweise zeitweise zu übernehmen (Perspektivenverschränkung). Dabei machen sich die Gesprächspartner jeweils Vorstellungen über sich selbst (Selbstbild) und über den anderen (Partnerbild), in die Annahmen über die eigene Persönlichkeitsstruktur und die des anderen sowie über die eigene Interessenlage und die des anderen eingehen. Bei der Kommunikation in Gruppen tritt an die Stelle des Partnerbildes ein Bild über die Interessenkonstellation und Wertstrukturen in der Gruppe. Je größer die Differenzen zwischen den jeweiligen Partnerbildern und den jeweiligen Selbstbildern, desto größer ist die soziale Distanz und desto schwieriger ist eine Verständigung. Eine Annäherung durch Kommunikation und eine damit verbundene Veränderung in den Sichtweisen kann durch Metakommunikation (d. h. durch Kommunikation über die in der Kommunikation verfolgten Absichten und Ziele) sowie durch Austausch der Partnerbilder (d. h. durch die Offenlegung von Interessen und Motiven) erreicht werden [Paetau 1983].

Der Effekt für die Kooperation ist der, daß mit einer veränderten Sichtweise andere Möglichkeiten ins Blickfeld geraten können oder Neubewertungen möglich sind, mit denen sich neue Handlungsspielräume eröffnen sowie andere Interessenkoalitionen möglich sind.[107] Gestaltung von Organisation bzw. Organisieren bedeutet für J. Seetzen (in diesem Buch) deshalb auch, mit Hilfe der Sprache Vor-

---

[107] Eine Gestaltungsmethode, wie sie bei der interessengeleiteten Systemgestaltung nach IMPACT angewendet wird [Falck 1991a].

stellungen zu vermitteln sowie ziel- und zweckgerichtet zu motivieren. Die notwendige sprachliche Verständigung findet dabei auf verschiedenen Ebenen und Metaebenen der Kommunikation statt und schließt alle Formen der gestischen Sprache, wie Mimik, Betonung, Körpersprache, mit ein. Vom Gelingen dieser Kommunikation bzw. von der Veränderungsfähigkeit der informellen Organisation hängt auch das Gelingen kooperativer Arbeit ab.

Erwartungen an eine Theorie der Informatik

Wenn Informatiker und Informatikerinnen Arbeit gestalten, dann gestalten sie formale Handlungsabläufe und Interaktionen, mit denen sie gleichzeitig die Schnittstelle zwischen der formalen und der informellen Organisation berühren. Damit ist im wahrsten Sinne des Wortes ein (Ein-)Schnitt in die lebendige, informelle Organisation verbunden, die eine wesentliche Grundlage für die Kooperativität menschlicher Arbeit ist. Je mehr deshalb Informatiker und Informatikerinnen die Kooperation zum Gegenstand technischer Gestaltung machen, desto mehr ist von ihnen der verantwortungsbewußte Umgang mit dem gewachsenen Gefüge sozialer Beziehungen zu fordern.

Die Organisation ist als Arbeitsumwelt des Menschen sowohl Quelle als auch Hemmnis persönlicher Motivationen und birgt in sich ein Geflecht sozialer Strategien, das ausschlaggebend dafür ist, mit welcher Effektivität menschliche Arbeit vorangetrieben und ausgeführt wird. Inwieweit und in welcher Hinsicht sie tatsächlich Quelle oder Hemmnis ist bzw. wird, hängt davon ab, ob lebendige soziale Kräfte und informelle Spielräume für die Entwicklung leistungsfähiger Verhaltens- und Bewältigungsstrategien zur Verfügung stehen, die eine Anpassung an wechselnde Bedingungen für die individuelle Tätigkeit und die Kooperation ermöglichen.

Der verantwortungsvolle Umgang mit der Organisation verlangt, erhaltenswerte soziale Kompetenzen und Strategien zu erkennen und zu bewahren (im Sinne von W.Volpert, in diesem Buch) bzw. auch hinfällige als solche zu erkennen und deren Ablösung durch neue zu befördern. Ansätze dazu enthält z. B. das skandinavische LOM-Programm (Leitung, Organisation und Mitbestimmung). Mit Konzepten wie »Demokratischer Dialog« und »Lernende Organisationen« wird eine Diskurskultur entwickelt, in der sich geeignete soziale Beziehungen und Kommunikationsstrukturen für technische und arbeitsorganisatorische Veränderungen herausbilden können [Gustavsen 1990].

Ein verantwortungsvoller Umgang mit der Organisation setzt voraus, daß die formale und die informelle Organisation als komplementär zueinander verstanden und behandelt werden. Das bedeutet, im Prozeß der Technikgestaltung den ganzheitlichen Zusammenhang in den drei Ebenen *soziale Kontrolle*, *Koordination der Arbeit* sowie *Zuweisung und Ausführung von Arbeit* zu beachten und die situationsabhängige Gestaltbarkeit als eine permanente Eigenschaft der Organisation rechnergestützter kooperativer Arbeit zu verstehen und anzustreben.

Auf ihrem Weg zu einer gestaltenden Disziplin, wie A. Rolf (in diesem Buch) die Informatik sieht, sollten Informatiker und Informatikerinnen erkennen, daß es nicht allein um eine Theorie geht, die sie dazu befähigt, die kooperative Arbeit anderer sozial verantwortlich zu gestalten, sondern daß es auch darum geht, die Nutzer und Nutzerinnen der Technik darin zu befähigen, die Bedingungen, unter denen sie arbeiten und kooperieren, selbstverantwortlich zu gestalten. Um den Vergleich mit der Architektur aufzugreifen: Es geht nicht allein darum, sich im Stil der Architektur auf die Probleme der Bewohner einzulassen, sondern flexible Bauten sowie einen selbstbestimmten Stilwandel zu ermöglichen und zuzulassen, der durch ständige Umbauten aufgrund der wechselnden Bedürfnisse ihrer Bewohner entsteht.

ERHALTEN UND GESTALTEN
Von der notwendigen Zähmung des Gestaltungsdrangs

WALTER VOLPERT

1. Herstellung technischer Artefakte und arbeitsorientierte Sicht

Der Ingenieursstand definiert sich ganz wesentlich dadurch, daß er neue technische Produkte herstellt bzw. konstruierend und anleitend am Prozeß dieser Herstellung beteiligt ist. Dies verbindet sich in der Regel mit der Auffassung, man trage durch dieses Tun ganz erheblich zum Wohle der Menschheit bei. Die Überzeugung von den positiven Wirkungen des eigenen Tuns gerät dann in eine Krise, wenn negative Folgen der technischen Artefakte deutlich werden, die man entwickelt hat: Gefährdungen und Risiken, sei es aufgrund der Fehler und Unzuverlässigkeiten des Geschaffenen oder gar aufgrund des Umstandes, daß dieses ganz genau sein Ziel erfüllt, aber unbeabsichtigte und unbedachte weitere Folgen hat. Mit dieser Krise des Selbstverständnisses, aber auch der gesellschaftlichen Legitimation kann man nun in verschiedener Weise umgehen. Man kann die Gefährdungen auszublenden versuchen: sie einfach verleugnen, sie auf ein angeblich erträgliches Risiko herunterrechnen oder die Verantwortung dafür anderen geben, die im einzelnen nicht namhaft zu machen sind. So verhalten sich besonders jene Großforschungs-Einrichtungen, in denen heute Wissenschaften zu Machenschaften herabgewürdigt werden und die Risiken einer »organisierten Verantwortungslosigkeit« überlassen bleiben (vgl. [Beck 1988]).

Oder man nimmt die Gefährdungen ernst, und zumindest eine Minorität tut dies. Daraus entsteht eine veränderte Sicht auf das eigene Tun und seine Produkte (als Beispiel s. etwa [Naudascher 1984]). Zu ihr gehören wesentlich: die Einsicht, daß man, indem man technische Artefakte herstellt, in Lebensprozesse eingreift; die Erkenntnis, daß man dies schon bei der Konstruktion berücksichtigen muß – daß man also nicht das rein Technische in den Mittelpunkt stellen darf, sondern zuerst fragen soll, wie jene Prozesse positiv verändert werden können; schließlich das Wissen darum, daß eine solche positive Veränderung nur bei einer Beteiligung der unmittelbar Betroffenen geschehen kann, und anderes.

Diese Ausweitung der Perspektive birgt eine große Chance, aber auch einige Gefahren. Die Chance ist, daß man zu einer am Menschen und seiner Arbeit orientierten – »anthropozentrischen« – Technik gelangt, die man auch persönlich und als Berufsstand verantworten kann (s. hierzu [Brödner 1985] sowie – auch zur Bezeichnung »arbeitsorientiert« – [Ulich 1991, S.215 ff.]. Zu den Gefahren zählt eine eigenartige Persönlichkeitsspaltung: zwischen einer Berufspraxis, in der man effizient und erfolgreich sein will und mit der man sich doch nicht mehr identifiziert, und einem allgemeinen Engagement, verantwortlich zu handeln, sobald man nur der Berufspraxis entkommen ist. Eine andere Gefahr ist, daß man unter der Hand seinen Beruf wechselt. So erwecken manche Vertreter dieser Minorität unter den Ingenieuren den Anschein, als seien sie »nur noch« Organisationsentwickler, Arbeitsgestalter, Partizipations-Spezialisten etc.; ihre spezifisch technische Leistung tritt demgegenüber in den Hintergrund. Nicht immer fördert das den Ruf ihrer Professionalität.

Das hängt oft auch damit zusammen, daß den Anhängern arbeitsorientierter Konzepte die eigene Profession fragwürdig wird. Sie sehen einen Widerspruch zwischen der Weitung ihrer Perspektive und der Enge der theoretischen Basis ihres Faches. Dem Fach, so scheint ihnen, ist gar nicht deutlich, was seine Vertreter wirklich tun. Es hängt mit seiner Grundlegung am rein Technischen; also bedarf auch diese Grundlegung der Erweiterung. Die Veränderung, Verbesserung, kurz: die Gestaltung jener Lebensprozesse muß miteinbezogen werden, auf welche man einwirkt, indem man das Technische tut. Aber ist man dann noch – z. B. Maschinenbauer? Welcher Profession rechnet man sich zu, wenn man eine universelle Gestaltungswissenschaft betreibt und in die Praxis umsetzen will? Derjenigen der »universellen Macher«?

Dies ist bisher ganz allgemein und vom Ingenieursstand gesagt. Es ist bekanntlich umstritten, ob die Informatiker Ingenieure sind (vgl. [Bauer 1988, Luft 1988] sowie die Einleitung zu diesem Band). Aber das Gesagte dürfte auch auf sie zutreffen: die Selbstdefinition als Hersteller technischer Artefakte (hier einer besonderen, besonders modernen und besonders faszinierenden Art); das Selbstverständnis und seine Krise; das Verlorensein im Großforschungsbetrieb (für den die Informatik heute neben der Gen- und der Kerntechnik sogar prototypisch ist); die Minorität, die ihren Blick weitet und nach einer arbeitsorientierten Gestalt ihrer Technik sucht; die (noch recht vage) Hoffnung und die (schon recht erheblichen) Probleme, die sich mit diesem Umdenken verbinden. Das vorliegende Buch schließlich ist ein Zeichen für das Bemühen, die theoretischen Grundlagen der neuen Sichtweise anzupassen.

2. Informatik als universelle Gestaltungswissenschaft?

Ich kann mich im folgenden beschränken: erstens auf den Bereich der Arbeit, wie es dem Abschnitt dieses Buches ziemt. Zweitens brauche ich nicht zu wiederholen, was von anderen, auch in diesem Buch, bereits dargelegt ist: daß die Praxis des Informatikers, sein Herstellen seiner spezifischen Artefakte, in aller Regel massive Folgen für den Arbeitsprozeß hat. Die Konsequenz ist deutlich: Auch bezogen auf die Arbeit werden Stimmen laut, die Informatik solle sich zu einer universellen Gestaltungs- oder Entwurfs-Wissenschaft ausdehnen (z. B. [Coy 1989, Keil-Slawik

1990, Luft 1988] sowie Rolf in diesem Buch). So formuliert Coy: »Nicht die Maschine, sondern die Organisation und Gestaltung von Arbeitsplätzen steht als wesentliche Aufgabe im Mittelpunkt der Informatik. Die Gestaltung der Maschinen, der Hardware und der Software ist dieser primären Aufgabe untergeordnet« [Coy 1989, S.257] Das im engeren Sinne Technische an einer technischen Wissenschaft gewinnt hier den Charakter eines Mittels, einer Beiläufigkeit.

Wenn man aber in den Wissenschaften die Grenzen des eigenen Terrains überschreitet und auf neues vorstößt, so findet man recht selten ein ganz unbeackertes Feld. Beim Thema der Arbeitsgestaltung ist das Feld nun schon recht ausgiebig beackert. Es gibt hier auch eine Wissenschaftler-Gemeinschaft, die den Anspruch einer allgemeinen Gestaltungswissenschaft erhebt: die Arbeitswissenschaft. In einer von dieser Gemeinschaft nach langer Diskussion allgemein akzeptierten Einigungsformel definiert sich die Arbeitswissenschaft als »die – jeweils systematische – Analyse, Ordnung und Gestaltung der technischen, organisatorischen und sozialen Bedingungen von Arbeitsprozessen mit dem Ziel, daß die arbeitenden Menschen ...« (ich überspringe viel und Wichtiges) »... ihre Persönlichkeit erhalten und entfalten können« [Luczak et al. 1989, S.59].

Es sei zugegeben, daß die Realität arbeitswissenschaftlicher Forschung und Praxis dem hohen Anspruch einer solchen Definition noch nicht gerecht wird und daß vor allem die Integration der Teildisziplinen weit mehr Programm als Realität ist. Andererseits beschreiben aber diese Teildisziplinen bereits Konzepte einer durchaus umfassenden und ganzheitlichen Gestaltung von Arbeitsprozessen, natürlich mit unterschiedlicher Akzentuierung und Umsetzungsnähe: so etwa die Industriesoziologie (z. B. [Oppolzer 1989]), die Arbeitspsychologie (insbes. [Ulich 1991]) und eine sich ebenfalls erweiternde Ergonomie (z. B. [Luczak 1989]). Die Rolle der Informatik in diesem Konzert der Wissenschaften bedarf noch der Klärung. Wenn sie – in gewissermaßen imperialistischer Manier – alle diese Disziplinen in sich aufsaugen möchte, so muß sie dies auch substantiell, also hinsichtlich der Gesamtheit der Erkenntnisse tun. Wenn sie sich aber als einen Teil der universellen Gestaltungswissenschaft sieht, dann muß sie ihren eigenen Beitrag und Schwerpunkt definieren. Dies ist nur über die spezifische Art der technischen Artefakte möglich, die sie entwickelt, und über die spezifischen Methoden, die sie bei dieser Entwicklung ausarbeitet. Für die erste Alternative spricht das derzeitige wissenschaftspolitische Gewicht der Informatik; für die zweite der breite Anspruch einer Gestaltungswissenschaft und der innovative Reiz, den das Konzept auch auf Vertreter anderer Disziplinen ausübt.

3. Der Begriff der Gestaltung

Hinter dem Konzept einer Gestaltungswissenschaft (wie universell auch immer) steckt ein bestimmter Anspruch, der in diesem Zusammenhang bedacht werden muß. Der Begriff *Gestaltung* ist – zumindest in der hier umschriebenen Bedeutung

– vor allem ein Produkt unseres Jahrhunderts. Sein Bedeutungshof und auch seine innere Widersprüchlichkeit werden deutlicher, wenn man ihn von jenen beiden Bedeutungen abhebt, zwischen die er sich gewissermaßen schiebt. Das ist auf der einen Seite das freie künstlerische Schaffen, für das man in der Regel andere Begriffe findet als den der Gestaltung. Auf der anderen Seite ist Gestaltung auch nicht das pure, rationale, auf Ästhetisches nicht blickende Hervorbringen von Dingen. Sie liegt dazwischen, hat einerseits den Anspruch des Künstlerischen, die Emphase, einem Ungestalteten jene Gestalt zu geben, die ihm eigene Identität verleiht. Nake bezieht sich (in diesem Buch) darauf, wenn er Gestaltung »einen unsicheren Prozeß des Herstellens« nennt. Das heißt aber auch und zum anderen, daß Gestaltung auf die Schaffung nutzbarer Artefakte bezogen ist und somit dem Design sehr nahe ist. Diese Bedeutung und Wertung des Begriffs ist etwa daran ersichtlich, daß sich das Bauhaus in Dessau 1926 den Beinamen »Hochschule für Gestaltung« gab. So ist Gestaltung auch mit der Idee verbunden, die Funktionalität des Geschaffenen besonders rein zum Ausdruck zu bringen (vgl. [Grohn 1991]) – ein Konzept, das allerdings bis heute auf Kritik verschiedenster Provenienz stößt [Blomeyer & Tetze 1988].

Doch ist dies nicht der Ort, sich in die Debatten um den »Funktionalismus« in Industrial Design, Architektur etc. einzumischen. Vielmehr will es scheinen, als habe in der Folge der Begriff der Gestaltung eine recht inflationäre Verwendung gefunden und beziehe sich nun auch auf Tätigkeiten des Ingenieurs, Informatikers, Ergonomen usw. – womit diese Tätigkeiten als quasi künstlerische aufgewertet, der Begriff aber in Richtung des reinen Hervorbringens verschoben wurde. Dies drückt sich etwa in der verbreiteten Redensart aus, man könne »nicht nicht gestalten«. Gemeint ist damit, daß das Hervorgebrachte immer eine Form hat, auch wenn diese keine »gute Gestalt« ist. Das Gebäude oder Gerät ist da, wie scheußlich oder ansonsten unbefriedigend es auch sein mag, und somit »gestaltet« jeder, zu dessen Tun es gehört, derartige Artefakte herzustellen. Die Differenz zum emphatischen Gestalt-Geben scheint hier sehr groß. Meist ist diese Argumentation aber kritisch und auffordernd gemeint: Wenn man schon »nicht nicht gestalten« könne, dann müsse man diesen Gestaltungs-Zwang reflektieren, sich der besonderen Aufgabe stellen usw.

Nun hatte ich eingangs zwischen dem engen Blick auf das rein Technische und dem erweiterten Blick auf die Veränderung von Lebensprozessen unterschieden, hatte den letzteren als die vernünftigere, sogar notwendige Sichtweise bezeichnet. Mit diesem erweiterten Blick verändert der Begriff der Gestaltung erneut seine Bedeutung. Ich kann den technischen Gegenstand nicht mehr isoliert sehen, als Resultat von Bemühungen, die nur ihn im Blick haben (und ob diese Bemühungen gelungen sind, das entscheiden die Verbraucher, die Kritiker etc.). Wenn ich – wie bei der »Arbeitsgestaltung« – Prozesse in den Blick nehme, so schaffe ich nichts isolierbares Neues, nicht einmal, wenn ein neuer Betrieb auf grüner Wiese entsteht. Hier heißt Gestaltung immer: eingreifendes Verändern von bereits Vor-sich-Gehendem (weshalb man im Englischen auch vom »Work Redesign« spricht). Gerade diese Erkenntnis öffnet, wie eingangs erwähnt, den Blick für die unbeabsichtigten Folgen und Wirkungen des eigenen Tuns. Das mit dem puren Design von Gegenständen verbundene spielerische Moment verschwindet, zumal hinter dem Gestalter in der Regel auch die Durchsetzungsmacht steht. Aus dem, was hier – mit mehr oder weniger Bekümmerung – gestaltet wird, werden Arbeitsaufgaben, Arbeitsbedingungen usw. und daraus versperrte Lebenschancen, Krankheitsauslöser etc. (Übrigens gilt dies auch jenseits des Bereichs der Arbeit. Auch Gebäude, Autos usw. greifen in Lebensprozesse ein.) Aus dieser Einsicht kann eine neue Emphase der Gestaltung kommen: »Gestalten ist Auf-menschliche-Weise-Machen«, sagt Siefkes in diesem Buch. Aber wie hart stößt sich dies an der Realität dessen, was uns heute zumeist als konkrete Arbeits- und Technikgestaltung begegnet!

4. Erhalten statt gestalten?

Der unbekümmerte, dem Selbstverständnis des Machers entspringende Elan des »Gestaltens« von technischen Artefakten paßt nicht zur Erkenntnis, daß man mit seinem Machen in komplexe Lebensprozesse eingreift. Gestaltung wird ein schwieriges, zu verantwortendes Tun. Auch der Glaube, daß etwas technisch Neues immer (oder doch zumeist) etwas Besseres sei, paßt nicht dazu. Die Einsicht in unabsichtlich produzierte Folgen und Risiken unterminiert die Denkfigur des technischen Fortschritts, macht sie als Versatzstück von Macher-Ideologien kenntlich, wie auch das Technologie-Wettrennen, die Wegspiegelung unverantwortbarer Risiken etc. Die Emphase des Gestaltens von Artefakten geht mit diesen Erkenntnissen entweder unter, oder sie bleibt als Voluntarismus.

Aber sind denn die Prozesse, um die es hier geht, nicht wirklich veränderungsbedürftig? In vielem sind sie es. Doch das legitimiert den Gestaltungsdrang des Ingenieurs und Informatikers nicht. Das hat im wesentlichen drei Gründe:

- Es steht sehr in Frage, ob die erwünschte Verbesserung durch technische Artefakte herbeigeführt werden kann. Nicht selten bewirken diese Artefakte Veränderungen in die falsche Richtung, bei allem gutgemeinten Engagement der Technik-Gestalter. Macht es etwa Sinn, den gegenwärtigen Problemen zwischenmenschlicher Kommunikation und Kooperation dadurch beikommen zu wollen, daß man dafür eine »Computer-Unterstützung« anbietet?
- Wenn der Glaube an den stetigen technischen Fortschritt erschüttert wird, kann auch die Diffamierung des Gestrigen fallen. Viele Ursachen heutiger Mißstände sind auf eine eindimensionale, dem Fortschrittsglauben verfallene Denkweise zurückzuführen, etwa der Taylorismus und die Großtechnologie. Natürlich kann man dem entkommen, indem man Windungen in den Fortschritt einbaut, z. B. den Gedanken der Werkstatt oder der Rundum-Sachbearbeitung an moderne Technik koppelt. Dennoch sind das Formen der Rückkehr, zu denen man sich auch bekennen sollte. Sie bedeuten oft: weniger, einfachere, »kleinere« Technik

(vgl. [Siefkes 1987]). Ist etwa die unmittelbare zwischenmenschliche Kommunikation wirklich so überholt, im Zeitalter der Computer-Netze und des Electronic Mailing?

- Wer in komplexe (Arbeits-)Prozesse eingreifen und dabei die Folgen seines Tuns reflektieren will, kommt um eine ganz entscheidende Frage nicht herum: Was ist an dem, das da verändert werden soll, erhaltenswert? Wer nicht mehr dem Dogma anhängt, daß das Neue stets das Bessere sei, muß begründen, worin das Bessere am Neuen besteht, und das fällt nicht immer leicht. Viele Gefährdungen werden erst deutlich, wenn man die Frage umdreht und nach dem fragt, was am Alten schätzenswert ist. (Ein aktuelles Beispiel dafür ist etwa das Thema der leibgebundenen Expertise, von dem unten (bei 7.) noch die Rede sein wird.) So kommt man bei einer Leitlinie an, die nun wirklich das Horribile, das absolut Schreckliche für den Gestalter ist: Erhalten statt Gestalten! Etwas freundlicher, den Gestaltungsanspruch nicht so sehr zurücknehmend, mag es auch – wie bei Züllighoven in diesem Buch – heißen: Renovieren statt Demolieren! So manches, was – wie es im Jargon so heißt – nach Datenverarbeitung zu schreien scheint, nimmt sich unter dieser Perspektive ganz anders aus. Bleiben wir beim Beispiel der zwischenmenschlichen Kommunikation: Bedarf sie denn der Computer-Unterstützung?

Wer es also ernst meint mit der Erweiterung seines Blickes und der Übernahme seiner Verantwortung, der sollte nicht nur Abschied nehmen vom Fortschrittsglauben. Er muß auch sein Selbstbild als Gestalter und dessen Spiegelung in einer universellen Gestaltungswissenschaft zurücknehmen. Das ist eine schwierige Beschränkung, da eben dieses Selbstbild Identität und Motivation gibt. Dennoch ist sie notwendig. Nur wenn man den Gestaltungsdrang zähmt, wird der Blick frei sowohl für das, was erhalten bleiben sollte, als auch für das, was man dann sinnvollerweise, und mit aller Kreativität des Artefakt-Schaffenden, neu machen kann.

5. Die zu einfache Lösung: Partizipation

Nun scheint es einen Weg zu geben, der dem Gestaltungsdrang noch genügend Raum läßt und dennoch das Verantwortungsproblem lösen kann: Partizipation, die Beteiligung der unmittelbar Betroffenen am Veränderungsprozeß. In der Tat ist solche Partizipation unerläßlich, wenn man denn verändern und dabei verbessern will. Auch in Deutschland gibt es inzwischen eine gute Tradition »partizipativer Software-Entwicklung« (als Überblick vgl. [Jansen et al. 1989]). Im Kontrast dazu verwundert es, daß DeMarco und Lister in ihrem Buch mit dem bemerkenswerten Titel »Peopleware« [DeMarco & Lister 1991] zwar eine Reihe von Vorschlägen machen, wie Projektarbeit in der Software-Entwicklung verbessert werden kann (wobei sie einige alte Prinzipien der Betriebspsychologie wiederentdecken), Begriff und Konzept der Partizipation kommen bei ihnen jedoch nicht vor.

Auffällig an vielen Partizipations-Modellen der Software-Entwicklung scheint mir zunächst, daß sie vergleichbare Erfahrungen, etwa im Bereich der Forschung zur »Humanisierung der Arbeit« (s. z. B. [Fricke et al. 1981, Fricke et al. 1986, Girschner-Woldt et al. 1986, Duell & Frei 1986]) nur wenig zur Kenntnis nehmen. Problematisch wird es, wenn man – im Hochgefühl, alles neu zu entdecken – übersieht, daß auch mit der Beteiligung Betroffener Schwierigkeiten und Risiken verbunden sind. Da gibt es einmal das Problem der Manipulation oder – wie es bei entsprechenden Vertretern der Humanisierungsforschung manchmal heißt (vgl. [Fricke 1984]) – der »Pseudopartizipation«. Baritz zeigte schon 1960 – in einer historischen Darstellung der einschlägigen sozialwissenschaftlichen Forschung, der er den Titel »Servants of Power« gab –, daß Beteiligung häufig darauf hinauslief, den Arbeitenden das Gefühl zu geben, sie hätten etwas selbst entschieden, während sie in Wirklichkeit die bereits gefällten Entscheidungen des Managements nur nachvollzogen [Baritz 1960, v. a. S.187 ff.].

Ein anderes Problem spricht Nake in der vertrackten kleinen Fußnote 123 seines Beitrags in diesem Buch an: Die Objektivierung von Prozeduren »im Kopf« der Arbeitenden, als Voraussetzung der Standardisierung und Maschinisierung von Arbeitsprozessen, mochte bei Taylor und den von ihm angezielten Tätigkeiten noch über diese Köpfe hinweg geschehen können (durch Beobachtung, Bewegungsanalyse, Auswertung von Fachbüchern usw.). Dies wird aber um so schwieriger, je komplexer jene Prozeduren werden und je ausgeprägter sie Teil der »Kopfarbeit« sind – also bei allem, was nach Nake Gegenstand der Informatik ist, bis hin zu den derzeitigen Versuchen, Expertenwissen in sogenannte Expertensysteme zu bringen. Im selben Maße wird die »Beteiligung« jener Arbeitenden erforderlich, denen da ihr Wissen herausgelockt wird. Eine solche Wissensenteignung wird zwar – gemessen am Anspruch, Expertise zu maschinisieren – notwendig mißlingen, aber dennoch die Arbeitsbedingungen erheblich und im negativen Sinne verändern (vgl. [Coy & Bonsiepen 1989a,b]). Zudem verstößt sie gegen Arbeitnehmerrechte und wohl auch gegen das Grundrecht auf informationelle Selbstbestimmung [Becker-Töpfer & Rödiger 1990]. Auch bei ihr gibt es einen Zwang zur »partizipativen Software-Entwicklung«, von einer Art allerdings, die mit den ursprünglichen Intentionen des Konzepts wohl nicht vereinbar ist.

Nun kann man versuchen, Grundsätze von Beteiligungsverfahren zu entwickeln, welche die Gefahren der Manipulation und der Wissensenteignung vermeiden. Als solche werden in der (obengenannten) sozialwissenschaftlichen und arbeitspsychologischen Literatur unter anderem genannt:

1) Konfligierende Interessen müssen offen angesprochen und behandelt werden können.
2) Die Benutzer und die sonstigen Betroffenen müssen ihre Auffassungen und Wünsche frei und kompetent äußern können.
3) Interessen von Macht und Profit müssen auch wesentlich zurückstehen können.

4) Nach verbreiteter Auffassung ist es zudem eine Voraussetzung für echte Partizipation, daß die Initiative zur Umstellung von den Betroffenen (und nicht z. B. vom Management) ausgeht.

Niemand wird behaupten wollen, daß die Bedingungen 1), 3) und 4) besonders oft erfüllt sein dürften. Auch Bedingung 2) ist schwer herzustellen, und man sollte sich davor hüten, Sonderfälle mit besonders günstigen Voraussetzungen zu sehr zu verallgemeinern. Im übrigen ist auch die Kompetenz der anderen Seite, also etwa der Software-Entwickler, durchaus ein Problem. Denn diese müssen nicht nur fachlich so gut sein, daß sie sehr flexiblen unterschiedlichen Anforderungen und Vorschlägen gerecht werden können. Sie müssen auch für die Partizipations-Aufgabe kompetent sein, also jene gleichzeitig engagierte und zurückhaltende Beraterfunktion ausüben können, die hier gefordert wird (vgl. hierzu [Volpert 1987b, S.246 ff.]) und die auch nicht durch ein »Management durch hysterischen Optimismus« [DeMarco & Lister 1991, S.144] ersetzt werden kann. Selbst dann verbleibt noch ein strukturelles Ungleichgewicht zugunsten der Entwickler, solange sie die Definitionsgewalt darüber haben, was machbar ist und was nicht.

Um es also zusammenzufassen: So wichtig und unerläßlich das Prinzip der Partizipation ist, verantwortliches Handeln ist durch seine Proklamation nicht erzeugt. Auch hier gibt es Gefährdungen und unerwünschte Nebenwirkungen. Durch Partizipation allein ist nicht mit Sicherheit zu erreichen, daß das Gestaltete wirklich positiv zu bewerten ist. Ein ungezähmter Gestaltungsdrang kann auch dann in die Irre gehen, wenn er sich »Betroffene« als Irrweggefährten sucht.

6. Eine Wissenschaft von den Spielräumen

Einem gezähmten Gestaltungsdrang muß eine gezähmte Gestaltungswissenschaft entsprechen: eine Konzeption, die auch die Grenzen des Gestaltens und die Möglichkeiten der Enthaltung, des Verzichts auf den Einsatz technischer Artefakte, reflektiert. Hierzu möchte ich einen Vorschlag machen.

Das Zueinander von Handlungsmöglichkeiten und ihren Grenzen, von Autonomie und Beschränktsein ist in der Arbeitspsychologie gut bekannt. Wir sprechen hier von (Handlungs-)Spielraum. »Verantwortliches« oder auch »entwicklungsgerechtes« Handeln in diesen Spielräumen bedeutet: den Freiraum nutzen, die Grenzen sehen, die Schranken reflektieren und sie dort erweitern, wo sie sich als einschränkend, als nicht mehr entwicklungsgerecht erweisen (s. [Volpert 1989, Volpert 1990]). Das, was in der Arbeitspsychologie (z. B. bei [Ulich 1991]) »persönlichkeitsförderliche Arbeit« heißt, rankt sich sehr eng um dieses Konzept (das übrigens auch in der Ethik eine Rolle spielt). Das ermutigt mich, als Alternative zur ungezähmten Gestaltungswissenschaft eine Wissenschaft von den Spielräumen des Menschen und dem verantwortlichen Handeln in ihnen vorzuschlagen. Sie ist an die Maxime zu binden, daß Spielräume dort und nur dort ihre Grenzen finden, wo sie in andere Entwicklungsprozesse hemmend und schädigend eingreifen. Eine solche Wissenschaft enthält das Moment des Erhaltens und Beschützens bestehender Spielräume ebenso wie das der Ausgestaltung und Erweiterung gemeinsamer Handlungsmöglichkeiten. (Auch Sonderfälle wie die Gestaltung pädagogischer Spielräume ließen sich darunter fassen.)

Bezogen auf den Arbeitsbereich läßt sich das konkreter fassen. Hier geht es um die Handlungsspielräume des Menschen im Arbeitsprozeß, und um deren (ko-)evolutionsgerechte Ausgestaltung. Der arbeitsorientierte Ansatz mit seiner Ablehnung tayloristischer Rationalisierungsmodelle kann sich darin wiederfinden, der Gestaltungsdrang wäre aber zurückgenommen. Zum Einsatz von Artefakten leitet sich daraus ab: Sie sind nur dann als positiv anzusehen, wenn sie Handlungsspielräume erhalten oder (der Maxime gemäß) erweitern (vgl. auch [Oberquelle 1991a]). Dabei gilt im Arbeitsbereich besonders, daß bisherige technische Artefakte in der Regel restriktiv gewirkt haben und insofern auch Veränderungs- und Gestaltungsbedarf besteht. Aber auch hier muß gelten: Bevor man eine neue Technik einsetzt, muß hinreichend gesichert sein, daß sie auch tatsächlich Spielräume erweitert.

7. Das Konzept der Kontrastiven Aufgabenanalyse

Auch wenn man es in den Großforschungs-Einrichtungen noch nicht wahrhaben will: Das technik-zentrierte Konzept, komplexe Abläufe möglichst vollständig zu automatisieren und den Menschen als unzulängliches und unzuverlässiges Element an den Rand zu drängen, ist gescheitert. Es führt zu ebenso ineffizienten wie riskanten großtechnischen Anlagen. Auch im Detail zeigt sich, daß moderne Produktionsprozesse nur unter der Bedingung mit hinlänglichem Erfolg eingesetzt werden können, daß sie von hochqualifiziertem und erfahrenem Personal gesteuert werden, dessen spezielles Wissen und Können oft leibgebunden und nicht verbalisierbar ist (vgl. [Böhle & Milkau 1988] sowie zur historischen Herleitung des Phänomens [Böhle 1992]). Derartige Erfahrungen, vor allem hinsichtlich der Unkontrollierbarkeit und Unzuverlässigkeit großer Programmsysteme, haben auch in der Informatik das Thema der menschlichen Expertise und Meisterschaft aktuell gemacht (s. etwa bei [Dreyfus & Dreyfus 1987, Coy et al. 1988]). Vor diesem Hintergrund läßt sich ein allgemeiner Grundsatz der arbeitsorientierten Gestaltung technischer Artefakte formulieren: Nicht von (vorgeblichen oder tatsächlichen) Unzulänglichkeiten des Menschen ist auszugehen, die durch Maschinen kompensiert werden sollen. Wir müssen vielmehr nach den Besonderheiten und Stärken des Menschen fragen, also nach jenen Aspekten, in denen er etwas unvergleichbar anderes ist als Maschinen oder Rechner. Diese Stärken und Besonderheiten gilt es nun durch Arbeitsgestaltung zu schützen und zu fördern. Dies ist das Konzept der Kontrastiven Aufgabenanalyse (s. ausführlicher bei [Volpert 1990]).

In ihr werden zunächst drei allgemeine Prinzipien der menschlichen Existenz und Evolution formuliert. Diese sind

- das Prinzip der eigenen Entwicklungswege: Hier kommt wieder der Gedanke von den »Spielräumen« zum Tragen. Innerhalb solcher Spielräume und in der Auseinandersetzung mit ihren Grenzen gehen die Menschen ihren jeweils individuellen und selbstbestimmten Weg;
- das Prinzip des leiblichen In-der-Welt-Seins. Der Mensch existiert als körperliches Wesen, mit seinen vielfältigen Sinnen, nicht als Elektronengehirn und auch nicht als computergesteuerter Panzer. Er begreift die Welt, indem er sie be-greift;
- das Prinzip der sozialen Eingebundenheit: Wir erfahren Selbstverwirklichung wesentlich im Zusammensein mit anderen. Auch wenn wir ganz allein sind, leben wir in einer Kultur und in einer Gesellschaft.

Aus diesen Prinzipien werden Kriterien für Arbeitsaufgaben abgeleitet, welche dem Grundsatz »Die menschlichen Stärken schützen und fördern!« gerecht werden. Durch ein Verfahren [Dunckel et al. 1992] können schließlich bestehende und geplante Arbeitsaufgaben im Hinblick auf jene Kriterien bewertet werden. Mit Hilfe dieses Instruments kann der – entsprechend eingearbeitete – System-Designer und Software-Entwickler erst einmal eine Analyse der anzustrebenden Arbeitsaufgaben für den Menschen vornehmen, bevor er sich an die »Anforderungsanalyse« für die bestehende Hard- und Software und weiteres macht.

Sieht das alles nun nicht wie eine schlimme Einschränkung des Handlungsspielraumes der Informatiker aus? Ich glaube es nicht. Schon den arbeitsorientierten Ansatz einer Gestaltungswissenschaft könnte man als eine solche Einengung interpretieren, weil gewissermaßen das ungehemmte Drauflos-Entwickeln gebremst wird. Tatsächlich ist aber das Dogma der technischen Rationalisierung außerordentlich monoton, und man eröffnet sich eine Vielzahl neuer Optionen, wenn man zuerst auf die Arbeit und dann auf die Technik sieht. Genauso ist es, wenn wir den Gestaltungsdrang zähmen. Man sieht erst, welche Handlungs- und Entfaltungsmöglichkeiten es sonst noch gibt, und das sind in summa mehr. Es hat noch nie das Handeln eingeschränkt, wenn man Ideologien aufgegeben hat.

INFORMATIK UND DIE MASCHINISIERUNG VON KOPFARBEIT

FRIEDER NAKE

> The computer display screen is the new frontier of our lives. That such systems should (and will) be fun goes without saying. That they will also be a place to *work* may be less obvious ...
>
> Ted Nelson 1974

In diesem Beitrag[108] vertrete ich die Behauptung, es gehe in der Informatik ganz wesentlich um die Maschinisierung von Kopfarbeit oder, anders ausgedrückt, um die Übertragung geistiger Momente der Arbeit[109] auf Computer. Diese Behauptung scheint nicht mehr als eine Selbstverständlichkeit zu sein. Niemand wird leugnen, daß wir es beim Computer und bei seiner Programmierung mit Technik zu tun haben. Daß Technik stets Objektivation oder Vergegenständlichung von Arbeit (und wem das lieber ist: vom tätigen Leben des Menschen) bedeutet, kann ebenso als Allgemeingut (zumindest der philosophischen Diskussion) unterstellt werden.[110] Daß schließlich Computer zu den Maschinen und Maschinen zur Technik zählen, ist trivial. All das zusammengenommen bedeutet aber nicht mehr und nicht weniger, als daß die Informatik – als eine wissenschaftliche Disziplin, die es auf technische Hervorbringungen, nämlich Computer und Programme, abgesehen hat – Arbeit in Maschinen objektiviert. Es fragt sich lediglich, welche *besonderen* Momente von Arbeit sie sich vornimmt – oder, anders, für welche besonderen Bestandteile von Arbeit die Methoden und Verfahren der Informatik (und damit auch die Informatik selbst) entwickelt werden.

Wo und wenn es sich bei der Behauptung dieses Beitrages also um eine Selbstverständlichkeit handelt, so ist es erstaunlich, daß diese Behauptung Reaktionen

---

108 Für viele anregende Stunden, in denen wir über den hier erörterten Ansatz diskutierten, danke ich meinen Mitarbeitenden Detlef Heinze, Doris Köhler, Wiebke Oeltjen, Heidi Schelhowe, Wolfgang Taube, Ludwig Voet.

109 Die ungeduldigen Lesenden, die sich bereits hier an Begriffen wie »Kopfarbeit« oder »geistige Arbeit« reiben, mögen ein wenig zuwarten, bis die Begriffe erklärt werden.

110 Ich denke hier vorrangig an den technischen Teil der Technik. Die Beweistechnik oder die Atemtechnik als Verfahren, deren wir uns erst dann bewußt werden, wenn wir beim Beweisen oder Atmen nicht zurechtkommen, sind allgemeinere Mittel zu Zwecken.

hervorruft, die von Unverständnis bis zu Abwehr reichen. Dies ist der Anlaß dafür, einen solchen Beitrag zu liefern.

Wenn wir in diesem Buch die Frage nach der Informatik stellen, so fragen wir nach Umschreibungen und Bezeichnungen, die das aus- und ansprechen, was Informatikerinnen und Informatiker ohnehin und ständig und ganz selbstverständlich tun. Das Selbstverständliche ihres täglichen Tuns findet sich – selbstverständlich – nicht unter allen Umständen im Selbstverständnis der Tuenden wieder. Es kann im Gegenteil das Selbstverständnis der Akteure weit weg vom Selbstverständlichen ihrer Aktion liegen. Solch eine mögliche und oft wirkliche Diskrepanz stellt allgemein, also auch in unserem Fall, den Anlaß für die Frage nach Theorie dar.

Die Frage nach dem, was tägliche Praxis ganzer Scharen von Leuten ist, *muß* nicht gestellt werden. Kommt solche Praxis jedoch in Zustände der Krise, der radikalen Veränderung, der Konkurrenz, so taucht die Frage nach dem Selbstverständnis auf. Immer setzt die Frage nach dem Wesen eines Phänomens eine gewisse Reife des Phänomens voraus. Um es herauspräparieren zu können, muß das Phänomen Kontur und Umfang angenommen haben. Wenn wir also in theoretischer Absicht auf die Informatik blicken, so suchen wir nicht nach Definitionen. Vielmehr wollen wir dem Ausdruck verleihen, was von der Informatik bleibt, wenn wir von vielen ihrer eher zufälligen Erscheinungsformen abstrahieren. Was bleibt, ist je nach unserem Abstrahieren oft widersprüchlich, da der Realität entstammend. Definitionen für Disziplinen hingegen sind mehr oder weniger das Ergebnis von Komitee-Arbeit für den Zweck von Ab- und Ausgrenzungen, also oft forschungspolitisch motiviert. Darum aber kann es einer »Theorie der Informatik« nicht gehen.

Auf eine sprachliche Kleinigkeit sei sogleich hingewiesen. Meine Behauptung lautet nicht, »Informatik *ist* die Maschinisierung von Kopfarbeit«.[111] Das wäre solch eine Definition. Vieles an ihr wäre richtig, anderes überzogen. Die Definition behauptet abschließend, wie es sei oder sein solle. Sie grenzt andere Aspekte oder Facetten aus. Darum geht es hier aber nicht, sondern darum, was den Kern der Informatik ausmacht, im historischen und im systematischen Sinne.

Meine Behauptung lautet, es sei wiederholt, die Informatik habe es ganz wesentlich mit der Maschinisierung von Kopfarbeit zu tun. Wenn eine solche Behauptung wirklich selbstverständlich wäre, dennoch aber ablehnende oder gleichgültige Reaktionen hervorruft, so könnte das daran liegen, daß das Selbstverständliche hier nicht scharf genug benannt wird. Der gefundene Ausdruck mag dem einen zu allgemein sein, also zuviel umfassen; er mag dem anderen zu speziell sein, also zuwenig umfassen. Wir wollen sehen!

---

111 Genauer müßte es ohnehin heißen: »Informatik ist die *Wissenschaft* von der Maschinisierung der Kopfarbeit«. Daß es sich stets um die wissenschaftliche Seite der Angelegenheit handelt, wird stillschweigend unterstellt.

Ein Ausdruck für das Wesen einer Erscheinung muß stets aus einer gewissen Distanz gewonnen werden. Distanz zur Erscheinung müssen wir selbst aktiv schaffen. Weder erfassen wir das Wesen, wenn wir mitten in der Erscheinung steckenbleiben, noch auch dann, wenn wir nie ihr Teil sind oder waren und stets nur aus der Ferne fragen.[112] Vielmehr erfassen wir das Wesen, indem wir nahe an, also bei seinen Erscheinungen sind, dennoch aber uns gleichzeitig von ihrer Unmittelbarkeit entfernen. Das Wesen der Erscheinung finden wir nur über die Kritik, nämlich Unterscheidung, der Erscheinung. Das Wesen liegt in der Bewegung, die der Erscheinung innewohnt, also in der Widersprüchlichkeit, durch die es zur Erscheinung kommt und die sich in der Erscheinung Form schafft. – Sehen wir also nach, was es mit unserer Selbstverständlichkeit auf sich hat!

Zeugen für das Selbstverständliche

All die berühmten Erfinder von Rechenmaschinen von Schickard über Pascal und Leibniz bis zu Babbage hatten im Kern ein Gleiches im Sinn: das Rechnen zu maschinisieren. Sie reduzierten dafür das Rechnen auf einige wohlverstandene, ja formal beschreibbare, elementare Operationen (z. B. die vier Grundrechenarten) und konstruierten Mechanismen, die für eine endliche Zahl von Fällen diese elementaren Operationen auszuführen gestatteten. Insofern das Multiplizieren zweier Zahlen als eine geistige Operation anzusehen ist (und wer wollte das leugnen angesichts der millionenfachen Mühen des Kopfrechnens?), insofern wurde also Kopfarbeit maschinisiert. Was eben noch der Mensch mit seinem Kopf, das konnte nun plötzlich auch die Maschine mit ihren Rädchen.

Wir begegnen an dieser Stelle übrigens bereits einer kleinen Besonderheit, die oft gegen die Verwendung eines Begriffes wie »geistige Operation« (erst recht wohl gegen »geistige Tätigkeit«) angeführt wird. Ich meine die Tatsache, daß nur wenige Menschen ganz ohne Papier und Bleistift auskommen, wenn sie mit großen Zahlen rechnen. Den Bleistift aber führen wir mit der Hand. Ohne den Bleistift in der Hand kein Rechnen mit dem Kopf. Also, sagen die Einwände, gibt es keine Kopfarbeit.[113] Recht hat der Einwand, läßt sich dazu nur sagen. Denn *alle* menschliche Arbeit, ausnahmslos alle, verlangt *gleichzeitig* die Verausgabung von Muskeln, Nerven und Hirn. Alle Arbeit ist also sowohl Kopf- wie Handarbeit, verlangt nach beiden unseren Kapazitäten, vereint, was individuell nicht zu trennen ist. Der Unterschied liegt im Grade der Beanspruchung unserer verschiedenen Kapazitäten und im Zweck, für den wir die analytische Unterscheidung treffen. Das Rechnen ist – wie exotische Hochzüchtungen unter den Menschen zeigen, die gelegentlich im Fernsehen zu besichtigen sind – in gewissen Grenzen dennoch ohne die Hand möglich, ohne den

112 Günther Anders' kurze Fabel »Der Blick vom Turm« faßt das poetisch [Anders 1968].

113 Arne Raeithels viel subtilerer Einwand (in diesem Buch) bleibt von dieser trivialen Bemerkung unberührt. Auf ihn komme ich später zurück.

Kopf aber nicht. *Das* macht den ersten, nämlich naheliegend individuellen, Sinn des Begriffes *Kopfarbeit* aus: unsere Potenz, an vorgestellten Gegenständen Operationen zu vollziehen und die Ergebnisse solcher Operationen in äußerlich wahrnehmbarer Form wiederzugeben.[114] *Vorgestellt* sind solche Gegenstände, d. h. sie sind da, aber nicht mit Händen greifbar, nur mit Gedanken.

Ein anderer Einwand wird an dieser Stelle auftauchen. Das Rechnen sei doch nicht gerade das Geistvollste, das uns möglich sei; und im übrigen rechne mit dem Computer auch kaum ein Mensch, die meisten spielten, texteten oder malten mit ihm. Der Einwand kann nicht erschrecken: in der Ahnenkette der Computer und bei seinen ersten Generationen geht es sehr wohl ums Rechnen. Und ansonsten liegt ja gerade in der Reduktion des Spielens oder Textens oder Malens oder auch viel ernsthafterer Tätigkeiten auf Rechenoperationen der Pfiff der Computerei. Haben Leute wie Turing nicht genau das vorgeführt? Die ganze Theoretische Informatik zeigt uns tagtäglich die Bedeutung und die Kraft des Rechnens.

Doch zurück zu einigen Zeugen für unsere Selbstverständlichkeit! Konrad Zuse hat oft genug darauf hingewiesen, daß er zu seinen »ersten Gedanken an ein maschinelles Rechnen angeregt« wurde, als er während seines Studiums »die umfangreichen statischen Rechnungen kennenlernte, mit denen den Bauingenieurstudenten das Leben schwer gemacht wird« [Zuse 1970, S.14]. Die nüchternen Rechnungen, die Teil ihres Studiums, also ihres Arbeitens, damit auch Lebens waren, mußten, so Zuse, von einem *Mechanismus* ausgeführt werden können, da sie, die Studenten, sich doch auf *mechanische* Weise damit herumzuschlagen gezwungen sahen. Wenn dieser Teil des Arbeitens darin bestand, sich als Mensch wie ein Mechanismus zu verhalten, dann mußte es möglich sein, einen solchen Mechanismus *außerhalb* des Menschen aufzustellen. Zuse schildert die Episode nach einer Reihe von launigen Hinweisen auf das lustige Studentenleben. Die Erfindung des Computers also als Lob der Faulheit, als grandioser Studenten-Jux?

Die These von der Maschinisierung der Kopfarbeit wurde Anfang der siebziger Jahre an der Technischen Universität Berlin und der Universität Bremen aufgestellt.[115] Die ausklingende Studentenbewegung hatte Ende der sechziger Jahre zu einer Wiederaneignung der Kritik der Politischen Ökonomie von Karl Marx geführt. Gleichzeitig entstanden – unter Geburtshilfe durch die Bundesregierung – eigene Informatik-Studiengänge. Wenig später (1974) kam es zu einer größeren Krise des

---

[114] Was individuell untrennbar ist, Hand und Kopf bei jeder Tätigkeit und Operation, das kann aber gesellschaftlich getrennt werden. Dazu s. u. mehr.

[115] Diese These wurde in den Planungspapieren des Bremer Studiengangs Informatik entwickelt, die 1976 abschließend vorlagen. Im Beitrag [Nake 1977] zur ersten deutschen Tagung über »Informatik und Gesellschaft« gibt sie den Titel ab. In den Aufsätzen [Nake 1984], [Nake 1986], [Nake 1987b] gehe ich auf besondere Aspekte ein. Eine erste Ausarbeitung der These lag mit der Diplomarbeit [Griephan & Wieber 1976] vor. Darüber drang sie in die Arbeiten [Kühn 1980] und [Rolf 1983] ein.

westdeutschen Kapitals. Rationalisierungswellen ergossen sich nun, nach der Fertigung in der Fabrik, auch über betriebliche und staatliche Verwaltungen. Computer und Software wurden zum maschinellen Hebel einer Umwälzung der technischen Basis nicht nur der Produktions-, sondern auch der Verwaltungsarbeit, tendenziell aller Arbeit.

Vor diesem realen politisch-ökonomischen Hintergrund kam es zur Rezeption der Gedanken von Alfred Sohn-Rethel, die – vielleicht nicht zufällig – gerade jetzt endlich in Buchform vorgelegt wurden [Sohn-Rethel 1972]. Die Bedeutung des Taylorismus [Taylor 1977] für die Entwicklung der Produktivkräfte, speziell die Herausbildung abgesonderter Kopfarbeit, wurde erneut klar (interessant z. B. in [Kursbuch 1976] nachzulesen)[116]. Es konnte keine Frage sein, daß auch sie sich in Maschinenform wiederfinden mußte. Und das geschah tatsächlich! In ihrem 1981 erschienenen Buch mit dem bezeichnenden Titel »Der programmierte Kopf« sagen Peter Brödner et al.: »Jahrhundertelang haben Werkzeuge und Maschinen den Zweck erfüllt, die *Handarbeit* des Menschen zu unterstützen und zu ergänzen – mit dem Computer aber wird die Mechanisierung von *Denkprozessen* angestrebt« ([Brödner et al. 1981, S.8], Hervorh. im Original).

Wie sehr »Denkprozesse« – oder, sagen wir, geistige Tätigkeiten, »Kopfgriffe« – in maschinenhafter Weise organisiert werden konnten, selbst wenn die »Elemente« einer solchen Arbeitsorganisation noch Menschen bleiben mußten, dafür ziehen Brödner et al. ein frappierendes Beispiel heran. Die Regierung im nachrevolutionären Frankreich hatte das Dezimalsystem eingeführt; im Zusammenhang mit der Ausdehnung staatlicher planender Tätigkeiten kam es zu einer Zunahme von Rechenprozessen. Sie mußten vereinfacht werden. Die Regierung beauftragte deswegen den Mathematiker Prony damit, Logarithmentafeln neu zu berechnen.

Prony ging nach dem Muster der Arbeitsteilung bei der Herstellung von Stecknadeln vor, das Adam Smith beschreibt. Wie Smith die Handarbeit fabrikmäßig geteilt hatte, so organisierte Prony die Kopfarbeit des Berechnens der Tafeln: Sechs Mathematiker waren damit beschäftigt, für die numerischen Berechnungen günstige Formeln aufzustellen. Eine Gruppe von acht Arithmetik-Spezialisten setzte in die allgemeinen Formeln die jeweils geforderten speziellen Zahlenwerte ein, bereitete Formblätter vor und kontrollierte die Personen der dritten Gruppe. Diese 80 Leute addierten und subtrahierten die Zahlen auf den Formblättern, die ein Rechner zum nächsten weiterreichte. Es heißt, daß die Rechnungen in zwei Strängen parallel liefen, so daß beim Vergleich der Endergebnisse Fehler mit hoher Wahrscheinlichkeit aufgedeckt werden konnten – ein Sicherheitsprinzip, das in moderner Technik wieder auftaucht.

---

116 Von den vielen Texten, die in popularisierter Form auf den Taylorismus vom Gesichtspunkt der Computerentwicklung aus eingehen, sei nur auf [Volpert 1985] verwiesen; er ist besonders gut lesbar und anregend.

Wir sehen bei Prony ein hervorragendes Beispiel dafür, daß Arbeit (oder auch allgemeiner: Tätigkeit), soll sie auf Maschinen übertragen werden, von Menschen bereits maschinenähnlich durchgeführt werden muß. Ob dies individuell oder kooperativ geschieht, ist eher Nebensache. Das Prinzip haben Bammé et al. ausführlich erörtert [Bammé et al. 1983].

Die »Teilung der geistigen Arbeit« war für Babbage – fast ein Zeitgenosse Pronys in einem anderen fortgeschrittenen Land – eine Notwendigkeit der Ökonomie.[117] Die Zergliederung geistiger Operationen mußte vorausgehen, sollte eine geeignete Maschine konstruiert werden, auf die die geistige Operation übertragen werden konnte [Babbage 1833]. Denn von vornherein ist klar, daß eine geistige Tätigkeit nicht in Gänze, sondern nur zum Teil, – daß jener Teil aber nur geteilt in wohldefinierte Operationen maschinisiert werden kann. Babbage widmet dieser besonderen Arbeitsteilung ein Kapitel seines Buches und sieht den Vorgang getrennt von, aber ähnlich zu dem der Teilung »mechanischer« Arbeit (so seine Bezeichnung für Handarbeit).

In seinem kenntnisreichen historischen Abriß [Oberliesen 1982] der technischen Informationsverarbeitung spricht Rolf Oberliesen mehrfach von der Rationalisierung, der mechanischen Bewältigung oder der Automatisierung geistiger Arbeitsleistungen. Vorsichtig setzt er das Prädikat »geistig« dabei konsequent in Anführungszeichen, vermutlich, um Begriffs-Attacken zu entgehen, die sich an dem Wort so leicht entzünden.

Um die Studierenden der Wirtschaftsinformatik auf das einzustimmen, was sie mit dem Computer anfangen können, führt Hans Robert Hansen sie in der Einleitung seines umfangreichen, weit verbreiteten Lehrbuches [Hansen 1986] gedanklich in einen Tante-Emma-Laden. Sehr anschaulich stellt er dar, was Tante Emma dort alles an Tatsachen und Zahlen zu notieren und zu überprüfen hat. Ganz offensichtlich nimmt sie dafür wesentlich ihren Kopf zu Hilfe und ebenso offensichtlich handelt es sich um Arbeit; da Tante Emma selbständig ist, dreht es sich sogar um Arbeit am Abend, nach Ladenschluß.

Nebenan aber gibt es einen Supermarkt, wo vieles ganz anders abläuft, denn dort ist ein Computer im Einsatz. In friedlicher Konkurrenz (deren Ausgang freilich feststehen dürfte) strengen Tante Emma ihren Kopf und der Computer seine Elektronen parallel für die gleichen Zwecke an. Zusammenfassend stellt Hansen fest: »Der Rechner tut grundsätzlich auch nichts anderes als Tante Emma« ([Hansen 1986] S.20) – nämlich: alle generell zu regelnden Routinearbeiten übernimmt die Maschine (S.24). Hansen betont dabei vielfach den Unterschied von Information

117 Marx zitiert Babbage im ersten Band des »Kapital« mehrfach mit Bemerkungen ökonomischer Art. Die Ader des als Computer-Vorläufer hochgeschätzten Babbage fürs profane Wirtschaften scheint unter Technologen nicht allzu bekannt zu sein.

und Daten. Letztere sind die Form, die Information annehmen muß, damit sie maschinell verarbeitet werden kann (s. dazu z. B. auch Luft, in diesem Buch).

Ohne daß er von geistiger Arbeit oder von Kopfarbeit redet, ist doch deutlich, daß Hansen sie meint. Wie er, sprechen viele andere Autoren einführender Lehrbücher vom Computer als einer Maschine zur Verarbeitung von Daten.[118] Die Programmierung ist die regelhafte Beschreibung zukünftig möglicher, wiederholbarer und i. d. R. parametrisierter Verarbeitungs-Prozesse. Solche Prozesse beziehen sich auf Objekte, die durch Daten repräsentiert werden, und stützen sich auf gegebene elementare Maschinen-Operationen. Was anderes können wir in einem Programm dann erblicken als die bestimmte Form, die geistige Arbeit annimmt, wenn sie auf Computer übertragen und dafür zunächst in berechenbarer Form beschrieben wird? Daß es sich um *Arbeit* handelt, steckt in der *Verarbeitung* wörtlich drin; daß es sich um *geistige* Arbeit handelt, liegt in den *Daten* verborgen. Sie verweisen uns auf einen Zeichenprozeß, von dem später die Rede sein wird.

Zwei letzte Hinweise mögen genügen, um die Behauptung von der Selbstverständlichkeit unserer These zu belegen. Mit Blick auf Babbage und Leibniz ist für Peter Schefe der Ursprung der Informatik »in dem Bestreben, menschliche Tätigkeiten streng zweckrational zu analysieren und zu organisieren« zu sehen [Schefe 1985, S.21]. Mit dem Computer konnte real werden, was für Leibniz noch Idee blieb: die »»Algorithmisierung geistiger Arbeit« (S.24). Und schließlich sagen F. L. Bauer und G. Goos im geschichtlichen Anhang zu ihrem bekannten Lehrbuch, »daß die Informatik dort beginnt, wo erstmals die Mechanisierung sogenannter geistiger Tätigkeiten versucht wird« [Bauer & Goos 1971, S.174]. Das Wesen der Informatik sehen sie in der »völligen Ausgestaltung« von Leibniz' Idee, die Wahrheit und Falschheit aller logischen Aussagen in der mechanischen Behandlung solcher Aussagen zu suchen.

Wir sehen, daß die These von der Maschinisierung der Kopfarbeit, wenn auch in anderer Wort-Form, so selten nicht ist. Ein gemeinsamer Begriff muß hinter den verschiedenen Ausdrücken stecken. Ihn wollen wir genauer fassen, jedenfalls umschreiben.

Was ist mit »Maschinisierung« gemeint?

Maschinisierung meint das Einrichten und Herrichten einer Maschine, nichts anderes als die Übertragung von Teilen der Momente der Arbeit auf eine Maschine. Maschinen gehören zu unseren Arbeitsmitteln. Arbeitsmittel sind eines der ein-

---

118 So, um nur einen herauszugreifen, Wolfgang Coy: »Aus diesen Entwicklungen stammt die Bezeichnung *Computer*, wo adäquater von einer Datenverarbeitungsanlage gesprochen werden sollte« ([Coy 1988a, S.3], Hervorh. im Original).

fachen Momente des Arbeitsprozesses[119]. Jeder Arbeitsprozeß als Hervorbringung eines bestimmten Produktes oder als Ableistung eines bestimmten Dienstes geht dadurch vonstatten, daß ein Mensch (oder auch mehrere) unter Ausnutzung seiner Arbeitskraft auf einen Gegenstand einwirkt und sich dabei eines Arbeitsmittels bedient.

Alle drei Momente des Arbeitsprozesses unterliegen geschichtlicher Entwicklung. Sie sind nicht fix und gegeben, sondern verändern sich, indem sie auf- und miteinander wirken (vgl. [Raeithel 1983]). Die Entwicklung der gesellschaftlichen Produktivkräfte ist zu einem nicht unerheblichen Teil der Entwicklung der Arbeitsmittel geschuldet. Insbesondere in der Maschinerie werden die produktiven Kräfte des Menschen potenziert. Der entscheidende Schritt zur Entwicklung der modernen Maschine ist getan, wo sie das bis dahin vom Menschen geführte Werkzeug ergreift. Darin liegt die Befreiung des Werkzeugs von organischen Schranken des Menschen: »Die Anzahl der Werkzeuge, womit dieselbe Werkzeugmaschine spielt, ist von vornherein emanzipiert von der organischen Schranke, wodurch das Handwerkszeug eines Arbeiters beengt wird.« [Marx 1970, S.394]

Die Maschine führt selbstverständlich nicht nur solche Arbeit durch, die in ähnlicher Weise vorher Menschen verrichtet hatten. Vielmehr gewinnt sie innerhalb des Arbeitsprozesses eine relative Selbständigkeit, indem sie im Laufe der Zeit auf die erfindungsreichste, nicht eben nur nachahmende, Weise zwischen Arbeitskraft und Material tritt und vermittelt. »Maschinisierung« heißt deswegen vor allem Einsaugen von Arbeit, Vergegenständlichung vergangener Arbeit in der Maschine. Jede Maschine steht da als Monument verausgabter, in ihr geronnener lebendiger Arbeit. Doch ist das Herumstehen als statisches Monument nicht der Zweck der Maschine. Der liegt vielmehr in ihrer Fähigkeit, in Gang gesetzt zu werden und sich bewegen zu können. Unter der Kontrolle menschlicher Arbeit (die von durchaus anderer Art und Beschaffenheit ist als die in der Maschine objektivierte Arbeit) »verrichtet« die Maschine nunmehr Arbeit – so jedenfalls will es erscheinen.

Tatsächlich ist und bleibt sie Arbeitsmittel, ein Arbeitsmittel jedoch, das im Vergleich zu einem Werkzeug erstaunlich viel gegenüber der anwendenden Arbeitskraft gewonnen hat und bald auch als aktives Element der Arbeit erscheint. Gehen wir bei der Entwicklung einer Maschine zunächst von einem gegebenen Arbeitsprozeß aus, analysieren diesen Arbeitsprozeß, um maschinisierbare (mithin routinisierte oder routinisierbare) Momente darin zu identifizieren, und setzen ihn dann neu zusammen – so schafft die geeignet entworfene Maschine im weiteren Entwicklungsgang Arbeitsprozesse und somit auch Arbeit, die vorher gar nicht bekannt waren. Die Maschinisierung einmal in Gang gesetzt, findet sich im weiteren Verlauf der Angelegenheit deswegen auch nicht nur solche Arbeit in der Maschine

---

119 »Die einfachen Momente des Arbeitsprozesses sind die zweckmäßige Tätigkeit oder die Arbeit selbst, ihr Gegenstand und ihr Mittel.« [Marx 1970, S.193]

wieder, die *vorher* nachweislich von Menschen verrichtet wurde. Vielmehr auch solche Arbeit, die erst durch die Existenz, sprich den Gebrauch, der Maschine notwendig wird.

Das also meinen wir mit »Maschinisierung«. Das Wort selbst ist mit Bedacht gewählt. »Mechanisierung« schränkt zu stark auf eine bestimmte Sorte von Maschinen ein, eben die mechanischen. Computer aber sind keine mechanischen Maschinen, wenngleich sie mechanische Geräte steuern oder in mechanische Anlagen eingebaut sein mögen. »Automatisierung« mag als alternative Bezeichnung in den Sinn kommen. Doch Automatisierung eines Arbeitsvorganges bedeutet, daß er gänzlich an Maschinen abgetreten wurde – was übrigens bereits auf der Stufe der mechanischen Produktion in Grenzen möglich war. Nicht alle Arbeit jedoch, die auf Computer übergeht, wird dadurch auch schon automatisiert – vor allem gibt es keinen Zwang dazu (vgl. Züllighovens Beitrag in diesem Buch); dennoch sind Computer Mittel der Automatisierung.

Wenn ich beim Wort »Maschinisierung« bleibe, so will ich einen allgemeineren Begriff als »Mechanisierung« und auch als »Automatisierung« benutzen. Mechanisierung und Automatisierung sind spezielle Maschinisierungen. »Computerisierung« wäre vom Sinn her richtig, aber wiederum zu eng.

Ohne näher darauf eingehen zu können, sei angemerkt, daß Maschinisierung ein allgemein beobachtbarer historischer Prozeß zu sein scheint. Welche Arbeit wann und wo unter dem Aspekt der Vergegenständlichung von Teilen ihres Ablaufs oder Gegenstandes betrachtet wird, ist nicht vorhersagbar. Und sicherlich ist die Maschinisierung historisch aufs engste mit dem Kapitalismus verbunden. Sie muß also nicht sein und kann auch anders sein. Wir können uns die Gesamtarbeit einer Gesellschaft aber nicht mehr ohne Maschinen vorstellen.

Was ist mit »Kopfarbeit« gemeint?

»Kopfarbeit« ist eine analytische Kategorie. Mit ihr bezeichnen wir die geistigen Anteile der Arbeit. In dem strengen Sinne einer Arbeit, für deren Verrichtung nichts als der Kopf gebraucht würde, gibt es keine Kopfarbeit. Daß wir dennoch an sie getrennt von den körperlichen Anteilen der Arbeit denken können, hat eine zweifache Ursache. Zum einen erfahren wir an uns selbst, daß wir einen Plan für eine kommende Arbeit fassen, daß wir eine laufende Arbeit unterbrechen und über ihren Fortgang nachdenken und daß wir uns schließlich eine beendete Arbeit noch einmal »durch den Kopf gehen« lassen können. Zum anderen wissen wir, daß Planung, Leitung und Kontrolle von Arbeitsprozessen in beträchtlichem Umfang von diesen Prozessen selbst getrennt sind und von besonderen Arbeitenden durchgeführt werden. Kopfarbeit ist uns also als Teil unserer individuellen, wie immer auch sonst gearteten Arbeit bekannt; wir kennen sie aber auch als Arbeit, die die Arbeit anderer betrifft, bestimmt, vorherplant oder nachsieht.

Um dem beliebten Einwand gegen die Verwendung des Begriffs »Kopfarbeit« zu begegnen, sei noch einmal angemerkt, »daß es selbstredend überhaupt keine menschliche Arbeit geben kann, ohne daß darin Hand und Kopf zusammen tätig sind. Arbeit ist kein tierartig instinktives Tun, sondern ist absichtsvolle Tätigkeit, und die Absicht muß die körperliche Bemühung, welcher Art diese auch sei, mit einem Minimum von Folgerichtigkeit zu ihrem bezweckten Ende lenken.« [Sohn-Rethel 1972, S.125]

Wenn es also eine völlig absurde Unterstellung ist, hinter »Kopfarbeit« zu vermuten, ein einzelner Mensch könne mit seinem Kopf allein, quasi körper- oder wenigstens handlos arbeiten, so ändert die Tatsache der biologischen Einheit von Hand- und Kopfarbeit beim einzelnen Menschen doch nichts an ihrer gesellschaftlichen Trennung als einer historischen Form der Arbeitsteilung. Martin Resch legt dar, wie die »Stufe der Trennung von Kopf- und Handarbeit ... erreicht (wird), wenn nicht nur die Planung anhand von äußeren Mitteln vorgenommen, sondern auch das Resultat der Planung in äußerer Form dargestellt wird ...« [Resch 1988, S.15]

Der einzelne arbeitende Mensch, an den wir denken, plant und kontrolliert seine eigene Arbeit selbst und bedient sich dabei in gehörigem Umfang seines eigenen Kopfes. Es käme uns nicht in den Sinn, von seiner Arbeit als Hand- *oder* als Kopfarbeit zu sprechen: seine Arbeit ist seine Arbeit. Bezogen auf einen umfassenderen, gesellschaftlichen Arbeitsprozeß müssen wir uns aber sehr wohl fragen, »in wessen Kopf das bezweckte Resultat des Arbeitsprozesses ideell vorhanden ist.« [Sohn-Rethel 1972, S.125][120]. Im Laufe der Geschichte nun differenzieren sich die Funktionen der Planung, Leitung und Kontrolle von Arbeitsprozessen in besonderen Tätigkeiten und Berufen als »Kopf des Gesamtarbeiters«. Dieser Kopf wird gespielt von lebendigen Menschen, die Arme, Beine, Kopf und Körper haben und deren Arbeit wie die aller anderen in der Verausgabung von Nerven, Muskeln, Hirn besteht. Bezogen auf ihren individuellen Arbeitsprozeß leisten diese Menschen körperliche *und* geistige Arbeit. Bezogen auf den Gesamtprozeß aber leisten sie Kopfarbeit.

Der Begriff »Kopfarbeit« erweist sich also beim zweiten Blick als ein durch und durch gesellschaftlicher. Bezogen auf einen einzelnen macht er wenig Sinn. Denken wir an die Arbeit eines einzelnen und wollen sie auffächern, so ist es sinnvoller, von geistigen Operationen zu sprechen.[121] Lassen wir Marx noch einmal zu

---

120 Wenn das bezweckte Resultat eines Arbeitsprozesses »ideell« bereits zu Anfang vorhanden ist, so meint das natürlich nicht, es sei in allen Einzelheiten unverrückbar in irgendeinem Kopf. Erstens nicht in einem, sondern eher in einer Sammlung von Köpfen. Zweitens nur ideell, also mit Fehlern, Ungenauigkeiten, Offenheiten usw. – wie halt Planung ist.

121 Walter Volpert weist mich auf die lesenswerte Arbeit [Resch 1988] hin. Dort wird ebenfalls zwischen der individuellen und gesellschaftlichen Ebene unterschieden, wenn der historische Prozeß der Trennung von Hand- und Kopfarbeit betrachtet wird. Resch bezeichnet jedoch mit »Kopfarbeit«

Wort kommen, der bei der Erörterung der produktiven Arbeit sagt: »Soweit der Arbeitsprozeß ein rein individueller, vereinigt derselbe Arbeiter alle Funktionen, die sich später trennen. In der individuellen Aneignung von Naturgegenständen zu seinen Lebenszwecken kontrolliert er sich selbst. Später wird er kontrolliert. Der einzelne Mensch kann nicht auf die Natur wirken ohne Betätigung seiner eigenen Muskeln und Kontrolle seines eigenen Hirns. Wie im Natursystem Kopf und Hand zusammengehören, vereint der Arbeitsprozeß Kopfarbeit und Handarbeit. Später scheiden sie sich bis zum feindlichen Gegensatz.« [Marx 1970, S.531]

Der Prozeß der systematischen, wissenschaftlich begründeten Trennung von Hand- und Kopfarbeit ist eng mit dem Namen von Frederick W. Taylor verbunden. Ganz zu Recht[122] – stellt er sich doch explizit die Aufgabe, den Arbeitern in der Werkhalle die geistigen Anteile ihrer Arbeit zu entreißen und sie in einem Büro der Arbeitsvorbereitung und -überwachung auch örtlich von ihnen zu trennen und als besondere Arbeit anderer Individuen zu konzentrieren (vgl. dazu z. B. [Taylor 1977, Braverman 1977, Brödner et al. 1981]). Erst durch diesen Riß kommen wir überhaupt in die Lage, statt von *einer* – ob nun individuellen oder gesellschaftlichen – Arbeit von den *beiden*, Handarbeit und Kopfarbeit, sprechen zu können. Nicht waren beide als verschiedene schon da und mußten nur voneinander getrennt werden. Vielmehr wurde die individuelle Einheit der Arbeit (in *dieser* Hinsicht) in einem Prozeß gesellschaftlicher Arbeitsteilung aufgehoben: Geistige Operationen individuell ganzheitlicher Arbeit wurden herausgezogen und zur neuen Arbeit besonderer Arbeitender gemacht: der »Kopfarbeiter«. Zurück bleibt ein »Handarbeiter«, der sich vor allem dadurch auszeichnet, daß seine Tätigkeit stofflich-reale Gegenstände, die eigentlichen Zwecke der Produktion, herstellt. Der »Kopfarbeiter« hingegen stellt Gegenstände von symbolischer Realität her, deren Bezugspunkt jene anderen, »realen« sind (vgl. [Resch 1988] S.25ff).

Entgegen allen Beteuerungen zum Gegenteil halten wir also fest, daß es Kopfarbeit gibt, daß es sie aber gibt und geben muß als eine gesellschaftliche Teilarbeit. Der einzelne Kopfarbeiter arbeitet dennoch mit Leib und Seele, wenn er Glück hat.

Arne Raeithel weist uns darauf hin, daß es im Anschluß an Marx günstig ist, *leibliche* von *körperlicher* Tätigkeit zu unterscheiden (in diesem Buch). Leibliche Aktivität ist die rein organische Tätigkeit eines Menschen, wohingegen die körperliche

---

den geistigen Anteil jeder menschlichen Arbeit, mit »Handarbeit« ihren manuellen Anteil. Den durch gesellschaftliche und innerbetriebliche Arbeitsteilung entstandenen Gegensatz von Hand- und Kopfarbeit faßt er in den Begriffen »körperliche und geistige Arbeit«. Resch stellt also die gleichen Begriffe wie wir hier, allerdings bei gerade umgedrehter Wortwahl, dar. Ich möchte dennoch von Hand- und Kopfarbeit auch beim einzelnen reden, ohne damit die Einsicht aufzugeben, daß der historische Prozeß sie zu gesellschaftlichen Kategorien hat werden lassen. Soll der individuelle Aspekt betont werden, so rede ich von geistigen bzw. manuellen Operationen.

[122]... auch wenn der eigentliche Vollender der maschinisierten Arbeitsteilung Henry Ford heißt. Im Fließband tritt uns der Plan als maschinisierte Organisation ganz ähnlich entgegen wie in der Guillotine die rächende Hand des Henkers.

Tätigkeit auch soziale und technische Mittel und Beziehungen einschließt, ohne die wir wirklich gar nicht arbeiten, die wir uns quasi »einverleibt« haben. Diese körperliche Arbeit umfaßt selbstredend auch geistige Arbeit, weswegen beide nicht gegeneinander gestellt werden können. Diese Bemerkung widerspricht nicht der gesellschaftlichen Teilung eines Arbeitsprozesses in Kopf- und Handarbeit und damit auch nicht der Formulierung, die hier gewählt wird (wenngleich zuzugeben ist, daß die unterschiedlichen Sprachregelungen zu Verwirrung Anlaß geben können).

Kopfarbeit in unserem Sinne schlägt sich weitgehend in Plänen, Schemata, Anweisungen, Zeichnungen, Statistiken, Meßprotokollen, allgemein gesprochen in Beschreibungen nieder. Die unterschiedlichsten Zeichensysteme werden benutzt, um die Gegenstände, Prozesse und Verhältnisse darzustellen, um deren Planung und Leitung es geht. Kopfarbeit bezieht sich also auf stoffliche Dinge und Vorgänge, ohne jedoch diese Dinge und Vorgänge selbst schon zu verändern. Gegenstand von Kopfarbeit werden sie quasi auf Probe, als Vorwegnahme oder Nachvollzug. Sie müssen, um Anlaß für Kopfarbeit zu werden, zunächst in Zeichen überführt werden, müssen eine doppelte Existenz erhalten: Ding *und* Zeichen sein.

Zeichen besitzen natürlich stets auch eine stoffliche Seite, sie sind nicht nur gedanklich vorhanden. Sie stehen aber nicht für sich allein, sondern primär, ihrer Bestimmung nach, für andere Dinge und Vorgänge. Sehr äußerlich betrachtet, wirkt Kopfarbeit auf solche Zeichen ein, also auf *Repräsentationen* der Dinge und Vorgänge: auf die Akte, die Zeichnung, den Plan und nicht auf die Personen, Gebäude und Abläufe, die damit gemeint sind (Resch unterscheidet deswegen zwei Handlungsfelder von Kopfarbeit, die er das Referenz- und das faktische Handlungsfeld nennt [Resch 1988 S. 48ff.].). Doch diese Äußerlichkeit kann uns nicht darüber hinwegtäuschen, daß bei der Ausübung der Kopfarbeit das Zeichen selbstverständlich nicht nur in seiner syntaktischen Dimension gegenwärtig ist. Vielmehr ist es als Ganzes da und wird als Ganzes bearbeitet, oder besser: Es gibt Anlaß für einen Arbeitsvorgang, in dem der Arbeitende an all das denkt, was das Zeichen in ihm wachruft und auf das er seine Aufmerksamkeit richtet. Deswegen redet der Sachbearbeiter im Büro auch von »diesem Antragsteller da« und nicht von den Schwärzungen auf dem Antragsformular, die den Namen des Antragstellers darstellen.

Die Arbeitsgegenstände der Kopfarbeit weisen eine merkwürdige Schichtung auf. Zunächst begegnen sie uns als Papier, Buch, Akte, Liste, Ordner etc., in ihrer stofflichen Form mit Schwärzungen, Linien etc. Dann aber kommt es vor allem darauf an, die auf diesen Trägern notierten Zeichen (Namen, Preise, Größen) zu unterscheiden und zu erkennen und neue Zeichen zu produzieren. Dabei spielen wiederum die Bedeutungen der Zeichen, die Gegenstände also, für die die Zeichen stehen (Personen, Waren, Gebäude), und die Verfassung des Arbeitenden eine wesentliche Rolle. Selten einmal wird der Arbeitende »rein schematisch« nach Aktenlage vorgehen, in Wirklichkeit interpretiert er immer.

Mag es manchmal so erscheinen, als sei die Kopfarbeit wegen des Zeichencharakters ihrer Gegenstände »abstrakt«, so sind ihr in Wirklichkeit ihre Gegenstände sehr konkret, so konkret, wie für jeden sonst auch seine Arbeitsgegenstände (und übrigens auch seine Arbeitsmittel) sind. Denn Zeichen sind nicht als solche abstrakt. Es kommt auf die Art des Umgangs mit ihnen und auf ihr Verhältnis zu ihren Bedeutungen an. Je ferner zur Arbeit die bezeichneten Dinge selbst sind, um so konkreter werden die Zeichen zu den Dingen der Arbeit.

Natürlich sind die Sprache und die Sprachbegabung des Menschen Voraussetzungen für die Zeichengebung. Mit der Sprache gibt der Mensch den Dingen Namen. Die Namensgebung unterbricht die Unmittelbarkeit der Anschauung. Indem er mit den Namen und Zeichen Distanz zwischen sich und die Dinge bringt, wenn man so will: etwas verliert, gewinnt der Mensch doch gleichzeitig die Möglichkeit, die Dinge gegenwärtig zu haben, obwohl sie nicht hier oder auch gar nirgends sonst sind. Hierauf weist Habermas in seiner Auseinandersetzung mit den drei dialektischen Beziehungen hin, die je verschieden, aber gleichzeitig Subjekt und Objekt, Inneres und Äußeres, Ich und Welt vermitteln: die symbolische Darstellung (Sprache), der Arbeitsprozeß (Werkzeug) und die Interaktion (Familie) [Habermas 1968]. Und die Sprache ist auch die Mitte, in der Odysseus den listigen Plan bildet, der ihm und seinen Gesellen das Entkommen aus der zyklopischen Gefangenschaft ermöglicht, nicht ohne sich – als Kopfarbeiter – der entscheidenden Handarbeit des Zyklopen ein letztes Mal zu versichern ([Holling & Kempin 1989] interpretieren die alte Sage sehr anregend).

Wir halten also als geschichtliche Tatsache fest, daß es im Zuge der Entwicklung der Produktivkräfte zur Abtrennung besonderer Arbeiten kam, die Planung, Leitung und Kontrolle von Arbeitsprozessen zum Gegenstand haben. Wir nennen sie Kopfarbeit. Kopfarbeit geht unmittelbar und vorrangig mit Dingen um, die Zeichencharakter haben. Über die Zeichen bezieht sie sich auf andere Arbeit.

Was ist mit »Maschinisierung von Kopfarbeit« gemeint?

Mit »Maschinisierung von Kopfarbeit« meine ich den Vorgang, durch den Kopfarbeits-Anteile aus einem (gegebenen oder vorgesehenen) Arbeitsprozeß separiert und auf eine Maschine übertragen werden. Damit sind auch solche Arbeitsanteile gemeint, die bisher vielleicht noch nie ein Mensch gemacht hat und die auch keiner zu Lebzeiten zu Ende führen könnte. Auch sind hier mit »Kopfarbeit« nicht allein Arbeiten des geistigen Gesamtarbeiters, also der gesellschaftlich oder betrieblich abgetrennten Kopfarbeit gemeint, sondern auch individuell vollbrachte oder vollbringbare geistige Tätigkeiten (wie das Rechnen oder Schachspielen oder Lösen eines großen Gleichungssystems u. v. a. mehr[123]).

---

123 Dazu zählen insbesondere viele Tätigkeiten, die beim ersten Hinsehen nicht als geistige erscheinen, denen aber im Laufe ihrer Maschinisierung neben einem Werkzeuganteil auch eine Reihe gei-

Historisch bezieht maschinisierte Kopfarbeit zunächst Fälle der geistigen Produktion (das ist der Bereich der Wissenschaft u. a.) und der gesellschaftlich oder betrieblich abgeteilten Kopfarbeit ein. Im Bereich geistiger Produktion begegnen uns Programme und Computer bei der Lösung von Differentialgleichungen oder Gleichungssystemen, beim Berechnen von Funktionstabellen o. ä. Im Bereich der Kopfarbeit treten sie frühzeitig zur Verwaltung von Personaldaten und Material oder Warenbewegungen auf (Lohnabrechnung, Versandhandel). In beiden Fällen ist der Zeichencharakter der bearbeiteten Gegenstände augenfällig. Er macht eben auch das Besondere an jener Tätigkeit aus, die wir hier mit »Kopfarbeit« meinen. Als Planung, Leitung und Kontrolle in arbeitsteiliger Form hat Kopfarbeit notwendigerweise einen Zeichenprozeß zur Voraussetzung. Zeichenprozesse kommen aber auch in individueller gegenständlicher Tätigkeit vor – ob diese nun zur (gesellschaftlich getrennten) Kopf- oder Handarbeit, Planung oder Produktion gehört.

Es kommt in dem Begriff also auf geistige Anteile einer gegenwärtigen oder künftig möglichen, individuellen oder gesellschaftlichen Tätigkeit an. Sofern solche identifiziert und soweit formalisiert werden können, daß sie in algorithmischer Form beschreibbar sind, können sie maschinisiert werden. Technisch können wir sagen, daß höchstens die berechenbaren Funktionen maschinisierbar sind. Dies bezieht sich auf unseren Stand des Wissens, wonach Computer in heutiger Form den Kern der Maschinerie darstellen, an die wir hier zu denken haben.

Wir hatten gesehen, daß Kopfarbeit nach einer weitgehenden *Semiotisierung* ihrer Gegenstände verlangt. Soll nun Kopfarbeit maschinisiert werden, so muß sie selbst – als lebendige Tätigkeit, als körperlicher Prozeß – semiotisiert werden. In aller Regel, das zeigen viele Autoren in jüngster Zeit, kann solche Repräsentation nur als Reduktion gelingen. Maschinell werden kann eine geistige Tätigkeit nur in explizit repräsentierter Form; umgekehrt erlaubt jede maschinelle Tätigkeit eine explizite Repräsentation. (Letzteres gilt in Grenzen, solange die Eigenständigkeit [Griephan & Wieber 1976, Budde & Züllighoven 1990] der Maschine sich nicht allzu sehr entfalten konnte.) Geistige Prozesse, die stets eine wesentlich formale Seite besitzen, sich aber materiell noch nicht niedergeschlagen haben, außerhalb der Subjekte zu realisieren, ist die zentrale Aufgabe des Computers [Holling & Kempin 1989, S.111]. Formale Systeme als Träger des allgemeinen, nicht durch das einzelne Subjekt eingeschränkten Denkens nehmen dabei maschinelle Form an.

---

stiger Operationen entzogen worden sind. Das »Zeichnen« oder »Malen« mit Computerhilfe ist ein solches Beispiel: hier treten durch die Maschinisierung der Werkzeugseite sogar geistige Operationen erstmals auf, die vorher gar nicht relevant waren, ja, nicht einmal existierten: die Operationen, die aus einem kontinuierlichen Strich mit einem Bleistift eine Menge von Pixeln machen. Den glatten Bleistiftstrich zieht die Hand, während der Kopf sie aufs heftigste steuert. Die Menge von Pixeln, die auf den Bildschirm geworfen werden soll, ist der Hand völlig fremd. Hier tritt Kopfarbeit sofort in maschinisierter Form auf, weil Handarbeit maschinisiert wird. Der geistige Anteil des Zeichnens war so weitgehend in den Muskeln und dem kontrollierenden Auge konzentriert, daß auch intelligente Leute leugnen, es handle sich überhaupt um eine Tätigkeit mit geistigem Anteil.

Bei der Maschinisierung geistiger Tätigkeiten haben wir also einen zweifachen Prozeß der Semiotisierung zu bewältigen. Dabei treten uns Zeichen in zwei Weisen entgegen: als Repräsentationen für die *Gegenstände* der zu maschinisierenden Tätigkeit sowie als Repräsentationen für die *Abläufe* dieser Tätigkeit. Mit einer gewissen Vergröberung läuft das erste auf die Daten, das zweite auf die Programme der Computerisierung hinaus.[124] Die zweifache Entfernung aus der stofflich-energetischen Welt in die der Zeichen charakterisiert den Umgang mit und die Anwendung von Computern. Ohne daß die Dinge mit einer Zeichenhaut überzogen worden wären, gäbe es keine Kopfarbeit.[125] Und ohne daß die Zeichenhaut der Kopfarbeit selbst noch einmal – und zwar in berechenbarer Gestalt – übergezogen wäre, gäbe es nicht deren Maschinisierung.

Wir kommen an in einer »künstlichen Welt«, die zum postmodernen Zentralthema zu werden scheint. Über ihre Maschinisierung gewinnt die zeichenvermittelte Kopfarbeit solch feste Gestalt, daß sie die stoffliche Welt hinter Simulationen verschwinden läßt. Erscheint in der Informatik die erste konstruktive postmoderne Wissenschaft?

Wenn ich von der Maschinisierung von Kopfarbeit spreche, so geschieht das im jetzigen Zusammenhang ohne Ansehung der (positiven oder negativen) Wirkungen auf die Arbeitenden selbst oder jene Menschen, die über Produkte oder Interaktionen von solcher maschinisierten Arbeit berührt werden. Hegel schon – und ganz anders motiviert Marx – hatte darauf hingewiesen, daß der Mensch in der Maschine seine noch mit dem Werkzeug verbundene Tätigkeit aufhebt. Er »läßt sie ganz für ihn arbeiten«. Doch die Natur rächt sich für den Betrug, den der Mensch mittels Maschine an ihr verübt: die Notwendigkeit des Arbeitens hebt der maschinen-bewehrte Mensch nicht auf, das Arbeiten wird nur hinausgeschoben, von der Natur entfernt. »... das Arbeiten, das ihm übrigbleibt, wird selbst maschinenmäßiger«, zitiert Habermas Hegel (vgl. [Habermas 1968, S.28f.]).

Hegel äußert sich vor dem historischen Hintergrund der mechanischen Maschinerie der Textilarbeit. Sie wird im Computer überwunden. Ist es ein bloßer Zufall, wenn Marx uns auf dem Höhepunkt der Entwicklung des mechanischen Maschinensaals darauf hinweist, daß nunmehr die Kontrolle zur vorrangigen Aufgabe der Arbeiter wird? Auf ihre aufmerksamen Augen und Ohren kommt es mehr an als auf ihre geschickten Hände, wenn sie ganze Ansammlungen von Webstühlen zu überwachen haben. In dem Augenblick also, wo ein Großteil der stofflichen Bearbeitung des Materials an die Maschine übergeht, tritt die Kontrolltätigkeit als separate Arbeit auf den Plan [Marx 1970, S.395]. Die Maschinerie verallgemeinert und objektiviert Aspekte der stofflichen Bearbeitung, also der Handarbeit; sie läßt damit

---

124 Vgl. Züllighovens »Material und Werkzeug« hierzu!

125 Was legen wir über die Wirklichkeit, wenn wir etwas *über-legen*?

Aspekte der informationellen Bearbeitung, also der Kopfarbeit, die davor nur verborgen und integriert waren, hervortreten und im weiteren Verlauf sich entwickeln.

Der Gegenstand der Informatik

Wir haben den Begriff der Maschinisierung von Kopfarbeit umschrieben. Ausgangspunkt war die Behauptung, die Informatik habe es ganz wesentlich gerade mit ihr zu tun, Informatikerinnen und Informatiker maschinisierten also geistige Arbeit, wenn sie Informatik betreiben. Wie steht es nun damit?

Der Stachel für die Entwicklung der Arbeitsmittel ist die Entwicklung der Arbeit selbst, mithin die Entwicklung der Bedürfnisse, die durch Arbeit befriedigt werden sollen. Aller menschlichen Arbeit durch die Geschichte hindurch scheint eine Tendenz zur Vergegenständlichung in Arbeitsmitteln (Werkzeuge, Maschinen, Anlagen) und in verfestigten Formen der Organisation innezuwohnen (darin stimmen die entferntesten Autoren überein, z. B. [Gehlen 1940] und [Marx 1970]). Wenn Arbeit in der Form von Arbeitsmitteln gerinnt, so dient ihr das zu ihrer eigenen Potenzierung.

Nachdem die gesellschaftliche Scheidung von Arbeit in Handarbeit und Kopfarbeit einmal geschichtliche Tatsache geworden war, war prinzipiell die Möglichkeit gegeben, Teile dieser Kopfarbeit nun selbst der Vergegenständlichung zu unterwerfen. Die reale Entwicklung dieser Trennung fand (und findet) im Rahmen des Industrialismus statt. Für ihn besteht aber sogar ein Zwang zur immer fortgesetzten Maschinisierung und Automatisierung ([Sohn-Rethel 1972] in Neuauflage). Sobald mit dem Computer eine geeignete Maschine gefunden war, kam deswegen auch die Kopfarbeit unter Maschinisierungs-Druck.

Computer können berechenbare Funktionen auswerten. Handlungen, die als berechenbare Funktionen beschrieben sind, können mithin an Computer übergehen. Arbeitsvorgänge, die zwar nicht in Gänze berechenbar sind, in die aber berechenbare Operationen als Teile eingebettet sind, können als interaktive Benutzung eines Computers organisiert werden.[126]

Zielpunkt der Arbeit von Informatikerinnen und Informatikern sind Computer als Systeme aus Hardware und Software. Dies gilt immer, auch für theoretisch Arbeitende, die nicht Software oder Hardware konstruieren, sondern vielleicht Aussagen über Algorithmen oder Programmiersprachen in Form von Theoremen gewinnen.[127] Jede konkrete Informatik-Tätigkeit ist auf berechenbare Funktionen,

---

[126] Hieran können wir solche Arbeiten, die bereits stark mathematisiert waren (z. B. gewisse Steuer- und Regelvorgänge), von solchen unterscheiden, für die das nicht der Fall war (viele Büroarbeiten). Es scheint, daß die mangelnde Mathematisierung bei letzteren durch *Partizipation* überbrückt wird. Die mathematisierten Arbeiten lassen sich dagegen durch *Antizipation* kennzeichnen!

[127] Vgl. hierzu die Bemerkung von A. Raeithel über die Gegensetzung von Hardware und Software (in diesem Band).

auf Algorithmen, auf interaktive Benutzung orientiert, auch wenn dies aus der Ferne theoretisierender Betrachtung geschieht.

Der Computer ist Zielpunkt der Arbeit auch solcher Informatikerinnen und Informatiker, die das ausdrücklich leugnen oder ablehnen. Nicht wenigen sind ja die Wirkungen des Computereinsatzes auf viele Bereiche der modernen Welt so sehr zuwider, daß sie nicht fragen, *wie* computerisiert werden solle, sondern *ob* das überhaupt geschehen soll. Manche gehen soweit, in normativer Setzung den Menschen selbst zum Gegenstand der Informatik zu machen. Dies mag zwar ein sympathischer Zug solcher Leute sein, doch ändert er nichts an der Berechenbarkeits-Schranke und letztendlichen Maschinisierung alles dessen, was die Informatik anfaßt. Wäre der Mensch ihr Gegenstand, so hieße das, richtig gewendet, es ginge der Informatik um den berechenbaren Anteil des Menschen oder die Maschinisierung des Menschen. Da erscheint mir die Maschinisierung von Kopfarbeit, weil selbst schon nur aus der Entwicklung von Arbeit und Technik verständlich, doch historisch und systematisch genauer und faßbarer.

Selbstverständlich hat es die Informatik mit dem Menschen zu tun. Nichts anderes behaupte ich mit der These von der Maschinisierung von Kopfarbeit. Aber nie wird es die Informatik mit dem *ganzen* Menschen zu tun haben, es sei denn, wir ließen uns auf die überholten Modelle vom informationsverarbeitenden Monstrum ein. Wenn die Informatik auch keine Humanwissenschaft ist oder wird, so steht ihren Trägern und Trägerinnen eine humanistische Gesinnung dennoch gut zu Gesichte. Das ist aber eine andere Geschichte.

Nehmen wir nun beides zusammen, die Orientierung der Arbeit von Informatik-Treibenden auf die Maschinenklasse Computer und die Eigenschaft der Computer als Maschine für Kopfarbeit, so erweist sich die Maschinisierung von Kopfarbeit als wesentlicher Gegenstand der Informatik.[128] Das aber hatte ich eingangs angekündigt. Geistige Arbeit an der Kopfarbeit anderer, um letztere in maschineller Form zu verdinglichen und später wieder verflüssigen zu können – das ist das Geschäft der Informatik.

Abschließend wende ich mich kurz den zwei Sichtweisen der Informatik als Wissenstechnik bzw. als Gestaltungswissenschaft zu, um sie ins Verhältnis zur Informatik als Wissenschaft von der Maschinisierung von Kopfarbeit zu setzen.

Wissensverarbeitung und Gestaltungswissenschaft

Eingangs hatte ich vermerkt, daß es wenig Sinn mache, eine wissenschaftliche Disziplin erschöpfend definieren zu wollen. Es kann stets nur um eine mehr oder minder zutreffende Umschreibung, nicht eine exakte Festlegung gehen. Habe ich selbst

---

128 In der Präzisierung, die das zunächst so selbstverständlich erscheinende Wort im Verlauf der Darlegung erlangt haben sollte, erweist es sich als trennscharf gegenüber anderen Maschinisierungen, also Ingenieurarbeiten im allgemeinen.

aber nicht gerade das versucht? Mit dem Begriff der »Maschinisierung von Kopfarbeit« liegt kein Definitionsversuch der Informatik vor, sondern lediglich eine genauere Benennung ihres Gegenstandes.[129] Dieser Gegenstand wird hier nicht normativ festgelegt oder politisch gefordert. Er wird vielmehr analytisch festgestellt.

Zwei Positionen, die auch in diesem Buch zu Wort kommen, rühren unmittelbar an unseren Gegenstand: die Kennzeichnung der Informatik als Wissenstechnik bzw. als Gestaltungswissenschaft. Fraglos berühren sich Kopfarbeit und Wissen sowie Maschinisierung und Gestaltung. Denn in der Kopfarbeit geht es u.a. um Wissen, und in der Maschinisierung nimmt etwas Gestalt an. Ich möchte deswegen kurz auf beide Positionen eingehen.

Alfred Luft sieht die Informatik als eine (oder die) Wissenstechnik an. Er ist dabei vorsichtig genug, die *Darstellung* von Wissen und nicht das Wissen selbst zum Ausgangspunkt solcher Technik zu nehmen. Solches Wissen, das aus dem vielleicht nur empfundenen oder geglaubten Bereich seiner Gültigkeit herausdestilliert und in eine äußere Form gebracht worden ist, gilt es zu formalisieren, wenn es zum Gegenstand technischer Prozesse werden soll. In Schemata oder Kalkülen etwa können Darstellungen von Wissen formalisiert werden.

Wissenstechnik hat es dann mit der Implementierung und Nutzung formalisierter Darstellungen von Wissen zu tun, aber selbstverständlich auch mit dem Entwurf und der Entwicklung dafür geeigneter technischer Systeme. Bis auf den anders gelagerten Ausgangspunkt – hier die Arbeit, dort das Wissen – scheinen sich beide Auffassungen recht nahe zu kommen. Beide betonen jedenfalls die Explizitheit, die Zeichenhaftigkeit, die Formalisierung von Arbeitsvorgängen bzw. von Wissen.

Daß nun mit der Trennung von Hand- und Kopfarbeit im Vorgang der Taylorisierung entscheidend war, den Arbeitern ihr »stilles« Wissen zu entlocken und es in Schemata und Gerätschaften ihnen entgegenzustellen, das beschreibt F. W. Taylor selbst aufs anschaulichste. Insofern die Methoden Taylors in vielleicht abgewandelter Form Pate bei der Algorithmisierung von Kopfarbeit stehen, ist diese auf etwas wie Wissenstechnik angewiesen. Alfred Luft betont, daß es ihm bei der Wissenstechnik um mehr als die Arbeit gehe, um alle Bereiche der Kultur nämlich. Wenn »Kultur« nun vor allem auf den Bereich der Sprache abheben sollte, so ist mit Hegel und Habermas zu entgegnen, daß Werkzeug und Sprache *zwei* Seiten des Humanen sind, von denen zu *einer* hier etwas gesagt wurde. Diese eine Seite betrifft mehr die instrumentale Seite des Verhältnisses von Menschen zur Welt, während die Sprache die symbolische Seite meint. Zu ihr wären ähnliche Überlegungen anzustellen. Keinesfalls aber kann die Sprache der Arbeit entgegengestellt werden. Beide gibt es nebeneinander.

---

129 Zur Charakterisierung der Informatik als Wissenschaft müßten Aussagen über ihre Methoden hinzukommen.

Wenn aber mit »Kultur« die gesellschaftlichen Verkehrsformen der Menschen ganz allgemein gemeint wären, so ist darauf hinzuweisen, daß auch sie, Arbeit und Verkehrsformen (»Interaktion«), dialektisch aufeinander bezogen sind und nicht gegeneinander ausgespielt werden können. Der Streit um Arbeit *oder* Kultur als Hintergrunds-Folie der Informatik lohnt also kaum.

Ist der Gegenstand der Informatik mit »Maschinisierung von Kopfarbeit« gut umrissen, so beinhaltet er auch Maschinisierung von Wissensdarstellungen. Die Darstellungen von Wissen sind jedoch etwas ganz anderes als das Wissen selbst. Sie verweisen auf Wissen, evozieren es vielleicht, *sind* selbst aber kein Wissen. Denn Wissen kommt nicht abgefüllt in Kübeln daher, die herumstehen, auch wenn manche meinen, Bücher und ähnliche Speicher seien solche Kübel. Wir können uns Wissen nicht anders als mit dem lebendigen Menschen denken.[130] Wissen ist so fein mit ihm, seinem Sein in dieser Welt, verwoben, daß es ohne wesentliche Reduktion keine äußere Form annehmen, also als Wissen auch nicht *verarbeitet* werden kann.

Das also, was »Wissen« eigentlich meint, paßt nicht auf einen Computer. Und das, was auf ihn paßt, schwingt in der Kopfarbeit, in ihren berechenbaren Teilen nämlich, mit. »Wissenstechnik« wäre danach Teil der Informatik. Nähmen wir explizit dargestelltes Wissen aber zum ersten Anlaß informatischen Fragens und Tuns, so verlören wir ganz wesentliche Momente dieses informatischen Tuns sofort aus den Augen. Unserem Verstehen dessen, was Informatik will, kämen wir so nur wenig näher. Wir blieben stehen bei der Hypothese von der Symbolverarbeitung. Das aber wollen wir uns nicht freiwillig antun. Deswegen der Ausgang bei der Arbeit!

Würde die Auffassung von der Wissenstechnik in die Enge führen, so tritt im Gegensatz dazu z. B. Arno Rolf für eine sehr weite Auffassung von Informatik ein. Er will sie als Gestaltungswissenschaft verstehen. Gestaltung, so legt er im Anschluß an [Winograd & Flores 1986] überzeugend dar, hat es mit dem Zusammenspiel von Verstehen und Herstellen zu tun. Sie läßt die schlichte (oder vielleicht schlicht erscheinende) »Konstruktion« der alten Ingenieursdisziplinen hinter sich. Gestaltung, so faßt Arno Rolf Aussagen von Pelle Ehn zusammen, vollzieht sich im Schnittpunkt von Politik und Ökonomie, von Kunst und Technik. Bewußt beide Momente menschlicher Erkenntnisfähigkeit gleichberechtigt gelten zu lassen, das Konstruieren (Herstellen) und das Interpretieren (Feststellen), ist ein mutiges Unterfangen.

Wie Arno Rolf, so haben mehrere Autoren während der letzten Jahre die Informatik auf eine Analogie zur Architektur hingewiesen. Dort wie hier geht es um einen Entwurf und um eine Konstruktion, deren Startpunkt keine präzise Beschrei-

---

130 Selbst Autoren wie Flusser können kaum leugnen, daß das in Speichern dargestellte Wissen nicht das Ganze des Wissens ist [Flusser 1989].

bung von Anforderungen und Eigenschaften meßbarer Art ist. Vielmehr werden Anforderungen erst während des Prozesses des Entwerfens deutlich, ja sie ändern sich auch über dem allmählichen Verfertigen des Gegenstandes.[131] Ohne in den Fehler verfallen zu wollen, die Vorzüge präzisen Konstruierens mit dem Bade des zu kühlen Formalismus auszukippen, ohne also zu behaupten, es ginge bei den Architekten und ähnlichen Kreativen *ganz* anders zu als bei den Ingenieuren, läßt sich hier doch eine interessante Differenzierung festmachen. Die Differenzierung bezieht sich aufs Gestalten und Konstruieren.

In der fertigen Gestalt kommt stets eine Unsicherheit, eine Entscheidungsfreiheit jener Situation zum Ausdruck, die *vor* der Gestalt war. Das *Gestalten* ist demnach das Herstellen mit Ungewißheit, das unsichere Herstellen. Das Herstellen mit einer Gewißheit will ich im Gegensatz hierzu die *Konstruktion* nennen, ganz wie – im Bereich der Sprache – das Feststellen mit Gewißheit der *Beweis,* das mit Ungewißheit die *Interpretation* zu nennen wäre. Zwischen Konstruktion und Beweis liegen *Gestaltungen* und *Interpretationen.* Die Gestalt, einmal für beendet erklärt, hat an sich, daß sie in jedem ihrer Momente auch anders sein könnte, aber nicht anders ist. Gelungen ist sie, wenn wir nicht wollen, daß sie anders wäre.

Auf einen unsicheren Prozeß des Herstellens sich einzulassen, weil das, was hergestellt werden soll, keine sicheren, insbesondere keine formalen Randbedingungen, Voraussetzungen, Zielsetzungen oder Eigenschaften hat, dies macht Gestaltung zu etwas anderem als Konstruktion. Ein anderer Ausdruck für Gestaltung im Sinne von »Verstehen-und-Herstellen«, von den Vorgängen der Software-Entwicklung her gedacht, ist Gestaltung als »Entwickeln-und-Benutzen«. Ist im klassischen (ein wenig idealisierten) Gang der Ingenieurarbeit die Konstruktion[132] von der Benutzung, die Technik also von der (Anwendungs-)Arbeit getrennt, so zeichnen sich konstruktive Bereiche wie die Architektur und (Teile der) Arbeitswissenschaften durch ein tendenziell gleichzeitiges Eingehen auf beide Seiten, die objektive und die subjektive, aus. Die Informatik muß dies auch tun! Sie wird damit zu einer Gestaltungswissenschaft, zu einer Wissenschaft, die es mit Gestaltung in einem begrenzten Bereich zu tun hat.

Der Ort der Maschinisierung von Kopfarbeit liegt also zwischen der Wissenstechnik und der Gestaltungswissenschaft. In der Informatik als Wissenstechnik erscheint der objektivierende Wille des Ingenieurs und Formalisten. Er reduziert über Gebühr. In der (umfassenden) Gestaltungswissenschaft erscheint der subjektivierende Wille des Künstlers und Holisten. Er mutet der Informatik zuviel zu. Die Informatik hat es ständig mit den Formalisierungen der Berechenbarkeit zu tun. Wären diese ihr immer schon vorgegeben, so hätte sie die Grenzen des Berechen-

---

131 Wem käme hier nicht Kleists kluger Aufsatz von der »allmählichen Verfertigung der Gedanken beim Reden« in den Sinn?

132 Ich werfe Entwicklung und Konstruktion hier in eins.

baren akzeptiert. In der Unterwerfung unter diese würde sie zur Ingenieurdisziplin, zur Wissenstechnik. Würde sie hingegen die Notwendigkeit der Formalisierung ständig leugnen, so zerflösse ihr ihr eigener »Stoff« unter den Fingern. In der Leugnung der Grenzen würde sie zur Humandisziplin, zur allgemeinen Gestaltungslehre.

Ihr wirklicher Widerspruch liegt in der Möglichkeit, die Grenzen des Berechenbaren zu transzendieren, und in der Notwendigkeit, sie zu akzeptieren. Im Begriff der »Maschinisierung von Kopfarbeit« wird dieser *Grenzcharakter* der Informatik angesprochen.

Geben wir uns aber keiner Illusion hin: der Architekt Le Corbusier hatte stets den Menschen im Sinn bei seinen Gestaltungen von Gebäuden zum Wohnen. Und doch hat er diesen – so human gemeinten Gebäuden – selbst den Namen »Wohnmaschine« verliehen.

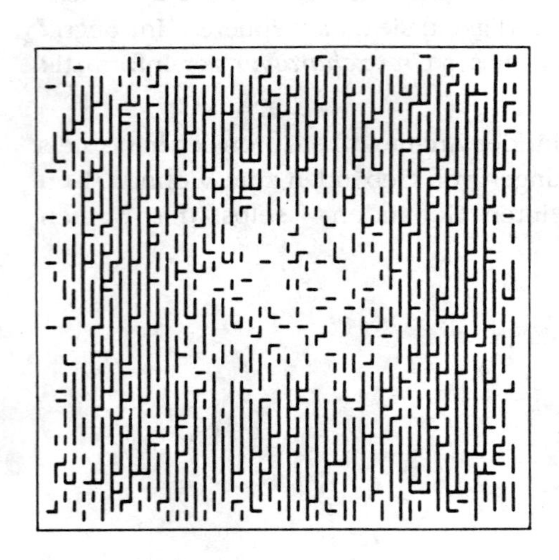

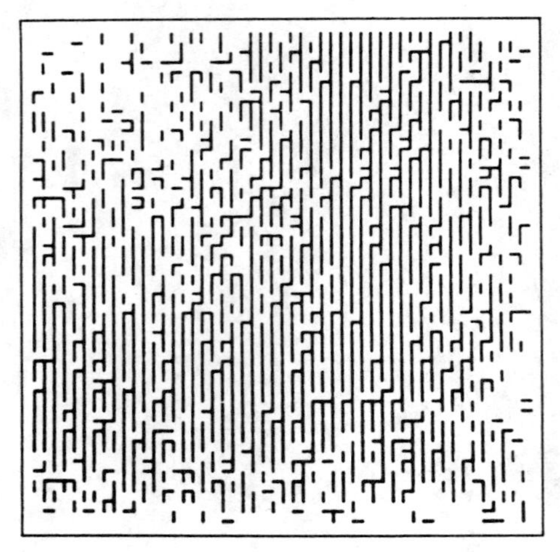

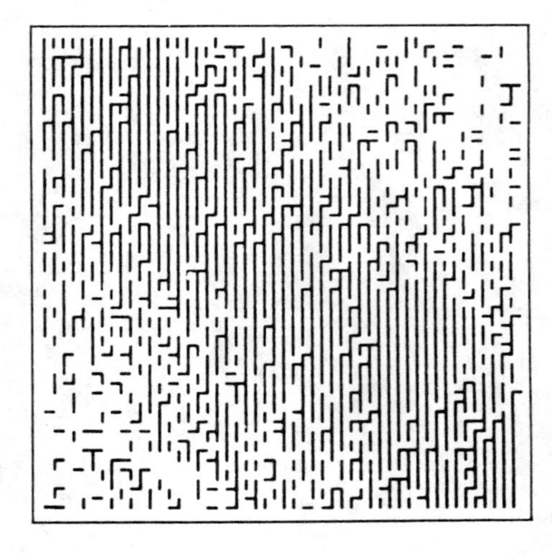

Kultur
Anthropologie
Computer

COMPUTER UND KULTUR

JÖRG PFLÜGER

Es ist viel von einer Computerkultur die Rede, ohne daß recht klar würde, was damit gemeint ist. Angesprochen werden Phänomene wie die durchdringende Ausbreitung der Datenverarbeitung in immer mehr öffentlichen Bereichen; die ,Computerisierung' der Lebenswelt; eine Subkultur von Hackern und Computer-Kids oder auch Computergestützte Kommunikationsformen und Medien. Die meisten der anvisierten Phänomene breiten sich zudem vor dem allgemeineren Hintergrund einer ,Informationskultur' aus. So ist nicht einfach auszumachen, ob Video-Spiele vorrangig ein Produkt der Computer- oder der Informationstechnologie sind. Im Laufe ihrer Geschichte fällt eine Unterscheidung immer schwerer. Wollen wir nicht nur in die verbreiteten Lobpreisungen oder Warnrufe einstimmen, die eine Informationsgesellschaft ausmalen, so gilt es, die spezifische Kulturleistung der Informatik herauszuarbeiten.

Einen sehr grundsätzlichen Ansatz vertritt J. D. Bolter, der die Computertechnologie als eine »*defining technology*« zu beschreiben versucht [Bolter 1984]. Eine *defining technology* ist dadurch charakterisiert, daß von ihr aus scheinbar disparate Erscheinungen einer Kulturepoche unter einem einheitlichen Gesichtspunkt verstanden werden können. Sie erlaubt es, verschiedenartigste Tendenzen des Wissens, Glaubens und Zusammenlebens wie »unter einem Brennglas gebündelt« zu sehen. Der Begriff der *Kultur* wird von uns, in seinem weitesten Sinne, als die Gesamtheit dieser Erscheinungen verstanden. Kultur repräsentiert die geschichtliche Form menschlicher Vergesellschaftung. Unter ihrem Dach sind Wissenschaft, Religion, Philosophie und Kunst, Institutionen, Sitten und Formen der Lebensführung versammelt.

Die philosophische Disziplin der Kulturanthropologie unternimmt es zu bestimmen, was der Mensch sei: wie er in und vor seinen Errungenschaften sichtbar wird. Menschsein wird in einen geschichtlichen Zusammenhang gestellt, worin es sich in einer jeweils bestimmten Kultur ausdrückt, wie umgekehrt diese ihr spezifisches Menschenbild ausformt. In modernen Gesellschaften nimmt Technologie unter den humanen Errungenschaften eine herausragende Stellung ein. Ihr Einfluß auf die Lebensumstände der Menschen ist evident. Die anthropologische Fragestellung ist dann, ob der Einfluß bestimmter Technologien jeweils peripher bleibt oder den Menschen selbst re-formiert. Kulturanthropologische Fragen an die Computertechnologie richten sich also an das geschichtliche ,Wesen des Menschen', welches diese Technologie vorantreibt. Im Doppelsinn dieser Formulierung wird deutlich, daß in zwei Richtungen gefragt werden muß: Welche Bedingungen und Möglichkeiten in der Verfassung der Subjekte und der gesellschaftlichen Institutionen kommen einer Computerisierung der Kultur entgegen und lassen sie fast als unausweichlich erscheinen? Und, welchen Charakter wird deren Umgang mit Welt und den Anderen, das Soziale und das Psychische, unter der Logik dieser Technik annehmen?

Jeder kulturanthropologische Ansatz muß mit einem unaufhebbaren Dilemma umgehen. Einerseits stellt er allgemeine Fragen und hebt auf generalisierbare Antworten ab. Andererseits ist schon der Begriff der Kultur eine recht gewalttätige Abstraktion, worin leicht die Besonderheiten einer jeden kulturellen Ausprägung verschliffen werden. Dieser Konflikt kann nur ausgehalten werden. Weil die technologisch vermittelte Verfassung des Menschseins – unser Menschenbild – in alle Lebensbereiche hineinspielt, erscheint der fragliche Bezug auf das *humanum* vom Alltag der Informatik und ihren Problemen abgehoben spekulativ. Dies täuscht jedoch, denn bei allen konkreten Fragestellungen – seien sie sozialpsychologischer, soziologischer oder philosophischer Art –, die das Subjekt in das Vordringen dieser Technologie einbeziehen, scheint in ihrem Zentrum eben jener Zusammenhang auf: Wie erklären sich die Faszination des Computers und Phänomene der Selbstausbeutung bei der Bildschirmarbeit? Von welcher Art ist die Abstraktheit der Software-Welt, und was bedeutet dies für das Verantwortungsbewußtsein ihrer Produzenten und Benutzer? Wie verändern sich Kommunikation und Kooperation, Entscheiden und Sprechen durch eine Computerunterstützung, welche in unerhörtem Maße explizite, differenzierte Spezifikationen erforderlich macht? Was wird uns Wirklichkeit, wenn unsere Modelle immer stärker auf ad-hoc-Simulationen beruhen?

Viele der Aufsätze in anderen Abschnitten dieses Bandes ließen sich offensichtlich auch hier einordnen. Vier Beiträge sollen im besonderen die wechselseitige Bedingtheit von Kultur und Informatik beleuchten. Die Auswahl reflektiert das oben angesprochene Spannungsfeld von Generalisierung und Besonderheit. Es wurde Wert darauf gelegt, die Informatik sowohl aus besonderem Blickwinkel zu beleuchten wie sie auf spekulative Weise in einen Geschichtsprozeß einzuordnen. Allen Beiträgen ist jedoch gemeinsam, daß sie davon ausgehen, daß das ‚Wesen' der Informatik nur in einem allgemeineren, geschichtlichen Kontext begriffen werden kann. Nicht behandelt wird in diesem Kulturabschnitt die Bedeutung des Computers in der Kulturindustrie. Natürlich gehört die Frage, was der Computer bei der Produktion von Kulturgütern ‚anrichtet', ins Feld der Kulturanthropologie: Zu thematisieren wären etwa Probleme des interaktiven Konsums, der »virtual reality« und der Hyper-Medien. Daß hierzu kein Beitrag erscheint, liegt nur daran, daß er von uns nicht geschrieben wurde.

Ein subjektiv gehaltener, fiktiver Briefwechsel zwischen einer humanistischen Optimistin und einem Kulturpessimisten dreht sich um die Frage, ob der neue Ordnungsfaktor Computer alles maschinell vereinnahmt oder dem *humanum* Freiheitsräume schafft. Der Briefwechsel verdankt seine Entstehung der ersten Bederkesa-Tagung. Dort hatten die Schreiber – *Dirk Siefkes*, alias Ada Blues und *Jörg Pflüger*, alias Fürchtegott Fröhlich – versucht, die Diskussionen in ihrer Arbeitsgruppe in Form eines Dialoges wiederzugeben. Daraus entstand die Idee eines Briefwechsels, mit dem eine alte Form der Auseinandersetzung wieder aufgegriffen wird. Der nächste Beitrag von *Bernhelm Booss-Bavnbek* und *Glen Pate* geht auf das Verhältnis von Mathematik und Informatik ein und zeigt dessen konfliktträchtige Wurzeln in militärischen Interessen und den Phantasmen eines Machbarkeitswahns auf. Die Scheinrationalität, zu der eine unkontrollierte Praxis führt, wird im Verhältnis von notwendiger zu aufgebauter Komplexität aufgedeckt. Im dritten Aufsatz setzt sich *Britta Schinzel* mit den geschlechtsspezifischen Aspekten der Informatik auseinander, mit ihrem männlichen Charakter und deren Wurzeln in der naturwissenschaftlich-technischen Tradition. Die Folgen dieser einseitigen Prägung für das Fach und die Benachteiligung der Frauen in Ausbildung und Berufsleben werden beschrieben. Mit der Forderung nach Erhöhung des Frauenanteils, was erst die Wirksamkeit ihrer sozialisationsbedingten Fähigkeiten ermöglicht, wird die Utopie einer anderen, »verträglicheren« Informatik entwickelt. Der letzte Beitrag von *Jörg Pflüger* schließlich versucht die These von der *defining technology* zu begründen, indem er das Denken der Informatik zusammen mit dem Paradigma der Selbstorganisation in eine Geschichte der abendländischen Denkfiguren einordnet. Die soziale Funktion eines solchen ‚modernen' Wissens läßt sich als die einer Institution im Sinne A. Gehlens auffassen, welche der Welt- und Selbstdeutung der Subjekte einen neuen Orientierungsrahmen gibt.

FRÖHLICH UND BLUES
Ein Briefwechsel

Berlin, 16. Februar 1990

Lieber Herr Fröhlich,

nach dem, was ich bisher von Ihnen gehört habe, sind Sie ein Kulturpessimist. Der Computer, sagen Sie, bringe Unheil über die Menschheit, werde die Kultur austrocknen lassen oder doch entscheidend verändern. Kulturelles Verhalten – bisher gekennzeichnet als schöpferisch, sinnlich, spielerisch, vielfältig – werde zunehmend ersetzt werden durch sinnloses Jagen nach vorgezeichneten Genüssen. Was Sie beunruhigt, sehe ich auch, halte es aber nicht für eine wesentliche Erscheinung, sondern für eine zufällige Strömung – wie Kultur eben fließt. Sie dagegen glauben an eine notwendige Entwicklung: Die Menschheit habe sich dem Computer verschrieben und passe sich in ihrem Verhalten unaufhaltsam diesem Idol an. Nachdem erst die Handarbeit maschinisiert sei und jetzt die Kopfarbeit nach und nach vom Computer übernommen werde, sei als letztes der Bauch dran.

Ich bin optimistischer. Wir Menschen sind frei in unseren Entscheidungen. Der Computer ist kein selbständiges Wesen oder gar Unwesen, sondern ein von Menschen geschaffenes Werkzeug. Wir werden nicht stärker von ihm beeinflußt, als wir wollen. Von unserem Wollen hängt es ab, ob wir kulturelle Wesen bleiben. Und daß wir willentlich zu Maschinen degenerieren, werden Sie nicht ernsthaft behaupten.

Ich würde mich gerne mit Ihnen treffen, um Ihnen die düsteren Vorstellungen auszureden. Wäre ein gemeinsamer Theaterbesuch nicht ein schöner Rahmen? Wir können auch tanzen gehen, wenn Sie mögen.

Ich grüße Sie herzlich

Ada Blues

Darmstadt, den 1.4.90

Sehr geehrte Frau Blues,

vielen Dank für Ihren Brief. Sie nennen mich einen Kulturpessimisten, und mir scheint, Sie bemitleiden mich ein wenig ob solch trostlosen Ausblicks. Ich verstehe meine Einstellung als historische Sichtweise. Und wenn man sich die Geschichte so anschaut, hat man, glaube ich, alles Recht, ein Kulturpessimist zu sein. Die historische Perspektive bringt mit sich, daß man Begriffe wie Kultur, Freiheit, Entscheidung (und ihre Realität) nicht als anthropologische Konstanten auffassen kann. Sie verändern sich auch in ihren wesentlichen Bestimmungen in der Menschheitsgeschichte und reformieren ihre eigenen Bedingungen. Die vom Menschen geschaffenen Verhältnisse und seine (technologischen) Produkte wirken auf diesen zurück. Sie beeinflussen sein Bild von der Welt wie sein Selbstbild.

Kultur fließt nicht eben mal so oder so. Manche Technologien prägen ein Menschenbild aus, das ihrer Logik angepaßt ist. Charakter bedeutet ja ursprünglich das Geprägte. Solche historischen Veränderungen sind normalerweise irreversibel. Und ich glaube, daß die Computertechnologie einen solchen Einfluß hat. Es handelt sich hierbei nicht nur um neue Werkzeuge und Spielzeuge, sondern diese Technologie greift in das ‚Wesen' des Menschen ein. Vielleicht ist es nicht übertrieben, wenn man den Eingriff mit der viel einfacheren, aber sehr wirkungsvollen Prägung durch die Erfindung der Uhr vergleicht.

Ich würde allerdings nicht sagen, der Computer bringe »Unheil« über die Menschheit. In gewisser Hinsicht perfektioniert er nur eine Tendenz, die mit menschlicher Vergesellschaftung schon immer verbunden war. Ich möchte sie als Tendenz zur Eindeutigkeit, zur Formalisierung bezeichnen. In dem Schaffen eindeutiger Verhältnisse wird das dunkle Zweideutige, das Widersprüchliche ausgegrenzt – oder, wenn sie so wollen: der Bauch. Auch wenn der Mensch sich auf diese Weise schon immer den Alltag erträglich gemacht hat, tritt diese Tendenz mit der Computertechnologie in ein qualitativ neues, irreversibles Stadium; in ein Land der unbegrenzten symbolischen Möglichkeiten. Die spielerische Vielfalt, der nichts entgeht, läßt so simple Binarisierungen wie ‚gut - böse' als naiv und altmodisch erscheinen, was nicht ausschließt, daß sie umso wirksamer sind.

Ein solcher Prozeß gehorcht einer Eigengesetzlichkeit, und mit unserem Wollen ist nichts getan. Es gibt nichts mehr frei zu entscheiden, wenn es nur um die Wahl einer Fallunterscheidung geht. Probieren Sie doch mal Ihre Freiheit an einem Radio aus. Unter dem Diktat der Unterhaltung kann man nur zwischen gleichen Unterhaltungen wählen oder ausschalten. Hier ist nichts mehr zu wollen, denn der Unterhaltung entkommt man nicht – egal ob man eine Kneipe oder ein Kaufhaus betritt oder auch nur auf eine Telefonverbindung wartet. Nebenbei: Wie Sie wissen, haben wir eine empirische Untersuchung über sozialpsychologische Aspekte des Umgangs mit Computern durchgeführt. Charakteristischerweise hat sich dabei ein ganz enger Zusammenhang zwischen einem reinen Unterhaltungsanspruch an Kultur und einer unkritischen, affirmativen Einstellung zum Computer ergeben.

Sie sehen also, tanzen gehen und Feste feiern bedeutet noch keineswegs, daß man dem Einfluß dieser Apparate entkommen ist und sich frei zum eigenen Menschsein bekannt hat. Auch das Sinnliche kann durchaus kombinatorisch gestaltet werden. Das bedeutet aber natürlich nicht, daß ich mich nicht darauf freuen würde, einmal mit Ihnen auszugehen. Auch ein Pessimist muß ja dann und wann ausspannen.

Mit freundlichem Gruß

Ihr Fürchtegott Fröhlich

Kiel, 9. April 1990, Montag

Lieber Herr Fröhlich!

An Ihrem Brief, für den ich Ihnen danke, fällt mir auf: In den meisten Ihrer Sätze lassen Sie Abstrakta oder Formalia – Technologie, Computer, Tendenz, Prozeß – als Subjekt agieren, mit Verben wie: prägen, eingreifen, bringen, gehorchen. In den übrigen Sätzen sprechen Sie im Passiv oder als ‚man'. Als Mann treten Sie einmal auf, in einem Nebensatz, im Konjunktivus irrealis. Das scheint mir irre typisch. Besteht Ihre Welt aus Techniken und Technologien, aus Gesetzlichkeiten und Tendenzen, zwischen denen die Menschen Sand im Getriebe der Eisenzähne sind? Ich muß Ihre Sätze mühsam in meine Sprache übersetzen: »Manche Technologien prägen ein Menschenbild aus, das ihrer Logik angepaßt ist.« Daraus wird bei mir: »Viele Menschen lassen heute ihr Menschenbild von einer Technik prägen und unterwerfen sich damit einer technologischen Gesetzlichkeit.«

Natürlich weiß ich, daß wir Menschen die Welt nicht frei gestalten. Ich schreibe ‚wir wollen', nicht ‚wir mögen'; und meine damit: wir wählen eine Richtung und verfolgen sie. Mit Nach-Druck, nicht so wischi-waschi.

Sicher ist die Wahl nicht frei. Aber wir haben Spielräume. Nur die Spielräume lassen uns unser Tun sinnhaft erscheinen. Techniken, Computern stehen wir als »Gegenständen« gegenüber; aber nicht sie sind es, die uns entgegentreten. Sinn entsteht, wenn wir auswählen können; und wenn wir wählen, entsteht neuer Sinn. Über Sinnlichkeit pflanzen wir uns fort.

In diesem Sinne hoffe ich auf eine gute Fortsetzung unseres Briefwechsels und grüße Sie

Ihre Ada Blues

P.S.:

Sie haben ja recht, daß durch die Technik unsere Welt sehr anders geworden ist. Ich bin von Berlin nach Kiel gereist, um für eine Weile der Versuchung und dem Druck zu schneller oder dauernder Kommunikation zu entgehen, die wir technisch möglich gemacht haben. So ein radikaler Schritt ist nur selten nötig. In Berlin schalte ich mein Radio fast nie und meinen Plattenspieler selten ein; dafür singe ich im Kirchenchor, obwohl ich lange aus der Kirche ausgetreten bin, und werde wohl jetzt meine Querflöte wieder hervorholen, die ich seit Jahren nicht gespielt habe. Ich brauche Spielräume, nicht Unterhaltung.

Bremen, den 16.5.90

Liebe Frau Blues,

alles zu seiner Zeit und an seinem Ort: konkret und persönlich, wenn man vom Konkreten und Persönlichkeiten spricht (ich habe übrigens auch eine Querflöte, die in meinem Regal verstaubt und oxidiert), und abstrakt, wenn man abstrakte Prozesse analysiert. Sicher haben Sie recht, wenn Sie den Wunsch nach einer persönlichen Sprechweise äußern. Oftmals ist eine abstrakte Rede ja ein Zeichen von Angst und Abwehr. Ich habe schon erwähnt, daß wir eine Untersuchung über sozialpsychologische Aspekte des Umgangs mit Computern gemacht haben. Da hat sich ergeben, daß diejenigen, die eine distanzlose, bewundernde Einstellung zum Computer haben, in einer emotional geladenen Situation genau zu einer solchen unpersönlichen, belehrenden Sprechweise neigen. (Wir haben dies in einem Videoexperiment getestet und z. B. die Häufigkeit der ‚man' gezählt.) Sie sehen, auch hier prägt der unkritische Umgang mit dieser Technologie die Persönlichkeit. Auf der anderen Seite jedoch sind mir die Leute genauso suspekt, die alles persönlich nehmen und dauernd ihre Betroffenheit vor sich herschieben. Sehr viel ist vom einzelnen Subjekt aus nicht zu verstehen. Des Menschen Wille ist sein Himmelreich, aber hier auf Erden waltet manches andre. Und walten hat nicht umsonst den Anklang von Gewalt. Wenn »wir wollen«, steckt darin schon eine Abstraktion, eine Macht, die uns durchwaltet und verwaltet. Es geht mir nicht darum, Spontaneität und den freien Willen zu leugnen oder gar abzuschaffen. Aber eine historische Sichtweise muß notwendig den subjektiven, isolierten Standpunkt verlassen und danach trachten, die Bedingungen und Mächte aufzuzeigen, die uns beeinflussen und präformieren. In unserer immer abstrakter werdenden Gesellschaft erscheinen diese – und damit auch Herrschaft – immer abstrakter. Und die Technologie, insbesondere die Computertechnologie als ihr modernster Vertreter, stellt deren wichtigste Repräsentanz dar; sie ist zum Hüter technologischer Herrschaft bestellt. In diesem Sinne ist die Richtung immer schon gewählt, und wir verfolgen sie, d. h.

wir rennen hinterher – mit Nach-Druck. Daß wir von Fall zu Fall die Wahl haben, bedeutet doch nur, daß wir nichts zu entscheiden haben. Die Wahl gerät nur allzuleicht zur beliebigen Auswahl in einem vorgegebenen kombinatorischen Feld. Ebendies heißt Konsum, den man fälschlich wahllos nennt. Damit reduziert sich Ihr Sinnhorizont auf eine programmierte Fallunterscheidung. Das scheint mir das Wort »Spielräume« auszudrücken, gegen das ich eine starke Abneigung habe. Ich spiele selbst sehr gerne und viel. Aber ich glaube, man muß dem Spielerischen auch kritisch gegenüberstehen. Nicht umsonst gewinnen Video- und Fantasy-Spiele im Umfeld der modernen Technologie eine so große Bedeutung. Bei »Spielräumen« fallen mir sofort diese Spielotheken oder Sportübertragungen im Fernsehen ein, welche inzwischen ganz nach den Anforderungen der Massenmedien ausgerichtet werden. Dort werden die »echten« Zuschauer durch elektronische Anzeigen aufgefordert, zu trampeln und spontan ausgelassen zu sein. Es läuft letzten Endes doch wieder alles auf Unterhaltung hinaus.

Und entschuldigen Sie, aber es ist eigentlich völlig unwichtig, ob Sie ihr Radio einschalten oder nicht. Wenn Sie die partikulare Verweigerung wählen: *aus* statt *an*, bauen Sie sich ein kleines Inselchen, das aber gesellschaftlich ziemlich irrelevant ist. Ich bezweifle auch, daß solche Inselchen dem gesellschaftlichen Trend entkommen können. Ich finde es bemerkenswert, wieviel Ähnlichkeit zwischen dem Vokabular der Alternativbewegungen und der modernen Technologie existiert: dezentral, autonom, verteilt und ganzheitlich.

Aber das soll Sie nicht entmutigen, und ich hoffe, ich habe Ihr Wohlwollen errungen, indem ich diesmal mehr ‚Ichs' verwandt habe.

Ich Fröhlich

Berlin, 3. Juli 1990

Lieber Herr Fröhlich,

Schade, daß wir so selten Zeit zum Schreiben finden. Wir verständigen uns ja so langsam, aber eben: wirklich langsam.

Einig sind wir uns darin, daß wir uns beim Spielen am Computer oder in ähnlichen Situationen nicht wirklich entscheiden: die Möglichkeiten sind vorgegeben, wir müssen nur auswählen; die eigentliche Entscheidung – wie kann es weitergehen? – ist schon gefallen. Die Unterscheidung habe ich von dem Kybernetiker Heinz von Foerster gelernt: Bei Entscheidungen im technischen Sinn bleiben wir im vorher abgesteckten Rahmen, wir vertrauen unserer Weitsicht und, wenn auch meist nicht bewußt, der des »Spielmeisters«. Bei eigentlichen Entscheidungen, im menschlichen Sinn, müssen wir die Möglichkeiten selber erst schaffen; wir vertrauen uns selbst und den immer dabei involvierten anderen Personen. Entscheidungsunfähigen

Menschen mangelt es an Vertrauen – in die anderen und in sich selbst – und an Phantasie: nicht, sich die Möglichkeiten »auszumalen«, sondern sie erst »aufzuzeigen«, sich und anderen. Phantasie ist nämlich (wörtlich nach dem Griechischen) die Fähigkeit, zu zeigen.

Haben Sie bei Ihrer sozialpsychologischen Studie auch den Zusammenhang zwischen dem Verhältnis zur Technik, insbesondere dem Computer, und dem Verhältnis zum anderen Geschlecht untersucht? Mir fällt auf, daß Männer, die die Technik sehr hoch bewerten (positiv oder negativ), Frauen meist für naiv oder geheimnisvoll halten; auf jeden Fall sind Frauen für sie keine ganz ernstzunehmenden Gesprächspartner. Männer, die der Technik abwägender gegenüberstehen, schätzen Frauen eher realistischer ein. Haben Sie das bei Ihren Untersuchungen auch festgestellt? Und wie ist es umgekehrt?

Bei Ihnen stimmt das: Sie sind überzeugt von der Allgewalt der Technik und halten mich für naiv. Habe ich denn nicht geschrieben, daß ich mit ‚wir entscheiden frei' nicht meine , ‚wir tun, was uns einfällt'? Natürlich sitzen wir im Käfig unseres Charakters und im Netz unserer sozialen Beziehungen. Zum Glück, sonst wären wir haltlos und hilflos. Natürlich üben die anderen mit ihren Vorstellungen und ihren Trieben und ebenso wir selbst Gewalt über uns aus. Aber dieser Rahmen liefert nicht mehr und nicht weniger als die Basis, auf der wir sinnvoll Entscheidungen treffen können. Sinn, schreibt Niklas Luhmann in seinem Buch »Soziale Systeme«, besteht in den Verweisen auf Möglichkeiten weiterzugehen; oder so ähnlich. Wenn wir keine Möglichkeit haben, weiterzuleben, sterben wir; aber schon wenn wir zu wenige sehen, erscheint uns das Leben als sinnlos, und wir sind auch zum Tode verurteilt. Könnten Sie dauernd nach Befehl leben? Wir verstehen Regeln erst, wenn wir – zumindest im Geist – versuchen, sie nicht zu befolgen.

‚Verweise' finde ich zu unpersönlich. Möglichkeiten entdecken und wählen wie beim Computerspiel ergibt noch keinen Sinn, wir müssen sie erst schaffen. »Sinn entsteht im Entwerfen neuer Möglichkeiten«, wäre meine Formulierung. Riecht Ihnen das wieder zu sehr nach persönlicher Betroffenheit? Beim Ent-Werfen muß ich die anderen treffen, ebenso wie mich selbst; werfe ich mich allein in die Brandung, ertrinke ich. Deswegen ist Sinn bei Luhmann ein soziales Phänomen, kein Schwimmen in der Seelensuppe. Deswegen halte ich nichts von Computerspielen; sie sind asozial, wirken sogar antisozial. Ich schätze aber ihre Gefährlichkeit auch nicht höher ein als die anderer Drogen.

Den Kirchenchor habe ich zur Zeit aufgegeben: zu viele Beziehungen. Vielleicht finden wir ein anderes gemeinsames Feld? Vielleicht ein Spielfeld, wenn Sie Spielräume nicht mögen. Leiden Sie an Klaustrophobie?

Nichts für ungut.

Ihre *Ada (Blues)*

Bremen, 12.10.90

Liebe Frau Blues,

ich habe keine Angst vor geschlossenen Räumen. Die »Spielräume« sind auch im Gegenteil durch ihre prinzipielle Offenheit und Beliebigkeit bestimmt. Sie gleichen eher einem Labyrinth, einem Raumsystem, in dem man von einem Ort zum anderen wandelt, ohne jemals zu wissen, warum man gerade da ist. Im »Spielfeld« werden einfach nur die dünnen Zwischenwände entfernt, und in der Nacktheit des Feldes spürt man etwas deutlicher, daß man verloren ist. Vielleicht kommt solches darin zum Vorschein, daß die Spielotheken in lauter kleine, ineinander übergehende Kammern aufgeteilt sind.

Natürlich hat die Offenheit etwas Befreiendes, sofern damit eine Überwindung von Borniertheit und Dogmatismus intendiert ist. Zugleich ist diese Offenheit aber nur eine symbolische, die auf immer neue Möglichkeiten ausgeht. Ihre geliebte Sinnproduktion à la Luhmann, die nur in Verweisen auf überschüssige Möglichkeiten besteht, wird leicht zum sinnenfrohen Geklapper. Wenn sich Sinn nur im unendlichen Regreß auf weiteren Sinn herstellt, kann man nichts auf den Grund und nicht zur Ruhe kommen. Im Sinne Hegels ist dies eine »schlechte Unendlichkeit«. Luhmann bemerkt denn auch in einer Fußnote, daß sich in seiner Theorie eine Frage nach der ‚Sinnlosigkeit des Daseins' nicht mehr stellen läßt. Aber die spannende Frage ist doch nicht, ob im unendlichen Spiel der Verweisungen laufend Sinn produziert wird, sondern ob sich dies dem Subjekt auch als sinnhaftes Erleben und Handeln aufdrängt. Vielleicht ist gerade hier ein geschlechtsspezifischer Unterschied anzusetzen, insofern der spielerische Umgang mit neuen und noch mehr Möglichkeiten, der nie zum Abschluß kommt, eine typisch männliche Ausprägung des Umgangs mit Computern zu sein scheint. Das wird durch viele Untersuchungen belegt.

Aus solcher Gefangenheit in der Offenheit kommen Sie auch nicht mit dem befreienden Wort des phantasievollen »Entwerfens neuer Möglichkeiten« heraus. Menschliche Fähigkeiten wie Entwerfen oder Entscheiden sind doch keine angeborenen Konstanten. Sie müssen gelernt werden und sind geformt durch die Bedingungen, unter denen sie sich entwickeln, die sie unterstützen oder beschränken. So sind Ihre ganzen Möglichkeiten nur auf die Zukunft bezogen, sie haben gar keine Geschichte. Die Beschränkung auf die Frage: Wie kann es weitergehen? ist aber charakteristisch für das Abarbeiten eines Entscheidungsbaumes oder eines Menüs. Es gilt dort nur, in jeder »Situation« die nächste auszuwählen, und dies »kontextfrei«, weil es egal ist, wie man dahingekommen ist. In einer lebensgeschichtlichen Situation, wo eine Entscheidung ansteht, bedeutet Möglichkeiten aufzuzeigen in antiquierter Sprechweise: das, was sein kann, ans Licht zu bringen, es aus dem Vergessen zu holen. Im programmierten Lebensbaum gehört das Vergessen aber zum Auswahlprinzip. Nur der Zustand ist relevant, und alles erscheint reversibel.

Glauben Sie nicht auch, daß ein Umgang mit solchen Entscheidungs- und Zukunftsstrukturen in immer mehr Lebensbereichen den Menschen prägt und ihn zu einem verantwortungslosen Spieler erzieht? Wenn sich die Wirklichkeit, die nicht in einer Auswahlkultur aufgeht, dann nicht so recht nach diesem Modell verhält, ist es nur konsequent, wenn sich ein solch verwöhntes Geschöpf in eine »virtual reality« flüchtet. Und glauben Sie mir, die technologischen Möglichkeiten zu deren Realisierung sind fortgeschrittener als wir uns träumen ließen. Die Faszination dieser virtuellen Welt besteht eben darin, daß alles offene Zukunft ist und man sich keine Sorge um die Vergangenheit machen muß. Das Bedenkliche daran ist, daß der oberste Spielmeister der fantasy-Reise – das Über-Ich – immer mitspielt; und nicht umsonst hockt der perfektionierte Agent der virtuellen Realität in einer Daten-Zwangsjacke.

Herzlich

Ihr Fürchtegott Fröhlich

P.S. Es stimmt, daß das Nicht-Schreiben unseren Briefkontakt prägt, und das macht auch mir Unbehagen. Es ist schon seltsam, wie schwer es mir fällt, die Zeit und Kraft zu finden, eine Antwort aufs Papier zu bringen. Dabei bräuchte ich mir die Zeit nicht besonders zu stehlen, denn ich verbringe mehr Zeit damit, darüber zu sinnieren, daß ich Ihnen antworten müßte, als ich dann effektiv zum Schreiben brauche. Aber ist dies nicht gerade ein Zeichen der Zeit und ein Indiz unserer Problematik: der Schwierigkeit, sich einlassen zu können?

Berlin, 7. Dezember 1990

Lieber Herr Fröhlich,

wie wir beide immer das sehen und hören, worauf wir aus sind! Wenn Luhmann ‚Sinn' als Verweis auf Möglichkeiten beschreibt, sehen Sie dahinter eine unendlich sich auftuende Flucht von kombinatorischen Räumen; die Definition wird Ihnen sinnlos. Mir dagegen bietet sie eine Möglichkeit, mit meinen Studenten, die über Sinn des Lebens (zumindest von mir) nichts hören wollen, sachlich über ‚Sinn' zu reden, zum Beispiel ‚Sinn' von ‚Bedeutung' – das Einbetten in Lebenszusammenhänge von dem Zeigen auf einen Sachverhalt – zu trennen (wichtig für Informatiker). Wenn wir über ‚Spielen' reden, meine ich Gesellschaftsspiele, die vor allem dazu dienen, gesellschaftliche Beziehungen anzuknüpfen und zu erhalten. Sie dagegen denken an Spielotheken, in denen Menschen sich Maschinen unterordnen, um ihre Einsamkeit zu vergessen, die dadurch nur trostloser wird.

Auch ich habe eine Zeitlang, in einer negativen Phase, alles Spielen abgelehnt. Ich hatte genug von Regeln, konnte kein Vergnügen daraus ziehen, mich ohne Not weiteren zu unterwerfen. Aber heute lasse ich mich wieder mit mehr Spaß auf so unernste Ziele verpflichten. Vielleicht kann ich Ihnen so den Sinn von ‚Sinn' am besten verdeutlichen: Wenn es mir gut geht, mir das Leben sinnvoll erscheint, kann ich mich auf vieles einlassen; Sinn schafft Verbindungen, steckt an. Geht es mir schlecht, kapsle ich mich ein, verschließe mich neuen und alten Möglichkeiten; Sinnlosigkeit schließt aus.

Da finde ich gewisse Philosophen hilfreich: Sie teilen die menschliche Sphäre in Tun, Denken und Begehren ein und können dann klarer über Zusammenhänge reden. In der *Praxis* setzen wir uns mit Lebewesen und Dingen auseinander, entdecken Regeln oder stellen sie auf; in der *Theorie* begleiten wir das Tun gedanklich vor- und rückwärtsgreifend und unterstützen es sprachlich eingreifend; in der *Phantasie* haben wir den Antrieb zu tun und zu denken und die Werte, nach denen wir uns entscheiden. Sicher spielen diese Bereiche in verschiedenen Menschen und in verschiedenen Situationen verschiedene Rollen; aber immer spielen alle drei hinein. Versuchen wir einen der Bereiche gewaltsam einzuschränken, engen wir die anderen mit ein. Um bei unserem Beispiel zu bleiben: Durch Spielen am Computer können wir uns zwischen harter Arbeit zerstreuen oder von seelischer Verspannung befreien (wie die Wörter passen: so »zerstreut« oder »befreit« stehen wir wieder auf breiteren Füßen, sehen wieder Sinn). Aber lassen wir uns ins Regelwerk des Computers zu fest ein, können wir bald nur noch Regeln folgen, verlieren uns im Räderwerk. Deswegen spiele ich lieber in der Runde, am Tisch oder auf einem Instrument. Andere Menschen ziehen in andere Richtungen, da passen Regeln nie so ganz.

20.12. Ich habe spontan geschrieben, als ich Ihren Brief erhielt; dann habe ich es liegengelassen. Ich? Erst wollte ich schreiben: »dann ist es liegengeblieben.« Aber wo ist da das Subjekt? Kniffliger wäre es schon, wenn ich meine Korrespondenz durch einen Computer verwalten ließe. Sicher tun Sie das, und Ihr Computer läßt den Brief an mich vom 12. Oktober bis zum 7. Dezember liegen. Treten Sie ihm mal an die Konsole, oder wünschen Sie sich von ihm zu Weihnachten mehr Pünktlichkeit und weniger Arbeitsüberlastung.

Ihnen wünsche ich besinnliche Weihnachtsferien

Ihre *Ada Blues*

Bremen, 1.2.91

Liebe Frau Blues,

ich lehne doch nicht alles Spielen ab. Ich habe schon erwähnt, daß ich selber sehr gern spiele. Ich finde nur die Durchdringung von immer mehr Bereichen durch die Spiel-Metapher höchst bedenkenswert. Das Spiel symbolisiert nicht mehr die häusliche Idylle des Biedermeier; es ist ein Paradigma in fast allen Wissenschaftsbereichen geworden. Und dieser Krieg kommt auch als Golf-Spiel daher. Es geht mir auch nicht um extreme Phänomene der Spielsucht, sondern das Bedenkliche sehe ich in der Leichtigkeit, mit der man etwa im Zusammenhang der Informationstechnologie die angebliche Überwindung der Trennung von Arbeit und Spiel feiert. Sie sprechen davon, daß Sie sich im Spiel »befreien« können, und man macht daraus die Aufhebung des »Reichs der Notwendigkeit« im »Reich der Freiheit«. Nur weil man im Spiel, in der Simulation mehr Wahlmöglichkeiten angeboten bekommt. Mir scheint, es geht dabei eigentlich um den »Kontext der Uneigentlichkeit« (Bateson), den diese Metapher transportiert – um eine Einübung in Flexibilität. An einen modernen Sachbearbeiter werden ja neue Qualifikationsanforderungen gestellt: Flexibilität, Kooperationsfähigkeit, Zukunftszugewandtheit, Lernbereitschaft, Anpassungsfähigkeit etc. Es geht darum, daß er lernt, seine »ganze Persönlichkeit zum Instrument« zu machen. Und genau dies trainiert das Spiel, das immer auf geregelte Möglichkeiten ausgerichtet ist. Sie selbst schwärmen ja von den Möglichkeiten, weil darin der Sinn zu finden sei. Aber in der Ausschließlichkeit des Möglichen verliert man den Grund, der ernst, geschichtlich und einmalig ist. Ich glaube, daß in der Fetischisierung der Möglichkeit eine Ursache der Sucht zu suchen ist, insofern diese sich nicht abschließen kann, weil sie immer in der Differenz zum Nächsten lebt. Für den Alkoholiker zieht sich dies auf die einfache Quantität zusammen: nur ein Glas noch. Das Rezept der Anonymen Alkoholiker und Spieler – die Anerkennung der eigenen Ohnmacht – ist so als das Zerschlagen dieser unendlich produktiven Möglichkeitskette zu sehen.

Sie bemerken die Ähnlichkeit zu meiner Argumentation über das Leben in Entscheidungsbäumen im letzten Brief. Gemeinsam ist ihnen das Moment der »Zerstreuung«, das Aufweichen der »harten« Realität. Manche Informatiker berufen sich inzwischen gern auf Heidegger. Ich will mich hier mal an seinen Pessimismus anlehnen. Bei Heidegger ist die »Zerstreuung« mit ihrem Charakter des »Unverweilens« Ausdruck einer Fluchtbewegung des »Daseins«, das darin der Uneigentlichkeit »verfällt«. Auch bei Heidegger ist Menschsein durch die Annahme seiner Möglichkeiten bestimmt, aber so, daß es in der aktuellen Wahl – im Verfehlen des Anderen – seine Nichtigkeit erfährt. Zu-Sein ist ihm Aufgabe und Last. Die existentielle Verfassung der »Sorge« kann nur im Bezug der Möglichkeit auf die Faktizität des Daseins verstanden werden. In der alltäglichen Zerstreuung entlastet sich das Dasein von der Annahme der in dieser Differenz begründeten Freiheit – von Verantwortung. Es verfällt an »seine eigenen Möglichkeiten, nämlich so, daß es sich ihren Möglichkeitscharakter verdeckt, um sich nicht in Frage gestellt zu sehen«. Ich glaube, daß hier die Computertechnologie und die Metapher des Spiels wirksam werden. Nicht umsonst spricht man so viel von Entlastung; was das entlastete Subjekt eigentlich sein soll, fragt man nicht. Die kontextfreie Wahl im Entscheidungsbaum und der spielerische Umgang mit Regeln setzt das Feld des Möglichen als einen Raum von Positivitäten (oder Positionen) voraus. Das Nicht-Gewählte wird auf doppelte Weise ausgeblendet: es kann im aktuellen Zustand nicht gesehen werden, und es erscheint immer noch einholbar und wiederholbar. Hegels »negative Kraft des Lebendigen«, das seine »Seins-Verfehlung« in der Aufhebung aller Positivität überwindet, ist an den Algorithmus deligiert worden. Mir scheint, daß sich die spezifische Verantwortungslosigkeit des informatischen Tuns in dieser Abstraktion begründet, insofern sich hierbei jede partikulare Modellrealisierung nur in der Differenz zum Treiben ihres universellen Anspruchs mißt. Auch das kann man in der Logik dieses Krieges und seiner Rechtfertigung verfolgen. Seine perverseste Metapher ist die militärische Rede vom Umgang mit selbststeuernden Waffen: »fire and forget«. Hier kommt die Realität der spielerischen Möglichkeit zu sich selbst. Ein weniger spektakuläres Indiz dieses Zusammenhangs aus unserer Studie habe ich schon in meinem ersten Brief erwähnt. Die wohl drastischste, signifikanteste Korrelation zwischen einer unkritischen, bewundernden Affinität zum Computer tritt mit einem reinen Unterhaltungsanspruch an Kulturelles auf – dem Wunsch nach Zerstreuung. Die Akzeptanz dieser Technologie geht also mit der Vermeidung von Provokation und In-Frage-Stellen einher. Und diese Art Kultur ist ja vor allem durch Vielfalt und Möglichkeit, durch »Freiheit« der Wahl bestimmt.

Liebe Frau Blues, lassen Sie mich wieder auf den Teppich kommen. Ich wende mich ja nur gegen Ihren guten Glauben, weil mir sein historischer Bezug fehlt. Die Gliederung des Menschseins in Praxis, Theorie und Phantasie stellt eine Abstraktion dar, die selbst geschichtlich bedingt ist und lang- wie kurzfristigen Veränderungen unterliegt. (Dies kann man besonders gut an einem so problematischen Bereich wie der Sexualität deutlich machen.) Und, was besonders wichtig ist, Technologie, insbesondere Computertechnologie, etabliert gerade in diesen Feldern eine »Realabstraktion«, sie zementiert flexible Verhältnisse. Und bitte, was soll Ihre Rede, daß da etwas »hineinspielt«? Wer spielt? Warum ist das Spiel? Beobachten wir nicht vielmehr die Not der Praxis, die alles andere unterwirft? Was auch immer man von der Theoretischen Informatik hält, eins ist klar, daß sie unter der Tyrannei des Machbaren in immer stärkeren Rechtfertigungsdruck gerät. Fragen nach den Grenzen des informatischen Tuns werden in dem Maße verdrängt, wie sie unabweisbar werden. Das betrifft auch Ihre Phantasie und deren Werte, was man wiederum in diesem »erfolgreichen« Krieg sehen kann, dessen Moral unter der business-Metapher von »risks« und »gains« diskutiert wird. Unser Antrieb ist nichts an sich, sondern er wird von unserer Praxis mitgeprägt. Komplementär zu Ihrer These gilt (auch), daß, wenn ein Bereich gewaltsam ausgedehnt wird, die anderen eingeengt werden. Und hier nimmt die Informatik mit ihren ad-hoc-Modellen und ihrem Universalitätsanspruch eine Vorreiterrolle ein. Sie fördert, was man treffend »magischen Realismus« genannt hat.

Nochmal: das Medium, das den Umgang mit Welt vermittelt, formt seinen Benutzer; das unterstützende System entläßt sein entlastetes Subjekt in ambivalenter Weise befreit. Und wenn ein geschichtlich technologischer Prozeß in bisher nicht gekanntem Maße dem Subjekt Wirklichkeit als Spielraum von Möglichkeiten präsentiert, muß sich dieses erst in so einer Welt zurechtfinden. Man kann das im Bilde des objektorientierten Systementwurfs einfangen: Hier wird Welt als Bibliothek von Objekten gesehen, die zusammen mit ihren Möglichkeiten gegeben sind und alsdann fortgeschrieben werden müssen. Die alte Metapher der »Lesbarkeit der Welt« kommt so ohne transzendenten Autor aus. Agent wird das Schreiben selbst. Das Subjekt hat nur noch die Wahl, dessen Möglichkeiten zu nutzen. Es steht zu vermuten, daß der Wunsch nach Intensität sich in dieser Extension der Wahlakte nur noch pathogen äußern kann und daß Phantasie nur noch als unwahrscheinliche Selektion und Konstruktion erfahrbar ist. Da ist mir unheimlich bei dem Schlachtruf: »Phantasie an die Macht«. Es scheint mir ein Slogan des Neuen Managements zu sein. Ich halte es lieber mit der Naivität der Alten: »Maria behielt alle diese Worte und bewegte sie in ihrem Herzen.«

Ihr *Fröhlich*

Berlin, 13. März 1991

Lieber Herr Fröhlich,

was für ein fürchterlich pessimistischer Brief! Sie brauchen eine verständnisvollen Menschen, um sich anzulehnen, nicht einen tyrannischen, kleinherzigen Philosophen. Wie gut, daß ich glücklich verheiratet bin. Gut, weil wir uns doch nie verständigen könnten. Ich plaudere so dahin, und Sie entdecken überall Probleme. So erscheine ich Ihnen verwerflich oder dumm, wahrscheinlich beides.

Sie denken immer in Extremen: Spiel – Arbeit, Freiheit – Notwendigkeit, Möglichkeit – Nichtigkeit, Individuum – Gesellschaft. Ich dagegen bin weder Alkoholikerin noch Blaustrumpf, aber mit einem guten Wein erfreuen Sie mich immer. Ob ich die Flasche dann mit Ihnen leere oder sie (und Sie!) in den Schrank stelle, hinge von den Umständen ab. Warum, um Himmels willen, ist Sexualität »so ein problematischer Bereich«?

All diese Extreme sind Schimären, erfunden von Philosophen, Psychologen, Soziologen. Die schlagen Pflöcke ins Himmelsgewölbe, um daran ihre Netze aufzuspannen. Und da verfängt sich Fürchtegott und zappelt. Ihre Eltern hätten Sie lieber ‚Fürchtenichtdenteufel' nennen sollen. Den Teufel haben die Theologen erfunden, wie die Logiker den Widerspruch. Daß ich die beiden eben vergessen habe! Die haben die größten Pflöcke.

Sind Sie schon einmal einem lebendigen Individuum begegnet, oder haben »die Gesellschaft« gesehen? Wenn ich mit Menschen umgehe, sind da immer mehrere, wir haben etwas vor, wir kommunizieren. Niklas Luhmann nennt das ein ‚soziales System', ich sage ‚kleines System'. Allein oder in der Masse kann ich denken, fühlen, handeln, aber nur eingeschränkt, ich bin nicht wirklich Mensch, das System ist zu klein oder zu groß. Wie groß ein System ist, hängt nicht so sehr von der Zahl der Teilnehmer ab, sondern von anderen Faktoren: der Ausstattung (Mittel und Regeln), der Sprache (Ausdrucksfähigkeit, Begrifflichkeit), der Intention (wollen, wünschen, glauben). Je mehr Leute es sind, desto extremer wird das System in diesen Hinsichten: material aufwendig und starr, sprachlich formal, intentional kalt und unfrei. Und desto dürftiger wird die Kommunikation. Aber solche Extreme kommen auch in zahlenmäßig kleinen Systemen vor; durch sie wird die Kommunikation eingeschränkt, nicht durch die schiere Zahl. In gar zu kleinen Systemen – mittel- und regellos, spracharm, gleichgültig – bricht die Kommunikation ganz zusammen. Deswegen nenne ich ein System *klein*, wenn es in allen diesen Hinsichten nicht zu üppig und nicht zu mager ist. Nur in kleinen Systemen kann ich mich frei zwischen den Extremen ‚übermäßig' und ‚unterbemessen' bewegen, und nur in Bewegung kann ich frei kommunizieren. Auf dem goldenen Mittelweg bewegt sich für mich nichts. Aber Sie haben ja nie auf meinen Vorschlag, tanzen zu gehen, geantwortet. Zu kleines System? Wäre ich Pu der Bär oder Carlsson vom Dach, würde ich sagen: »Klein ist, was ist wie ich – grad richtig groß und dick«. Aber Sie haben sicher keine Kinder, denen Sie vorlesen. Ich lese manchmal sogar meinen Studenten vor, zum Beispiel aus Benjamin Hoff's »The Tao of Pooh«, dem Lehrbuch über Pus und Tao und kleine Systeme.

Kleine Systeme finde ich nirgends vor. Aber ich erfinde sie auch nicht; ich arbeite daran, gemeinsam mit den anderen. Überall, in der Familie und in der Universität, arbeitend und spielend. Und immerfort, weil sie immer wieder zerfallen. Die Bestimmenden sind nämlich stark gekoppelt, ein Extrem zieht andere nach sich. Insbesondere können Sie keine der Bestimmenden auf andere reduzieren, das wäre ja ganz extrem. Deswegen können Sie große Systeme nicht rein organisatorisch in den Griff kriegen; und mit blauen Augen oder frommen Wünschen schaffen Sie kleine Systeme ebensowenig wie mit überzeugenden Reden.

Deswegen stören mich Ihre Gegensatzpaare. ‚Klein' und ‚groß' sind nicht Gegensätze, sondern ‚zu groß' und ‚zu klein' sind beide Ausartungen von ‚angemessen'. Ich sage nur ‚klein', weil das so ein schönes kleines Wort ist, während ‚angemessen' so gemessenen Schrittes daherkommt. Natürlich fürchte ich mich auch vor dem Militär, Informatikern, Bürokraten und Formalisten aller Provenienzen, die die Welt in einen Glaskasten oder Schutthaufen oder in ein Gefängnis verwandeln möchten. Ich sehe sie schon emsig gemeinsam kleine Waffensysteme erforschen, entwickeln, abfeuern und vergessen. R & D, F & F! Aber ich kann sie daran nicht hindern; das zu wollen, wäre Große-Systeme-Denken. Ich kann nur alle, die ich erreiche, mit dem Kleine-Systeme-Virus zu infizieren versuchen. Für die Welt bin ich nicht verantwortlich; ich habe sie nicht gemacht und könnte sie nicht machen. Aber wenn ich in meinen kleinen Systemen verantwortungslos handele, fliegen sie in die Luft. Abgefeuert und vergessen!

Ich halte Menschen, die Angst vor dem Computer haben, für ebenso gefährlich wie die, die alles damit machen zu können meinen. Beide wissen nicht, was sie tun. Deswegen versuche ich meinen Studenten (und meinen Kollegen) klarzumachen, wie scharfe Instrumente Formalismen aller Art sind: nützliche Werkzeuge oder gefährliche Waffen. Wir müssen achtsam damit umgehen. Achten! Auch so ein kleines Wort, umgeben von den Riesen Angst, Gleichgültigkeit, Selbstüberschätzung, Hochmut – alle gleichermaßen verachtend und verächtlich. Erziehung zur Achtsamkeit! Aber ich mag große Programme so wenig wie spitze Schlachtrufe. ‚Phantasie an die Macht' ist nicht von mir; da verwechseln Sie mich mit den 68ern. Wir brauchen Phantasie, um überall Möglichkeiten für kleine Systeme zu sehen und sie einander zu zeigen. *Was brauche ich Macht, wenn ich Phantasie habe?*

Ihre Individuen, Herr Fröhlich, sind mir zu ernst, geschichtlich und einmalig. Meine kleinen Systeme sind das auch; aber gleichzeitig sind sie fröhlich, im Aufbruch und überall. Maria behielt nicht nur die Worte der Engel, Hirten und Könige, sondern bewegte (!!) sie in ihrem Herzen; sicher war sie erschrocken und erfreut. Aber ich will Sie nicht spotten oder verletzen. Und ich merke beim Überlesen, daß ich zwischen Ihnen und mir einen Gegensatz aufgebaut habe. Schlecht für unsere ‚Beziehungskiste'! (Das Wort gehört eigentlich nicht zu meinem aktiven Schatz; ich habe es von einem Verleger, für den ich eine Arbeit mit dem Titel »Beziehungskiste Mensch-Maschine« schrieb. Darin steht einiges zu unserem Kulturthema; soll ich sie Ihnen schicken?) Fürchtegott, wir müssen uns treffen. Was halten Sie von der Lüneburger Heide, in der Mitte zwischen Berlin und Bremen? Den Wein bringe ich mit.

Reumütig

Ihre *Ada*

Bremen, 20.3.91

Liebe Ada,

jetzt haben Sie aber mächtig aufgedeht. Ich weiß gar nicht, warum Sie mich für einen freudlosen Sauertopf halten, nur weil ich die uns vorgesetzten Möglichkeiten für bedenklich halte, sie auf ihre historische Relativität überprüfen will. Desillusionierung bedeutet nicht zwangsläufig auch fatalistischen Pessimismus. Es geht mir darum, nicht nur im Kleinen – an der Werkbank –, sondern auch im Großen und Ganzen achtsam zu sein. Ihre Attitüde zur Welt dagegen kann ich nicht anders charakterisieren als: frisch, fromm, frei und fröhlich. Wobei das fromm so wohl nicht stimmt. Ich weiß nicht, was Sie eigentlich sehen. Sexualität *ist* problematisch. Da muß man einfach nur hingucken. Es läßt sich am lebendigen Individuum, an der Gesellschaft und in der Geschichte wahrnehmen. Nicht umsonst ist wohl über nichts sonst so viel geschrieben und gelitten worden. Und genauso wenig ist der Widerspruch erst von Theoretikern erfunden worden. Der existiert von Anfang an mit menschlicher Vergesellschaftung und hat nur historisch verschiedenartige Ausprägungen gefunden. Im Gegenteil, die Logiker (und die Theologen) haben versucht, ihn zu bannen, indem sie ihn aus ihren Kalkülen ausschlossen. Ich empfehle Ihnen, das Buch von Klaus Heinrich »tertium datur« zu lesen, der die Geschichte der Logik unter dem Gesichtspunkt behandelt, daß darin das Dritte – das Dunkle, Widersprüchliche, Maßlose, Körperliche – ausgegrenzt wird. Schließlich gehören Sie ja auch zur Logiker-Zunft. Und so meine ich denn auch in ihrer frischen Fröhlichkeit eine Spur Ängstlichkeit und Abwehr wahrzunehmen. Warum müssen Sie denn ‚System' zu ihren Beziehungen sagen? Hat das nicht vordringlich mit Grenzziehung zu tun? Da wird etwas eingeschlossen in der kleinen »Beziehungskiste«. Und wenn Sie sich nur zwischen den Extremen ‚übermäßig' und ‚unterbemessen' bewegen wollen, dann heißt das doch, daß alles bitte schön angemessen sein soll. Mehr oder weniger, so drückt sich der Wunsch nach Maß und Ziel aus. Wo bleibt das Wilde, das Begehren, das Verdrängte, das, was sich nicht anmessen läßt?

Mir scheint, wir sind hier an der subjektiven Wurzel von Technologie, insbesondere der Computertechnologie. Selbige geht immer auf solche Ausgrenzung aus. Der ihr zugrunde liegende Formalismus »ersetzt« den realen Widerspruch durch operationalisierbare Gegensätze. Gegensätze sind keine Schimären, allenfalls Geister, die vom Formalismus in die Welt gesetzt werden, damit wir uns beherrschen können. Aber sie treiben sich nicht nur in unseren Köpfen umher, sondern haben auch geschichtliche Existenz angenommen, etwa in der Trennung von Arbeitszeit und Freizeit, Freiheit und Notwendigkeit oder in dem in diesem Krieg sich austobenden simplen Märchen von gut und böse. Und die Widersprüche können sich real verschärfen. Der von Ihnen wie von mir gleich geschätzte Luhmann hat ein Buch geschrieben: »Liebe als Passion«, in dem er die Funktion von Intimbeziehungen behandelt: In unseren modernen, ausdifferenzierten Gesellschaften sind wir immer extensiver auf öffentliche Kommunikationsformen angewiesen. Dies suchen wir durch die Erwartung einer ungeheuerlichen Intensivität im Privaten zu kompensieren. In dieser Spaltung ist das Intime heillos überfordert. Die »Beziehungskiste« wirkt dann pathogen. Natürlich können sich Gegensätze auch überleben und wandeln; ich habe ja in meinem letzten Brief davon gesprochen, wie man das Spielerische der Computerarbeit feiert. Damit wird aber keinesfalls wieder ein unschuldiger Zustand vor dem »Sündenfall« eingenommen. Es bleibt zu klären, was daraus wird. Andererseits haben solche Vereinfachungen natürlich einen Sinn. Binarisierungen entlasten von zu hoher Komplexität; sie erleichtern den Alltag und sind deshalb dem Menschen wesentlich. Mit lauter mehr oder weniger, dieses oder jenes könnten wir es gar nicht aushalten. Und eben darum ist mir Ihre Rede vom mehr oder weniger suspekt: Wenn man die darunterliegenden schroffen Differenzen verdrängt, dient solches Wägen leicht nur der Rechtfertigung des Bestehenden. Man könnte dies einen Fundamentalismus des plural Einigen nennen.

Liebe Ada, ich glaube, ich habe Gegensätze meist nur als analytische Begriffe gebraucht, um historische Verschiebungen beschreiben zu können. Aber Sie führen einen solchen als Faktizität ein: Formalismus könne »nützliches Werkzeug oder gefährliche Waffe« sein. Etwas Scharfes kann beides sein; ein System ist immer beides, weil es seine Umwelt irreversibel verändert. So hat die wunderbare Errungenschaft des Buches die Welt grundlegend gewandelt. Eine orale Kultur ist auch durch noch so vieles Vorlesen nicht mehr rückholbar. (Übrigens lasse ich mir gerne vorlesen, wenn Sie mal Lust dazu haben.) Warum sollte das mit dem Siegeszug des Computers anders sein? Ich halte im Zusammenhang mit dieser Maschine den Werkzeugbegriff, gar wenn er noch als »Zeugs« daherkommt, für höchst irreführend. Die Benutzung dieser Apparatur ist immer als kleines System zu sehen, das Subsystem eines umfassenden Systems ist, welches dieses Zeug und seinen »user« verändert. Ich habe jedenfalls noch nichts von einem zwanghaften Hämmerer gehört, aber zwanghafte Programmierer kenne ich einige. Dies zeigt zumindest, daß man mit solchen Hammer-Metaphern leicht danebenhaut.

Und überhaupt, Ihre kleinen Systeme, die gibt es doch garnicht, außer als Abstraktion. Erstens hat es sich inzwischen herumgesprochen, daß alles mit allem vernetzt ist. Damit haben Sie das Draußen-vorgehaltene immer schon drin, auch wenn Sie's vielleicht nicht erkennen. Der Rest besteht in dem frommen Wunsch, das ausgeblendete Große ließe sich in angemessenen Randbedingungen spezifizieren. Eine passende Metapher wäre hierfür das ‚Modul'. Insofern dessen Schnittstelle zur Umwelt sich auf formale Parameter reduzieren läßt, könnte man für Ihr kleines System auch Spielwiese sagen. Der Illusion der Ausgrenzung gesellt sich eine zweite der Eingrenzung hinzu. Ihre kleinen Systeme enthalten doch das fundamentalste kleine System – das Subjekt –, das sich weder verstehen, noch beschränken kann. Es läßt sich nicht isolieren, und spätestens seit den Arbeiten von Freud müssen wir von seiner (unserer) wesentlichen Dezentrierung ausgehen. Das bedeutet aber, daß wir schon immer vernetzt konstituiert sind, daß der/die/das Andere in unserem Innersten unser kleines System treibt. Ich habe früher einmal in diesem Zusammenhang auf den Spielleiter ‚Über-Ich' hingewiesen. Das Subjekt *ist* nicht ohne den Anderen. Es hat Bestand nur in einer Spaltung, die sich als beständiger Kampf um Anerkennung darstellt. Und insofern diese Beziehung ständig zusammenzufallen droht, ist diese Ambivalenz mit Angst verbunden und führt zu den seltsamsten ‚Spielarten' der psychisch-sozialen Verfassung. Eben hier sehe ich den Formalismus im Wunsch nach Auflösung dieser Ambivalenz begründet.

Ich habe im letzten Brief von quantitativer Komplexität gesprochen. Man könnte die undurchdringliche Verwicklung im Sozialen und Psychischen als qualitative

Komplexität bezeichnen. Dann besteht die subjektive Funktion des Formalismus und seiner Realisierung in der Computertechnologie im Schutz vor dieser qualitativen Komplexität. In der Reduktion auf explizite, eindeutige Verhältnisse wird sie in eine quantitative, kombinatorische Komplexität überführt. Daß dies, zumindest teilweise, funktioniert, liegt daran, daß die technologisch rekonstruierte Welt ihre logische Natur immer stärker Realität werden läßt. Es sei mir nochmal ein Hinweis auf unsere Studie gestattet. Dort hat sich ergeben, daß eine Computer-Begeisterung tendenziell mit einem Rückzug aus sozialen Beziehungen verbunden ist. Man hält sich für uninteressant und findet seine Mitmenschen zu kompliziert. Hier drückt sich doch deutlich die Angst vor der qualitativen Komplexität aus, man läßt sich deshalb lieber in einen personifizierenden Umgang mit dem Rechner verwickeln. Ich glaube, man kann diese Maschine schon als ein Substitut auffassen. Dies schließt jedoch in keiner Weise aus, daß man damit in unserer Gesellschaft nicht angemessen realitätstüchtig ist.

Eigentlich wollte ich mich kürzer fassen. Lassen Sie mich aber zum Schluß noch etwas moralisch werden und auf die Frage der Verantwortlichkeit kommen. Ich bin erschrocken über Ihren unpolitischen Gestus, mit dem Sie das Große loswerden, das Sie nicht gemacht und gewollt haben. Hauptsache, es läßt Ihnen Ihre Idylle. Hier sehe ich die problematischste Seite Ihres Heile-kleine-Welt-Denkens. Es drückt sich darin die gleiche Ingenieursnaivität aus, die meint, ohne Blick über den Zaun ihre Module fortschreiben zu können. Oder, neuerdings sprechen manche emphatisch von Partizipation durch computergestützte Gruppenarbeit und setzen dabei stillschweigend einen herrschaftsfreien Diskurs voraus. Verantwortung ist nicht im Kleinen zu haben, sie ist ans Verstehen der Zusammenhänge und an Übersicht gebunden. Radikale Kritik muß ans Große, wenn auch nicht unbedingt ans System, gehen. Ich halte es mit dem Hegel-Spruch: »Das Wahre ist das Ganze«. Und noch mehr mit Adornos Wendung: »Das Ganze ist das Falsche«. Und wenn ich schon am Zitieren bin: »Es gibt kein richtiges Leben im Falschen.« Ihre kleinen Systeme sind Schimären. Was hilft Ihnen Ihre Phantasie, wenn andere die Macht haben? Wie können Sie glauben, Sie nähmen nicht Schaden an Ihrer Seele, wenn Sie die ganze Welt verlieren? Was Sie aber können, ist, sich im Großen dafür einsetzen, daß die technologischen Systeme nicht zu groß und vernetzt werden, daß die Brüche der Existenz nicht in einer Semiotik der unverbindlichen Vielfalt nivelliert werden. Daß es kein »richtiges Leben« gibt, heißt nicht, daß wir aufhören zu leben. Es heißt einfach nur, daß die Ambivalenz der Verfälschung ausgehalten werden muß.

Nun denn, ich bin froh, daß Sie Ihren Schrebergarten verlassen und sich mit mir in der geziemlich wilden Lüneburger Heide treffen wollen. Ich freue mich auf unsere Begegnung

Ihr *Fürchtegott*

23. März, Frühling hat begonnen

Schrebergarten? Mein lieber Füchtegott! Sie kennen unseren Garten nicht. Mehr Wald als Wiese, herrlich für wilde Spiele. Sexualität ist für mich zum Anfassen, nicht zum Hingucken. In meinen vielen kleinen Systemen verdränge ich Gegensätze nicht. Ich lasse mich nur nicht festnageln, sondern schaukele zwischen Ent oder Weder; das ist fruchtbarer. Aber das läßt sich nur mündlich klären. Treffen wir uns also! Ich schlage Montag, den 8. April, vor. Um 5 Uhr nachmittags auf dem Bahnhof in Lüneburg, dann sehen wir weiter. Ich kenne schöne kleine Dörfer in der Heide.

Eins muß ich vorher fragen: Auf welcher Kultur stehen Sie denn, wenn Sie die orale für überholt halten? Sind Sie etwa Freudianer? Oder sind Sie schon in der digitalen Phase? Verzeihung! Aber man sagt ja, das Joystick sei der 11. Finger des Informatikers. »Was versteht Ihr überhaupt unter ‚Kultur'?« fragte mich eine Freundin, der ich von »meinem kulturpessimistischen Brieffreund« erzählte. Kultur ist wie Kinder: Wenn man welche haben will, muß man sie machen, nicht darüber reden.

‚Kulturlos' können Sie mich nennen, aber nicht ‚unpolitisch'. Ich bin intensiv politisch tätig, im Kleinen, mit Blick aufs Große. Dabei kommt auch fürs Große mehr heraus, als wenn ich mich – wie die Bierbrüder am Stammtisch – redend an der großen Politik erhitzte, ohne etwas ändern zu können. Die Welt ein vernetztes System? Das posaunt die Computerwerbung. »Mein System reicht so weit wie meine Verbindungen«, denken die Politiker und die Hacker. »Informatiker-Megalomanie«, sagte Niklaus Wirth einmal dazu; »zu meinem System gehört nur, was ich verstehe.« Deswegen sind meine Systeme so schön klein. Natürlich grenze ich dabei ein und aus. Aber über klare Grenzen weg kann ich klar kommunizieren, im grenzenlosen Wirrwarr nicht.

Was Sie – typisch – »undurchdringliche Verwicklung im Sozialen und Psychischen« nennen, nenne ich (mit Gregory Bateson) eine evolutionäre Errungenschaft: Die dauernden Entscheidungen im Leben können wir erwägen – sonst wären Sie nicht frei –, erinnern und mitteilen. Und können uns jedesmal dabei täuschen. Erst die Freiheit, zu verstehen, wie ich will, macht aus Gerede Kommunikation. Mit Formalismen suchen wir Täuschungen zu vermeiden. Alles wird eindeutig, einfach, Einbahn – weg ist die Freiheit. Daß zwanghafte Programmierer sozial verarmen, wundert mich nicht. Aber sie sind nicht realitätstüchtig, wie Sie meinen, sie werden nur gut bezahlt.

Bringen Sie mir das Buch von Heinrich mit? Ich hoffe, ich denke an meinen Kulturbeutel. Tertium non datur, facere licet. Und das bei abnehmendem Mond!

Fürchten Sie sich jetzt?

Ada

Bremen, 28.3.91

Liebe Ada,

jetzt geht unsere Schreiberei aber Schlag auf Schlag ihrem oralen Ende entgegen. Wer ohne Illusionen ist, braucht sich nicht zu fürchten. Wer guter Hoffnung ist, darf sich nicht fürchten. Nur dann kann man unverdrossen an seiner Kultur basteln. Als ob man Kultur haben wollen könnte. Die hat man immer schon. Oder umgekehrt: Kultur hat einen immer schon. Ich verstehe darunter (nicht: stehe drauf) die Gesamtheit dessen, in dem man groß wird (oder auch klein bleibt, wenn Sie wollen). In diesem Sinne spricht man von einem Kulturkreis, der Kultur eines Volkes oder der kulturellen Identität einer Minderheit. Sie sehen, dieser Begriff von Kultur, der sich historisch erst spät herausgebildet hat, transzendiert immer schon jedes kleine System. Kultur als geschichtliche Form der Vergesellschaftung bezeichnet somit zugleich das Gemachte und Veränderbare dieser Formung wie deren relative Stabilität gegenüber der alltäglichen Lebensbewältigung; die besonderen Beiträge der Menschen wie die Allgemeinheit der Kontexte, in denen sie wirksam sind; Tat und Gedanke wie die Bedingungen ihrer Möglichkeit.

Von Anfang an war der Kulturbegriff auch emphatisch gegen Zivilisation und Verwaltung konstruiert; er sollte etwas vom »reinen Menschenwesen« hochhalten. Aber er ist unauflöslich mit Verwaltung verquickt und kann sie auch nicht loswerden. Schon der Zugriff auf so viel Ungleichnamiges wie Philosophie und Religion, Wissenschaft und Kunst, Formen der Lebensführung und Sitten verrät den administrativen Blick. Aber gerade dies ist Grund genug, auf dem Anderen der Kultur zu insistieren. Adorno schreibt: »Was mit Grund kulturell heißt, muß erinnernd aufnehmen, was am Wege liegen bleibt bei jenem Prozeß fortschreitender Naturbeherrschung, der in anwachsender Rationalität und immer rationaleren Herrschaftsformen sich spiegelt«. Damit ist natürlich eine technologische Rationalität gemeint. Und weil diese verwaltende Rationalität in der Computertechnologie ihre bisher perfekteste Repräsentanz findet, müssen wir uns mit so etwas wie einer »Computerkultur« auseinandersetzen.

Ada, der Formalismus ist nicht einfach oder gar nur eine »dumme Einbahn«. Nichts ist dieser Technologie unangemessener als die Assoziation eines einfachen 0/1. Ihre Eindeutigkeit verwirklicht sich in Fallunterscheidungen, Rekursionen und gesteuerten Prozessen, in dem, was ich quantitative Komplexität genannt habe. Das macht sie so verführerisch und einnehmend. Und deshalb müssen wir in der Computerkultur nach Brüchen und der Möglichkeit von Einsprüchen suchen. Sicher handelt es sich bei all dem um eine »evolutionäre Errungenschaft«. Aber es ist mehr: eine geschichtliche Errungenschaft. Und das schließt Verwicklung eben nicht aus. Mir ist das evolutionäre Systemdenken deshalb suspekt, weil es da letzten Endes immer nur die Alternative von Chaos und geschichteter Ordnung gibt. Da erscheint alles fein säuberlich, wie es in einer schönen Programm-Bibliothek aussehen sollte. Zum System gehört nur, was man versteht. Aber ich sag's nochmal: Wir sind mittendrin und verstehen uns selbst nicht. Und das ist gut so. Wir sollten das hochhalten und am Montag begießen, ohne uns auf Teufel komm raus verstehen zu müssen.

In freudiger Erwartung

Ihr *Fürchtegott*

MAGISCHER REALISMUS
und
DIE PRODUKTION VON KOMPLEXITÄT
Zur Logik, Ethik und Ästhetik der computergestützten Modellierung †

BERNHELM BOOSS-BAVNBEK UND GLEN PATE

Vorbemerkung

Das Verhältnis zwischen Mathematik und Informatik war in den letzten Jahrzehnten nicht immer ganz problemlos: Weltweit wurde schon seit den 60er und verstärkt in den 70er und 80er Jahren von tüchtigen Informatikern, deren ältere Generation – mit wenigen berühmten Ausnahmen, wie dem Kopenhagener Astronomen Peter Naur – ja selbst aus Mathematikern und Elektrotechnikern besteht, die Eigenständigkeit der Informatik gegenüber der Mathematik auf unterschiedliche Weise mit der Schaffung eigener Studiengänge, eigener Berufsvereinigungen und eigener Zeitschriften und Schriftenserien betont.

Die inhaltlichen Merkmale dieser Absonderung scheinen allerdings nicht eindeutig bestimmt zu sein: Wo finden wir einen wirklichen Emanzipationsprozeß der Informatik zur eigenen, selbständigen Disziplin, um mehr und anderes zu werden als eine bloße maschinenorientierte, »instrumentelle Mathematik«? Und wo handelt es sich eigentlich nur um die Verselbständigung von wichtigen, aber versäumten Bereichen der diskreten Mathematik, der mathematischen Logik und des mathematischen Studiums anderer – in der traditionellen Mathematik aus Bequemlichkeit, aus Scheu vor Schwierigkeiten oder aus mangelndem Interesse vernachlässigten – Strukturen?

Vielleicht wurde in diesem Emanzipationsprozeß das Kind mit dem Bade ausgeschüttet, so daß heute in der Informatik nicht nur die Magerkeit der Rezeption von Soziologie und Psychologie zu beklagen ist, sondern auch die der Mathematik (wie umgekehrt das Vordringen der abgeschmacktesten Vorstellungen der Informatik in diese Disziplinen). Das immense Wissen und die ungeheuer reichhaltigen Arbeitserfahrungen von Mathematik, mathematischer Physik und Ingenieurdisziplinen werden weithin zu leicht genommen, verdrängt und vertuscht. Dagegen plädieren

---

† Eine frühere Fassung dieses Berichts ist vom ersten Verfasser auf der Jubiläumstagung zum zwanzigjährigen Bestehen der Gesellschaft für Informatik im Oktober 1990 in Stuttgart unter dem Titel »Rationalität und Scheinrationalität durch computergestützte mathematische Modellierung« vorgetragen worden [Booß-Bavnbek 1990b].

wir für eine Aufarbeitung der »mathematischen Erfahrung«, für ein Gegensteuern gegen die leichtfertige Unterschätzung der Mathematik als Steinbruch – und gegen die übertriebene Hochachtung, die mit ihrer Karikatur des Formalismus u.a. eine Grundlage für manches KI-Geschwätz darstellt.

Ziel muß es sein, die Informatik dem Wissensstand und Problembewußtsein in den anderen, älteren Disziplinen anzupassen, anstatt diese vermöge der ökonomischen und maschinellen Stärke der Informatik auf eine widerliche Verherrlichung der Maschine als Leitbild für den Menschen und die geistige Verwirrung einer von »magischem Realismus« geprägten Scheinrationalität herunterzuziehen.

Einleitung

Die Schwierigkeit der Mathematik und ihr Beziehungsreichtum haben Mathematiker und Philosophen immer wieder dazu verleitet, die gesellschaftliche Bedeutung der Mathematik, ihre Anwendbarkeit im Guten wie im Schlechten zu überschätzen. Die Brauchbarkeit mathematischer Forschung im großen Stil ist ein historisch neues Phänomen; die gesellschaftliche Bedeutung mathematischen Denkens für Schaffung, Bewahrung, Veränderung und Zerstörung unserer eigenen Lebensgrundlagen oder der anderer Menschen hat sich – zunächst langsam – erst seit der Mitte unseres Jahrhunderts herausgebildet. Erst der Computer hat die Mathematik zu einer im großen Stil anwendbaren Wissenschaft gemacht.

Dabei ist der Werkzeugcharakter mathematischer Begriffe, ihr operativer Charakter als Denkstütze so alt wie das mathematische Denken. Zurecht durfte deshalb die Philosophin Sybille Krämer ihre Darstellung der »Idee der Formalisierung in geschichtlichem Abriß« Symbolische Maschinen nennen [Krämer 1988]. Überhaupt ist die Anwendbarkeit einzelner mathematischer Begriffe und formelhafter Ergebnisse auf reale Situationen nicht neu. Es gibt eine weit zurückreichende Tradition erfolgreicher Mathematisierung z. B. in der Baustatik, in der Feinmechanik von Meßinstrumenten wie Uhren, in der Kartographie und im Bank- und Versicherungswesen. Das Erfolgskriterium war das gleiche wie heute: Erweiterung des Erfahrungs- und Handlungsraums mit Hilfe des mathematischen Formalismus. Es ist aber ein wesentlicher Unterschied, ob der Astronom Ole Rømer vor zweihundert Jahren durch mathematische Berechnungen eine zweckmäßigere geometrische Form von Zahnrädern für Uhren fand oder ob heutzutage eine beratende Ingenieursfirma die voraussichtlichen Wirkungen verschiedener Versionen einer möglichen festen Verbindung über den Großen Belt für die Meeresumwelt und den nationalen und internationalen Fernverkehr berechnet [Booß-Bavnbek 1989, 1990a].

Die zielgerichtete Entwicklung und Anwendung mathematischer Ideen, Methoden und Verfahren für die Lösung von praktischen, technischen und wissenschaftlichen Problemen geschieht heute erheblich schneller, vielfältiger, folgenreicher und unüberschaubarer. Einzelprobleme werden jetzt so schnell, so punktuell, aber doch so effektiv und verbreitet gelöst, daß unser Denken über Voraussetzungen, über Folgerungen und über Zusammenhänge des Einzelproblems und seiner realisierbaren Lösung mit anderen Problemen weder innermathematisch, noch naturwissenschaftlich-technisch oder gesellschaftlich mit der Praxis Schritt halten kann. Es ist z. B. für Systemgestalter viel leichter, Systeme zu bauen, die Herrschaft ausüben, d. h. den Menschen zum Bediener degradieren, als solche, die sich den Benutzern als deren handhabbares Werkzeug darstellen.

In der Leichtigkeit von Produktion und der Schwierigkeit von Qualität liegt ein Potential für Chaos wie nie zuvor, ein Grund für die permanente Softwarekrise: Verzögerungen und Zusammenbrüche in Auftragsabwicklung und Lohnbuchhaltung; vielfache Überschreitung von Kostenrahmen; Vergeudung menschlicher Arbeitskraft im großen Maßstab bei der Systempflege; fehlerhafte Prozeßsteuerung; Fehlalarme von Waffensystemen; ‚Computericles' in der Partikelphysik und anderen Bereichen der Naturwissenschaften (computererzeugte Fehlauffassungen der experimentellen Wirklichkeit). Deshalb hält man in manchen global operierenden Geschäftsbanken heute noch an täglichen dreifachen manuellen Nachprüfungen aller Buchungen fest – wenn es ums Geld geht.

Insgesamt folgen also mit der Mächtigkeit der computergestützten Modelle einerseits ihre gewaltig gesteigerte Relevanz trotz oder durch Abstraktion und Künstlichkeit, andererseits aber auch übertriebene Komplexität, Unzuverlässigkeit, wenn eine Kontrolle weder empirisch über Datenmengen noch theoretisch erfolgen kann, und eine ungenügende technische und soziale Beherrschbarkeit. Dadurch wird die *Grundlage für einen neuen Irrationalismus* geschaffen, für das verbreitete Gefühl, undurchschaubaren, nicht-vorhersehbaren, übergewaltigen Mächten ausgesetzt zu sein. Die Situation in der computergestützten Modellierung ist so sichtbar verfahren, daß sich immer mehr Praktiker umfassende Analysen wünschen, die sich zu lehrbaren Qualitätskriterien und Handlungsanweisungen komprimieren lassen. Die prinzipielle Inadäquatheit solcher Vereinfachung liegt auch für den Praktiker auf der Hand. Es ist aber besser, sich an abgesicherte Ideen mit einer großen Mächtigkeit innerhalb eines begrenzten Gültigkeitsbereichs zu halten, als ohne lehrbare Methodik auskommen zu müssen und auf Genialität angewiesen zu sein. Vor allem müssen durch methodisch bewußte Anwendung von erlernbaren Denkweisen Warnungen verbreitet und Schranken für die spontane, theorielose Gestaltung undurchschaubarer Systeme errichtet werden.[133]

1. Das Verhältnis Mathematik/Informatik ist belastet durch unbewältigte Vergangenheit und widersprüchliche, unübersichtliche Gegenwart.

Im Zweiten Weltkrieg bildete sich ein Bündnis von Kriegern und Mathematikern, das dann in den Atombomben, die in gedrosselter, überdimensionierter und statio-

---

133 Hier hat sich besonders die skandinavische »datalogi« mit der Nachdenklichkeit und Prinzipienfestigkeit ihrer beiden herausragenden Protagonisten Peter Naur und Kristen Nygaard hervorgetan. Vgl. [Naur 1975, 1982, 1985, 1989, 1990, 1992], [Nygaard 1986] und [Nygaard & Søgaard 1987].

närer Form in manchen Ländern auch heute noch als Kraftwerk benutzt werden, und in der Raketentechnik seine Triumphe feierte. Diese Mischung hat auch entscheidend die Entstehung der Computerwissenschaft und ihre Militärorientierung, Kommerzialisierung und Risikobereitschaft geprägt. Wir wollen hier nur die Aspekte hervorheben, die für eine Beurteilung von Leistungsfähigkeit und Fehlentwicklungen in der computergestützten Modellierung bedeutsam erscheinen.

Da ist einmal die »Erfolgsgeschichte« von Krieg und Mathematik, die der Mathematisierung Autorität und der Computerentwicklung die Gelder brachte: Aus Zahlentheorie und Logik schuf Alan Turing eine moderne Theorie der Kodierung und setzte sie praktisch erfolgreich in die Dekodierung der Chiffriermaschine Enigma der Nazis um, nachdem er schon in der Vorkriegszeit als Nebenprodukt seines Beitrags zur Klärung des Entscheidungsproblems (*On Computable Numbers*, 1937) die Turingmaschine konzipiert hatte. Die Theorie der stochastischen Prozesse wurde jetzt viel umfassender verstanden, so daß sie zu gleicher Zeit die Diffusionsgleichungen und Verzweigungsprozesse der Kernphysik erklären, wie eine Grundlage für Abraham Walds bahnbrechende Arbeiten auf dem Gebiet der statistischen Entscheidungstheorie und Qualitätskontrolle der neuen Massenproduktion von Rüstungsgütern abgeben konnte. Arbeitsmethoden der kaufmännischen Buchhaltung ließen sich zur planmäßigen Organisation von Rechenaufgaben bei der Erstellung von Schußtabellen, für die Diskretisierung von partiellen Differentialgleichungen und für die Regelung und Steuerung von Prozessen verallgemeinern.

So kam es im Krieg zu einer laufenden Verbesserung bekannter Verfahren und zu einer Bündelung von Kapazitäten, zu einer Erfolgsgeschichte »Mathematik und Krieg« durch Einfügung der Mathematik in ein militärisches Umfeld von dramatisch erhöhter Komplexität: militärische Operationen wurden nicht mehr an einer Front, sondern z. B. im pazifischen Krieg global geplant und durchgeführt. Die Produktion eines Rüstungsgutes geschah nicht mehr an einem Ort, sondern war z. B. bei der Atombombe auf ein weitverzweigtes Netz von Forschungszentren, Laboratorien und unterschiedlichsten Fabriken verteilt. Vor allem aber war im Krieg und durch den Krieg die Komplexität der Instrumente und Maschinen ins Ungeheure gesteigert worden – vom Radargerät, das mit seinen rund 40 Komponenten noch 1939 zu den kompliziertesten Kriegsmitteln gehörte, zu Computer und Bombenflugzeug, die beide nur 10 Jahre später eine Komplexität von mehr als 20000 Komponenten erreicht hatten.

Die Spätfolgen des Zweiten Weltkriegs, d. h. die vom Bündnis »Krieg und Mathematik« in Bewegung gesetzte giftige Mischung von genialster Mathematik und Naturwissenschaft, ausgeklügelter Technik und primitivster Zerstörungsbereitschaft, deren volle Brisanz zu erleben uns bisher erspart geblieben ist, haben durchaus die Potenz, die unmittelbaren Kriegsfolgen – so verheerend sie auch waren – noch weit zu überbieten. Das Neue, das Ergebnis des Zweiten Weltkrieges, ist die *Alltäglichkeit der von Menschen geschaffenen Komplexität*, an deren Kreierung und Funktionieren computergestützte mathematische Modellierung einen wichtigen Anteil hat – ohne doch eine sichere Beherrschung, eine systematische Übersicht über alle Funktionsweisen der Systeme und die wesentlichen Wirkungen eigenen Handelns zu erlauben [Booß-Bavnbek & Pate 1990].

Gewiß war die Menschheit schon zuvor in der Natur mit einer Vielzahl komplexer Phänomene konfrontiert gewesen. Aus diesem »unverbrüchlichen Zusammenhang, in dem alle lebenden Wesen auf dieser Erde stehen und der über die Evolution des Kosmos und des Lebens auf dieser Erde hineinreicht in die Gleichzeitigkeit der Wechselwirkungen zwischen allen lebenden Wesen und der Materie im gegenwärtigen Augenblick«, folgt in der Interpretation des philosophischen Pragmatismus seines Begründers, des amerikanischen Mathematikers und Logikers Charles Sanders Peirce, durch Helmut Pape aber doch nur eins, daß »wir für diese Welt Verantwortung (tragen), weil unser Handeln diese Welt in steigendem Maße verändert und sofern wir Menschen die einzigen Wesen sind, die in dieser Gemeinschaft des Lebens bewußt kontrollierten Zwecken folgen können« [Peirce 1983].

Eben gegen dieses Erfordernis einer »Ökologie menschlichen Erkennens und Handelns« steht die Erfolgsgeschichte »Mathematik, Computer und Krieg« mit ihrer *Gewöhnung an Undurchschaubarkeit und Verantwortungslosigkeit, gepaart mit Illusionen von Beherrschbarkeit, wo nur Machbarkeit vorliegt.* Sie bescherte uns auch die arrogante Vorstellung vieler mathematisch orientierter Wissenschaftler aus dem Umfeld der Computer von der vollständigen Explizierbarkeit menschlicher kognitiver Kompetenz. Immerhin geht das KI-Gerede über »maschinelle Intelligenz« auf Turing zurück, als er auf die verzögerte Finanzierung durch die verarmte britische Nachkriegsregierung zur Fertigstellung des ersten modernen eigentlichen Universalrechners wartete und wegen offenbar unzureichender Beschäftigung mit den relevanten Grundlagenwissenschaften (aber auch in sarkastischer Polemik gegen biologistische Auffassungen von der ‚überlegenen Intelligenz' von Oberschichten und Herrenmenschen) die kognitive Leistung von Schachspiel und Dechiffrierung als paradigmatisch für menschliche kognitive Fähigkeiten unterstellte [Hodges 1983]. Ohne Turings unbestreitbare mathematische Autorität und seine Rolle in der theoretischen Vorgeschichte und der praktischen Realisierung der ersten Computer hätte sich diese unselige Begriffsbildung (und das Messen von Fortschritten in der »Maschinisierung der Kopfarbeit« an Verbesserungen bei der Programmierung von Schachcomputern) – wenn sie nur eine freie Erfindung etwa von Marvin Minsky gewesen wäre – kaum so schnell in gewissen akademischen Kreisen etablieren können. Immerhin war es bis dato nicht üblich gewesen, so hemmungslos zur Einwerbung der finanziellen Mittel schon vor Einleitung der Forschung Ergebnisse mitzuteilen. Dies alles, Rationalität und Scheinrationalität beim Gebrauch formaler Denkwerkzeuge, gab das Bündnis zwischen Kriegern und Mathematikern der neuen gesellschaftsprägenden Wissenschaft Informatik als genetisches Erbe mit.[134]

---

134 Für eine breiter angelegte Archäologie des Computers und der Phylogenese des Maschinenmenschen vgl. [Coy 1985].

Zum militärischen Umfeld von computergestützter Modellierung gehört die *»fiktive Kriegführung«*, eine Besonderheit der Nachkriegsgeschichte: Die Totalmobilisierung und der Einsatz von Kernwaffen konnten nach 1945 vermieden werden, ohne daß sie ihre Rolle als Eckgrößen internationaler Beziehungen verloren haben. Bei aller Realität der Bedrohung haben sie so einen hypothetischen Charakter angenommen in dem permanenten Wettstreit der technologischen Möglichkeiten. Eine unzureichende Kriegsakzeptanz bei verschiedenen Bevölkerungsgruppen und die drohende Totalität der Kriegsmittel führen zu dem Versuch, die Schrecken des Schlachtfeldes durch »Schreckensprojektion« zu vermeiden. Dabei werden Menschen und Material als Druckmittel benutzt, um die Gegenseite einzuschüchtern und den Krieg in Sitzungszimmer oder auf fremde Territorien zu tragen, aber eben immer mit dem Ziel vor Augen, jede für die eigene Seite risikoreiche physische Anwendung der eigenen Kräfte nach Möglichkeit zu vermeiden oder zu minimieren. Diesen Zug der fiktiven Kriegführung nennen wir »Verhandlungsorientierung«, auch wenn er in Einzelfällen gegen einen deutlich unterlegenen oder verteidigungslosen Widerpart die Form eines Blitzkrieges (wie in der schon von der Naziwehrmacht bevorzugten Kriegführung) annehmen kann. Auf diese Weise wurde und wird die Maschinisierung der Kriegführung und mit ihr der militärischen Modellierung ungeheuer gesteigert.[135]

Verhandlungsorientierung und Maschinisierung treiben sich so fortlaufend gegenseitig an, um technologische Überlegenheiten zu berücksichtigen und dadurch eigene Risiken (hier tatsächlich, dort vermeintlich) herabzusetzen. Auf diese Weise ist die fiktive Kriegführung mit einem ungeheuren Verlust an Realitätssinn verbunden: Am Beginn eines jeden Krieges zeigte es sich schon früher, daß eigentlich nichts so funktionierte, wie man dachte. Diese Unsicherheit ist direkt eine Grundlage der Kriegführung, weil die wenigsten Kriege bei sicher vorhersagbarem Ausgang geführt worden wären. Der Krieg ist die Korrektur von vorgefaßten Vorstellungen in der Praxis [Clausewitz 1972]. Die Komplexität des modernen Kriegs erfordert aber – aus erkenntnistheoretischer Sicht – in ganz besonderem Maß das Kriterium der Praxis. Gerade die Spanne zwischen versprochener und wirklicher Leistungsfähigkeit ist destabilisierend und treibt die Rüstung.

Wie der militärische Einfluß auch in der Gegenwart und auch auf die zivile Software-Produktion einwirkt, hat Paul Abrahams 1988 in einem Präsidentenbrief für die ACM wie folgt charakterisiert [Abrahams 1988]:

Die grundlegende Arbeitsteilung zwischen Militär und Produktion, ihre Verschiedenartigkeit und der hypothetische Charakter der Kriegführung in Friedenszei-

---

[135] Vgl. nicht nur die SDI-Kritik z. B. bei [Parnas 1985], sondern auch die Sammlung von militärischen Absurditäten zur Verkünstlichung des taktischen Schlachtfelds etwa in [Nikutta 1987], [Schulte 1990] oder in dem empörenden Gefasel von »chirurgischer Präzision« im alliierten Luftkrieg gegen Irak, als im Februar 1991 eine praktisch verteidigungslos gewordene Bevölkerung und Armee abgeschlachtet wurden.

ten habe dazu geführt, daß die Anforderungen an Rüstungsgüter wie militärische Softwaresysteme vor ihrer Herstellung in unmäßiger Genauigkeit vom Auftraggeber beschrieben werden. »Überspezifizierung rührt von der Annahme, daß alle Eventualitäten im voraus bedacht und berücksichtigt werden können und müssen.« Abrahams nennt auch die Folgen: [136]

- Überbeanspruchung der Produkte durch Detailregelungen und Überladung mit Leistungsmerkmalen. Verletzung des Prinzips der Einfachheit und Sicherheit.
- Ein »Wasserfall«-Modell der gesamten Softwareentwicklung, bei der in strenger Hierarchie nachgeordnete Arbeitsschritte nur die Aufgabe und Kompetenz haben, übergeordnete Anforderungen zu befriedigen. Verletzung des Prinzips der Transparenz, der Kooperation und der iterativen Spezifizierung – Grunderfordernis der »evolutiven« Produktentwicklung des »rapid prototyping«.
- Die Unterdrückung kritischer Erörterung von Qualität: »Bei dem besonderen Verhältnis der Hersteller militärischer Software zu ihren Kunden haben die meisten Hersteller wenig Grund, den Wert der ihnen abverlangten Berge von Papier und des eigentlichen Produktes in Zweifel zu ziehen, und tatsächlich gute Gründe, diese Dinge nicht in Frage zu stellen.«
- Die Verseuchung der Lehrbuchliteratur und des ganzen Denkens und Vorgehens vieler Informatiker durch »die Denkweisen, die im Verteidigungsministerium heimisch und die eigentliche Ursache der Schwierigkeit sind. Ein bedenklicher Zug in einem Großteil der Software-Engineering-Literatur ist ihre unausgesprochene Annahme, daß die Software entsprechend militärischen Anforderungen zu bauen ist, und die implizite Annahme der Vernünftigkeit solcher Spezifizierungen.«

Die extremen und letztlich absurden Anforderungen der Vernichtungswissenschaft und des Wettrüstens haben Denken und Arbeitsstil von mehr als einer Generation von Mathematikern, Naturwissenschaftlern und Ingenieuren umgestülpt, auf die Erforschung und Gestaltung komplexer unverstandener Systeme orientiert und an die Verantwortungslosigkeit freien, ungebundenen Schöpfertums, an das Lavieren in Bereichen, wo weder Daten noch Theorie, sondern nur die graphischen Oberflächen in Ordnung sind und an den Mut zu brauchbaren, wenn auch theoretisch unverstandenen Lösungen gewöhnt. Für den Bereich der modernen rechnergestützten Strömungsmechanik ist deshalb in [Abbott & Basco 1989] in Anspielung auf die Alchimie des Mittelalters der Begriff *»magischer Realismus«* geprägt worden – für den täuschenden Realismus von numerischen Simulationen auf der Grundlage nichtverstandener (oder verkehrter) physikalischer Gleichungen und nichtverstandener (oder instabiler) Algorithmen.

---

136 Für eine Schilderung von Alternativen zu dieser von Abrahams kritisierten Praxis siehe [Floyd 1987].

So ist es vielleicht nicht verwunderlich, daß Wissenschaftsbetrieb, Technik und Medizin die militärische Lehre verinnerlicht haben und aus dem Handeln im Bereich des Nichtwissens eine Tugend machen. Hier kann der Mathematiker oder Ingenieur in einem Institut für Regelungstechnik schon von der unverantwortlichen Kreativität in komplexen Bereichen ergriffen sein, auch wenn er subjektiv ehrlicher Kriegsgegner, Pazifist, Grüner oder Sozialist ist.

Auf die militärischen Quellen für die moderne intellektuelle Risikobereitschaft und Fehlerakzeptanz hatte auch Eric Burhop, langjähriger Mitarbeiter am britischen Atombombenprojekt und später Präsident der Weltföderation der Wissenschaftler, aufmerksam gemacht. Er sah eine wesentliche Quelle für die Risiken der zivilen Kernenergietechnik in ihrer militärischen Herkunft, wo wegen der Verwendung der Reaktoren für die Herstellung von Spaltmaterial für Bomben »die ersten Entwicklungen unter strengster Geheimhaltung vorgenommen wurden, wodurch die verantwortlichen Ingenieure und Physiker vor dem kritischen Urteil der großen Mehrheit ihrer Kollegen über die von ihnen entwickelten Technologien abgeschirmt waren« [Burhop 1980].

Der Schutz überspannter Ideen und leichtsinniger Entwicklungen vor sachkundiger Kritik ist allerdings nicht auf den staatlich-militärischen Sektor beschränkt. So schreibt Harriet Kagiwada, eine Spezialistin in moderner militärischer Unternehmensforschung aus der Schule des großen Mathematikers Richard Bellman: »Forschung und Entwicklung auf dem Gebiet des militärischen Modellierens und Rechnens sind auf den zivilen Bereich übergegangen. Wie groß der Einsatz auch sein mag, wirkt er doch ziemlich zerstückelt und kurzsichtig. Es gibt auch in manchen Firmen eine Neigung, die Veröffentlichung von Artikeln in der offenen Literatur zu meiden. Die Arbeit wird z. B. ‚Firmeneigentum' oder ‚wettbewerbssensitiv' genannt. Liegt dahinter nicht eigentlich eine Scheu vor der vollen Offenlegung gegenüber der Kritik und dem Urteil der kompetenten Fachkollegen?« [Kagiwada 1988].

2. Massive Erfahrungen mit computergestützter Modellierung lassen Wesensmerkmale jeder Modellierung hervortreten. Stützung durch den Computer kann die positiven Seiten der Modellierung potenzieren und ergänzen – oder aber in ihr Gegenteil verkehren.

Massive Erfahrungen in der jüngeren Vergangenheit mit computergestützter Modellierung lassen die eigentlichen, schon zuvor gegebenen und von der Rechentechnik unabhängigen Stärken und Begrenzungen der mathematischen Modellierung als Orientierungshilfen deutlich hervortreten. Mathematische Modelle erhalten ihre Brisanz weder aus der Sicherheit noch aus der Unzuverlässigkeit der Berechnung, sondern daraus, daß in jedem neuen Einzelfall ihre Glaubwürdigkeit konkret beurteilt werden muß, statt sich nur auf nachweisliche Erfahrungen mit der Korrektheit oder Schwindelhaftigkeit mathematischer Modelle und Berechnungen in anderen

Zusammenhängen zu berufen. Das Urteil wird dadurch erschwert, daß viele mathematische Formeln äußerlich ähnlich aussehen, auch wenn ihr wissenschaftstheoretischer Status, ihre Aussagekraft, die Art ihrer Nachprüfung und die Grenzen ihrer Anwendung recht unterschiedlich sein können: Der binomische Lehrsatz $(a+b)(a-b) = a^2 - b^2$ drückt eine Eigenschaft von distributiven, kommutativen und assoziativen Zahlsystemen aus, die allerdings in der endlichen Computerarithmetik nicht einmal – in einem präzisierbaren Sinn – näherungsweise erfüllt ist (und durch die ganz andersartigen Beziehungen der Intervallarithmetik ersetzt werden muß). Der pythagoräische Lehrsatz $a^2 + b^2 = c^2$ für die Seitenverhältnisse im rechtwinkligen Dreieck folgt aus dem Axiomensystem der euklidischen Geometrie, wo er eine präzise Approximation für nicht-rechtwinklige Dreiecke im Cosinussatz $a^2+b^2-2ab \cdot \cos(a,b) = c^2$ besitzt; hier kann man den Fehlern, die man macht, eine scharfe, zuverlässige Schranke setzen, wenn man wie in der Baustatik Rechtwinkligkeit unterstellt, wo sie nicht vorliegt. Dagegen erfordert seine Übertragung auf gekrümmte Räume ganz andere Werkzeuge. Die Formel $F = m \cdot a$ ist schlicht eine Definition, die Erklärung des Begriffs der Kraft. Demgegenüber drückt die Gravitationsformel $F = G \frac{m_1 \cdot m_2}{r^2}$ ein universelles Naturgesetz aus; der Exponent 2 im Ausdruck r^2 ist exakt – das folgt zwingend daraus, daß der Raum drei Dimensionen hat, genau drei, nicht näherungsweise (wenn wir hier die abweichenden Dimensionsideen der neueren Stringtheorie beiseite lassen). Schon der Verdacht auf eine kleinste Abweichung von der Formel ist *aufregend* [Nature 1987]. Das gleiche gilt für das Coulombsche Gesetz $F = k \frac{q_1 \cdot q_2}{r^2}$ zumindest in den Grenzen der klassischen Elektrodynamik, während das Ohmsche Gesetz $U = R \cdot I$ nur die Linearisierung viel komplizierterer und theoretisch überhaupt noch nicht verstandener Beziehungen ist, obwohl es sehr zuverlässig in den Temperatur-, Spannungs- und Stromstärkebereichen des Alltags ist. Die Risikoformel $r = p \cdot f$, wo p die Wahrscheinlichkeit für das Eintreten eines Ereignisses mit der Folge f ist, unterstellt Zahlwerte. Ganz im Gegensatz zu ihrer weiten und oft sehr nachdrücklichen Anwendung in der Auseinandersetzung um Annahme oder Ablehnung von Kernkraftwerken und anderen riskanten Anlagen gibt die Formel nur eine Definition von zweifelhafter Bedeutung und besagt höchstens, daß ein Ereignis umso mehr gefürchtet werden muß, wie seine Wahrscheinlichkeit und das Ausmaß der Folgen wachsen.

Folgen wir der in der Angewandten Mathematik üblichen Unterscheidung von Modellierung, rechnerischem Ansatz und Algorithmus, so können wir für jede Ebene Unterscheidungsmerkmale und Qualitätskriterien angeben. Da gibt es adhoc-Modelle, die solange glaubwürdig sind, wie sie empirisch nachprüfbare Sachverhalte darstellen. Dann können sie sogar hervorragend und unersetzbar sein wie ein gültiger Fahrplan oder ein anderes gutes Tabellenwerk. Ihre Anwendung außerhalb des empirisch zuvor nachgeprüften Gültigkeitsbereichs kann wie ein veralteter Fahrplan oder das Kursbuch des Nachbarlandes Anhaltspunkte geben, wird aber in der Regel wertlos und bei Übertragung der vordem erworbenen Autorität auf die neue Situation irreführend und gefährlich sein. Theoretisch begründete Modelle wie das der Newtonschen Himmelsmechanik sind nicht notwendig genauer als die ad-hoc-Modelle; die Kodierung von Erfahrung in der Form von Theorie erlaubt aber einen flexibleren Gebrauch des Modells und die Abschätzung seiner Genauigkeit und möglicher Abweichungen auf theoretischem Wege, mit den Mitteln des Modells selbst.

Beim rechnerischen Ansatz unterscheiden wir zwischen einerseits der infinitesimalen Approximation, die ein großes, aber doch endliches System von Atomen, Molekülen, Tröpfchen, Bauelementen endlicher Größe als unendliches System unendlich kleiner »Punkte« auffaßt mit allen rechnerischen Vorteilen und Grenzen der klassischen Analysis, die sich daraus ergeben, und andererseits den finiten Methoden der Approximation von Systemen mit z. B. 10^{18} wechselwirkenden Einheiten durch ein System mit vielleicht nur 10^3 wechselwirkenden größeren Einheiten oder Klumpen. Hierzu gehören auch Fragen der Abhängigkeit eines Urteils, einer Prognose, eines Qualitätsvergleichs von der Klasseneinteilung, die u. a. für statistische Tests wesentlich ist.

Wir müssen auch untersuchen, ob ihrem Wesen nach nicht-lineare Beziehungen durch lineare approximiert werden und welchen Einfluß das auf die Ergebnisse haben wird: Beim Pendel ist z. B. der Unterschied zwischen der harmonischen und der gedämpften Schwingung nicht wesentlich, wenn man etwa die Geschwindigkeiten eines einzelnen Pendelschwungs oder die Kräfte in den Gleichgewichtslagen untersuchen will. Anders ist es, wenn man sich für den eigentlichen Abschwingvorgang interessiert, wo gewisse Flatterschwingungen auftreten, oder bei der Synchronisierung zweier Pendel, wo die Linearisierung qualitativ irreführend ist. Entsprechend kann man in der Strömungslehre unversehens die wesentlichen Wirbel ‚weglinearisieren'.[137]

Bei der Realisierung im Rechner schließlich kommt es zu Hardwarefehlern und Programmierfehlern; das können Tippfehler sein oder logische Fehler, defekte Compiler oder Programme, die die Abweichungen der Computerarithmetik von der gewöhnlichen Arithmetik nicht angemessen berücksichtigen, sondern bis ins Groteske steigern.

---

137 Das weiß man seit langem und ist zum Allgemeingut dieser wissenschaftlich-technischen Branche geworden: Sorgfältige Untersuchungen darüber, wie weit die Wirbelbildung vernachlässigt werden kann, gehören zum Geschäft und lassen sich auf einem Stück Papier, im Windkanal oder mit Hilfe von anderen Experimenten durchführen. Ein neues Problem ist aber die Unsicherheit, wenn eine auf eine Linearisierung aufbauende Computersimulation einer Strömung aufgrund »numerischer Reibungsverluste« (durch Diskretisierung) zu Wirbeln führt, die dem Modell auch für nichtlaminare Strömungen den Anschein von Zuverlässigkeit geben. Hier liegt das Problem nicht im Abweichen des Modells von der Realität, sondern in einer Übereinstimmung, deren Grenzen sich nach [Abbott & Basco 1989] einstweilen weder theoretisch noch experimentell abschätzen lassen.

Die Geschichte der Technik und der mathematischen Physik gibt nur wenige Belege für das idyllische Bild vom Fortschreiten der Erkenntnis und des Handelns der Menschheit in inniger Wechselwirkung. Typischer ist die Kluft zwischen Theorie und Praxis. Sie hat zwei Seiten:

Häufig kommt es zu einem Vorlauf der Theorie, der grundwissenschaftlichen Ergebnisse vor ihrer Überführung in die Praxis. Wir kennen das zähe Weiterleben des überholten ptolemäischen Weltbildes in den astronomischen Tabellen der Schifffahrt oder die vielen Tausend Mannjahre, Schaffung riesiger Forschungs- und Entwicklungszentren, spezieller neuartiger Fabriken, ja ganzer Industriezweige, die zwischen dem grundlegenden Hahn-Straßmann-Experiment zur Kernspaltungskettenreaktion und dem Abschluß des Manhattanprojekts, der Atombombenproduktion, lagen. Hier handelte es sich um die Schwierigkeit, theoretische Erkenntnisse in die Praxis umzusetzen. Wissenschaftstheoretisch ein normaler Vorgang, durch den unmittelbar keine falschen theoretischen Vorstellungen, keine Illusionen erzeugt werden.

Die Kehrseite der Medaille ist die relative Selbständigkeit der Praxis, die sich oft im theoretisch nicht geklärten Raum bewegen muß. Sie ist geneigt, ihre situationsgebundenen Annahmen und Vorstellungen als Theorie auszugeben und damit Illusionen zu erzeugen. So wird Tag für Tag in der Strömungsmechanik mit numerischen Annäherungen an die Lösung von Navier-Stokes-Gleichungen gerechnet und zwar auch dort, wo die Existenz und eine vernünftige Regularität der eigentlichen Lösungen bisher nicht nachweisbar sind.[138] Technische Machbarkeit und mathematische Berechenbarkeit des Einzelfalls werden zu leicht mit Kontrolle und Beherrschbarkeit verwechselt. Diese liegt aber nicht vor, solange die wissenschaftliche Grundlage, das Verstehen des »Umfeldes«, des Verhaltens unter veränderten Bedingungen, die empirische Verbreiterung oder die theoretische Einbettung des ad-hoc-Einzelwissens fehlt. Es ist nicht immer fehlendes Wissen allein, sondern oft gerade der stürmische Fortschritt bei der Anhäufung von ad-hoc-Einzelwissen, der unsere Sicherheit, unser Leben, unsere Gesundheit gefährdet. Das ist das erkenntnistheoretische und politische Problem vieler neuer Technologien, der Reaktortechnik, der Gentechnik und der Informatik.

Die politische Bedeutung erfordert eine erkenntnistheoretische Diskussion, erschwert sie aber auch durch Voreingenommenheit und Glaubensbekenntnisse. Deshalb halten wir es für wichtig, Informatikern die folgenden Arbeitserfahrungen, die u. a. von der Herausbildung unseres Wissens über Diffusionsprozesse und von anderen Beispielen aus der mathematischen Physik stammen, zu vermitteln [Booß-Bavnbek 1988]:

---

138 [Ladyzhenskaya 1975], [Solonnikov et al. 1981] und [Turkel 1983], aber auch die Berichte aus *Aviation Week and Space Technology* über die Wiedereröffnung des erweiterten Windkanals der NASA in Ames – »um zu sichern, daß die rechnergestützte Strömungsdynamik wirklich funktioniert« (so [O'Lone 1987]).

1. Der wissenschaftlich-technische Fortschritt hat immer mehr Situationen hervorgebracht, wo ohne ausreichende theoretische Grundlagen nur mit Hilfe von isolierten Einzelerkenntnissen hantiert wird im Vertrauen darauf, daß die Praxis das nicht denunziert und die Theorie es nachträglich legitimiert. In begrenzten Situationen mag das angehen, in nicht-eingrenzbaren wachsen die Risiken ins Unerträgliche.
2. Guter Wille nützt nichts, wenn er auf technologische Lösungen im Grenzbereich unseres Wissens und jenseits davon abzielt und die mathematisch-naturwissenschaftliche Komplexität und die Risiken weiter erhöht.
3. Komplexität und Unsicherheit wachsen rasant bei der Vernetzung von Prozessen, wenn einzelne, allein schon nicht völlig beherrschbare Knotenpunkte verknüpft werden.
4. Nicht weniger riskant ist die unkontrollierte Vernetzung einer großen Anzahl individuell sogar ganz gut beherrschbarer Knotenpunkte; sie ist besonders riskant, wenn die Sicherheit im Umgang mit dem Teilprozeß auf das Ganze projiziert wird, da die Vernetzung eine Fortpflanzung von Abweichungen und Unglücksfällen weiter über den unmittelbaren Anlaß hinaus erlaubt und so die Größenordnung möglicher Schäden drastisch verändert.
5. Die Auflösung komplexer Probleme in ein Netz von Prozessen mit möglichst schmaler Schnittstelle kann dagegen durchaus ein Gewinn sein, wenn die Einzelknoten voll durchschaubar sind – oder als heuristisches Mittel, um unsere Vorstellungen über mögliche Abläufe zu erweitern.

Wir begannen mit einer Beurteilung der unterschiedlichen Qualität mathematischer Berechnungen, wobei wir die Ebenen der Modellierung, der Approximation und Analyse und der Realisierung im Rechner unterschieden. Das vorgelegte Bündel von Erfahrungen mit theorieloser Praxis, mit der Machbarkeit nicht-beherrschbarer Technik *heftet sich allein an die Unsicherheiten der Modellierung*, ohne die anderen (gesellschaftlichen) Unsicherheitsebenen bagatellisieren zu wollen.

3. Die Thematisierung von Komplexität ist nicht mit größerer Kreativität, mit Realismus und Authentizität computergestützter Modelle gleichzusetzen; sie bedeutet nicht die Humanisierung von Modellierung; sie als neues Paradigma zu feiern ist verfehlt.

Die klassischen Triumphe der mathematischen Modellierung, der Anwendung eines mathematischen Formalismus, sind an die Fähigkeit geknüpft, einen mehr oder weniger komplizierten Sachverhalt, Pendel- oder Planetenbewegung, Handels- und Finanzbedingungen auf einfache Begriffe und Beziehungen zu bringen: Masse und Beschleunigung, Zins und Wechselkurs. »Mathematisierung« und mathematische Modelle wurden (und werden) so vielfach mit exakter

Behandlung, Beschreibung und Analyse ideal einfacher oder zweckmäßig oder – aus der Sicht der Kritiker – unzweckmäßig idealisierter Verhältnisse gleichgesetzt.

Dagegen wird neuerdings zunehmend die Handhabung der Komplexität, ihre Erweiterung und Reduktion, und die Komplexität selbst thematisiert. Für Ethik, Politik und Pädagogik ist dabei die entscheidende Frage, ob der mathematische Fortschritt der Wahrnehmung, der Erzeugung oder der Vertuschung von Komplexität dient.

Wir wenden uns hier gegen das verantwortungslose Kokettieren mit »Komplexität« im idyllischen Mathematik-, Naturwissenschafts- und Technikverständnis: In der Öffentlichkeit, in Schule und Medien, in Populärwissenschaft und Wissenschaftstheorie geht von Komplexitätsuntersuchungen z. B. der »fraktalen Geometrie« und der »Chaostheorie dynamischer Systeme« eine erhebliche Faszination und Suggestion aus.

Wie steht es mit der »Kreativität«? Finden wir das »schöpferische Element der Erkenntnis« in der modernen Hinwendung zur Komplexität (im Gegensatz zum herkömmlichen »analytischen Rationalismus«)? Nüchtern beschreibt Stephen Wolfram, einer der Kronzeugen der neuen holistischen Mathematikenthusiasten, seine Arbeit mit »zellularen Automaten« zur Simulation von Strömungsturbulenzen auf dem Rechner: »Es ist eines der bemerkenswertesten Ergebnisse jüngster Untersuchungen über zellulare Automaten, daß man selbst mit sehr einfachen Regeln ein Verhalten von beachtlicher Komplexität erhalten kann. ... Die Regeln bestehen nur aus ganz wenigen einfachen logischen Operationen. Wenn sie aber wieder und wieder angewendet werden, kann ihre kollektive Wirkung sehr komplexe Verhaltensmuster hervorbringen. ... Man erwartet daher, daß sehr einfache Modelle auf dem Rechner ausreichen sollten, um viele unterschiedliche Naturerscheinungen nachzubilden« [Wolfram 1987].

Der von gewissen Zweigen der modernen angewandten Mathematik erwartete »spirituelle Fix« reduziert sich also sehr schnell auf die Wiederentdeckung des Reichtums einfacher gedanklicher Vorstellungen, der z. B. schon die Zahlentheoretiker vergangener Jahrhunderte in seinen Bann geschlagen hatte, und auf das Eingeständnis, daß die beschreibenden und darstellenden Möglichkeiten der Informationstechnologie noch lange nicht ausgelotet sind, was die derzeitige Konzentration der angewandten Mathematik auf die deskriptive Phänomenseite und die Vernachlässigung der erklärenden Theorieseite verständlich macht. Mehr nicht, ohne die Bedeutung dieser Richtung für die numerische Mathematik und die Computergrafik zu negieren.

Erhalten wir mehr »Realismus und Authentizität« durch erhöhte Komplexität? Jeder Mathematikstudent kennt aus der Numerikvorlesung eine Reihe von Beispielen, wo z. B. die Verkleinerung der Schrittlänge nicht notwendig zu größerer Genauigkeit, sondern unter gewissen Umständen zu numerischer Instabilität und völlig irreführenden Ergebnissen führt. Auch die mathematische Statistik und Wahrscheinlichkeitstheorie bietet eine Vielzahl von Situationen, wo eine zu große Zahl von Parametern mehr oder weniger jede Schätzung gleich gut macht. Der *Kinderglaube, daß komplexere Modelle realistischer sind*, daß das Ausgangsobjekt desto genauer erfaßt werden kann, je größer die Anzahl der Freiheitsgrade ist, muß also abgelegt werden.

Richtig ist aber, daß die moderne Numerik heute Verfahren entwerfen kann, die – wie oben zitiert – erstaunlich gut das Verhalten wirklicher Phänomene nachbilden, auch wenn dann oft letzte Fragen der Übereinstimmung zwischen Modell und Wirklichkeit, der Gründe und der Grenzen der Übereinstimmung, noch lange theoretisch ungeklärt bleiben und nur in der Praxis erprobt werden können. Ein Beispiel dafür ist die Modellierung von Dämmen und Reservoirs, wie das Piconeproblem der Baustatik in [Booß-Bavnbek & Pate 1989].

Richtig ist auch, daß die moderne Kontrolltheorie und Regelungstechnik Methoden entwickelt hat, die mit Hilfe ausgefeilter Modellierung und Rückkopplung erlauben, komplizierte Systeme wie z. B. ein auf dem Kopf stehendes Doppelpendel über einen längeren Zeitraum zu stabilisieren. Während die Komplexitätstheoretiker und Wissenschaftsjournalisten noch dabei sind, voll Staunen die reichhaltige und »chaotische« Struktur einfacher mathematischer und mechanischer Systeme (wieder-)zuentdecken, setzen die Komplexitätspraktiker, Ingenieure und industrielle Auftraggeber schon auf technische Vorrichtungen und Lösungen, mit deren Hilfe neuartige, hochkomplexe und äußerst unstabile Systeme als herkömmlich, einfach und stabil erscheinen und entsprechend behandelt werden sollen. Ein Beispiel dafür findet sich auch in [Booß-Bavnbek et al. 1988], die Lenkung richtungsinstabiler Schiffe.

Statt mehr »Realismus« und »Authentizität« finden wir also nur eine größere Bereitschaft zu unsicheren, wenn auch in der Regel durchaus zutreffenden, funktionierenden und wirksamen Berechnungen und Konstruktionen, die sich einer sicheren technisch-naturwissenschaftlich-mathematischen Beherrschung entziehen, ganz zu schweigen von bewußter, vernünftiger und gesellschaftlicher, demokratischer Kontrolle.[139]

Nähern wir uns aber nicht wenigstens einer »Humanisierung« der Mathematik durch Mut zur Komplexität und Überwindung der herkömmlichen »Beschränkung auf entscheidbare, mit Sicherheit beantwortbare Fragen«? Umgekehrt wird ein Schuh daraus: Menschenfeindliche Vernetzung, hochgradige Zergliederung der geistigen Arbeit, wie sie in der weltumspannenden Organisation der Wachstumswirtschaft, in der Technologieentwicklung der multinationalen Konzerne und ganz besonders in der Hochrüstung ihre reinste Verkörperung gefunden haben, schaffen die immer komplexeren Situationen und die Notwendigkeit ihrer Analyse.

139 Vgl. auch die musterhafte Unglücksanalyse in [Feynman 1988].

4. Schlußfolgerungen zu Fragen der Ethik und Ästhetik: Zukunft gibt es nur, wenn wir Gegenwart gestalten, Gewohnheiten ändern und die hemmungslose Innovationsgeilheit bändigen.

Unsere Analyse der unbewältigten, militärisch geprägten Vergangenheit der computergestützten Modellierung und ihrer gegenwärtigen Katastrophenpotentiale mündet in die *ethische Forderung an Mathematiker und Informatiker, von jeder vermeidbaren Produktion von Komplexität abzusehen. Stattdessen muß bewußt das ästhetische Prinzip der Einfachheit und Durchschaubarkeit als Qualitätsmerkmal der Modellierung unterstützt und illusionäre Vorstellungen über die Beherrschbarkeit komplexer Systeme bekämpft werden* [Booß-Bavnbek et al. 1988].

Was können wir von der heutigen Mathematik lernen?

Die Mathematik, die sich in den letzten Jahrzehnten selbständig, problematisch und vital entwickelt hat, ist sich heute ihrer Problematik in ganz anderem Maße bewußt als früher – und als die Informatik. Während Informatiker die Mathematik von Turing und von Neumann zu einer formalistischen Karikatur abmagern, in Hard- und Software, in nicht verstandene Praxis gießen, steht in der Mathematik etwas ganz anderes hoch im Kurs: die Bearbeitung von Defiziten und Lücken; die Systematisierung mathematischer Erfahrung; der Versuch, die Grenzen der Tragweite mathematischer Begriffe abzutasten und zu erklären. [140]

Was bedeutet unnötige Komplexität erkenntnistheoretisch und politisch?

Nach Klaus Oehlers Interpretation von Peirce »Über die Klarheit unserer Gedanken« [Peirce 1985] besteht philosophiegeschichtlich der Fortschritt darin, daß man sich kein anderes Wahrheitskriterium als das kollektive Urteil der Interpretengemeinschaft leistet, daß »alle Wahrheitsansprüche einen öffentlichen Charakter haben müssen, das heißt einen Charakter, der sie prinzipiell auch allen anderen Menschen zugänglich und überprüfbar macht«. Darin liegt eine zutiefst philosophische Begründung der Demokratie, die aber gegenstandslos wird, wenn durch extreme Steigerung der Komplexität die Gemeinschaft fachlich kompetenter Interpreten zu sehr verkleinert wird. Hier gibt es nur eine Lösung: eine *bewußte Entscheidung für eine sehr konservative Haltung*, wenn neue technologische Lösungen durch computergestützte Modellierung angestrebt werden – konservativ nicht als ein Weitermachen im Stil der letzten Jahrzehnte, sondern eine Rückbesinnung auf die Zeitmaße von tausenden Jahren, die die Menschheit bisher zur Umstellung und Anpassung an veränderte Lebensbedingungen benötigte – und auf den in unserem Teil

---

140 Vgl. [Abbott & Basco 1989], [Atiyah 1989], [Booß 1977], [Davis & Hersh 1981, 1988], [Faltings 1984], [Fetzer 1988, 1989], [Ladyzhenskaya 1975], [Manin 1979], [Penrose 1989].

der Erde erreichten Reichtum, der jede Notwendigkeit für Hast in der Anhäufung von Kapital und bei der Verausgabung von Arbeit beseitigt hat.

Ein Gegenbild zu dem von mathematischer Modellierung zu unterstützenden erkenntnistheoretisch und politisch soliden Fortschritt ist der noch immer propagierte und durch gedankenlose Modellierung geförderte »schnelle Wandel«, der mit seiner Innovationsgeilheit oftmals mehr Ähnlichkeit mit dem gehetzten Hüpfen von Scholle zu Scholle auf einem tobenden sibirischen Fluß im Frühjahrstauwetter hat, als dem Schreiten auf festem Boden einem vernünftigen Ziel entgegen.

Wie groß die Gefahren »in Flußnähe« sind, kann man an der von dem Mathematiker Hans Hahn für den Wiener Kreis propagierten »wissenschaftliche(n) Weltanschauung mit ihrer liebevollen, sorgfältigen, ins Einzelne gehenden Beobachtung des Gegebenen, mit ihren vorsichtigen Konstruktionen Schritt für Schritt, mit ihrer schlichten Sprache, die keine andere Aufgabe kennt, als: das klar zu sagen, was gesagt werden soll« verfolgen, die trotz ihrer sympathischen und idyllischen Erscheinung später als Kampfprogramm des Positivismus jede komplexe – notwendigerweise unbestimmte Elemente enthaltende – Reflexion gesellschaftlicher Folgen mathematisch-naturwissenschaftlicher Forschung verteufelte und damit letztlich die theoretische Basis für die ihr zuwider laufende gehetzte Hast in der technologischen Innovation lieferte (so, wie sie zu einer von Sir Karl Popper mit klassenkämpferischer Begeisterung gehandhabten Waffe im kalten Krieg entartete) [Hahn 1931].

Sind die ethischen Forderungen nach Entschleunigung und beharrlichem Streben nach Einfachheit realisierbar?

Ein Mathematiker wie G. H. Hardy, nach dem »eine Wissenschaft nützlich heißt, wenn ihre Entwicklung zur Verschärfung bestehender Ungleichheiten in der Verteilung von Wohlstand beiträgt oder direkter die Zerstörung menschlichen Lebens fördert«, konnte 1915 noch glauben, wie wir heute wissen zu Unrecht, daß seine Arbeit in der »reinen« Zahlentheorie nichts mit der Wirklichkeit zu tun habe [Hardy 1940]. Ein Informatiker heute, wie abstrakt sein Arbeitsgebiet auch sein mag, wird sich dagegen kaum davon überzeugen können, daß sein Tun keine praktischen Folgen hat – und schon der Versuch eines solchen Selbstbetrugs wird als verwerflich gelten müssen.

Die konkrete Wahrnehmung der Verantwortung auf dem Gebiet der computergestützten Modellierung kann gelegentlich an die entsprechenden Entscheidungen der Atomphysiker in den vergangenen vier Jahrzehnten zwischen planmäßiger Massenvernichtung durch die Bombe, großtechnischem Risiko im Kraftwerk und der Hoffnung auf den technischen Fix in der Nuklearmedizin erinnern. Oftmals dürfte die Situation aber doch wohl viel komplizierter sein, weil die Praxisfelder, die möglichen Anwendungen, schwieriger zu überblicken, zu verfolgen sind – viel mehr Kenntnisse und ein philosophisches Verhältnis zum Praxisbegriff erfordern.

Es mag sehr schnell auf eine Frage der Selbstachtung hinauslaufen, wieweit man überhaupt die Ambition hat, das Praxiskriterium, die Beziehungen zur Bewertung der eigenen Arbeit, auf ein weites Blickfeld, auf eine weite Interpretengemeinschaft, auf eine weit in die Zukunft reichende Menschengemeinschaft zu beziehen.

Welche Elemente gehören zu einem hippokratischen Eid der computergestützten Modellierung?

Jede Mitwirkung an der Erhöhung von Komplexität industrieller Produktion, von Produkten, Geräten, Arbeitsprozessen und unserer Umwelt durch computergestützte Modellierung muß von dem Nachweis abhängig gemacht werden, daß (1) die damit angestrebten Ziele unterstützenswert sind – und zwar im breitesten Sinn – und daß (2) keine Alternative geringerer Komplexität zur vorgeschlagenen Lösung auffindbar war – trotz beharrlicher Suche. Das erfordert da, wo das Potential für die Suche nach einfacheren alternativen Lösungen nicht ausgeschöpft ist, (3) jedem Druck zur Eile zu widerstehen, da Zeitdruck regelmäßig zur Rechtfertigung von schlechten, verantwortungslosen Basteleien dient, die unnötig die Durchsichtigkeit herabsetzen und die Komplexität erhöhen.

Ist Einfachheit lehrbar?

Man kann nicht anordnen, daß jemand ein Wohnhaus in offenem funktionalem Bauhausstil schöner findet als eine gotische Kathedrale, einen barocken Palast oder eine Jugendstilvilla. Aber man weiß aus der Geschichte der mathematischen Physik, wie fruchtbar das übergeordnete Streben nach Einfachheit der Beziehungen war. Fruchtbar und schwierig. Die größere Einfachheit des Keplerschen Systems gegenüber dem Ptolemäischen verschaffte dem Kopernikanischen Weltbild erst den Durchbruch; ähnliches gilt auch für Newtons Himmelsmechanik, Maxwells Elektrodynamik, Einsteins Relativitätstheorie, Bohrs Quantentheorie. Streben nach Einfachheit ist lehrbar. Erreichen von Einfachheit ist schwer.

Woher erhält man ein geeignetes Begriffssystem zur Zieldiskussion und zur Qualitätssicherung?

Es ist auch eine ethische Frage, wie man sein Begriffssystem wählt. Innerhalb der Mathematik und in verschiedensten Bereichen der mathematischen Physik ist in einem langen historischen Prozeß ein leistungsfähiges Begriffs- und Wertesystem entstanden, das – wie oben dargelegt – oft im Konflikt zu schnell unzuverlässiger, aber Zuverlässigkeit und Realismus vortäuschender computergestützter Modellierung und numerischer Simulation steht, aber gerade deswegen nicht der Hantierung mit und Anbetung von Komplexität geopfert werden darf. Je umfassender der Computer mathematische Modellierung wirksam macht, nicht selten mit großen Auswirkungen auf derzeit lebende Menschen und zukünftige Generationen, desto unzureichender wird aber die Beschränkung auf dieses mathematisch-naturwissenschaftliche Begriffssystem – und die Situation wird in der Regel nicht besser, wenn man es durch modische ad-hoc Begriffserzeugung aus dem Schoß der Informatik ersetzt oder ergänzt.

Wenn man es mit den Menschen gut meint, wird man sich das Begriffssystem zur Grundlegung der computergestützten Modellierung bei den Humanwissenschaften holen. Und wie bei jeder vernünftigen Modellierung wird man es auch hier, bei der begrifflichen Modellierung der Denk- und Modellierungsfähigkeiten von Menschen, vermeiden, sich vorschnell auf ein Begriffssystem festzulegen.

Jürgen Habermas [Habermas 1976a, 1981, 1985]. fand im breiten philosophischen Band von Logikern und Erkenntnistheoretikern wie Descartes, Kant, W. v. Humboldt, Hegel, Marx, Peirce[141], Dewey, Mead, Wygotski, Wittgenstein, Wiener Kreis, Piaget, Chomsky[142] Quellen für seine Theorie des kommunikativen Handelns als Versuch zur Grundlegung der Soziologie. Eine vergleichbar breit angelegte Auswertung dieser Quellen aus dem Erkenntnisinteresse der Informatik steht noch aus. Der Informatik wäre allenfalls dann das Etikett ‚humanistisch' im Sinne des Protagoreischen ‚Der Mensch ist das Maß aller Dinge' zuzubilligen, wenn Begriffe, die – um im Informatikerjargon zu sprechen – ‚an der Schnittstelle zwischen Mensch und Computer liegen' (z. B. Objekt, Zeichen, Logik, Regel, Tätigkeit, Werkzeug, Sprache), auch innerhalb der Informatik nur in Festlegungen verwendet werden, die ihrer Fundierung innerhalb der Humanwissenschaften in vollem Umfang Rechnung tragen.

Es bedürfte auch einer Freilegung der Geburtsmale der Informatik und einer Aufarbeitung der unbewältigten Vergangenheit und der widersprüchlichen, unklaren Gegenwart des Verhältnisses von Mathematik und Informatik. Dabei mag sichtbar werden, wie sehr die kriegsbedingte ad-hoc-Begründung der Informatik durch Turing, von Neumann und Shannon hinter den schon in Königsberg 1930 [Carnap et al. 1931] unter Mathematikern und Philosophen erreichten Diskussionsstand zurückgefallen war[143]. Durch die außerwissenschaftlichen Katastrophen der

141 Für Sichten auf das mitunter schwer zugängliche Werk von Peirce aus unserem Erkenntnisinteresse siehe die annotierten und kommentierten Ausgaben [Peirce 1985], [Apel 1975], [Peirce 1983], [Peirce 1988a] sowie die Einführungen [Wartenberg 1971], [Fisch 1986] und [Pape 1989].

142 Bei Chomsky wäre von der bezeichnenden Informatikerpraxis abzusehen, nur »Syntactic Structures« (1957) oder allenfalls »Aspects of the Theory of Syntax« (1965) wahrzunehmen und alle seine weiteren Arbeiten von »Cartesian Linguistics« [Chomsky 1966] bis zu den »Managua Lectures« [Chomsky 1988] geflissentlich zu übersehen.

143 Wittgenstein z. B. ist zu einem für die Informatik interessanten Philosophen geworden, indem er den Rest seines Lebens der Kritik des Jugendwerkes des genialen Ingenieurs Wittgenstein, des Tractatus, widmete, wobei es ihm offenkundig nicht gelang, sich dem Teilnehmer an seinem Cambridger Seminar zu Grundlagen der Mathematik, Alan Turing, verständlich zu machen, wie spätere Beiträge von Turing zur »maschinellen Intelligenz« bloßlegten. Vgl. [Wittgenstein 1921, 1939, 1953], [Waismann 1976] und [Hodges 1983].

Geschichte des 20. Jahrhunderts wurde die Verknüpfung des philosophischen Pragmatismus als reflektierte Philosophie der Naturwissenschaften mit der spontanen naturwissenschaftlichen Philosophie des Wiener Kreises mit ihrem charakteristischen Beitrag zur Erhellung der linguistischen Grundlagen der wissenschaftlichen Tätigkeit behindert[144]. Die Synthese des (1) semiotischen Pragmatismus von Peirce mit (2) Wittgensteins reifer linguistischen Philosophie der Sprachspiele und mit der (3) Tätigkeitspsychologie Wygotskis (mit ihrer von Hegel und Marx geerbten Berücksichtigung der kulturhistorischen Perspektive und der erkenntnistheoretischen Bedeutung des gesellschaftlichen Arbeitsprozesses) war schon in den dreißiger Jahren fällig und hätte in der – allerdings damals in der Sowjetunion nicht mehr wohlgelittenen – Schule von Wygotski unschwer erfolgen können.

Der Dialog zwischen Wygotski und Piaget zur konstituierenden Rolle der gegenständlichen Tätigkeit im menschlichen Denken und Sprechen erstreckt sich von Wygotskis Einleitung zur ersten russischen Übersetzung von Piagets Arbeiten Anfang der 30er Jahre bis zu Piagets Nachwort zur ersten amerikanischen Sammlung von Wygotskis Arbeiten 1962 [Wygotski 1978, Kozulin 1986]. Chomskys Dialog mit Piaget zu dieser Thematik ist in der Literatur der Sprachpragmatik hinreichend dokumentiert. Piaget [Piaget 1974] liefert eine leicht zugängliche Einleitung in die Materie, während Bar-Hillel [Bar-Hillel 1964] schon 1964 verblüffend akkurat vorausgesagt hat, welche praktischen Folgen die Vernachlässigung dieser Gesichtspunkte für die Entwicklung der Informatik haben werde. Parallele Entwicklungen finden sich schon seit der Jahrhundertwende in der langwährenden Arbeit des pragmatischen Philosophen und Pädagogen John Dewey und seines Chicagoer Kollegen George Herbert Mead, dessen Perspektivkonzept erst durch das Wirken von Kristen Nygaard Eingang in die Informatik gefunden hat.[145]

Zur widersprüchlichen unklaren Gegenwart gehört auch, daß der Zusammenhang dieser semiotischen Traditionen, die so grundlegend für den Modellbegriff

---

144 Die praktische Auswirkung dieser Katastrophen auf den wissenschaftlichen Diskurs, der eine andere Grundlegung der Informatik als die herrschende »Computerwissenschaft« hätte liefern können, zeigt sich wohl nirgendwo anschaulicher als in der Publikationsgeschichte von [Waismann 1976]. Ursprünglich war es ein Beitrag für die Königsberger Konferenz [Carnap et al. 1931] zur Schilderung des damaligen Stands von Wittgensteins Überlegungen zum Konferenzthema »Grundlagen der Mathematik« im Verhältnis zu Wittgensteins heranreifender Kritik an seinem Tractatus. Das Werk lag in deutscher Fassung beim Verleger in Holland und in englischer in Schottland endlich im September 1939 – bei Kriegsausbruch – vor. Erschienen ist dann die englische Fassung 1965 und die deutsche 1976, als die Weichen durch den Entstehungszusammenhang der praktischen Informatik im Kontext der Dechiffrierungsaufgaben des 2. Weltkriegs und der Atom- und Raketentechnik der Folgezeit schon längst gestellt waren. Krieg, Faschismus und Stalinismus vereitelten eine produktive Wechselwirkung zwischen drei wissenschaftlichen Schulen, deren zeitige Integration eine ganz andere Grundlegung der Informatik hätte liefern können. Erschwert war schon die Verständigung zwischen Cambridge (Wittgenstein) und Wien.

145 Siehe insbesondere [Nygaard 1986], [Nygaard & Søgaard 1987], [Mead 1927, 1932, 1934], [Dewey 1936, 1946].

sind, weitgehend nicht gesehen wird und – auch unter dem Einfluß des Kalten Krieges – Gegensätze konstruiert werden, die bei näherem Hinschauen unter dem Peirceschen Konzept der wissenschaftlichen Interpretengemeinschaft, seinem ‚logischem Sozialismus' [Wartenberg 1971] ihren Sinn verlieren und unproduktiv wirken. Dagegen sollte die auch in der Informatik zu leistende Erkenntnisintegration viel weiter reichen und danach trachten, die Kluft zwischen dem ungezügelten Subjektivismus der Alltagserkenntnismöglichkeiten der Menschen und einer von der menschlichen Existenz abgehobenen Wissenschaftstheorie zu schließen.

INFORMATIK UND WEIBLICHE KULTUR

BRITTA SCHINZEL

I. HISTORISCH-KULTURELLER HINTERGRUND DER INFORMATIK

1. Entwicklung von Naturwissenschaft und Technik

Um die Entwicklung der Informatik und ihre Entstehungsbedingungen zu verstehen, muß man die Geschichte der Naturwissenschaften und der Technik miteinbeziehen.

Beim Versuch rationaler Welterklärung erbrachten bereits die Griechen großartige Erkenntnisleistungen, ohne sich um deren technische Anwendung zu kümmern. Die Chinesen erfanden das Schießpulver, die Uhr, den Kompaß, den Buchdruck mit beweglichen Typen; die Ägypter besaßen das Rad und eine Reihe bautechnischer Errungenschaften. In keiner dieser Kulturen haben jedoch die Erfindungen oder technischen Leistungen eine vergleichbare technisch-industrielle Entwicklung eingeleitet, wie sie in Europa stattgefunden hat.

Der Aufbruch in unsere rationalistische Wissenschafts- und Technikwelt kam mit der bürgerlichen Gesellschaft. Ein gegen religiösen Dogmatismus gerichteter, aufklärerischer Impuls der Wissenschaft ging einher mit anderen kulturellen, wirtschaftlichen und sozialen Umwälzungen, wie der Einführung der Geldwirtschaft, der rationalen Arbeitsteilung und einer neuen Geschlechterrollendefinition. All dies war nicht ohne Einfluß auf die neue wissenschaftliche Vernunft und Naturerkenntnis, die von der Möglichkeit der vollständigen rationalen Erklärung der Welt, der Natur und des Menschen ausging.

Es scheint, daß es ohne die durch den jüdisch-christlichen Monotheismus bedingte scharfe Gegenüberstellung von Mensch und Natur das neuzeitliche Programm der Naturbeherrschung wohl nicht gegeben hätte. Es wäre zwar technisch möglich gewesen, aber man hätte in seiner Realisierung keinen Sinn gesehen. Dieser Sinn entwickelt sich in der oben erwähnten erkenntnistheoretischen Revolution. Die neue Epistemologie bestimmt die ganze Neuzeit und besteht im »verum factum« des homo faber, also der These, daß wir nur das wirklich erkennen können, was wir selbst gemacht haben.

Den frühen Kulturen, wie auch heute noch den Naturreligionen galt die Natur als göttlich. Der Antike (wie den fernöstlichen Religionen) erschien die Natur nicht als Geschaffene, sondern als Vorfindliches, das von Göttern, Titanen, Menschen und anderen Lebewesen bewohnt ist. Demgegenüber betrachtete man im abendländischen Mittelalter die Natur zwar als Geschöpf, aber als Geschöpf Gottes. Die Naturwissenschaft diente dazu, theologische Wahrheiten zu bestätigen. Die Emanzipation des neuzeitlichen Menschen von Gott konnte nur dadurch versucht werden, daß er selbst dessen Rolle übernahm. Als sein Ebenbild mußte er Herr, ja Schöpfer der Natur werden. Die Neuzurichtung der Natur im technisch verwertbaren Experiment und später in der Technik selbst ist Ausdruck seiner Schöpfermacht. Naturwissenschaft und Technik sollen die sicherheitgebende Gottesvorstellung ersetzen und zu den natürlichen Gefahren eine verläßliche Gegenmacht bilden.

Die Väter der modernen Wissenschaften führten die sogenannte »rationale Methode« als die Methode der wissenschaftlichen Erkenntnis ein. Sie untersucht Phänomene, indem sie sie in kleinere Einheiten unterteilt, die Einzelphänomene ihrerseits isoliert studiert, und die so gewonnenen Erkenntnisse wieder zu einer Erklärung des Gesamtphänomens zusammenfügt. Allerdings ist es wichtig zu sehen, daß das von Bacon, Descartes, Newton und Leibniz formulierte Programm der modernen Naturwissenschaft und Technik zunächst Anfang einer rationalen Welterschließung gewesen ist, die erstens ganzheitlich orientiert und zweitens normativ abgesichert war: Leibniz und Newton betreiben Wissenschaft, um in der Welt einen Ausdruck der Vernunft Gottes zu finden; und noch bei Kant, bei dem die Emanzipation der Wissenschaft von der Theologie besiegelt wird, ist das wissenschaftliche Programm einer ethischen Zielsetzung untergeordnet: die Moral gilt als der eigentliche Zweck des Menschen. Doch sind auch in dem rationalistischen Weltbild der modernen Wissenschaften und der Technik mehr religiöse Momente enthalten als der rationale Zugang vermuten läßt. Mit ihrer Hilfe wird das Gebot des alten Testaments erst möglich: Macht Euch die Erde untertan!

Häufig wird den Naturwissenschaften reine Erkenntnis als Zielsetzung zugeschrieben, die keine Kontroll- und Machtvorstellungen impliziere. Ihre Anwendungen in der Technik wird so als von ihnen unabhängig, wenn nicht als Zweckentfremdung der reinen Wissenschaft gesehen. Eine klare Trennung zwischen reiner Wissenschaft und Technologie ist jedoch nicht möglich, und dies nicht nur, weil die Entwicklung der Wissenschaften in zunehmendem Maße von den Fortschritten der Technik abhängig ist. Von Anfang an war die Eroberung der Natur das Ziel der mechanistischen Wissenschaft. Sie änderte die Vorstellung von der Erde als einer lebendigen, göttlichen Schöpfung in die einer passiven, leblosen Materie. Die Wissenschaft sollte »die Schutzvorrichtungen der Natur beseitigen, bis in ihr Innerstes eindringen, ihre Geheimnisse entblößen« (Bacon). Auf diese Weise wurde die Natur zur Sklavin des Menschen. Die Väter der neuzeitlichen Naturwissenschaft und Technik entwarfen ein wissenschaftliches Programm, das von Anfang an so konzipiert war, daß die Ergebnisse technisch verwertbar sein sollten. Im von Galilei erfundenen Experiment, das der griechischen Wissenschaft fremd war, zeigt sich die Affinität zwischen Naturwissenschaft und Technik, insofern es die Natur gleichsam auf technische Verwendbarkeit hin präpariert. Denn es isoliert bestehende Gesetzmäßigkeiten und unterwirft sie damit der menschlichen Verfügungsgewalt.

Ganz entsprechend der mit der technologischen Entwicklung einhergehenden Arbeitsteilung zerlegt die rationale Methode Phänomene in Komponenten, versucht diese zu erklären oder zu lösen und verknüpft diese Teile gemäß gefundener oder angenommener Regeln wieder, um eine Gesamterklärung oder Gesamtproblemlösung zu erhalten. Dieses sogenannte Kompositionalitätsprinzip ist inzwischen z. B. durch die Quantenphysik widerlegt. Dennoch bestimmt die rationale Methode bis heute den naturwissenschaftlichen und zunehmend auch den Erkenntnisprozeß anderer Wissenschaften. Durch die Zersplitterung und Isolierung von Einzelheiten geht der Gesamtzusammenhang verloren. Das Ganze ist qualitativ etwas anderes als die Summe seiner Einzelteile. Der betrachtete Gegenstand wird solcherart nur teilweise sichtbar, da in der Abstraktion z. B. von Störfaktoren abgesehen wird. Das reduzierte Modell aber, aus dem Gesamtzusammenhang gerissen, wird dann als Realität behandelt. Jedoch ist die Realität in ihrer Gesamtheit so nicht darstellbar. Diese Art von Naturerfassung führt somit zu einer einseitig reduzierten Realitätsbeschreibung und deren Umsetzung zu nicht nur hilfreicher, sondern auch destruktiver Technik.

2. Geschlechterverhältnis und Definitionen von Männlichkeit in der modernen Wissenschaft

Der Objektivitätsanspruch in Naturwissenschaft und Technik verweist Fragen nach einer geschlechtsspezifischen Natur dieser Fächer in den Bereich des Absurden. Demgegenüber legt jedoch die heute festzustellende, vorwiegend männliche Population in Mathematik, Naturwissenschaft, Technik und Informatik die Frage nahe, ob und wenn ja, welche maskulinen Konnotationen, Definitionen oder Eigenschaften diesen Fächern zugeordnet werden oder gar inhärent sind, und woher sie kommen.

Die Struktur einer Gesellschaft wird wesentlich geprägt sowohl durch die Organisation der Produktion als auch durch das Verhältnis der Geschlechter und damit zusammenhängend die Pflege und Erziehung der Kinder. Die Bedingungen, unter denen Naturwissenschaft, Technik wie auch die Informatik sich entwickelt haben, sind geprägt durch die kapitalistische Produktionsweise und eine spezifische Rollenverteilung der Geschlechter, die die Reproduktionssphäre den Frauen zuteilt, die Produktionssphäre den Männern. Dies war, zumindest in Europa, nicht immer so. Die Zweiteilung tritt in dieser Form erst im Gefolge der bürgerlichen Gesellschaft auf [Bennent 1990]. Wenn auch das Handwerk schon vorher eine männliche Domäne gewesen war, begann doch erst mit der frühen Industrialisierung im städtischen Bereich eine Trennung von Arbeits- und häuslicher Sphäre, die zu einer Trennung von weiblichen und männlichen Bereichen auch im metaphorischen

Sinne beitrug. Die Aufklärung, die den rationalen Verstand als dem Manne zugehörig betrachtete, erfand im Ausgleich, der Gleichheitslogik der Zeit entsprechend, eine neue weibliche Natur, in der die gefühlshaften und moralischen Werte dominierten. Die Vielfalt von männlichen und weiblichen Rollen, die vorher akzeptiert worden waren, war schon gegen Ende des 17. Jahrhunderts merklich reduziert. Die ökonomische Funktion der Frauen wurde auf die eines Hausweibes beschränkt. Wurde vorher im Haus sowohl produziert als auch konsumiert, so entstanden nun eine eigenständige Erwerbssphäre und ein öffentlicher Raum, welche nur den Männern vorbehalten waren. Die Familie wurde zunehmend auf regenerative und reproduktive Aufgaben beschränkt. Dies wurde später durch Einführung der schulischen Erziehung verstärkt. Noch in unserem Jahrhundert wurde die häusliche Produktion durch die Konfektionierung der Kleidung und die industrielle Fertigung der Nahrungsmittel weiter eingeschränkt. Dem pater familiae als Erhalter, Ernährer und Strategen stand nunmehr die Frau als »Erzieherin der Gefühle«, Wahrerin des Anstandes und moralische Autorität gegenüber. Ihre fortschreitende Verdrängung aus allen wirtschaftlichen und intellektuellen Bereichen wurde als die freiwillige Absage der Frau an alles ihr Wesensfremde, mit ihrer weiblichen Natur Unvereinbare dargestellt. Die auch heute noch wirksamen Definitionen von Weiblichkeit und ihre Herleitung aus dem angeblich anderen, naturnäheren Wesen der Frau sind hier entstanden.

In der oben erwähnten Einstellung der modernen Wissenschaft zur Natur wird die metaphorische Identifikation ebenfalls deutlich. Gleichzeitig wird der wissenschaftliche Verstand nunmehr neu als männlich konnotiert. Letztlich funktioniert das heutige Gefüge von Markt und Wirtschaft nur auf der Basis geschlechtstypischer Arbeitsteilung. Die Trennung von männlichen und weiblichen Rollen hat in der modernen Industriegesellschaft zur Ausbildung eines rigiden und zweckorientierten Rationalitätstypus geführt, dessen Moralität sich im Einhalten von Verträgen erschöpft. Dieser ist nur möglich vor dem Hintergrund eines emotional aufgeladenen und idyllisierten Bildes der Familie.

Waren in den Wissenschaften der Magier und der Alchimisten Gefühle und subjektive Eingebundenheit in den Untersuchungsgegenstand noch methodische Forderungen (Paracelsus: »Höre mit dem Verstand des Herzens!«), so distanziert sich die neue Wissenschaft gerade hiervon [Fox Keller 1986]. Glanvill z. B. warnte vor der Macht, die unsere Affektionen über unseren so leicht verführbaren Verstand haben: »Wo der Wille oder die Leidenschaft die entscheidende Stimme haben, ist der Fall der Wahrheit desparat. Die Frau in uns verfolgt noch immer eine List, wie es im Garten Eden begonnen hatte, und der Verstand ist mit einer Eva verheiratet, die so schicksalhaft ist wie die Mutter unseres Elends. Die Wahrheit hat keine Chance, wo die Affektionen die Hosen anhaben und das Weibliche regiert.« In dieser neuen Wissenschaft sind also die Frau und die mit ihr identifizierte Natur dem »männlichen« Erkennen nicht mehr gleichwertig. So heißt es bei der Gründung der Royal Society: »Der Geist, der auf den Künsten der menschlichen Hand beruht, ist männlich und dauerhaft. Die Aufgabe der Wissenschaft liegt darin, die Möglichkeiten zu entdecken, von der Natur Besitz zu ergreifen und sie unseren Vorhaben untertan zu machen.«

Die Väter der modernen Wissenschaften sprechen die Sprache ihrer Zeit, eine stark sexuelle Bildsprache, die wegen ihrer sadistischen Metaphern heute fast schockierend wirkt. Deshalb ist es wert, hier genau hinzuhören, denn auch die heutige Wissenschaft führt solche Einstellungen und Intentionen ihres Anfangs mit sich. Bacon legte die Motivation zu forschen als Wissen zur Macht fest: »Menschliches Wissen und menschliche Macht sind eines; denn wo die Ursache nicht bekannt ist, kann die Wirkung nicht hervorgerufen werden. Will man der Natur befehlen, so muß man ihr gehorchen; und was im Überlegen als Ursache gilt, gilt im Tun als Regel.« Als Methode zur Erlangung der Herrschaft über die Natur bestimmt er das Experiment: Da die Natur ihre Schätze und Geheimnisse nicht von selbst preisgebe, müßten sie ihr unter Folter entrissen werden, denn »wie im gewöhnlichen Leben die Denkart und Gemütsbeschaffenheit eines Menschen sich leichter offenbart, wenn er in Leidenschaften geraten ist, so enthüllen sich auch die Verborgenheiten der Natur besser unter den Quälungen der Kunst, als wenn man die Natur in ihrem Gange ungestört läßt.« Wissenschaft und männlicher Verstand sollten im Experiment die tote Maschine Natur distanziert beobachten. Bacons Vorstellung richtete sich auf eine Wissenschaft, die zur Souveränität, Herrschaft und Überlegenheit des Mannes über die Natur führen sollte, zur »Befehlsgewalt über die Natur« zum Zwecke der Rettung der Menschheit, also mit moralischer Intention. Der männliche Verstand unterwirft die Natur in einer »keuschen und gesetzmäßigen Ehe«. Jedoch »die Natur kann nur befehligt werden«, indem man ihren Regeln, deren »kausale Verkettungen durch keine Gewalt gelöst oder gebrochen werden können«, gehorcht.

Voraussetzung für die Entstehung einer virilen Wissenschaft ist die »Reinigung des Geistes von falschen Vorurteilen«, eine vom Forscher selbst losgelöste »objektive« Haltung. Messen, Objektivität und Wertfreiheit sind die Zauberworte der neuen Wissenschaft. Alles Persönliche ist aus ihr verbannt. So erfolgreich sie war, so unübersehbar ist die Einengung, die sie verursachte. Undeutliche Information und zu komplexe Zusammenhänge werden von objektivierter wissenschaftlicher Arbeit ausgeklammert. Das nicht Meßbare kann nicht untersucht werden, Wissen ist Gemessenes oder logisch Gefolgertes. Die Wertfreiheitsthese wird durch den Objektivitätsanspruch gestützt. Wenn auch zu begrüßen ist, daß Wissenschaftler die Ergebnisse ihrer Forschung nicht vorher festlegen (sie tun dies übrigens heute in der geplanten Entwicklungsforschung in zunehmendem Maße und lassen zu, daß Mittelgeber die Entwicklungsrichtungen bestimmen), so verfolgen sie doch Ziele, aber es sind solche, die man nicht (außerhalb der Disziplin) begründen zu müssen glaubt.

Die Naturwissenschaftlerin Fox Keller, die Ingenieurin Satu Hassi und andere haben Objektivität (oder zu starke Distanznahme) und hierarchisches Denken, welche die rationale Methode charakterisieren, im Zusammenhang mit der Persönlichkeitsentwicklung von männlichen Kindern analysiert, die, wie seit der Aufklärung zunehmend geschehen, ausschließlich von ihren Müttern aufgezogen werden. Es kann dann passieren, daß sie in Ermangelung männlicher Vorbilder eine Geschlechtsidentität nur in Negation und Distanznahme zum Weiblichen aufbauen können und daß solche Distanzierung zum Habitus wird. Die zunächst abenteuerlich erscheinende Verbindung, die subtile Beobachtungen und Schlußfolgerungen erfordert, soll in II.4. etwas näher erläutert werden.

II. Die Situation in Naturwissenschaft, Technik und Informatik heute

1. Naturwissenschaftlich-technische Rationalität

Indem Descartes Vernunft mit der Anwendung abstrakter Operationen gleichsetzte, vertiefte sich der Bruch zwischen Mensch und Natur, die nunmehr zum Gegenüber, zum Objekt wurde. Diese Subjekt-Objekttrennung, besser die Subjektaufhebung und Objektivierung, die Trennung von Vernunft und Natur, von männlich und weiblich, von Verstand und Gefühl, von Geist und Körper, ist das produktive aber auch gefährliche Paradigma der modernen Wissenschaften. Der Mensch fühlt sich nicht mehr als Teil der Natur, sondern als außenstehend. Er wird zum Ausbeuter, Bändiger und zum Neuschöpfer. Die Beziehung von Technik zur Natur und zum Menschen ist vielschichtig. Einerseits ist Technik ohne Einsicht in die Natur undenkbar, sie ahmt die Natur nach. Andererseits haben technische Modelle viele natürlichen Vorgänge erst verstehbar gemacht (Regelkreise bei der Homöostase, Informationsverarbeitung bei Denkvorgängen). Interessanterweise haben Einwände gegen die rationale Methode, z. B. gegen das oben beschriebene Kompositionalitätsprinzip gerade unter kritikfähigen Forschern der Künstlichen Intelligenz, wenn auch nicht innerhalb der sogenannten »harten« KI, zu einem Umdenken geführt. Dieses Prinzip ist bei natürlichen Sprachen verletzt. Die Bedeutung der Komposition von Satzteilen hängt von den Bedeutungen dieser Komponenten ab und umgekehrt die Bedeutung der Komponenten von dem gesamten Kontext. Auch deshalb widersetzen sich natürliche Sprachen und menschliches Denken der vollständigen Formalisierung und Maschinisierung.

Der rationalen Methode sind Naturphänomene umso zugänglicher, je kleiner die betrachteten Einheiten sind (mit Ausnahme der kleinsten im atomaren und subatomaren Bereich). Deshalb findet man technische Lösungen im Anorganischen häufiger als im Bereich des Organischen, das sich wegen der größeren Komplexität und der engeren Beziehung zwischen Teilen und Ganzem einer isolierenden Betrachtung und der technischen Reproduktion eher entzieht. Die Technik tendiert daher zwangsläufig dazu, das Anorganische auf Kosten des Organischen zu begünstigen, und, wie im Bereich der Rechnerentwicklung klar zu sehen, Organisches durch Anorganisches zu ersetzen.

Waren Naturwissenschaften und Technik lange Zeit von einem selbstverständlichen Fortschrittsglauben getragen, in dem sie auch ihre Legitimationsgrundlage hatten, so zeichnet sich inzwischen ein Ende dieses Fortschrittkonsenses ab. Zunehmend gewinnt eine umfassende Technologiedebatte an Bedeutung, die sozialpolitische und kulturelle Risiken miteinbezieht, Ziele und Konzepte der Forschung beleuchtet und grundsätzlich die Frage nach der Sozialverträglichkeit naturwissenschaftlich-technischer Innovationen aufwirft. Informatiker und Techniker neigen jedoch dazu, Naturwissenschaft und Technik in einer evolutionären Entwicklung zu sehen, die nach autonomen Gesetzen determiniert fortschreitet. Da der Weg der technischen Evolution als im wesentlichen unbeeinflußbar betrachtet wird, scheinen die technischen Mittel dabei in sich keine eigenen Ziele zu haben. Sie erscheinen wertneutral in der bloßen Anwendung der Mathematik und der Naturwissenschaften. Wertfreiheit und Neutralität der Experten seien gerade die moralischen Voraussetzungen dafür, daß sich das für die Gesellschaft Gute und Nützliche auch durchsetzt. Das technisch Machbare wäre das Nützliche, und das Nützliche wäre das Gute. Eine selbstauferlegte oder erzwungene Beschränkung von Forschung und technischer Entwicklung wird auch dann nicht für wünschenswert erachtet, wenn die Folgen einer solchen Weiterentwicklung für die Menschheit nicht absehbar sind.

Die verbreitete Vorstellung, Technik sei wertneutral, basiert auf der Überzeugung, daß die Technik nur Mittel zur Verfügung stelle, die man zum Guten oder zum Bösen verwenden kann. Die Tatsache, daß die moderne Technik ihre Mittel nicht bloß anbietet, sondern daß ihre Produzenten auch ein starkes Interesse an ihrer Verwendung haben, damit sich ihre Investitionen lohnen, wird oft übersehen. Die Freiheitschancen, die sie durch die Bereitstellung neuer Mittel eröffnet, werden durch die Suggestion der Notwendigkeit ihrer Nutzung wieder beschränkt [Hösle 1989].

Mit den sozialen Strukturen verändert die Technik auch unsere Weltwahrnehmung und unsere Wertvorstellungen. Der Mythos von der technischen Evolution führt zur Entbindung von ganzheitlichen ethischen Vorstellungen. Die Frage: »Was soll ich tun?« wird ersetzt durch die Frage: »Was ist machbar?« (Dies ist fast wörtlich das Programm des Grundlagenpapiers zur Curriculumsentwicklung der ACM 1989: »Die Frage, die aller Informatik zugrunde liegt, heißt: was ist (effizient) automatisierbar?«) Die Ersetzung der Wertrationalität durch die Zweckrationalität ist aber selbst nicht mehr wertneutral. Auch die Objektivierungsleistungen von Handlungen und Denken in der Informatik lassen den Verlust der ethischen Dimension erkennen: die an moralischen Normen orientierten zwischenmenschlichen Beziehungen verkümmern, wenn sie technischen Kriterien unterworfen werden. Die zunehmende Entäußerung der menschlichen Kopfarbeit führt zur Verschiebung von Verantwortung vom Menschen auf die Maschine. Doch überall, wo der Mensch Verantwortung an Maschinen abgibt, tritt im Versagensfall die rechtliche und die ethische Frage nach dem Verursacher auf, der dann nicht mehr gefunden werden kann. Als Lösung sehen einige harte KI-Wissenschaftler in den U.S.A. allen Ernstes die Möglichkeit, Künstlicher Intelligenz im juristischen Sinne Verantwortung zu übertragen, sie mit Bürgerrechten auszustatten. Dies klingt wie eine Satire auf utopische Romane, ist jedoch nur konsequent, denn wenn Maschinen Denken und Entscheidungen unterstützen sollen, so ist der Schritt zu autonomen Entscheidungen und folglich zur Frage von Verantwortung und rechtlichem Status nicht weit.

Die Gefahren liegen auch – dies gilt vor allem für die Informationstechniken – in der steigenden Komplexität der Welt, die keiner mehr durchschauen, geschweige denn kontrollieren kann. Mehr noch wird die Geschwindigkeit der Entwicklung selbst zum Anpassungsproblem für den Menschen. Der Mythos von der technischen Evolution behindert und tötet die natürliche Evolution.

Im Zusammenhang mit dem oben Gesagten ist somit die Frage angebracht, welche Zusammenhänge zwischen der technischen Rationalität und den psychischen Eigenarten der in Naturwissenschaft und Technik tätigen Menschen bestehen.

2. Die psychische Situation, Persönlichkeitsprofile

In Berufen, die durch Mathematik, Informatik, Naturwissenschaften oder Technik geprägt sind, finden sich häufiger Menschen mit bestimmten im folgenden beschriebenen psychischen Mustern [Bürmann 1979]: Sie haben ein starkes Interesse am eigenen Fach und sind in diesem auch meist sehr sicher. Sie arbeiten intensiv und leistungsbezogen, manchmal sogar mit Zügen von Besessenheit, wie man sie bei manchen Programmierern findet. Dieser Aufwand an Zeit und Energie führt nicht selten zum Ausschalten aller anderen Lebensbereiche. Sie sind wenig politisch engagiert, sind eher schüchtern und gehemmt, kontaktarm, und haben geringes Interesse an zwischenmenschlichen Beziehungen. Ihre Kommunikation ist auf sachliche Zusammenarbeit beschränkt, sie meiden emotionale Situationen und Konflikte. Sie sind kaum an die eigene Wissenschaft begründenden, übergreifenden kritischen Fragen interessiert. Das Fach wird aus dem sozialen Kontext isoliert betrachtet. Dies kann man so deuten: Sie haben in sozialen Situationen keine offensiven, initiativen Strategien zur Verfügung, sondern nur defensive. Unterwerfung kennzeichnet ihr Verhältnis zu der eigenen Wissenschaft, ihren Vertretern und deren Ansprüchen, Flucht ihr Verhältnis zu anderen Menschen, Konflikten und Gefühlsäußerungen.

Die an Besessenheit grenzende Ausschließlichkeit der Arbeit mancher Wissenschaftler ist in der Tat eher ein männliches Phänomen, erklärbar durch die frühkindliche Sozialisation von Jungen, die in ihrer Individuierung bestärkt werden Gefühle zu unterdrücken, zwischenmenschlichen Beziehungen auszuweichen und die Flucht vor Menschen zu Dingen antreten. Bei der Arbeit am Computer etwa kann das Moment der Beherrschbarkeit zum Ersatz für erfolgreiche Sozialbeziehungen werden: »Man kann Gott sein, die Maschine gehorcht, tut genau das, was man ihr eingibt«, so ein Informatik-Student.

Diese Fächer erlauben das Verdrängen persönlicher Entscheidungen, wenn sie nicht sachlich begründbar sind. Verborgen werden die eigene Schwäche, Ohnmacht, Angst, Aggressivität, die in der Technik, durch instrumentelle Macht verdeckt, ausgelebt werden können, versteckt hinter dem Anspruch an Objektivität und Sachzwängen. Die Technik, die eigentlich ein vom Ingenieur gesteuertes Mittel sein sollte, wird so Unterstützung, Teil und Vorbild seiner Persönlichkeit.

Die Einübung in formalistisches Denken mit objektivierbaren Maßstäben führt zu der Haltung, nur darüber ließe sich vernünftig reden, was vollständig erfaßbar, formalisierbar, widerspruchsfrei, exakt meßbar sei. Jedoch über Technikfolgen, soziale Auswirkungen, sinnvolles Handeln läßt sich nicht objektiv, nicht erschöpfend, nicht in angebbaren Zahlen reden. Ob ihrer vagen Beantwortbarkeit und der Notwendigkeit ihrer außerdisziplinären Bewertung werden solche Fragen nicht behandelt. Umgekehrt wird die These vertreten, die Technikerzeugnisse sollten durch Politik und Gesellschaft kontrolliert werden, die eigene Verantwortung wird übersehen.

Objektivität kann auch als Streben nach Sicherheit gedeutet werden, als eine Methode, Fragen der Begründung und des Wertes der eigenen Arbeit auszuweichen, als eine Entschuldigung, sich mit Dingen zu befassen, deren Sinn nicht weiter hinterfragt werden muß, weil der Wert der objektiven Erkenntnis in sich selbst ruhe. Das Ausschalten der Unsicherheitsfaktoren der menschlichen Kommunikation und Subjektivität in der naturwissenschaftlichen Loslösung aus allen Kontexten macht diesen Zusammenhang klar. Die Entwicklung des Faches wird als deterministisch, vorgegeben, unbeeinflußbar empfunden. Dies führt zu der absurden Tatsache, daß gerade diejenigen, die die Welt aktiv und tiefgreifend verändern, glauben, auf diese Änderungen keinen Einfluß zu haben. Denn Mathematik, Informatik und Technik lassen die Produzenten ganz verschwinden, so daß im wissenschaftlich-technischen Produkt der Anschein der Unabhängigkeit von subjektiven Wünschen und psychischen Ursachen entsteht. Seit Freud aber sind wir mit dem Gedanken vertraut, daß in die Arbeiten von Wissenschaftlern Wunscherfüllungen und andere psychische Antriebe miteinfließen. Dies stellt gerade in der Informatik ein bekanntes Problem für Güte und Reliabilität von Software dar. Objektiv wird Software erst durch ihre faktische Existenz, ihr Entstehungsprozeß ist hochgradig abhängig von den sie herstellenden Personen und deren Situation.

Doris Janshen [Janshen 1986], Brian Easlea [Easlea 1986] und andere analysierten die Selbstdarstellungen von Naturwissenschaftlern und Technikern und stellten die These auf, daß jene häufiger Projektionen in ihre Schöpfungen einfließen lassen, die unmittelbar an Körperphantasien anknüpfen (z. B. Geburtsphantasien bei der »little boy« genannten Atombombe), während es bei Frauen in diesen Fächern und bei Geisteswissenschaftlern eher sozial vermittelte Phantasien zu sein scheinen.

Manche AutorInnen leiten daraus den Ursprung der »männlichen Technik« ab, der dem Geburtsneid der Männer entspringe. Gegen die Auffassung, jede Technik sei per se männlich präformiert, lassen sich jedoch gerade von Seiten der Informatik Argumente vorbringen. Die Universalität von programmierbaren Maschinen und die Flexibilität der individuellen Lösungsmöglichkeiten machen die Softwareproduktion zu einer offenen Technologie und unterscheiden den Computer von der klassisch-mechanischen Maschine. Vor dieselbe Aufgabe gestellt wird jede(r) ein komplexes Problem anders bearbeiten. Dies ermöglicht auch Frauen einen offenen Raum für Gestaltung und stellt sie nicht vor die von den Technikerinnen beklagte Einschränkung ihrer Kreativität durch einen behaupteten »one best way« [Janshen 1986].

Wir werden uns also im folgenden mit der tatsächlichen Situation der Frauen in dieser Disziplin beschäftigen.

3. Frauen in der Informatik

Die überwiegend männliche Population in informatisch-mathematisch-technischen Berufen kann in keiner Weise durch Begabungsunterschiede zwischen den Geschlechtern erklärt werden. Alle Befunde zeigen, daß die Variable Geschlecht nicht signifikant für kognitive Fähigkeitsunterschiede ist [Schinzel 1991].

Anders als bei Männern und anders als es nach dem Objektivitätsanspruch und dem Gleichberechtigungsprinzip zu erwarten wäre, zeigt sich, daß die Sozialisationsbedingungen, die es Frauen ermöglichen, an Fächern wie Informatik, Technik und Naturwissenschaften teilzunehmen, sehr eng sind [Schinzel 1991]. Oftmals sind sie die ältesten Kinder, haben einen Vater mit naturwissenschaftlichem oder technischem Beruf, von dem sie gefördert wurden und an den sie eine starke Bindung haben. Man interpretiert dies so, daß die Sohnesrolle in das Mädchen projiziert wurde. Außerdem haben überproportional viele Mädchenschulen besucht. Dies, wie auch die Tatsache der starken nationalen Unterschiede weiblicher Beteiligung in der Informatik deutet darauf hin, daß die Ursachen für Interessenbildung und Begabungsausformung nicht »objektiver« Natur sind, sondern »sozial hergestellt«.

Da die Gruppe der Frauen, die ein solches Studium ergreifen, wohl eine strengere Auswahl darstellt als bei Männern, kann man davon ausgehen, daß sie besser qualifiziert sind als der männliche Durchschnitt. Die Vermutung, daß sie also im Beruf schneller vorankommen, wird aber durch die Statistik widerlegt: Naturwissenschaftlerinnen und Technikerinnen verdienen erheblich weniger als ihre männlichen Kollegen, sind kaum in leitenden Positionen anzutreffen, und die Unterschiede wachsen im Laufe der Berufsjahre. Die Aufgaben in Familie und Kindererziehung können dies nicht erklären. Im Gegenteil zeigt die Statistik, daß unverheiratete Frauen ohne Kinder noch schlechter vorwärtskommen als solche mit Familie.

Es gibt keine »rationale« Erklärung für diese Phänomene, man muß die Ursachen im unbewußten Verhalten, in Rollenklischees suchen. Tatsächlich beurteilt man die Qualität der Arbeit von Frauen und Männern, ihr Verhalten und ihre Persönlichkeit nach unterschiedlichen Kriterien [Schinzel 1991]. Dadurch ergibt sich für Frauen in Männerberufen eine Gratwanderung zwischen Berufsanforderungen und weiblichen Verhaltenserwartungen, die nur schwer ohne Brüche und Konflikte zu bewältigen ist.

Mehr noch, im Anfang der Computertechnik wurde Programmieren als Nebenprodukt der Hardware überwiegend von Frauen ausgeführt. Die Computerhistorikerin Nancy Stern hat die Beiträge von Frauen in den Anfangszeiten von 1935 bis 1955 aufgearbeitet [Hoffmann 1987]. Demnach findet man sie in breitgestreuten Arbeitsfeldern als Operateurinnen, Entwicklerinnen von Programmiersprachen und Programmiererinnen. Dies änderte sich mit der Entwicklung der Informatik zu einer eigenständigen Disziplin: Ein ursprünglich offenes Fach mit nicht geschlechtstypisch definierten Arbeitsplätzen ging langsam in Männerhand über [Roloff 1990].

Als wissenschaftliche Disziplin seit etwa 1970 an den Universitäten etabliert, zeigte der Anteil von Frauen im Studium zunächst eine steigende Tendenz. Seit Mitte der 80er Jahre fiel der Anteil der Informatikstudenntinnen von 20% auf 13%. Dieser Trend verstärkt sich im Studienjahr 1990/91 dramatisch: die Neueinschreibungen liegen überall in Deutschland unter 10%, in München z. B. bei 3 ,7%. Die Ursachen hierfür sind unter anderem in der Schulsituation zu sehen, wie im Anhang näher ausgeführt wird.

Im Studium behaupten sich Informatikerinnen gut, aber es brechen mehr Studentinnen als Studenten das Studium noch nach dem Vordiplom ab. Sie beklagen ihre Isoliertheit und den Zeitmangel, der daraus resultiere, daß sie zuerst fürs Studium, dann für den Job und schließlich »für die Beziehung arbeiten« müssen. Beim Übergang vom Studium zum Beruf schwindet der Anteil von Frauen darüberhinaus auf ein Drittel bis die Hälfte. (Die Arbeitslosenzahlen im DV-Bereich liegen 1989 bei etwa 31% bei den Frauen gegenüber nur 2% für Männer.) Die Tatsache, daß von den in einer Untersuchung 1989 befragten weiblichen DV-Fachleuten 49% verheiratet sind und nur 5% Kinder haben, während von den männlichen 74% verheiratet sind und 62% Kinder haben, spricht auch hier eine deutliche Sprache [Roloff 1990].

Die berufliche Situation von Frauen im Bereich Informatik/Technik läßt sich mit den Schlagworten: fachliche Gleichheit und soziale Differenz beschreiben [Metz-Göckel 1985]. Sie sind sehr engagiert und leistungsmotiviert bei einer starken inhaltlichen Orientierung und hohem zeitlichen Einsatz. Es ist jedoch schwierig, ihren Berufserfolg an der gängigen Karrierevorstellung mit Kriterien wie beruflicher Aufstieg bzw. Führungsposition und erzieltes Gehalt zu messen, da Frauen den Karrierebegriff für sich selbst problematisieren. Sie setzen Erfolg eher mit dem Erreichen selbstgesteckter Ziele, inhaltlicher Vorstellungen, Anerkennung bei MitarbeiterInnen und Vorgesetzten, Zufriedenheit mit der eigenen Leistung gleich als mit dem Erreichen einer bestimmten Position. Sie wollen eine interessante Arbeit haben und immer Neues dazulernen, aber auch eine sinnvolle Tätigkeit ausüben [Roloff 1990]. Diese Befunde spiegeln die in den Sozialwissenschaften bekannten geschlechtsspezifischen Unterschiede in der Berufsorientierung wieder: Frauen sind am Inhalt ihrer Arbeit, Männer eher an Fortkommen und Karriere interessiert. Die Arbeitswelt der Industrie und Universität ist aber durch die männliche Normalbiographie geprägt und damit für Frauen wegen der geschlechtsspezifischen Arbeitsteilung schwer lebbar. Zudem sind Arbeitsstil, Kommunikations- und Verhandlungsformen orientiert am Vergleich und in Konkurrenz zu männlichen Kollegen, folglich für Frauen ungewohnt und wegen der anderen Rollenerwartungen an sie auch nicht übernehmbar. Es resultiert eine Isolierung der Frauen in ihrer Berufsumgebung und daraus Verunsicherung. Selbstsicherheit und »standing« müssen erst mühsam und oft gegen den Widerstand der Umgebung aufgebaut werden.

Andererseits sind Frauen für informatisch/technische Berufe gerade durch eben die Eigenschaften besonders qualifiziert, die es ihnen erschweren, gleichberechtigt behandelt zu werden: Die in der Kindheit eingeübten sozialen Fähigkeiten, das verbindende Bewußtsein, die Kommunikationsbereitschaft werden im Beruf als Teamgeist, Flexibilität und Einfühlungsvermögen professionalisiert und stellen eine notwendige Ergänzung zu den in II.2. dargestellten männlichen Eigenschaften dar.

Auskünfte darüber, welche besonderen Qualitäten und Orientierungen Frauen zu den einzelnen betrachteten Gebieten beisteuern, liefert die *Frauenforschung*.

Zunächst ist alle Forschung, die von Frauen betrieben wurde und wird, Frauenforschung. Dies wäre eine überflüssige Definition, wenn man von dem objektivistischen Standpunkt ausginge, daß Forschung keiner Geschlechtsspezifik unterliegt. Untersucht man jedoch die Forschungsbeiträge von Frauen, so stellt sich heraus, daß es in der Tat erstaunliche Unterschiede gibt. Frauen bevorzugen in den einzelnen Wissenschaften bestimmte Themen (in der Informatik etwa Funktionale Programmiersprachen, Theoretische Informatik, Theorie des Lernens und algorithmisches Lernen, vor allem Softwareengineering; insgesamt Themen, die entweder starken Theoriebezug oder offene Lösungsmöglichkeiten bieten, oder die interdisziplinären Charakter haben). Weiter zeigt sich, daß ihre Zugänge und Herangehensweisen verschieden sind von denen der Männer. Sie interessiert in der Informatik zuerst Prinzipielles und der Bezug zur Realität; sie wollen wissen, was der Rechner leisten kann und welche sinnvollen Anwendungen möglich sind – ein für junge Männer nahezu indiskutabler Zugang: diese wollen die Technik, die Maschine beherrschen. Beim Programmieren haben Frauen einen stärker planenden Zugang; sie entwerfen ein Programm eher theoretisch mit uniformer Lösung, während Männer zunächst durch Versuch und Irrtum vorankommen wollen. Letztere müssen den später notwendigen systematischen Entwurf erst durch Schwierigkeiten ihres »natürlichen« Zugangs erlernen. An den zwei früher rein weiblichen amerikanischen Colleges, Mills College und Rutgers, die aus Verfassungsgründen nun auch für Männer geöffnet wurden, sind männliche Studenten in der Minderheit. Hier ist das Phänomen des adäquateren weiblichen Zugangs beim Programmentwurf deutlich gesehen und untersucht worden. Weiter finden wir das frauentypische Problem, sich ans Gerät nicht heranzutrauen, da sie es bei unsachgemäßer Behandlung zu zerstören fürchten. Schließlich ist umstritten, ob auch der kognitive Problemlösevorgang selbst geschlechtsspezifisch verschieden ist. Sicher werden über die ausgewählten Gebiete bestimmte Problemlösungen bevorzugt (so z. B. in der Mathematik mit Logik und Algebra die feiner gesponnenen, abstrakteren Argumentationsweisen).

Feministische Forschung stellt die Wertfreiheit und die Objektivität beanspruchende Wissenschaft in Frage, weil jede Erkenntnis von subjektiven Erfahrungen ausgeht. Die Erfahrungen von Frauen sind andere als die von Männern, und das muß sich auch in der Wissenschaft niederschlagen. In der Regel nehmen Männer solche Unterschiede nicht wahr. Sie gehen naiv davon aus, daß ihre Erfahrungen allgemein sind, und schließen eine andere Möglichkeit aus ihrer Betrachtung aus. Die rationalistische Tradition westlich-männlicher Prägung hat, wie wir gesehen haben, trotz aller Erfolge, einen verengten Blick. Deshalb befaßt sich feministische Forschung mit der Wiederentdeckung anderer, speziell auch weiblicher Erkenntnismöglichkeiten und der Entwicklung weiblicher Methodiken. Es soll nicht verhehlt werden, daß mir dies die einzige, unserer Kultur verbleibende Utopie zu sein scheint.

Für die betroffenen Gebiete ergibt sich aus diesen Feststellungen die Frage, ob sie sich bei einer stärkeren Frauenbeteiligung anders entwickelt hätten und wichtiger noch, welche Veränderungen durch einen höheren Frauenanteil bewirkt würden. In der Tat ist das Programm der Frauenförderung ein zweifaches: Nicht nur sollen Frauen an einen bestimmten Ort befördert werden, sondern dieser Ort soll auch selbst verändert werden durch eine stärkere Präsenz und Teilhabe von Frauen [Hoffmann 1987]. Die spezifisch weiblichen Wertorientierungen, Sichtweisen und Verhaltensmuster halten Frauen von den Gebieten fern, die, könnten sie sich in ihnen entfalten, eine Veränderung im positiven Sinne erfahren würden.

Innerhalb der Naturwissenschaften und der Technik zeigt sich eine schwindende Teilnahme von Frauen mit der Distanz zur Natur: In Deutschland liegen die Studentinnenanteile etwa bei 60% in Biologie, 35% in Chemie, 8% in Physik, 3% in Elektrotechnik und 2% im Maschinenbau. In Mathematik finden sich ca 35% Frauen, in Informatik noch etwa 14% (die Neuzugangszahlen sind auf meist unter 5% gefallen). Untersucht man diese Reihenfolge innerhalb der Naturwissenschaften, so stellt sich ein Zusammenhang mit der Größe der untersuchten Objekte dar. Je kleiner die Einheiten, desto »präziser« die Untersuchungsmethoden und die gewonnenen Erkenntnisse durch die rationale Methode und desto exakter die formale Durchdringung mit Hilfe der Mathematik. Die mathematische Durchdringung ist ferner ein Gradmesser für das Ansehen einer Wissenschaft. In den einzelnen Fächern existiert eine Art Narzißmus: Sie bespiegeln ihre Werthaftigkeit und Bedeutung, die angenommenen Anforderungen an Intelligenz, Disziplin, Exaktheit und Strenge. Diese »Hierarchie des Narzißmus«, die eine Rangordnung der Fächer in der Reihenfolge Physik, Chemie, Biologie, empirische Wissenschaften, Geisteswissenschaften vornimmt, setzt sich aber auch um in eine Machthierarchie innerhalb der Wissenschaften und universitären Strukturen. (Medizin und technische Wissenschaften erringen aus anderen Gründen hohe Machtpositionen.)

Der narzißtische Anspruch der Mathematik ist zweifellos der höchste, er findet jedoch keine Entsprechung in tatsächlich ausgeübter Macht. Gerade in der Mathematik aber liegt eine relativ hohe Frauenbeteiligung vor. Dieser Zusammenhang ist in hohem Maße erklärungsbedürftig. Vielleicht läßt sich hieran die Beziehung zwischen Macht und dem Geschlechterverhältnis herausarbeiten. Unausrottbar scheint der Aberglaube, daß die Ursache für die geringe Frauenbeteiligung in Naturwissenschaft und Technik in der mangelnden mathematisch-logischen Begabung der Frauen zu suchen sei. Aber gerade in der Mathematik ist die Zahl der außerordentlichen wissenschaftlichen Leistungen von Frauen besonders hoch: In den 20er Jahren habilitierten sich in Deutschland mehr Frauen in Mathematik als in den gesamten Geisteswissenschaften [Ernest 1976, Schafer 1981]. Georg Simmel, ein guter Kenner der »weiblichen Kultur« schreibt 1902: »...das sublimierteste Gebilde der Geisteskultur, die Mathematik, steht jenseits von Männlich und Weiblich, und daraus erklärt sich vielleicht die auffallende Tatsache, daß gerade in ihr mehr als in anderen Wissenschaften Frauen ein tiefes Eindringen und bedeutende Leistungen gezeigt haben.«

Dies, obwohl in Deutschland geschrieben, scheint nirgendwo so vergessen zu sein wie hier. Sicher hat der Nationalsozialismus den Hauptanteil am Untergang der weiblichen Kultur in Deutschland: die Vertreibung und Ermordung der Juden – viele hervorragende Wissenschaftlerinnen waren Jüdinnen; die gleichzeitige Orientierung der arischen Frauen auf die Zucht der deutschen Herrenrasse und damit auf Heim und Herd; die Fortsetzung der Bindung der Frauen an die Reproduktionssphäre nach 1945 und nach dem Wiederaufbau. (Wir beobachten heute etwas Ähnliches beim Kampf um die schwindenden Arbeitsplätze in den neuen Bundesländern und der Abschaffung von Kindergärten.) Dies alles erklärt die im Vergleich zu anderen Ländern extrem geringe Berufsorientierung der deutschen Frauen. Hinzu kommt, daß (1989) 56% der bundesdeutschen Männer keine weibliche Berufstätigkeit wünschen, während die Prozentsätze in den umliegenden Ländern zwischen 20 und 30% liegen.

4. Was steckt hinter dem Objektivitätsanspruch?

Hier soll keinesfalls der Wunsch und der Versuch zu möglichst großer Objektivität in Frage gestellt werden. Es muß das Ziel jeder wissenschaftlichen Bemühung sein, möglichst korrekte Resultate zu erhalten, die unabhängig von der untersuchenden Person Gültigkeit haben. Aber es wird argumentiert, daß absolute Objektivität nicht möglich ist, daß die distanzierte Haltung die unbewußten Idiosynkrasien eher verdeckt und daß das Versprechen der Objektivität eine Auswahl unter Persönlichkeiten trifft, die darin eine emotionale Unterstützung suchen.

Man sieht heute in der Naturmagie, der Astrologie wie der Alchimie eine Geschichte von Projektionen, weil sie der natürlichen Welt die menschlichen Hoffnungen, Begierden und Ängste auferlegten. Die heutigen Formen der Wahrnehmung erlauben eine Selbstablösung, die den Menschen befähigt, sich ein autonomes Universum vorzustellen, das ohne Intention, Zweck und Ziel in rein mechanischer oder kausaler Weise funktioniert. Man sieht die Ursache für den Erfolg der modernen Wissenschaften darin, eine Methodologie gefunden zu haben, die ihre Forschungen vor dem idiosynkratischen Einfluß menschlicher Motivation bewahrt [Hacker 1981]. Das Wesentliche dabei ist in der Abtrennung des Subjekts, dem Ausgrenzen der Persönlichkeit aus der Wissenschaft zu sehen.

Evelyn Fox Keller jedoch argumentiert, daß diese Ideologie ihre eigenen Projektionen mit sich bringe, nämlich die Projektion von Desinteresse, von Autonomie und von Entfremdung. Sie meint, daß der Traum von einer völlig objektiven Wissenschaft im Prinzip nicht realisierbar ist, sondern genau das in sich birgt, was er von sich weist: die Schutzhaut aus Unpersönlichkeit, die die Illusion der Unabhängigkeit von Begierden, Wünschen und Glauben nährt.

Die Objektivität ist ein Ideal, das, wie Georg Simmel [Simmel 1983, 1985] bemerkt, eine lange Geschichte der Identifizierung mit Männlichkeit hat. Die Zuschreibung des Männlichen an das wissenschaftliche Denken hat als Folge die überwiegend männliche wissenschaftliche Population. Eine wissenschaftlich denkende Frau »denkt wie ein Mann«. Empirische Untersuchungen bestätigen, daß Naturwissenschaftler und Techniker männlicher erscheinen als Geisteswissenschaftler und jene wiederum männlicher als Künstler; und daß »härtere« Wissenschaften als männlicher charakterisiert werden als andere.

Die Fähigkeit, Realität als objektiv wahrzunehmen ist (nach Freud und Piaget) Teil des schmerzvollen Prozeßes der Ichbildung, also der Abtrennung des Ich vom Nicht-Ich und der damit verbundenen Entwicklung des Bewußtseins. Alle Kinder erleben eine Krise bei der Ich-Entwicklung, wenn sie sich von der Mutter zu selbständigen Wesen trennen. Die Jungen müssen dabei auch eine von der Mutter verschiedene Geschlechtsidentität aufbauen. Da der Vater meist nicht zu sehen ist, definieren sie ihr Geschlecht oft in Negation des weiblichen, anstelle eines eigenen positiven männlichen Bildes. Mädchen hingegen werden aus dem gleichen Grunde nicht zur Abtrennung vom väterlichen Geschlecht gezwungen. Fox Keller sieht darin die Möglichkeit von Störungen bei beiden Geschlechtern angelegt: Mädchen können dann keinen ausreichenden Unterschied zwischen sich selbst und anderen machen, sich nicht genug gegen die Wünsche anderer abgrenzen. Jungen dagegen erscheint dieser Unterschied übertrieben groß. Dies führt leicht dazu, daß man sich selbst über die anderen stellt. Ein hierarchisches Weltbild, Streben nach Macht und Herrschaft sind Folgeerscheinungen.

Andererseits können Mädchen so leichter eine konsolidierte Geschlechtsidentität aufbauen als Jungen. Ein Mann, der seiner Geschlechtsidentität nicht sicher ist, sucht seine Männlichkeit immer wieder zu beweisen. Wenn er sie mangels Identifikationsfigur (wegen der Abwesenheit des Vaters) nur dadurch zeigen kann, daß er nicht als Frau erscheint, wird er versuchen, alle Konnotationen auszuschließen, die er für feminin hält: meist also zwischenmenschliche Beziehungen, sinnliches Leben, Schönheit und Emotionalität. Tatsächlich zeigt die Empirie, daß Naturwissenschaftler und Techniker eher Einzelgänger sind, daß sie sehr oft eine starke Distanz zur Mutter haben mit der Neigung, sie herabzusetzen. Frauen, die mit ihnen zusammenleben, werden in sicherem, »objektiviertem« Abstand gehalten. Weiter, daß das naturwissenschaftlich-technische Ambiente streng, kalt und schmucklos ist und daß Frauen häufiger als in anderen Berufen in Witzen herabgesetzt werden [Hacker 1981].

So führen diese Wissenschaften die kindlichen und jugendlichen Ängste und Wünsche als Weltanschauung fort. Die Entwicklung solcher Persönlichkeiten aber gehört zu einer Kultur, in der kleine Kinder nur zu ihrer Mutter nahe Gefühlsbindungen unterhalten. Würden Männer in gleicher Weise Kinder betreuen wie Frauen, hätten Jungen und später Männer sowohl eine sichere Geschlechtsidentität, die sich nicht durch die Distanz zum Weiblichen definieren müßte, als auch kein Problem, ihre Autonomie durch die Mutter bedroht zu sehen. Mädchen und später Frauen könnten ihre Identität besser wahren, wenn sie gelernt hätten, sich ebenso vom Geschlecht des Vaters zu distanzieren wie sich mit dem der Mutter zu identifizieren.

Aus dieser Betrachtung wird auch verständlich, warum Frauen in Männerberufen häufig auf eine so starke Ablehnung stoßen. Für manche Männer ist das Maskuline des Berufs ein zentrales Motiv ihrer Berufswahl. Kompetente Frauen aber bedrohen die Identifikation des Berufs mit Maskulinität. Darum werden solche Frauen als persönliche Gefahr empfunden.

Die Idee der objektiven Wissenschaft besteht gerade in solchem Sichtrennen vom Rest der Welt, wie dies als Folge der einseitig weiblichen Erziehung der Jungen beschrieben wurde. An einer objektivistischen Erkenntnistheorie, in der Wahrheit an ihrem Abstand zur Subjektivität gemessen wird, kann nicht mehr festgehalten werden, wenn solche Wahrheitsdefinition der Geschlechtsspezifik unterworfen ist. Es geht hier also um eine falsch verstandene Objektivität, um ein Erkenntnisstreben, das von der (erfolgten) Trennung des Subjektes vom Objekt ausgeht und nicht die Lösung des einen vom anderen zum Ziel hat.

Selbstverständlich ist das Bemühen um Objektivität eine Grundvoraussetzung für wissenschaftliches Arbeiten. Richtig verstandene Objektivität, die wir im folgenden zur Unterscheidung Intersubjektivität nennen wollen, besteht darin, die zahllosen Einmischungen des Ich in das Denken möglichst umfassend zu realisieren. Der jeder Beurteilung, jeder Modellbildung vorausgehende Schritt besteht dann im Bemühen, das sich einmischende Ich auszuschalten. Dies erfordert sowohl die Fähigkeit zur Aufmerksamkeit auf den Gegenstand, als auch zur Abgrenzung des Selbst, so daß die Objekte als von eigenen Bedürfnissen, Wünschen und Sichtweisen unabhängige Gegenstände erfahrbar werden. Die Einbeziehung des Selbst und der eigenen Erfahrungen in die Betrachtung erlaubt erst die umfassende, ganzheitliche Wahrnehmung, die dem Gegenstand gerecht wird. Auch in der Informatik werden Objekte oft wie Gebrauchsgegenstände behandelt, denn es werden jeweils nur jene Aspekte des Objektes hervorgehoben, die für die augenblickliche Betrachtung relevant sind. In den Formalisierungen von Wissen und Denkleistungen der KI tritt diese Reduktion deutlich hervor.

Eine von objektivistischer Ideologie geprägte Forschung, die mit dem Versprechen einer kühlen und objektiven Distanz zu ihrem Forschungsgegenstand wirbt, zieht jene Individuen an, denen ein solches Versprechen eine emotionale Unterstützung liefert, also Persönlichkeiten, wie unter II.2 beschrieben. Dieses Versprechen dient nicht nur der Auslese der Wissenschaftler, die zu bestimmten emotionalen und kognitiven Verhaltensweisen neigen, sondern auch der Selektion wissenschaftlicher Arbeitsweisen, Methodologien und Theorien. Bestimmte Methoden und Theorien werden zu den »besten« erkoren, indem Wissenschaftler unter konkurrierenden Methoden und Theorien ihre Auswahl treffen. Durch die Wissenschaftstheoretiker Kuhn, Feyerabend und Lakatos wissen wir, daß hier nicht die Theorie ausgewählt wird, die etwa die umfassendste Erklärung oder die beste Voraussage trifft, sondern die, die am besten die nicht spezifizierbare Fülle von »ästhetischen« Kriterien befriedigt, oder die mit den eigenen ideologischen und emotionalen Erwartungen am besten übereinstimmt.

Verschiedene Wissenschaften bedienen sich unterschiedlicher und verschieden interpretierter Sprache. Dennoch ist es geradezu typisch für wissenschaftliche Gemeinden zu glauben, daß der Bereich, in dem sie forschen, direkt zugänglich sei und sich in Konzepten abbilde, die nicht von ihrer Sprache geprägt sind, sondern nur durch Anforderungen der Logik und des Forschungsgegenstandes. Dieser Annahme zufolge liegen die Eigenschaften der Erkenntnisgegenstände außerhalb der Relativität von Sprache, ja außerhalb der Sprache in logischen Strukturen verschlüsselt, die vom Verstand erkannt und durch das technische Funktionieren bestätigt werden müssen. Die deskriptive Sprache der Wissenschaft sei transparent und neutral, sie bedürfe nicht der Überprüfung. Diese Annahme ist ein Teil des Objektivismus, doch ist sie abhängig von den speziellen Forderungen, die die Wissenschaft an ihre Wahrheit stellt, und von der Art der Wahrheit, die sie fordert. Das Vertrauen in die Transparenz der Sprache bestärkt in dem Glauben an ihre Absolutheit. Eine Sprache, die für transparent gehalten wird, wird unempfindlich gegen Einflüsse von außen [Fox Keller 1986]. Werden so die Grenzen zu anderen Disziplinen geschlossen, so trägt das dazu bei, daß die Verdrängung all der selbstbestärkenden und selbstverwirklichenden Merkmale der eigenen Sprache aufrechterhalten wird. Die Indifferenz der Wissenschaftler gegenüber dem Abkapselungscharakter ihrer Sprache ist sicher hilfreich für ihre Forschungsarbeit; da sie aber bewirkt, daß ein inneres Bewußtsein von deren grundlegenden Voraussetzungen und eine äußere kritische Haltung dazu verhindert werden, spricht solche Indifferenz gegen jede tiefgreifende Veränderung. Hier liegen auch die Gründe für den Widerstand gegen interdisziplinäre Arbeit. Sie könnte die speziellen Interessen und Ziele der zusammenkommenden Wissenschaftssprachen durch die Analyse der verschiedenen Interpretationen aufdecken und damit die Objektivitätsideologie in Frage stellen.

Naturwissenschaftler stellen sich als Hauptgegenstand der Forschung die Entdeckung der Naturgesetze vor. Doch stellt Fox Keller [Fox Keller 1986] den Gesetzesbegriff selbst in Frage. Nicht alle naturwissenschaftlichen Gesetze sind kausal oder deterministisch, sie können auch statistisch, phänomenologisch oder ganz einfach Spielregeln sein. Meist wird die Finalität einer Theorie an ihrer Vergleichbarkeit mit den klassischen Gesetzen der Physik gemessen. Doch hat nicht zuletzt die Quantentheorie die Unrealisierbarkeit des Traumes von der völligen Ebenbürtigkeit von Theorie und Wirklichkeit gezeigt. Die Annahme, daß alle wahrnehmbaren Regelmäßigkeiten durch heutige oder künftige Theorien und Gesetze dargestellt werden können, heißt dem, was in der Natur möglich ist, vorschnell Grenzen aufzuerlegen. Ein Wegbewegen von Gesetzlichkeiten auf Ordnungen könnte bewirken, daß die Modelle eher in der Biologie als in der Physik gesucht werden und man anstelle einfacher hierarchischer Modelle eher globalere und interagierende Modelle bevorzugt.

In der Informatik besteht die Tendenz, vorfindliche Strukturen in (wenn auch aus Komplexitätsgründen meist hierarchischen) Ordnungen abzubilden. Obwohl diese zumeist starr und regelhaft sind, kann man darin schon einen Schritt in Richtung auf offenere, komplexere und flexiblere Modellbildungen sehen. Da letzteres vor allem von Frauen in der Wissenschaft angestrebt wird, könnte gerade die Informatik eine Wissenschaft für Frauen sein. (Daß diese Chance aber schon in der Realität der Schule gründlich vertan wird, soll im Anhang durch Ergebnisse unserer empirischen Untersuchung in gymnasialen Computerkursen gezeigt werden.)

5. Warum mehr Frauen in die Informatik?

Warum sollten gerade von Frauen neue Impulse für die Informatik ausgehen? Warum ist es Informatikerinnen bisher nicht gelungen, ihrer Disziplin auch ein frauengemäßes Gesicht aufzuprägen? Welche Art der inhaltlichen Einflußnahme von Frauen auf die Informatik wäre überhaupt denkbar?

Die Frage, warum sich an Frauen die Erwartung richtet, sie könnten neue inhaltliche und methodische Orientierungen in die Informatik einbringen, läßt sich dahingehend beantworten, daß für Frauen in dieser Disziplin, wie in anderen naturwissenschaftlich-technischen Wissenschaften auch, Spannungen bestehen, von denen innovative Impulse für diese Fächer ausgehen können [Wagner 1984].

Solche Spannungen existieren zwischen der Probleme isolierenden Methodik der Informatik und dem weiblichen Streben nach ganzheitlichen, integrierenden Betrachtungsweisen. Informatisches Arbeiten verlangt fast immer, das Bedürfnis nach Sinninterpretation und nach Einbindung in fachübergreifende, kommunikative Zusammenhänge der Bearbeitung isolierter, von sozialen Zusammenhängen gereinigter Fragestellungen unterzuordnen. Hinter den formalen Beschreibungen informatischer Probleme und Lösungen bleiben die konkreten Akteure des Faches und ihre Handlungen unsichtbar, ihre Motivationen und der forschungspolitische Bezug ihrer Arbeit verborgen. In der gereinigten Welt objektivierter Aussagen haben emotionale Betroffenheit, persönliches Engagement und Sinnfragen keinen Platz. Viele Frauen treten jedoch dieser Abspaltung der Erkenntnisse wie ihrer technischen Umsetzung von gelebten Bezügen und den Bedürfnissen betroffener Menschen entgegen.

Ein weiteres Spannungsfeld für Frauen schafft die enge Verbindung von Technik und Macht. Industrie und Militär finanzieren einen erheblichen Teil der Forschung in der Informatik. Auch historisch hat sich die Computertechnik in enger Verbindung mit wirtschaftlichen Nutzenkalkülen und militärischer Organisation entwickelt. Macht und Kontrolle bestimmen aber auch das institutionelle Gefüge des Wissenschaftsbetriebes. Sie betreffen die einzelnen Forscher nicht nur in ihren sozialen Bezügen innerhalb der Hierarchie der Institute, sie besitzen auch eine abstützende Funktion für das Ego des Forschers. Die Teilhabe an der durch Technik vermittelten Machtausübung bietet ihm die Möglichkeit, die eigenen Gefühle der Ohnmacht, Schwäche, Angst und Agressivität zu verbergen und seine »Allmachtsphantasien« zu befriedigen. Wer, wie offenbar viele Frauen, keine positive Beziehung zu Macht und Kontrolle besitzt und nicht nach ihr strebt, wer Angst und Schwäche nicht zu verbergen trachtet, wer Sachargumente vor Hierarchierücksichten stellt, fühlt sich von dieser Seite der Naturwissenschaft, Technik oder Informatik abgestoßen und wird auch leicht aus ihren Institutionen ausgeschlossen.

Abgestoßen fühlen sich Frauen auch von der in der Informatik häufig praktizierten isolierenden Arbeitsweise, die durch die Interaktion mit dem Computer verstärkt wird. Wie in unserer Untersuchung festgestellt, bilden sich schon in der Schule, jedenfalls bei den Jungen, monologische Arbeitsformen und konkurrierende Verhaltensweisen aus, gegen die sich die Mädchen mit ihrem Wunsch nach kooperativem Arbeiten zu zweit oder zu dritt an einem Rechner nicht durchsetzen können. Die Ideale informatischen Arbeitens: diszipliniertes, formales Denken, methodische Reinheit, Exaktheit und Fehlerfreiheit werden in Abgrenzung von anderen herausgebildet und nicht als sozial geteilte erlebt. Untersuchungen zeigen, daß viele Frauen mit dieser Konkurrenzsituation Schwierigkeiten haben und sich in einer solchen nicht entfalten können. Das wird ihnen oft als mangelnder Erfolgs-

und Leistungswille angelastet. Frauen schrecken jedoch nicht vor Leistung zurück, sondern vor in Konkurrenz mit anderen, im Kampf gegen andere erzielter Leistung.

Die Besonderheiten weiblichen Denkens liegen auch in ihren Erfahrungen durch die Doppelbelastung von Berufs- und Hausarbeit begründet, welche sie täglich zwingt, ihre Perspektive zu wechseln. Die Ambivalenzerfahrungen in ungleichen Lebenszusammenhängen werden als Diskrepanz zwischen Weiblichkeit, Mutterschaft, Beruf und Karriere erlebt. Solche Grenzgänge machen Frauen flexibler und lassen sie Widersprüche leichter ertragen; sie fordern ihnen ein besonderes einfühlendes Wissen um die Folgen ihres Tuns ab.

Die angesprochenen Spannungsfelder können erwünschte Impulse für die Informatik bringen. Wir stellen jedoch fest, daß Frauen bisher wenig erfolgreich bei der Umsetzung solcher Impulse waren. Dies liegt daran, daß wir es bislang mit Pionierinnen zu tun haben, die als solche keine Chancen haben, ihre speziellen Qualitäten und Spannungen für das Gebiet fruchtbar zu machen. Wie aus der Sozialforschung bekannt, muß ein minimaler Frauenanteil von 15% existieren, um frauentypische Umgangs- und Arbeitsformen durchsetzen und festigen zu können. Pionierinnen sehen sich Widersprüchen ausgesetzt, die sie sozial und psychisch isolieren. Als Einzelwesen sind sie sozial immer »sichtbar«. Sie finden schwerer Anerkennung für ihre tatsächlichen beruflichen Leistungen. Sie leben unter dem ständigen Druck, sich der männlichen Arbeitskultur mit ihren spezifischen Formen von Kollegialität, Konkurrenz und Überlegenheit anzupassen und sind doch von ihr ausgeschlossen. In dieser Umwelt stehen Frauen unter dem Zwang, sich selbst als Ausnahme, als anders als andere Frauen zu definieren, haben sie doch auf Grund ihres Andersseins ihre Position erreicht. Damit müssen sie sich selbst immer aufs Neue von den unterstellten weiblichen »Mängeln« distanzieren, also auch von ihrem eigenen Frausein. Die Rolle der Pionierin bedeutet psychische Vereinzelung, sowohl als Frau unter den Männern als auch unter anderen Frauen. Sie bedroht die Frauen mit Identitätsverlust. Die ständige Divergenz von Wahrnehmungen, Einstellungen und Handlungswünschen muß mit äußeren oder inneren Konflikten verarbeitet werden. Die Wahrung der psychischen Stabilität ist in einer solchen Situation andauernde seelische Schwerstarbeit. Wie sollen Frauen in der Informatik, die nahezu alle Einzelkämpferinnen sind, in einer solchen Situation innovativ gegen die vorgefundene Forschungspraxis wirken? Viele ziehen sich angesichts dieser Belastungen zurück, unterdrücken die Spannungen und unterscheiden sich in Arbeitsstil und Sozialverhalten nicht von ihren männlichen Kollegen.

Die Pionierinnen werden nicht die Kraft haben, frauenspezifische Innovationen in der Informatik durchzusetzen. Dafür müssen Frauen den Sprung aus der Rolle der Einzelkämpferinnen in zumindest die einer Minorität machen. Erst wenn sich Frauen einen gewissen Freiraum zum Handeln geschaffen haben, können sie ein inhaltliches Programm durchsetzen.

Wie könnte nun ein weiblicher Einfluß auf die Informatik aussehen? Aus dem bisher Gesagten geht hervor, daß sich die Doppelqualifikation der Frauen – in fachlicher Hinsicht wie durch ihre weibliche Sozialisation erworben – in einem menschenfreundlicheren Einfluß auf die Informatik auswirken wird. Es kann eine Änderung des sozialen Klimas in Wissenschaft und Industrie – weg von Hierarchien, Macht, Konkurrenz und Karriere, hin zu verbindenden, gleichberechtigten Arbeitsformen – erwartet werden (und kann auch schon in den Betrieben und Instituten mit hoher Frauenbeteiligung beobachtet werden; hier hat meist eine Frau als Kondensationskern andere angezogen). Die in II.3 beschriebene weibliche Haltung zu Beruf und Arbeit, die stärker inhaltlich orientiert ist als die der Männer, ihre große Leistungsbereitschaft, ihre Kommunikationsfähigkeit, ihr Einbeziehen der sozialen Umwelt in den Arbeitsgegenstand beeinflussen auch die Arbeitsergebnisse.

Forschungsergebnisse aus dem Informatik- und informationstechnischen Unterricht zeigen, daß Mädchen dort im Vergleich zu Jungen viel stärker den Bezug zur Realität herstellen wollen, daß sie sehr an der praktischen Umsetzung ihrer dort erworbenen Erkenntnisse und Fähigkeiten interessiert sind, die gesellschaftlichen Folgen einer »computerisierten Umwelt« diskutieren wollen, und daß ihr Verhältnis zu Computern ambivalent ist. Dies stützt die Erwartung auf kritischeres, sinnbezogeneres Arbeiten von Frauen in der Informatik und ihren Anwendungsbereichen. Solch »transzendentere« Orientierung mangelt gerade dem »immanenteren« Verhalten ihrer männlichen Kollegen; diese sehen den Sinn in der technischen Lösung selbst, erschöpfen sich oft in einem spielerischen Vergnügen an Gebrauch und Herstellung von technischen Artefakten oder instrumentalisieren ihre Arbeit für Karrierezwecke.

Die Arbeitshaltung von Frauen, das Einbeziehen von Zusammenhängen kann Computerarbeit entscheidend verändern. Aber auch in der Disziplin der Informatik selbst weisen eine Reihe von grundlegenden Schwierigkeiten einen geschlechtsspezifischen Bezug auf. Am Beispiel der Softwarekrise soll abschließend aufgezeigt werden, wie »weibliche« Ansätze hier einen Ausweg bieten könnten. In dieser Krise wird deutlich, daß informatisches Arbeiten nicht nur abstrakt-mathematische Fähigkeiten erfordert, sondern auch solche, die für geisteswissenschaftliche Fächer Voraussetzung sind. Die anhaltende Softwarekrise hat solche Fragen ins Zentrum des Interesses gerückt. Man hat inzwischen eingesehen, daß Effizienz in der Softwareentwicklung, die man als streng logischen, deduktiven Vorgang begriffen hatte, stark von idiosynkratischen (z. B. Vermeiden von Schleifen), logisch nicht begründbaren Praktiken der einzelnen Programmierer abhängt.

Charakteristisch für informatische Arbeit ist die Untersuchung von Strukturen und deren dynamischem Zusammenspiel. Sie müssen sowohl in der Realität entdeckt und hinsichtlich ihrer Relevanz für das Problem bewertet werden als auch geeigneten Modellbildungen zugänglich gemacht werden. Die Beschreibung dieser Strukturen, ihre Beziehungen in Modellen und deren Manipulation für die Problemlösung geschieht mittels künstlicher, formaler Sprachen, für deren adäquate Anwendung nicht nur abstraktes Denken, sondern vor allem Genauigkeit und die Fähigkeit, die Folgen einer Aktion im dynamischen Ablauf vorherzusehen, notwendig sind. Weiter ist wichtig, die Art, wie Informationen repräsentiert, kommuniziert und übergeben werden, verstehen und explizieren zu können. Dies kann auf verschiedenste Weise geschehen: problemadäquat oder nicht, durchsichtig und verständlich oder nicht, einfach und zuverlässig ausführbar oder zu komplex; und Anforderungen dieser Art können sich widersprechen. Dies verlangt gleichermaßen die Fähigkeit, Alternativen zu sehen und zu bewerten, um Entscheidungen für eine Lösung treffen zu können, die vielleicht nicht optimal, aber unter den gegebenen Voraussetzungen am günstigsten ist. Darüberhinaus ist die Informationsdarstellung keineswegs vorwiegend numerischer Natur. Vielmehr kann sie verbal, bildlich oder durch Text gegeben sein. Eine Vorstellung von Informatik, die einseitig die mathematische Fassung in den Vordergrund rückt, läßt wesentliche Aspekte des Softwareentwurfs außer Acht.

Kreativität, genaues Denken, Einsichtfähigkeit, das Sehen von Alternativen sowie Organisationsvermögen sind für diese Arbeit grundlegend und werden Frauen in hohem Maße zugesprochen. Frauen haben nicht nur die die oben erwünschten Fähigkeiten, sie bevorzugen auch in der Informatik Richtungen, die diesen Anforderungen eher gerecht werden. Ergebnisse aus England zeigen [Lovegrove & Segal 1991], daß Studentinnen mit und ohne Computererfahrung in der Anwendungsprogrammierung weniger Fehler machten, obgleich sie schneller arbeiteten als ihre männlichen Kollegen, daß das Arbeiten mit ihnen angenehmer und kooperativer war, daß sie sich dazu offen, imaginativ, nachdenklich und selbstkritisch gezeigt haben, wiewohl bei gleichen Erfahrungen ihre Fähigkeiten geringer einschätzten als die Männer.

Eine zweite Ursache der Softwarekrise liegt in der ungenügenden Berücksichtigung der Bedürfnisse der Software-Anwender. Dies liegt nicht nur an einer mangelhaften Kommunikationsfähigkeit der Informatiker, sondern auch an dem geringen Interesse und fehlenden Wissen über vorgefundene Arbeitszusammenhänge und deren Änderung durch die Computerisierung. Alle Untersuchungen in Schule wie im Beruf zeigen eine größere Bereitschaft der Mädchen und Frauen, über solche Dinge nachzudenken. Nicht nur in unserer Untersuchung (siehe Anhang) wurde festgestellt, daß Mädchen, die Informatik betreiben, ein gleichwertiges Interesse auch an sozialen und geisteswissenschaftlichen Fächern haben. Dies berechtigt zu der Hoffnung, daß Frauen in die Informatik ein gesteigertes Problembewußtsein, besseres Verständnis der Problemlage, einen kompetenteren Umgang mit sozial- und arbeitswissenschaftlichen Erkenntnissen in stärkerem Maße einbringen und dies in ihren Lösungen berücksichtigen werden als dies von männlichen Informatikern heute geschieht.

Als dritte Ursache wird der Versuch gesehen, zu umfängliche Problembereiche uniform und mit großem Entwurf lösen zu wollen. In der letzten Zeit mehren sich die Stimmen, die Grenzen in der Ausführbarkeit großer Projekte sehen, da die dafür notwendige hierarchische und mechanische Organisation im Gegensatz zu der wesentlich kreativen Natur dieser Arbeit stehe. Die Befragung von Informatikerinnen und Technikerinnen hat ergeben, daß sie »große« Technik eher ablehnen und kleine Systeme bevorzugen [Schinzel 1991]. Eine reifere Computerforschung müßte ihre Ziele weniger in grandioser und ausgetüftelter Technik sehen als in der Befriedigung, etwas wirklich Nützliches und von allen gut Anwendbares herzustellen.

Durch eine ausreichende Frauenrepräsentanz und durch eine Öffnung der Informatik für Frauenforschung kann eine Erweiterung des Gesichtskreises dieser Wissenschaft in die Richtungen erfolgen, die die Technikfolgenforschung dringend herbeiwünscht: Grundlagenforschung sowohl in mathematisch-logischer Hinsicht als auch die in diesem Band für eine »Theorie der Informatik« geforderte interdisziplinäre Arbeit, in der ethische Orientierung und Sinnhaftigkeit ermittelt und bewertet werden sollen. Hinzu kommt die Einbeziehung der mit der Technik Arbeitenden und die Rücksichtnahme auf Umweltschädigungen, die bereits jetzt von Frauen in sehr viel höherem Maße als von Männern als Aufgabe und Verpflichtung wahrgenommen wird.

Die Erwartungen, die den Frauen entgegengebracht werden, sind also begründet. Damit sie Realität werden können, muß ihrer Forderung nach angemessener Beteiligung Rechnung getragen werden.

ANHANG: Unsere Untersuchung zum Informatikunterricht an Schulen

In unserer Forschungsgruppe Frauen und Informatik, einer Kooperation des Instituts für Soziologie und des Lehrgebiets Theoretische Informatik, haben wir im Winter 1989/90 eine Untersuchung an 1132 SchülerInnen der Jahrgangsstufe 11 in 18 Schulen im Raum Aachen durchgeführt. Hiervon waren drei Mädchenschulen, eine Jungenschule und die übrigen koedukative Schulen. Wir befragten InformatikschülerInnen und eine etwa gleich große Vergleichsgruppe von SchülerInnen, die das Schulfach Informatik nicht gewählt hatten, nach ihrer Einstellung zum Computer. Insgesamt wurden etwa gleich viele Mädchen wie Jungen befragt. Die Ergebnisse zeigen folgendes:

Die Hälfte der Mütter der SchülerInnen sind berufstätig, aber nur etwa 15% von diesen, also 7 ,5% aller Mütter haben mit Computern zu tun. Dagegen arbeiten mehr als ein Drittel aller Väter mit Computern.

42% der Mädchen haben zu Hause Zugang zu einem Computer, wobei die Initiative zum Computerkauf zumeist vom Vater oder vom Bruder ausging. Dagegen haben 77% der Jungen zu Hause einen Rechner, der mehrheitlich auch von ihnen selber angeschafft bzw. gewünscht wurde. Man sieht bei Mädchen einen Unterschied zwischen Mädchenschulen und koedukativen Schulen: Der Computerbesitz steigt mit dem Anteil an Mädchen in der Klasse; auch steigt die weibliche Initiative zum Kauf, allerdings höchstens bis auf 7%.

Auf die Gründe für die Wahl des Faches Informatik befragt, glauben nur 29% der Informatik-Mädchen, daß sich ihre beruflichen Chancen dadurch verbessern, hingegen 42% der Jungen. Dies ist aus zwei Gründen besonders fatal für die Mädchen: Erstens hängt der Studienerfolg von der Einschätzung der Wichtigkeit des Faches für den späteren Beruf ab [Schiersmann 1987], zweitens werden Programmierkenntnisse zunehmend zu einem Zugangsfilter für einen großen Teil aller Berufe.

Der wichtigste Grund für Jungen, Informatik zu wählen, ist die Koordination des Stundenplans, die Abdeckung von Pflichtkursen; für Mädchen hingegen der Einfluß des Freundeskreises und die Aussicht auf gute Noten. Wenn überhaupt inhaltliche Gründe für die Wahl des Faches genannt werden, dann vorwiegend durch die Mädchen, die häufiger Kriterien wie Spaß oder Interesse an Informatikinhalten nennen. Eine mögliche Erklärung für die mangelnde inhaltliche Motivation der Jungen könnte darin liegen, daß diese unabhängig vom Unterricht ihren Computer-Interessen auch in der Freizeit nachgehen. So haben 37% der Nicht-Informatikschüler außerhalb der Schule Erfahrung mit Computern, aber nur 19% der Mädchen.

Entsprechend ist der unterschiedliche Zeitaufwand für die Computerarbeit: Informatik-Jungen verbringen die dreifache Zeit am Computer wie die Informatik-Mädchen; Jungen im Vergleich zu Mädchen ohne Informatik sogar die vierfache.

Computerumgang sozusagen als Hobby für die Jungen und als Arbeit für die Mädchen.

Deutlich unterscheiden sich die Geschlechter auch in Bezug auf die Einschätzung der Schwierigkeiten beim Informatikstudium: Nur 29% der Mädchen trauen sich ohne Informatikunterricht ein Informatikstudium zu (was ungerechtfertigt ist), dagegen 50% der Jungen. Diese Tatsache wird interessant bei der Beantwortung der Frage, warum seit Einführung des Informatikunterrichtes an Schulen der Frauenanteil im Informatikstudium kontinuierlich sinkt.

Auch der Unterrichtsnutzen wird sehr unterschiedlich beurteilt. Über die Hälfte der Informatik-Jungen behaupten, sie lernen im Informatikunterricht Dinge, die für sie von besonderem Nutzen sind, hingegen teilen nur ein Drittel der Mädchen diese Ansicht. Man weiß aber, daß von solch einer Einschätzung Motivation und Erfolg in einem Schulfach entscheidend abhängen.

Laut unserer Studie sind die Abbruchquoten bei beiden Geschlechtern hoch, bei den Mädchen aber dramatisch höher. Sie liegen umso höher, je geringer der Mädchenanteil in der Klasse ist. 70% der Mädchen geben an, daß sie Informatik abwählen wollen, weil sie sich etwas anderes vorgestellt haben und weil der Konkurrenzdruck (!) zu hoch sei. Mädchen von koedukativen Schulen war außerdem der Zeitaufwand zu hoch, und sie gaben häufiger als alle anderen Gruppen den fehlenden Computerbesitz als Abbruchgrund an. Dabei beabsichtigen 64% der Mädchen und 38% der Jungen von Anfang an, dieses Fach wieder abzuwählen. Für die Jungen ist häufig ausschlaggebend, daß der Unterricht ihren Vorstellungen über das Fach nicht gerecht wird.

Befragt, warum die anderen SchülerInnen das Fach wohl abgewählt haben, wird diesen eine eher pragmatische Handlungsweise unterstellt. Dagegen werden für die eigene Person (auch von Jungen) psychologische Beweggründe wie Konkurrenzdruck genannt. Nach geschlechtsspezifischen Unterschieden in Bezug auf die Abwahl von Informatik befragt, geben die SchülerInnen sehr unterschiedliche Antworten: Die Jungen sind der Meinung, daß die Mädchen einfach überfordert waren, die Mädchen glauben, daß viele Schülerinnen Informatik abgewählt haben, weil sie zu Hause keinen Computer haben. Alle befragten Gruppen sind davon überzeugt, daß die Mädchen im Informatikunterricht einem starken Konkurrenzdruck ausgesetzt sind. Dagegen glauben nur die Mädchen, daß auch die Jungen damit zu kämpfen haben.

So überrascht es nicht, daß auch in der Selbsteinschätzung ihres Leistungsstandes im Vergleich zum Kursdurchschnitt die Hälfte aller Jungen sich dem oberen Viertel (!) zurechnen, während die Hälfte der Mädchen für sich nur eine mittlere Position in Anspruch nimmt. Signifikant unterscheiden sich aber die Mädchen an Mädchenschulen. Sie schätzen sich genauso ein wie die Jungen: 55% zählen sich zum oberen Viertel.

Aus früheren Untersuchungen wußten wir, daß sich die Herangehensweisen beim Programmieren geschlechtsspezifisch stark unterscheiden. Dies hat sich auch in unserer Befragung bestätigt. 40% der Mädchen und nur 21% der Jungen erklärten, ein Problem zuerst theoretisch zu lösen und dann das Programm einzugeben. 35% der Jungen gaben an, ein Programm erst dann auf dem Papier zu entwerfen, wenn beim Hacken Schwierigkeiten auftauchen. Zu unserer großen Überraschung glaubten alle befragten Gruppen entgegen den Tatsachen, entgegen auch der eigenen Praxiserfahrung, daß Jungen die Programme erst theoretisch erstellen und die Mädchen die Programme gleich eingeben. Es ist sicher berechtigt, den Grund für diese erstaunliche Fehleinschätzung in »klassischen« Rollenstereotypen zu sehen: Mädchen sind spontan, emotional, kreativ und nicht unbedingt streng logisch ausgerichtet, entsprechend arbeiten sie auch mit trial und error. Die männlichen Attribute dagegen werden mit klarem Kalkül, Berechnung, logisch strukturiertem Vorgehen verbunden, so daß Jungen dementsprechend eine theoretisch geplante Vorgehensweise unterstellt wird.

Nach ihrer Einschätzung der Computerarbeit befragt, halten vor allem die Mädchen, die keine Informatik betreiben, sie für isolierend, kontrollierend und beängstigend. Informatik-Mädchen teilen diese Ansicht weniger, Informatik-Jungen am wenigsten. Letztere bewerten den Rechner auch entschieden positiv bis begeistert. Aber nach ihrer Einschätzung der Folgen des Computereinsatzes befragt, befürchten gerade die Informatik-Jungen Arbeitsplatzverluste, Änderungen der Arbeitsformen etc. Der Glaube an die Leistungsfähigkeit der Computer impliziert offensichtlich eine Erwartung ihrer nachteiligen Wirkung auf Arbeitsmarkt und Arbeitsprozeß.

Mädchen wünschen sehr viel mehr als Jungen, daß der Unterricht nach Wissensstand und auch nach Geschlecht getrennt werden sollte. Daraus und aus anderen Ergebnissen unserer Untersuchung kann man schließen, daß Mädchen sich im Unterricht nicht nur benachteiligt, sondern sogar behindert fühlen. Die soziale Unterstützung, die den Jungen beim Erlernen und Gebrauch des Computers zuteil wird, fördert ihr Selbstbewußtsein und den selbstverständlichen Umgang mit moderner Technik. Dementsprechend verhalten sie sich im Unterricht. Darüberhinaus bringt der eher besessene Umgang und die uneingeschränkt positive Einstellung einen Vorsprung technischer Fertigkeit mit sich, den die Mädchen durch ihre breitere Ausrichtung nicht einholen können und wollen. Es zeigt sich, wie auch schon in anderen Untersuchungen, daß das Interesse an den verschiedenen Fächern bei den Mädchen ziemlich ausgewogen ist, daß sich Informatikschülerinnen von Nicht-Informatikschülerinnen in der Breite ihres Interessensspektrum kaum unterscheiden. Lediglich in Mathematik ergibt sich ein Unterschied. Die Interessen der Jungen sind viel unausgeglichener: Informatik-Schüler interessieren sich überdurchschnittlich für Mathematik und Naturwissenschaften und nur sehr wenig für Kunst und Sprachen.

Wir haben die Antworten der Schülerinnen nach Schultyp differenziert. Es ergab sich, daß je größer der Mädchenanteil, die Mädchen umso mehr Zeit für Computerarbeit aufwenden, in reinen Mädchenschulen auch in ihrer Freizeit. Trotzdem leiden sie aber weniger unter den hohen Anforderungen und sehen den Nutzen des Informatikunterrichtes positiver. Bei der Frage, welche Fächer interessanter als Informatik sind, fanden die Mädchen von Mädchenschulen nur Biologie interessanter, Englisch und Mathematik etwa gleichrangig und alle anderen Fächer uninteressanter. Insgesamt aber waren die Unterschiede gering. Für die Mädchen von koedukativen Schulen hingegen ist nur Physik uninteressanter als Informatik, die Sozialwissenschaften sind etwa gleichrangig und alle anderen Fächer erscheinen interessanter. Auch bei der Frage »Welches Fach ist leichter?« gibt es erhebliche Unterschiede. Für Mädchen an Mädchenschulen ist nur Kunst leichter als Informatik und Deutsch gleich schwer, für Mädchen an koedukativen Schulen ist nur Physik schwerer; und wieder sind hier die Differenzen zwischen den einzelnen Fächern wesentlich höher.

Man sieht also, daß die Geschlechtermischung mit zunehmender Dominanz der Jungen die Mädchen sehr stark in stereotye Rollen drängt.

Der mangelnde Computer zu Hause und die Tatsache, daß den Mädchen etwas zugeschrieben wird, das den Jungen zueigen ist und umgekehrt – ich erinnere an das Programmieren – sind deutliche Belege dafür, daß sich innerhalb des Unterrichts altüberlieferte Vorurteile niederschlagen, die von außerhalb des Faches kommen und umfassend wirksam sind. Die Ergebnisse unserer Studie weisen nach, daß die unterschiedlichen außerschulischen Ressourcen und die gängigen Rollenstereotype entschieden die Selbsteinschätzung und Kompetenzzuweisung und damit die Unterrichtssituation prägen. Nur Mädchen an reinen Mädchenschulen weisen einen ähnlich selbstbewußten und erfolgreichen Umgang mit dem Computer auf wie die Jungen. Mit zunehmendem Anteil an männlichen Mitschülern aber sinken Selbstvertrauen, Motivation und Technikakzeptanz.

Insofern bewirkt die Schaffung formal gleicher Ausgangspositionen innerhalb der Schule – wie mit der Koedukation angestrebt, bei überdies auf Jungen ausgerichteter Didaktik, letztlich inhaltliche Ungleichheit. Einheitliche Zuordnungs- und Bewertungskriterien der Schüler und Schülerinnen sind deshalb nur insofern anzustreben als sie eine Anerkennung gleichwertiger Kompetenzen zum Ziel haben, nicht aber Chancengleichheit mit gleichen Ausgangs- und Rahmenbedingungen verwechseln.

INFORMATIK VOR DEM GESETZ

JÖRG PFLÜGER

Anscheinend erfüllt die Computertechnologie ein grundlegendes Bedürfnis oder verspricht solches zumindest. Sie ist angesiedelt im Herzen der postindustriellen oder postmodernen Gesellschaft – wie immer man das nennen mag. Diesen Ort gilt es genauer zu umreißen. In seinem Buch »Turing's Man« bezeichnet J. D. Bolter die Computertechnologie als »*defining technology*« unserer Epoche [Bolter 1984]. Damit ist gesagt, daß sie Modelle und Metaphern für unsere Kultur bereitstellt, welche die heterogenen Entwürfe von Wissenschaft, Philosophie, Kunst und Alltagspraxis verbinden. Eine *defining technology* erlaubt es, scheinbar disparate Vorstellungen wie durch ein Brennglas gebündelt zu sehen. Aus dieser Perspektive skizziert Bolter einen neuen Menschentyp: den »Turingmenschen«. Dieser löse den faustischen Sucher ab, der alles wollte und nach den Sternen griff. Der Turingmensch dagegen orientiert sich in spezifischer Weise am Machbaren: Er will nur das Nächste und überzieht in dieser Bewegung das Ganze. Auch wenn es Bolter meiner Ansicht nach nicht gelungen ist, sein ambitioniertes Programm einzulösen, halte ich dennoch seine Idee für gerechtfertigt und will versuchen, die ‚Definitionsmacht' der Informatik zu deuten.

Es geht mir nicht darum, in der Programmierbarkeit der Welt eine monokausale Erklärung für die Zeitläufe zu suchen oder erneut eine Wiedergeburt der Wirklichkeit aus dem Geist der Maschine zu behaupten. Aber ich gehe davon aus, daß die Funktion des Computers mit einer Werkzeugvorstellung nicht adäquat zu begreifen ist und daß das, was er in die Welt setzt, nicht vornehmlich unter dem Gesichtspunkt des Zweckrationalen zu sehen ist. Falls man dies akzeptiert, bleibt zu klären, was diese Technologie darüber hinaus leistet. J. Weizenbaum hat bemerkt, daß die Erfindung des Computers erlaubte, im alten Stil weiter zu wursteln, weil die erweiterten Möglichkeiten mit quantitativer Komplexität umzugehen eine qualitative Umkehr nicht erforderlich machten [Weizenbaum 1978]. Sicher trifft das Argument den Kern der Sache, aber es greift auch zu kurz, weil es nur auf eine Verlängerung des Alten ausgeht und das Umgestaltende dieser Technologie nicht berücksichtigt. Gleichgültig ob man ihre Etablierung mit einer ökonomischen Notwendigkeit begründet oder darin ein Herrschaftsinstrument sieht, wesentlich an der Informatik ist, daß sie den Weltzugang der Menschen wie ihren Umgang miteinander gestaltet – sie prägt den Geist der Zeit. Wenn im Zusammenhang mit der Informatik zurecht von einer »Maschinisierung der Kopfarbeit« die Rede ist, dann findet das eben auch wesentlich in den Köpfen statt – mit einem treffenden Wort von G. Johnson als »Technologisierung des Inneren« [Johnson 1980].

Das Verfahren der Informatik stellt einen neuen Modus des Erkennens dar, in dem Konstruktion und Simulation, das Machbare und die Regel eine besondere Rolle spielen. Ich will in diesem Aufsatz versuchen, die Denkweise der Informatik in eine Geschichte abendländischer Erkenntnisfiguren einzuordnen. In Extrapolation einer epistemologischen Geschichte läßt sich die Computertechnologie dann als Repräsentanz eines (post-)modernen Wissenstypus vorstellen. Andererseits steht ein konkurrierendes Paradigma in der Blüte des Zeitgeistes: das der *Selbstorganisation*, die ja oft mit Spontaneität und Kreativität assoziiert und darin dem rationalistischen Kalkül der Berechenbarkeit entgegengestellt wird. Meine These ist, daß es sich hierbei nicht um einen Gegensatz handelt, sondern daß beide sich vielmehr zu dem Paradigma eines *bedingungslosen Konstruktivismus* ergänzen. Damit wird ein epistemologisches Feld ausgezeichnet, in dem das Denken spurt, sofern es Zeichen setzt und mit ihnen operiert. Man kann solche ,Fabrikation der Gedanken' auf vielerlei Weise akzentuieren: als pragmatische Wende, Poststrukturalismus, Semiotisierung, Systemtheorie oder postmodernen Diskurs. Ihnen ist gemein, daß (zumindest im Denken) fundamentale Antagonismen aufgelöst sind: Aus Begriffen werden Diskurse, Geschichte wird zur Evolution, und Wahrheit ist keine regulative Idee mehr, sondern wird im kontingenten Faktum eines Konsenses hergestellt. Man kann dies auch dahingehend ausdrücken, daß sich das Denken nicht mehr am (Natur-)Gesetz, sondern in der Ordnung geregelter Zusammenhänge orientiert.[146] Ich interessiere mich hier für die Figuren dieser Wissensform, die sich durch das verstehen lassen, was die Informatik im Denken und in der Realität etabliert und sie zur maßgebenden Technologie der Postmoderne bestimmt.

Die informatische Realität kann als technologischer Reflex einer Theorie offener, selbstorganisierender Systeme aufgefaßt werden. Als gesellschaftliche Macht ist sie Vorbild einer Evolution des Machbaren und damit praktische Philosophie, welche Handlungsvorstellungen determiniert. Ihr gemäße Praxis orientiert sich an der Zugänglichkeit des jeweils Nächsten; an dem, was (technisch) möglich ist, insofern es das Maschinen/Zeichen-System bereitstellt. So gesehen kann die Computertechnologie als eine soziale Institution im Sinne des Anthropologen A. Gehlen aufgefaßt werden. Deren Funktion ist es, der sozialen und und psychischen Realität der Subjekte eine dauerhafte Stabilität zu verleihen. In unserer Kultur, die einen Individualismus hypostasiert, könnte eine institutionalisierte Informatik von dem entlasten, was man »Müdigkeit an der Ich-Anstrengung« genannt hat. Sie liefert mit ihren verteilten Systemen die Metapher eines gesellschaftlichen Regelwerks,

146 Vielfach wird dies auch als »organismisches Weltbild« der modernen (Natur-)Wissenschaften bezeichnet und auf Ähnlichkeiten mit den Vorstellungen des Taoismus hingewiesen. In der Tradition taoistischer wie konfuzianischer Vorstellungen hat das chinesische Denken niemals den Begriff eines (Natur-)Gesetzes ausgebildet [Needham 1969].

welche es erlaubt, die Ordnung des Uhrwerks zusammen mit einer anpassungsfähigen, lokalen Entwicklung zu denken. Mit dem Weltbild einer ,dynamischen Uhr' stiftet die Informatik Sinn, weil sich das handelnde Subjekt darin seiner Erfahrung entsprechend deuten kann. Damit ist nicht behauptet, daß wirkliche Probleme sinnvoll gelöst werden (oder daß das postmoderne Subjekt gar das lästige Hemmnis der Leiblichkeit loswürde). Es besagt nur, daß eine solche Institution der Berechenbarkeit eine Orientierungshilfe, eine Sprache bereitstellt, in der das Fremde einer technologisch vermittelten Existenz besser angenommen werden kann.[147]

Eine Geschichte der Episteme

Unter Epistemen verstehen wir Denkfiguren und Formen des Wissens, die für eine bestimmte Epoche maßgebend sind. Sie regeln für eine gewisse Zeit, wie etwas erkannt und gewußt werden kann: wie in der Geschichte »Ideen haben erscheinen, Wissenschaften sich bilden, Erfahrungen sich in Philosophien reflektieren ... können«.[148] Insofern das Wissen einer Epoche in einem epistemologischen Feld vorbestimmt und geordnet wird, kann man darin ein »historisches Apriori« des Denkens sehen. Foucault unterscheidet für das abendländische Wissen seit der Renaissance drei Phasen, die durch zwei radikale Brüche getrennt sind. Ein epistemologischer Bruch in der Mitte des siebzehnten Jahrhunderts leitete das »klassische Zeitalter« ein, an der Schwelle zum neunzehnten Jahrhundert begann die eigentliche Moderne. Philosophisch werden Anfang und Ende des »klassischen« Denkens durch die umwälzenden Ideen von Descartes und Kant markiert; Leibniz war wohl sein wichtigster Repräsentant.

Die erkenntnisleitende Vorstellung der »vorklassischen« Zeit sah in der Welt ein geheimnisvolles Buch. Wissen hatte es mit einem natürlichen Text Gottes zu tun, den es auszulegen und zu kommentieren galt. Der Sinn eines Kommentars der Natur war unmittelbar von dort her gegeben, weil Gott sich in ihr offenbarte. Das Leitbild solcher Exegese war die Ähnlichkeit zwischen Zeichen und Bezeichnetem,

---

147 In diesem Band ist des öfteren von einer »Hinwendung der Informatik zum Menschen« die Rede. Vielleicht ermöglicht die angesprochene Sinnstiftung, den Hintergrund einer ,naturwüchsigen' Geschichte zu beleuchten, vor dem sich diese Wendung abspielt.

148 Der hier verwendete Begriff des Epistems geht auf Michel Foucault zurück und ist nicht allgemein gebräuchlich. Eine genauere Betrachtung müßte in diesem Zusammenhang auch auf andere epistemologische Modelle (z. B. von G. Bachelard) eingehen. Ich interpretiere im folgenden recht frei Foucaults Analyse in »Die Ordnung der Dinge«. Foucaults Programm besteht darin, eine »Archäologie des Wissens« durchzuführen. Er sucht in der Geschichte verschiedener Wissensbereiche nach verborgenen Epistemen, die für eine Epoche verbindlich waren. Es geht ihm dabei etwa um Fragen: was uns zu denken unmöglich ist, oder wie es möglich war, daß zu einer bestimmten Zeit verschiedene Leute inhaltlich völlig kontrovers, jedoch systematisch anders als vorher miteinander sprechen konnten. (Daß Foucault für die im folgenden behandelten epistemologischen Umbrüche eine radikale Diskontinuität behauptet, werde ich für meine Betrachtung ignorieren.) [Foucault 1971]

wie sie etwa in der Lehre von den Signaturen überliefert ist: Pflanzen mit herzförmigen Blättern sollten bei Herzkrankheiten helfen. Das Ähnliche war zugleich Form und Inhalt des Wissens. Erkennen konnte man, was ähnlich war und weil es ähnlich war; erkennen hieß interpretieren.

Im siebzehnten Jahrhundert geriet das Leitbild der Ähnlichkeit in Mißkredit. Sie erregte allenfalls noch die Aufmerksamkeit, konnte aber keinesfalls mehr das Wissen absichern. Stattdessen setzte sich der Vergleich durch, der mit scharfen Distinktionen operierte. Es bildete sich die für das klassische Zeitalter charakteristische Vorstellung der *Repräsentation* aus. In diesem epistemologischen Feld entwickelten sich eine »Naturgeschichte« und die Konzeption einer »allgemeinen Grammatik«. Man denke an das Linnésche System, die Logik von Port-Royal und den späten, hoffnungslosen Versuch der Enzyklopädisten, das Weltwissen in den Griff zu bekommen. In der Repräsentation orientiert sich das Wissen in einem »vollständigen Tableau der Zeichen«, worin ein restloses Bild der Dinge vorgestellt ist. Metaphysisch korrespondiert der flächendeckenden Erkenntnis die Vorstellung eines *intellectus infinitus*. Maßgebend wird die gegliederte Anschauung: Im Operieren mit Identität und Unterschied kann eine »erschöpfende Bestandsaufnahme aller Elemente, die die ins Auge gefaßte Gesamtheit konstituiert«, geleistet werden. Die Aufgabe der Wissenschaft bestand in einer »Kategorisierung, die in ihrer Totalität das untersuchte Gebiet gliedert«. Nachbarschaft und Distanz von Repräsentationen bestimmen sich aus der Kombinatorik der sie konstituierenden Merkmale: Anzahl der Blütenblätter oder Typus einer Flexion. Leibniz hat den Plan einer »Mathematik der qualitativen Ordnungen« gehabt.

Die klassische Erkenntnis operierte mit den sich gegenseitig bedingenden und ergänzenden Konzepten der *mathesis* und der *taxinomia*. Die *mathesis* war die Idee eines künstlichen Zeichensystems, einer arbiträren Sprache, die es erlaubt, die Natur vollständig zu bezeichnen. In dem Raster dieser Universalsprache, in dem die Natur vollständig erscheinen soll, müssen sich sowohl die einfachen Elemente benennen lassen wie die Operationen angebbar sein, mit denen sie kombiniert und zu komplexen Gebilden zusammengesetzt werden können.[149] Andererseits findet man in der Erfahrung komplexe, kontinuierliche Erscheinungen vor. Die *taxinomia* hat die Aufgabe, sie so zu zerlegen und in Klassen einzuteilen, daß sie sich aus einfachen Bestandteilen zusammengesetzt denken lassen. Die *mathesis*, die die Kompositionsregeln liefert, ist dann der Schlüssel für die Dekomposition der *taxinomia*. Zugleich ist aber zu erklären, wieso beides in der Wirklichkeit zusammenpaßt. Eine Naturgeschichte etwa sollte sich mit Hilfe der Zeichen schrittweise aufrollen und durchlaufen lassen. Es mußte somit als Drittes eine »ideale Genese«, eine Genealogie angenommen werden, die erklärte, wie sich Erscheinungen empirisch so ent-

---

[149] »Linné hat ausgerechnet, daß die 38 Fortpflanzungsorgane, von denen jedes die vier Variablen der Zahl, der Gestalt, der Stellung und der Proportion umfaßte, fünftausendsiebenhundertsechsundsiebzig Konfigurationen gestatteten, die zur Definition der Gattungen ausreichten.«

wickelt haben, daß sie den gemäß einer kombinatorischen Logik vorherbestimmten Platz in einem Tableau des Wissens einnehmen konnten. Bei Leibniz führte dies konsequenterweise zu der Vorstellung einer prästabilisierten Harmonie.

In der Konzeption der Repräsentation gab es »keinen den Zeichen äußerlichen oder vorausgehenden Sinn« mehr, keine ursprüngliche Sprache, in der sich eine eigenständige Bedeutung der Dinge äußerte – und ebensowenig schon einen Sinn oder Bedeutung konstituierenden Bewußtseinsakt. Der Sinn war nichts anderes als die »Totalität der in ihrer Verkettung entfalteten Zeichen«. Wenn sich Sinn in die Immanenz eines Zeichensystems zurückgezogen hat, »liegt das ganze Funktionieren auf seiten des Bezeichneten«. Dessen Prästabilisierung drückt sich im Bilde des Uhrwerks mit seinem unabänderlichen Gang aus [Coy 1985]. Das Ganze – die Welt – kann nur einen Sinn in bezug auf eine externe, jenseitige Instanz annehmen, die sich dem Erkennen nicht mehr in der Natur vermittelt. Ihr Funktionieren war nurmehr ästhetisch als Glorifizierung gerechtfertigt.

An der Schwelle zum neunzehnten Jahrhundert beginnen im Denken generierende Momente zu erscheinen, die jenseits der Repräsentation liegen. Das Wissen hat es jetzt mit *Organisationen* zu tun. Die Wissenschaft sucht hinter der Oberfläche der Erscheinung nach inneren Beziehungen zwischen den Elementen, deren Gesamtheit eine Funktion sichert. Die Biologie entwickelt sich mit der Leitvorstellung des Lebens, von der aus etwa Verdauungstrakt und Blutkreislauf im Hinblick auf ihre lebenserhaltende Funktion für den Organismus verstanden werden können. Die Ökonomie rekurriert auf die Arbeit als Maß der erscheinenden Tauschhandlungen; und in der Sprachforschung entstehen historische Analysen, die sich an einem menschlichen Äußerungswillen orientieren. Das Ordnungsprinzip der Wissenschaften ist nicht mehr in Übereinstimmung und Andersartigkeit der erscheinenden Elemente zu sehen; es operiert mittels funktionaler Identitäten und Unterschiede. Die Sprache, das universale Zeichensystem hat ihren privilegierten Platz als »ursprünglicher Raster der Dinge« verloren. Nunmehr organisiert eine Funktion die Elemente eines Gegenstandsfeldes; von dort her gewinnen die Bestandteile einen Sinn. Insofern die Dinge sich gemäß ihrer eigenen Logik entwickeln, erfordern sie eine ‚unvoreingenommene' historische Betrachtungsweise, der auch das Medium der Repräsentation nicht entgeht. In dieser Zeit entstehen die eigentlichen »Humanwissenschaften«. Der Mensch wird zum empirischen Subjekt, das unter anderem auch erkennt. Die Repräsentation verliert ihre Selbstgenügsamkeit und wird zu etwas historisch Produziertem. Das Wissen ist durch die menschliche Erkenntnisfähigkeit bedingt, und der Mensch erscheint als beschränktes, selbst bedingtes Wesen. Damit stellt sich die Frage nach seiner Verfassung: nach dem, »was in seiner Erfahrung Inhalte und Formen einführt, die älter als er sind und die er nicht beherrscht«.

In dem Umbruch entstehen zugleich Kants Transzendentalphilosophie und die sogenannten »positiven Wissenschaften«. In dem formalen Konstrukt, das fortan »transzendentales Subjekt« heißt, konzentriert sich die Frage nach den formalen

Bedingungen der Möglichkeit von Erfahrung für ein endliches, wenngleich nicht-empirisches Subjekt. Umgekehrt erfordert die Positivität des Wissens eine transzendentale Begründung auf Seiten des erkannten Seins selbst. »Die Arbeit, das Leben und die Sprache erscheinen jeweils als ,Transzendentalien', die die objektive Erfahrung der Lebewesen, der Produktionsgesetze und der Formen der Sprache ermöglichen. In ihrem Sein sind sie außererkenntnismäßig, aber dadurch selbst sind sie Bedingungen der Erkenntnisse«; sie »totalisieren die Phänomene und besagen die apriorische Kohärenz der empirischen Mannigfaltigkeiten.«[150] In der Spaltung von apriori-synthetischer Leistung des Subjekts und unzugänglicher aposteriori-Grundlegung der Objektivität trennen sich alsdann analytische und synthetische Erkenntnisweisen. Als methodologische Unvereinbarkeit von Natur- und Geisteswissenschaft, die an der Möglichkeit von Formalisierung und Mathematisierung gemessen wird, ist jene Spaltung viel beklagt auf uns überkommen.

In diesem Dilemma verspricht das Paradigma der Selbstorganisation Abhilfe, denn es will auf eine Überwindung der (Descartes angelasteten) Trennung von Geist und Körper hinaus. Das dynamische Prinzip der Selbstorganisation erlaubt offenen, autopoietischen Systemen ihre jeweiligen Grenzen zu überschreiten und in relativer Autonomie neue Ordnungen herzustellen. Es macht ihre innere »Gestaltbarkeit und Flexibilität« aus. Die Theorien der Selbstorganisation postulieren dieses Prinzip als ,Apriori im Sein' – als Manifestation einer ,natürlichen Geistigkeit'.[151] Damit erscheinen »Geist und Materie nicht länger als zwei getrennte Kategorien, wie Descartes es glaubte, sondern man kann sie als unterschiedliche Aspekte desselben universalen Geschehens betrachten«. »Diese Anschauung ermöglicht es, die biologische, gesellschaftliche, kulturelle und kosmische Evolution aus demselben Modell der System-Dynamik zu begreifen, auch wenn die verschiedenen Arten der Evolution sehr unterschiedliche Mechanismen voraussetzen.« [Capra 1982] In diesem Geiste verfährt die Informatik praktisch: Mit dem Computer wird soziale wie physikalische Realität im gleichen Gestus simuliert und modelliert. Versuchen wir also das Paradigma der Selbstorganisation mit der Vorgehensweise der Informatik zusammenzudenken. Dazu will ich Foucaults »Archäologie des Wissens« gegen seine Intention interpretieren und in den drei behandelten Wissensformen die Entwicklung einer sich differenzierenden Erkenntnis aufsuchen. Es liegt dann nahe, unser Anliegen in der Verlängerung solchen Stufenbaus anzugehen.

Rückwirkend stellt sich die erste Phase vor der »Klassik« als eine Erkenntnis dar, die sich noch nicht selbst wahrgenommen hat. In der unreflektierten Vermischung

---

[150] Im Sinne einer »transzendentalen Deduktion« konstituieren diese Objekte jeweils bestimmte Gegenstandsbereiche. Insofern es sich hierbei um irreduzible Grundbegriffe der Wissenschaften handelt, drückt sich darin, in der Sprache Heideggers, deren »vorgängiges Seinsverständnis« aus, in welchem sie ihre positiven Gegenstände auslegen.

[151] Es ist hier nicht möglich, auf die verschiedenen systemtheoretischen Ansätze einzugehen. Ich setze eine gewisse Vertrautheit mit den Denkfiguren autopoietischer Systeme voraus.

von Blick und Lektüre nimmt sie ihre Ordnung als von den Objekten induziert wahr, und gleichzeitig formiert sie den Objektbereich nach ihren Vorbildern als Text. Demgegenüber betrachtet das *cogito* des »klassischen« Denkens nur seine eigenen Operationen, welche in der Anschauung mit Anordnen identifiziert werden. Diese naiv selbstbewußte Erkenntnis ist in der Repräsentation ganz bei sich und gliedert das, was ist und was sie sich vormacht, in demselben Raster ohne Bewußtsein der Differenz.[152] Dergestalt formt sie ihr Wissen, dessen Bedingtheit ihr entgeht, nach dem Bilde eines synthetisierenden Blicks. In der dritten Stufe dissoziieren Welt und Erkenntnis, indem diese sich als produktiv und zugleich bedingt wahrnimmt. Man könnte auch sagen, daß das Wissen seiner Kontextualität bewußt wird. Hier findet in gewisser Weise eine Wiederaufnahme der ersten Stufe statt, insofern es Natur und vor allem Geschichte zu befragen und interpretieren gilt. Jedoch nicht mehr mit der Vorstellung eines ursprünglichen Textes, sondern als äußerliche Faktizität.[153]

Begegnung der vierten Art

Versuchen wir zunächst formal die Bestimmungen dieser Denkformen in einer vierten Stufe aufzuheben, ganz im Sinne des Hegelschen Doppelsinns der »Aufhebung«, die das Alte bewahrt, indem sie es überwindet und neu formiert. Der neue Wissenstypus wird sich dann auf den Prozeß der Produktion von Erkenntnis beziehen. Die synthetisierende Leistung ist aber nicht mehr allein die Sache des erkennenden Subjekts, sondern erscheint auch objektiv als Organisationsform des Gegenstandes. In den Theorien selbstorganisierender Systeme wird sie im dynamischen Prinzip der Evolution begründet, dem gemäß sich Naturgeschehen wie das (technologisch) Machbare gleichermaßen entwickelt. Komplexität wird zum Maß der Dinge wie der Erkenntnis. Man kann aber auch sagen, daß hierin ein Prinzip der Sprache und der Funktion zur Deckung kommt. Wenn das Wissen in der

---

[152] Aus ganz anderer, systemtheoretischer Sicht analysiert Luhmann das historische Phänomen der selbstbewußten Freisetzung des Wissens als »Entkopplung von Selbstreferenz und binären Schematismen«. Auch wenn dies in jener Zeit nicht »Gegenstand der Diskussion« wurde, hatte das »*Herausziehen* der Selbstreferenz aus einer dual geordneten Realität« die Funktion, daß sich das Denken davon unabhängig behaupten konnte, »solange es nur als operatives Bewußtsein abläuft«. »Die weitere Entwicklung hat dann konsequent zum *Wiedereinbau* von binären Schematismen in die frei operierende Selbstreferenz geführt und sich dann dem Problem der dafür, nämlich für die »reine« Vernunft, noch möglichen Kriterien zugewandt.« [Luhmann 1980, S.304ff]

[153] Das Individuum betreffend kann man diesen Stufenbau in den an der logischen Typentheorie orientierten Wissensebenen der systemischen Kommunikationstheorien wiederfinden. Hier wird 1. Wissen *von* den Dingen als unmittelbares sinnliches Wissen; 2. Wissen *über* die Objekte als Wissen über das Wahrgenommene und deren Zusammenhänge und 3. Wissen über den Kontext der Wahrnehmung als Wissen *von* dem eigenen »Inderweltsein« unterschieden. Das therapeutische Konzept dieser Richtung zielt dann auf das Bewußtwerden einer 4. Wissensstufe ab, in der man etwas *über* sein »Inderweltsein« (hier als Verhaftung in Kommunikationsspielen gedacht) erfahren kann; aus dem Abstand heraus lassen sich dann die ‚Spiel'-Regeln verändern [Watzlawick et al. 1971].

Repräsentation im Raster eines universalen Zeichensystems geordnet und in der Vorstellung der Organisation durch eine transzendentale Funktion organisiert erschien, konstituiert sich jetzt die Funktion durch eine Syntax und das Zeichensystem als funktionaler Zusammenhang. Wir werden also eine neue Form der Lesbarkeit der Welt annehmen, die ebenfalls nicht mehr auf einen ursprünglichen Text rekurrieren kann, sondern von einer laufenden Textproduktion ausgeht. Dies kann in der Metapher der ‚Welt als Hypertext' angesprochen werden. Wir werden weiter eine Renaissance der Repräsentation erwarten, die heute vielleicht am lautesten als ‚knowledge representation' ausgerufen wird. Sie kann sich natürlich nicht mehr in einer Ordnung der Erscheinung befriedigen, sondern muß die Produktion der Erscheinungen einbeziehen. Es geht nicht mehr um verortete Nachbarschaft, sondern um Selektion und Anschluß von Erzeugungsprozessen. Man könnte hier von einem Tableau der Regeln sprechen, sofern darunter nicht etwas Statisches vorgestellt wird. Die theoretische Informatik stellt dafür die Metapher der »akzeptablen Aufzählung« bereit, die als Produktion einer universellen Turingmaschine aufgefaßt werden kann: Sie repräsentiert eine Anordnung von Erzeugungsmechanismen, der keine sinnvolle Taxonomie der Erscheinungen korrespondiert. Und schließlich werden wir es mit der Reflexion der Erkenntnis auf ihre Bedingtheit zu tun haben. Aber nicht mehr im historischen Bezug auf ein endliches Subjekt, sondern in evolutiver Weise auf die Endlichkeit des Wissens, das sich von Fall zu Fall übersteigt.

Wie stellt sich nun das Neue solchen Erkennens der vierten Art dar? Auf jeden Fall wird es fragmentarisch sein. Aber nicht in dem Sinne, daß uns nur die Überreste einer Gesamtkonzeption zur Verfügung stehen und wir in extrapolierender Auslegung das Ganze rekonstruieren sollen, sondern als wesentlich fragmentarisch, das sich immer nur ins Fragmentarische erweitern läßt. Man kann darin vielleicht eine Parallele zum Widerhall der Romantiker auf die Konstitution des transzendentalen Subjekts sehen, die ja auch eine fragmentarische Darstellungsform ihrer Ideen vorgezogen haben.[154] Nun aber geht es nicht nurmehr um Rekonstruktion sondern ums Konstruieren, so daß das Fragmentarische in die synthetisierende Leistung einbezogen werden muß. Solches Wissen geht von seiner Produktion aus. Es bestimmt sich sozusagen von unten her. Es organisiert sich in Bezug auf die Möglichkeit, sich zu überschreiten. Die Figur der Selbsttranszendenz, wie das bei autopoietischen Systemen heißt, wird zum Organisationsprinzip des Wissens (wie auch zur Attitüde des »Neuen Managers«). Die Idee der Vernunft ist verabschiedet worden, und damit der durch sie vermittelte Zugriff auf eine Totalität.[155] Nun haben wir es mit einem

---

[154] Der Not gehorchend will auch ich diese Form für die folgenden Skizzen in Anspruch nehmen.

[155] Hiermit ist auch der Tod des Identität stiftenden transzendentalen Subjekts verkündet. Insofern dieses Geschöpf einen ausgeprägt männlichen Charakter hatte, kann man die Prinzipien der Computertechnologie auf die Möglichkeiten einer Veränderung der Geschlechterdifferenz befragen. Wenn in deren Machtbereich sich die Vorstellung der Einheit wandelt und das widerständige Subjekt-Objekt-Verhältnis aufweicht, werden auch die geschlechtsspezifischen Zugänge zur Welt und zum Wissen anders aussehen. Vielleicht kann man von hier aus etwa erklären, wieso sich beim

Verfahren zu tun, das Probleme löst, die es selbst geschaffen hat [Beck 1986]. Es geht nicht mehr um die Feststellung von Identität und Unterschied, sondern um den losgelassenen modus operandi der Unterscheidung. Dieses Wissen organisiert sich in Differenzen; es schafft sich im Abstoßen der überholten Positivitäten eine offene Zukunft.[156] Eine evolutionäre Technik geht, aus der Position der Nachträglichkeit, von der Positivität des schon Konstruierten aus. Sie nimmt dieses nicht als Substanz, sondern reagiert auf die virtuelle, organisierende Anlage des Bestehenden, dessen Wirklichkeit sich aber erst im Gefüge der Konstruktion bestimmt.[157] Die Theorie offener, selbstorganisierender Systeme sieht hier ein einheitliches, natürliches Prinzip am Werk, das geschichtete Ordnungen ausbildet.[158] Die Informatik werkelt an der endlosen Reihe ihrer Versionen; sie praktiziert ‚technische Evolution'. Man kommt jetzt ohne transzendentale Objektivitäten aus, weil die Funktion erst in der Konstruktion entsteht. Transzendental bleibt nur noch das Konstruktionsprinzip – das Funktionieren selbst.

Wenn das klassische Denken auf das Operationale der Erkenntnis und das 19. Jahrhundert auf die Bedingung ihrer Möglichkeit reflektiert hat, bezieht sich das moderne Denken also auf seine eigene Operationalität als Tätigkeit. Es sieht die Bedingungen seiner Möglichkeit als von ihm selbst geschaffene Verhältnisse an – dies eben macht das Dasein einer Technologie aus. Es ist daher nicht verwunderlich, daß jener Bezug weitgehend als Reflexivität von selbstreferentiellen Systemen gedacht wird, was früher der Definition der Subjektivität vorbehalten blieb. Solche Systeme repräsentieren homolog Natur- und Sozialverhältnisse sowie das Wissen von und in ihnen. Ihre Genese, als Evolution verstanden, durchläuft einen Raum von Selektionen und Anschlußbedingungen. Sie ist nicht mehr, wie in der Klassik, die zeitliche Erfüllung einer Taxonomie der Erscheinungen, sondern im kombinatorischen Spiel der Regeln wird dieser Raum aufgefüllt und dadurch erst strukturiert.

Umgang mit dem Computer anscheinend die geschlechtsstereotype Phänomenologie umkehrt (vgl. den Beitrag von B. Schinzel in diesem Band). In Bezug auf das Geschlechterverhältnis ließe sich das Vordringen der informatischen Episteme in zweierlei Hinsichten interpretieren: entweder handelt es sich wieder nur um einen Ausweg des männlichen Denkens aus den von ihm geschaffenen Kalamitäten, oder man macht hierin eine geistige Androgynisierung aus.

156 Vermutlich ist »Differenz« der einheitlichste Begriff aller zeitgenössischen Theorieansätze.

157 In Analogie zu A. Raeithels Begriff der Virtualität kann man solche Erkenntnis/Technologie selbst als ‚virtuelle Maschine' auffassen. Vgl. A. Raeithel in diesem Band.

158 Die ersten Ansätze zu einer solchen Theorie kamen nicht zufällig im Bereich der Biologie auf. Sie waren motiviert von dem Wunsch, die Spaltung von mechanischer und vitalistischer Erklärung aufzuheben, die die »Transzendentalie« des Lebens hinterlassen hatte. Zugleich wurde, angeregt durch den Physiker E. Schrödinger, dem Lebendigen eine Sprache – Informationsgehalt – zugebilligt. Heute nimmt die Gentechnologie die Informatik beim Wort und macht sich an die Programmierung des Lebens.

Der Bezug auf Operationalität stellt den Begriff der Komplexität in das Zentrum des Wissens. Nicht nur im Vorgehen der Informatik, wo er seine formalste, präziseste Ausformulierung findet und zum entscheidenden Strukturmerkmal der Erkenntnis wird. Auch in den Theorien offener Systeme ist er der Grund, der jede Ordnung fundiert [Luhmann 1984]. Komplexität regelt die Beziehung der Elemente untereinander, steuert unwahrscheinliche Selektion, und ihre notwendige Reduktion erzwingt emergente Ordnungen. Der Begriff der Komplexität entsteht in einem Raum des Wissens, das nicht mehr zwischen der Erfahrung und der Konstruktion trennt. Wenn die Komplexität eines Verfahrens die Komplexität eines Problems wiedergibt, wird das Verfahren zum Maß der Wirklichkeit, welche sich in dem Maße dynamisiert. Dies besiegelt, daß technische Natur nicht mehr als Substanz, sondern als Funktionieren gedacht wird. Dergestalt ist ein Ansatz, der Programmkomplexität als Kriterium der Theorienbildung verallgemeinert, nur konsequent [Hotz 1988]. Der nächste Schritt besteht darin, der Natur den Modus unseres Verfahrens zuzusprechen. Dann stellt ein Liter Luft einen sehr schnellen Prozessor dar, und wir leben in einem rechnenden Raum [Zuse 1969].

Die Informatik geht in doppelter Hinsicht vom Machbaren aus. Sie bezieht sich auf dieses als vorgefundene Positivität, die es zu entfalten gilt. Andererseits hat das Wissen darin eine Übersicht aufgegeben, die Beherrschung verloren. Im Bezug auf das machbar Mögliche bleibt es am Unmöglichen orientiert. Der Verlust lauert nicht nur an den Rändern der Disziplin in Form von formalen Nichtentscheidbarkeitssätzen, sondern er durchzieht alle Praxis in der Vergeblichkeit, ein korrektes Programm zu erstellen. Die Informatik ist bis in jede Faser nicht nur eine *wie-*, sondern eine *ob*-Disziplin, wie das einmal beklagt wurde. Sie operiert *trotzdem*, und da sie dies nur schwer fassen kann, wird es zumeist verdrängt. Es diesseits der Nichtentscheidbarkeit zu Bewußtsein zu bringen, gehört zu den Aufgaben einer »Theorie der Informatik«.

Auf Programmebene gibt es keine Approximation der dargestellten Wirklichkeit. Somit auch keine geschlossene Theorie. Kleine Differenzen verändern alles, was jeder Programmierfehler beweist. Dies spiegelt sich in der Vergeblichkeit, topologische Konzepte der Umgebung und Näherung sinnvoll auf Programmkonstrukte zu übertragen. Wenn sich Nachbarschaft in der Erscheinung nicht mehr im Entwurf einer berechenbaren Erkenntnis wiederfinden läßt, kann Klassifikation nicht mehr in einem Ordnungsschema der Erscheinung erfolgen. Auch die Funktion des Ganzen gewährleistet nicht mehr die Ordentlichkeit der von ihr her bestimmten Bestandteile. Wenn die Funktion erst durch ihre Elemente hergestellt wird, kann eine Ordnung nur über die Konstrukte des Operationalen entstehen. Diese Ordnung muß sich aber in der Wirklichkeit nicht wiederfinden lassen.[159] Das Ganze

---

[159] N. Luhmann formuliert einen entsprechenden Sachverhalt für soziale Systeme: »Wichtig ist für einen evolutionstheoretischen (bzw. morphogenetischen) Ansatz dieser Art, daß die Regeln, nach denen Selektionsvorteile sich durchsetzen und anderes, auch Mögliches dadurch inhibiert wird,

läßt sich nicht mehr zweckmäßig einrichten, weil das Mittel der Berechenbarkeit keine überprüfbare Konsistenz verbürgt. Stattdessen etabliert sich eine neue Unmittelbarkeit der Konstruktion. Graphische Oberflächen repräsentieren das Konstruierte, nicht die gegliederte Schau einer vorgefundenen Ordnung. Man kann mit Fraktalen wolkige Erscheinungen produzieren; ihr Bezug zur Wirklichkeit bleibt in der Möglichkeit des Ähnlichen verhaftet.

Das ist ganz allgemein die Idee der Simulation. Es wird etwas hergestellt, das sich mehr oder weniger so verhält, wie man es erwartet. Es gibt kein anderes Band zur Wirklichkeit als die nachträgliche Beobachtung einer testbaren Übereinstimmung. Solches Wissen ist dem vorklassischen in dem Leitbild der Ähnlichkeit verwandt. Es rekurriert jedoch nicht auf eine ursprüngliche Äußerung, die interpretiert wird, sondern geht von einem beliebigen Entwurf aus, der mit einer Beobachtung zur Deckung gebracht werden soll. Den Unterschied markiert die Nachträglichkeit und der Test. In diesem Sinne ist die Informatik die technische Disziplin der Heuristik: der Lehre von den Verfahren, Probleme zu lösen. »Die Heuristik arbeitet unter anderem mit Vermutungen, Analogien, Generalisierungen, Arbeitshypothesen, Gedankenexperimenten, auch Modellen von Zusammenhängen, in die sich die zu untersuchenden Sachverhalte einfügen lassen, ohne einen anderen Anspruch an die dabei verwendeten ***heuristischen Prinzipien*** zu stellen, als den, zum Erfolg zu führen«.[160] Das liest sich wie eine Definition der Informatik, und es scheint mir ein Hinweis darauf zu sein, daß ihre Praxis, mit ad-hoc-Modellen zu operieren, nicht nur als Verirrung anzusehen ist, sondern ihrer Erkenntnisform wesentlich ist.[161]

Die Konzeption des evolutionären Software-Entwurfs wird in der kurzen Geschichte der Informatik erst spät als methodisches Prinzip akzeptiert. Er verlagert die Annäherung an Wirklichkeit in eine emergente Ordnung, in eine Folge von Versionen, die durch Anpassung und Adaption bestimmt sind. Der positive Bezug zum Machbaren stellt sich in der äußeren Form einer iterativen Organisation des Wissens dar. Jedoch ist auch dieser Erkenntnis Unvollständigkeit und Scheitern notwendig immanent, weil die Schichtung der Ordnung programmierte ‚Fluktuationen' auf tieferer Ebene nicht neutralisiert. Das Scheitern kann höchstens auf Unwahrscheinlichkeit reduziert werden. Da aber Wirklichkeit durch Software re-

---

keine ‚Ähnlichkeit' mit den dadurch aufgebauten Strukturen haben, also nicht nach der Art von ‚Modellen' oder ‚Plänen' fungieren.« [Luhmann 1984, S.169]

160 Enzyklopädie Philosophie und Wissenschaftstheorie, Mannheim 1984. Im lateinischen Äquivalent der ***inventio*** wird der Doppelsinn des Problemlösens deutlicher: Auffinden und Erfinden.

161 Vgl. den Beitrag von B. Booß-Bavnbek und G. Pate in diesem Band. Wenn man die Informatik als ‚Technologie des Formalen' versteht, dann bedeutet dies auch, daß ihr Formales von anderer Gestalt ist als das der Mathematik. Es stellt sich damit die Frage, ob die Formalisierung der Informatik überhaupt sinnvoll auf den Theorieanspruch der klassischen Mathematik bezogen werden kann, worin erst so etwas wie Konsistenz begründbar ist (vgl. Anmerkung 164).

strukturiert wird, diese Erkenntnis wirklich produktiv ist und die Produkte ihre Produktion reflektieren, wird das Unwahrscheinliche zum Grenzfall der Normalität, zum Ernstfall einer spielerischen Verarbeitung. Man kann darin auch den nicht zu unterschätzenden Beitrag der Informatik zu einer »Risikogesellschaft« sehen.[162] Auf epistemologischer Ebene deckt sich dieser iterative Weltzugang mit dem Paradigma der Selbstorganisation. Dieses erlaubt, die Ausbildung einer geschichteten, modularen Ordnung zu denken, ohne daß auf ein prästabilisiertes Ganzes Bezug genommen werden muß. Der Umgang mit Welt bestimmt sich näher als Produktivität der Regel, oder negativ, als Verlust des Gesetzes: Wir leben nicht mehr unter dem Gesetz, sondern mit der Regel.[163] Dies behauptet eine historische Veränderung im Umgang mit Herrschaft und zielt zugleich auf eine Wendung des Wissens, der in dem Epistem der Regel Rechnung getragen wird.

In voller Abstraktion kann man sagen: Das Gesetz ist die Subsumption des Einzelnen unter das Allgemeine. Dadurch gewinnt jenes seine Besonderheit, die aber das Allgemeine intakt läßt. Das Prinzip der Selbstorganisation dagegen läßt das Allgemeine wachsen, indem es das Besondere setzt. Ein solches »Holon« enthält das Allgemeine als unentfaltete Potentialität. Einzelnes gibt es nicht mehr. Aus dem großen Gesetzgeber ist ein Bildungsgesetz im Kleinen geworden – eben die Regel. Das Allgemeine als Gesetz setzt seine Explizierbarkeit voraus. Die Regel verlangt nur, daß die Transformation-im-Kontext explizit gemacht werden kann. Sie braucht kein unabhängig gesetztes Ziel und kommt auch mit unklaren Zielwerten zurecht. Sie organisiert lokal und transformiert ihre eigenen Bedingungen. Sie kreiert Aktualität vor dem Hintergrund der kontextabhängigen Möglichkeiten, indem sie Anschlußbedingungen setzt und Inkommensurables ausschließt. Die Regel organisiert Differenzen, die ihre weitere Aktivierung ermöglichen. Sie leitet den Fluß der Objektwelt in geordneten Bahnen, aber ihre Variation approximiert nicht mehr ein Gesetz. Sie ist der Hüter der Ordnung.

---

162 Ebenfalls kann man darin einen Hintergrund erblicken, vor dem sich die Diskussion abspielt, ob die Informatik eine Disziplin der Gestaltung sei. So wichtig die Unterscheidung von gutem und schlechtem Entwurf ist, so könnte doch die prinzipielle Frage schon auf der Ebene der Episteme entschieden sein. Solche Vorentscheidung bedeutete, daß Gestaltung nicht als Entwurf auf ein Ganzes hin zu fassen wäre, sondern im fortschreitenden Annehmen von machbaren Gestalten bestünde. Darüberhinaus würde die von Rafael Capurro im Rückgriff auf Kristen Nygaard gemachte Unterscheidung zwischen den Weltzugängen »to program is to understand« und »to understand is to program« hinfällig. Das vor-herrschende Epistem hieße einfach: ‚to program = to understand'. Und schließlich: Ich unterschreibe voll und ganz Walter Volperts Aufruf zum Erhalten, aber es erscheint mir denkbar, daß im epistemologischen Felde des Machbaren Erhalten irgendwann nur noch als Umgestalten vorgestellt werden kann. Vgl. die Beiträge von Capurro und Volpert in diesem Band.

163 Foucault bemerkt, daß wir gesellschaftliche Macht fälschlicherweise immer noch mit dem Blick aufs Gesetz – dargestellt im Souverän, der straft – zu sehen gewohnt sind. Die Macht entfaltet sich jedoch längst dezentral in den Verästelungen eines sich organisierenden Prinzips, und damit in uns und durch uns. Die Regeln, die die Verbindungen herstellen, sind natürlich nicht mehr einfach als verbindliche Normen verstanden. Vgl. [Foucault 1977].

Dies treibt die Informatik voran. Sie operiert wesentlich im Modus des Problemlösens, einer Weltsicht, die die Alten seltsam angemutet hätte. Im Experiment, das eine Gesetzmäßigkeit bestätigen soll, wird bewußt von den Besonderheiten des Wirklichen abstrahiert, um etwas Allgemeines – einen idealen Zusammenhang im Realen – rein und klar herauszuschälen. In der Sicht aufs Problem versucht man dagegen, ein Stück Wirklichkeit auszugrenzen und im Rahmen seiner Grenzen eine möglichst vollständige Ordnung zu etablieren. Das erfordert sowohl, Regeln zu finden, die den Zusammenhang des Problems erfassen, als auch regelrecht anzugeben, wie das Problem in einen allgemeineren Zusammenhang einbettbar ist. Die Abstraktion, die dieser Ordnung zugrunde liegt, läßt sich nicht mehr an der Generalisierung ermessen. Am prägnantesten kommt dies in der Konzeption der Mikro-Welten zum Ausdruck. Die Vorstellung, man könne die Makro-Welt durch Aggregation vieler Mikro-Welten gewinnen, war wohl dem Mißverständnis geschuldet, man würde etwas Ähnliches wie ein Experiment betreiben.[164]

Oftmals wird ein unvereinbarer Gegensatz zwischen den informatischen Prinzipien der Berechenbarkeit und dem Paradigma der Selbstorganisation behauptet: Erstere seien dem alten Kalkül eines strategischen Rationalismus verhaftet, letzteres eröffne die Freiheit einer kreativen Evolution. Tatsächlich entwickelt sich die Computertechnologie an der Nahtstelle der beiden Paradigmen: Organisation und Selbstorganisation. Sie enthält Momente aus beiden und stellt derart eine Institution dar, die es erlaubt beide zusammenzubringen. Einerseits repräsentiert der Computer, wie nichts zuvor, die Ideale der Berechenbarkeit, Kontrolle und Strategie. Er kam gerade zur rechten Zeit, diesem Phantasma noch einmal Auftrieb zu geben. Andererseits zeigt die Entwicklung dieser Technologie selbst das Scheitern dieser Ordnungsprinzipien an. Da gibt es eine perennierende Softwarekrise, CIM-Havarien und viele gescheiterte Projekte der Künstlichen Intelligenz.

Die Geschichte der Informatik spiegelt den Paradigmenwechsel selbst auf mehrfache Weise wieder. Der alten Ordnung der zentralen Macht entsprach der Großcomputer, der sich in einer Gigantomanie anschickte, die Welt von seiner Schalteinheit aus zu steuern. Heute sind diese Geschöpfe auf die ihnen angemessenen Aufgaben verwiesen. Stattdessen hat sich das Prinzip der parallelen Verarbeitung und der PC etabliert, welcher zusammen mit seinem ‚user' ein kleines System bildet, das in ein Kommunikationsnetz eingebunden ist. Es wachsen allenthalben verteilte Systeme heran, in denen dezentral verwaltet und geschaltet wird.

---

164 Vermutlich ist das Verkennen der unterschiedlichen Abstraktionsweisen, das auch zur Idee eines universalen Problemlösungsmechanismus geführt hatte, in den Vorbildern der Denksportaufgaben und elementaren Algorithmen der Informatik begründet. Ein Sortieralgorithmus etwa ist dem Vorgehen der Mathematik und Physik viel näher als dem Entwurf eines ‚problematischen' CSCW-Systems. Dies scheint mir wiederum darauf hinzuweisen, daß die Informatik zunehmend auf ad-hoc-Modelle angewiesen ist und ihre Ausbreitung keine wirkliche Besinnung auf die theoretischen Tugenden der Mathematik zuläßt. Vgl. Anmerkung 161.

Desgleichen haben sich in der Geschichte der Computertechnologie auch ihre jeweils bestimmenden Aufgaben gewandelt. Ging es am Anfang um die Berechnung umfangreicher numerischer Probleme – um Quantität –, hat sich dies schnell in eine umfassendere Form der Datenverarbeitung erweitert, die nicht-numerische Probleme einbezog. Das Schwergewicht verlagerte sich damit in Richtung auf Datenbanken, Steuerung und Kontrollstrukturen, was sich vor allem in den bekannten ‚Nebeneffekten' einer Umstrukturierung der Arbeitswelt auswirkte. Mit dem persönlichen Computer zur Hand gewinnt das Moment der Textverarbeitung (im weitesten Sinne) immer mehr an Bedeutung. In der Konzeption des Hypertextes läßt sich diese Tendenz in die Zukunft verlängern. Der Computer wird wohl in absehbarer Zeit wesentlich zu einem Kommunikationsmedium werden, das diverse mediale Formen wie Bild, Text, Film und Ton zu integrieren erlaubt. Der Hypertext selbst stellt ein selbstorganisierendes, offenes System dar, in dem Text aufgehoben wird. Dies bringt Informatiker in Verlegenheit, die gewohnt sind, mit festen, substantiellen Basiselementen zu arbeiten. Die gibt es auf semantischer Ebene aber nicht mehr, weil sie sich nur noch durch das bestimmen lassen, was sich im Hypertext organisiert; man hat sie einfach »chunk« genannt.

Die Informatik geht noch einen Schritt weiter und möchte die Evolution des Geistes selbst in Angriff nehmen. Nachdem die Versprechungen der Künstlichen Intelligenz sich nicht einlösen ließen, heißt das neue alte Modewort: neuronale Netze. Hier wird das Prinzip der Selbstorganisation direkt zum Entwurfsprinzip einer Maschine erklärt. Solcherart soll es möglich sein, ganzheitliche Wahrnehmung und unscharfes intuitives Erkennen in einem formalen Modell zu simulieren. Im neuen Konnektionismus wird das Funktionieren der Regel konsequent zur technischen Anwendung gebracht. Im Entwurf solcher Systeme werden nur noch lokale Transformationen und Architekturen vorgegeben. Die globalen Zielwerte des Mechanismus werden nicht explizit spezifiziert; sie stellen sich erst (in statistischer Form) nach einem ‚Lernvorgang' durch Erfolg oder Mißerfolg ein.

Eine dritte Geschichte kann man für die Entwicklung der Programmiersprachen erzählen. Darin ist zu beobachten, wie das produktive Moment zu sich kommt, indem es sich von der Unmittelbarkeit der Maschinenzwänge hin zur emergenten Ordnung des Entwurfs befreit.[165] So gesehen ringt das Assembler-Programm im wesentlichen mit dem von Neumann-Rechner. Das informatische Denken ist noch ganz auf das Umständliche des Erkenntnisinstrumentes fixiert. Die Komplexität des Problems verschwindet hinter dem Flaschenhals des Akkumulators, durch den es der Berechnung zugeführt werden muß. Imperative Programmiersprachen thematisieren die Dynamik der Zuweisung. Der symbolische Platzhalter steht für eine

---

[165] F. P. Brooks unterscheidet hier zwischen wesentlicher und unwesentlicher Komplexität von Software. Die Entwicklung der Programmiersprachen kann nur letztere reduzieren [Brooks 1987]. Eine vergleichende Betrachtung der verschiedenen Programmiersprachenkonzepte hätte vor dem gleichbleibenden Hintergrund, daß etwas programmiert werden soll, zu klären, welche Gestalt ein Problem darin jeweils annimmt.

Beziehung, die nur durch laufendes Überschreiben einer lokalen Transformation am Ende als Fixpunkt zu haben ist. Diese Transaktion erscheint als allgemeine Invariante im selbstbezüglichen Prozeß der Berechnung. Im Konzept der Prozedur wird dies in eine geschichtete, modulare Ordnung einbezogen. Damit bewegt sich das prozedural Allgemeine nicht mehr auf der Ebene des Befehls und der maschinellen Verarbeitung, sondern wird den Strukturen des Problems besser gerecht.

In der logischen Programmierung wird der geregelte Zusammenhang von der Kontrolle seiner Ausführung befreit. Die Regeln erscheinen als Momente der Sache, des Problems selbst. Jedoch drücken sie dies in ihrer unordentlichen Anordnung nicht aus. Die Struktur des Problems reflektiert sich nicht in einer emergenten Darstellung des Lösungsverfahrens. Dies wird erst in objektorientierten Entwurfssprachen eingelöst, wo Evolution nicht nur der Berechnung, sondern dem Prozeß der Problemproduktion zuerkannt wird.[166] Mit der Konzeption von produktiven (Programm-)Bibliotheken ist im informatischen Tun die unendliche Interpretation der Wirklichkeit zu ihrer dauernden Fortschreibung gewendet; erkennen heißt umschreiben. Und schließlich existiert das Phantasma der genetischen Programmierung. Ich glaube zwar nicht, daß sich daraus etwas Sinnvolles ergibt. Der Ansatz scheint mir auf einer Täuschung über das Evolutive zu beruhen: Wenn es auf Programmebene keine Approximation an eine Zielfunktion gibt, kann Genese nur im Großen, als Adaption an äußere Bedingungen erfolgen. Jedoch wird hier eine Richtung dieser Erkenntnisform deutlich, der wir auch schon bei den neuronalen Netzen begegnet sind. Entlastet von der »Anstrengung des Begriffs« läßt man den verselbständigten Erkenntnisprozessor loslaufen und schaut am Ende, ob er zu tun scheint, was er machen soll. Solcherart ist Simulation von allem Beiwerk des Verstehens gereinigt, Wissen zur Exegese des Ähnlichen regrediert.

Man kann also zum Schluß kommen: Das Prinzip der Selbstorganisation ist die Theorie, die Computertechnologie ihre Praxis – ihre *Artefaktizität*. Sie ist technologischer Reflex einer ‚geistvollen' Evolution. Sie garantiert dem selbsttranszendierenden Wissen eine gewisse Zuverlässigkeit; gibt ihm, besser als dies eine Chaostheorie vermag, die Zuversicht, bei neuen Positivitäten anzukommen.

Man braucht gar nicht bis zu neuronalen Netzen zu gehen, um die Prinzipien der offenen Systeme in der Software-Welt wiederzuerkennen. Schon ein ganz normales Programm funktioniert nicht nach dem Muster des Gesetzes. Es wird über Regeln, d. h. lokalen Transformationen eines Berechnungsflusses, aufgebaut. Die Zielfunktion eines Programms (viel weniger eines Programmsystems) ist im allgemeinen nicht explizierbar bzw. die Darstellung der Explikation entspricht dem Programm selbst. Darin liegen ja die prinzipiellen Schwierigkeiten von Korrektheits- und Äquivalenzbeweisen begründet; praktisch ist das nur implizit Angebbare eines

---

[166] Vielleicht ist von daher auch die regelbasierte Programmierung der KI nur als Zwischenspiel anzusehen. D. Parnas hat sie in einer Podiumsdiskussion auf dem IFIP-Kongreß 1989 sogar als Rückschritt zur Assemblerprogrammierung bezeichnet.

Programmsystems eine wichtige Ursache der Softwarekrise. Auch das Modell einer geschichteten, modularen Ordnung ist in der Programmwelt fein säuberlich entwickelt. In ihr stehen Module miteinander in Beziehung, die jeweils für sich selbständig organisiert sind, jedoch nur im Zusammenspiel funktionieren und zu verstehen sind. Die Integration des Ganzen erfolgt über Schnittstellen, an denen mittels formaler Parameter eine ‚Kommunikation' zwischen den Modulen stattfindet. Jedes System legt durch übergebene Daten die Funktionsweise seiner Subsysteme fest, aber seine eigene Entwicklung wird wiederum vor deren Ergebnis bestimmt. Man kann hierin eine recht ordentliche Welt der Selbstorganisation sehen, in die auch der Benutzer integriert werden kann, wenn er sich an seine Spezifikation hält. Gegenüber den organischen Modellen der Biologie erscheint sie zuverlässig und transparent. Daher ist es nicht verwunderlich, wenn die verteilten Systeme der Computertechnologie dem Praktiker als Metaphernvorrat für ein organisches Weltbild dienen. So beschreibt ein Prophet des Neuen Managements die »corporate culture« als eine Art »imaginäres Supergehirn über den Gehirnen«, als »Kollektiv-Computer«; und in der Transzendenz aufs Ganze wird auch die »kosmische Intelligenz« als »eine Art höherer Computer« vorgestellt, von der man sich Erkenntnishilfen zuspielen lassen kann [Gerken 1986].

Das Verhältnis der Computertechnologie und der Selbstorganisationstheorie kann noch durch eine Allegorie aus dem Gesundheitswesen verdeutlicht werden. Apparatemedizin und ganzheitliches Heilprogramm werden zumeist einander gegenübergestellt und definieren sich auch durch Ausschluß des anderen. Jedoch ist heute beiden gemeinsam, daß sie Gesundheit nur als Abwesenheit von Krankheit fassen können – als etwas Wiederzugewinnendes. Beide sind derart an einem »check-up« orientiert, wenn auch dessen symptomatische Verankerung ganz verschieden aussieht: objektive Meßwerte und Röntgenbilder versus Störung der Ganzheit, Hemmung oder Blockade. Auf dem permanenten Weg der Gesundung sind denn auch beide auf *debugging* und *updating* angewiesen, sei dies in Form von Pillen, Spritzen und Strahlen oder mittels Verhaltensregeln und verbesserter Lebensführung. Man kann die harte Gerätevariante der Computertechnologie, die sanfte Heilsbotschaft der Selbstorganisation zuordnen. Und hier wie dort sieht man, daß sich die Unterschiede in einer ganzheitlichen Geräteschaft verwischen.

Computertechnologie als soziale Institution

Wenn die Paradigmen der Informatik und der Selbstorganisation sich in dem angedeuteten Sinne ergänzen und zusammen einen neuen Raum des Wissens eröffnen, stellt sich die Frage nach dessen sozialer Funktion – nach dem Sinn. In Folge der naturwissenschaftlich-technischen Entwicklung hat sich das transzendentale Subjekt zu einer Subjektivität ausdifferenziert, die sich in der von ihr gestalteten Umwelt verloren fühlt. Die gleiche Bewegung, in der das Subjekt die wirklichkeitsprägende Macht seinen Produktionsmitteln überlassen hat , entläßt es in einen Individualismus, worin es sich nur noch auf sich selbst besinnen kann. Versachlichte Beziehungen geben immer weniger her, sich daraus eine (Selbst-) Deutung zu holen. Die Verhältnisse, welche die modernen Technologien und ihre Verwaltung setzen, verdichten und verzweigen sich zu einem Geflecht von Verweisungszusammenhängen. Darin ist dem Einzelnen zwar noch sein Einsatz zugänglich, aber nicht mehr die Erfahrung von dessen Wirkung. Zugleich sind seine Möglichkeiten formal dermaßen vervielfältigt, daß jede Aktualisierung nur als völlig kontingent erlebt werden kann. Das in mannigfaltigen Verbindlichkeiten erschöpfte Subjekt bedarf einer verbindenden Vorstellung, mittels derer es sich vergewissern kann.

In der maschinellen Nachbildung einer sich evolutiv organisierenden Wissensform wird die Informatik zum Vorbild für einen generalisierbaren Zugang zur Welt. Die Computertechnologie stellt so für den Menschen eine äußere Repräsentanz dar, an der sich sein Weltbild festhalten und sein Menschenbild ausformen kann. Sie garantiert gleichermaßen seiner Weltdeutung eine gewisse Zuverlässigkeit und verleiht seiner Selbstdeutung eine Außenstabilität.[167] Im Sinne des Anthropologen Arnold Gehlen wäre die Computertechnologie als *Institution* aufzufassen, als ein Ersatz für die nicht mehr vereinheitlichend funktionierenden Institutionen der Religion, Wissenschaft und Kunst. Insofern das Weltbild der Informatik, wie zu zeigen sein wird, durchaus vorrationale Vorstellungen reinstitutionalisiert und eine Nähe zum magischen Denken aufweist, möchte ich mich an einem Text Gehlens orientieren, der das »rationale Denken« einer archaischen Vorstellungswelt gegenüberstellt.[168]

Gehlen geht davon aus, daß sich Selbstbewußtsein nur indirekt konstituiert und erhält. Der Mensch »faßt sich nur über ein Nichtmenschliches hinweg, indem er sich mit diesem gleichsetzt und es dabei wieder von sich unterscheidet.« Dies kann archaisch in Form eines totemistischen Rituals geschehen, oder er kann sich moderner nach dem Modell einer Maschine verstehen.[169] Der Mensch ist ein unwahrscheinliches, »riskiertes Wesen«, das keine natürliche Umwelt hat. Deshalb muß »praktisches Gewohnheitsverhalten« an die Stelle treten, »wo wir beim Tier die Instinktreaktion finden«.[170] Die Leistung der Institutionen besteht darin, ein gesell-

---

[167] Verkürzt man die geistesgeschichtliche Wirkung der Informatik auf die Etablierung von Fallunterscheidung und Rekursion, d. h. auf kombinatorische Vielfalt und symbolische Selbstreferenz, dann kann man ihre Funktion darin sehen, daß sie dem postmodernen Diskurs einen Halt gibt.

[168] Vgl. A. Gehlen: »Urmensch und Spätkultur«. Die im folgenden nicht explizit ausgewiesenen Zitate sind diesem Werk Gehlens entnommen [Gehlen 1956].

[169] Für den oben betrachteten Zeitraum hat das A. Baruzzi in seinem Buch: Mensch und Maschine »Das Denken sub specie machinae« verfolgt. Ich hätte auch eine solche Selbstdeutungsgeschichte zur Einordnung des informatischen Denkens heranziehen können [Baruzzi 1973].

[170] Die Instinktreduktion des Menschen ist die Basisthese von Gehlens Anthropologie. Sie bestimmt ihn zum »Mängelwesen«, das sich seine Umwelt erst schaffen muß. Werkzeug und Technik erscheinen dann als »Organverlängerung« oder »Organersatz« [Gehlen 1940].

schaftliches Handeln zu habitualisieren, was aber auch bedeutet, daß dieses notwendig formalisiert wird. Die verdichteten Inhalte einer Kultur können nur »in den Formalismus eingewickelt überleben«. Man kann sagen, »daß der abstrakte Gehalt der Institutionen einer Gesellschaft ... die Grammatik ihrer Bedürfnisse ist.«

Unsere Zeit und unsere Kultur wirft nun besondere Probleme auf, insofern sie eine verselbständigte Subjektivität hypostasiert, denn eine »Kultur der Subjektivität ist ihrem Wesen nach nicht stabilisierbar«.[171] Diese Subjektivität korrespondiert einer neutralisierten Natur, welche mit sich bringt, daß »gelebte Innenzustände nicht mehr in der Außenwelt festgemacht werden können, weil diese zu versachlicht ist oder weil man nicht handeln kann«. Gehlen bestimmt solche Subjektivität als »unmittelbar gelebten Zustandsmodus des neutralisierten Innenlebens«, was keineswegs ausschließt, daß solches als »subjektive Benommenheit« erscheint. Die »chronische Ichbewußtheit« hat es nur noch mit »Erfahrung zweiter Hand«, einem überbordenden »Erlebnisstrom« zu tun. Sie muß mit der Kluft einer »Überfüllung des Vorstellungsraumes bei gleichzeitiger Verarmung des Handlungsumkreises« fertig werden. Es heißt »das Psychische dann neutralisiert, ..., wenn es nicht in seinen Kernbeständen ein »Weg« ist.«

Dieses neutralisierte Geschöpf ist das Produkt der »technisch-industriell-naturwissenschaftlichen Weltauffassung und Weltbeherrschung«, welche ein archaisches »sympathetisches Weltbild« radikal beseitigt und die Natur von »Wesenheiten« aller Art gesäubert haben. Gehlen bezeichnet die Vorstellung eines sympathetischen Zusammenhangs als »wahrscheinlichste Metaphysik«, weil sie dem unmittelbaren, nächsten Erfahrungsbereich nachgebildet ist. In der durchaus vernünftigen Übertragung alltäglicher Erfahrungen auf Naturphänomene erklärte man deren Beziehungen nach dem »Modell des eigenen Strebens und Widerstrebens, der erlebbaren Sympathie und Antipathie, der zwingend, mit dem Druck der Notwendigkeit gegebenen Bedürfnisse und Abschreckungen.« Dem wissenschaftlichen Geist dagegen, der auch seine Wahrnehmungen beherrscht, erscheint die Natur »magisch neutralisiert«; er sieht in ihr »das Operationsfeld einer rationalen Praxis« und, sozusagen als Rest, ein ästhetisches Objekt. »Die große mechanische Weltuhr des Cartesius wäre zugleich die potentiell völlig beherrschbare Welt, und natürlich die ganz entzauberte, in der keine Mondgöttin mehr Heimat hat.« Die Entzauberung ging mit einer erkenntnistheoretischen Trennung von Materie und Geist einher, welcher in der Repräsentationsidee der Klassik dann ganz bei sich sein wollte. In dieser Spaltung findet sich der Mensch »erhöht, die nicht-menschliche Natur erniedrigt«. »Dies bedeutete, von einer anderen Seite gesehen, die *Eingrenzung* sozialer Verhaltensweisen auf den *menschlichen* Bereich, die ‚Entsozialisierung' der Natur.« Damit schweigt die Natur. Nur im Experiment kann sie, unter dem Auge des Gesetzes, zu

---

171 Gehlen sieht von seinem konservativen Standpunkt aus darin eine Verfallserscheinung. Jedoch sind die behandelten Phänomene ganz entsprechend auch von fortschrittlicheren Theorieansätzen konstatiert worden.

einem Geständnis gezwungen werden.[172] Foucault macht in der gleichzeitigen Entstehung von Humanwissenschaften und transzendentalem Subjekt eine kompensatorische Bewegung aus. Dem Schweigen der Natur korrespondiert die Geschwätzigkeit des Subjektes, das seinen Außenhalt verloren hat.

Hier nun geht die Computertechnologie und der Geist der Autopoiesis dem vom Weg abgekommenen Menschenwesen zur Hand. Sie reinstitutionalisieren ein Weltbild, in dem sich das fragmentarische Handeln der in Differenzen verlorenen Subjektivität besser deuten läßt. Vielerorts finden wir Wegweiser mit Titeln wie »Wiederverzauberung der Welt« [Berman 1984] oder »Dialog mit der Natur« [Prigogine & Stengers 1981]. Die moderne zweite Natur plappert unaufhörlich, und nach der Meinung Prigogines hat wissenschaftlicher Erfolg viel mit einer geschickten Gesprächsführung zu tun. Indem wir in allem unser Prozessieren sehen, ist die technologische Natur zu einem Zeichensystem geworden. In jedem Genom und jedem Molekül haust Information; jeder Eimer Luft rechnet so vor sich hin. In Anlehnung an Gehlen kann man sagen, daß in solcher »Interpretation der unwahrscheinlichen Daten als ‚Wesenheiten'« erneut ein durchdringend bedeutungsvoller Zusammenhang hergestellt wird. Mit der Computertechnologie gewinnen die Wesenheiten semiotische Realität und Macht. Das Außeralltägliche, Auffällige und Unwahrscheinliche wird in das Erleben der Alltäglichkeit einbezogen. Gehlen nennt das als Verfassung des archaischen Menschen: »Transzendenz ins Diesseits«. Darin erhält alle wirksame Gegenwart eine »virtuelle Bedeutung«. Sie ist mit einem Mehr an Bedeutung geladen, was in der semiotisierten Welt unmittelbar als Verweisungszusammenhang indiziert ist.

Damit rückt informatische Praxis in die Nähe der Magie.[173] Dies ist nichts prinzipiell Neues, insofern Magie und Technik eine gemeinsame Wurzel haben. »Nach unserer Auffassung ist die rationale Technik so alt wie die Magie und sind beide so alt wie der Mensch, und die Technik ist in sehr langer Entwicklung in den Raum hineingewachsen, den früher, als die Technik nur Werkzeugtechnik war, die Magie beherrschte, nämlich den Raum, der das, was wir durch unmittelbares Handeln in der Macht haben, von dem trennt, was an Erfolgen und Mißerfolgen nicht mehr in der Macht des Menschen stand. Diesen Raum hat die neuere Technik entschieden verengt. Überlegt man aber, was in beiden Phänomenen als das eigentlich Faszinierende erscheint, so dürfte dies in dem *Automatismus* liegen« [Gehlen 1961, S.96]. Der »verhüllte Vernunftkern der Magie« besteht darin, daß sie glaubt, »durch freie Darstellung eines Ereignisverlaufes ihn mit Notwendigkeit zu provozieren – das ist genau die Ratio des Experimentes! Diese Darstellung ist immer eine Ablösung der benutzten Mittel von den realen Situationsumständen der wirklichen Erfahrung.« Die Verselbständigung der Erfahrung ist es, was den Automatismus und seine

---

172 Die Metapher der Gerichtsverhandlung findet sich bei Kant.

173 Die Nähe zu dem, was B. Booß-Bavnbek und G. Pate in Anlehnung an M. B. Abbott »magischen Realismus« nennen, ist impliziert.

Faszination ausmacht, und ebendies erlaubt es, den Umgang mit dem Computer auch als Ritual aufzufassen. Technische Rationalität unterscheidet sich von der Magie nur darin, daß sie ‚objektiver' zwischen Erfolg und Mißerfolg differenziert, was sich dann etwa in einem Begriff der Kausalität niederschlägt. »Was nun den archaischen Menschen hindert, diese Differenzierung zu machen, ist keineswegs seine nicht vorhandene ‚prälogische Mentalität', sondern die durchdringende Gegenwart einer *anderen* Form der Notwendigkeit der Ereignisse in seinem Bewußtsein, nämlich der im ‚sympathetischen Zusammenhang' liegenden.«[174]

In der allgegenwärtigen Symbolwelt kehrt eine vergleichbare »dynamische Notwendigkeit« wieder, deren Band jetzt vom Prinzip der Selbstorganisation gestiftet wird. Gregory Bateson und andere legen den Geist in die Natur zurück, wo er uns als ein Bündel von Bedingungen offener Systeme entgegenkommt [Bateson 1979]. Das zur Selbsttranszendenz geforderte ‚vernetzte Denken' artikuliert einen programmierbaren Zusammenhang, der nach der »wahrscheinlichsten Metaphysik« der Computertechnologie figuriert ist. Das ist hier durchaus im selben Sinne zu nehmen wie bei der sympathetischen Erklärung; denn ein Großteil unserer Erfahrung wird durch die Apparatelogik der öffentlichen Ordnung bestimmt. Und wir übertragen diese auf andere Bereiche, insbesondere auf uns selbst.[175] Es gibt zahlreiche Witze, die auf der ‚Verwechslung' des Technischen und Persönlichen beruhen. Und das Lachen verrät, daß diese Retransformation des Intimen funktioniert und doch ein Unbehagen bleibt, das auf den ‚magischen Kern' der technischen Rationalität verweist.

Oben wurde gesagt, daß sich der Raum der Magie durch Technologie verengt hat. In einer Gegenbewegung weitet sich dafür deren magischer Kern aus, weil die moderne Technik zugleich ihre Unbeherrschbarkeit ausbreitet. (Im Programm findet dies sozusagen im Kleinen statt.) Wo die Wirkung als Ganzes nicht mehr überprüfbar ist, wird rationale Entscheidung von magischer Praxis immer ununterscheidbarer. So ist auch nicht verwunderlich, wenn die elaborierteste Figur des magischen Denkens – die Kasuistik – der Künstlichen Intelligenz zur hervorragensten Technik wird. Kasuistik dient der Beherrschung des Unvorhersehbaren. Indem »es sich ankündigt«, ist das schicksalhafte Ereignis mit einer Art Sprache ausgestattet; und die schwarze Katze ist »schon das erste Glied des Verhängnisses«. Im An-Zeichen ist ein Sollverhalten festgelegt, dessen rationaler Kern in einer Handlungs-

---

174 Man hat das mit Magie verbundene Denken auch als assoziatives oder koordinatives Denken bezeichnet. Seine Notwendigkeiten basieren nicht auf Kausalitätsgesetzen, sondern die Dinge beeinflussen sich durch Resonanz gemäß ihrem Platz in einem kosmischen »Ordnungs-Muster« [Needham 1969]. Wir haben die Vorstellung von einem geheimnisvollen Zusammenhang des Ähnlichen noch in der »vorklassischen« Denkweise gefunden.

175 Die Verwendung technischer Metaphern bei der Selbstbeschreibung ist nicht sonderlich spannend. Interessanter erscheint der informationstechnische Ursprung im Gebrauch dessen, was man die »weichen Verben der Postmoderne« genannt hat: Wir hauen nicht mehr auf den Putz, sondern bringen uns ein.

regel vom Typ »wenn … dann soll man« besteht. Wenn der behauptete Zusammenhang nicht eintritt, ist dies nur ein Grund, die Kasuistik zu verfeinern. Das eben ist der Gestus der KI, die es unternimmt, die Welt und das Wissen aus ‚wenn ‚dann'-Regeln zusammenzusetzen. Und wenn es nicht hinhaut, nimmt man noch ein paar Ausnahmen und Regeln hinzu. Man erkennt hier die Bewegung wieder, die eine Ordnung etabliert, indem sie einen Wissensraum auffüllt.

Die Form des Wissens, die sich in der Computertechnologie und ihrer semantischen Welt repräsentiert, heilt das neutralisierte Subjekt von seinem Elend, indem sie seine Umwelt mit lauter Beziehungen und Möglichkeiten – d. h. mit Sinn – auffüllt. In der Vorstellung des 19. Jahrhundert von einer »Organisation« konnte sich der Sinn des Zusammenspiels ihrer Bestandteile nur aus einem Bezug auf eine ihr zugrunde liegende Funktion bestimmen. Jedoch mußte der Grund dieser Bestimmung ihrer Ordnung äußerlich – transzendental – bleiben. In der Figur des Computers, besser des verteilten Systems, das sich aus vernetzten Modulen zusammensetzt, kann der Sinn in die Ordnung hineingenommen werden. Er bestimmt sich nicht mehr inhaltlich auf ein Jenseitiges, sondern formal und dynamisch im »laufenden Aktualisieren von Möglichkeiten« [Luhmann 1984].

Es ist eine wesentliche Funktion der Institutionen, »die Sinnfrage zu suspendieren«, insofern sich dieser darin als selbstverständlich darstellt. »Wer die Sinnfrage aufwirft, hat sich entweder verlaufen, oder er drückt bewußt oder unbewußt ein Bedürfnis nach anderen als den vorhandenen Institutionen aus.« Aber die Sinnfrage ist unausweichlich geworden, nachdem die Wissenschaft erst die Natur entzaubert hat und dann, gemessen an ihren eigenen Kriterien, lauter Unsinn produziert. Es besteht immenser Bedarf an Sinn. Den bieten die Theorien offener Systeme an; erst recht ihre inspirierten Varianten, die das New-Age ankündigen.[176] Im Sinne der These, daß die Computertechnologie die ‚Artefaktizität' der Selbstorganisation ist, besteht also ihre Leistung als Institution auch darin, diese Bedürftigkeit zu suspendieren.[177] Dies geschieht, indem der Sinn ins Wissen eingeholt wird. Bei Luhmann ist der Sinn der »differenzlose« Grundbegriff für psychische und soziale Systeme,

---

[176] An anderer Stelle habe ich die Leistung der New-Age-Lehren und des Paradigmas der Selbstorganisation für die Selbstdeutung der »Neuen Manager« betrachtet. In dieser Sinnstiftung sind sie funktional der »protestantischen Ethik« vergleichbar, die den »kapitalistischen Geist« vorbereitet hat (vgl. [Pflüger 1990]).

[177] Insofern es auch eine Aufgabe der Institutionen ist, Ethiken zu etablieren, stellt sich die Frage, ob und wie sich im Denken der Informatik eine Ethik begründen läßt. Zum einen ist der Verdacht nicht vorderhand abzuweisen, daß ein solches Paradigma des Machbaren überhaupt jede Verantwortungsethik auflöst. Zum anderen basiert etwa der Kantsche Imperativ auf einem abstrakten Konsistenzprinzip: Für alle muß gelten, daß sich ihr Verhalten widerspruchsfrei verallgemeinern läßt. Weil solche Konsistenzprüfung aber aufs Ganze geht und dieses nicht mehr konsistent faßbar ist, läßt sich eine Ethik heute so nicht mehr begründen. Dem informatischen Denken angemessener erscheint Heinz von Foersters Maxime: Handle so, daß dem Anderen mehr Möglichkeiten bleiben. Jedoch stellt sich hier ganz entsprechend das Problem der Komplexität, insofern die Wirkung meines Handelns mir zumeist erst als Ergebnis (oder gar nicht) zugänglich ist.

ohne den diese sich aufheben. »Das Phänomen Sinn erscheint in der Form eines Überschusses von Verweisungen auf weitere Möglichkeiten des Erlebens und Handelns« [Luhmann 1984, S.93]. Dieser Sinn hält die Welt offen und zugänglich. Jantsch, einer der Päpste der Selbstorganisation, sagt klipp und klar: Sinn ist das »göttliche Prinzip«, die »Evolution des Gesamtgeistes« [Jantsch 1979]. Wie das Wissen fängt dieser Sinn unten an, pflanzt sich emergent fort und kommt organisiert auf uns zurück. Er läßt sich deshalb zu Recht als *evolvierender Sinn* bezeichnen. Er leistet zweierlei: Er ermöglicht Offenheit auf Zukunft hin und verspricht auch in chaotischen Fluktuationen wieder bei einer Ordnung anzukommen. Wenn Sinn sich in der »Differenz von Aktualisierung und Möglichkeit« bewegt, ist Handeln immer schon sinnvoll. Dies kommt in der Redewendung, daß der Weg das Ziel sei, zum Ausdruck. Wo man Ordnung durch freie Wahl gewinnt, sich durch versuchsweises Handeln orientiert, Regeln erprobt und Strukturen wachsen läßt, kann man sich nicht den Kopf einrennen oder gegen das Gesetz verstoßen. So gesehen ist die Computertechnologie sinnliche Manifestation und Garant eines wandelnden Sinnes. Wo der Weg das Ziel ist, liegt auch der Sinn auf dem Weg. Wenn Gehlen noch behauptet hat, daß unsere Gesellschaft keine obligatorischen Formen für die Erfahrung eines »inneren Weges« kennt, stellt die Selbstorganisation sie im Gelände des veräußerten Geistes bereit. Und insofern die Computertechnologie die Wegweiser beischafft, wird uns (Selbst-)Erfahrung sein: ein Weg mit Computern.

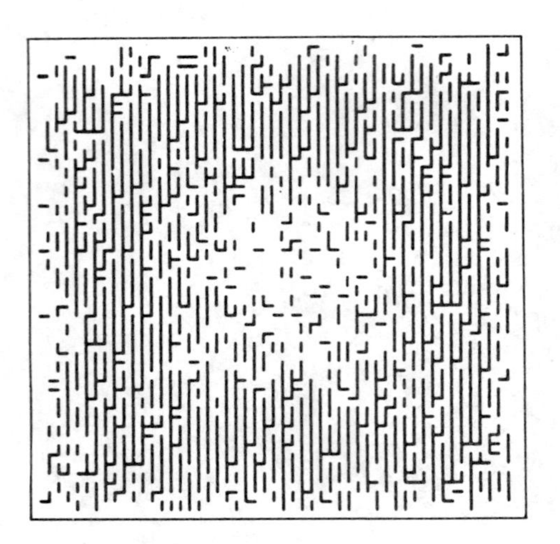
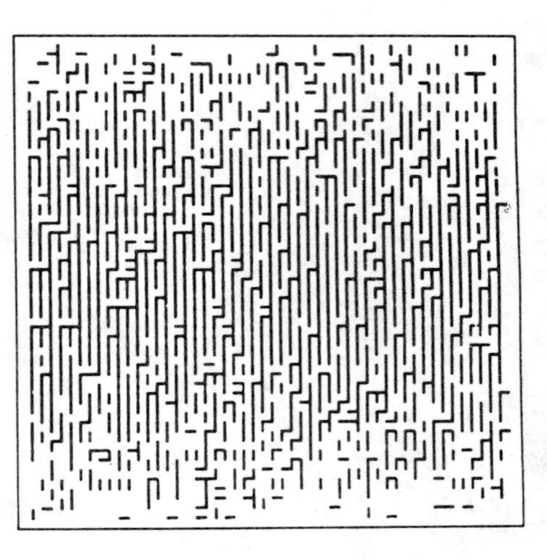
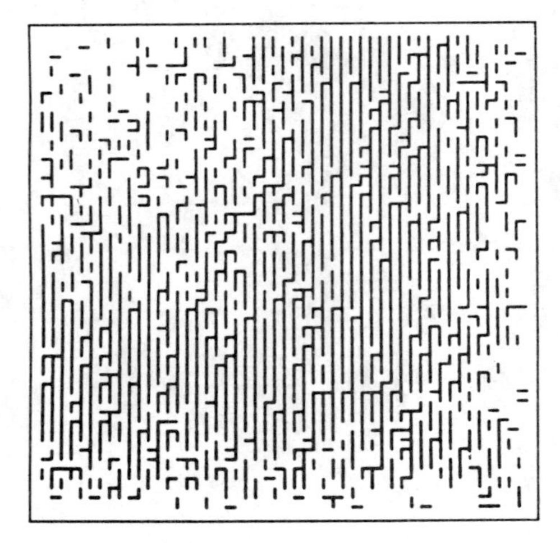
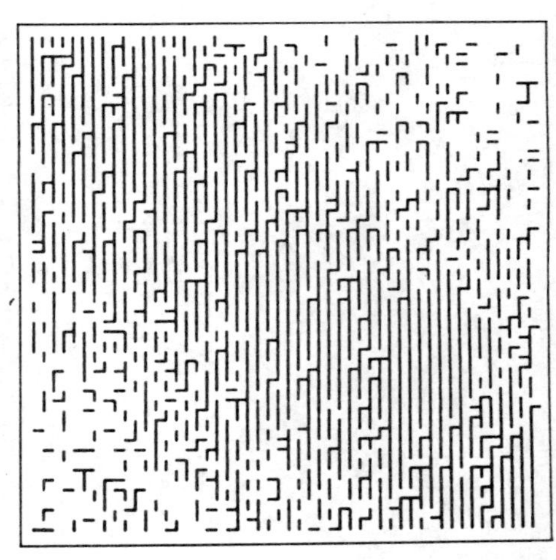

Informatik
Ethik
Verantwortung

Ethik und Informatik

Reinhard Stransfeld

»Was sollen wir tun?« Seit jeher aufgeworfen in der praktischen Ethik als Appell an den handelnden Menschen, verweist diese Frage darauf, daß wir nicht alles tun sollten, was wir können. Aus der Vielfalt der Optionen menschlichen Handelns sei vielmehr unter ethischen Kriterien auszuwählen. Und seit jeher befinden sich Ethik und Technik, also sittliche Einsicht und praktisches Können, in latenter Spannung zueinander. Denn sind erst, so ist nun einmal der Gang der Technik, den Zwecken die Mittel zugeordnet, ist über die »Zweckmäßigkeit« befunden, dann ist die Freiheit der Wahl im Dienste ethischer Gebote eingebüßt.

War der aristotelische Begriff der Technik doppelsinnig, handwerkliches Können wie auch den Vorteil »gekonnt« wahrnehmen, so ist die moderne Technik in ihren Chancen und Risiken ambivalent. Denn sie hat auch dann, wenn sie nicht »böswillig mißbraucht wird, sondern selbst wenn sie gutwillig für ihre eigentlichen und höchst legitimen Zwecke eingesetzt wird, eine bedrohliche Seite an sich, die langfristig das letzte Wort haben könnte« [Jonas 1987a, S.82].

Zur Spannung zueinander bestimmt, gibt es dennoch eine kulturgeschichtliche Epoche, in der Technik und Ethik gemeinsam in den Dienst eines Zieles gestellt wurden: den Menschen »zum Herrn und Eigentümer der Natur zu machen« [Descartes 1982, S.58]. Darin bündelt sich gleichsam die Triebkraft einer aus Aufklärung und protestantischer Ethik [Weber 1984] gespeisten kulturellen Entwicklung zur kapitalistischen Industriegesellschaft, der das »Gekonnte als das Gesollte« [Anders 1956 (^{2}1987)] erscheint.

Voraussetzung für die Entfaltung von Wissenschaft und Technik als konstitutive Elemente industriellen Wirtschaftens war andererseits der neue Dualismus von Subjekt und Objekt, begründet durch Descartes. Mit der strikten Trennung von Leib und Seele war erstmals ein im Denken wurzelnder Rationalismus vom (biologischen) Mechanismus geschieden.

In einem gewissen Sinn vollendet nun die Informationstechnik diese Entwicklung. Sie führt den, dem Mechanischen eigenen, steten Takt sowie die dem Rationalen entspringende Folgerichtigkeit in der Arbeitsweise des Computers zusammen – und hebt damit die von Descartes vollzogene Trennung auf. Zwar erweist sich bei näherer Betrachtung der cartesische Dualismus als lediglich verschiedene Verortung ein und desselben Prinzips, eines formalen Funktionalismus.[178]

Gleichwohl von paradigmatischer Wirkung durch ein maschinenhaftes Verständnis vom Menschen, führt er zum Leitbild der »Künstlichen Intelligenz«, deren Apologeten sich der Hoffnung hingeben, einen dem Menschen gleichen Verstand nachbilden zu können.

Ungeachtet des wohl illusionären Charakters solcher Vorstellungen ist die Wirksamkeit und Folgenhaftigkeit der Informationstechnik unübersehbar. Ob Arbeit, Privatsphäre, öffentlicher Raum oder Kultur: Kein gesellschaftlicher Bereich bleibt von der vordringenden Informationstechnik unberührt und unverändert. Weizenbaum hat deshalb frühzeitig den Schluß gezogen, »daß es Aufgaben gibt, zu deren Lösung keine Computer eingesetzt werden sollten, ungeachtet der Frage, ob sie zu deren Lösung eingesetzt werden können« [Weizenbaum 1978, S.10].

Als Anstoß fruchtbar, kann sich indes des Informatikers Konsequenz nicht im Unterlassen erschöpfen. Sein Beitrag wird vielmehr im gerichteten, entschiedenen Handeln erwartet. Über das »gute Tun« in der Informatik zu entscheiden, erweist sich jedoch angesichts deren Zweckoffenheit und systemischen Charakters als noch schwieriger als bei anderen Techniken. Beim Bau eines Kraftwerks wird wohl Konsens darüber bestehen, daß eine Null-Emission (z. B. durch Rauchgasentschwefelung) ideal wäre. Gerungen wird dann um die Güterabwägung: ökologische Fürsorge versus ökomomische Kosten-Nutzen-Relation.

Informationstechnik erscheint jedoch in vielfacher Hinsicht in sich ambivalent und führt zu kontrastierenden Einschätzungen, etwa

- »Informationstechnik führt zur Verdichtung und erhöhter Monotonie der Arbeit (*Freiheitsverlust*)« versus »Informationstechnik entlastet von Routinearbeit und trägt zur Zusammenführung ehemals arbeitsteilig getrennter Tätigkeit bei (*Kompetenzgewinn*).«
- »Informationstechnik kapselt den Menschen gegenüber der realen Erfahrungswelt ab (*Entsinnlichung*)« versus »Informationstechnik ermöglicht die Komplexitätsreduktion unüberschaubarer Realität (Strukturverstehen).«
- »Informationstechnik erhöht Zugangsschwellen (*Bildung technischer Eliten*)« versus »Informationstechnik erleichtert Verfügbarkeit und Austauschbarkeit von Informationen (*Demokratisierung des Wissens*).«
- »Informationstechnik bedroht die Integrität des Einzelnen (informationelle Selbstbestimmung)« versus »Informationstechnik steigert die Fähigkeit der Gesellschaft zum Selbst-Erkennen (gesellschaftliche Wohlfahrt).«

---

178 Descartes' Begriff der »Cogitation« wird an anderer Stelle in einem breiteren Sinne verstanden: als Erkennen, Wollen, Einbilden und auch Empfinden. In der »Abhandlung« wird er, als einzige Funktion der Seele, auf den Rationalismus eingeengt (S.44).

- »Informationstechnik reduziert die Weltsicht auf das Formalisierbare (Verlust des Humanen)« versus »Informationstechnik trägt zur Problemlösung in einer nicht anders kontrollierbaren Welt bei ((Wieder-)Erstellung der Ordnung).«

Divergierende Sichtweisen sind aufgrund der chamäleonhaften Vielfalt informationstechnischer Artefakte und Verwendungen unvermeidbar. Sie könnten wohl zum Vorwand genommen werden, angesichts fehlender Eindeutigkeit den Rückzug ins technische Tun anzutreten. Da das Gewünschte aber im allgemeinen Ergebnis einer gewollten Gestaltung ist, das Unerwünschte nicht selten Folge mangelnder Orientierung, tritt an den Informatiker die Anforderung heran, sich seiner Verantwortung gewahr zu werden und zu einer dem Humanen dienenden, also ethisch vertretbaren Gestaltung der Informationstechnik das Seine beizutragen.

Wie kann das geschehen, welche Wege müßten eingeschlagen werden? Die Informatik ist eine junge Disziplin, das mit dem vorliegenden Buch dokumentierte Ringen um die eigenen theoretischen Fundamente zeugt davon. Die aufgekommene Diskussion um die Frage der ethischen Bindung der Informatik hat denn auch bisher einen eher orientierenden, appellhaften Charakter.

Ihre Begrifflichkeit entnimmt die Diskussion der Philosophie. Ethik ist die klassische Disziplin, die sich mit der sittlichen Bindung menschlichen Handelns beschäftigt und ihren Ausfluß in den Tugenden findet: Gerechtigkeit, Weisheit, Tapferkeit und Besonnenheit, um nur einige aus dem altgriechischen Gedankenkreis aufzuführen. Glaube, Liebe, Hoffnung sind aus der christlichen Ethik hinzugetreten.

Der Begriff der *Verantwortung* ist in jüngerer Zeit insbesondere durch »Das Prinzip Verantwortung«, das Werk von Hans Jonas, in den Brennpunkt ethischer Überlegungen gerückt. Darin wird die *einsichtsvolle, vorausschauende Entscheidung* betont, die letztlich gemeinschaftlich angesichts der räumlichen und zeitlichen Reichweite einer übermächtig gewordenen Technik getroffen werden muß.

Von diesem Leitanliegen ausgehend, wird in den folgenden Beiträgen teils angelegt, teils implizit ein kategorialer Rahmen aufgespannt, mit Fragen und Zielsetzungen, die die Suche nach einer Ethik in der Informatik orientieren.

Zum einen gilt es, sich der Besonderheiten der Informatik zu versichern, die die Herausbildung einer professionellen Ethik rechtfertigen können. Daran wird dann deren Verhältnis zu einer Universalethik zu bestimmen sein. Wäre eine solche Berufsethik der Informatik aus allgemeinen moralischen Regeln herzuleiten? Gibt es Aspekte »informatischen« Handelns, die durch universelle Ethik nicht erfaßt werden können? Birgt die Informationstechnik neuartige Gefährdungen, denen tradierte Ethik nicht gewachsen ist? Gibt es schließlich Unvereinbarkeiten zwischen einer Universalethik und einer Ethik in der Informatik?

Eine Dimension des kategorialen Raumes wird somit durch das Begriffspaar Universalethik versus professionelle Ethik in der Informatik definiert.

Sodann ist zu klären, wer Träger von Verantwortung sein kann (muß). Zunächst einmal ist gewiß jeder für seine Handlungen selbst verantwortlich. Der Informatiker ist beispielweise in seinen Entwicklungs- und Gestaltungsaufgaben in soziale Prozesse eingebunden, die er als Person zwangsläufig in irgendeiner Weise mitprägt. Andererseits wissen wir auch, daß der Einzelne die Folgen seines Handelns wegen der wachsenden Komplexität technischer und sozialer Beziehungen nicht mehr überschauen kann. Eine Verwendungsbindung informationstechnischer Artefakte kann wegen deren Zweckoffenheit oftmals nicht gesichert werden. Daher sind gemeinschaftliche resp. institutionelle Formen zur Wahrnehmung von Verantwortung zu entwickeln.

Eine weitere Dimension wird also durch das Begriffspaar Individualethik versus Gemeinschafts-/Institutionsethik bestimmt.

Wie können nun Informatiker Art und Umfang ihrer Verantwortung erfahren? Ein Weg wäre die Formulierung konkreter moralischer Handlungsanweisungen. Die zehn Gebote der christlichen Ethik dokumentieren diesen »klassischen« Weg. Dem steht die Auffassung gegenüber, daß Regeln der Vielfalt realer Entscheidungsanforderungen nicht gerecht werden können. Daher seien Menschen dazu zu befähigen, aus sich heraus, also kraft eigenständigen Wollens »das Richtige« zu tun.

Aus dem Begriffspaar regelgeleitetes versus autonomes Handeln wäre damit eine dritte Dimension herzuleiten.

Lenkt uns die Suche nach den Charakteristika der »informatischen« Verantwortung aber nicht von der grundsätzlichen Frage ab, ob denn überhaupt noch Verantwortung wahrgenommen werden kann, wenn Technik das Handeln des Menschen präformiert und beginnt, über sich selbst zu verfügen? Stehen wir nicht vor der Gefahr eines strukturellen Verantwortungsverlustes angesichts einer Technik, die Operationen so vollendet ausführt, daß auf ein Subjekt als Träger von Verantwortung verzichtet werden kann?

Leitziel muß daher sein, angesichts der Mächtigkeit der Technik die Entscheidungsfähigkeit des Menschen, d.h. seine Verantwortlichkeit aufrechtzuerhalten.

Nun hat Technik, dies betont Jonas, eine eigentümliche Dynamik: Einmal in die Welt gesetzt, drängt sie unwiderstehlich zur Verwendung. Um die Kontrolle über diesen Prozeß aufrechtzuerhalten, kommt man nicht umhin, sich mit den handlungsführenden Zwecken und Interessen auseinanderzusetzen, die solche Entwicklungen prägen. Dabei wird man oft auf ökonomische Beweggründe stoßen, die sozusagen konstitutionell bedingt den ethischen Anliegen gegenüber kollisionsverdächtig sind.

So wird sich eine professionelle Ethik in der Informatik der Durchsetzungsproblematik stellen müssen.

Wenn von einer Durchsetzungsproblematik die Rede ist, dann sollte sich die weitergreifende Frage anschließen: Warum wird uns Ethik oder Verantwortung überhaupt zum Thema, zu einem Problem? Offensichtlich deshalb, weil sie nicht selbstverständlich ist.

Wer sich mit der ethischen Frage auseinandersetzt, muß das Unethische als komplementäre Erscheinung in seine Betrachtung einbeziehen, andernfalls liefe er Gefahr, das, was die ethische Frage zur Frage macht, auszublenden.

Damit ist der Raum aufgespannt, in dem man sich auf dem Weg zu einer Ethik in der Informatik bewegen wird, sowie die wesentlichen Zielsetzungen und Orientierungen benannt. Die »topologischen« Verhältnisse dieses Raumes werden von den Autoren in durchaus verschiedener Weise ausgeleuchtet. In charakteristischen Überlegungen und Aussagen wird dies offenbar.

Den Einstieg bietet der programmatische Beitrag »Informatik und Verantwortung«. Das Anliegen schöpft seine Bedeutung aus der Zweckbestimmtheit der Informationstechnik: der (Re-)Organisation menschlicher Arbeit. Die Gestaltung informationstechnischer Artefakte hat daher über die Technik hinaus stets eine soziale Dimension. Daher wollen die Autoren mit ihrer Schrift über die technisch-wirtschaftliche Sichtweise hinaus Beziehungen zu einzelnen Menschen, zur Gesellschaft und zur Umwelt herstellen und zum Dialog von Zielen und Kriterien der Entwicklung sowie von Folgen und Wirkungen beitragen. Angestrebt wird der »Werkzeugcharakter« der Informationstechnik. Der Beitrag will Software-Entwicklerinnen und -Entwickler, aber auch Benutzer, Organisationen und Politiker erreichen, deren Tun oder Unterlassen die Wechselwirkungen zwischen Informatik und Gesellschaft beeinflussen.

Dies wirft die Frage auf, ob es überhaupt möglich ist, die ethische Frage einem so breiten Adressatenkreis in gleicher Weise zu vermitteln. Müßte nicht vielmehr eine professionelle Ethik entwickelt werden, die speziell die Informatiker anspricht, diese in ihrer Sprache erreicht und deren Handeln durch einen disziplinären Ethik-Kodex orientiert?

Verweist man die Informatiker auf ihren eigenen Berufskreis, erwächst für *Peter Schefe* die Gefahr einer berufsständisch-disziplinären Ideologie, deren Anspruch in der funktionsgerechten technischen Lösung im Sinne des Auftraggebers erfüllt wäre. Ein Ethik-Kodex würde eine solche Tendenz zur »internalisierten Außenlenkung« eher fördern. Demgegenüber sei die Autonomie des Einzelnen als grundlegende Voraussetzung von Verantwortlichkeit anzustreben. Das setzt die Entwicklung kleiner Systeme voraus, die für den Einzelnen überschaubar und beherrschbar bleiben.

In der Tat scheint es zum Problem zu werden, ob angesichts fortschreitender Technisierung Verantwortung noch ein Subjekt findet. *Sybille Krämer* hebt hervor, daß in dem Maße, wie menschliches Handeln durch technische Operationen ersetzt wird, die Einheit von Handlung und Urteilskraft aufgelöst und der Mensch von seiner Verantwortung »entlastet« wird. Denn es liegt im Wesen von Programmen, Urteilskraft deterministisch abzulösen.

Die Informatik hat bereits durch einen Paradigmenwechsel von der technischen Fixierung zur Orientierung am Menschen eine Antwort gegeben, so sieht es *Rafael Capurro*. Durch die Wahrnehmung der sozialen Dimension hat die »Computer-Ethik« ihr Subjekt (wieder-)gefunden, das aufgefordert ist, den inhärenten Tendenzen zur Reduktion menschlichen Handelns auf regelgeleitete Strukturen mit letztlich ausbeuterischem Charakter durch die Orientierung an klassische Tugenden zu widerstehen.

Wie aber kann das Subjekt, der Informatiker, seine Aufgabe im Lichte der Ethik erkennen? *Bernd Mahr* betont die »Verschwommenheit« auf dem Feld der Informationstechnik. Angesichts deren Universalität und massenhaften Verbreitung zerfallen die Rollen von Subjekt, Objekt und Instanz. Daher läßt sich Verantwortung oft nicht ausreichend klar definieren. Wo die Figur der individuellen Verantwortlichkeit nicht mehr trägt, müssen andere, diskursive Formen gefunden werden. Allerdings wird enttäuscht, wer von der öffentlichen Diskussion Selbstbegründungen erwartet. Ihr Wert liegt vielmehr in der Öffnung von Räumen, in denen Begriffe, Konzepte und Standpunkte in ihren Konturen klar und der scheinbaren Selbstverständlichkeit enthoben werden. Wohl nur die öffentliche Diskussion bietet den angemessenen Platz, Befürchtungen zu artikulieren, um sie beherrschbar zu machen – also Rationalität zur Geltung zu bringen.

Nun erweist sich Einsicht aus rationaler Betrachtung nicht selten als »Rationalisierung«, letztlich als Rechtfertigung des aus vielerlei Motiven gespeisten »Unvermeidlichen«. *Reinhard Stransfeld* verweist auf einen naheliegenden Dualismus der Begrifflichkeit und wirft die Frage auf: Können wir überhaupt zu gültigen Aussagen zur Verantwortung gelangen, wenn wir uns nicht mit der Unverantwortlichkeit auseinandergesetzt haben? Denn gäbe es letztere nicht, wäre erstere nicht Gegenstand des Nachdenkens. Die ethische Diskussion krankt daran, daß der Mensch als Gattung behandelt wird, daß das Individuum lediglich als Element eines anscheinend »homogenen Gutes« auftritt. Verantwortungsfähigkeit und eben auch Unverantwortlichkeit sind jedoch als lebensgeschichtlich erreichte, recht unterschiedlich verteilte »Befähigungen« zu betrachten. Dies nicht zu sehen, verhindert den Gedanken, daß Verantwortung letztlich nur durch aktive Hemmung der Verantwortungslosigkeit durchgesetzt werden kann. Damit werden die Grenzen der Informatik allerdings überschritten. Nur gemeinschaftliche, interdisziplinäre Bestrebungen können weiterführen.

Die Informatik hat die ethische Diskussion bisher allerdings im wesentlichen in ihren eigenen Reihen geführt, ihr Medium war der Appell. Die daraus resultierende Folgenlosigkeit ist, so *Bernd Lutterbeck* und *Reinhard Stransfeld*, bisher nicht zum Problem geworden. Das Ethische kann indes nicht vorgegeben werden. Angesichts der Differenzierung und Verkettung beruflichen Handelns ist eine einheitliche ethische Sicht nicht möglich. Vielmehr müßten verschiedene Regularien geschaffen werden, die ineinandergreifend der Vielfalt informatischen Tuns Rechnung tragen und die Räume für ethisch begründetes Tun öffnen.

Rechtliche oder andere Regelwerke wirken als Formen der Außenlenkung letztlich reaktiv. Perspektivisch geleitet wird menschliches Handeln jedoch wesentlich durch innere Haltungen und Orientierungen. In sozialisatorischen Prozessen erwerben Menschen zunächst als Kinder vielfältige, auch soziale und moralische »Routinen«, welche sie unwillkürlich oder auch bewußt befähigen, auf die eigenen Lebensverhältnisse gestaltend einzuwirken. In der wissenschaftlich-beruflichen Sozialisation setzt sich in spezieller Weise die Herausbildung von Grundhaltungen und Handlungsroutinen fort.

Hier ist ein Ansatz für Einflußnahme, um jene Autonomie des Individuums zu erreichen, aus der heraus erst die Kraft zum – selbstverständlichen – Widerstehen erwachsen kann.

Die wissenschaftliche Sozialisation erfolgt auf Hochschulen, also ist hier ein Ort des Handelns. In der Tat sind es vornehmlich kritische Hochschullehrer, die den notwendigen Appell zum verantwortlichen Handeln vortragen. Die Adressaten sind allerdings meist andere – Entwickler oder Anwender.

Sollte eine Theorie der Informatik als Theorie von Praxis nicht auch ihre eigene Vermittlung zum Gegenstand machen? Dann könnte jedenfalls die Chance wahrgenommen werden, durch geeignete Konzepte Menschen an den Hochschulen in einer Weise zu verantwortlichem Handeln zu befähigen, daß sie in einer späteren beruflichen Praxis weniger anfällig sind für Anforderungen, die eben jener weitertragenden Verantwortung zuwiderlaufen, daß sie hingegen aktiv nach Ansätzen zur Auflösung derartiger Widersprüche suchen und sich in Diskurse als Verfahren einer kollektiven Ethik einbringen. Hier gibt es ein Defizit in den bisherigen Betrachtungen. Dieses Defizit gilt es zu konstatieren, und hier gilt es zu handeln: *die wissenschaftliche Ausbildung zu gestalten* und Diskurse durchzuführen, um der besseren, der verantwortungsvollen Praxis den Weg zu bereiten.

INFORMATIK UND VERANTWORTUNG
Positionspapier des Fachbereichs »Informatik und Gesellschaft« der Gesellschaft für Informatik †

Einleitung

Chancen und Risiken der Informationstechnik erfordern verantwortliche Gestaltung nach technischen, wirtschaftlichen und gesellschaftlichen Zielen und Kriterien. Dabei kann es zu Konflikten kommen, die Verantwortungsprobleme schaffen.

Wir wenden uns mit dem Papier vor allem an Software-Entwicklerinnen und an Software-Entwickler, aber auch an Benutzer, Organisatoren, Führungskräfte und Politiker, die durch ihr Tun oder Nichttun die Wechselwirkungen zwischen Informatik und Gesellschaft beeinflussen. Es wird insbesondere auf Arbeit und Situation von Software-Entwicklerinnen und -Entwickler eingegangen, um auf deren Verantwortungsprobleme aufmerksam zu machen. Wir möchten dazu beitragen, daß mit der beruflichen auch die gesellschaftliche Verantwortung bewußter wahrgenommen werden kann.

Wir bieten weder Lösungen noch Rezepte an; vielmehr wollen wir den gesellschaftlichen Diskurs um Kriterien und Ziele, um Verantwortung und Gestaltung unterstützen.

Wir wollen zu einer Entwicklung von Informationstechnik anregen, die eine gesellschaftliche Nutzung der Technik nach diskutierbaren Kriterien zuläßt. Daher wird es notwendig sein, sich über unterschiedliche Gesellschafts-, Menschen- und Technik-Bilder auseinanderzusetzen. Wir sind uns jedoch der Spannung zwischen Realität und Ideal bewußt und wissen um die Notwendigkeit von Diskussionen und Kompromissen.

Anspruch und Wirklichkeit der Informationstechnik

Eigenschaften der Informationstechnik

Technik ist Anwendung der Wissenschaft in gesellschaftlichem Zusammenhang. Dies führt zu besonderen Problemen, die oft im Kontext der innerwissenschaftli-

† Das Positionspapier wurde vom Arbeitskreis »Grenzen eines verantwortbaren Einsatzes von Informationstechnik« erstellt. Mitglieder des Arbeitskreises waren: Wolfgang Coy, Günter Feuerstein, Rolf Günther, Werner Langenheder, Bernd Mahr, Peter Molzberger, Hartmut Przybylski, Karl-Heinz Rödiger (Sprecher), Horst Röpke, Eva Senghaas-Knobloch, Birgit Volmerg, Walter Volpert, Hellmut Weber, Herbert Wiedemann.

chen Forschung unterschätzt oder gar ignoriert werden. Jede Technik hat dabei ihre besondere Ausprägung. Mit der Informationstechnik und der zugehörigen Wissenschaft der Informatik entwickelt sich eine Technik, die sich durch die Merkmale enormer Vielseitigkeit in den Gegenstandsbereichen und Anwendungen auszeichnet. So reichen die Anwendungen der Informatik von der Textverarbeitung über die maschinelle Verarbeitung von Verwaltungsvorgängen bis hin zur Steuerung industrieller Prozesse und zum Einsatz in militärischen Anlagen. Doch auch darüberhinaus werden der Informatik immer neue Anwendungsgebiete erschlossen.

Allerdings kann diese enorme Vielseitigkeit nur dadurch erreicht werden, daß die Methoden der Informatik und des Rechnereinsatzes durch die Verwendung formaler Modelle zu erheblicher Abstraktheit führen. In diesem methodischen Aspekt ist die Herkunft der Informatik aus der Angewandten Mathematik und der Formalen Logik erkennbar. Man kann deshalb mit einigem Recht die Anwendungen der Informatik als Teil eines umfassenden Prozesses der Mathematisierung der Einzelwissenschaften und ihrer Anwendungen verstehen. Über die rechner- und programmbezogene Abstraktion wird dabei eine Einheitlichkeit der internen maschinellen Repräsentation erreicht, die in anderen technischen Wissenschaften bisher nicht möglich war. Dies bezieht sich auf die algorithmische Herangehensweise, die dazu notwendigen Datenstrukturen (die intern letztlich auf eine binäre Repräsentation im Rechner hinauslaufen) und eine einheitliche Sicht der Anwendungen unter dem Gesichtspunkt algorithmischer Problemlösung. Dies kulminiert in dem Schema *Dateneingabe – Speichern und Verarbeiten der Daten – Datenausgabe*.

Bei aller Abstraktheit der Darstellung konkreter Anwendungen bleiben mit dem Rechnereinsatz stets bestimmte Zielvorgaben verbunden. Der Einsatz von Datenverarbeitungsanlagen soll vor allem anderen der Rationalisierung menschlicher Arbeit dienen. Dies trifft seit langem im Bereich betrieblicher und öffentlicher Verwaltung zu, gilt aber zunehmend auch für andere Arbeitsbereiche im Büro und in der Produktion. Darüber hinaus wird der Rechnereinsatz ständig auf neue gesellschaftliche Tätigkeitsbereiche bis in die Freizeit des Einzelnen hinein ausgedehnt.

Anforderungen an die Informationstechnik

Wie an jede technische Wissenschaft werden auch an die Informatik Mindestanforderungen der sozialen Verträglichkeit gestellt, um ihren Einsatz rechtfertigen zu können. Dazu gehören vor allem die Forderung nach Angemessenheit der eingesetzten Mittel und nach Zuverlässigkeit der angebotenen technischen Lösungen. Mit beiden Forderungen müssen Informatik und Informationstechnik kämpfen. Sie kann sie nicht einfacher erfüllen als andere Techniken auch, und sie hat wegen der üblicherweise sehr hohen Komplexität der zu bearbeitetenden Probleme und ihrer Lösungen besondere Schwierigkeiten in der Erfüllung solcher Forderungen. Die Angemessenheit der Mittel sprengt den rein technischen Rahmen der Informatik, da dies eine soziale Forderung ist. Bei der Modellierung von Arbeitsprozessen muß der arbeitende Mensch in angemessener Weise integriert werden, wenn die Implementierung akzeptiert werden soll. Dies verlangt eine präzise Bestimmung der notwendigen Interaktionen in der Arbeitsteilung zwischen Mensch und Maschine. Die Vielfalt der Benutzungsschnittstellen ist so folgerichtig zu einem wesentlichen Schwerpunkt der Informatikforschung und -entwicklung geworden. Jedoch ist eine nur software-ergonomisch ausgerichtete Bestimmung dieser Schnittstellen, wie sie zuerst in Analogie zur klassischen Ergonomie versucht wurde, nicht ausreichend. Statt dessen scheinen inhaltliche Bestimmungen der von Rechnern zu übernehmenden Arbeitsprozesse unerläßlich zu sein. Die Informatik gerät damit mehr als jede andere Technik in den Zwang, sich mit den sozialen Inhalten ihrer Anwendungsbereiche auseinanderzusetzen.

Selbstverständlich muß alle mögliche Mühe aufgewendet werde, um vermeidbare Fehler zu vermeiden, aber die Informatik lernt erst langsam aus anderen technischen Systemen, die von geringerer Komplexität als die Datenverarbeitung sind, daß es keine fehlerfreie Hardware, keine fehlerfreien Betriebssysteme und keine umfangreichen fehlerfreien Programme gibt und geben kann. Dies muß bereits beim Entwurf berücksichtigt werden, da die durch nichts zu rechtfertigende Illusion, ein System könne doch fehlerfrei sein, meist dazu führt, daß das System mit überraschenden Fehlern nicht mehr fertig wird und dann unkontrolliert abstürzt. Schwerwiegender als die nicht erreichbare Fehlerfreiheit ist die Tatsache, daß es trotz bedeutender Fortschritte in diesem Gebiet noch immer keine zuverlässigen Testmethoden gibt. Obwohl den Software-Entwicklern diese Problematik und die prinzipiell nicht vollständig zu beseitigende Fehleranfälligkeit bekannt sind, wird das oft von der Werbung verstärkte Bild des fehlerfrei arbeitenden Computersystems in der Öffentlichkeit nicht hinreichend korrigiert.

Mythen der Informatik

Die Informatik hat durch ihre schnellen und umfassenden Anfangserfolge in der Durchdringung komplexer Anwendungen die Hoffnung geweckt, daß sie eine Art Universalmittel zur Lösung komplexer Probleme sei. Mehr noch: Diese wenig begründeten Ansichten haben sich in den Köpfen vieler Verantwortlicher (Informatiker und Ingenieure, Manager und Politiker) festgesetzt, nicht zuletzt durch wirksame Akquisition.

Die Vorstellung des *allgemeinen Problemlösers* wird genährt durch die durchaus erfolgreiche Ausweitung der Anwendungsgebiete der Datenverarbeitung, die überall dort eingesetzt werden kann, wo einfache algorithmische Verfahren einsetzbar sind und wo die zu bearbeitende Realität in Form von strukturierten Daten modelliert werden kann. Ob diese Lösungen stets die besten möglichen sind, ist im konkreten Fall zu hinterfragen.

Wichtiger erscheint heute fast die Bestimmung von Gebieten, in denen die Informationsverarbeitung grundsätzlich nicht eingesetzt werden kann oder soll. Es muß demgegenüber betont werden, daß wesentliche gesellschaftliche, politische und ökonomische Probleme nicht durch den Rechner, sondern durch das verantwortungsbewußte Handeln von Menschen bearbeitet werden müssen.

Expertensysteme sind ein neues Paradigma der Programmierung, dem im voraus nahezu beliebige Fähigkeiten zur Lösung komplexer Aufgaben unterstellt werden. Wenngleich die Formulierung unscharf definierter Aufgabenbereiche durch die Angabe von Fakten und Regeln und die heuristische Suche nach Lösungen sicher in vielen Fällen besser gelingt als mit herkömmlicher Programmiertechnik, können auch diese Systeme nur unterstützende Funktion einnehmen. Die Hoffnung, daß sie die verantwortliche Bewertung der Ergebnisse durch einen Menschen überflüssig machen, ist ein gefährlicher Trugschluß, da Expertensysteme von ihrer Konstruktion her darauf ausgelegt sind, unsichere Ergebnisse zuzulassen, ohne daß diese stets als solche erkennbar sind.

Vollautomatische Systeme, die auf *heuristischen Verfahren* basieren, sind höchst problematisch, da heuristische Verfahren prinzipiell falsche Lösungen einschließen. Der Einsatz solcher Systeme im militärischen Bereich (etwa in den immer wieder diskutierten »Early warning and response«-Systemen) läßt keine verantwortliche Entscheidung zu und ist verantwortungslos.[179]

Die Adaptierbarkeit informationstechnischer Systeme im Arbeitsprozeß an die Bedürfnisse des arbeitenden Menschen ist wichtig. Die verschiedentlich besonders in der KI-Forschung vorgenommenen Ansätze, solche Systeme *selbst-adaptierend* zu gestalten (also etwa, sie an die *vermuteten Fähigkeiten des Nutzers* anzupassen) führen dagegen zu einer Umkehrung der Subjektrolle zwischen Mensch und Maschine. Die Verantwortung und Selbstbestimmung des Menschen im Arbeitsprozeß wird damit technisch aufgelöst.

Der Informatik schreibt sich immer wieder eine *technische Universalität* zu. Dies ist möglicherweise ein Mißverständnis, das auf der (unbeweisbaren) Äquivalenz der Turingmaschine mit allen anderen Begriffen der Berechenbarkeit aufkam und das von der Beobachtung genährt wird, daß die Informatik in immer neue Gegenstandsbereiche eindringt. Dennoch ist es natürlich nicht so, daß die Informatik diese Gegenstandsbereiche vollständig modelliert oder formalisiert, und es besteht kein wirklicher Grund zur Annahme, daß sie das könne.

Selbst bei relativ einfachen Anwendungen ist das Problem der Formalisierung bereits erkennbar. So kann die Informationstechnik als unterstützende Technik in vielen Bereichen der Textbearbeitung eingesetzt werden (meist wie eine Schreibmaschine, ein Zettelkasten oder ein Telefon). Daß der Rechner zur Analyse von Texten unterstützend eingesetzt werden kann, beweist jedoch in keiner Weise, daß er den Textsinn (bis hin zum wirklichen Verstehen eines komplexen Textes) analy-

---

[179] P. Molzberger, Universität der Bundeswehr, München, ist mit der Formulierung »und ist verantwortungslos« nicht einverstanden.

sieren kann. Aus der partikulären Unterstützungsfunktion wird hier voreilig eine universelle Substituierbarkeit eines Arbeitsprozesses vermutet.

Neben der Informatik gibt es freilich weitere Wissenschaften, die ähnliche, aber ebenso unbegründete Universalitätsansprüche hegen. So können Software-Entwickler mit entsprechenden universellen Ansprüchen der Jura oder der Ökonomie konfrontiert werden, ohne daß sie diese als begründet empfinden.

Die soziale Dimension der Informationstechnik

Technische Wissenschaften sind stets Wissenschaften mit ausgeprägtem gesellschaftlichem Bezug, da sie die gesellschaftlich relevante Umsetzung wissenschaftlicher Erkenntnisse bewirken sollen. Für die Informatik ist dieser soziale Bezug noch deutlicher als in anderen Technikbereichen, da sich die Informatik vor allem mit der (Re)-Organisation des Arbeitsprozesses befaßt. Bei der Konstruktion von informationsverarbeitenden Systemen wird diese Ausrichtung auf den Arbeitsprozeß wichtig zur Bestimmung des Verhältnisses von Mensch und Maschine. Die Maschine muß dabei stets relativ zum Subjekt des Arbeitsprozesses, dem Menschen, definiert werden. Selbst vollautomatisierte Systeme sind keineswegs autonom, auch sie stehen in Beziehung zu realen Arbeits- und Lebenszusammenhängen, so daß auch hier Menschen als Subjekte dieser Prozesse zu bestimmen sind.

In der Folge fortschreitender Arbeitsteilung haben sich technisch-organisatorische Entwurfsstrategien durchgesetzt, in denen die handelnden Menschen als potentiell fehlerträchtige Störfaktoren eingeschätzt werden, die aus dem unmittelbaren Produktionsprozeß nach Möglichkeit herausgehalten werden sollen. Die Struktur des menschlichen Anteils an der durch den Rechnereinsatz neu zu bestimmenden Arbeitsteilung wird so ohne Zutun der Betroffenen vorprogrammiert, statt ihnen eine erweiterte individuelle Arbeitsplatzstrukturierung zu ermöglichen. Das Ideal dieses Technikverständnisses ist die Vollautomatisierung. Die bestehende Informationstechnik neigt zu technischen Lösungen, die diesem Ansatz verpflichtet sind. Informationstechnische Systeme werden hier nicht als Hilfsmittel für die daran arbeitenden Menschen entworfen, vielmehr werden die Menschen der technischen und organisatorischen Logik des maschinellen Prozesses unterworfen. Der »Maschinencharakter« dieser Entwicklungskonzeption impliziert eine Verkehrung des Verhältnisses von Subjekt und Objekt des Arbeitsprozesses. Bei dieser Bestimmung des Subjekt/Objektverhältnisses besteht die Gefahr, daß der Rechnereinsatz nicht mehr eine unterstützende Funktion, sondern eine dominierende Funktion übernimmt. Die Arbeit mit dem (Werkzeug) Computer wird zur Arbeit an einem informationstechnischen System. Die Degradierung des arbeitenden Menschen vom Subjekt der Arbeitshandlung zum Maschinenbediener läßt schnell die Bereitschaft (oder gar die Möglichkeit) zum verantwortlichen Handeln in der Arbeit schwinden.

Gegenüber dieser dominanten Linie der Technikentwicklung gewinnen nicht zuletzt auch aus technischen und wirtschaftlichen Gründen Ansätze an Gewicht, die die arbeitenden Menschen mit ihren unersetzlichen Eigenschaften und Stärken berücksichtigen. Diese können sie aber nur dann entfalten, wenn die Technik ihnen »wie ein Werkzeug« zur Verfügung steht. Begriffsanalogien wie Maschine oder Werkzeug sollten allerdings nur als Analogien im Rahmen der Informatik als einer neuen, gegenüber der klassischen Technik radikal erweiterern technischen Wissenschaft verwendet werden.

Die Vielseitigkeit des Einsatzes informationstechnischer Geräte legt darüber hinaus ein medienartiges Verständnis dieser Technik nahe. Dies erscheint bei vernetzten Systemen angemessen, die man nicht mit einem Werkzeug, sondern eher mit Telefonnetzen vergleichen kann. Bei diesem, den Vernetzungscharakter betonenden Verständnis sind Geräte nicht mehr einfacher Gegenpart des Menschen im Arbeitsprozeß, sondern vermittelnde Technik in Arbeitsprozessen, die zwischen Menschen stattfinden. Die Frage nach der Zuweisung von Verantwortung wird sich in solchem Zusammenhang neu und anders stellen. Eine verantwortungsbewußte Einschränkung und präzisere Bestimmung dieser potentiellen Vielseitigkeit wird zur gesellschaftlichen und berufsinternen Aufgabe der Informatik.

Verantwortungsdilemmata bei der Produktgestaltung

Soziale Zweckbestimmtheit und Werkzeugcharakter als Entwicklungsleitlinien

Damit Informationstechnik Hilfsmittel für den Menschen wird, ist deren Gestaltung stets unter zwei Gesichtspunkten zu betrachten, nämlich unter dem Gesichtspunkt der sozialen Zweckbestimmtheit und unter dem Gesichtspunkt des Werkzeugcharakters. Soziale Zweckbestimmtheit und Werkzeugcharakter sind demnach Entwicklungsleitlinien für die sozial verantwortliche Produktgestaltung.

Der *Werkzeugcharakter* eines Produkts bemißt sich daran, inwieweit die menschlichen Eigenschaften und Fähigkeiten durch den Gebrauch des Produkts nicht unterdrückt, sondern vielmehr gefördert, bzw. entwickelt werden. Die Frage ist: Wie handhabbar ist das informationstechnische Arbeitsmittel?

Die *soziale Zweckbestimmtheit* als Entwicklungsleitlinie begründet sich aus der enormen Vielseitigkeit der Informationstechnik, die in immer neue Gegenstandsbereiche eindringt. Soziale Zweckbestimmtheit soll dieser Vielseitigkeit der Informationstechnik im Interesse schützenswerter persönlicher und kultureller Räume Grenzen setzen. Zu fragen ist: Wird die Technik zu einem sozial akzeptablen Zweck eingesetzt?

Beide Leitlinien können in *Konflikt* zueinander geraten: Der Werkzeugcharakter von Systemen kann auf Kosten der sozialen Zweckbestimmtheit gehen; soziale Zweckbestimmtheit heißt noch nicht, daß die Systeme werkzeuggemäß oder gut handhabbar sind. Ein besonderes Problem ergibt sich hier aus dem medialen Vernetzungscharakter informationstechnischer Systeme. Für die Erfüllung von Aufgaben mag es wünschenswert sein, Programme und Daten jederzeit verfügbar zu haben. Ein solcher Zugriff würde dem Anspruch auf Werkzeugcharakter entsprechen. Auf der anderen Seite verleiten zweckoffene Zugriffsmöglichkeiten zum Mißbrauch. Dies widerspricht unter Umständen der Entwicklungsleitlinie der sozialen Zweckbestimmtheit.

Es zeigt sich, daß die Verwirklichung der beiden Entwicklungslinien sowohl von technikimmanenten Eigenschaften des zu entwickelnden Produkts als auch von den Arbeitsbedingungen und Aufgaben sowie von der persönlichen Haltung aller Verantwortlichen abhängt. Dadurch ergeben sich zugleich *unscharfe Verantwortungssituationen.*

Das Spannungsverhältnis zwischen Vielseitigkeit und sozialer Zweckbestimmtheit

Bei der enormen Vielseitigkeit der Informationstechnik haben es Entwickler von Systemen oft mit Produkten zu tun, die Leistungen nicht zweckgebundener Art erbringen. Solche Allgemeinheit steht der sozialen Zweckbestimmtheit als Leitlinie entgegen.

Je näher die zu entwickelnde Komponente eines Rechnersystems am Systemkern ist, desto schwieriger wird es für die Entwickelnden, die Leitlinie der sozialen Zweckbestimmtheit zu berücksichtigen. Der vom Betriebssystem bereitgestellte Zugriff auf die Speichermedien wird zum Beipiel für jede mit dem Rechner auszuführende Tätigkeit benötigt. Bei Systemen, die Dienstleistungen auf einer abstrakteren Ebene bieten, geht daher die verantwortliche Gestaltung auf die Entwicklerinnen und Entwickler von Anwendungsprogrammen, aber auch auf die Benutzerinnen und Benutzer über.

Zur Unterstützung sind allgemeine politische und soziale Regelungen im Hinblick auf Schutz vor Mißbrauch und Einschränkung der Zwecke nötig. Allerdings beruht die Einhaltung solcher Regelungen auf einer verantwortlichen Übereinkunft und Haltung, da die informationstechnischen Systeme prinzipiell die Möglichkeit einer technischen Umgehung von Regelungen zulassen. Die schon in der Vergangenheit vorhandenen Mißbrauchsmöglichkeiten technischer Mittel werden durch die radikal erweiterten Speicher- und Vernetzungsmöglichkeiten so potenziert, daß neue verantwortliche Umgangsweisen erforderlich werden.

Das Spannungsverhältnis zwischen Abstraktheit und Werkzeugcharakter

Ein großer Teil der heute angebotenen bzw. speziell entwickelten Systeme sind sogenannte dedizierte Standardsoftware-Systeme zur Bearbeitung eines speziellen Aufgabengebietes (z. B. Lohn- und Gehaltsabrechnungen). Das Problem der sozialen Zweckbestimmtheit stellt sich hier häufig nicht. In vielen Fällen sind sie jedoch wenig benutzerfreundlich, weil sie den Bedürfnissen der Benutzer nicht angepaßt sind. Sie sind damit nicht werkzeuggemäß.

Andere Systeme lassen es zu, bzw. sind gerade dafür speziell konzipiert, erweitert und weiterentwickelt zu werden. Es gibt heute Systeme auf dem Markt, die nicht nur Programme enthalten mit einer wohldefinierten Leistung, sondern darüber hinaus auch die Möglichkeit bieten, diese Programme abzuwandeln, an die eigenen Bedürfnisse anzupassen und evtl. neue Programme in das bestehende System zu integrieren. Solche Systeme kommen der Leitlinie »Werkzeugcharakter« näher.

Der Anspruch der Werkzeuggemäßheit wird in der Systementwicklung jedoch vernachlässigt, wenn Menschen – analog zu Computern – wie informationsverarbeitende Systeme angesehen werden. Unter diesem Blickwinkel, der leider weit verbreitet ist, werden menschliche Eigenschaften und Fähigkeiten nicht sichtbar. Wenn man für Menschen informationstechnische »Werkzeuge« entwickeln will, bedarf das maschinenorientierte Menschenbild einer grundlegenden Revision. Der Begriff Werkzeugcharakter in Verbindung mit der neuen Informationstechnik schließt dabei die Qualität des Gesamtzusammenhangs zwischen Menschen und Systemen ein.

Eine dem Werkzeugcharakter angemessene Entwicklungspraxis muß die besondere Konstitution der Menschen berücksichtigen:

Die *Körperlichkeit* des Menschen verlangt bei der Verwirklichung der Leitlinie »Werkzeugcharakter« – wo immer möglich – die Rückbindung an sinnlich erfahrbare Praxis im Umgang mit informationstechnischen Mitteln. Die Simulation stofflicher Vorgänge auf der Ebene von Symbolen kann das Problem der Abstraktheit jedoch nur mildern. Es bleibt das Problem des Verlustes von Erfahrungswissen, das zu einem fehlerhaften Gebrauch der Informationstechnik führen kann.

Das *intuitiv-ganzheitliche Vermögen* des Menschen verlangt die Chance, im Arbeitsprozeß selbständig Ziele bilden und verwirklichen zu können, sowie sich einen Überblick zu verschaffen. Das setzt Handlungsspielräume voraus. Wie bereits ausgeführt, können Computersysteme heute so gestaltet werden, daß sie an die Bedürfnisse der Benutzer weitgehend angepaßt werden können. Dies gilt immer mehr auch für die Ablauflogik und das Arbeitsgeschehen der mit dem System realisierten Prozesse.

Das soziale *Wesen* des Menschen verlangt die Erhaltung und Schaffung von Feldern kommunikativen Handelns, um Gespräche und Zusammenarbeit mit anderen Menschen zu ermöglichen. Elektronisch vermittelte Kommunikation erlaubt dies in der Regel nicht.

Für die einzelnen in der Entwicklung stellt sich das Problem, wie die skizzierten Vorschläge zur Umsetzung der Leitlinie Werkzeugcharakter mit Vorgaben und Anforderungen der Auftraggeber vereinbart werden können. In dieser Hinsicht ist ein Dialog im Interesse der Verwirklichung dieser Ziele zwischen Herstellern und Anwendern, Entwicklern und Benutzern und anderen betroffenen Gruppen von größter Bedeutung.

Verantwortungsdilemmata unter konkreten Arbeitsbedingungen

Die bestehenden Formen der Arbeitsorganisation in Entwicklungsabteilungen sind daraufhin zu prüfen, ob sie für die Umsetzung der Leitlinien soziale Zweckbestimmtheit und Werkzeugcharakter der Produkte förderlich oder hinderlich sind.

Hochgradige Arbeitsteilung

Viele Systeme der Informationstechnik sind heute so groß, daß eine Arbeitsteilung erzwungen wird. Für einen Einzelnen wird es dadurch schwer, das gesamte zu erstellende System im Detail noch zu überblicken. Dies kann dazu führen, daß die Einzelnen in der Entwicklung – aufgrund der Modularisierung – nicht wissen, an welcher Stelle des Aufgabenspektrums sie eigentlich arbeiten. Hier ist das Entwicklungsteam in seiner *kollektiven Verantwortung* gefordert.

Wenn Teamarbeit und Prinzipien einer transparenten Projektorganisation nicht genügend berücksichtigt sind, kann daher der hohe Grad der Arbeitsteilung die Verwirklichung der Leitlinien soziale Zweckbestimmtheit und Werkzeugcharakter unmöglich machen. Aber auch persönliche Haltungen spielen dabei eine Rolle. So mag sich eine einzelne Person in der Entwicklung große Mühe geben, ihren Teil (z. B. in der Entwicklung eines Simulationssystems) sicher, einfach und handhabbar zu konzipieren und zu realisieren; eine andere Person wird vielleicht – aus welchen Gründen auch immer – einen anderen Teil (etwa die Entwicklung einer Benutzungsoberfläche) korrekt, aber weniger handhabbar und weniger fehlerfreundlich gestalten, mit dem Resultat, daß das Produkt insgesamt nicht werkzeuggemäß wird.

Anknüpfungspunkte für neue Vorgehensweisen in der Entwicklung

Bei bestimmten Entwicklungsprodukten ist es im Sinne der sozialen Zweckbestimmtheit und des Werkzeugcharakters, Anwendungssituationen und und Nutzungsformen durch entsprechende organisatorische Vorkehrungen bereits im Entwicklungsteam zu berücksichtigen. Ein wichtiger Ansatzpunkt ist dabei das Verfahren des Prototyping. Hier setzt sich das Entwicklungsteam mit den vorgesehenen Benutzern und Benutzerinnen zusammen und erprobt an einer Rohversion des zu erstellenden Systems die Nutzung, insbesondere Sicherheit, Gebrauchsfähigkeit und organisatorische Einbettung. Die Bedeutung dieser Vorgehensweise liegt in der Überwindung des Unterschiedes zwischen der verbalen Beschreibung eines Prozeßablaufes und dem praktischen Mitvollzug eines Prozesses.

Neben der Kooperation mit Benutzerinnen und Benutzern kann auch ein systematischer Perspektivwechsel im Entwicklungsteam diesem Ziel dienen, indem ein Entwickler die Rolle eines Benutzers übernimmt. Hier kann als einfaches Beispiel ein Programmsyntax-Editor genannt werden. Als Hilfsmittel zur interaktiven Bearbeitung von Programmen ist der Editor selbst ein Programm und hat eine Darstellung in einer höheren Programmiersprache. Die Weiterentwicklung des Editors geschieht durch Bearbeitung dieses Programms. Daher kann die erste laufende Version dieses Programms als Werkzeug bei der Weiterentwicklung dieses Programms selbst verwendet werden. Hier wird der Entwickler eines informationstechnischen Produktes sein eigener Pilotanwender. Solche Vorgehensweisen werden die Auffassung von Entwicklern und Entwicklerinnen und damit ihre Ausgestaltung der Teilaufgaben prägen. Wenn ihre Perspektive nicht mehr auf die algorithmische, technische Aufgabe eingeschränkt ist, wird es ihnen zumindest leichter gemacht, ihre Aufmerksamkeit mehr den Menschen zu widmen, die später das Produkt zur Lösung ihrer Aufgaben einzusetzen haben.

Neue Kommunikations- und Kooperationsformen

Die beschriebenen Anknüpfungspunkte für neue Vorgehensweisen in der Entwicklung verlangen von den Entwicklern, daß sie ihre Fähigkeiten und Perspektiven erweitern. Neben den fachspezifischen sind vor allem kommunikative Fähigkeiten gefordert. Denn wenn man Ansprüche von Benutzerinnen und Benutzern in der Software-Entwicklung berücksichtigen will, muß man diese Ansprüche zuerst verstanden haben. Wer in technische Aufgaben vertieft ist, empfindet aber Zuhören und die Aufforderung zur Verständigung leicht als Ablenkung von »der eigentlichen Aufgabe«. Software-Entwickler sollten sich dieser inneren Widerstände, die aus ihrem beruflichen Selbstbild stammen, stärker bewußt werden. Der permanente Aufgaben- und Erfolgsdruck, der Wettbewerb mit Kollegen und Entwicklern anderer Unternehmen, der Zwang, die jeweiligen Fortschritte im Fach mitzuvollziehen, hindern daran, sich um Kommunikation und Kooperation mit den Benutzern und dem Management zu bemühen. »Ich kann doch nicht auch noch Psychologe sein!« ist eine häufige Reaktion der Entwickler auf die Akzeptanzprobleme der Benutzer.

Um Akzeptanzprobleme konstruktiv zu lösen, müssen latent bestehende Barrieren und Mißtrauen aufgenommen werden. Entwickler sind als Experten der Informationstechnologie dem Management und den Benutzern überlegen. Gerade weil Management und Benutzer die Bedeutung der Informationstechnik für ihre jeweiligen Aufgaben sehr wohl erkennen, ist es für sie nicht leicht, diese Überlegenheit zu ertragen. Hinzu kommt die meist unausgesprochene Befürchtung der Benutzer und Benutzerinnen, durch den Einsatz der Informationstechnik Kompetenzen oder Handlungsspielräume zu verlieren. Das Ungleichgewicht läßt sich verringern, wenn sich Entwickler bemühen, den Benutzern in formeller und informeller Kooperation fachliche Kenntnisse zu vermitteln. Dies gelingt um so besser, wenn Entwickler ihrerseits diejenigen, die mit den Systemen arbeiten müssen, als Partner und Experten auf deren Gebiet respektieren.

Sehr wichtig ist das Verhalten der Entwickelnden gegenüber dem für die Anwendung verantwortlichen Management. Schwierigkeiten pflegen hierbei in der Regel dadurch zu entstehen, daß der Entwickler zuviel verspricht oder das Management zuviel erwartet. So kann eine realitätsgerechte Prüfung eines

Software-Produkts mißlingen, wenn der verantwortliche Manager z. B. auf Grund irreführender Lektüre oder auf Grund von Messevorführungen zu hohe Erwartungen an das System hat und der zuständige Experte, mit Rücksicht auf seine Position und seine Karriere, Grenzen des Systems mit einigen sybillinischen Worten andeutet, jedoch nicht präzise benennt. Entwickler müssen sich daher die Grenzen des jeweils Verantwortbaren deutlich machen und derart erkannte Unsicherheiten und Risiken gegenüber dem Management zur Sprache bringen.

Darüberhinaus ist es wünschenswert, daß Entwickler unter Berücksichtigung der Leitlinie »Werkzeugcharakter« auch die beim Einsatz der entwickelten Systeme notwendigen Arbeitsorganisationsformen in der Planung mit dem Management besprechen und in die Systemgestaltung einbeziehen. Organisationsformen wie z. B. Projektorganisation und Problemlösungsgruppen sind geeignet, die Arbeitsinteressen der Einzelnen im Rahmen kreativer Gruppenleistung anzusprechen; dies gilt auch für das Entwicklerteam selbst. Für den Aufbau eines Informationssystems begünstigen solche Formen die Diskussion über Kriterien und Ziele und darüber, wie produktive Fähigkeiten der Menschen durch Informationstechnik gestärkt werden können.

Folgen für Benutzerinnen und Benutzer sowie für Produkte

Probleme technischer Sicherheit

Vielfach wird angestrebt, die Informationstechnik einzusetzen, um das »fehleranfällige System Mensch« durch ein zuverlässigeres zu ersetzen – beispielsweise in der Prozeßtechnik. Unvermeidbare Konsequenz ist der Verlust menschlicher Fähigkeiten und Fertigkeiten, auf außerordentliche Situationen außerordentlich und richtig zu reagieren. Daher scheint es folgerichtig, zur Überwachung von Rechnersystemen wiederum Rechner einzusetzen. Diese Spiralentwicklung unterstellt, daß absolut zuverlässige informationstechnische Systeme konstruiert werden können.

Alle bisherige Erfahrung zeigt jedoch, daß Rechnersysteme ausfallen oder fehlerhafte Ergebnisse produzieren können. Bei der Hardware ist die Zuverlässigkeit in Grenzen abschätzbar und läßt sich zum Beispiel durch Mehrfachauslegung erhöhen. Bei der Software ist das Problem der Zuverlässigkeit großer Systeme mit den heute bekannten Methoden und Werkzeugen nicht vollständig beherrschbar. Dies ist durch Probleme des Software-Entwicklungsprozesses begründet: zum einen durch dessen hochgradige Arbeitsteiligkeit, zum anderen dadurch, daß einsatzfähige Methoden für Korrektheitsbeweise fehlen. Die Forderung nach absolut zuverlässigen Systemen wird deshalb zunehmend durch die Forderung nach fehlertoleranten Systemen ersetzt (fault tolerance, graceful degradation etc.).

Probleme der Kontrolle über Personen

Informationstechnische Systeme werden mancherorts zur Überwachung und Kontrolle von Personen eingesetzt, oder solche Kontrollmöglichkeiten fallen als

Nebenprodukte eines anderen angestrebten Zieles an: Systeme zur Personalabrechnung und -information, zur Zugangskontrolle, zur Betriebsdatenerfassung.

Diese Systeme werden im Namen wirtschaftlicher Erfordernisse eingeführt. Systeme jedoch, die den Arbeitenden die letzten Freiräume in ihrer Arbeitsfähigkeit rauben, sind inhuman; darüber hinaus sind sie unwirtschaftlich: Lastet die Disziplinierung zu schwer auf den zu Disziplinierenden, verkehrt sich die Wirtschaftlichkeit in ihr Gegenteil. Auch unter verfassungsrechtlichen Gesichtspunkten sind solche Systeme höchst fragwürdig. Das Bundesverfassungsgericht hat die Persönlichkeitsrechte des Grundgesetzes für den Bereich des Datenschutzes konkretisiert und das Recht auf informationelle Selbstbestimmung betont, d. h. das prinzipielle Recht des Einzelnen, über seine Daten selbst zu verfügen. Dieses Recht gilt auch für Arbeitsverhältnisse. Systeme, die den Einzelnen über das absolut notwendige Maß hinaus kontrollieren oder gar die räumlichen Bewegungen verfolgen (wie dies z. B. mit Zugangskontrollsystemen möglich ist), sind verfassungsmäßig fragwürdig, inhuman und auch aus Entwicklersicht nicht zu verantworten.

Kulturelle Veränderungen

Durch technische Entwicklungen werden nicht nur die langfristig gewachsenen Strukturen und komplexen Beziehungen des institutionell geregelten gesellschaftlichen Zusammenlebens verändert, sondern auch die psychosozial und kulturell entwickelten Umgangsformen der Menschen. Die schnelle Verbreitung der Informationstechnik in nahezu sämtliche Lebensbereiche verstärkt diese Veränderungen entscheidend.

Die Strukturen des sozialen Verhaltens entwickeln sich in der Auseinandersetzung mit der äußeren Realität. In dem Maße, wie Informations- und Kommunikationstechniken menschliche Erfahrungen filtern (z. B. Fernsehen, Videospiele, Rechnermodelle), werden die damit verbundenen Besonderheiten und Begrenzungen sozial wirksam.

Die maschinenvermittelte Wirklichkeit erlaubt nur eine begrenzte Welterfahrung. Die körperlichen Aktivitäten (Bedienung einer Tastatur, Hören, Sprechen) stehen kaum mehr in inhaltlicher Beziehung zum eigentlichen Erfahrungsgegenstand. Die Aneignung von Wirklichkeit wird dadurch auf merkwürdige Weise beziehungslos, unpersönlich, formal. Der Computer verfügt über keine eigenen Bedürfnisse, keine Interessen oder Motive; und er stellt keine Ansprüche an rücksichtsvolles Verhalten. Der Umgang mit dem Rechner fördert deshalb eine falsche Vorstellung von sozialer Realität und angemessenem sozialen Verhalten und beeinflußt so die Orientierung des Denkens und Handelns.

Das menschliche Alltagsdenken ist situationsorientiert. Es ist verbunden mit Wünschen, Bedürfnissen, Absichten und Zielen, und es lebt aus den qualitativen Orientierungen heraus, in die es eingebettet ist. Es ist also in gewisser Weise ganzheitlich, aber eben auch uneindeutig, oder, so man will, flexibel. Maschinenvermittelte Kommunikation dagegen fördert ein Denken, das korrekt und formal eindeutig sein soll. Qualitative Aspekte, subjektive Bedeutungen, Wertungen und spezifische erfahrungsbezogene Orientierungen lassen sich damit nicht angemessen abbilden. Ein von der Maschine gesteuertes Denken birgt die Gefahr in sich, daß die Beziehung zu den Folgen des eigenen Handelns und damit die Verantwortung dafür verlorengehen.

Illusionäre Erfolge

Organisatoren, die von einem tayloristischen Konzept ausgehen, interpretieren die soziale Organisation des Unternehmens als eine beherrschbare Maschine im Sinne der klassischen Mechanik. Von Informationssystemen erwarten sie sich dann die Möglichkeit, mit einer lückenlosen Logistik alle Arbeitsvorgänge transparent zu machen und zu verknüpfen. Der Mensch (dabei als »informationsverarbeitendes System« betrachtet) wird dann nach »vorprogrammierter Aufgabenstrukturierung« eingeplant und eingepaßt. Dieser Ansatz der organisatorischen Nutzung der Informationstechnik erweist sich als Illusion.

Unternehmen und Institutionen treffen mit der Einführung neuer Informationssysteme in Büro, Verwaltung und/oder Produktion zwangsläufig eine betriebspolitische Grundsatzentscheidung, die von relativer Unsicherheit gegenüber den erwarteten und unerwarteten Wirkungen, bezogen auf Organisation und Mitarbeiter, begleitet ist. Die Schwierigkeiten beginnen bereits im Hinblick auf die »richtige« Systemwahl, sie setzen sich fort in der Analyse der personellen, wirtschaftlichen und betrieblichen Konsequenzen des Systemeinsatzes.

Der Einsatz komplexer Informationssysteme ist in der Regel mit weitgehenden Umstrukturierungen verbunden, deren wirtschaftliche und soziale Folgen in ihrer Vielschichtigkeit kaum zu übersehen sind. Neben der Veränderung von Aufgabenstellungen, Arbeitsabläufen, Arbeitsinhalten, Organisationsstrukturen und Kooperationsbeziehungen können sich insbesondere auch die Beziehungen zu Kunden (z. B. durch Tele-Selbstbedienung) und zu Geschäftspartnern (z. B. durch die telematische Anbindung von Zulieferfirmen) verändern. Die Lage wird nicht besser, wenn versucht wird, diese Schwierigkeiten durch noch mehr Technik, noch mehr Planung, noch mehr Vorprogrammierung zu bewältigen.

Mit der Maschinenkonzeption wird übersehen, daß die Mitarbeiter starke, aber unausgesprochene Arbeitsmotive haben, deren Erfüllung sie gleichsam als existenznotwendig betrachten: den Anspruch auf eigenständige Expertise, auf einen unaufgedeckten Handlungsspielraum sowie das Streben nach einem Informationsvorsprung (vor allem gegenüber Vorgesetzten). Jede vorprogrammierte Arbeit gefährdet die Erfüllung gerade dieser Motive und zeitigt Widerstand bzw. Ausweichmanöver. Dies ist der Kern der Akzeptanz-Problematik.

Kleinräumige informationstechnische Lösungen, die in klar definierten Teilbereichen Vorteile bringen, werden in manchen Fällen verwendet, um großräumigen

Einsatz von informationstechnischen Systemen lohnend erscheinen zu lassen. Da jedoch die erfolgsträchtigen Bedingungen in den ausgewählten Bereichen nicht für alle Teile eines Unternehmens verallgemeinert werden können, werden durch diese Extrapolationen nur Illusionen erweckt.

Bewertungen der Wirtschaftlichkeit informationstechnischer Innovationen berücksichtigen nahezu ausnahmlos quantifizierte Größen (hauptsächlich Formen von Kosten-, Personal- und Zeit-Ersparnis), die nur dem organisatorischen, zeitlichen und räumlichen Nahbereich entnommen werden. Sie verfügen über keine (oder nur unzulässig) quantifizierte Kriterien, um Faktoren wie Dienstleistungen, Produktqualität, Arbeitsbedingungen, Mitarbeitermotivation oder die Beziehungen zu Kunden und Geschäftspartnern zu bewerten. Alle diese vernachlässigten Faktoren sind für ein Unternehmen jedoch wirtschaftlich bedeutsam, wenn nicht gar existentiell.

Ansatzpunkte für verantwortliches Handeln

Die Informationstechnik ist ein technisches System mit ausgeprägten gesellschaftlichen Bezügen. Daraus leiten sich Forderungen ab, wie sie in diesem Papier formuliert wurden. Informationstechnik soll

- unter der Leitlinie sozialer Zweckbestimmtheit und
- unter dem Gesichtspunkt des Werkzeugcharakters

entwickelt werden.

Gerade dann, wenn der Mensch seine Handlungssouveränität über technische Prozesse behalten oder wiedererlangen soll, stellt sich für ihn das Problem der Verantwortung. Wachsamkeit und Mitdenken sind Voraussetzungen, gesellschaftliche Folgen, sowie beabsichtigte und unbeabsichtigte Wirkungen zu erkennen. Das bedeutet u.a., Alltagsroutinen und eingeschliffene Lösungswege zu durchbrechen und mit den technisch-wirtschaftlichen Aspekten auch die sozialen Aspekte zu bedenken. Die dabei auftretenden Rückfragen an die Technik sollten nicht vorschnell als technikfremd und arbeitshemmend abgetan werden. Die der Kritik zugrundeliegenden Argumente und Meinungen können eine Hilfe für verantwortungsbewußtes Handeln sein. Unbehagen und Ohnmacht, insbesondere an großtechnischen Systemen, sind weit verbreitet und führen leicht zu Resignation. Wenn die Ursachen von Angst und Resignation aber bewußt gemacht werden, können sie als Impulsgeber für verantwortliches Handeln dienen.

Technische Entwicklungen sind stets von außertechnischen Voraussetzungen, Zwecken und Zielen mitbestimmt. Diese genau zu analysieren, kann weitere Klarheit in die Frage der Verantwortung und der Verantwortbarkeit bringen. Die Entwicklung informationstechnischer Systeme verlangt eine ganzheitliche Denkweise, in der technische und soziale Probleme integriert bearbeitet werden. Erschwert wird dies bei Systemen, bei denen die Beziehungen des Einsatzes und die Ansprüche der Benutzerinnen und Benutzer nicht bekannt sind. Umso mehr sollten Entwickler und Entwicklerinnen darauf achten, daß sich ihr Blickwinkel nicht auf das rein Technische beschränkt.

Hinsichtlich der Folgen, die etwa durch massenhafte Verbreitung der Informationstechnik für die Gesellschaft insgesamt entstehen, sind alle Beteiligten, einschließlich der Entwickler als Experten, zur Folgenabschätzung und zur verantwortlichen Stellungnahme aufgerufen. Hieraus sich ergebende Konflikte und Widersprüche bestehen selten für eine Person allein; sie verbinden oft Beteiligte aus verschiedenen Bereichen mit unterschiedlichen Funktionen. Zwischen ihnen sollte ein Dialog entstehen, um Ziele, Folgen und Wirkungen zu klären. Das Ergebnis dieser Klärungen sollte in die Entwicklungsentscheidungen eingehen.

Obwohl es schwierig sein mag, solche Vorstellungen in der Praxis zu verwirklichen, sollte an den Prinzipien des Dialogs, der Kooperation und der Beteiligung festgehalten werden. Beteiligung darf allerdings nicht dazu führen, daß die Einzelnen sich aus ihrer persönlichen Verantwortung zurückziehen; außerdem darf Beteiligung nicht als Alibi mißbraucht werden.

Darüber hinaus ist es wünschenswert, daß Entwickler durch Publikationen und Diskussionen einen öffentlichen Diskurs in Gang bringen und so zur weiteren Sensibilisierung für die gesellschaftliche Dimension der Technik beitragen. Zum Beispiel könnte eine Sensibilisierung darin bestehen, daß – wie schon geschehen – Software-Produkte Schutzvermerke gegen mißbräuchliche Verwendung erhalten.

Wenn alle diese Mittel und Wege nicht zu einer gewünschten Veränderung eines ungezügelten technischen Fortschritts führen, brauchen wir andere Formen der Einflußnahme, nämlich politisches Engagement und weitergehende gesetzliche Regelungen. Das schließt nicht aus, daß es im beruflichen Bereich für den einzelnen Entwickler im Extremfall zu einem Gewissensnotstand kommt, der auch eine Verweigerung zur Folge haben kann.

Es gehört zur Verantwortung der Berufsgruppe und ihrer Institutionen (vor allem der Gesellschaft für Informatik, aber auch aller anderen berufsbezogenen Vereinigungen), für den Einzelnen problematische Verantwortungssituationen aufzugreifen, ein Forum für Diskussionen zu bilden, Empfehlungen zu geben und Unterstützung anzubieten.

Unsere in diesem Papier entwickelten Vorstellungen und Empfehlungen sollen dazu beitragen ,

- eine Beziehung zum einzelnen Menschen, zur Gesellschaft und zur Umwelt herzustellen und nicht nur in technisch-wirtschaftlichen Kategorien zu denken;
- Ziele und Kriterien der Entwicklung, ihre Folgen und Wirkungen im Dialog zu klären und kooperativ umzusetzen.

Wir meinen, daß dies wichtige Voraussetzungen sind, um Verantwortung für die Entwicklung und den Einsatz der Informationstechnik wahrnehmen zu können.

THEORIE ODER AUFKLÄRUNG?
Zum Problem einer ethischen Fundierung informatischen Handelns†

PETER SCHEFE

SPIEGEL: Gibt es so etwas wie Moral in der Werbung?

VASATA: Sie verlangen zuviel ... Wir tun nichts Schlechtes. In den Gefängnissen sitzen Leute aus ganz anderen Branchen.

Vilém Vasata, DER SPIEGEL v. 30.4.90

1. Das Problem

Christiane Floyd [Floyd 1985] hat angeregt, »so etwas wie einen hippokratischen Eid für Informatiker« zu entwickeln, um verantwortliches Handeln zu stützen. In Anlehnung an ähnliche Unternehmen von Ingenieursvereinigungen hat Whitby [Whitby 1988] einen Verhaltenskodex in Form von 10 Richtlinien für den professionellen Wissenstechniker vorgeschlagen. Läßt sich der Inhalt solcher ‚Gebote' überhaupt verläßlich ermitteln und hat er eine Chance, handlungsleitend zu wirken?

Es gilt als durch die Sozialwissenschaften gesichert, daß die technisch-wirtschaftlichen Abhängigkeits- und Interaktionsstrukturen sich in Ideologien niederschlagen, die stabilisierend wirken, und daß Änderungen in dieser Basis sich mit einer gewissen Verzögerung in ideologischen Verwerfungen wiederfinden. Dies gilt insbesondere für den impliziten Verhaltenskodex bestimmter Berufsgruppen, die die Rolle des Einzelnen innerhalb dieser Gruppe, aber auch die Beziehungen zu anderen gesellschaftlichen Akteuren regelt. So gehört es zur Ideologie der Informatik, sich als Problemlöser für Aufgabenstellungen industrieller oder industriestaatlicher Akteure zu verstehen, und zwar unter den Prämissen größtmöglicher Universalität und technischer Effizienz. »Hauptaufgabe der Informatik ist die Entwicklung formaler, maschinell durchführbarer Verfahren zur Lösung von Informationsverarbeitungsproblemen, die häufig als Teilprobleme komplexer Kommunikations- und Organisationsprobleme auftreten« [Brauer 1984b]. Dem entspricht eine *Ethik*, die in der funktionsgerechten *technischen Lösung das Hauptziel informatischen Handelns sieht.* Die Verantwortung beschränkt sich wesentlich auf das Funktionieren im Sinne einer den *Anforderungen des Auftraggebers* weitmöglichst entsprechenden Weise. Dies setzt zwar mehr als nur technische Fähigkeiten

† Der Beitrag ist die erweiterte Fassung eines im Informatik-Spektrum erschienenen Artikels.

voraus. Viele ethisch orientierte Äußerungen von Informatikern [u. a. Valk 1987, Wedekind 1987] setzten bei dieser Funktions- und Adäquatheitsproblematik an. Als wesentlich werden dabei etwa Zuverlässigkeit und die Disziplin des Entwurfs hervorgehoben. Wedekind zitiert [Zemanek 1978]: »Disziplin ist die Freiheit, die man sich nimmt. Ein guter Entwurf geht (wegen der Verantwortung) auf Kosten der Freiheit. Aber nur der wird der aufgegebenen Freiheit nachtrauern, der die neuen Freiheitsräume nicht kennt, die sich durch die Disziplin-Unterwerfung eröffnen.«

Das Gute des Entwurfs ist seine Güte. Die Disziplin bleibt disziplinär. Diese Verinnerlichung von *Disziplin in die Disziplin* ist charakteristisch für eine systemstabilisierende Ideologie. Es scheint zwei Wege zu geben, dieser ideologischen Verengung zu entkommen:

- Erweiterung oder Umorientierung der Disziplin durch eine neue Theorie der Informatik, z. B. als »Arbeits- oder Gestaltungswissenschaft«
- Aufklärung, d. h. ethische Reflexion mit dem Ziel der Aufhebung der verinnerlichten Disziplin(arität) und Erreichung einer kommunikativ-demokratischen Disziplin-Losigkeit des informatischen Handelns.

2. Lösung durch eine neue Theorie?

Die Schwierigkeit bei der Gegenstandsbestimmung von »Informatik« ist ihre Vielgestaltigkeit, schnelle Entwicklung sowie ihre (technische) Interdisziplinarität. Diese Bestimmung ist Voraussetzung und integraler Bestandteil einer Theorie der Informatik, die mehr sein will als eine Menge von formalen Abstraktionen von einer beliebigen Praxis.

Als historischer Ableger der mathematischen Logik beschäftigt sich die Informatik zunächst mit Fragen der Berechenbarkeit. Die Leitfrage: »Was kann berechnet werden?« schließt historisch frühe Spezialisierungen ein wie: »Welche geistigen Tätigkeiten des Menschen sind algorithmisch rekonstruierbar?« (etwa bei Turing) und umfaßt auch den Versuch Chomskys, eine universale Grammatik natürlicher Sprachen mathematisch als Teil einer universellen kognitiven Psychologie zu rekonstruieren. Dies impliziert jedoch nicht den Standpunkt der »starken KI«, die den Menschen grundsätzlich mit der Maschine gleichsetzt. Vielmehr konstituiert die Informatik als Wissenschaft vom Berechnen (»science of computing«) einen Bereich »reiner« Erkenntnis als universelle Strukturwissenschaft.

Eine zweite, technisch-ingenieurwissenschaftliche Fragestellung ist: ‚Wie können Rechensysteme realisiert werden?' Hier werden verschiedene Hilfsdisziplinen benötigt, heute vorwiegend die Physik, morgen vielleicht auch die Biologie. Die Fortschritte in diesem Bereich haben sich bis heute als relativ unabhängig von denen in anderen Bereichen erwiesen. Die oben gestellte Frage konkretisiert sich zu: Welches sind die geeigneten Materialien und deren funktionale Anordnung, die die theoretischen Konzepte nach Maßgabe praktischer »Randbedingungen« optimal umzusetzen gestatten? Die Randbedingungen – Sicherheit, Benutzbarkeit u. ä. – scheinen sich dabei heute als die schwierigsten Probleme darzustellen.

Dem schließt sich das Softwareproblem an. Die Frage: Wie wird ein Rechensystem programmiert? wird wiederum primär unter einem technisch-ingenieurwissenschaftlichen Paradigma (Verarbeitungsmodelle, Effizienz, Komplexität, Verifikation) beantwortet, obwohl die Randbedingungen – Sicherheit, Benutzbarkeit, Verständlichkeit – sich als die dominierenden Faktoren für große Programmsysteme erweisen. Im Unterschied zu anderen ingenieurwissenschaftlichen Disziplinen ist es hier ja nicht der Gegenstand, sondern vor allem sein Konstrukteur, der die Risiken birgt. Fehler im Programm sind nicht Fehler im Material. Unabhängig von der ökonomischen Praxis stößt hier das wissenschaftliche Programm der Berechenbarkeit an seine Grenzen, so auch etwa die Versuche der kognitiven Psychologie, komplexere algorithmische Modelle auf Computern zu realisieren, um ihre Konzequenzen »beobachten« zu können. Die Softwarekrise ergibt sich also primär daraus, daß die Konstruktion großer Programme ein soziotechnisches Problem ist, dem mit den gängigen Rezepten der Ingenieurkunst (z. B. automatisches Programmieren) nicht beizukommen ist.

Das Problem wäre allerdings keine »Krise«, wenn es nicht Anwendungen außerhalb der »reinen« Wissenschaft gäbe. Dieser Bereich läßt sich nicht mehr durch einfache Fragestellungen charakterisieren, da er von anderen Interessen als denen der »reinen« Erkenntnis bestimmt wird. Die Frage »Was kann computerisiert werden?« evoziert immer die Frage »Was soll oder darf (nicht) computerisiert werden?« Für die Anwendungen der Informatik gibt es keine Theorie, bestenfalls Theorien zu den verschiedenen human- und sozialwissenschaftlichen Aspekten wie Organisationstheorie, Arbeitspsychologie, Industriesoziologie, Ökonomie etc.

Ein wichtiger Inhalt einer Theorie der Informatik wären die philosophischen Grundlagen ihres Vorhabens, menschliches Wissen in Maschinen zu repräsentieren und zu verarbeiten. Die hier fast unvermeidliche Frage ist, wie weit dies zu einer Ablösung des Erkenntnisprozesses vom Menschen führen kann. Die Beurteilung dieses Sachverhalts hängt von der epistemologischen Grundposition ab.

Es soll hier nicht weiter diskutiert werden, weshalb eine objektive Begründung des Wissens- und des damit zusammenhängenden Wahrheitsbegriffs nicht möglich ist. Sowohl die Adäquatheitstheorie wie die Konsenstheorie der Wahrheit sind nicht haltbar, auch letztere führt auf einen unendlichen Regreß. Nur Bedeutungen lassen sich qua Konsens festlegen, z. B.: *Wahr ist ein Satz, wenn der in ihm ausgedrückte Sachverhalt besteht.*

Ich sehe keinen Grund, an dieser Konvention zu rütteln. Es bleibt ja die Frage, was einen Sachverhalt ausmacht. Für das Erkennen oder Wissen eines Sachverhalts gibt es nur ein Kriterium: unsere feste – subjektive – Überzeugung bzw. deren Evidenz.

Für mich ist evident z. B., daß ich nicht das einige erkennende Wesen bin (philosophisch offenbar nicht selbstverständlich), daß »Dinge« unabhängig von meiner Wahrnehmung existieren, die Zweiwertigkeit der logischen Wahrheit etc.

So scheint es mir durchaus sinnvoll, von mentalen Modellen und Beschreibungsmodellen (vgl. die Kritik in [Luft 1989a]) zu sprechen: Ein adäquates Beschreibungsmodell rekonstruiert oder beschreibt einen Teil meiner Überzeugung bezüglich eines Weltausschnitts. Das mentale Modell ist die Gesamtheit der über einen Weltausschnitt gebildeten und ihn damit zugleich konstituierenden Begriffe. Das Problem der in der Informatik verwendeten Modelle und Methoden ist vor allem die Formalisierung und die damit einhergehende Entkontextualisierung. Eine Meta-Theorie der Informatik ist daher eine Theorie der in ihren Modellen (Objekt-Theorien) vollzogenen strukturellen Abstraktionen in ihrem Verhältnis zu mentalen Modellen und informellen Beschreibungen.

Eine solche, nicht auf der szientistischen Grundannahme einer vollständigen Objektivierbarkeit geistiger Leistung aufbauende Theorie der Wissensrekonstruktion ist eine wichtige Voraussetzung für eine ethische Reflexion informatischen Handelns.

3. Lösung durch ethische Reflexion?

Die philosophische Ethik sucht nach einer möglichst ideologiefreien, d. h. auch von partikularen Interessen freien Begründung der Moral. So analysiert z. B. Mackie [Mackie 1981]: »Im engeren Sinne handelt es sich bei Moral um ein System von Verhaltensregeln besonderer Art, nämlich von solchen, deren Hauptaufgabe die Wahrung der Interessen anderer ist und die sich für den Handelnden als Beschränkung seiner natürlichen Neigungen oder spontanen Handlungswünsche darstellen«.

Daß ein Werk über Ethik wie das von Jonas [Jonas 1984] eine so große Resonanz in der öffentlichen Diskussion gefunden hat, mag als Anzeichen für eine Spannung zwischen wirtschaftlich-technischer Praxis und den Interessen von Betroffenen sein. Andererseits droht die Diskussion über Technikfolgen inzwischen so zu verwissenschaftlichen, daß sie – sei es als Alibi, sei es als Quasi-Folgenbeherrschung – wieder systemstabilisierend zu wirken scheint. Sie fügt sich in das ein, was der Soziologie Beck [Beck 1988] die »*organisierte Unverantwortlichkeit*« nennt.

Die Situation ist paradox. Darauf hat m. W. zuerst Apel [Apel 1973] hingewiesen, daß nämlich angesichts der Technikfolgen das Bedürfnis nach einer universalen Ethik »noch nie so dringend«, ihre Begründung aber noch »nie so schwierig« war, daß »die Idee wissenschaftlicher Objektivität den Geltungsanspruch moralischer Normen oder Werturteile in den Bereich der unverbindlichen Subjektivität zu verweisen« scheint, daß die Tragweite »der technologischen Konsequenzen der Wissenschaft« und die moralischen Normen für das »Zusammenleben in kleinen Gruppen« inkommensurabel sind. Die Paradoxie besteht m. E. vor allem darin, daß die

Unüberschaubarkeit der Folgen des Handelns den Einzelnen zugleich moralisch zu belasten und zu entlasten scheint. Er ist zugleich gefordert und überfordert. »Es ist eine in der Ethik der Technik gänzlich ungelöste Frage, wie weit die Verantwortung des Entwicklers reicht« [Seetzen, in diesem Buch]. Hier liegt nun der Schluß nahe: Den Systemingenieuren »die etwaigen kulturellen und gesellschaftlichen Schäden zur Last zu legen, würde ihre Kompetenz und ihren Handlungsspielraum übersteigen« [Mahr, in diesem Buch].

Wenn wir das moralische Prinzip ernst nehmen, tragen wir auch die Verantwortung für weitreichende Folgen. Selbst partielles Nichtwissen kann uns nicht entlasten: es besteht die Pflicht, dieses Wissen nach besten Kräften zu erwerben. Wir müssen die Überforderung akzeptieren. Der andere Ausweg aus dem Paradox führt in die Verschärfung des »technologischen Galopps« [Jonas 1987a]. *Es ist erforderlich,* so stellt der Philosoph W. Zimmerli fest, daß »das *Gefühl der Verantwortung* für solches, was man nicht selbst oder nicht allein ausgelöst hat, *wächst*« [Zimmerli 1987].

Welche Konsequenzen ergeben sich für Inhalte und Vorgehensweise für den Informatiker? Wofür ist er verantwortlich und wie soll er sich verhalten?

Der Informatiker ist für alle Folgen, die sein Tun unmittelbar oder mittelbar auslöst, verantwortlich. D. h. grundsätzlich auch dafür, was andere mit den von ihm entwickelten Produkten oder von ihm erdachten Konzepten tun oder tun können. Von diesem Prinzip mag es Ausnahmen geben. So ist z. B. der Hersteller eines Küchenmessers nicht verantwortlich für einen damit begangenen Mordanschlag. Andererseits entlastet z. B. niemand einen Hersteller von Rauschgift, auch wenn dessen Konsum in der Entscheidung des Konsumenten liegt. Für Informatikprodukte gilt im allgemeinen keines dieser Extreme. Einige (meist nur zu gut bekannte) Beispiele:

- Viele informatische »Problemlösungen« führen zur Produktivitätssteigerung, aber zugleich zur Dequalifikation von Mitarbeitern.
- Die Informatisierung überbetrieblicher Zusammenhänge erhöht nicht nur die Effizienz der Informationsflüsse und Materialhaltung, sondern auch die Machtkonzentration.
- Die weltweite und weltumspannende Informatisierung von Produktions- und Transportprozessen sowie Informationsflüssen führt zur Beschleunigung des industriellen Prozesses mit allen bekannten negativen Folgen, z. B. den ökologischen und soziokulturellen Folgen von informatisiertem Tourismus.

In dieser Situation lassen sich einige Maximen ausmachen, die sich unter die allgemeine Moral der Berücksichtigung der Interessen der anderen, eingeschlossen der nachfolgenden Generationen, subsumieren lassen.

Die Entwicklung der Wissenschaft kann heute weder als Geschichte von Ideen noch als Ahnen-Galerie geistiger Helden gesehen werden. Das Recht, seine universale Neugier zu befriedigen – man denke hier an die Kognitionswissenschaft – ist fraglich geworden. Wenn z. B. soziale Zweckbestimmtheit und Werkzeugcharakter als wesentliche Entwicklungsleitlinien [Coy et al. 1988] gefordert werden, so impliziert das Verzicht auf – horribile dictu – die individualistische Freiheit von Zwecken und universalistisches Erkenntnisstreben. Nicht Gedankenfreiheit ist das Problem – ein reduktionistisches Menschenbild zu haben, ist nicht moralisch verwerflich, wie Floyd [op. cit.] nahezulegen scheint –, aber ein Forschen und Entwickeln, das die Folgen eines technizistisch konstruierten Bildes menschlicher Fähigkeit nicht in Betracht zieht.

Auch hier scheint wiederum die Situation paradox: die universalistisch orientierte Informatik ist aus unserem Welt- und Selbstbild nicht mehr wegzudenken: sie ist ein Erkenntnisgewinn (wie auch immer). Wie sollen wir aber wissen, ob eine Weiterentwicklung Gewinn (im Sinne einer die Interessen aller berücksichtigende Entwicklung) bringt, ohne diese voranzutreiben? Jeder, der auf Erkenntnis zur weiteren technischen Rekonstruierbarkeit menschlicher Fähigkeiten verzichtet, sieht sich nicht nur dem Totschlagsargument des technologischen Wettrüstens ausgesetzt, sondern muß sich einen Verzicht auf die Beförderung der Interessen aller vorwerfen lassen.

Wo sich der Wissenschaftler noch in eine neue »Theorie« zurückziehen mag, da stellt sich für den in der Praxis stehenden Entwickler oft die Existenzfrage (zumindest die innerhalb des Unternehmens). Es muß nicht ausgeführt werden, daß die Maximen des Handelns in einem Unternehmen nicht primär moralische, d. h. solche der Berücksichtigung der Interessen anderer sind. Berufsethiken von Ingenieuren beschränken sich denn auch meist auf solche Maximen, die das Verhältnis zu den Auftraggebern (Ehrlichkeit) und den Berufsstand (Wahrung des Standards, der Berufsehre u. ä.) regeln sollen. Die Verantwortung für alle Betroffenen, insbesondere für Fernwirkungen (s. o.), bleibt vage oder ausgespart.

Ein Ausweg aus diesem Dilemma ist wohl weniger die Einrichtung von Wissenschafts- und Technikgerichtshöfen [MacCormac 1987], als vielmehr eine radikale Änderung des Selbstverständnisses des Ingenieurs. Die Vorschläge von W. Coy [in diesem Buch] gehen in diese Richtung: Ein Informatiker bzw. Systementwickler sollte sich in erster Linie als jemand verstehen, der Arbeitsplätze gestaltet. Coy läuft Gefahr, dem naturalistischen Fehlschluß zu erliegen, wenn er Sein und Sollen nicht deutlich trennt. Was entwickelt werden muß, ist keine neue Theorie (d. h. eine neue Art der objektiven Verwissenschaftlichung), sondern ein ethisch motiviertes neues Selbstverständnis dessen, der Wissen formal rekonstruiert und damit Gesellschaft und Natur verändert.

Dies Verständnis impliziert die Loslösung auch von partikularen Interessen, die sich in der Beschränkung auf disziplinverinnerlichende Verhaltensregeln für Berufsgruppen niederschlagen. Die Folgenorientierung einer *Verantwortungsethik erfordert Interdisziplinarität* und ein an den Interessen aller Betroffenen orientiertes, d. h. sozial orientiertes Design. Und damit soll sie offen sein auch für Disziplinlosigkeit.

Das Aufstellen von konkreten Handlungskodices oder die Verfassung eines hippokratischen Eids macht in dieser Situation wenig Sinn. Erstens würde dies der globalen Verantwortung nicht gerecht, und zweitens würde es der Subjektivität der Moral widersprechen. Ein professioneller Verhaltenskodex könnte bestenfalls als Berufungsgrundlage für Einzelne dienen, die sich in einer Konfliktsituation befinden (z. B. bei der Verweigerung bestimmter, für unmoralisch gehaltener Tätigkeiten).

Stattdessen *sollten* im Rahmen einer *disziplinär nicht festgelegten Zielsetzung der sozial orientierten Veränderung* bzw. Gestaltung Handlungen stets erneut konkretisiert werden. Die Wahrung der *Autonomie* des Einzelnen als grundlegende Voraussetzung zur Wahrnehmung von Verantwortung ist das wesentliche Ziel.

Das heißt, nicht mehr weiter dazu beizutragen, daß durch großtechnologische Informatikanwendungen und Entwicklung entsprechender Konzepte die Situation der organisierten Unverantwortlichkeit noch weiter verschärft wird. Ein Beispiel dafür ist die ausschließlich effizienzorientierte Computer-Integration von Produktion, Administration etc., ein anderes die Hypostatisierung von Wissensverarbeitungssystemen zu ‚kognitiven Agenten', ‚Dialogpartnern' etc., also vorgebliche Humanisierung mittels künstlicher Intelligenz.

Betrachtet man daraufhin die vorherrschende Ideologie des Softwareentwurfs [z. B. Gries 1981] – als einer weitgehend formalisierten »Disziplin« –, so zeigt sich diese nicht nur als unfähig, die weiter wachsende Softwarekrise zu bewältigen, sondern auch als einem sozial orientierten Entwurf entgegenstehend. Alternative Ansätze findet man z. B. bei Floyd [Floyd 1981] und Partridge [Partridge 1986]. Die Autonomie der Betroffenen kann nur erhalten werden, wenn Software strukturell die Bedingung der Beherrschbarkeit durch die Benutzer erfüllt.

Wenn Capurro [Capurro 1990] die »Einbettung der Softwareentwicklung in menschliche Sinnzusammenhänge« hervorhebt, so liegt dem dieselbe Einsicht zugrunde. Seine Kritik am Werkzeugdenken wie auch die Charakterisierung der Informatik als »hermeneutische Disziplin« gehen jedoch zu weit, indem sie Unterschiede zwischen Disziplinen verwischt. Der »Werkzeugcharakter« betont nicht nur das formale Machen, das Erschaffen künstlicher Welten (das in den genuin hermeneutischen Wissenschaften fehlt), sondern zugleich ethisch bestimmte Restriktionen über die Machart des Machbaren und damit seine mögliche Verwendung. Das ist mit dem Begriff der Beherrschbarkeit gemeint: nicht die Herrschaft über andere oder die Technik als zweite Natur, sondern Selbstbeherrschung im Technikgebrauch. Um es auf eine vereinfachte Formel zu bringen: Nicht ein neues Informatik-Paradigma ist gefragt, sondern die Änderung des Handelns einzelner Informatiker. Diese *Forderung* impliziert

- einen Verzicht auf Software als zentralistische Großtechnologie der Arbeitsorganisation,
- eine intensive, Emanzipierung fördernde Qualifizierung von möglichen Benutzern,
- eine Ablösung des Gestaltungsprozesses aus der alleinigen Verfügung von Software-Experten und Managern,
- eine offene, überschaubare und der leichten Veränderbarkeit zugängliche Architektur.

Es genügt wenig Kenntnis unserer gesellschaftlichen Realität, um den einstweilen utopischen Charakter dieser Forderungen einzusehen. Ihre Akzeptanz setzt einen tiefgehend von *Verantwortungsbewußtsein geprägten Prozeß der Demokratisierung* von Wissenschaft, Technik und Gesellschaft voraus. Dabei mögen Markt und *Wettbewerb auch eine positive* Rolle spielen, als *moralische Instanzen* reichen sie so wenig aus wie eine *berufsständisch-disziplinäre Rollenideologie.*

Symbolische Maschinen, Computer und der Verlust des Ethischen im geistigen Tun

Sieben Thesen

Sybille Krämer

1. Technisierung impliziert eine Dissoziation von Technik und Ethik.

Der Entwicklungsstand einer Zivilisation zeigt sich an den ihr zur Verfügung stehenden Strategien der Entlastung. Die Technisierung ist eine der erfolgreichsten und folgenreichsten Entlastungsstrategien. Wir können diese mit Gehlen thematisieren als »Organentlastung, Organausschaltung und schließlich ... (als) Arbeitsersparnis« [Gehlen 1967, S.8]. Oder wir können sie mit Luhmann definieren als »Entlastung (von) sinnverarbeitenden Prozessen des Erlebens und Handelns« [Luhmann 1975, S.71]. Doch nicht nur die Minderung von körperlicher Arbeit und des beständigen Zwangs zur Konstitution von Sinn leistet die Technik. Sie vermittelt auch eine Entlastung der »dritten Art«: Das ist die Entlastung von der Verantwortung.

Der Mensch gilt als das zur Verantwortung fähige und zur Verantwortung pflichtige Wesen.[180] Daher bezeichnen wir das menschliche Tun als ein Handeln und den Akteur dieses Handelns als eine Person. Jede Technisierung zielt nun ab auf die Umwandlung einer Handlung in eine Operation. Das Ideal dieser Transformation ist es, den Handelnden durch einen Mechanismus zu ersetzen. Ein Mechanismus aber ist ein Akteur, bei dem von der Eigenschaft der Personalität, d. h. der Fähigkeit und Pflicht zur Verantwortung, abgesehen werden kann.

Je höher der Grad der Technisierung, desto stärker wird der Zusammenhang von Handlung und Verantwortung dissoziiert.[181] Dies gilt in rechtlicher und in moralischer Hinsicht. Rechtlich betrachtet heißt dies: Das Subjekt einer Tätigkeit und das Subjekt der Veranwortung für die Resultate eben dieser Tätigkeit brauchen nicht mehr ein und dieselbe Person zu sein. Für die Folgen versagender Bremsen

180 Zum Begriff »Verantwortung«: [Lenk 1987 S.112].

181 Über die notwendigen Veränderungen im Begriff von »Verantwortung« angesichts der Technikentwicklung [Zimmerli 1987, S.92].

am Neuwagen haftet der Hersteller, nicht der Autofahrer. Moralisch betrachtet heißt dies: Der Einsatz technischer Artefakte schafft eine moralische Distanz zu den Ergebnissen unseres Tuns. Der Bomberpilot, für den das Operationsfeld des Computerbildschirmes die Unterscheidung von bloß simuliertem und faktischem Bombenabwurf hinfällig macht, ist von den Gewissensnöten des eigenhändigen Tötens und Zerstörens nicht wenig entlastet.

Die Dissoziation von Technik und Ethik bedeutet jedoch nicht, daß Verantwortung überhaupt substituiert werde, sondern nur: Der Agent einer Tätigkeit und der Agent ihrer kausalen Verantwortung – also Haftung – treten auseinander.

2. Die Technisierung der körperlichen Arbeit findet ihr Pendant in der Technisierung der geistigen Arbeit; die Geistestechniken kulminieren in der Erfindung symbolischer Maschinen.

Nicht erst die Existenz des Computers zeigt, daß der Begriff von »Maschine« und »Technik« zu erweitern ist. Technik: das ist nicht nur die gegenständliche Apparatur der physikalischen Maschine, sondern auch die virtuelle Apparatur der symbolischen Maschine, der Programme also und der Daten. Von alters her gehören zur Technik nicht nur Werkzeuge, sondern auch Denkzeuge. Diese Denkzeuge reduzieren sich nicht auf gegenständliche Artefakte wie Abakus, Rechenschieber oder Rechenmaschine, sondern umfassen allererst die symbolischen Hilfsmittel: Die Erfindung der Schrift als Stütze von Gedächtnisbildung und Überlieferung; der Einsatz formaler Sprachen beim Problemelösen; die Konstruktion logischer Kalküle zum automatischen Beweisen [Krämer 1990].

Die Evolution dieser Geistestechniken kulminiert in der Erfindung symbolischer Maschinen [Krämer 1988]. Computer sind physikalische Realisierungen von symbolischen Maschinen. Eine symbolische Maschine ist ein endliches Zeichensystem, welches beim Problemelösen so eingesetzt werden kann, daß die folgenden drei Bedingungen erfüllt werden: (1) Repräsentationalität: Das Zeichensystem ist als repräsentationales Medium einsetzbar, dient also zur Darstellung eines wohlbestimmten Bereiches von Gegenständen. (2) Operationalität: Das Zeichensystem ist zugleich als ein operatives Medium einsetzbar, dient also zum Lösen von Problemen dieses Gegenstandsbereiches. (3) Formalität: Das Problemelösen folgt Regeln der Formation und Transformation von Zeichenausdrücken, die keinen Bezug nehmen auf die inhaltliche Deutung der Ausdrücke.

Das dezimale Positionssystem und die darauf beruhenden Rechenalgorithmen bilden eine der frühest entwickelten symbolischen Maschinen. Mit der Durchsetzung des schriftlichen Rechnens im Europa der frühen Neuzeit avanciert der Gebrauch einer symbolischen Maschine zu einer Kulturtechnik.

3. Die Dissoziation von Technik und Ethik realisiert sich im Bereich symbolischer Maschinen als Abtrennung des Verfahrenswissens von der Urteilskraft.

Sobald technische Instrumente zur Maschine kombiniert werden, ist das Wissen, wie diese Maschine zu gebrauchen ist, abgekoppelt von dem Wissen, warum die Maschine so und so funktioniert. Auf dieser Figur, zu verfügen ohne zu verstehen, beruht die intellektuelle Entlastungsfunktion der Maschinerie. Sie begegnet uns wieder bei der symbolischen Maschine.

Durch symbolische Maschinen wird eine geistige Tätigkeit, die ehemals dem Ingenium hoher Begabung vorbehalten blieb, zum Gemeingut. Dies geschieht durch Algorithmisierung im Medium eines Kalküls. Die Algorithmik ist die Popularisierungsstrategie des Geistes. Solche »Demokratisierung« des mathematischen Ingeniums geschah, als durch die Einführung des Buchstabenkalküls in die Algebra im 16. Jahrhundert das Lösen von Gleichungen, oder als mit der Erfindung des Infinitesimalkalküls im 17. Jahrhundert das Operieren mit infinitesimalen Größen sich zum Schülerwissen vereinfachte.

Die Popularisierung des Geistes durch symbolische Maschinen beruht auf dem Kunstgriff, das Wissen, wie ein bestimmtes Problem zu lösen ist, unabhängig zu machen von dem Wissen um die »Natur« dieses Problemes. Ob die Null eine Zahl sei, ob das Unendliche als ein aktual oder potentiell Unendliches aufzufassen sei, solche Verstehensfragen sind irrelevant für die Bewerkstelligung der algorithmischen Prozeduren der elementaren Arithmetik und der Analysis. Die korrekte Durchführung dieser Operationen ist unabhängig von der Zahleninterpretation der verwendeten Zeichen.

Dieses Auseinandertreten von Zeichenmanipulation und Zeicheninterpretation wird ergänzt durch die Abtrennung der Problemlösungskompetenz von der Rechtfertigungskompetenz. Fast schon ein Gemeinplatz der Wissenschaftsgeschichte ist es, daß beim Aufschwung der neuzeitlichen Wissenschaft der Effizienz ihrer kalkülisierten Problemlösungsverfahren ein Defizit in der theoretischen Grundlegung und Rechtfertigung entsprach. Sowenig wir, um das schriftliche Rechnen zu beherrschen, die Allgemeingültigkeit der Rechenregeln müssen nachweisen können, sowenig auch existierte bei Einführung des Kalküls der Analytischen Geometrie durch Descartes oder bei Erfindung des Infinitesimalkalküls durch Leibniz ein anerkanntes Verfahren ihrer theoretischen Legitimation [Krämer 1991a].

All dies: Die Abtrennung der Zeichenmanipulation von der Zeicheninterpretation wie auch der Problemlösungskompetenz von der Rechtfertigungskompetenz werden zum Dokument dafür, daß das Wissen, wie etwas gemacht wird, und das Wissen, was wir dabei tun, und wie dieses Tun zu rechtfertigen ist, auseinandertreten. Dies ist eine Spielart der Dissoziierung von Technik und Ethik.[182] Durch den

182 Mittelstraß thematisiert dies als ein Auseinandertreten von Information und Wissen bzw. als Ablösung des Wissens von der Wissensbildungskompetenz [Mittelstraß 1991, S.6].

Einsatz symbolischer Maschinen wird eine geistige Tätigkeit so aufbereitet, daß nur noch ein Verfahrenswissen, nicht aber mehr Urteilskraft gefordert ist.

4. Die Simulation von Maschinen in der geistigen Tätigkeit des Menschen ist die Vorgeschichte, die Simulation geistiger Tätigkeit des Menschen durch Maschinen ist die Geschichte der Informatik.

Sobald die Transformationsregeln der symbolischen Maschine als eine vollständige Liste vorliegen, sind nur noch zwei geistige Tätigkeiten vonnöten, um mit dieser »Papiermaschine« [Turing 1987, S.91] zu arbeiten: (1) konkrete Zeichenvorkommnisse müssen als Realisierungen von wohlbestimmten Zeichentypen identifiziert werden. (2) bestimmte Zeichenausdrücke müssen durch bestimmte andere Zeichenausdrücke gemäß den Regeln des Kalküls substituiert werden. Das sind jene Elementaroperationen, aus denen die Aktivitäten einer Turingmaschine bestehen. Die Turingmaschine ist die mathematische Präzision des intuitiven Begriffes »symbolische Maschine«.

Ein Mensch, der eine symbolische Maschine als Instrument geistiger Arbeit einsetzt, muß sich dabei verhalten, als ob er selber eine Maschine sei: Wir werden umso besser rechnen, je mehr wir beim Rechnen selber eine Maschine simulieren. Geistige Arbeit wird zu einer Tätigkeit, bei welcher von der Personalität und von dem Bewußtsein des Akteurs vollständig abstrahiert werden kann. Daher kann jede Operation mit einer symbolischen Maschine im Prinzip auch von einer wirklichen Maschine realisiert werden. Formalisierung und Mechanisierung sind Begriffe gleicher Extension.

Die Evolution der symbolischen Maschinen bildet die historische Grundlegung der Informatik: Deren Vorgeschichte setzt damit ein, daß Menschen bei ihrer geistigen Tätigkeit Maschinen simulieren. Ihre Geschichte beginnt, sobald Maschinen geistige Tätigkeiten des Menschen simulieren.

5. Der Informatiker hat geistige Tätigkeiten so umzustrukturieren, daß sie ohne Urteilskraft zu bewerkstelligen, also ablösbar sind von der Personalität des Akteurs und damit ihrer ethischen Dimension zu entkleiden sind.

Die Informatik handelt von symbolischen Maschinen und deren physikalischen Realisierungen. An der Dekonstruktion des Personenbezugs kognitiver Leistungen sind der (1) Softwaretechniker und der (2) Hardwaretechniker auf je andersgeartete Weise beteiligt:

(1) Eine Tätigkeit zu programmieren heißt, diese so umzustrukturieren, daß ihre Ausführung an Urteilskraft nicht mehr gebunden ist. Dies gelingt, wenn die Regeln, die diese Tätigkeit leiten, in Gestalt von Algorithmen vollständig expliziert werden. Algorithmen bilden nun keine Unterklasse von Regeln, sondern haben den Status, Regeln zu sein, gerade verloren. Denn die Fähigkeit einer

Regel zu folgen, setzt Urteilskraft voraus: Geltungsbedingungen sind anzuerkennen und gegebenfalls abzuerkennen[183]; Regeln können gebrochen und im Handeln modifiziert werden. Streng genommen: Regeln bilden sich im Handeln erst heraus [Schwemmer 1987, S.53ff]. Das Regelfolgen ist geknüpft an eine – hier folgen wir Wittgenstein – moralische Kompetenz [Wittgenstein 1953, S.381ff.]. Solche Kompetenz entsteht, wo Personen teilnehmen an einer öffentlichen Lebensform und in ihrer Teilnahme diese Lebensform überhaupt erst hervorbringen. Das vollständig algorithmisierte Verfahren ist demgegenüber eine autistische Prozedur. Denn es beruht auf der strikten Unterscheidung zwischen der Aufstellung eines Algorithmus und seiner bloßen Abarbeitung. Diese Differenzierung ist im Bereich von Regeln im Wittgensteinschen Sinne gerade nicht zu treffen.

Mit der Transformation von regelbezogenen geistigen Handlungen in programmierbare Operationen leistet die Software-Informatik ihren Beitrag zur Entmoralisierung kognitiver Tätigkeiten mittels der Dekomposition der Urteilskraft.

(2) Für die Architektur der Von-Neumann-Maschine ist die Idee der ineinander verschachtelbaren, speicherbaren Subroutine grundlegend. Die Idee eines seine Handlung zentralisierenden Subjektes vererbt sich auf die Von-Neumann-Maschine in Form der Funktion der zentralen Verarbeitungseinheit. Diese Funktion kann aufgrund der Ineinanderschachtelung von Miniprogrammen etabliert werden als eine Hierarchie von Homunkuli [Dennet 1986, S.123]: Die Homunkuli einer Ebene empfangen Befehle und geben sie nach unten weiter an eine Gruppe jeweils engstirnigerer, noch zahlreicherer Homunkuli, die ihrerseits ihre Befehle an noch engstirnigere, noch zahlreichere Homunkuli weitergeben. Bis schließlich eine Ebene erreicht ist, auf welcher eine Routine so vereinfacht ist, daß sie durch einen physikalischen Mechanismus realisiert werden kann. Der Akteur als zentralisierende Instanz einer Handlung wird in der Von-Neumann Architektur mechanisch realisiert in Gestalt einer Hierarchie von Homunkuli wachsender Stupidität und darin zugleich: überflüssig gemacht.

6. *Der Computer ist nicht nur eine Geistestechnik, sondern gilt auch als Metapher für den Geist. Wo das der Fall ist, werden kognitive Kompetenzen vollständig unabhängig von moralischen Kompetenzen projektiert.*

Der Computer ist nicht nur eine Ingenieurleistung. Zugleich wird er als Erklärungsmodell für psychologische und erkenntnistheoretische Sachverhalte in Anspruch genommen. Das Forschungsparadigma der Kognitionswissenschaft und der Künstlichen Intelligenz, daß das Denken nichts anderes sei als rechenhafte Symbolmanipulation [Krämer 1991b], entlehnt seine suggestive Kraft dem Beispiel des digitalen Computers.

---

183 Regelfolgen setzen also die Reaktionen anderer auf unser Verhalten voraus [Winch 1965, S.43].

Diese Suggestitivität wird gemeinhin darin gesehen, daß der Computer einen Schlüssel liefere zur Antwort auf die alte Frage, wie intentionale Verursachung möglich sei, wie also der Geist angesichts der kausalen Geschlossenheit des physikalischen Universums dennoch auf Materie einwirken könne. Diesen Schlüssel berge seine »dreidimensionale Architektur« [Carrier & Mittelstraß 1989, S.208]: Durch die Unterscheidbarkeit einer semantischen, einer syntaktischen und einer physikalischen Ebene, wird der Computer als »lebendiger« Beweis dafür gewertet, wie logisch-semantische Relationen und syntaktisch-kausale Relationen in einer Weise miteinander korrespondieren können, daß physikalische Prozesse als durch Semantik gesteuerte Prozesse interpretierbar werden.

Aber ist es alleine das im Computer realisierte Zusammenwirken von Semantik, Syntax und Physik, was die strategische Bedeutung der Computermetapher ausmacht? Oder kommt da nicht hinzu, daß der Computer zum Demonstrationsobjekt dafür wird, daß geistige Tätigkeiten ausführbar sind unabhängig von den Bedingungen der Personalität, von den moralischen Kompetenzen des geistig tätigen Subjekts?

Tatsächlich zielt die Künstliche Intelligenz auf die Abschwächung des Begriffes von Intelligenz: Mit ihrer These vom physischen Symbolsystem als notwendiger und zugleich hinreichender Bedingung von Intelligenz wird Intelligenz auch maschinellen Systemen zuschreibbar. Und die Kognitionswissenschaft projiziert dann diesen maschinenbezogenen Begriff von Kognition zurück auf die internen mentalen Abläufe beim Menschen.

Das funktionalistische Bild von »Geist«, das durch die Computermetapher favorisiert wird, heißt also nicht nur: Die Arbeitsweise des Geistes ist unabhängig von seinem stofflichen Substrat. Sondern meint vor allem auch: Die Arbeitsweise des Geistes ist unabhängig von der Bedingung der Personalität.

7. *Die Computermetapher revidiert das ethische Fundament des neuzeitlichen, bei Descartes und Locke entwickelten Geistbegriffes.*

Wenn symbolische Maschinen und deren physikalische Realisierungen, also Geistestechniken, den Gegenstand der Informatik bilden, dann bleibt diese nicht bloße Ingenieurwissenschaft, sondern zeigt auch geisteswissenschaftliche Bezüge: Ihre technischen Leistungen gewinnen einen Maßstab erst an einem bestimmten Begriff von geistiger Tätigkeit, wie auch jede dieser Leistungen ein gewisses Bild vom Geist »vergegenständlicht«. Dieses Bild charakterisierten wir durch die Dissoziation von kognitiven und moralischen Kompetenzen, von Intellekt und Urteilskraft.

Damit wird eine Vorstellung von Geist revidiert, deren Wurzeln zurückreichen in die neuzeitliche Philosophie. René Descartes und John Locke gelten als Begründer der neuzeitlichen Theorie des Geistes. Doch das Bild vom Geist, das sie prägten, ist gekennzeichnet durch die Synthese von intellektuellem und moralischem Tun.

Descartes unterscheidet zwei Vermögen des Geistes, den Verstand und den Willen [Descartes 1965, S.11ff.; Descartes 1972, S.133 und 145]. Dabei gilt ihm der Verstand als intellektuelle, der Wille aber als moralische Instanz. Denken entsteht nun durch eine ungleichgewichtige Arbeitsteilung zwischen Verstand und Wille: Der Verstand produziert die Ideen, der Wille alleine vermag diese zu beurteilen, also festzustellen, ob sie wahr oder falsch sind. Der ursprüngliche Zweck allen Denkens, zu wahren Aussagen zu gelangen, wird damit zu einer genuinen moralischen Kompetenz.

Locke unterscheidet zwischen »man« und »person« [Locke 1981 S.401ff.]. Unter »person« versteht er ein Wesen, das über eine persönliche Identität verfüge und also für sein Tun zur Verantwortung gezogen werden könne. Über Geist verfügen nun ausschließlich Personen. Die Zuschreibung von Intelligenz und Geist wird für Locke geradezu zu einem Kriterium dafür, daß jemand rechenschaftsfähig und rechenschaftspflichtig ist. »Geist« ist für Locke kein be-schreibender, sondern ein vorschreibender Terminus. Er zeigt an, daß da, wo Geist gegeben ist, auch Verantwortung zu nehmen sei.

In dieser geisteswissenschaftlichen Perspektive reiht sich die Informatik ein in eine Vielzahl zeitgenössischer Bemühungen, das anthropozentrische Bild des Geistes zu revidieren zugunsten einer Konzeption von Geist, die speziesinvariant ist.

Die Herausforderung der Informatik für die praktische Philosophie †

Rafael Capurro

Einleitung

Wissenschaften lassen sich nicht ein für allemal bezüglich ihrer Gegenstände und ihrer Methoden bestimmen, sondern sie sind einem Prozeß unterworfen, der nach Thomas S. Kuhn als eine »Struktur« von »normalen« und »revolutionären« Perioden aufgefaßt werden kann [Kuhn 1967].

Dieses Modell stellt, wie G. Vattimo gezeigt hat [Vattimo 1990], die herkömmliche Unterscheidung zwischen Wissenschaft und Technik auf der einen und Kunst auf der anderen Seite in Frage. Denn das bisherige Unterscheidungskriterium, nämlich die Annahme eines linearen Erkenntnisfortschrittes auf der Basis von letztbegründeter Verifizierbarkeit, kann bestenfalls als ein idealisierter Fall von Geschichtlichkeit verstanden werden. Das Kuhnsche Modell entstammt, so Vattimo, der Sphäre des Ästhetischen, in der das Sichdurchsetzen neuer Paradigmen nicht kumulativ durch Beweise, sondern wahlweise durch Überredungen, d. h. durch eine aktive Teilnahme, durch Interpretationen und Antworten, stattfindet. Damit kulminiert ein Prozeß der Aufwertung des Ästhetischen, der zunächst bis in die Renaissance verfolgt werden kann, aber seine entscheidende Ausprägung und seine philosophiegeschichtliche Antizipation in der im griechischen Sinne ‚technischen' Auffassung des Wissens hat.

Ich meine, daß die zur Zeit geführte Diskussion um eine grundlegende Neubestimmung der Informatik nicht als ein mehr oder weniger beliebiges Beispiel für die Richtigkeit der Kuhnschen Auffassung trivialisiert werden darf. Denn die Bedeutung der Informatik als einer Grundlagendisziplin besteht einerseits in ihrer theoretischen Tragweite, im Sinne einer Wissenschaft, die den eigentlichen ‚technischen' Charakter aller anderen Fächer zum Vorschein kommen läßt. W. C. Zimmerli spricht deshalb mit Recht von einer »fortschreitenden Hybridisierung von Wissenschaft und Technik: »Logik ist technisch, Technik logisch.« Das bedeutet, daß die Grenzen der Verantwortung zwischen den verschiedenen Akteuren – Industrie, Wirtschaft, Hochschule und Politik – sich verwischen bzw. daß alle sich über die Folgen ihres ‚techno-logischen' Tuns bewußt werden müssen [Zimmerli 1989].

---

† Der Beitrag ist eine überarbeitete Fassung eines Artikels im Informatik Spektrum Dez. 1990.

Zugleich und als Konsequenz dieser Hybridisierung ist es andererseits unbestreitbar, daß die Informatik sich nicht lediglich als eine Grundlagendisziplin im klassischen Sinne, wie etwa Mathematik oder Logik, bestimmen läßt, die sich bloß im Reich der Abstraktionen bzw. Strukturen bewegt und ihre Grenzen dort findet, wo sie angewandt wird. Mit anderen Worten, es scheint gerade so, als ob diese Anwendungen, deren Reichweite nicht eingeschränkt werden kann, ebenfalls zum Kern ihres Selbstverständnisses gehörten. Die Informatik wäre somit die ‚technologische' Disziplin ‚par excellence'.

Wenn dem so ist, dann ist die Frage nach einer paradigmatischen Neubestimmung der Informatik nicht nur von wissenschaftstheoretischer und gesellschaftlicher, sondern auch von philosophischer Bedeutung. Es stellt sich nämlich die Frage, inwiefern dieser zumindest scheinbar universalistische, theoretische und praktische Anspruch der Informatik gerechtfertigt ist. Diese Frage ist, wie mir scheint, eine der entscheidenden Herausforderungen, der die Philosophie in unserer Zeit, außer der noch bestehenden Herausforderung durch die moderne Physik, sich gegenübergestellt sieht.

So möchte ich also den Streit um die paradigmatische Neubestimmung der Informatik zum Anlaß nehmen, um die der Philosophie hieraus erwachsende Herausforderung einer Wahrheitsprüfung – nämlich in bezug auf die Materie des Streites, die nicht mehr und nicht weniger als der Mensch selbst ist – in einigen Kernpunkten herauszuarbeiten.

Diese Aussage, nämlich daß der Mensch nicht nur Gegenstand der Philosophie, sondern auch der Informatik ist, wird gewiß auf Widerspruch stoßen, und es gilt deshalb, ihren Sinn und Gehalt zu prüfen. Sollte sie standhalten und in ihrem spezifischen Sinn geklärt sein, dann stellt sich in einem zweiten Schritt die Frage, inwiefern der Gesichtspunkt, unter dem die Informatik den Menschen betrachtet, der Sache selbst voll Rechnung trägt. Der Mensch ist für die Philosophie keine Nebensache, vielmehr ist Philosophie »nicht etwa eine Wissenschaft der Vorstellungen, Begriffe und Ideen, oder eine Wissenschaft aller Wissenschaften, oder sonst etwas Ähnliches (...); sondern eine Wissenschaft des Menschen, seines Vorstellens, Denkens und Handelns« [Kant 1986, Der Streit der Fakultäten, A 115-116]. Sowohl als Verstandes- als auch als Vernunftwesen ist der Mensch ursprünglich ein Handelnder. Philosophie als Wissenschaft des vom Handeln (griechisch ‚praxis') her aufgefaßten Menschen ist ursprünglich ‚praktische Philosophie'.

Dieser Ausdruck ist, zumindest für Nicht-Philosophen, heute ungewöhnlich. Dagegen glaubt jeder zu verstehen, was damit gemeint ist, wenn von Ethik die Rede ist. ‚Ethik' gehört zweifellos zu den Modewörtern der letzten und vielleicht auch der nächsten Jahre. Es gibt z. B. eine Bioethik und eine Wirtschaftsethik, eine Ethik der Wissenschaften und eine Computerethik. Es gibt Ethik-Kommissionen und -Ausschüsse auf nationaler und internationaler Ebene für die unterschiedlichsten Fragen, und es ist ‚chic', daß das höhere Management sich in Sachen Ethik bei

Wochenendseminaren schulen läßt. Genaugenommen ist aber die Ethik bis hin zur Aufklärung lediglich ein Teil der praktischen Philosophie. Diese Tradition, die auf Aristoteles als ihren Begründer zurückblickt, umfaßt alle Bereiche menschlicher Praxis, also Ökonomie, Sozial-, Rechts- und Staatsphilosophie, Anthropologie, Religions-, Geschichts- und Kulturphilosophie.

Praktische Philosophie ist also jener Bereich der philosophischen Reflexion, in dem es um die sittliche Verbesserung des Handelnden geht, wenngleich eine solche Reflexion nicht mit dem tatsächlichen guten Handeln selbst verwechselt werden darf. Aufgabe der praktischen Philosophie ist eine Ausarbeitung der ethischen Dimensionen in den verschiedenen Bereichen menschlicher Praxis.

Zur Ethik im engeren Sinne gehört die Erörterung all jener Dimensionen, die dem Menschen als handelndem Wesen eigen sind, nämlich die Vorzüge des Verstandes (die »dianoetischen« Tugenden) und des Charakters, die »ethischen« Tugenden, deren Name, so Aristoteles, sich aus dem Begriff ‚Gewöhnung' – »ethos« mit ε (Epsilon) im Unterschied zu Charakter: »ethos« mit η (Etha) – herleitet [Aristoteles 1960, 1103 a 14-19]. In einem weiteren Sinne umfaßt aber die Ethik die Frage nach dem guten Handeln nicht nur im individuellen, sondern auch im sozial-politischen Bereich. Man kann im Anschluß an Aristoteles sagen, daß Ethik im engeren Sinne und praktische Philosophie oder Ethik im weiteren Sinne zwar nicht identisch, aber untrennbar sind.

Es geht daraus also klar hervor, daß die Informatik, sofern sie in alle Bereiche menschlicher Praxis eingreift, eine Herausforderung für die praktische Philosophie ist. Mit anderen Worten, der Streit, der zur Zeit in der Informatik herrscht, kann als ursprünglich philosophischer Widerstreit aufgefaßt werden, wobei es im Kern um das Verhältnis von Ethik und Informatik bei der Bestimmung menschlichen Handelns geht. Wenn wir also nach diesem Verhältnis fragen, dann ist das in der Tat ein weites Feld. Ziel der folgenden Erörterungen ist es, lediglich einige Wegweiser aufzustellen. Wir fangen an mit der Frage nach dem angedeuteten Paradigmenwechsel in der Informatik und lassen uns anschließend auf einige Kernpunkte des Streites ein.

1. Das Paradigma der klassischen Informatik

Was ist ‚Informatik'? Wir gehen dieser Frage zunächst lexikalisch nach. Das Wort wurde für Erzeugnisse der Firma Standard Elektrik Lorenz Ende der fünfziger Jahre urheberrechtlich geschützt. Nachdem das französische ‚informatique' durch die Académie Francaise angenommen wurde, verbreitete sich die Bezeichnung – gegenüber dem schwerfälligen Wort ‚Informationsverarbeitung' oder ‚traitement de l'information' – in der Bundesrepublik, bis sie Ende der sechziger Jahre allgemeingebräuchlich wurde. Lediglich in den USA setzte sich eine andere Bezeichnung, nämlich ‚computer science', durch. Die DDR dagegen übernahm ‚Informatik' als Bezeichnung für die in den siebziger Jahren entstandene ‚Informationswissenschaft' oder ‚information science'. Schlägt man in einem Fachlexikon nach, dann findet man folgende Definition:

»Informatik (*computer science*): Wissenschaft von der systematischen Verarbeitung von Informationen, besonders der automatischen Verarbeitung mit Hilfe von Digitalrechnern *(Computer)*« [Duden 1988]. Aus dieser Definition geht hervor, daß die Informatik nicht etwa mit dem Menschen, sondern mit dem Computer zu tun hat. Außerdem besagt diese Definition, daß die Informatik sich zwar mit der »systematischen Verarbeitung von Informationen« beschäftigt – und in diesem Sinne ist sie eine formale Wissenschaft, etwa der Logik oder Mathematik vergleichbar –, aber sie tut dies im Hinblick auf die Möglichkeit der Implementierung solcher Strukturen in einer digitalen Rechenanlage bzw. in enger Verzahnung mit Aufbau und Entwicklung solcher Rechenanlagen. Somit gehören also zum klassischen Selbstverständnis der Informatik zwei Momente: Sie ist auf der einen Seite eine Strukturwissenschaft, die sich an der Mathematik und der Logik orientiert, und sie ist zugleich eine Ingenieurwissenschaft, was sich in Bezeichnungen wie Software Engineering, Requirements Engineering, Knowledge Engineering und Systems Engineering niederschlägt [Brauer 1984b]. Dieses klassische Selbstverständnis der Informatik stellt sie also sowohl den Naturwissenschaften, bei denen es um Erkenntnis geht, als auch den Geisteswissenschaften, bei denen es um Verstehen geht, gegenüber. Innerhalb dieses klassischen Selbstverständnisses gibt es wiederum die Möglichkeit, Informatik von Informationstechnik zu trennen und einen Gegensatz zwischen theoretischer und praktischer Informatik auf der einen und technischer Informatik auf der anderen Seite zu bilden. Während z. B. F. L. Bauer die Einheit beider Momente neulich hervorgehoben hat [Bauer 1988], gibt es Stimmen, etwa aus dem Bereich Elektrotechnik, die in einer solchen Einheit eine Vereinnahmung sehen [Achilles et. al. 1988, S.327]. Trennt man beide Momente und läßt die Informatik nur als Strukturwissenschaft gelten, dann weitet sich ihr Bereich jenseits der technischen (Computer-)Systeme aus, nämlich auf biologische und soziale Systeme, womit dann die Trennung zu den Natur- und Geisteswissenschaften zugleich aufgehoben wird, was auch Bauer zugibt. In diesem Sinne sehe ich auch die im folgenden erläuterte Kritik von W. Hinderer an W. Coy gerechtfertigt.

2. Der Mensch als Gegenstand der Informatik

W. Coy nämlich stellte folgende Definition der Informatik auf: »Aufgabe der Informatik ist die Analyse von Arbeitsprozessen und ihre konstruktive, maschinelle Unterstützung« [Coy 1989, S.257]. Arbeitsprozesse sind aber nur ein möglicher Anwendungsfall einer sich universell verstehenden Informatik, die, so Hinderer, »unsere kulturelle Entwicklung insgesamt, einschließlich unseres Welt- und Menschenbildes« betrifft [Hinderer 1990]. Bei dieser Definition kommt auch besonders zum Ausdruck, wie sehr die Informatik sich bereits als eine Wissenschaft vom Menschen her versteht und sich auf den Menschen hin orientiert, d. h. diese Definition zeigt an, wie Coy betont, daß ein Paradigmenwechsel im Kuhnschen Sinne stattfindet.

Die »soziale Bindung« der Informatik kommt ebenfalls in der von Coy zitierten Definition von Kristen Nygaard deutlich zum Ausdruck, sie ist aber bezüglich der Anwendungsfelder umfassender. Sie lautet: »Informatics is the science that has as its domain information processes and related phenomena in artifacts, society and nature« [Nygaard 1986]. Die Wende zum Menschen hin ist bereits in Nygaards Überschrift »Program Development as a Social Activity« sowie in der Aussage: »To program is to understand!« unüberhörbar. Mit dieser Veränderung des Selbstverständnisses bezüglich der grundlegenden sozialen Dimension der praktischen Informatik hängt die Infragestellung der überkommenen klassischen Auffassung von der Maschine – sowie von der Technik überhaupt – als einem neutralen Werkzeug eng zusammen. Diese Auffassung lieferte nämlich die Basis für eine prima facie saubere Trennung zwischen der Ethik-freien Arbeit des Ingenieurs und der vom Auftraggeber oder vom praktischen Anwender zu übernehmenden Verantwortung. Diese rationalistische Trennung ist aber inzwischen untragbar geworden. Denn Maschinen sind in ihrem Entwurf und in ihrer Anwendung von ihren Auswirkungen auf den Menschen – von den Auswirkungen auf die Umwelt ganz zu schweigen – nicht abtrennbar. Wir würden uns dabei selbst um eines der wichtigsten Medien zur Selbstdeutung und Selbstgestaltung berauben.

Auch in der in Anlehnung an H. Zemanek entworfenen Theorie der Informatik als Technikwissenschaft von A. L. Luft steht die paradigmatische Kehrtwende zum Menschen im Vordergrund. Denn Luft stellt die klassische Technikauffassung »von innen nach außen«, die Trennung also von Produktentwicklung und -nutzung, in Frage und fordert ein neues Technikverständnis »von außen nach innen«, d. h. »vom Menschen und seinen Anforderungen« ausgehend, »wenn wir die Auswirkungen der wissenschaftlich-technischen Revolutionen nicht nur als Objekte erfahren, sondern als Subjekte bewußt gestalten wollen« [Luft 1988, S.10]. Das alte und das neue Technikverständnis haben etwas Gemeinsames: In beiden Fällen geht es nämlich um die Hervorbringung von Werken. Während aber die herkömmliche Technik sich auf stoffliche oder energetische Werke beschränkte, geht es bei der Informatik »um die Repräsentation von Wissen in Form von Daten und um die Reduktion geistiger Tätigkeiten auf Algorithmen und maschinell simulierbare Prozesse, d. h. um die Programmierung von Maschinen« (S. 14). Mit anderen Worten, das spezifisch Neue bei der Informatik ist der Entwurf von menschlichen Interaktionssystemen, wobei Luft, ähnlich wie Coy, den Bereich der Arbeit hervorhebt. Es ist kein Wunder, wenn ein auf einem solchen Technikbegriff basierendes Selbstverständnis der Informatik gerade Anthropologie und Ethik eine fundamentale Bedeutung beimißt. Dieser Zusammenhang wird um so entscheidender, wenn man bedenkt, daß der Begründer der praktischen Philosophie gerade in der Unterscheidung zwischen ‚poiesis'/ ‚techne' und ‚praxis'/‚phrónesis' die Basis für unsere heutige Reflexion über die Zusammenhänge von Ethik und Technik legte. Denn ‚poiesis' und ‚techne' meinen jeweils das Gestalten von stofflichen Werken bzw. das Wissen um das Hervorbringen eines Endzieles, das außerhalb des Handelnden bleibt. ‚Praxis' aber meint jenen Bereich sittlicher Handlungen, der selbstzweckhaft ist und die allgemeine Norm – das Gute für den Menschen insgesamt – erst in der einsichtigen Beratung in bezug auf den Einzelfall abzuwägen und zu verwirklichen weiß (‚phrónesis'). Erst auf der Basis einer so verstandenen sittlichen Praxis, können ‚poiesis' und ‚techne' einen menschlichen, d. h. humanitären – und nicht anthropozentrischen oder ‚humanistischen' – Charakter gewinnen, indem sie vor einen über die notwendige Partialität ihre Zwecke hinausführenden Horizont gestellt werden. Dieser Horizont ist nichts anderes als die Möglichkeit der gemeinsamen Suche des nicht aufeinander reduzierbaren, aber immer miteinander verflochtenen individuellen, politischen und allgemeinmenschlichen Glücks.

3. Die Informatik als hermeneutische Disziplin

Die Wende der Informatik zum Menschen hin vollzieht sich weniger anspruchsvoll, aber deshalb nicht weniger radikal im hermeneutischen Ansatz von T. Winograd und F. Flores [Winograd & Flores 1986]. Denn gerade das, was im klassischen Selbstverständnis der Informatik ausgeschlossen werden sollte, nämlich der Vorgang der Interpretation als Unterscheidungskriterium zwischen Struktur- und Ingenieurwissenschaften auf der einen und Geisteswissenschaften auf der anderen Seite, wird jetzt der theoretischen, praktischen, technischen und angewandten Informatik zugrunde gelegt. Was die Autoren in Frage stellen, ist genau jene rationalistische Tradition, die den Kern der klassischen Auffassung der Informatik und der von ihr noch teilweise abhängigen KI-Forschung bildet, deren theoretische Bestandteile vor allem in der Trennung zwischen einer Außen- und einer Innenwelt ihre Grundlage fanden. Denn erst die Vorstellung einer objektiven Welt, die durch mentale Repräsentationen abbildbar wäre, gibt die Garantie für eine auf der Basis der symbolischen Formalisierung wiederholbare Implementierung von bestimmten Gehirnfunktionen, deren Ergebnis dann ‚Wissen' genannt werden kann. Das so Konzipierte kann gespeichert und bei der Lösung von Problemen eingesetzt werden. Wenn dies mit Hilfe des Computers geschieht, dann können wir auch sagen, daß Computer in gewisser Weise intelligent sind, daß sie denken, Experten ersetzen, Wissen speichern usw.

Winograd und Flores zeigen aber, daß diese Auffassung des Menschen auf einer verzerrten Idealisierung der tatsächlichen Bedingungen unseres »In-der-Welt-Seins« (Heidegger) beruht. Denn wir befinden uns ursprünglich – d. h. bevor eine abstrakte Trennung zwischen einer objektiven Außenwelt und einer in sich eingekapselten Subjektivität durchgeführt werden kann – in einem unmittelbaren praktischen Umgang mit den Dingen in einer gemeinsam mit-geteilten Welt. Bereits bei dieser phänomenologischen Bestandsaufnahme wird deutlich, welchen Stellenwert dem Menschen als einem Handelnden, dem Praxis-Bezug also, beigemessen wird. Daß es dabei aber nicht um eine pragmatistische oder gar irrationalistische Auffassung geht, zeigt die auf Heidegger und Gadamer sich berufende Einsicht der Verfasser in die hermeneutische Natur dieses Umgangs mit Werkzeugen im alltäglichen Besorgen. Denn bei dieser praktischen Welterschließung geht es um einen unabschließbaren Prozeß, in dem der Mensch die Welt im Sinne eines nichteinholbaren Horizontes seines zeitlichen Daseins entdeckt und aufgrund dieser Transzendenzerfahrung erst die Möglichkeit zu einer Vielfalt theoretischer Seinsentwürfe gewinnt. Diese praktischen und theoretischen Verstehensprozesse sind wiederum nicht monologisch, sondern in der Sprache eingebettet. Das bedeutet wiederum, daß Sprache das Medium sozialer Verpflichtungen ist (»commitments«). Die Konsequenzen dieser hermeneutischen Reflexion für die Grundlegung der Informatik sind bedeutsam, denn jetzt stehen der Aufbau des Computers und seine Programmierung in einem unlösbaren Zusammenhang mit dem Medium, in dem sie existieren, d. h. mit der Sprache. Computer sind »tools for conversation«, mit denen zwischenmenschliche Interaktionen technisch unterstützt werden können. Das heißt aber wiederum, daß die ethischen Fragen, die eine so vom Menschen her und auf den Menschen hin hermeneutisch fundierte Informatik aufwirft, eben von dieser Wissenschaft nicht behandelt werden können, sondern stets vorverstanden bleiben.

Und gemeint ist stets der Mensch in der Welt und nicht der anthropozentrische Wahn einer weltlosen und monologischen Subjektivität, die alles auf sich bezieht, um in der psychischen Repräsentation alles in sich wiederzufinden [Capurro 1986].

Mit anderen Worten, gerade im Augenblick, da sich die Informatik in einer paradigmatischen Wende befindet, werden die ethischen Dimensionen in der ganzen möglichen Konkretheit der Informatik-Anwendungen in allen Bereichen menschlichen Handelns offensichtlich. Der Begriff ‚Anwendung' führt aber vermutlich hier in die Irre, denn er könnte im Sinne der klassischen Auffassung mißdeutet werden. Es ist jetzt aber nicht so, daß zu Beginn die Entwicklung eines abstrakten Programms steht, das danach ‚angewandt' wird, sondern der hermeneutische Ruf Nygaards: »to program is to understand!« bedeutet, daß das Verstehen die Grundlage für die Programmierung bildet. Die rationalistische Umkehrung des Satzes, nämlich »to understand is to program«, würde bedeuten, daß die Faktizität und die Situationshaftigkeit unseres Existierens letztlich einholbar wäre, was aber eine u. U. gefährliche Illusion ist. Auch der Begriff des Werkzeugs könnte, wie schon angedeutet, in scheinbarer ethischer Neutralität als Maschine mißverstanden werden. Ich meine aber darüber hinaus, daß die Informatik gerade aufgrund ihrer praktisch-ethischen Universalität nicht als ‚Werkzeugwissenschaft' trivialisiert werden darf bzw. daß die Ausmaße ihrer Erzeugnisse – man denke an die sozialen Risiken umfassender Computernetze – nicht verniedlicht werden dürfen.

Denn Software-Werkzeuge sind, wie Budde und Züllighoven richtig ausführen [Budde & Züllighoven 1990], nicht kontext- oder wertneutral, sondern – so die Autoren in Anschluß an Heideggers Daseinsanalytik – eine Erweiterung und Verdeckung unserer Handlungsmöglichkeiten auf der Basis einer als wiederholbar erkannten Routine, wobei diese Möglichkeiten immer schon in einem sozialen Interaktionsprozeß eingebettet sind. Der Werkzeugbegriff hängt eng mit dem Maschinenbegriff zusammen, nämlich im Sinne eines »Umschlagens« (Heidegger) vom »besorgenden« Umgang zur Theorie. Mit anderen Worten, durch die Formalisierung oder Algorithmisierung werden wiederholbare Handlungsaspekte aus ihrem Kontext herausgelöst und ausdrücklich thematisiert. Diese Kerntätigkeit des Informatikers ist also erst auf der Basis der vorverstandenen Handlungssituation und im Hinblick auf ihre Rekontextualisierung sinnvoll. Hermeneutisch gesehen sind demnach der Werkzeug- und der Maschinenbegriff komplementär. Der Entwurf von Maschinen mit Hilfe von Programmiersprachen ist nicht aus dem ‚hermeneutischen Zirkel' ablösbar.

Es gilt dann, wie Ch. Floyd im Anschluß an den ‚radikalen' dialogischen Konstruktivismus H. v. Foersters und G. Pasks ausführt, die Einbettung der Softwareentwicklung in menschliche Sinnzusammenhänge hervorzuheben.

»Ein wesentlicher und immer wieder betonter Aspekt des Konstrukivismus ist ,« so Floyd, »daß Ethik von der Betrachtung von Erkenntnis und Handeln niemals losgelöst werden kann. (...) Das geschieht nicht durch explizite Angabe von Normen darüber, was man tun soll, sondern das Ethische ist von vornherein mit ‚eingewoben', da Erkenntnis und Handeln immer auf mich bezogen sind. In [Foerster 1985, S. 73] findet sich der ethische Imperativ: Handle so, daß die Anzahl der Wahlmöglichkeiten größer werden. Den anderen anzuerkennen, erfordert eine Entscheidung. Sie veranlaßt uns, aus dem Monolog herauszutreten und in den Dialog einzutreten. Dialog bedeutet, die Perspektive des anderen anzunehmen« [Floyd 1992, S. 9].

Wenn wir also von Ethik und Informatik sprechen, dann meinen wir gerade dieses ‚Eingewobensein' unserer informationstechnischen Entwürfe in eine sittliche Dimension. Die Reflexion über diese Dimension ist Aufgabe der Ethik im Sinne der praktischen Philosophie.

Als Fazit können wir festhalten, daß der zu Beginn angesprochene universalistische Anspruch der Informatik in seiner ethisch-praktischen, und nur sekundär in seiner theoretischen Reichweite liegt. Mit anderen Worten, der Gegenstand der Informatik nach dem Paradigmenwechsel ist eben der Mensch und zwar in bezug auf die technische Gestaltung seiner Interaktionen in der Welt, wobei eine solche Gestaltung stets in bezug auf eine von der Informatik her nur indirekt thematisierbare, aber stets in sie hineinspielende ethische Dimension aufgefaßt werden muß. Die Informatik stellt sich als eine hermeneutische Disziplin dar, die die bisherigen theoretischen, praktischen, technischen und anwendungsbezogenen Aspekte umfaßt. Diese werden vom ‚ethos' her, d. h. sowohl vom moralischen Charakter des einzelnen als auch von der Sittlichkeit der Gemeinschaft, als Handlungsentwürfe legitimiert.

4. Die Herausforderung der Informatik für die praktische Philosophie

Somit ist auch die Herausforderung der Informatik für die praktische Philosophie ausgesprochen, nämlich die Thematisierung und Applikation des ethischen Diskurses in bezug auf die Fragen, die der Entwurf und die Implementierung solcher Interaktionssysteme für die durch sie direkt oder indirekt Betroffenen (Auftraggeber, Benutzer, Kollegen) aufwirft.

Diese Thematisierung hat zu einer breiten Diskussion sowie zu gewissermaßen ‚offiziellen' Stellungnahmen seitens der Informatiker geführt. Ich denke dabei z. B. an die Ergebnisse des GI-Arbeitskreises »Grenzen eines verantwortbaren Einsatzes von Informationstechnik« [Coy et. al 1988, in diesem Buch]. Darin wird nämlich der Universalitätsanspruch der Informatik von der sozialen Dimension her eingeschränkt. Dann steht die Frage nach der Verantwortung im Mittelpunkt, wenn es nämlich darum geht, Informationstechnik »unter der Leitlinie sozialer Zweckbestimmtheit und unter dem Gesichtpunkt des Werkzeugcharakters« zu entwickeln. Gerade im Zusammenhang mit der medienartigen Natur der Informationstechnik zeigt sich aber, daß Begriffe wie Maschine oder Werkzeug hier nur analog gelten und daß die Frage nach der Zuweisung von Verantwortung sich dabei neu stellt. Denn Spannungen zwischen sozialer Zweckbestimmtheit und Werkzeugcharakter, etwa beim Mißbrauch von Zugriffsmöglichkeiten oder bei der Übertragung von Verantwortung vom Entwickler zum Benutzer, können nicht mehr auf der Grundlage der klassischen Technikauffassung gelöst werden. Bereits die Arbeitsteilung bei der Entwicklung führt hier, wie auch in anderen Fällen von Großtechnologie, zu der Frage nach einer kollektiven Verantwortung. In diesem Zusammenhang empfiehlt der Arbeitskreis einen dialogischen Ansatz, nämlich das Prototyping, d. h. die ausdrückliche Kooperation mit den Benutzern. Nicht absolut zuverlässige, sondern fehlertolerante Systeme stehen jetzt, nach dem Paradigmenwechsel, im Vordergrund. Die Wissenschaftstheorie unserer Zeit hat gezeigt, daß Wissenschaftlichkeit nur dann gegeben ist, wenn auf Letztbegründung verzichtet wird. Das ‚schwache' Vermutungswissen und nicht das ‚starke', auf scheinbar unerschütterlichen Beweisen beruhende ‚dogmatische' Wissen ist ein entscheidendes Kriterium von Wissenschaft. Dementsprechend lernen wir jetzt, daß die klassische, auf absolute Sicherheit abzielende Technik keine ‚gute' Technik ist. Eine auf die soziale Dimension ausdrücklich bezugnehmende ‚logische' Technik steht nunmehr unter der Devise: Schwache Technologie ist gute Technologie!

So stellt also die Frage, wer die Verantwortung für die Entwicklung, den Einsatz und die Nutzung der Informationstechnik trägt – den Rahmen der Herausforderung der Informatik für die praktische Philosophie dar. Denn auf der einen Seite löst sich, zumindest tendenziell, das verantwortungsvolle Subjekt – auch und gerade, wenn dieses kollektiv aufgefaßt wird – in die vielfachen Vernetzungen auf, so daß es nicht mehr möglich ist, wie es scheinbar bei der klassischen Technik der Fall war, zwischen Herstellung und Nutzung klar zu trennen. Auf der anderen Seite wird die Frage nach ethischen Kriterien für eine menschengerechte Gestaltung dieser mit universalistischen Ansprüchen sich vollziehenden Technik immer dringender.

Ich glaube deshalb nicht, daß diese Frage primär mit Hilfe eines Rückgriffs auf Kants Kategorischen Imperativ gelöst werden kann. Es wäre eine ‚petitio principii'. Denn der Teufel steckt zwar hier, wie überall in der modernen Technologie, eben im Detail, aber eine »Kasuistik« im Kantischen Sinne, d. h. die Übung der Urteilskraft am Einzelfall, setzt bei Kant die Frage nach dem Subjekt als gelöst voraus, die aber in diesem Fall die eigentliche Herausforderung bildet. Auch das Kriterium der Diskursethik (K.-O. Apel, J. Habermas), nämlich die Voraussetzung einer transzendentalen Kommunikationsgemeinschaft, scheint mir aus demselben Grund zwar notwendig, aber nicht hinreichend. Eher glaube ich, daß der Begründer der praktischen Philosophie uns Anhaltspunkte gibt, wie eine ‚relativistische' Ethik aussehen kann, d. h. eine Ethik, die nicht mit Absolutheitsansprüchen ansetzt, sondern vom Einzelfall ausgeht und die Frage nach dem für den Menschen insgesamt Guten in der jeweiligen Situation immer wieder neu stellt. Das bedeutet nicht, daß die neuzeitliche Frage nach dem Subjekt oder nach der Autonomie des freien Willens überflüssig wäre, sondern diese Frage ist nur nicht losgelöst von einer dialogisch immer schon ‚mitgeteilten', also mit den anderen geteilten und deshalb auch (informations-)technisch gestaltbaren und ‚mitteilbaren' Lebenswelt zu sehen. In diesem Sinne fasse ich die aristotelische ‚phrónesis' (lat. prudentia) als ‚Vor-Sicht' auf. Sie ist die Kerntugend technischen Handelns. Aus diesem Grund haben rationalistische Überlegungen in der Ethik eine nicht wegzudenkende Funktion, und zwar bis hin zur Abfassung universalistischer Ethik-Kodizes. Es hieße aber solche Kodizes in das Gegenteil umkehren, würde man sie als Handlungsanleitungen betrachten, die man nur anzuwenden braucht. Denn ethische Reflexion, so ein wiederkehrender ‚topos' bei Aristoteles, kann nur »umrißhaft« stattfinden. Das ist auch ein Grund, warum die Ergebnisse einer scheinbar rein rationalistisch und vorurteilslos verfahrenden Ethik nicht als Handlungsanleitung verstanden werden dürfen.

Für Klaus Wiegerling hängt die ethische Herausforderung mit der anthropologischen eng zusammen: »Verändert sich der Mensch in seinem Wesen mit der Herrschaft der neuen Technologie?«, fragt er in Anlehnung an Heidegger und fügt anschließend hinzu: »Die ethische Herausforderung läßt sich in der Frage formulieren: Führt die Entfaltung der neuen Technologie langfristig gesehen zur Ausschaltung des menschlichen Moralbewußtseins, da die menschliche Freiheit, Grundlage jeder ethischen Überlegung, nur noch als Störfaktor in einer auf Funktionalität ausgerichteten technisierten Gesellschaft angesehen wird? In der ethischen Herausforderung ist freilich auch die politische und ökologische enthalten« [Wiegerling 1989, S.134].

So reichen also weder eine reine Pflichtethik noch eine scheinbar vorurteilslos vorgehende rationalistische Abwägung aus, um mit der Herausforderung der Informatik fertig zu werden. Das formale Kriterium einer dialogisch mitgeteilten Lebenswelt ist notwendig, aber nicht hinreichend. Wir suchen also nach Dimensionen gemeinschaftlich (be)glückender Lebenspraxis, nach menschlichen Existenzformen oder, wie die Tradition sie nannte, nach ‚Tugenden'. Ich meine, daß die praktische Philosophie uns auch hier Anhaltspunkte gibt, um gemeinsam und am Einzelfall unsere Urteilskraft zu üben [Capurro 1987]. So sollten wir also bei der informationstechnischen Gestaltung unseres »In-der-Welt-seins« folgendes nicht aus den Augen verlieren:

1. *Gerechtigkeit*, d. h. die Achtung vor der Menschenwürde. Damit meine ich in bezug auf die Informatik die Infragestellung der Trennung von Mensch und Technik, die Reduktion menschlichen Handelns auf regelgeleitete Strukturen und die Ausweitung des Blickes auf eine dialogisch erschlossene Welt, in der es gilt, von der konkreten Situation auszugehen und auf die individuellen Bedürfnisse und Möglichkeiten des einzelnen stets Rück- und Vor-Sicht zu nehmen.
2. *Tapferkeit*, d. h. Solidarität mit den Leidenden und Unterdrückten. Das bedeutet ebenfalls die Infragestellung der angeblichen Neutralität der Informationstechnik und die Ausweitung des Blickes von der theoretischen auf die konkrete Universalität etwa der ökologischen Fragen, des Dienstes am Weltfrieden, der Linderung des Hungers und der Krankheiten in den ärmsten Regionen dieser Erde.
3. *Besonnenheit*, d. h. freiwillige Selbstbeschränkung. Gerade im Falle der Informationstechnik, die unsere Wissensbegierde nicht nur ins Unermeßliche, sondern auch ins Maßlose steigert, gilt es, auf der einen Seite uns selbst Grenzen zu setzen und ‚Schongebiete' nicht nur in unserer Arbeits-, sondern auch in unserer sonstigen Lebenswelt zu schaffen und auf der anderen Seite die Möglichkeiten dieser Technik stets auf die Einzelsituation zu beziehen, um sie nicht überdimensional oder gar ausbeuterisch zu gestalten.

Wie sollen wir aber im konkreten Fall – d. h. also z. B. bei der Entwicklung intelligenter Systeme, bei Fragen der Sicherheit und Zuverlässigkeit von Hard- und Softwaresystemen, bei der Modellierung von Computernetzen, bei militärischen Anwendungen, bei einer immer mehr auch informationstechnisch verwüsteten und kolonialisierten Dritten Welt – wie also sollen wir, d. h. die in der Informatik-Forschung, -Lehre und -Praxis Tätigen, verantwortlich handeln? Oder anders ausgedrückt, wie sollen wir konkret bei diesem oder jenem Projekt die Rahmenbedingungen der Achtung vor der Menschenwürde, der Solidarität mit den Leidenden und Unterdrückten und der freiwilligen Selbstbeschränkung wirksam werden lassen und ihre Mißachtung vermeiden? Genau an diesem Punkt setzt die gemeinsame Übungsarbeit [Parker 1982] unserer Urteilskraft an.

Zur Verantwortung in der Informationstechnik

Bernd Mahr

1. Zur Informatik als Wissenschaft gehört es, die technischen, methodischen und begrifflichen Grundlagen der Informationstechnik zu erforschen und die Entwicklungen und Wirkungen der Informationstechnik zu analysieren und zu bewerten. Da die Informationstechnik einen eminenten Einfluß auf die kulturellen und sozialen Verhältnisse hat, verbindet sich mit ihr Verantwortung, die fachbezogen und allgemein ist und die individuell und kollektiv getragen werden muß. Verantwortung ist damit auch der Informatik angelastet, und es zeigt sich, daß sie mit den grundlegenden Überzeugungen dieser Wissenschaft verknüpft ist. Verständlich wird das Fachbezogene dieser Verantwortung aber erst bei einer Klärung der erkenntnistheoretischen Grundlagen. Um die Frage zu beantworten, worin denn die spezifische Verantwortung des Informatikers bestehe, braucht man jedoch mehr an Einsicht als das Verständnis der disziplinären Gliederung des Fachs, der artifiziellen Reduzierbarkeit auf den Informationsbegriff oder das Verständnis des Bildes vom informationsverarbeitenden Prozeß. Analogien, der Rückgriff auf Vergleichbares, helfen zur Beantwortung der Frage ebenso wenig weiter. So liefern zum Beispiel die Architektur oder der Maschinenbau in puncto Verantwortung wieder nur Allgemeines, das sich zudem nicht über die Verbindlichkeit der Beziehung zum eigenen Fach, sondern nur über die Vorstellung des als analog eingeschätzten Bereichs verständlich macht – abgesehen von der Abstraktion der spezifischen Merkmale, die Informatik vom Maschinenbau und von der Architektur unterscheiden. Um die Frage zu beantworten, worin denn die spezifische Verantwortung des Informatikers bestehe, müssen wir wissen, von welcher Natur die Erkenntnisse sind, die diese Wissenschaft hervorbringt, und von welcher Art die Urteile sind, die den Entwicklungen in der Informationstechnik zugrunde liegen.

Die Analyse der erkenntnistheoretischen Grundlagen der Informatik ist hier jedoch nicht das Thema, wenngleich sie wohl eine Voraussetzung wäre, um die im Zentrum der Diskussion um Verantwortung in der Informationstechnik stehende Frage nach der Fachbezogenheit der Verantwortung zu klären. Thema ist die sehr viel mehr praktische Frage nach dem Umgang mit der Verantwortung, die in Informatik und Informationstechnik getragen werden muß. Nur gleichsam an der Oberfläche tritt dabei das Fachbezogene in Erscheinung und auch nur in seinen deutlichsten Merkmalen.

2. Ethik und Verantwortung sind voneinander nicht unabhängig. Sie gehören zu unserem Urteilen und Handeln und sind deren oft stillschweigendes, selbstverständliches und tabugleich beschränkendes Fundament. Ethik ist als unausgesprochene Begründung dabei nicht eine Angelegenheit des begrifflichen Denkens oder gar des formalen Kalküls, sondern ist zumeist vorbewußt und vorgefunden.

Die Begründung unseres Urteilens und Handelns steht in Frage, wenn ihnen die Selbstverständlichkeit fehlt. Moralische Gesetze und ethische Wertbildungen können dann eine Begründung geben. Fehlen jedoch moralische oder ethische Grundlagen für eine Begründung, weil unser Urteilen und Handeln in einem Wertkonflikt stehen oder weil sie über das hinausgehen, was für den Einzelnen oder kollektiv als irgendwie begründbar angesehen werden kann, dann steht die Ethik selbst in Frage.

Wenn wir im Zusammenhang mit der Informationstechnik nach einer Ethik fragen, dann deshalb, weil die kulturellen und sozialen Wirkungen dieser Technik kaum ermeßbar sind und Gegensätze unserer Wertvorstellungen betreffen, die kaum gegeneinander abwägbar sind. Mit der Informationstechnik betreten wir ein Feld, in dem unser Urteilen und Handeln nur noch vordergründige Selbstverständlichkeit besitzen und in dem ethischen Grundlagen, die uns angesichts der befürchteten Wirkungsweisen mehr Sicherheit geben, fehlen.

Verantwortung ist eine Form der Eingebundenheit, die begründetes Urteilen und Handeln verlangt. Sie stellt eine Beziehung dar zwischen einem Subjekt, einem Objekt und einer Instanz, gegenüber der das urteilende und handelnde Subjekt in Bezug auf das Objekt verantwortlich ist. Die mit der Verantwortung gegebene Eingebundenheit kann uns zugewiesen sein, von uns vorgefunden oder von uns eingegangen werden. Wir können Verantwortung von uns weisen oder übersehen, aber auch auf uns nehmen und sie einzulösen versuchen. Verantwortung kann sehr konkret sein und bestimmt, aber auch diffus und allgemein. Subjekt, Objekt und Instanz in einer Verantwortungsbeziehung können klar benannt sein, aber auch unbestimmt oder abstrakt. Die mit der Verantwortung einhergehende Eingebundenheit kann Konflikte erzeugen, die bei Wahrung der jeweiligen Verantwortung gar nicht lösbar sein müssen. Verantwortung legitimiert aber auch und berechtigt zur Macht. Verantwortung ist selbst ein Wert und Objekt einer sehr allgemeinen Verantwortungsbeziehung, die uns gegenüber der Gemeinschaft zur Verantwortung verpflichtet. In diesem Sinne tragen wir also auch Verantwortung zur Verantwortung.

Verantwortung steht in Frage, wenn sie Konflikte erzeugt oder ungeklärt ist, wenn also die mit der Verantwortung verlangte Begründung des Urteilens und Handelns keine Selbstverständlichkeit mehr besitzt. Die Verantwortungsbeziehung zwischen Subjekt, Objekt und Instanz läßt sich nicht aufrechterhalten, wenn eine die Begründung stützende Ethik fehlt. Diese Beziehung besteht aber auch dann nicht mehr, wenn das urteilende und handelnde Subjekt seine Autonomie verloren hat, denn dann gibt es keine Entscheidungsmöglichkeiten mehr, die eine Begründung verlangten.

Wenn nun die Verantwortung in der Informationstechnik ein eigenständiges Thema ist, dann deshalb, weil die Weisen der Eingebundenheit in diesem Bereich Probleme aufwerfen, die nicht nur von einem Mangel an Selbstverständlichkeit in den Begründungen und den in Frage stehenden ethischen Grundlagen herkommen, sondern auch von der Unschärfe der Verantwortungsbeziehungen, die in der Informationstechnik bestehen.

3. Angesichts der Gefahren, der Sinnfälligkeit und der Sach- und Handlungszwänge, die in der Entwicklung und im Einsatz von Informationstechnik liegen, ist das Selbstverständliche unseres Urteilens und Handelns in diesem Bereich verloren gegangen, und für Begründungen, die uns die damit verbundene Verantwortung klar und tragbar erscheinen lassen, fehlen die Grundlagen. Durch die Universalität der Informationstechnik, durch das Maß ihrer Wirkungen auf Gesellschaft, Kultur und Arbeit, durch die Massenhaftigkeit und Geschwindigkeit der Entwicklungen und durch die Tatsache, daß die Informationstechnik Waffe in einem weltweiten Streit um ökonomische und militärische Vorherrschaft geworden ist, fehlt uns ein gesichertes Fundament für die Begründung unseres Mittuns. Es scheint, daß wir durch die Geschwindigkeit und das Ausmaß der technischen Innovation in Begründungsnot gekommen sind und uns die erstrebte Freiheit zur Abhängigkeit gerät. Einfache Beweggründe sind uns unheimlich, weil wir die Verantwortbarkeit unseres Urteilens und Handelns nicht mehr überschauen. Besonders die Verschmelzung von Produktion, Entwicklung und Forschung, die für die Informationstechnik in vielen ihrer Anwendungsbereiche so charakteristisch ist, erzeugt umfassendere Weisen der Eingebundenheit, für die wir keine Vorbilder haben. Freiheit der Forschung und Streben nach Erkenntnis, ethische Prinzipien der Wissenschaft, die wir wahren, verwandeln sich bei dieser Verschmelzung in ein anderes Prinzip: Das Machbare auch zu machen. Daß hier Grenzen geboten sind, erscheint klar; doch wo soll man sie ziehen? Sollen wir unsere alten Prinzipien der Wissenschaft aufgeben oder auch nur einschränken? Was setzen wir dann dagegen? Ist es so, daß diese Prinzipien theoretisch unhaltbar geworden sind und praktisch untragbar?

Unsere Verantwortung zur Verantwortung scheint uns zum Aufbau einer neuen Ethik zu drängen. Hier allerdings hätte eine Begründung kaum noch einen tragfähigen Ansatzpunkt in den ethischen Gegebenheiten unserer Zeit. Wenn wir eine solche Ethik der Informationstechnik als tabugleich beschränkendes, selbstverständliches und stillschweigendes Fundament denken, haben wir kaum eine Chance, sie zu entwickeln. Unserem Tun sind hier Grenzen gesetzt. Wir können nicht mit Bewußtheit entwickeln, was dann sicher und verbindlich, stillschweigend, selbstverständlich und tabugleich beschränkend ist. Wenn wir andererseits eine solche Ethik als Normenkatalog, Verhaltenskodex, Gesetzeswerk oder als Institution denken, würden wir die Freiheit des Urteilens und Handelns in einem weiten

Bereich einer Instanz unterwerfen und nicht sicher sein, ob wir so nicht ein Stück Boden abgetreten hätten, dessen Fruchtbarkeit der bloßen Macht und kopflosen Automatisierung dienen könnte; ob wir so nicht der Entmündigung den Weg bereitet hätten und der Verantwortung den Boden entzogen?

4. Niemand wird leugnen, daß es im Zusammenhang mit der Informationstechnik Verantwortungen gibt, und daß die große Bedeutung und Wirkung dieser Technik die Forderung rechtfertigt, diese Verantwortungen zu klären und einzuklagen. Neben der Begründungsnot ist die Verschwommenheit der Verantwortung ein Problem, das seinen Ursprung im Charakter der Informationstechnik hat. Oft gibt es nicht mehr als das Gefühl der Verantwortung zur Verantwortung. Wenig klar ist jedoch, was die originäre Verantwortlichkeit eines Softwareentwicklers, Computeringenieurs, Informatikers oder Anwenders sei. Durch die Universalität der Informationstechnik, die Formen ihrer Produktion, den Grad der Automatisierung und durch die massenhafte Verbreitung zerfallen die Rollen von Subjekt, Objekt und Instanz und lassen sich nur in seltenen Fällen in eine Beziehung bringen, die Verantwortung klar definiert:

Wer ist das Subjekt der Verantwortung in einer Entscheidung, deren Grundlage ein Expertensystem geliefert hat, das Wissensingenieure mit dem Wissen von Sachverständigen gefüttert haben, dessen Inferenzmaschine keine Erklärungskomponente besitzt, das jedoch Beurteilungen erlaubt, die anders gar nicht möglich wären?

Worauf bezieht sich die Verantwortung eines Systemingenieurs in einem Forschungs- und Entwicklungsteam, das Teile eines Informationssystems gebaut hat, das verteilt lagernde Datenbestände integriert und allseitig verfügbar macht, und das in einem Krankenhaus, in einer Speditionsfirma, beim Bundeskriminalamt und, für Ausbildungszwecke, in einer Fachhochschule eingesetzt wird?

Wem gegenüber ist ein Mitglied der Firmenleitung einer Aktiengesellschaft verantwortlich, die sich entschließt, ihre Fertigung durch Rechner steuern zu lassen, Arbeitsplätze umzugestalten und Facharbeiter zu entlassen, die individuelle Produktion zu Gunsten eines programmierten Angebots aufzugeben, dabei gleichzeitig die Rechnersteuerung weiterzuentwickeln und sie als eigenes Produkt auf dem Markt anzubieten, um so die Firma auch langfristig konkurrenzfähig zu halten?

Die Artefakte der Informationstechnik sind in ihrer Funktionalität selten genau spezifiziert und in ihrer Entwicklung erst abgeschlossen, wenn sie ausgesondert werden. Die Aufgabe der Systemingenieure umfaßt daher mehr als nur die Umsetzung fester Vorgaben. Ihre Verantwortung ist nicht klar begrenzt. Von ihnen nur gute Arbeit zu verlangen, wird den Dimensionen und Auswirkungen vieler Systeme nicht gerecht. Ihnen die etwaigen kulturellen und gesellschaftlichen Schäden mehr als anderen zur Last zu legen, würde ihre durch die Rolle gegebenen Urteils- und Handlungsmöglichkeiten ungerechtfertigt überbewerten.

Berufsethiken werden hier angeboten, Vitruvs Architektenkodex, ethische Slogans (»Do it right!«), ethische Regelwerke und Ethikkommissionen. Alle diese Angebote sind aber entweder zu eng, zu allgemein oder zu restriktiv, um der Vielfalt der Verantwortungsbeziehungen gerecht zu werden. Der Vielschichtigkeit, Konflikthaftigkeit, der großen Zahl von Einzelfällen und den oft unüberschaubaren kulturellen und gesellschaftlichen Anteilen ist wohl kaum durch allgemeine Regelungen gerecht zu werden. Da solche Regelungen zudem nicht verbindlich sind und deshalb meist Makulatur, helfen sie wenig, die Verschwommenheit der Verantwortung zu klären.

Manche ziehen einen Strich und verweigern die Systementwicklung für das Militär oder auch die Annahme von Forschungsgeldern, soweit damit militärische oder auch privatwirtschaftliche Interessen verbunden sein könnten. Das sind individuelle Entscheidungen, die den Arten der Eingebundenheit in die Verantwortung Grenzen setzen. Versuche allgemeiner Begrenzungen gibt es etwa durch die Zuordnung von Rollen oder die Definition von Grenzwerten. Der Computer als Werkzeug im herkömmlichen Sinne ist jedoch eine Illusion, und jeder Grenzwert unterliegt der Interpretation.

Wie immer auch Grenzen gezogen werden, in ihnen spiegelt sich das Bild eines urteilenden und handelnden Subjekts, das in den Weisen seiner Eingebundenheit Verantwortung tragen kann und dem die dafür nötige Verfügungsgewalt und Freiheit gegeben ist. Die Informationstechnik zeigt uns, daß dieses frei urteilende, handelnde und verantwortende Subjekt ein Traum ist. Als Realität der Vergangenheit angehörig und in Harmonie mit der Informationstechnik nur als Utopie denkbar, stellt es aber als Forderung eine Leitlinie dar, die einem anderen Prinzip der Wissenschaft entspricht: Nur das zu tun, was wir auch verstehen, und für unser Urteil und Handeln eine möglichst selbstverständliche Begründung zu haben.

5. Die Diskussion um Ethik und Verantwortung in der Informationstechnik wird seit einiger Zeit geführt. Sie ist von der Hoffnung getragen, daß sich Kultursterben, Radikalautomatisierung und eine Verarmung des Menschlichen aufhalten lassen. Sie kommt gewöhnlich, wenn sie die Phasen der Klage, der Konfusion und der Dogmatik überwunden hat, zwingend zu dem Schluß, daß Diskussion um Ethik und Verantwortung notwendig ist, und daß vor allem ein öffentlicher Diskurs die Probleme lösen kann. Mit diesem Ergebnis kommt die Diskussion zu ihrem Ende, ist zu ihrem Anfang zurückgekehrt und macht einem Gefühl der Ohnmacht Platz.

Was wie ein Kreis aussieht, kann doch die Windung einer Spirale sein. Denn mit der Diskussion um Ethik und Verantwortung ist wohl tatsächlich mehr erreicht als die Rückkehr zum Ausgangspunkt und die rückwirkende Bestätigung ihrer Berechtigung. Es ist zu begrifflicher Klärung gekommen, zur Identifikation vieler Einzelprobleme, und es sind Fragen aufgeworfen, die sich zwar nicht verbindlich beantworten lassen, deren Wahrnehmung aber zum Grunde des Themas führt: Was ist

Verantwortung und wie können wir ihr in der Informationstechnik gerecht werden? Sind Regeln und Kommissionen ein Mittel, die Verantwortlichen zu benennen und eine Grundlage dafür, Verstöße zu ächten? Was ist Besonderes an der Informationstechnik, daß wir gerade für sie eine neue Ethik fordern? Und schließlich, bieten Ethik und Verantwortung überhaupt einen Weg, den Befürchtungen zu begegnen?

Es ist allgemein unklar, ob eine Antwort auf diese Fragen die Hoffnungen nähren kann, die sich mit der Diskussion verbinden. Aber es ist allgemein klar, daß diese Diskussion einen Sinn hat. Weniger in der Suche nach einer Letztbegründung, die den Menschen zugleich als Subjekt, Objekt und Instanz findet, und auch weniger in einer Verweigerung, die sich nur flach begründen läßt, als vielmehr in dem Raum, den sie öffnet, wo Benennung und Sprache, Aufgeklärtheit und Konzepte und Standpunkte ihren Ort haben, wo dem scheinbar Selbstverständlichen das Selbstverständliche genommen wird und wo die Verantwortung aus einer sumpfigen Moral befreit werden kann. Die Diskussion hat ihren Sinn, wenn sie begriffliche Klarheit fördert, wo Verstand nötig ist, wenn sie zeigt, wo Probleme liegen, und wenn sie neben einem passenderen Theorie- und Wissenschaftsbegriff auch neue und hoffnungsvolle Sichtweisen und Leitlinien erbringt. Besonders aber hat sie ihren Sinn darin, die Befürchtungen zu bannen, indem sie sie beherrschbar macht, indem sie sie zur Sprache bringt.

VERANTWORTUNGSLOSIGKEIT

REINHARD STRANSFELD

Mittels Begriffen bestimmen und unterscheiden wir sprachlich Objekte, Zustände, Geschehnisse, Abstraktionen usf. In Begriffsgegensätzen tritt deren Sinngehalt noch deutlicher hervor: heiß versus kalt, satt versus hungrig, Leben versus Tod – die Reihe ließe sich beliebig fortsetzen. Die griechische Ethik hatte diesen Dualismus bereits entfaltet. So scheidet Aristoteles in der Nikomachischen Ethik die sittlichen Tüchtigkeiten der »Aufrichtigkeit«, »Gerechtigkeit« und »Besonnenheit« von den minderwertigen Charaktereigenschaften wie »Unbeherrschtheit« und »tierisches Wesen« [Aristoteles 1960]. Auch die christliche Ethik unterscheidet nach guten und bösen Taten. Himmel oder Hölle verheißen oder drohen dem, dessen Handeln sich der einen oder anderen Seite verschreibt.

Nicht zuletzt hat unsere »Tüchtigkeit« und die disziplinierte Unterordnung unter die Gebote dieses oder jenes Herrn zur Herausbildung materieller und sozialer Verhältnisse beigetragen, die uns gewöhnlich vor Extremerfahrungen des Daseins bewahren. Gegen die Unbilden der Witterung sind wir geschützt, gegen den Hunger wohl versorgt, und wie nahe das Leben dem Tode liegt, nehmen wir allenfalls erschreckt als Schicksalsschlag wahr, aber nicht mehr als Ereignis der normalen Erfahrungswelt. Unser Alltagsleben ist moderat geworden. Und so scheint auch die gegenwärtige ethische Reflexion die grellen Kontraste von gut und böse einzuebnen. Jedenfalls wird, wo immer heute über ethische Fragen gesprochen und geschrieben wird, und das gilt insbesondere auch für die Ethikdebatte in der Informatik, fast durchgängig der Begriff der Verantwortung herausgestellt, zuweilen die Sorge vor dem Verantwortungsverlust angesichts der immer eigenmächtiger wirkenden Maschinerie beschworen. Als wäre Verantwortung ein Gut, das man haben sollte, aber manchmal leider nicht hat – oder dessen man durch Technik wohlmöglich beraubt werden könnte. Als hinterließe das Fehlen von Verantwortung einen leeren Raum in der Seele – gleich einem Blatt Papier, weiß und unbefleckt, bis es beschrieben wird. Aber dem ist nicht so.

Die Kommunikationstheorie hat den Satz geprägt, daß man »nicht nicht kommunizieren kann« [Watzlawick et. al. 1971]. Und so kann auch Verantwortung nicht einfach abwesend sein. Vielmehr stellt sich das Fehlen von Verantwortung als Negation dar: als Verantwortungslosigkeit.

Man könnte entgegenhalten, daß es Bereiche der Indifferenz, der Unentscheidbarkeit gibt. Diesen Einwand respektierend, mag der Begriff »unzureichende Verantwortung« vermittelnd eingebracht sein. Doch täuschen wir uns nicht. Angesichts einer sich stetig weiter entfaltenden Technik müssen wir gezielt handeln, um unserer Verantwortung gerecht zu werden. Dies nicht zu tun, wirkt nicht neutral, sondern eröffnet unkontrollierter Dynamik Spielräume. Nicht umfassend wahrgenommene Verantwortung w i r k t somit als Verantwortungslosigkeit.

In ethischer Sicht verknüpft sich mit dem Begriff Verantwortung die allgemeine Forderung, Konsequenzen des Tuns zu bedenken und Sorge zu tragen für Zusammenhänge des Handelns, die über die eigenen Angelegenheiten hinausweisen. Nicht nur über die eigenen Angelegenheiten, sondern auch über die eigene Zeit, so weist Hans Jonas das Prinzip Verantwortung aus: als Fürsorge der jeweils existierenden Generation für die nächstfolgenden [Jonas 1984].

Verantwortungslosigkeit kennzeichnet dann Handlungen und Haltungen, die nicht im Lichte dieser Fürsorge bedacht sind und zu gegenteiligen Folgen führen. Das Vorausbedenken ist allerdings nicht immer leicht. Die Einbettung des Handelns, speziell des beruflichen Handelns, in lange Ereignisketten löst Kausalitäten auf und damit die Zuweisungsmöglichkeit unmittelbarer Verantwortlichkeit. Verantwortung (oder eben Verantwortungslosigkeit) wird dann nicht selten erst in der nachträglichen Reflexion von Wirkungszusammenhängen erkennbar; sie hat darin eine objektive Seite. Allerdings ist der Einzelne in Gruppenzusammenhängen nicht von der Verantwortung frei, dazu beizutragen, daß es ein Subjekt der Verantwortung gibt.

Verantwortung kann zu Entscheidungsproblemen führen. So, wenn beim hohen Fieber des Kindes die Wahl zu treffen ist zwischen einer sanften, aber länger andauernden und vielleicht risikoreicheren Heilmethode gegenüber der Gabe eines starken, wirksamen Medikamentes mit Nebenwirkungen. So auch in einem Unternehmen, das wegen des Kostendrucks durch Konkurrenz Rationalisierungsmaßnahmen ins Auge faßt und in derem Zuge die soziale Not derer, die von eventuellen Entlassungen bedroht sind, gegen die Chancen anderer, deren Arbeitsplatz dadurch längerfristig gesichert werden kann, abzuwägen ist. Die unbedachte, falsche Wahl wird den Vorwurf der Unverantwortlichkeit auf sich ziehen.

Die verschiedenen Rollen der Individuen in der Gesellschaft können zwiespältiges Verhalten provozieren, etwa den »Einsatz der Ellenbogen« im Beruf, legitimiert aus der Fürsorge für die Familie. Darin wird die elementare Spannung zwischen unterschiedlichen Rollenanforderungen, letztlich zwischen individuellem Interesse und gemeinschaftlichen Anliegen spürbar, und wir ahnen, daß es eine Form nahezu unvermeidlicher, »konstitutiver« Verantwortungslosigkeit gibt.

In autoritär geprägten Organisationen wird durch die Doktrin und aktuell durch den Befehl eine Entlastung von Verantwortung herbeigeführt, die, wie am Eichmann-Fall sichtbar, zu unverantwortlichem Handeln in der gewissensfreien Abarbeitung vorgegebener Aufgaben führt[184]. Andererseits kommt es oft dem individuellen Anliegen durchaus entgegen, sich durch Verantwortungsdelegation z. B. an Vorgesetzte oder Politiker gewissensmäßig entlasten zu können.

Ferner werden wir auch immer wieder temporäre Schwankungen von Verantwortungsorientierungen erleben. So mögen wir heute bereit sein, einem Spendenaufruf für Erdbebenopfer zu folgen, künftige Appelle aber überhören. Im allgemeinen werden wir uns an die Regelungen im Straßenverkehr halten, zuweilen aber diese durchbrechen und dadurch nicht nur uns, sondern auch andere gefährden.

Schließlich gibt es Situationen, in denen Verantwortung aufgrund von mentaler oder physischer Überforderung nicht wahrgenommen werden kann, mit möglicherweise unverantwortbaren Folgen. Man denke an Fernfahrer, die genötigt werden, weit über die zulässige Zeit hinaus ihren Dienst zu versehen, und die die Konsequenzen einer Verweigerung scheuen.

Der Vielfalt der Entscheidungssituationen entspricht die Vielschichtigkeit der Entscheidungsdynamik im Individuum. Es gibt keine einfachen, eindeutigen Beziehungen zwischen der »objektiv« richtigen oder notwendigen Lösung im Lichte der Verantwortlichkeit und den Entscheidungsvorgängen im Menschen. Die Psychoanalyse lehrt uns, daß Handeln mehrfach determiniert, also überdeterminiert ist [Rapaport 1973]. Stets fließen die Bestrebungen aus den verschiedenen psychischen Strukturbereichen Es, Ich und Über-Ich zusammen. Sich überlagernd, werden sie zum konzertierten Impuls des Handelns.

Orientierungen erwachsen so einer komplizierten inneren Rationalität, die von der Umwelt nicht wahrgenommen werden kann – weshalb manche Entscheidung oder Handlung als ungewöhnlich oder irrational erscheinen mag.

Und doch wird man trotz widersprüchlicher Einzelentscheidungen im Gesamtverhalten eines Menschen eine generelle Orientierung entdecken können. Einen Trend, der es gestattet, Menschen in ihren durchgängigen Haltungen und Handlungszügen auf einer ethischen Skala mit den Polen »verantwortungsvoll versus verantwortungslos« einzuordnen. Über die Streuung von Eigenschaften unter den Mitgliedern von Populationen gibt es im Hinblick auf andere Kategorien einen guten Kenntnisstand. Beispielsweise hat sich immer wieder bestätigt, daß Intelligenz statistisch normalverteilt ist. Das Aktivitätspotential von Individuen weist ebenfalls deutlich unterscheidbare Ausprägungen auf [Heckhausen 1978]. Und so wird auch moralische Reife im Sozialisationsgeschehen mit individuell differentem Ausgang erworben [Bertram 1982]. Es spricht also nichts gegen die Annahme, daß das Vermögen oder Unvermögen, verantwortlich zu handeln oder zu wirken, unter den Mitgliedern der Gesellschaft breit verteilt ist. Wir haben somit davon auszu-

---

184 Sybille Krämer arbeitet in ihrem Beitrag zu diesem Buch die Verantwortungsentlastung durch Technisierung heraus. Allerdings wird die »Befreiung« von Verantwortung in autoritären Strukuren seit altersher als ein probates Mittel der Herrschaftsausübung angewendet, z. B. beim Militär. Hierfür wurde der Begriff der »strukturellen Verantwortungslosigkeit« geprägt [Künzli 1986].

gehen, daß ein nennenswerter Teil unserer Mitmenschen sich durch gehäuft unverantwortliche Handlungen von anderen Menschen unterscheidet [Stransfeld 1992].

Ob verantwortungslose Handlungen bewußt vollzogen werden, ist zunächst einmal nicht erheblich. Im Gegenteil, gerade das entschlossene Handeln aus guten Absichten kann gefährlich werden, weil Menschen mit guten Absichten gewöhnlich nur geringe Hemmungen haben, die Realisierung ihrer Ziele in Angriff zu nehmen. Weshalb dann in der Logik des Mißlingens oft erstaunt der verzweifelte Ausruf erfolgt: »Das haben wir nicht gewollt« [Dörner 1989]. Was zählt ist die Tat – oder vielmehr ihre Wirkung, sei diese bewußt oder unbewußt, gewollt oder nicht gewollt.

Allerdings wird sich der Schaden einer hemmungslos ausgelebten, mit Intelligenz und Aktionsbereitschaft gepaarten Verantwortungslosigkeit in den Wirkungen potenzieren. Das gilt zumal dann, wenn wir uns bewußt machen, daß in Konkurrenzsituation nicht selten derjenige durchsetzungsfähiger ist, der die geringeren Skrupel entwickelt. Gerade dort, wo es um Macht geht, wird eine Ballung solcher Charaktere auftreten. Durch die Ausstrahlung derartiger negativer Vorbilder und ihre multiplikatorischen Wirkungen als Entscheidungsträger mit autoritärem Geltungsanspruch können bereits wenige Individuen »Flächenbrände« verantwortungslosen Handelns auslösen [Milgram 1974].

Wir haben es also mit verschiedenen Typen verantwortungslosen Handelns zu tun. Zum einen ist da jene alltägliche Verantwortungslosigkeit, die »läßliche Sünde«. Sie entspringt oft der Verweigerung weiterzudenken, sei es aus Bequemlichkeit (wegen der erahnten höheren Anstrengung eines verantwortungsvollen Handelns) oder aus anderen Motiven. Wenn auch niemand von dieser annähernd »konstitutiven« Verantwortungslosigkeit frei ist, müssen wir jedoch von einem Mehr oder Weniger, individuell unterschiedlich verteilt, ausgehen.

Weiter gibt es jene der guten Absicht entspringende Verantwortungslosigkeit, die kritische Reflexion des eigenen Tuns erstickt oder für überflüssig hält, weil das Handeln bereits durch die Absicht legitimiert ist.

Schließlich dürfen nicht die verschiedenen Spielarten eines ausgeprägten, zumeist aus Machtstreben gespeisten Egoismus, der bis zu singulär bösartigen Formen des Wollens und Handeln führen kann, übersehen werden.

Die Palette subjektbezogener Verantwortungslosigkeit ist um die objektiv bewirkte Verantwortungslosigkeit im Zusammenhang mit komplexen Handlungszusammenhängen zu ergänzen. Diese kann zumeist nur analytisch aufgedeckt werden.

Was ist daraus für die Informatik, einen Berufsstand mit einigen zehntausend Mitgliedern, zu folgern? Daß Informatiker unter ethischen Gesichtspunkten eine besondere, positive Auswahl aus der Gesamtbevölkerung seien, läßt sich kaum begründen. Daher ist davon auszugehen, daß die Mitglieder dieser Gruppe bei einer ethischen Gewichtung ihres Handelns zwischen den Polen »verantwortungsvoll« und »verantwortungslos« ähnlich streuen wie in anderen Gruppen der Gesellschaft.

Unter Informatikern sind also jegliche Typen von verantwortungslosen Haltungen und Handlungen zu vermuten, deren Auftreten in Populationen dieser Größe üblicherweise erwartet werden können.

Eine erste Forderung wäre, offensichtliche Verantwortungslosigkeit informatischen Tuns aktiv zu hemmen, sei es durch Kritik, durch das Herstellen von Öffentlichkeit, sei es schließlich durch noch zu entwickelnde berufspolitische Sanktionen.

Im folgenden soll uns aber nicht das singulär böse Handeln, auch nicht die gewollten und bewußten Verantwortungslosigkeiten interessieren, sondern jene nicht beachteten oder verdeckten, die sich zumeist erst im Anschluß an das Handeln erweisen. (Hier könnte sich der eingangs ins Spiel gebrachte Begriff der »unzureichenden Verantwortung« anbieten.)

Damit gerät zunächst jene Haltung unter Informatikern ins Blickfeld, die den Horizont der Wahrnehmung im Beruf auf die Erfüllung der Ansprüche von Vorgesetzten oder Auftraggebern begrenzt und die soziale Wirksamkeit der durch das eigene Tun geschaffenen Technik ausblendet. Als unzureichend verantwortlich kann sich diese Haltung nicht zuletzt deshalb erweisen, weil die Möglichkeit der Verantwortungslosigkeit von Vorgesetzten und Auftraggebern nicht bedacht wird.

Es sind aber auch Informatiker angesprochen, die sich in ihrem Tun als »gute Menschen« bemühen und dann gewissensmäßig entlastet zurücklehnen – sich damit der Verkettung ihres Beitrages in arbeits- und funktionsteiligen Organisationen und dem daraus folgenden Anliegen des Mitwirkens am gemeinschaftlichen Reflektieren und Handeln entziehen.

Eine weitere Facette unzureichend wahrgenommener Verantwortung wird offenbar, wenn sich Informatiker von der Unterstellung leiten lassen, sie könnten das Ausmaß ihrer Verantwortung in der Gemeinschaft der Informatiker erschließen. Diese Mutmaßung dient letztlich der Gewissenentlastung auf einem höheren Niveau. Denn selbstverständlich kann angesichts der Vielfalt von Wirkungszusammenhängen einer in Wirtschaft und Gesellschaft eingebetteten Technologie ein umfassendes Erkennen eben dieser Wirkungszusammenhänge als Grundlage für verantwortliche Auswahl- und Handlungsentscheidungen in den einzelnen Disziplinen allenfalls durch die ernsthafte Kooperation mit anderen Disziplinen, also durch den interdisziplinären Diskurs, erreicht werden.

Schließlich gibt es jene besondere Form unzureichender Verantwortung, die die Verantwortung anderer einfordert, den Eigenbeitrag jedoch nicht erkennen läßt.

Diese Stufen der unzureichenden Verantwortung (Verantwortungslosigkeit im Lichte der Notwendigkeit umfassend wahrzunehmender Verantwortung) sind natürlich nicht nur in der Informatik, sondern überall im fachlichen Tun aufzuzeigen. Aber eben auch in der Informatik, dies rechtfertigt den gesonderten Hinweis – zumal jede Fachdisziplin ihre besonderen »Spielarten« des Themas erwarten läßt.

Es kann nicht mehr überraschen, daß die verschiedenen »Schulen« ethischer Reflexion in der Informatik, bleiben sie auf sich gestellt, eine Affinität mit den unterschiedlichen Typen unzureichender Verantwortung haben: sei es eine berufsständische Ethik, die sich in Kodizes ergießt, seien es individual-ethische Konzepte, seien es schließlich Ansätze kollektiver Ethik, die die Informatik unter sich auszumachen gedenkt. Diesen Ansätzen wird das Moment der Verantwortungslosigkeit dann inhärent, wenn Folgenlosigkeit des eigenen Reflektierens und Appellierens nicht zum Problem wird.

Wir sehen daran, daß selbst die besten Absichten nicht nur ihr Ziel verfehlen, sondern sich unter Umständen negieren können – jedenfalls angesichts einer Technik, die in ihrer zweckrationalen Mächtigkeit nur durch eine umfassend wahrgenommene Verantwortung bewältigt werden kann. Eine allgemeine Verantwortung, die im fachlichen Tun ihre spezifische Ausprägung erfährt, aber darin ihren umfassenden Charakter nicht preisgeben darf.

Nicht das verantwortungs-bewußte Denken, nicht das verantwortungs-volle Wollen, sondern nur das verantwortungs-wirksame Handeln kann dem ethisch Gebotenen genügen. Das fordert auch, sich der Verantwortungslosigkeit entgegenzustellen. Die reale Möglichkeit des nur begrenzten Erfolges kann nicht von der Verpflichtung zum Bemühen entlasten.

Ethik mag zuweilen als Frucht feinsinnigen Kulturstrebens erscheinen, und vielleicht wird sie manchmal auch so betrieben. Tatsächlich ist sie von unverzichtbarer Funktionalität für das kulturell gestaltete Zusammenleben der Menschen, die im Lauf der Evolution von der Fesseln des Instinkts freigestellt, ihre Freiheiten jenseits einer zweckgerichteten instrumentellen Vernunft verantwortungsvoll wahrnehmen müssen, um nicht alles zu verspielen.

Ethik in der Informatik – Vom Appell zum Handeln

Bernd Lutterbeck und Reinhard Stransfeld

»Moral predigen ist leicht, Moral begründen schwer.«
Arthur Schopenhauer

Kaum mehr als Appelle

Mit dem erfolgreichen Vordringen der Informationstechnik in Wirtschaft und Gesellschaft wurde schon vor längerer Zeit die Frage nach einer spezifischen, auf Verwendung und Reichweite dieser Techniken gerichteten Verantwortung aufgeworfen. Angesichts deren potentieller Mächtigkeit hatte Joseph Weizenbaum sich bereits in den siebziger Jahren zur Auffassung bekannt, daß Computer nicht alles tun sollten, was sie könnten [Weizenbaum 1972]. Er nimmt damit eine Position ein, wie Günther Anders sie zwei Jahrzehnte zuvor für das Verhältnis von Mensch und Technik im ganzen bestimmt hatte [Anders 1956, S.17]. Wenn nun ein spezieller technologischer Bereich, die Informatik, betrachtet wird, müssen die Informatiker, als Akteure ihrer Schöpfung, sich in besonderer Weise angesprochen fühlen.

Die wissenschaftliche und öffentliche Diskussion wandte sich zunächst den konkreten Problemen, die mit der Informationstechnik einhergingen, zu: den ergonomischen Fragen (z. B. der Augenbelastung durch die Bildschirmarbeit) und vor allem der drohenden Gefahr durch den Computer als »Jobkiller«.

In den achtziger Jahren erscheint dann aber wie seit Jahrhunderten mit astrologischer Regelmäßigkeit der »Komet Ethik« am Firmament [Luhmann 1990] und gleißt nun auch über der Informatik. So nimmt es nicht Wunder, daß inzwischen einiges zum Thema geschrieben wurde.[185] Bei Lichte betrachtet ist jedoch seit Weizenbaums Appell zur Frage, wie wir es mit dem Computer halten wollen, unter ethischen Aspekten wenig Substantielles hinzugekommen. Die bisherige Diskussion ist deshalb unbefriedigend.

---

[185] So vom vormaligen ACM-Vorsitzenden Paul Abrahams [Abrahams 85]; vgl. beispielsweise Arbeiten von Capurro, Floyd, Heibey/Lutterbeck/Töpel, Kubicek, Lenk, Naur, Parnas, Rampacher, Steinmüller, Valk, Wedekind im Literaturverzeichnis.

- Dies beginnt mit der häufig fehlenden begrifflichen Klarheit. Ethik, Moral und Recht sind nicht selten unzureichend zueinander ins Verhältnis gesetzt. Als prominentes Beispiel kann der »Preliminary IFIP Code of Ethics« gelten. Unter dem Zeichen der Ethik werden dort teilweise Rechtsfragen abgehandelt.
- Bisher wurden nur einzelne Aspekte und Dimensionen betrachtet. Umfassende Darstellungen sind noch nicht vorgelegt worden.
- Ferner wurde die Thematik bislang informatik-zentriert diskutiert. Dadurch läuft man Gefahr, den notwendigen Realitätsbezug, die Begegnung mit nicht-informatischen Sichtweisen nicht angemessen wahrzunehmen. Folgerichtig bleibt die Problemsicht auf die Situation des Softwaregestalters sowie des Anwenders (user) begrenzt. Mögliche Betroffene (usees) bleiben außerhalb des Blickfeldes. Mittelbare Zusammenhänge, wie sie sich z. B. insbesondere mit der Datenschutzfrage ergeben, werden dann nicht ihrer gesellschaftlichen Bedeutung entsprechend aufgegriffen. Zuweilen entsteht der Eindruck, als solle die ethische Frage in den eigenen Reihen behandelt werden.
- Schließlich ist nicht erkennbar, daß die Diskussion der letzten 15 Jahre und die vorgelegten Ethik-Kodizes praxiswirksam wären. Die Folgenlosigkeit ist, so der Eindruck, nicht zu einem wirklichen Problem der Ethikbetrachtung in der Informatik geworden.

Generell entsteht der Eindruck, als sei die bisherige Diskussion an der Vorstellung einer über dem realen Handeln stehenden – schwebenden wäre wohl genauer – Ethik ausgerichtet. Damit wäre allerdings der Mensch als moralisches Subjekt aus seiner eigenen Geschichte entlassen. Tatsächlich ist es das praktische Tun, das in seinen vielfältigen Bezügen und teils widersprüchlichen Bedingungen das Bedürfnis wie auch die Notwendigkeit einer orientierenden ethischen Sicht wachruft. Diese Zusammenhänge strukturiert sichtbar zu machen, ist im folgenden unser Anliegen.

Das Ethische erweist sich im praktischen Tun

Ethik beschäftigt sich mit den Werten, die menschliches Handeln leiten sollten. Die Bewertung des Handeln erfolgt durch moralische Urteile, die an den Tugenden wie Nächstenliebe und Aufrichtigkeit orientiert sind – zuweilen als normative Ethik bezeichnet. Ethik im allgemeinen Sinn ist hingegen die Suche nach der Begründung der moralischen Urteile. Sie ist Reflexion über das Sittliche des Tuns und daher nicht als solche Handlungsanleitung. Sie ist aber auch nicht sich selbst genug, sondern sie strebt nach einer humanen Wertorientierung menschlichen Tuns. Der Einzelne ist in seiner Entscheidung frei; ethisch begründetes Tun kann nicht aufgenötigt, sondern nur aus eigenen, fundamentalen Orientierungen und Einsichten erreicht werden.

Auch wenn man Voltaire's Vorstellung der universell gültigen Moral teilt[186], wird doch die moralische Wertung[187], unmittelbar auf Praxis angewendet, angesichts komplexer werdender Handlungsketten und Wechselwirkungen immer schwieriger. In dem Maße, wie Handeln als Beitrag in lange Ereignisketten einfließt, lassen sich den Einzelbeiträgen mögliche Folgen nicht kausal zuordnen. Wenn also die »Notwendigkeit zu handeln weiter reicht, als die Möglichkeit zu erkennen« ([Gehlen 1986b, S.303], darin Kant folgend), entschwindet die Grundlage sittlicher Bewertung. Der Versuch, in Ethikkodices u. ä. durch dedizierte Anweisungen auf Verhalten zu wirken, muß daher für sich genommen unfruchtbar bleiben.

Wenn auch bis in die jüngste Zeit hinein immer wieder entsprechende Anläufe unternommen wurden[188], kann das Ethische nicht gesetzt werden. Das Ethische *erweist* sich vielmehr aus dem gesellschaftlichen Kontext des Handelns.

Dieser Kontext ist jedoch nicht im Rahmen und in der Sichtweise einer einzelnen Disziplin zu erschließen. Erfolgt diese Reflexion in »geschlossener Gesellschaft«, besteht vielmehr die Gefahr, daß man sich letztlich im Zirkel wechselseitiger Bestätigungen wiederfindet – und sich damit eher noch weiter immunisiert gegenüber den Zumutungen der Realität. Deshalb sind Reflexionszusammenhänge der verschiedenen gesellschaftlichen Gruppierungen und Bereiche für den ethischen Diskurs[189] unverzichtbar.

Damit geht der Einzelne nicht des Anrechts und der Chance verlustig, sein Handeln an für ihn verbindlichen Werten zu orientieren. Denn so wie individuelles Handeln eine teleologische Seite hat, die nur im Kontext vielfältiger Zusammen-

---

186 »Es gibt nur eine Moral, so wie es nur eine Geometrie gibt« (Voltaire zitiert nach [Gehlen 1986b, S.38].

187 In der VDI-Richtlinie »Technikbewertung – Begriffe und Grundlagen«, VDI 3780 (1990) wird der Wertbegriff erläutert: »Werte kommen in Wertungen zum Ausdruck und sind bestimmend dafür, daß etwas anerkannt, geschätzt, verehrt oder erstrebt wird; sie dienen somit zur Orientierung, Beurteilung oder Begründung bei der Auszeichnung von Handlungs- und Sachverhaltsarten, die es anzustreben, zu befürworten oder vorzuziehen gilt. Allgemein wird mit Werten ein Anspruch auf Geltung und Zustimmung verbunden. Werte sind Ergebnisse individueller und sozialer Entwicklungsprozesse, die sich in der Auseinandersetzung mit natürlichen, gesellschaftlichen und kulturellen Bedingungen vollziehen; daher unterliegen Wertsysteme dem historischen Wandel und können in verschiedenen Kulturen und gesellschaftlichen Gruppen voneinander abweichen. Der Inhalt eines Wertes kann aus Bedürfnissen hervorgehen; er konkretisiert sich insbesondere in Zielen, Kriterien und Normen.«

188 »Prototype IFIP Code of Ethics« [Sackmann 1991]; »Leitsätze für die Ausübung des Berufs von Naturwissenschaftlern und Ingenieuren«, VDE 16.2.89.

189 Lexikalisch bedeutet Diskurs die »Erörterung«, als solche ist er inhaltsoffen. Jürgen Habermas hat dem Begriff eine spezifische Bedeutung gegeben: Der Diskurs diene der »Begründung problematisierter Geltungsansprüche von Meinungen und Normen« [Habermas 1971]. Idealerweise ist dieser Zweck erfüllt, wenn ein Konsens erreicht wird, der die Interessen aller Beteiligten befriedigend berücksichtigt.

hänge vollständig faßbar wird, hat es auch eine aktuale Seite. Handeln hat immer auch eine soziale Dimension und ist darin nicht determiniert. Der Einzelne hat daher im Handlungsvollzug stets Optionen, die einer ethischen Orientierung offen sind. Kants kategorischer Imperativ hat in dieser Sicht seine Geltung nicht eingebüßt. In dem Maße, wie durch Technisierung menschliches Handeln in technische Operationen umgewandelt wird, entstehen allerdings, wie Sybille Krämer ausführt, Räume, in denen es kein Subjekt der Verantwortung gibt.

Überdies sind strukturelle Zwänge mächtig, die dem ethisch begründeten Handeln hemmend entgegentreten können. Auch der gemeinschaftliche gute Wille bleibt als solcher, d. h. auf sich gestellt, oft machtlos, wenn auch das Artikulieren von Unbehagen und das Formulieren guter Ziele im Netzwerk Gleichgesinnter leichter fällt und das Zusammenführen unterschiedlicher Sichtweisen neue, komplexere Sichten hervorbringen kann, die sonst nicht erreichbar wären. Jenseits der Möglichkeiten des guten Willens läßt sich gesellschaftliche Wirklichkeit nur durch strukturell wirksame Regularien gestalten. Unter Regularien verstehen wir Systeme und Verfahren der gerichteten Einflußnahme auf Handeln, z. B. durch (Rechts-) Normen. Auf diese Weise wird in den gesellschaftlichen Kontext des Handelns eine Verbindlichkeit eingeführt. Dies soll bewirken, das nicht ethisch begründbares Handeln gehemmt und Freiräume für ein ethisch begründbares Handeln gesichert werden. Der Verzicht auf Regularien gäbe Interessen und Egoismen Raum, die sich nach den Prinzipien relativer Macht ihren Weg bahnen und jene, die sich vom moralisch Gebotenen leiten lassen, konkurrierend verdrängen. Die ethische Reflexion liefe dann Gefahr, unverbindlich zu bleiben, weil sie nicht praktisch werden kann.

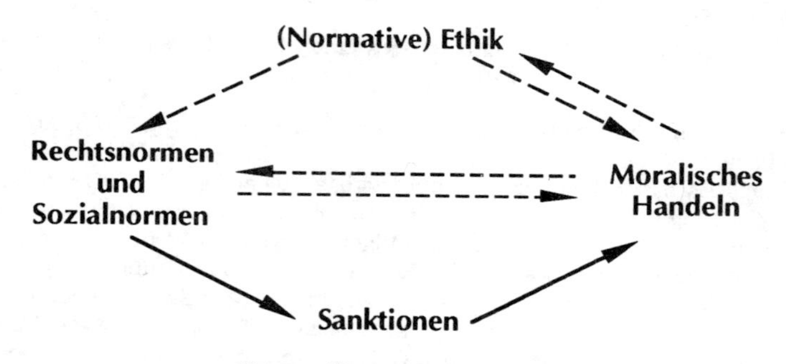

ETHIK – NORMEN – HANDELN

Regularien sind aber nicht nur unverzichtbar, um den Freiraum des guten Handelns zu sichern. Damit wäre unterstellt, daß wir im voraus wüßten, was gutes Handeln ist und welches nicht. Dies ist jedoch aus den vorgenannten Gründen, Komplexität und Verkettung, nicht möglich. Daher wird sich das Tun oft erst im Nachhinein als ethisch begründbar erweisen – und nicht immer werden die von besten Absichten geleiteten Schritte in dieser Würdigung Bestand haben. Durch Regularien können nun Rahmenbedingungen geschaffen werden, die die Chancen eines positiven Befundes erhöhen.

In dem Maße, wie sich Regularien im Lichte der Ethik bewähren oder nicht, sind sie umzugestalten. Sie sind nicht Setzungen, sondern Orientierungen in einen gesellschaftlichen Geschehen, die aufgrund empirisch gewonnener Erkenntnis immer wieder Wandlungen unterworfen sind.

Regularien, z. B. Normen, sind also nicht determinierend, sondern sie vermitteln Leitvorstellungen, umreißen Handlungsräume und beschreiben Vorgehensweisen. Bei Grenzüberschreitungen verschaffen sich Normen durch Sanktionen Geltung. Dabei wird immer auch zu prüfen sein, ob Regularien mehr bewirken als bloße Funktionssicherung und ob Sanktionen in ihrem Wirken verhältnismäßig, also im Lichte einer ethischen Bewertung vertretbar sind.

Der Informatiker in seinen Beziehungen und Orientierungen

Der erste Blick gilt dem Beziehungsgeflecht informatischen Orientierens und Handelns. Der Informatiker gewinnt als Angehöriger seines Berufsstandes explizit oder implizit geistiges Rüstzeug und handwerkliches Können, Leitbilder und fachliche Identität aus seiner Disziplin, der Informatik. Dies geschieht in der Auseinandersetzung mit der Literatur, in der Teilnahme an Lehrveranstaltungen, im Kenntnis- und Erfahrungsaustausch während des Studiums wie auch später in der beruflichen Tätigkeit sowie auf Kongressen, Tagungen etc.

Bei der beruflichen Anwendung seines Wissens steht er im allgemeinen in arbeitsteiligen Prozessen. Er kommuniziert mit anderen Informatikern und mit Angehörigen anderer Disziplinen resp. Fachqualifikationen. Zudem steht er in Verpflichtungen gegenüber Vorgesetzten wie auch gegebenenfalls externen Auftraggebern. Ferner korrespondiert Informatik als Disziplin in vielfältiger Weise mit anderen Disziplinen. Diese wiederum befinden sich ihren Mitgliedern gegenüber in einer vergleichbaren Situation. So entsteht folgendes Bild:

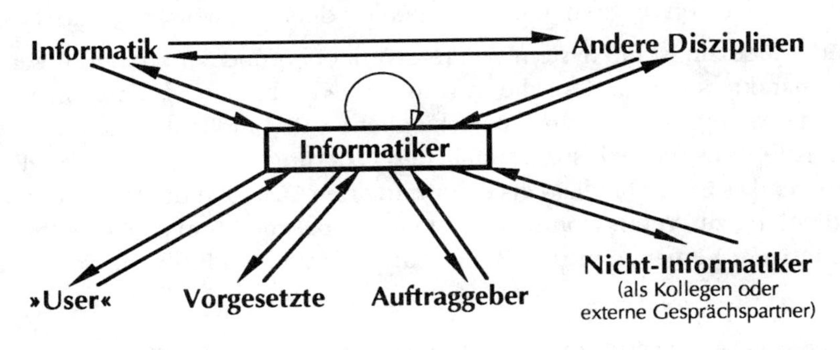

ORIENTIERUNGEN DER INFORMATIKER IM BERUFLICHEN HANDELN

Natürlich erfährt die Rolle des Informatikers in der Praxis eine besondere Ausprägung durch die Art seiner Tätigkeit, zum Beispiel in der Industrie oder in der Wissenschaft. Nicht zu vergessen auch die lebensgeschichtliche Dynamik. Das heißt, es ist hinsichtlich der Phasen beruflicher Sozialisation, von der Universitätsausbildung durch die verschiedenen Stadien beruflicher Erfahrung hindurch zu differenzieren. Einem Beziehungsgeflecht mit solch unterschiedlichen konkreten Ausprägungen kann nicht mit einheitlichen Regularien entsprochen werden.

Zudem wirken die Produkte des Informatikers über seine Berufssphäre hinaus in der Arbeits- und Lebenswelt anderer. Somit sind Bezüge herzustellen, die auch den Blick auf die Betroffenen (»usees«) freigeben. Schließlich steht der Informatiker als Person über seine Berufsrolle hinaus in weiteren Lebenszusammenhängen. Unter anderem vermittelt durch Wertvorstellungen, wirken diese auf sein berufliches Handeln ein.

Angesichts der Vielfalt der Beziehungen und Orientierungen sind ineinandergreifende unterschiedliche Regulierungsebenen und -verfahren anzustreben. Ersichtlich, wenn auch empirisch nicht hinreichend erforscht, prägt das Zusammenwirken von Werten, Normen, Regularien und Rahmenbedingungen der jeweiligen Welten das Entscheidungsverhalten des Informatikers. Hier formt sich seine »Theorie« – nicht erst beim Programmieren, wie zuweilen unter unzulässiger Berufung auf P. Naur behauptet wird.[190] Der Informatiker hat also sein Problem immer schon vorverstanden.

Exkurs: Regularien in der Medizin

Im Bereich der Informatik fehlen bisher entsprechende Ansätze. Insbesondere ist das Verhältnis allgemeiner und fachspezifischer Regularien ungeklärt. Andere, ältere Disziplinen sind in der Herausbildung von Regularienkonzepten weiter. Als Beispiel kann die Medizin herangeführt werden. Sie ist jene Disziplin, die mit ihrem Handeln »direkt den Menschen zum Gegenstand hat und unser Wissen von uns selbst, die Idee von unserem Gut und Übel, ihr direkt antworten« [Jonas 1987b, S.9].

In der Medizin ist ein System von Interventionen und Sanktionen unterschiedlichen Charakters entstanden, die in [Laufs 1988] schematisch dargestellt werden. Das Schema zeigt Regularien unterschiedlichen Verbindlichkeitsgrades – von der appellhaften Ansprache bis zur rechtlichen Fixierung. Entgegen der naheliegenden Annahme, daß in der Medizin als einer tradierten Disziplin die Wahrnehmung und Verpflichtung zur Verantwortung längst eine wirksame Form gefunden hat, war bis in die jüngere Vergangenheit z. B. die Haftungsfrage ein Problem. So war es noch

[190] Peter Naur hat in jüngerer Zeit die geistige Leistung des Softwareentwicklers im Arbeitsprozeß gegenüber den formalisierten Verfahren der (schriftlichen) Dokumentation betont [Naur 1985]. Damit hat er aber natürlich nicht die Bedeutung des Vorverständnisses gemindert, mit dem der Informatiker in die Arbeit hineintritt.

vor zwanzig Jahren sehr schwierig, einen Mediziner zu finden, der bereit war, in einem Prozeß gegen einen Standeskollegen als Gutachter auszusagen. Ferner war das Recht selbst noch nicht zufriedenstellend auf derartige Probleme anwendbar. Inzwischen gibt es jedoch in diesem Feld wirksame Regularien – qua Recht der Medizin von außen aufgenötigt. So erwies sich die Verrechtlichung einmal mehr als gesellschaftliche Antwort auf das Widerstreben einer Gruppe, sich der eigenen Verantwortung durch angemessene Selbstregularien zu stellen.

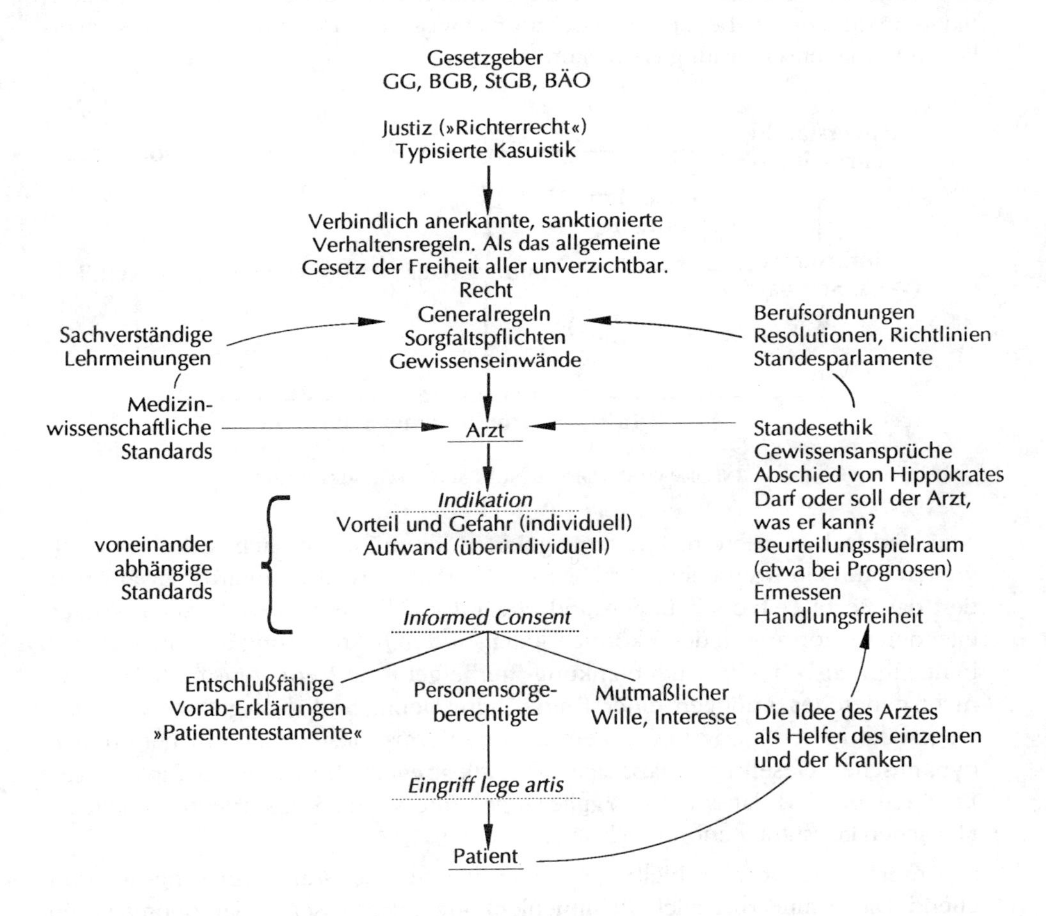

MEDIZIN – ETHIK – RECHT (Quelle: A. Laufs, Arztrecht, 4.Aufl., München 1988, S.23)

Mehr als Anregungen darf man von einem solchen Modell nicht erwarten, zumal es nicht ohne weiteres auf die Informatik übertragbar ist. Das ergibt sich bereits aus der Tatsache, daß die Medizin zumeist direkt an und mit dem Menschen arbeitet. Hingegen arbeitet der Informatiker an technischen Artefakten. Auf der Zielebene seines Handelns ist der Kontakt zu anderen Menschen durch diese technischen Artefakte vermittelt.

Und die Informatik?

Sucht man ein Regularienkonzept für die Informatik zu entwerfen, sollten zumindest die im nachfolgenden Schema gezeigten Elemente einbezogen werden. Dieses Bild zeigt den Informatiker im Spannungsfeld unterschiedlicher Regularienansätze, die sich vom geschriebenen Recht bis zur fachwissenschaftlichen oder gesellschaftlichen Verhaltenserwartung erstrecken.

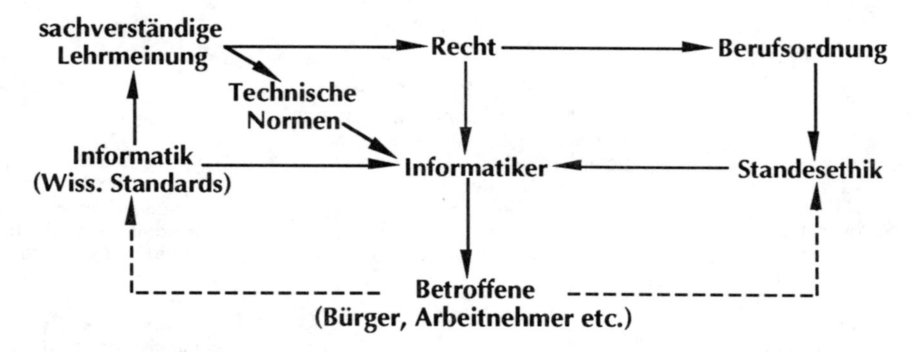

INFORMATIKER IM SPANNUNGSFELD VON REGULARIEN

Nun sind insbesondere rechtliche Regularien ihrem Wesen nach reaktiv, d. h. sie greifen dann ein, wenn ein unerwünschtes Verhalten realisiert wurde. Zwar orientiert das Recht Leitvorstellungen und bewirkt kraft seiner Existenz auch »vorauseilenden Gehorsam«. Jedoch können lediglich durch Anpassung an äußere Gegebenheiten, also durch »Außenlenkung« herbeigeführte Verhaltensmodifikationen nicht generelles Anliegen einer Kultur sein. Denn, und dies gilt insbesondere wegen des hohen Innovationspotentials der Informationstechnik, in einer offenen, dynamischen Gesellschaft läßt sich nicht alles regeln. Bereits unter funktionalen Erwägungen sind daher Selbstregulierungen und weiter Selbstorientierungen der Menschen konstitutiv erforderlich.

Gesetze und Normen bleiben als Instrumente einer »Außenlenkung« unzureichend. Daher muß zusätzlich die »Innenlenkung« oder besser die »autonome Orientierung« zum Verbündeten ethischer Anliegen gemacht werden[191]. Verinnerlichte

---

[191] Der Begriff der »Innenlenkung« ist durch Riesmann besetzt. Er kennzeichnet damit verinnerlichte, starre Handlungsanleitungen, den »inneren Kreiselkompaß« [Riesmann 1966]. Hier sind aber stabile Muster bevorzugter, einsichtsvoller Handlungsorientierungen gemeint, deren Erfüllung vom Individuum als befriedigend, nicht zuletzt im Hinblick auf das Selbstbild, erlebt werden. Riesmann verwendet in diesem Zusammenhang den Begriff der »Autonomie«. L. Kohlberg spricht von

und bewußt gewählte Wertevorstellungen können in Situationen konfligierender Ansprüche das Handeln zielsicher als ethisch begründbares anleiten.

Die Ausbildung ist gefordert

Aufsetzend auf bereits vorhandenen Grundhaltungen können solche Wertvorstellungen und Handlungsmuster in frühen Phasen beruflicher Sozialisation angelegt werden. Damit ist die Ausbildung der Informatiker angesprochen. Die pädagogische Erfahrung zeigt geeignete Wege auf.[192] Der Kanon der Bildungsziele in der Hochschulausbildung müßte hinsichtlich Verantwortungsbewußtsein, Kooperationsfähigkeit und weiterer Züge ethisch hoch bewerteten Handelns in dem Sinne praktisch werden, daß Lernangeboten ein geeigneter Zuschnitt abgefordert wird. Wohlbemerkt, Lernangebote und nicht Lehrangebote. Denn soziale Orientierungen können nicht gelehrt, sondern müssen erworben werden. Es gilt also, in der Ausbildung Handlungskontexte herzustellen, denen ethisch begründbares Handeln zur Zielerreichung selbstverständlich ist. Daraus ergeben sich natürlich auch Konsequenzen für Zieldefinitionen. In mancherlei Hinsicht würde dies den an der Hochschullehre Beteiligten vermutlich ein Umdenken abverlangen.

Diskurse als Verfahren kollektiver Ethik

Individuelle Wertvorstellungen und Handlungsbereitschaften, durch entsprechende Erfahrungsfelder angelegt, sind eine Voraussetzung, Regularien, die Handlungsräume öffnen, eine andere. Wie aber kann nun das Ethische praktisch werden? Angesichts des hohen Innovationspotentials der Informationstechniken und der Offenheit der Gesellschaft können ordnende Einflüsse nicht aus ethischen oder rechtlichen Setzungen wirksam werden. Daher unterliegt der Charakter der Regularien selbst gegenwärtig einem Wandel. Das Bundesverfassungsgericht hatte bereits 1979 in seinem Mühlheim-Kärlich-Beschluß die Gewichte von einem »positiven Recht«, welches Entscheidungskriterien und -maßstäbe vorgibt, zur Verfahrensebe-

---

»postkonventionellen Wertvorstellungen« als höchste Ebene einer Taxonomie moralischer Reife (vgl. [Bertram 1982]).

192 Vgl. den Ansatz einer kritisch-konstruktiven Didaktik von Wolfgang Klafki (Die deutsche Schule 12/77) und insbesondere die Weiterentwicklung des didaktischen Modells der »Berliner Schule« durch Wolfgang Schulz (Unterrichtsplanung, München 1980). Dort werden die Dimensionen der »Intentionalität« mit den wechselwirkenden Zielwerten Autonomie, Kompetenz, Solidarität und der »Thematik« mit den ebenso verknüpften Zielwerten der Sach-, Gefühls- und Sozialerfahrung zueinander bestimmt und durch Gruppenlernprozesse angestrebt. Dieser pädagogische Ansatz will durch Ablösung innerer Abhängigkeiten zur weitmöglichen Verfügung über sich selbst befähigen – Voraussetzung für ein gelingendes kooperatives Handeln.

ne verschoben.[193] Darin wird eine Tendenz erkennbar, die über die deutschen Grenzen hinaus auch auf europäischer Ebene wirkt. In den Niederlanden wurde im Bereich des Datenschutzes ein »*code of fair practise*« initiiert, ein Handlungsrahmen, den die Beteiligten selbstregulierend ausfüllen. Diesen Ansatz greift die EG auf: Sie ermuntert auf dem Gebiet des Datenschutzes die Fachgemeinschaft zu selbstregulierenden Verfahren.[194] Eine vergleichbare Diskussion ist seit einiger Zeit auch in den USA in Gang gekommen [Martin & Martin 1990].

Im Kern liegt diesen Ansätzen die Erkenntnis zugrunde, daß wir Orientierungen und Konfliktlösungen nicht durch Setzungen einer wie auch immer legitimierten Instanz und auch nicht aus individuellem Bestreben erlangen können. Vielmehr sind Gemeinschafts-Verfahren und -Prozesse anzustreben, die als Praxis einer kollektiven Ethik gelten können. Dieser Gedanke knüpft an die im Recht entwickelte »klassische Verfahrenskonzeption«[195] an und überträgt sie auf eine freiere, soziale Aktionsform.

Derartige Verfahren bezeichnen wir als Diskurse [s. Fußnote 190]. Im Rahmen der »Technikfolgenabschätzung in der Informationstechnik« des BMFT werden verschiedenen derartige Projekte durchgeführt. Exemplarisch sei hier auf den Diskurs in der Informationstechnischen Gesellschaft (ITG) über den »Datenschutz im ISDN« verwiesen: Mit dem Umbau des Fernmeldenetzes in ein diensteintegriertes digitales Netz (ISDN) hat sich in der Öffentlichkeit eine Kontroverse zum Datenschutz ergeben. Im Zentrum der Diskussion steht beispielsweise die geplante Speicherung von Kommunikationsdatensätzen (Teilnehmerrufnumer, Datum, Uhrzeit und Dauer der Gespräche). Kritiker sehen hierin die Gefahr einer mißbräuchlichen Verwendung dieser Daten, z. B. zur Erstellung persönlicher Kommunikationsprofile.[196]

Diese Bedenken wurden von der Post und der Herstellerindustrie ernst genommen, nicht zuletzt wegen der Konsequenzen aus einem möglichen Rechtsstreit für ein eingeführtes technisches System. Deshalb war bei allen Beteiligten die Bereit-

---

[193] Beschluß des Bundesverfassungsgerichts vom 20.9.1979 (Mühlheim-Kärlich), in: BVerG 53, S.30 ff. In der nachfolgenden rechtswissenschaftlichen Diskussion sind unter dem Titel »Grundrechtsschutz durch Verfahrensgestaltung und Organisation« Anforderungen zu grundrechtskonformen Verfahren abgeleitet worden wie Minderheitenschutz, Finanzierung der Minderheiten-Gutachten, realistische Fristengestaltung, die ihrerseits Qualitäten einer kollektiven Ethik darstellen.

[194] Siehe Entwurf der EG-Datenschutzrichtlinie vom 13.9.90; Amtsblatt der Europäischen Gemeinschaft Nr. 277/3 v. 5.11.90 »Vorschlag für eine Richtlinie zum Schutz von Personen bei der Verarbeitung personenbezogener Daten« (Kom /90)314 endg. Syn R 67, Art.20.

[195] Die »zentrale Idee (der klassischen Verfahrenskonzeption) war es, in der Form des rechtlich geregelten Verfahrens einen Bereich unabhängiger, freier Kommunikation gegen gesellschaftliche Einflüsse, Statusvorteile oder Rollenzusammenhänge sicherzustellen« [Luhmann 1983, S. 26].

[196] Auch dieses Buch greift auf Ergebnisse eines solchen Diskursprojektes (des GI-Arbeitskreises »Theorie der Informatik«) zurück.

schaft vorhanden, sich im Rahmen eines Diskurses über die widersprechenden Anforderungen an dieses technische System sowie über die Möglichkeiten von Kompromißlösungen zu verständigen. Aus dem Diskurs gingen Gestaltungsvorschläge hervor, die den Bedenken der Kritiker weitgehend Rechnung trugen. Die anderen Akteure, Post und Industrie, haben dadurch eine größere Handlungssicherheit erlangt.[197]

Es wäre ideal, ökonomische Interessen sowie ethische Belange miteinander zu vereinbaren. Die Gefahren sozialer und ökologischen Friktionen durch technische Entwicklungen ließen sich dadurch weitgehend bannen. Umfassend wahrgenommene Verantwortung, beginnend im Tun des Einzelnen und fortgeführt in Verfahren kollektiver Ethik, ist diesem Ziel vorausgesetzt.[198]

Fazit

Ethik ist Reflexion unseres guten Handelns. Mögen auch Einzelne befähigt und willens sein, daraus Maßstäbe für das eigene Tun zu gewinnen und umzusetzen, legt der Zustand der Welt beredtes Zeugnis über die Schwierigkeiten ab, ethische Reflexion und reales Geschehen miteinander in Einklang zu bringen. Dies muß wohl als Zeichen der Ohnmacht des guten Denkens verstanden werden – eine Ohnmacht, die, so der Eindruck, nicht immer zum Problem wird. Manch gute Absicht wird das Etikett der Unverbindlichkeit hinnehmen müssen, wenn, wie R. Capurro oben unter Berufung auf Aristoteles ausführt, »statt zu tun, was recht ist, darüber philosophiert wird«.

Es gilt also, sich der Durchsetzungsproblematik zu stellen, um das ethisch Gebotene zur Geltung zu bringen. Individualethische Konzepte, wie P. Schefe sie fordert, mögen Einzelne motivieren. Im gesellschaftlichen Kontext des Handelns werden derartige Bemühungen, bleiben sie auf sich gestellt, jedoch immer wieder an widerständigen Strukturen scheitern und zur Resignation führen. Und allzu oft mag es auch geschehen, daß der Einzelne, nach bestem Wissen und Gewissen handelnd, Irrtümern unterliegt, denn »der Mensch kann die Wahrheit verkörpern, aber er kann sie nicht wissen«.[199]

Das Ethische kann sich, umfassend verstanden, letztlich nur aus dem gesellschaftlichen Kontext des Handelns erweisen. Daher sind Regularien zu schaffen: rechtliche, soziale und berufspolitische Normen und Konzepte, die im Zuge ihrer Bewährung sowohl Orientierungen vermitteln wie auch dem konkreten Handeln Freiräume offenhalten und die Perspektive verleihen, vor einer ethischen Reflexion

---

[197] Siehe Diskursprotokoll »Datenschutz im ISDN« V-1, Berlin: VDI/VDE-Technologiezentrum Informationstechnik 1991.

[198] Vgl. den Beitrag »Verantwortungslosigkeit« von R. Stransfeld, in diesem Buch.

[199] Yeats, zitiert nach Dreyfus [Dreyfus 1979, S.333].

Bestand zu haben. Regularien, die einer kollektiven Ethik Raum und Chancen geben, beispielsweise umgesetzt in Diskursverfahren. Solche Verfahren bedürfen des persönlichen Engagements, das durch in der Ausbildung angelegte Wertorientierungen gefördert werden kann.

Unter dem Leitbegriff der Ethik entsteht somit ein Bild unterschiedlich institutionalisierter Ebenen in differierender Nähe zum informatischen Handeln. Nur mit einem vielschichtigen und umfassend angelegten Konzept kann die Informatik ihre umfassende Verantwortung wahrnehmen.

Sollte sie die aus ihrer gewachsenen Bedeutung erwachsende Verpflichtung zum handlungsrelevantem Umgang mit der ethischen Frage nicht erfüllen, sondern sich weiter auf Appelle beschränken, kann ihr widerfahren, was bereits andere Disziplinen erfahren mußten: daß Gesellschaft, Wirtschaft und Rechtswesen Regularien hervorbringen, die sie spürbarer eingrenzen als selbstgeschaffene, wirksame Verfahren der Selbstregulierung. Das Ethische wird der Informatik so oder so praktisch. Es liegt an ihr, ob aufgenötigt oder selbst geformt.

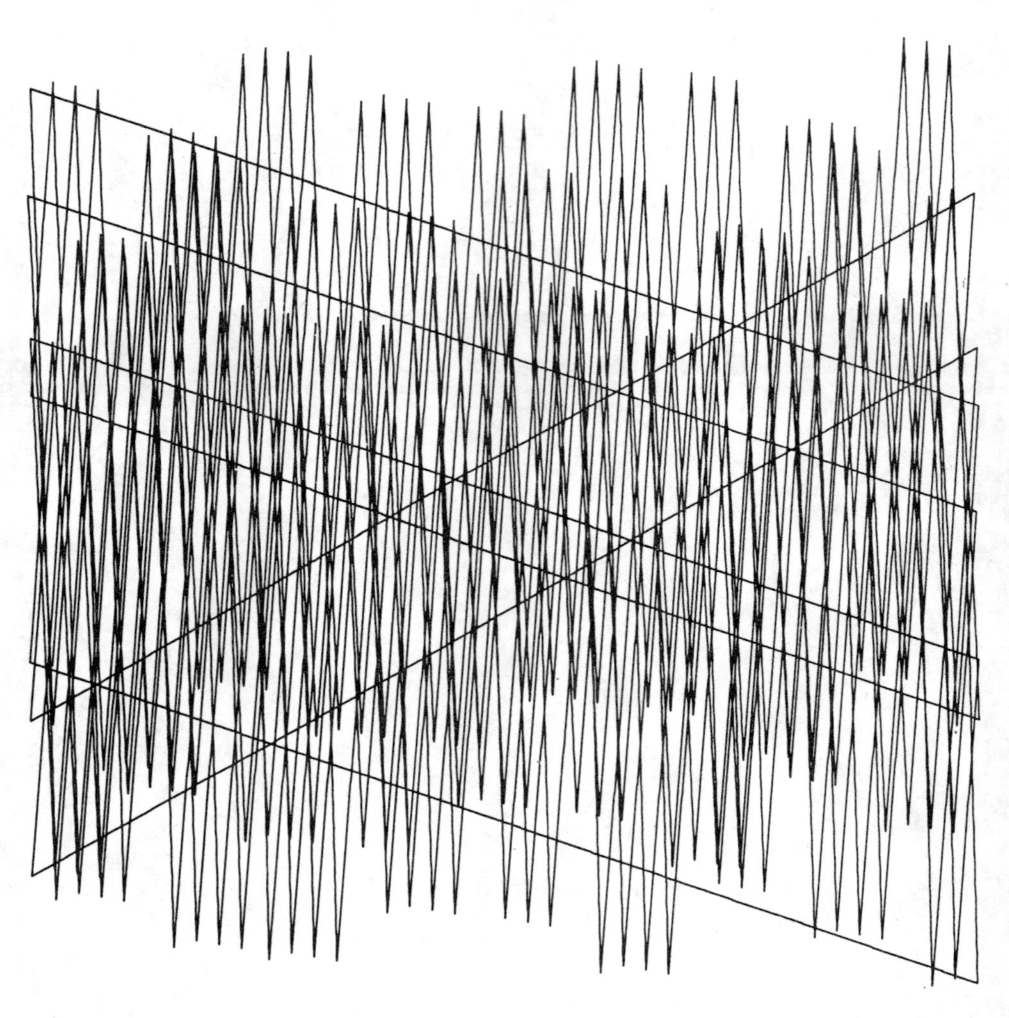
NAKE/ER56/264

Literatur

[Abbott & Basco 1989] M. B. ABBOTT, D. R. BASCO: Computational Fluid Dynamics. An Introduction for Engineers. London – New York: Longman/Wiley 1989

[Abrahams 1985] P. ABRAHAMS (ACM President's Letter): Reliability of Computer Systems and Risks to the Public. Comm. of the ACM 28, 131 ff. (1985)

[Abrahams 1988] P. ABRAHAMS (ACM President's Letter): Specifications and Illusions. Comm. of the ACM 31:5, 480-481 (1988)

[Achilles et al. 1988] D. ACHILLES, P. W. BAIER, W. RUPPRECHT: Stellungnahmen zu [Bauer 1988]. Informatik Spektrum 11:6 (1988)

[Adam 1971] A. ADAM: Informatik. Problem der Mit- und Umwelt. Opladen: Westdeutscher Verlag 1971

[Anders 1956] G. ANDERS: Die Antiquiertheit des Menschen. Bd. II. München: Beck 1956 (1987)

[Anders 1968] G. ANDERS: Der Blick vom Turm. Fabeln. München: C.H. Beck 1968

[Anochin 1978] P. K. ANOCHIN: Beiträge zur allgemeinen Theorie des funktionellen Systems. Jena: G. Fischer 1978

[Apel 1973] K.-O. APEL: Das Apriori der Kommunikationsgemeinschaft und die Grundlagen der Ethik. In: K.-O. Apel (Hrsg.): Transformation der Philosopie, Bd. II. 358 ff. Frankfurt am Main: Suhrkamp 1973

[Apel 1975] K.-O. APEL: Der Denkweg von Charles Sanders Peirce. Eine Einführung in den amerikanischen Pragmatismus. Frankfurt am Main: Suhrkamp 1975

[Arendt 1981] H. ARENDT: Vita activa oder Vom tätigen Leben. München – Zürich: Piper 1981. (Amer. Original 1958)

[Aristoteles 1960] ARISTOTELES: Nikomachische Ethik. Opera I. Übers. von E. Rolfes. Berlin: Bekker 1960 (Nachdruck Hamburg: Meiner 1985)

[Atiyah 1989] M. F. ATIYAH: The Frontier between Geometry and Physics. Jahresberichte der Deutschen Mathematiker-Vereinigung 91, 149-158 (1989)

[Babbage 1833] CH. BABBAGE: Über Maschinen- und Fabrikwesen. Berlin 1833 (Engl. Original 1832)

[Baethge & Overbeck 1986] M. BAETHGE, W. OVERBECK: Zukunft der Angestellten. Frankfurt am Main – New York: Campus 1986

[Bahr 1983] H.-D. BAHR: Über den Umgang mit Maschinen. Tübingen: Konkursbuchverlag 1983

[Bammé et al. 1983] A. BAMMÉ, G. FEUERSTEIN, R. GENTH, E. HOLLING, R. KAHLE, P. KEMPIN: Maschinen-Menschen Mensch-Maschinen – Grundrisse einer sozialen Beziehung. Reinbek bei Hamburg: Rowohlt 1983

[Bannon 1986] L. BANNON: Computer Mediated Communication. In [Norman & Draper 1986]

[Bannon & Bødker 1991] L. BANNON, S. BØDKER: Beyond the Interface – Encountering Artifacts in Use. In: J.M. Caroll (Hrsg.): Designing Interaction. Cambridge: Cambridge University Press 1991.

[Bannon & Schmidt 1989] L. BANNON, K. SCHMIDT: CSCW – Four Characters in Search of a Context. In: Proc. European Conf. on Computer Supported Cooperative Work (EC-CSCW 89), 358-372, 1989

[Bar-Hillel 1964] Y. BAR-HILLEL: Language and Information – Selected Essays on their Theory and Application. Reading, Mass.: Addison-Wesley 1964

[Baritz 1960] L. BARITZ: The Servants of Power – A History of the Use of Social Science in American Industry. Middletown: Wesleyan University Press 1960

[Barkow et al. 1989] G. BARKOW, W. HESSE, H.-B. KITTLAUS, A. L. LUFT, G. v. SCHESCHONK, A. STÜLPNAGEL: Begriffliche Grundlagen für die frühen Phasen der Software-Entwicklung. Softwaretechnik-Trends (FG Software-Engineering der GI), 9:3, 103-117 (1989)

[Baruzzi 1973] A. BARUZZI: Mensch und Maschine – Das Denken sub specie machinae. München: Wilhelm Fink 1973

[Bateson 1972] G. BATESON: Steps to an Ecology of Mind. New York: Ballantine Books 1972 (Deutsch: Ökologie des Geistes. Frankfurt am Main: Suhrkamp 1985)

[Bateson 1979] G. BATESON: Mind and Nature – a Necessary Unity. New York: Bantam Books 1979 (Deutsch: Geist und Natur – eine notwendige Einheit. Frankfurt am Main: Suhrkamp 1982)

[Bateson 1987] G. AND M. C. BATESON: Angels Fear – Towards an Epistemology of the Sacred. New York: Macmillan 1987

[Bauer 1988] F. L. BAUER: Informatik und Informationstechnik – Ein Gegensatz? Informatik Spektrum 11, 231 - 232 (1988)

[Bauer & Goos 1971] F. L. BAUER, G. GOOS: Informatik, Eine einführende Übersicht. Erster und zweiter Teil. Berlin – Heidelberg – New York – Tokio: Springer 1971

[Beck 1986] U. BECK: Risikogesellschaft. Frankfurt am Main: Suhrkamp 1986

[Beck 1988] U. BECK: Gegengifte. Die organisierte Unverantwortlichkeit. Frankfurt am Main: Suhrkamp 1988

[Becker 1989] B. BECKER: Zur Terminologie in der Kognitionsforschung. In: Workshop Kognitionsforschung in der GMD, 16.-18. November 1988. Arbeitspapiere der GMD 385, 1989

[Becker-Töpfer & Rödiger 1990] E. BECKER-TÖPFER, K.-H. RÖDIGER: Expertensysteme und Mitbestimmung. In: WSI-Mitteilungen 43, 660-667 (1990)

[Bennent 1990] H. BENNENT: Über das moralische Anderssein der Frau: zu Carol Gilligans Entwurf einer weiblichen Ethik. In B. Gilles, B. Schinzel (Hrsg.): »Bei gleicher Qualifikation...«. Aachen: Augustinus Buchhandlung 1990

[Berman 1984] M. BERMAN: Wiederverzauberung der Welt. München: Dianus-Trikont 1984

[Bertram 1982] H. BERTRAM: Moralische Sozialisation. In: K. Hurrelmann, D. Ulich (Hrsg.): Handbuch der Sozialisationsforschung. Weinheim: Beltz 1982

[Besselaar et al. 1991] P. VAN DEN BESSELAAR, A. CLEMENT, P. JÄRVINNEN (Hrsg.): Information System, Work and Organizational Design. Amsterdam: North Holland 1991

[Bierwisch 1991] M. BIERWISCH: Ist Sprache (un-)berechenbar? Spectrum – Berliner Journal für den Wissenschaftler Heft 4/91 (1991)

[Bjerknes et al. 1987] G. BJERKNES, P. EHN, M. KYNG: Computers and Democracy – A Scandinavian Challenge. Aldershot: Avebury 1987

[Blomeyer & Tietze 1988] G. BLOMEYER, B. TIETZE: Opposition zur Moderne. Aktuelle Positionen zur Architektur. Braunschweig: Bauwelt-Verlag 1988

[Bødker 1991] S. BØDKER: Through the Interface. A Human Activity Approach to User Interface Design. Hillsdale, N.J.: Lawrence Erlbaum 1991

[Boes & Boß 1991] M. BOES, C. BOSS: Ganzheitliche Arbeitskompetenz wird für DV-Profis unerläßlich. In: Computerwoche 29.3.91, S. 45 (1991)

[Böhle 1992] F. BÖHLE: Grenzen und Widersprüche der Verwissenschaftlichung von Produktionsprozessen. Zur industriesoziologischen Verortung von Erfahrungswissen. In: T. Malsch (Hrsg.): Informatisierung und gesellschaftliche Arbeit. Berlin: Edition Sigma 1992 (Im Druck)

[Böhle & Milkau 1988] F. BÖHLE, B. MILKAU: Vom Handrad zum Bildschirm. Eine Untersuchung zur sinnlichen Erfahrung im Arbeitsprozeß. Frankfurt am Main: Campus 1988

[Bolter 1984] J. D. BOLTER: Turing's Man. Western Culture in the Computer Age. London: Duckworth 1984

[Bonsiepen & Coy 1991] L. BONSIEPEN, W. COY: Is There Really a Challenge of Expert Systems to Industrial Labour? In [Besselaar et al. 1991] S.307-315

[Booch 1991] C. BOOCH: Object-Oriented Design. Redwood City, CA: Benjamin Cummings 1991

[Booß 1977] B. BOOSS: Topologie und Analysis – Eine Einführung in die Atiyah-Singer-Indexformel. Berlin – Heidelberg – New York: Springer 1977

[Booß-Bavnbek 1989] B. BOOSS-BAVNBEK: Ethische und politische Probleme der zunehmenden Anwendbarkeit der Mathematik. In: H. Steiner (Hrsg.): Contemporary Discussions on Bernal's »Social Function of Science«. 185-204. Berlin: Akademie, 1989

[Booß-Bavnbek 1990a] B. BOOSS-BAVNBEK: Modellierung ohne Verantwortung. In [Randow 1990]

[Booß-Bavnbek 1990b] B. BOOSS-BAVNBEK: Rationalität und Scheinrationalität durch computergestützte mathematische Modellierung. In [Reuter 1990]

[Booß & Pate 1985] B. BOOSS, G. PATE: Notizen zur Analyse von IT-Wirkungen. In: Düsseldorfer Debatte 1, 58-70 (1985)

[Booß-Bavnbek & Pate 1989] B. BOOSS-BAVNBEK, G. PATE: Information Technology and Mathematical Modelling, the Software Crisis, Risk and Educational Consequences. Computers and Society. ACM SIGCAS 19:3 (1989)

[Booß-Bavnbek & Pate 1990] B. BOOSS-BAVNBEK, G. PATE: 50 Jahre militärische Verschmutzung der Mathematik. Undurchdringliche Komplexität, rücksichtslose Kreativität und täuschende Vertrautheit. In: H.-W. GÖBEL, M. TSCHIRNER (Hrsg.): Wissenschaft im Krieg - Krieg in der Wissenschaft, Tagungsband eines Wissenschaftlichen Symposiums an der Universität Marburg 1989. Schriftenreihe für Friedens- und Abrüstungsforschung, Bd. 15, 157-172, Marburg 1990

[Booß et al. 1988] B. BOOSS, M. BOHLE-CARBONELL, G. PATE: On the Risks of Technology Applications at the Borders of Our Knowledge. Scientific World 3(1988) (Deutsch als: Über die Risiken technologischer Lösungen im Grenzbereich unseres Wissens. Wissenschaftliche Welt 32/2, 2-9 (1988))

[Brand 1987] S. BRAND: The Media Lab – Inventing the Future at MIT. New York: Viking Peguin 1987. (Deutsch bei Rowohlt, Reinbek)

[Brandenburg et al. 1990] J. BRANDENBURG, W. FREISE, W. GÖRKE, R. HARTENSTEIN, P. KÜHN, H. J. SCHMITT: Gemeinsame Stellungnahme der Fakultätentage Elektrotechnik und Informatik zur Abstimmung ihrer Fachgebiete im Bereich Informationstechnik. Herausgegeben von den Fakultätentagen Informatik und Elektrotechnik 1990

[Brauer 1984a] W. BRAUER: Die Informatik in der Bundesrepublik Deutschland. In [Brauer et al. 1984] S.34 - 39

[Brauer 1984b] W. BRAUER: Was ist Informatik? In [Brauer et al. 1984] S. 9-15

[Brauer 1990] W. BRAUER: Trends der Informatik-Ausbildung. In [Reuter 1990] S. 456-464

[Brauer et al. 1978] W. BRAUER, W.HAACKE, S. MÜNCH: Studien- und Forschungsführer Informatik. Hrsg. von der Gesellschaft für Mathematik und Datenverarbeitung mbH (GMD) und dem Deutschen Akademischen Austauschdienst (DAAD). Bonn 1978 (²1980)

[Brauer et al. 1984] W. BRAUER, W.HAACKE, S. MÜNCH (Hrsg.): Studien- und Forschungsführer Informatik. Berlin – Heidelberg – New York: Springer 1984 (²1989)

[Braverman 1977] H. BRAVERMAN: Die Arbeit im modernen Produktionsprozeß. Frankfurt am Main – New York: Campus 1977

[Bremermann & Anderson 1989] H. J. BREMERMANN, R. W. ANDERSON: An Alternative to Back-Propagation – Simple Rule or Synaptic Modification for Neural Net Training and Memory. Report University of California at Berkeley 1989

[Briefs 1991] U. BRIEFS: Informatics – Computer Science, Work Science or Both? Where Are We Going? Where Should We Be Going? In [Besselaar et al. 1991]

[Briggs & Peat 1990] J. BRIGGS, D.E.PEAT: Die Entdeckung des Chaos. München-Wien: Hanser 1990

[Brödner 1985] P. BRÖDNER: Fabrik 2000. Alternative Entwicklungspfade in die Zukunft der Fabrik. Berlin: Edition Sigma 1985

[Brödner et al. 1981] P. BRÖDNER, D. KRÜGER, B.SENF: Der programmierte Kopf. Eine Sozialgeschichte der Datenverarbeitung, Berlin: Wagenbach 1981

[Bromme 1988] R. BROMME: Der Lehrer als Experte. Möglichkeiten und Grenzen des Expertenansatzes in der Lehrerkognitionsforschung. Bericht des Instituts für Didaktik der Mathematik, Bielefeld 1988

[Brooks 1987] F.P. BROOKS: No Silver Bullet - Essence and Accidents of Software Engineering. IEEE Computer 20:4, 10 - 19 (1987)

[Budde & Mahr 1992] R. BUDDE, B. MAHR: Advanced Programming Paradigms and Formal Semantics. In [Floyd et al. 1992]

[Budde & Züllighoven 1990] R. BUDDE, H. ZÜLLIGHOVEN: Software-Werkzeuge in einer Programmierwerkstatt. Ansätze eines hermeneutisch fundierten Werkzeug- und Maschinenbegriffs. Berichte der GMD Nr. 182. München-Wien: Oldenbourg 1990

[Budde et al. 1990] R. BUDDE, K.-H. SYLLA, H. ZÜLLIGHOVEN: Objektorientierter Systementwurf. LOG IN Heft 4/5/6 (1990)

[Budde et al. 1992] R. BUDDE, K. KAUTZ, K. KUHLENKAMP, H. ZÜLLIGHOVEN: Prototyping – an Approach to Evolutionary System Development. Berlin – Heidelberg – New York – Tokio: Springer 1992

[Buder et al. 1990] M. BUDER, W. REHFELD, T. SEEGER: Grundlagen der praktischen Information und Dokumentation. Ein Handbuch zur Einführung in die fachliche Informationsarbeit. Bd.2. München: Saur 1990

[Burhop 1980] E. BURHOP: Die Kernenergie und ihre Perspektive. Wissenschaftliche Welt 24:1, 2-3 (1980)

[Bürmann 1979] J. BÜRMANN: Der »typische Naturwissenschaftler« – ein intelligenter Versager? DDS 5 (1979)

[Capra 1982] F. CAPRA: Wendezeit. Bern – München – Wien: Scherz 1982

[Capurro 1986] R. CAPURRO: Hermeneutik der Fachinformation. Freiburg – München: Alber 1986

[Capurro 1987] R. CAPURRO: Zur Computerethik. Ethische Fragen der Informationsgesellschaft. In [Lenk & Ropohl 1987], S.259 - 273

[Capurro 1990] R. CAPURRO: Ethik und Informatik. Informatik Spektrum 13:6, 311-320 (1990)

[Carnap et al. 1931] R. CARNAP, J. V. NEUMANN, O. NEUGEBAUER, H. REICHENBACH, W. HEISENBERG, K. GÖDEL: Bericht über die 2. Tagung für Erkenntnislehre der exakten Wissenschaften, Königsberg 1930. In: Erkenntnis 2, 91-190 (1931)

[Carrier & Mittelstraß 1989] M. CARRIER, J. MITTELSTRASS: Geist, Gehirn, Verhalten. Das Leib-Seele-Problem und die Philosophie der Psychologie. Berlin – New York: de Gruyter 1989

[Chomsky 1966] N. CHOMSKY: Cartesian Linguistics. A Chapter in the History of Rationalist Thought. New York: Harper & Row 1966 (Deutsch: Cartesianische Linguistik, Tübingen 1971)

[Chomsky 1988] N. CHOMSKY: Language and Problems of Knowledge. The Managua Lectures. Cambridge, Mass.: MIT Press 1988.

[Churchland 1990] P. M. Churchland: The Chinese Room Test. Scientific American (1990)

[Churchland & Churchland 1986] P.M. AND S. CHURCHLAND: Neurophilosophy - Towards a Unified Science of Mind-Brain. Cambridge: MIT Press 1986

[Clausewitz 1972] C. V. CLAUSEWITZ: Vom Kriege. Bonn: Ferd. Dümmler [18]1972

[Coy 1981] W. COY: Geheime Schriften – Geheime Dienste. Kursbuch 66 (1981)

[Coy 1985] W. COY: Industrieroboter – Zur Archäologie der zweiten Schöpfung. Berlin: Rotbuch 1985

[Coy 1988a] W. COY: Aufbau und Arbeitsweise von Rechenanlagen. Braunschweig – Wiesbaden: Vieweg 1988 ([2]1992)

[Coy 1988b] W. COY: Die Offenlegung der Tatbestände ist wichtiger als jeder Appell – Helmut Fleischers Kritik der normativen Ethik. In: Umbruch 5, 85-87 (1988)

[Coy 1988c] W. COY: »...und was jenseits dieser Grenze liegt, wird einfach Unsinn sein«. Sprache im technischen Zeitalter, 26:105, 34-41 (1988)

[Coy 1989] W. COY: Brauchen wir eine Theorie der Informatik? Informatik Spektrum 12:5, 256-266 (1989). (Eine frühere Version unter dem Titel »Für eine Theorie der Informatik!« ist in diesem Buch abgedruckt)

[Coy 1990] W. COY: Weiße Flecken im »Zukunftskonzept Informationstechnik« - Anmerkungen zu einem Regierungsprogramm und zur Zukunft der Informatik. In: Frankfurter Rundschau Nr. 177, 2. 8. 90. 16. (1990). (Leicht gekürzte Fassung eines Einleitungsreferats zur GI-Tagung »Zukunftskonzept Informationstechnik – Unsere Zukunft?« 14.-17. 7. 90 in Ulm)

[Coy 1992] W. COY: Soft Engines. In [Floyd et al. 1992]

[Coy & Bonsiepen 1989a] W. COY, L. BONSIEPEN: Expert Systems – Before the Flood? In: G. X. Ritter (Hrsg.): Information Processing '89, Proc. 11th IFIP-World Congress, San Francisco. Amsterdam: North Holland 1989

[Coy & Bonsiepen 1989b] W. COY, L. BONSIEPEN: Erfahrung und Berechnung – Kritik der Expertensystemtechnik. Berlin – Heidelberg – New York – Tokio: Springer 1989

[Coy et al. 1988] W. COY, G. FEUERSTEIN, R. GÜNTHER, W. LANGENHEDER, B. MAHR, P. MOLZBERGER, H. PRZYBYLSKI, K.-H. RÖDIGER, H. RÖPKE, E. SENGHAAS-KNOBLOCH, B. VOLMERG, W. VOLPERT, H. WEBER, H. WIEDEMANN: Informatik und Verantwortung. Proc. GI Jahrestagung 88, 41-43. Berlin – Heidelberg – New York – Tokio: Springer 1988. Abschlußpapier des GI-Arbeitskreises 8. 3. 3. In leicht überarbeiteter Form in: Informatik Spektrum 12:5 (1989). (Nachdruck in diesem Buch)

[Crick 1989] F. CRICK: The Recent Excitement about Neural Networks. Nature Januar (1989)

[D'Avis 1988] W. D'AVIS: Ist KI ein Angriff der Computer auf den menschlichen Geist? Ästhetik und Kommunikation Heft 69 (1988)

[Davis & Hersh 1981] PH. DAVIS, R. HERSH: The Mathematical Experience. Boston: Birkhäuser 1981 (Deutsch: Erfahrung Mathematik. Basel: Birkhäuser 1985)

[Davis & Hersh 1988] PH. DAVIS, R. HERSH: Descartes' Dream. The World According to Mathematics. London: Penguin Books 1988 (Deutsch: Descartes Traum. Frankfurt am Main: Fischer 1989)

[Dehlbrück 1986] M. DEHLBRÜCK: Wahrheit und Wirklichkeit – Über die Evolution des Erkennens. Berlin 1986

[DeMarco & Lister 1991] T. DEMARCO, T. LISTER: Wien wartet auf Dich! Der Faktor Mensch im DV-Management. München: Hanser 1991 (Amerik. Original: Peopleware. Productive Projects and Teams. New York: Dorset House 1987)

[Dennet 1986] D. C. DENNET: Brainstorms. Philosophical Essays on Mind and Psychology. Brighton, Sussex: Harvester Press 1986

[Denning 1991] P. J. DENNING: Technology or Management? Editorial. Comm. of the ACM 34:3, 11-12 (1991)

[Denning et al. 1989] P. J. DENNING, D. E. COMER, D. E. GRIES, M. C. MULDER, A. TUCKER, A. J. TURNER, P. R. YOUNG: Computing as a Discipline. Comm. of the ACM 32, 9-23 (1989)

[Descartes 1965] R. DESCARTES: Die Prinzipien der Philosophie. Hamburg: Felix Meiner 1965

[Descartes 1972] R. DESCARTES: Meditationen über die Grundlagen der Philosophie mit sämtlichen Einwänden und Erwiderungen. Hamburg: Felix Meiner 1972

[Descartes 1982] R. DESCARTES: Abhandlung über die Methode des richtigen Vernunftgebrauchs. Stuttgart: Philipp Reclam 1982

[Dewey 1936] J. DEWEY: What Are Universals. Journal of Philosophy 33 (1936). (Nachdruck in: The Later Works Vol. 11 (1935-1937). Carbondale: Southern Illinois University Press 1971)

[Dewey 1946] J. DEWEY: The Problems of Men and the State of Philosophy. Problems of Men. 1946 (Nachdruck in: The Later Works Vol. 15 (1942-1948). Carbondale: Southern Illinois University Press)

[Dijkstra 1989] E. W. DIJKSTRA: On the Cruelty of Really Teaching Computing Science. Comm. of the ACM 32, 1398-1404 (1989)

[Dillard 1982] A. DILLARD: Teaching a Stone to Talk - Expeditions and Encounters. New York: Harper & Row1982

[Docherty et al. 1987] P. DOCHERTY, K. FUCHS-KITTOWSKI, P. KOLM, L. MATHIASSEN (Hrsg.): System Design for Human Development and Productivity – Participation and Beyond. Amsterdam: North Holland 1987

[Dörner 1989] D. DÖRNER: Die Logik des Mißlingens. Reinbek bei Hamburg: Rowohlt 1989

[Dreyfus 1979] H.L. DREYFUS: What Computers Can't Do – The Limits of Artificial Intelligence. New York: Harper & Row 1979. (Deutsch: Die Grenzen künstlicher Intelligenz. Königstein/Ts.: Athenäum 1985)

[Dreyfus & Dreyfus 1987] H.L. DREYFUS, ST. DREYFUS: Mind over Machine. New York: The Free Press 1986. (Deutsch: Künstliche Intelligenz. Von den Grenzen der Denkmaschine und dem Wert der Intuition. Reinbek bei Hamburg: Rowohlt 1987)

[Dreyfus & Dreyfus 1990] H.L. DREYFUS, ST. DREYFUS: Making a Mind vs. Modeling the Brain. Cambridge: MIT Press 1990

[Droste 1990] M. DROSTE: bauhaus 1919 - 1933. Köln 1990

[Duden 1988] Duden Informatik (Bearbeitet von V. Claus und A. Schwill). Stichwort »Informatik«. Mannheim: Dudenverlag 1988

[Duell & Frei 1986] W.DUELL, F.FREI: Arbeit gestalten – Mitarbeiter beteiligen. Eine Heuristik qualifizierender Arbeitsgestaltung. Frankfurt am Main – New York: Campus 1986

[Dunckel et al. 1992] H. DUNCKEL, W. VOLPERT, U. KREUTNER, C. PLEISS, M. ZÖLCH: Verfahren zur Kontrastiven Aufgabenanalyse bei Büroarbeitstätigkeiten (Arbeitstitel). (In Vorbereitung)

[Easlea 1986] B. EASLEA: Väter der Vernichtung. Männlichkeit, Naturwissenschaftler und der nukleare Rüstungswettlauf. Reinbek bei Hamburg: Rowohlt 1986

[Ehn 1988] P. EHN: Work Oriented Design of Computer Artifacts. Stockholm: Almqvist&Wiksell 1988

[Eigen 1988] M. EIGEN: Biologische Selbstorganisation – Eine Abfolge von Phasensprüngen. In: H. G. Hierholzer, K. Wittmann (Hrsg.): Phasensprünge und Stetigkeit in der natürlichen und kulturellen Welt. Stuttgart 1988

[Elias 1968] N. ELIAS: Über den Prozeß der Zivilisation. Soziogenetische und psychogenetische Untersuchungen. Bern: Francke ²1968

[Elias 1987] N. ELIAS: The Retreat of Sociologists into the Present. Theory of Culture and Society 4, No 2-3, 223-249 (1987) (Special Issue on Norbert Elias and Figurational Sociology)

[Elsasser 1958] W. M. ELSASSER: The Physical Foundation of Biology. Los Angeles: Pergamon Press 1958

[Engeström 1987] Y. ENGESTRÖM: Learning by Expanding. An Activity-Theoretical Approach to Developmental Research. Helsinki: Orienta-Konsultit 1987. (Neuauflage bei Academic Press in Vorbereitung)

[Engeström 1990] Y. ENGESTRÖM: Learning, Working and Imagining. Twelve Studies in Activity Theory. Helsinki: Orienta-Konsultit 1990

[Ernest 1976] J. ERNEST: Mathematics and Sex. American Mathematical Monthly (1976)

[Ewert 1989] F. EWERT: Zu wenig belegt. Die Zeit, 27.1.1989

[Falck 1991a] M. FALCK: Gestalten setzt Verstehen voraus. FIFF Kommunikation 8:2, 33-37 (1991)

[Falck 1991b] M. FALCK: Information System, Work and Organization Design – How to Do It? In [Besselaar et al. 1991] S.307-315

[Faltings 1984] G. FALTINGS: Die Vermutungen von Tate und Mordell. Jahresber. d. Dt. Mathematiker-Vereinigung 86, 1-13 (1984)

[Fetzer 1988] J. FETZER: Program Verification – The Very Idea. Comm. of the ACM 31:9, 1048-1063 (1988)

[Fetzer 1989] J. FETZER: Language and Mentality – Computational, Representational, and Dispositional Conceptions. Behaviorism 17:1, 21-39 (1989)

[Feyerabend 1976] P. FEYERABEND: Wider den Methodenzwang. Frankfurt am Main: Suhrkamp 1976. (Amerikanisches Original: Against Method – Outline of an Anarchistic Theory of Knowledge. New Left Books 1975)

[Feyerabend 1984] P. FEYERABEND: Wissenschaft als Kunst. Frankfurt am Main: Suhrkamp 1984

[Feynman 1988] R. P. FEYNMAN: An Outsider's Inside View of the Challenger Inquiry. Physics Today 2/88, 26-37 (1988)

[Fisch 1986] M. FISCH: Peirce, Semiotic, and Pragmatism. Essays. Bloomington: Indiana Press 1986

[Floyd 1981] CH. FLOYD: A Process-Oriented Approach to Software Development. Proc. of the 6th European ACM Regional Conference on Systems Architecture. S. 285-294, Westbury House 1981

[Floyd 1985] CH. FLOYD: Wo sind die Grenzen des verantwortbaren Computereinsatzes? Informatik Spektrum 8:1, 3 - 6 (1985)

[Floyd 1987] CH. FLOYD: Outline of a Paradigm Change in Software Engineering. In [Bjerknes1987] S.191-210

[Floyd 1992] CH. FLOYD: Softwareentwicklung als Realitätskonstruktion. In [Floyd et al. 1992]

[Floyd & Keil-Slawik 1983] CH. FLOYD, R. KEIL-SLAWIK: Softwaretechnik und Betroffenenbeteiligung. In: H. MARBURGER, R. KEIL-SLAWIK, P. MAMBREY (Hrsg.): Beteiligung von Betroffenen bei der Entwicklung von Informationssystemen. 13-16. Frankfurt am Main 1983

[Floyd et al. 1992] CH. FLOYD, H. ZÜLLIGHOVEN, R. BUDDE, R. KEIL-SLAWIK: Software Development and Reality Construction. Berlin – Heidelberg – New York – Tokio: Springer 1992

[Flusser 1989] V. FLUSSER: Gedächtnisse. In: Ars Electronica (Hrsg.): Philosophien der neuen Technologie, 41-55. Berlin: Merve 1989

[Fodor 1968] J. A. FODOR: Psychological Explanation. New York 1968

[Foerster 1950] H. v. FOERSTER: On Self-Organizing Systems And Their Environments. Third International Symposium on Self Organizing Systems. Chicago 1950

[Foerster 1984] H. v. FOERSTER: Perception of the Future and the Future of Perception. Amsterdam: Elsevier 1984

[Foerster 1985] H. v. FOERSTER: Sicht und Einsicht. Braunschweig – Wiesbaden: Vieweg 1985

[Foucault 1971] M. FOUCAULT: Die Ordnung der Dinge. Frankfurt am Main: Suhrkamp 1971

[Foucault 1977] M. FOUCAULT: Sexualität und Wahrheit 1 – Der Wille zum Wissen. Frankfurt am Main: Suhrkamp 1977

[Fox Keller 1986] E. FOX KELLER: Liebe, Macht und Erkenntnis. München –Wien: Hanser 1986

[Franck 1987] R. FRANCK: Wer eigentlich braucht das ISDN? FIFF-Kommunikation 3, 9-12 (1987)

[Frese et al. 1991] M. FRESE, C. KASTEN, C. SKARPELIS, B. ZANG-SCHEUCHER (Hrsg.): Software für die Arbeit von morgen. Berlin – Heidelberg – New York – Tokio: Springer 1991

[Freud 1972] S. FREUD: Das Unbehagen in der Kultur. In: S. Freud: Abriß der Psychoanalyse. Das Unbehagen in der Kultur. 63-129. Frankfurt am Main: Fischer 1972

[Fricke 1984] W. FRICKE: Workers' Participation in Design of Work – Possibilities, Difficulties, Recent Trends and Perspectives in the Federal Republic of Germany. In: T. Martin (Hrsg.): Design of Work in Automated Manufacturing Systems. 91-95. Oxford: Pergamon Press 1984

[Fricke et al. 1981] E. FRICKE, W. FRICKE, M. SCHÖNWÄLDER, B. STIEGLER: Qualifikation und Beteiligung. Das »Peiner Modell«. Frankfurt am Main – New York: Campus 1981

[Fricke et al. 1986] E. FRICKE, G. NOTZ, W. SCHUCHARDT: Arbeitnehmerbeteiligung in Westeuropa. Erfahrungen aus Italien, Norwegen und Schweden. Frankfurt am Main: Campus 1986

[Friedrich 1988] J. FRIEDRICH: Entwicklungslinien in der Informatik und die Rolle der Informatiker. WSI Mitteilungen 12, 678-686 (1988)

[Fuchs-Kittowski 1976] K. FUCHS-KITTOWSKI: Probleme des Determinismus und der Kybernetik in der molekularen Biologie. Jena: Fischer 1976

[Fuchs-Kittowski 1987] K. FUCHS-KITTOWSKI: Participation and Beyond. In [Docherty et al. 1987], S. 177-185

[Fuchs-Kittowski 1990] K. FUCHS-KITTOWSKI: Information and Human Mind. In: The Information Society: Evolving Landscapes. Berlin – Heidelberg – New York: Springer 1990

[Fuchs-Kittowski 1991] K. FUCHS-KITTOWSKI: Reflection on Information. In [Floyd et al. 92]

[Fuchs-Kittowski & Rosenthal 1972] K. FUCHS-KITTOWSKI, H. ROSENTHAL: Selbstorganisation und Evolution, Wissenschaft und Fortschritt. Berlin 1972

[Fuchs-Kittowski & Wenzlaff 1976] K. FUCHS-KITTOWSKI, B. WENZLAFF: Differenzierung der Information auf verschiedenen Ebenen der Organisation lebender Systeme. Berlin: Akademie 1976

[Gardner 1989] H. GARDNER: Dem Denken auf der Spur – Der Weg der Kognitionswissenschaft. Stuttgart: Klett-Cotta 1989

[Gatzemeier 1989] M. GATZEMEIER: Verantwortung in Wissenschaft und Technik. Mannheim – Wien – Zürich: B. I. Wissenschaftsverlag 1989

[Gehlen 1940] A. GEHLEN: Der Mensch. Berlin: Junker und Dünnhaupt 1940

[Gehlen 1956] A. GEHLEN: Urmensch und Spätkultur. Bonn: Junker und Dünnhaupt 1956

[Gehlen 1961] A. GEHLEN: Anthropologische Forschung. Reinbek bei Hamburg: Rowohlt 1961

[Gehlen 1967] A. GEHLEN: Die Seele im technischen Zeitalter. Reinbek bei Hamburg: Rowohlt 1967

[Gehlen 1986a] A. GEHLEN: Der Mensch und die Technik. In: Anthropologische und sozialpsychologische Untersuchungen. 147-162. Reinbek bei Hamburg: Rowohlt 1986

[Gehlen 1986b] A. GEHLEN: Moral und Hypermoral. Wiesbaden: Aula 1986

[Gerken 1986] G. GERKEN: Der neue Manager. Freiburg i. Br.: Rudolf Haufe 1986

[Gethmann 1989] C. F. GETHMANN: Heideggers Konzeption des Handelns in »Sein und Zeit«. In [Gethmann-Siefert & Pöggeler 1989] S.140-176

[Gethmann-Siefert & Pöggeler 1989] A. GETHMANN-SIEFERT, O. PÖGGELER (Hrsg.): Heidegger und die praktische Philosophie. Frankfurt am Main: Suhrkamp 1989

[Gill 1990] U. GILL: Wissen – der kritische Erfolgsfaktor. Markt & Technik 27: 4, 147-148 (1990)

[Girschner-Woldt et al. 1986] I. GIRSCHNER-WOLDT, R. BAHNMÜLLER, H. BARGMANN, H. BRAUNWALD, B. BROCKHOFF, W. GIRSCHNER: Beteiligung von Arbeitern an betrieblichen Planungs- und Entscheidungsprozessen. Das »Tübinger Beteiligungs-Modell«. Frankfurt am Main: Campus 1986

[Greif 1988] I. GREIF (Hrsg.): Computer-Supported Cooperative Work. A Book of Readings. San Mateo: Morgan Kaufmann 1988

[Griephan & Wieber 1976] W. GRIEPHAN, K. WIEBER: Voraussetzungen, Methoden und Auswirkungen der Maschinisierung von Konstruktionsarbeit. Diplomarbeit Studiengang Elektrotechnik/Kybernetik, Universität Bremen. Mai 1976.

[Gries 1981] D. GRIES: The Science of Programming. Berlin – Heidelberg – New York: Springer 1981

[Grohn 1991] C. GROHN: Die »Bauhaus-Idee«. Entwurf Weiterführung Rezeption. Berlin: Gebr. Mann 1991

[Gunzenhäuser 1968] R. GUNZENHÄUSER (HRSG.): Nicht-numerische Informationsverarbeitung. Wien – New York: Springer 1968

[Gustavsen 1990] B. GUSTAVSEN: Demokratische Arbeitspolitik mit LOM in Schweden. In: W. Fricke (Hrsg.): Jahrbuch Arbeit und Technik. Bonn: Dietz 1990

[Habermas 1968] J. HABERMAS: Arbeit und Interaktion. In: J. Habermas: Technik und Wissenschaft als »Ideologie«. 9-47. Frankfurt am Main: Suhrkamp 1968

[Habermas 1971] J. HABERMAS: Vorbereitende Bemerkungen zu einer Theorie der kommunikativen Kompetenz, Theorie der Gesellschaft oder Sozialtechnologie. Frankfurt am Main: Suhrkamp 1971

[Habermas 1976a] J. HABERMAS: Was heißt Universalpragmatik?. In: K. O. Apel (Hrsg.): Sprachpragmatik und Philosophie. 174-272. Frankfurt am Main.: Suhrkamp 1976 ([2]1982)

[Habermas 1976b] J. HABERMAS: Zur Rekonstruktion des Historischen Materialismus. Frankfurt am Main: Suhrkamp 1976

[Habermas 1981] J. HABERMAS: Theorie des kommunikativen Handelns. Frankfurt am Main: Suhrkamp 1981

[Habermas 1985] J. HABERMAS: Die Neue Unübersichtlichkeit. Frankfurt am Main: Suhrkamp 1985

[Hacker 1981] S. HACKER: The Culture of Engineering – Woman, Workplace and Machine. Women's Studies International Quarterly Vol. 4 (1981)

[Hacker 1986] W. HACKER: Arbeitspsychologie – Psychische Regulation von Arbeitstätigkeiten. Berlin: Deutscher Verlag der Wissenschaften 1986

[Hahn 1931] H. HAHN: Die Bedeutung der wissenschaftlichen Weltanschauung, insbesondere für Mathematik und Physik. Erkenntnis 2, 96-105 (1931). (Nachdruck in H. Hahn: Empirismus, Logik, Mathematik. Mit einer Einleitung von Karl Menger, 38-47. Frankfurt am Main: Suhrkamp 1988)

[Hansen 1986] H. R. HANSEN: Wirtschaftsinformatik I. Stuttgart: Gustav Fischer [5]1986

[Hardy 1940] G. H. HARDY: A Mathematician's Apology. Cambridge: Cambridge University Press 1940. (Reprinted 1967 with Foreword by C. P. Snow)

[Haugeland 1981] J. HAUGELAND: Mind Design. Cambridge, Mass: MIT Press 1981

[Heckhausen 1978] H. Heckhausen: Motive und ihre Entstehung – Funkkolleg Pädagogische Psychologie I. Frankfurt am Main: Fischer 1978

[Hegel 1964] G.W.F. HEGEL: Phänomenologie des Geistes. Berlin: Akademie 1964

[Heibey et al. 1977] W. HEIBEY, B. LUTTERBECK, B. TÖPEL: Auswirkungen der elektronischen Datenverarbeitung in Organisationen. Forschungsbericht Datenverarbeitung DV 77-01 des BMFT, 1977

[Heidegger 1962] M. HEIDEGGER: Die Technik und die Kehre. Pfullingen: Neske 1962

[Heidegger 1986] M. HEIDEGGER: Sein und Zeit. Tübingen: Max Niemeyer 1986

[Henderson 1991] J. HENDERSON: Is there a Computer Science? The Computer Bulletin (1991)

[Henrichs 1990] N. HENRICHS: Informationswissenschaft in Düsseldorf. In [Buder et al. 1990] S.1062-1072

[Herczeg 1986] M. HERCZEG: Eine objektorientierte Architektur für wissensbasierte Benutzerschnittstellen. Dissertation Universität Stuttgart, FB Informatik 1986

[Heß 1990] H. HESS: Technik, nein danke? Eine unvermeidliche Glosse. Der Arbeitgeber Nr. 8/42, 335-336 (1990)

[Hildebrand-Nilshon & Rückriem 1988] M. HILDEBRAND-NILSHON, G. RÜCKRIEM: Proceedings of the First International Congress on Activity Theory, Vol. 1-4. Berlin: Hochschule der Künste 1988

[Hillis 1985] D. HILLIS: The Connection Machine. Cambridge, Mass: MIT Press 1985

[Hinderer 1990] W. HINDERER: Stellungnahme zu W. Coy »Brauchen wir eine Theorie der Informatrik?«. Informatik Spektrum 13:1, 43 (1990)

[Hoare 1981] C. A. R. HOARE: The Emperor's Old Clothes. Comm. of the ACM 42 (1981). (Deutsch: Der neue Turmbau zu Babel. Kursbuch 75, 57-74 (1984))

[Hodges 1983] A. HODGES: Alan Turing – The Enigma of Intelligence. London: Burnett Books 1983. (Deutsch: Alan Turing, Enigma. Berlin: Kammerer & Unverzagt 1989)

[Hoff 1984] B. HOFF: Tao te puh. Essen: Synthesis 1984 (Amerik. Original: The Tao of Pooh. E.P. Dutton, 1982)

[Hoffmann 1987] U. HOFFMANN: Computerfrauen. München: Rainer Hampp 1987

[Holling & Kempin 1989] E. HOLLING, P. KEMPIN: Identität, Geist und Maschine. Auf dem Weg zur technologischen Zivilisation. Reinbek bei Hamburg: Rowohlt 1989

[Hösle 1989] V. HÖSLE: Ist die Technik ein philosophisches Schlüsselproblem geworden? Vortrag an der RWTH Aachen 1989

[Hotz 1988] G. HOTZ: Komplexität als Kriterium in der Theorienbildung. Akademie der Wissenschaften und der Literatur, Mainz, Abhandlungen der Mathematisch-Naturwissenschaftlichen Klasse, Jg.1988, Nr. 1. Wiesbaden – Stuttgart: Franz Steiner 1988

[Howard 1987] R. HOWARD: Systems Design and Social Responsibility. The Political Implications of »Computer Supported Cooperative Work«. Office Technology and People 3, 175-187 (1987)

[Jansen et al. 1989] K.-D. JANSEN, U. SCHWITALLA, W. WICKE (Hrsg.): Beteiligungsorientierte Systementwicklung. Beiträge zu Methoden der Partizipation bei der Entwicklung computergestützter Arbeitssysteme. Opladen: Westdeutscher Verlag 1989

[Janshen 1986] D. JANSHEN: Frauen und Technik. In: Nowotny et al. (Hrsg.): Wie männlich ist die Wissenschaft? Frankfurt am Main: Suhrkamp 1986

[Jantsch 1979] E. JANTSCH: Selbstorganisation des Universums – Vom Urknall zum menschlichen Geist. München-Wien: Hanser 1979

[Jaynes 1977] J. JAYNES: The Origin of Consciousness in the Breakdown of the Bicameral Mind. Houghton-Mifflin 1977 (Deutsch: Reinbek bei Hamburg: Rowohlt 1988)

[Jencks 1990] C. JENCKS: Was ist Postmoderne? Zürich – München: Verlag für Architektur Artemis 1990

[Johnson 1980] G. JOHNSON: Die Technologisierung des Inneren. Psyche 9 (1980)

[Jonas 1984] H. JONAS: Das Prinzip Verantwortung. Frankfurt am Main: Suhrkamp 1984

[Jonas 1987a] H. JONAS: Warum die Technik ein Gegenstand für die Ethik ist – Fünf Gründe. In [Lenk & Ropohl 1987] S.81 - 91

[Jonas 1987b] H. JONAS: Technik, Medizin und Ethik. Praxis des Prinzips Verantwortung. Frankfurt am Main: Suhrkamp 1987

[Kagiwada 1988] H. H. KAGIWADA: Military Modelling and Computing – Where Do We Go From Here? Mathematical Comput. Modelling 11, 693-698 (1988)

[Kalinski 1989] J. KALINSKI: Zur (Re-)Präsentation von Wissen. In [Becker 1989] S.242-254

[Kant 1986] I. KANT: Werke. Berlin: de Gruyter 1986 (Akademie-Textausgabe)

[Karp 1989] T. KARP: Antwort auf E. W. Dijkstras »On the Cruelty of Really Teaching Computing Science«. Comm. of the ACM 32:12, 1410-12 (1989)

[Kay 1990] A. KAY: On the Next Revolution. BYTE Sept. 90, 241ff. (1990)

[Keil-Slawik 1990] R. KEIL-SLAWIK: Konstruktives Design. Ein ökologischer Ansatz zur Gestaltung interaktiver Systeme. Bericht 90-14 Fachbereich Informatik der TU Berlin 1990

[Keiler 1986] P. KEILER: Zur Problematik der Tätigkeitskonzeption Leontjews. Forum Kritische Psychologie 15, 133-139 (1986)

[Knuth 1971] D.KNUTH: The Art of Computer Programming. Bd. I-III. Reading, Mass.: Addison Wesley 1971ff.

[Kozulin 1986] A. KOZULIN: The Concept of Activity in Soviet Psychology: Vygotsky, his Disciples and Critics. American Psychologist 41/3, 264-274 (1986)

[Krämer 1988] S. KRÄMER: Symbolische Maschinen. Die Idee der Formalisierung in geschichtlichem Abriß. Darmstadt: Wissenschaftliche Buchgesellschaft 1988

[Krämer 1990] S. KRÄMER: Geistes-Technologie. Über syntaktische Maschinen und typographische Schriften. In: W. Rammert und G. Bechmann (Hrsg.): Technik und Gesellschaft: Jahrbuch 5, S.38-52. Frankfurt am Main – New York: Campus 1990

[Krämer 1991a] S. KRÄMER: Berechenbare Vernunft. Rationalismus und Kalkül im 17. Jahrhundert. Berlin – New York: de Gruyter 1991

[Krämer 1991b] S. KRÄMER: Denken als Rechenprozedur. Zur Genese eines kognitionswissenschaftlichen Paradigmas. Kognitionswissenschaft 2:1, 1-10 (1991)

[Krüger 1990] H. P. KRÜGER: Kritik der kommunikativen Vernunft. Kommunikationsorientierte Wissenschaftsforschung im Streit mit Sohn-Rethel, Toulmin und Habermas. Berlin: Akademie 1990

[Kubicek 1975] H. KUBICEK: Informationstechnologie und organisatorische Regelungen. Berlin: de Gruyter 1975

[Kubicek & Rolf 1986] H. KUBICEK, A. ROLF: Mikropolis – Mit Computernetzen in die »Informationsgesellschaft«. Hamburg: VSA [2]1986

[Kuhlen 1990] R. KUHLEN: Lehre und Forschung der Informationswissenschaft an der Universität Konstanz. In [Buder et al. 1990] S.1073-1099

[Kuhn 1967] T. KUHN: Die Struktur wissenschaftlicher Revolutionen. Frankfurt am Main: Suhrkamp 1967. (Amerik. Original: The Structures of Scientific Revolutions. Univ. of Chicago Press, 1962)

[Kühn 1980] M. KÜHN: CAD und Arbeitssituation. Berlin – Heidelberg – New York: Springer 1980

[Kulisch 1986] U. KULISCH (HRSG.): PASCAL-SC – A Pascal Extension for Scientific Computation. Stuttgart: Teubner 1986

[Künzli 1986] A. KÜNZLI: Strukturelle Verantwortungslosigkeit. In: T. Meyer, P. Miller (Hrsg.): Zukunftsethik und Industriegesellschaft. München: J. Schweitzer 1986

[Küppers 1986] B.-O. KÜPPERS: Der Ursprung biologischer Information – Zur Naturphilosophie in der Lebensentstehung. Düsseldorf: Econ 1986

[Kursbuch 1976] Arbeitsorganisiation – Ende des Taylorismus. Kursbuch 43 (Hrsg. von K.-M.Michel und H.Wieser). Berlin: Kursbuch/Rotbuchverlag 1976

[Ladyzhenskaya 1975] O. A. LADYZHENSKAYA: Mathematical Analysis of Navier-Stokes Equations for Incompressible Liquids. Ann. Review of Fluid Mechanics 7, 249-272 (1975)

[Laske 1989] D. E. LASKE: Ungelöste Probleme bei der Wissensakquisition für wissensbasierte Systeme. KI 89/4, 4-12 (1989)

[Laufs 1988] A. LAUFS: Arztrecht. München: Ch. Beck [4]1988

[Lenk 1987] H. LENK: Über Verantwortungsbegriffe und das Verantwortungsproblem in der Technik. In [Lenk & Ropohl 1987] S.112-148

[Lenk 1989] H. LENK: Können Informationssysteme moralisch verantwortlich sein? Informatik Spektrum 12:5, 248 ff. (1989)

[Lenk & Ropohl 1987] H. LENK, G. ROPOHL: Technik und Ethik. Stuttgart: Philipp Reclam 1987

[Lenk 1989a] K. LENK: Informationstechnik und Gesellschaft. Versuch einer Systemdarstellung. 181-208, Berlin – München: Siemens Aktiengesellschaft 1989

[Lenk 1990] K. LENK: Verwaltungsinformatik und Verwaltungwissenschaft. In [Reuter 1990]

[Leontjev 1980] A. A. LEONTJEV: Tätigkeit und Kommunikation. Sowjetwissenschaft, Gesellschaftswissenschaftliche Beiträge Heft 5, 522-535 (1980)

[Leontjew 1979] A. N. LEONTJEW: Tätigkeit, Bewußtsein, Persönlichkeit. Berlin: Volk und Wissen 1979

[Lischka & Diederich 1987] CH. LISCHKA, J. DIEDERICH: Gegenstand und Methode der Kognitionswissenschaft. GMD-Spiegel 2/3-87(1987)

[Locke 1981] J. LOCKE: Versuch über den menschlichen Verstand, Bd. I. Hamburg: Felix Meiner 1981

[Lovegrove & Segal 1991] G. LOVEGROVE, B. SEGAL (Hrsg.): Women into Computing. Selected Papers 1988-1990 – Workshops in Computing. Berlin – Heidelberg – New York: Springer 1991

[Luczak 1989] H. LUCZAK: Arbeitswissenschaft II. Berlin: Institut für Arbeitswissenschaft der TU Berlin 1989 (Umdruck zur Vorlesung)

[Luczak et al. 1989] H. LUCZAK, W. VOLPERT, A. RAEITHEL, W. SCHWIER: Arbeitswissenschaft. Kerndefinition, Gegenstandskatalog, Forschungsgebiete. Eschborn: RKW-Verlag 1987 ([3]1989)

[Luft 1982] A. L. LUFT: Rationaler Sprachgebrauch und orthosprachliche Standardisierung als Grundlagen des Software Engineering. Informatik Spektrum 5, 209-223 (1982)

[Luft 1987] A. L. LUFT: Der Problemansatz beim Requirements Engineering. Eine Kritik am ANSI/IEEE Guide to Software Requirements Specifications. GMD-Studien Nr. 121, 411-429 (1987)

[Luft 1988] A. L. LUFT: Informatik als Technik-Wissenschaft. Eine Orientierungshilfe für das Informatik-Studium. Mannheim: B. I. Wissenschaftsverlag 1988

[Luft 1989a] A. L. LUFT: Die Konsenstheorie der Wahrheit als Fundament für eine Theorie der Informatik (1989) – unveröffentlichtes Manuskript

[Luft 1989b] A. L. LUFT: Informatik als Technikwissenschaft. Thesen zur Informatikentwicklung. Informatik Spektrum 12:5, 267-273 (1989)

[Luft 1990] A. L. LUFT: Informatik als Wissenstechnik. In: G. Funke (Hrsg.): Proceedings 7. International Kant Congress, 42-67, 1990

[Luft et al. 1991] A. L. LUFT, R. KÖTTER, R. HILDEBRAND: DV-gestützte Wissensgewinnung. Perspektiven und Methodologien. (1991) (unveröffentlichtes Manuskript)

[Luhmann 1975] N. LUHMANN: Macht. Stuttgart: Enke 1975

[Luhmann 1980] N. LUHMANN: Selbstreferenz und binäre Schematisierung. In: Gesellschaftsstruktur und Semantik I. Frankfurt am Main: Suhrkamp 1980

[Luhmann 1983] N. LUHMANN: Legitimation durch Verfahren. Frankfurt am Main: Suhrkamp 1983

[Luhmann 1984] N. LUHMANN: Soziale Systeme. Grundriß einer allgemeinen Theorie. Frankfurt am Main: Suhrkamp 1984

[Luhmann 1990] N. LUHMANN: Paradigm lost. Frankfurt am Main: Suhrkamp 1990

[Lustig 1990] G. LUSTIG: Informationswissenschaftliche Lehre und Forschung im Fachgebiet Datenverwaltungssysteme II der Technischen Hochschule Darmstadt. In [Buder et al. 1990] S.1054-1061

[MacCormac 1987] E. R. MACCORMAC: Das Dilemma der Ingenieursethik. In [Lenk & Ropohl 1987]

[Mackie 1981] J. L. MACKIE: Ethik – Auf der Suche nach dem Richtigen und Falschen. Stuttgart: Philipp Reclam 1981

[Manin 1979] J. I. MANIN: Matematika i fisika. Znaniye 12 (1979). (Engl. Übersetzung: Mathematics and Physics. Boston – Basel: Birkhäuser 1981)

[Martin & Martin 1990] D. MARTIN, D. H. MARTIN: Professional Codes of Conduct und Computer Ethics Education. ACM SIGSAC Review 8:3 (1990)

[Marx 1962] K. MARX: Thesen über Feuerbach. MEW Bd. 3. Berlin: Dietz 1962

[Marx 1970] K. MARX: Das Kapital. MEW Bd. 23. Berlin: Dietz 1970

[Maturana 1982] H. R. MATURANA: Erkennen – Die Organisation und die Verkörperung von Wirklichkeit. Braunschweig: Vieweg 1982

[Maturana & Varela 1982] H. R. MATURANA, F. J. VARELA: Autopoietische Systeme. Eine Bestimmung der lebendigen Organisation. In [Maturana 1982] S.170-235

[Maturana & Varela 1987] H. R. MATURANA, F. J. VARELA: Der Baum der Erkenntnis. Die biologischen Wurzeln des menschlichen Erkennens. Frankfurt am Main: Suhrkamp 1987

[Mead 1927] G. H. MEAD: The Objective Reality of Perspectives. Proc. of the 6th Intern. Congress of Philosophy. 1927 (Reprinted in [Mead 1932])

[Mead 1932] G. H. MEAD: The Philosophy of the Present. Open Court: Lasalle 1932

[Mead 1934] G. H. MEAD: Mind, Self, and Society. Chicago – London: University of Chicago Press 1934

[Mead 1968] G. H. MEAD: Geist, Identität und Gesellschaft – aus der Sicht des Sozialbehaviorismus. Frankfurt am Main: Suhrkamp 1968

[Mettler-Meibom 1987] B. METTLER-MEIBOM: Soziale Kosten in der Informationsgesellschaft, Überlegungen zu einer Kommunikationsökologie. Frankfurt am Main: Fischer 1987

[Metz-Göckel 1985] S. METZ-GÖCKEL: Arbeitsbericht Forschungsprojekt Studien und Berufsverläufe von Frauen in Naturwissenschaft und Technologie – Chemikerinnen und Informatikerinnen. Dortmund 1985

[Meyer 1988] B. MEYER: Object-Oriented Software Construction. New York: Prentice Hall 1988 (Deutsch: Objektorientierte Softwareentwicklung. München – Wien: Hanser 1990)

[Milgram 1974] S. MILGRAM: Das Milgram-Experiment. Zur Gehorsamsbereitschaft gegenüber Autorität. Reinbek bei Hamburg: Rowohlt 1974

[Mittelstraß 1991] J. MITTELSTRASS: Computer und die Zukunft des Denkens. Information Philosophie Heft 1, 5-16 (1991)

[Morgan 1986] G. MORGAN: Images of Organization. Beverly Hills – Newbury Park, London – New Delhi: Sage Publications 1986

[Nake 1974] F. NAKE: Ästhetik als Informationsverarbeitung. Wien – New York: Springer 1974

[Nake 1977] F. NAKE: Informationssysteme als Mittel zur Maschinisierung von Kopfarbeit. Mitt. des Inst.f.Informatik der Univ. Hamburg Nr. 46, 4.3.1-11 (1977)

[Nake 1984] F. NAKE: Schnittstelle Mensch-Maschine. Kursbuch Nr. 75, 109-118 (1984)

[Nake 1986] F. NAKE: Die Verdoppelung des Werkzeugs. In: A. Rolf (Hrsg.): Neue Techniken alternativ. 43-52. Hamburg: VSA 1986

[Nake 1987a] F. NAKE: Entleerung des Sinns – Künstlichkeit und Computer. Umbruch – Zeitschrift für Kultur 6, 44-52 (1987)

[Nake 1987b] F. NAKE: Dialogisieren mit dem Computer - Anmerkungen zu Entwicklung, Begriff und Technik der Dialogsysteme. In: E. Nullmeier, K.-H. Rödiger (Hrsg.): Dialogsysteme in der Arbeitswelt. S.16-46, Mannheim: Bibliographisches Institut 1987

[Nature 1987] Polar Ice Test of the Scale Dependance of G. Nature 326, 19. 3. 87, 250f. (1987)

[Naudascher 1984] F. NAUDASCHER: Arbeiten wir zum Wohle des Menschen? Reflexion zur Tätigkeit des Ingenieurs. Ökologische Konzepte Nr. 20, 5-24 (1984)

[Naur 1975] P. NAUR: Programming Languages, Natural Languages and Mathematics. Comm. of the ACM 18:12, 676-683 (1975)

[Naur 1982] P. NAUR: Formalization in Program Development. BIT 22, 437-453 (1982)

[Naur 1985] P. NAUR: Programming as Theory Building. Microprocessing und Microprogramming 15, 253-261 (1985)

[Naur 1989] P. NAUR: Place of Strictly Defined Notation in Human Insight. In [Naur 1992]

[Naur 1990] P. NAUR: Computing and the So-called Foundations of the So-called Sciences. In [Naur 1992]

[Naur 1992] P. NAUR: Computing as a Human Activity. Reading, Mass.: ACM Press/Addison-Wesley 1992

[Needham 1969] J. NEEDHAM: Science and Civilisation in China. Vol.2: History of Scientific Thought. Cambridge at the University Press 1969

[Neumann & Morgenstern 1961] J. v. NEUMANN, O. MORGENSTERN: Spieltheorie und wirtschaftliches Verhalten. Würzburg 1961

[Nikutta 1987] R. NIKUTTA: Artificial Intelligence and the Automated Tactical Battlefield. In: A.M.Din (Hrsg.): Arms and Artificial Intelligence. Weapon and Arms Control Applications of Advanced Computing. S.100-134, Oxford: Oxford University Press/SIPRI 1987

[Norman 1989a] D. A. NORMAN: Dinge des Alltags. Gutes Design und Psychologie für Gebrauchsgegenstände. Frankfurt am Main: Campus 1989

[Norman 1989b] D. A. NORMAN: Cognitive Artifacts. In: J.M. Caroll (Hrsg.): Designing Interaction. 17-38. Cambridge: Cambridge University Press 1991.

[Norman & Draper 1986] D. A. NORMAN, S. W. DRAPER (Hrsg.): User Centered Systems Design. New Perspectives on Human-Computer Interaction. Hillsdale, N.J.: Lawrence Erlbaum 1986

[Nygaard 1986] K. NYGAARD: Program Development as a Social Activity. In: H.-J. Kugler (Hrsg.): Information Processing 86. 189-198. Amsterdam: North Holland 1986 (Proc. 10th IFIP World Computer Congress '86, Dublin)

[Nygaard & Dahl 1978] K. NYGAARD, O.-J. DAHL: The Development of the Simula Languages. In: ACM SIGPLAN Notices 17:8 (1978). (Auch in: R.L.Wexelblatt (Hrsg.): History of Programming Languages. New York – London: Academic Press 1981)

[Nygaard & Søgaard 1987] K. NYGAARD, P. SØGAARD: The Perspective Concept in Informatics. In [Bjerknes et al. 1987] S.371-393

[O'Lone 1987] R. G. O'LONE: Ames Wind Tunnel to Reopen After Seven-Year Shutdown. Aviation Week & Space Technology 29.7.87, 26-27 (1987)

[Oberliesen 1982] R. OBERLIESEN: Information, Daten und Signale. Geschichte technischer Informationsverarbeitung. Reinbek bei Hamburg: Rowohlt 1982

[Oberquelle 1991a] H. OBERQUELLE: MCI - Quo vadis? Perspektiven für die Gestaltung und Entwicklung der Mensch-Computer-Interaktion. In: D. Ackermann, E. Ulich (Hrsg.): Software-Ergonomie '91. Benutzerorientierte Software-Entwicklung. 9–24, Stuttgart: Teubner 1991

[Oberquelle 1991b] H. OBERQUELLE: Perspektiven der Mensch-Computer-Interaktion und kooperativer Arbeit. In [Frese et al. 1991] S.45-56

[Oberquelle 1991c] H. OBERQUELLE: Kooperative Arbeit und menschengerechte Groupware als Herausforderung für die Software-Ergonomie. In: H. Oberquelle (Hrsg.): Kooperative Arbeit und Computerunterstützung. Stand und Perspektiven. Stuttgart: Verlag für Angewandte Psychologie 1991

[Oppolzer 1989] A. OPPOLZER: Handbuch Arbeitsgestaltung. Leitfaden für eine menschengerechte Arbeitsorganisation. Hamburg: VSA 1989

[Osterweil 1988] L. OSTERWEIL: Automated Support for the Enactment of Rigorously Described Software Processes. Proc. of the 4th Int. Software Process Workshop. ACM SIGSOFT 14:4, 122-125 (1988)

[Paetau 1983] M. PAETAU: Soziologische Dimensionen computergestützter Bürokommunikation. Arbeitspapiere der GMD Nr. 18 (1983)

[Pape 1989] H. PAPE: Erfahrung und Wirklichkeit als Zeichenprozeß – Charles Peirces Entwurf einer spekulativen Grammatik des Seins. Frankfurt am Main: Suhrkamp 1989

[Parker 1982] D. B. PARKER: Ethical Conflicts in Computer Science and Technology. Arlington (USA) 1982

[Parnas 1985] D. L. PARNAS: Software Aspects of Strategic Defense Systems. American Scientist 73, 432-440 (1985)

[Parnas 1987] D. PARNAS: Warum ich an SDI nicht mitarbeite – Eine Auffassung beruflicher Verantwortung. Informatik Spektrum 10:1, 3-10 (1987)

[Parnas 1990] D. L. PARNAS: Education for Computing Professionals. IEEE Computer 23:1, 17-22 (1990)

[Partridge 1986] D. PARTRIDGE: Artificial Intelligence – Applications in the Future of Software Engineering. Chichester, U. K.: Ellis Horwood 1986

[Pate 1990] G. PATE: Arbeitsorientierte Informatik contra Computer Science. In [Randow 1990] S. 217-268

[Peirce 1983] C.S. PEIRCE: Phänomen und Logik der Zeichen. Frankfurt am Main: Suhrkamp 1983. (Herausgegeben und übersetzt von H. Pape. Amerik. Original: Syllabus of Certain Topics of Logic. 1903)

[Peirce 1985] C.S. PEIRCE: How to Make Our Ideas Clear – Über die Klarheit unserer Gedanken. Frankfurt am Main: Klostermann 1985 (1878) (Zweisprachig; Einleitung, Übersetzung, Kommentar von Klaus Oehler)

[Peirce 1988a] C.S. PEIRCE: Naturordnung und Zeichenprozeß. Schriften über Semiotik und Naturphilosophie. Frankfurt am Main: Suhrkamp 1988 (Mit einem Vorwort von I. Prigogine. Übers. und eingeleitet von H. Pape)

[Peirce 1988b] C.S. PEIRCE: Semiotische Schriften. Bd. 1. und Bd. 2. Frankfurt am Main: Suhrkamp 1988. (Bd. 3 in Vorbereitung)

[Penrose 1989] R. PENROSE: The Emperor's New Mind. Concerning Computers, Minds, and the Laws of Physics. Oxford: Oxford University Press 1989

[Petri 1976] C. A. PETRI: Kommunikationsdisziplinen. GMD-Report. St. Augustin: Ges. f. Mathematik und Datenverarbeitung 1976

[Petri 1983] C. A. PETRI: Zur »Vermenschlichung« des Computers. Der GMD-Spiegel 3/4-83, 42-44 (1983)

[Pflüger 1990] J. PFLÜGER: Von Sinnen. Berufung im Neuen Zeitalter. In: M. Damolin (Hrsg.): Manager-Dämmerung. Frankfurt am Main: Fischer 1990

[Pflüger & Schurz 1987] J.-M. PFLÜGER, R. SCHURZ: Der maschinelle Charakter – Sozialpsychologische Aspekte des Umgangs mit Computern. Opladen: Westdeutscher Verlag 1987

[Piaget 1974] J. PIAGET: Einführung in die genetische Erkenntnistheorie. Frankfurt am Main: Suhrkamp 1974

[Pirsig 1975] R. PIRSIG: Zen and the Art of Motorcycle Maintenance. Bantam Books 1975 (Deutsch: Zen und die Kunst ein Motorrad zu warten. Frankfurt am Main: Fischer 1980)

[Polanyi 1958] M. POLANYI: Personal Knowledge. Chicago – London: University of Chicago Press 1958

[Popper 1972] K. R. POPPER: Logik der Forschung. Tübingen: J. C. B. Mohr ²1972

[Prigogine & Stengers 1981] I. PRIGOGINE, I. STENGERS: Dialog mit der Natur. Neue Wege naturwissenschaftlichen Denkens. München: Piper 1981

[Raeithel 1983] A. RAEITHEL: Tätigkeit, Arbeit und Praxis. Grundbegriffe für eine praktische Psychologie. Frankfurt am Main – New York: Campus 1983

[Raeithel 1989] A. RAEITHEL: Kommunikation als gegenständliche Tätigkeit. Zu einigen philosophischen Problemen der kulturhistorischen Psychologie. In: C. Knobloch (Hrsg.): Kommunikation und Kognition. Studien zur Psychologie der Zeichenverwendung. 29-70, Münster: Nodus Publikationen 1989

[Raeithel 1992] A. RAEITHEL: Activity Theory as a Foundation for Design. In [Floyd et al. 1992]

[Raeithel & Volpert 1985] A. RAEITHEL, W. VOLPERT: Aneignung der Computer oder Telematik-Monokultur? Zeitschrift für Sozialisationsforschung und Erziehungssoziologie 5, 7-26 (1985)

[Rammert 1989] W. RAMMERT: Techniksoziologie. In: G. Endruweit, G.Trommsdorf (Hrsg.): Wörterbuch der Soziologie. 724-735, Stuttgart 1989

[Rampacher 1986] H. RAMPACHER: Ethik und Verantwortung in der Informatik. IBM-Nachrichten 36, 7 ff. (1986)

[Randow 1990] G. v. RANDOW: Das kritische Computerbuch. Dortmund: Grafit 1990

[Rapaport 1973] D. RAPAPORT: Die Struktur der psychoanalytischen Theorie. Stuttgart: Klett-Cotta 1973

[Rauner 1988a] F. RAUNER: Technikgestaltung als Bildungsaufgabe. Impulse – Zeitschrift der Universität Bremen Nr. 6, Bremen (1988)

[Rauner 1988b] F. RAUNER: Aspekte einer human-ökologisch orientierten Technikgestaltung. In: F. Rauner (Hrsg.): »Gestalten« – Eine neue gesellschaftliche Praxis. S.35-40, Bonn 1988

[Reisin 1990] F. M. REISIN: Kooperative Gestaltung in partizipativen Softwareprojekten. Dissertation am Fachbereich Informatik der TU Berlin (1990)

[Resch 1988] M. RESCH: Die Handlungsregulation geistiger Arbeit. Bern – Stuttgart – Toronto: Hans Huber 1988

[Reuter 1990] A. REUTER (Hrsg.): Proc. GI - 20. Jahrestagung, Stuttgart, Oktober 1990. Heidelberg – Berlin – New York – Tokio: Springer 1990

[Riesmann 1966] D. RIESMANN: Die einsame Masse. Reinbek bei Hamburg: Rowohlt 1966

[Rolf 1983] A. ROLF: Zur Veränderung der Arbeit in Büro und Verwaltung durch Informationstechnik. Münster: Wurf 1983

[Rolf 1991] A. Rolf: Die Januskopfigkeit von »Informatik und Ökologie«, Gastkommentar. Computerwoche 12, 22.3.91, S.8, 1991

[Rolf et al. 1990] A. ROLF, P. BERGER, R. KLISCHEWSKI, M. KÜHN: Technikleitbilder und Büroarbeit. Zwischen Werkzeugperspektive und globalen Vernetzungen. Opladen: Westdeutscher Verlag 1990

[Roloff 1990] C. ROLOFF: Informatik und Karriere – Zur Situation von Informatikerinnen in Studium und Beruf. In [Reuter 1990]

[Rosenblatt 1961] F. ROSENBLATT: Principles of Neurodynamics, Perceptrons and the Theory of Brain Mechanisms. Washington: Sparta Books 1961

[Ryle 1969] G. RYLE: Der Begriff des Geistes. Stuttgart: Philipp Reclam 1969

[Sackmann 1991] H. SACKMANN: Prototype IFIP Code of Ethics Based on Participative International Consense. In: Dunlop, Kling (Hrsg.): Computerisation and Controversy. Value Conflicts in Social Science. Boston 1991

[Scarrott 1989] G. G. SCARROTT: The Nature of Information. The Computer Journal 32:3, 262-266 (1989)

[Schafer 1981] A. T. SCHAFER: Women and Mathematics, Mathematics Tomorrow. New York 1981

[Schefe 1985] P. SCHEFE: Informatik – eine konstruktive Einführung. Mannheim: Bibliographisches Institut 1985

[Schiersmann 1987] CH. SCHIERSMANN: Computerkultur und weiblicher Lebenszusammenhang. Hrsg. Bundesminister für Bildung und Wissenschaft Schriftenreihe zu Bildung und Wissenschaft Nr.49, Bonn 1987

[Schinzel 1991] B. SCHINZEL: Frauen in Informatik, Mathematik und Technik. Informatik Spektrum 12:1, 1-14 (1991)

[Schirmer 1988] K. SCHIRMER: Techniken der Wissensakquisition. KI 4/88 (1988)

[Schmidt 1991] J. SCHMIDT: Gedächtnis – Probleme und Perspektiven der interdisziplinären Gedächtnisforschung. Frankfurt am Main: Suhrkamp 1991

[Schmidt & Rasmussen 1991] K. SCHMIDT, R. RASMUSSEN: Unraveling Work Organizations. In [Frese et al. 1991] S.213-231

[Schönthaler & Németh 1990] F. SCHÖNTHALER, T. NÉMETH: Software-Entwicklungswerkzeuge – Methodische Grundlagen. Stuttgart: B. G. Teubner 1990

[Schulte 1990] A. SCHULTE: Trumpf der Verteidigung. Mehr Stabilität durch moderne Technologien. Baden-Baden: Nomos Verlagsgesellschaft 1990

[Schumacher 1974] E. F. SCHUMACHER: Small is Beautiful. London: Abacus 1974 (Deutsch: Die Rückkehr zum menschlichen Maß. Reinbek bei Hamburg: Rowohlt 1977)

[Schumacher 1979] E. F. SCHUMACHER: A Guide for the Perplex. Perennial Library 1979 (Deutsch: Rat für die Ratlosen. Reinbek bei Hamburg: Rowohlt)

[Schütt & Schweppe 1988] D. SCHÜTT, H. SCHWEPPE: Datenbanken und Expertensysteme. Siemens Forschungs- und Entwicklungs-Berichte Bd. 17, Nr. 2 (1988)

[Schwemmer 1987] O. SCHWEMMER: Handlung und Struktur – Zur Wissenschaftstheorie der Kulturwissenschaften. Frankfurt am Main: Suhrkamp 1987

[Searle 1980] J. R. SEARLE: Minds, Brains, and Programs. Behavioral and Brain Sciences 3 (1980)

[Searle 1990] J. R. SEARLE: Is the Brain's Mind a Computer Program. Scientific American, Jan. 90 (1990)

[Seeßlen & Wetzel 1989] G. SEESSLEN, K. WETZEL: Die verbesserten Menschen. In: H.-J. Neumann, G.Seeßlen (Hrsg.): Bluebox 5 – Maschinen. S. 9-37, Frankfurt am Main: Ullstein 1989

[Senghaas-Knobloch 1991] E. SENGHAAS-KNOBLOCH: Neue Herausforderungen für die Arbeit- und Technikforschung im deutschen Einigungsprozeß. Gestaltungsansätze und Gestaltungsbarrieren. In: W. Fricke (Hrsg.): Jahrbuch Arbeit und Technik. Bonn: 1991

[Seubold 1986] G. SEUBOLD: Heideggers Analyse der neuzeitlichen Technik. Freiburg – München: Alber 1986

[Siefkes 1982] D. SIEFKES: Kleine Systeme. Technische Universität Berlin, Bericht-Nr. 82-14 1982 (auch in [Siefkes 1992])

[Siefkes 1987] D. SIEFKES: Only Small Systems Evolve. In [Docherty et al. 1987] S.187-185. (Deutsch in [Siefkes 1992])

[Siefkes 1989a] D. SIEFKES: Beziehungskiste Mensch - Maschine. Sprache im Technischen Zeitalter Bd. 112, 332-343 (1989). (Auch in [Randow 1990])

[Siefkes 1989b] D. SIEFKES: Prototyping is Theory Building. Manuskript, IFIP-Conference »Information System, Work and Organization Design« Humboldt-Universität Berlin, Juli 1989. Erscheint in [Siefkes 1992]

[Siefkes 1990a] D. SIEFKES: Wende zur Phantasie – zur Theoriebildung in der Informatik. In [Reuter 1990] S.242-255. (Auch in [Siefkes 1992] und Sprache im Technischen Zeitalter, Bd. 116, 330-345 (1990))

[Siefkes 1990b] D. SIEFKES: Formalisieren und Beweisen – Logik für Informatiker. Wiesbaden: Vieweg 1990 (2.Aufl. in Vorber.)

[Siefkes 1992] D. SIEFKES: Kleine Systeme - Lernen und Arbeiten in formalen Umgebungen. Wiesbaden: Vieweg 1992 (Im Satz)

[Simmel 1983] G. SIMMEL: Philosophische Kultur. Über das Abenteuer, die Geschlechter und die Krise der Moderne. Berlin: Wagenbach 1983

[Simmel 1985] G. SIMMEL: Schriften zur Philosophie und Soziologie der Geschlechter. Frankfurt am Main: Suhrkamp 1985

[Sloterdijk 1990] Zur Welt zu kommen. Philosophieren mit Peter Sloterdijk. Fernsehfilm von Ulrich Böhm. Köln: Westdeutscher Rundfunk Fernsehen 1990

[Sohn-Rethel 1972] A. SOHN-RETHEL: Geistige und körperliche Arbeit. Frankfurt am Main: Suhrkamp 1972. (Revidierte und ergänzte Neuauflage: Weinheim: VCH Verlagsgesellschaft 1989)

[Solonnikov et al. 1981] K. SOLONNIKOV ET AL.: Existence Theorems for the Equations of Motion of a Compressible Viscous Fluid. Ann. Review of Fluid Mechanics 13, 79-95 (1981)

[Stadler & Kruse 1990] M. STADLER, P. KRUSE: Über Wirklichkeitskriterien. In: V. Riegas, C. Vetter (Hrsg.): Zur Biologie der Kognition. 133-158, Frankfurt am Main: Suhrkamp 1990

[Steiner 1989] G. STEINER: Martin Heidegger. München: Hanser 1989

[Steinmüller 1984] W. STEINMÜLLER: Das Volkszählungsurteil des Bundesverfassungsgerichts. Datenschutz und Datensicherung 2/84, 91-96 (1984)

[Steinmüller 1987] W. STEINMÜLLER: Who is User and Who is Affected? A Proposal for Better Semantics. In [Docherty et al. 1987] S. 91 ff.

[Sternberger et al. 1945] D. STERNBERGER, STORZ, SÜSKIND: Aus dem Wörterbuch des Unmenschen. Heidelberg 1945

[Stransfeld 1992] R. STRANSFELD: Konsensprobleme und Verantwortungslosigkeit. Über die Schwierigkeiten, das Richtige zu tun. (In Vorbereitung)

[Taube 1966] M. TAUBE: Der Mythos der Denkmaschine – Kritische Betrachtungen zur Kybernetik. Reinbek bei Hamburg: Rowohlt 1966. (Amer. Original: Computers and Common Sense – The Myth of Thinking Machines. New York: Columbia University Press 1959)

[Taylor 1977] F. W. TAYLOR: Die Grundsätze wissenschaftlicher Betriebsführung. Neu hrsg. von W. VOLPERT. Weinheim – Basel: Beltz 1977

[Tetens 1990] H. TETENS: Wann ist etwas eine Information für eine Maschine? Überlegungen zur Künstlichen Intelligenz im Anschluß an John Searle. (Überarbeitete Fassung eines auf dem XV. Deutschen Kongreß für Philosophie in Hamburg 1990 in der Sektion »Bewußtsein und Künstliche Intelligenz« gehaltenen Vortrags)

[Turing 1987] A. TURING: Intelligence Service. In: F Kittler, B. Dotzler (Hrsg.): Schriften. Berlin: Brinkmann & Bose 1987

[Turkel 1983] E. TURKEL: Progress in Computational Physics. Computers and Fluids 11, 121-144 (1983)

[Ulich 1991] E. ULICH: Arbeitspsychologie. Stuttgart – Zürich: Poeschel 1991

[Valk 1987] R. VALK: Der Computer als Herausforderung an die menschliche Rationalität. Informatik Spektrum 10, 57-66 (1987)

[Varela 1990] F. VARELA: Kognitionswissenschaft – Kognitionstechnik. Frankfurt am Main: Suhrkamp 1990

[Vattimo 1990] G. VATTIMO: Das Ende der Moderne. Stuttgart: Philipp Reclam 1990 (Übers. u. Nachwort v. R. Capurro)

[VDI 1990] Verein Deutscher Ingenieure (VDI): Richtlinie Technikbewertung. Berlin: Beuth 1990

[Vetter 1989] M. VETTER: Das Jahrhundertproblem der Informatik. In G. Müller-Ettrich (Hrsg.): Effektives Datendesign. Praxis-Erfahrungen. 11-31. Köln: Verlagsgesellschaft Rudolf Müller 1989

[Vieweg 1968] T. VIEWEG: Systemprobleme in Rechtsdogmatik und Rechtsforschung. In: A. Diemer (Hrsg.): System und Klassifikation in Wissenschaft und Dokumentation. Meisenheim am Glan: Hain 1968

[Vollmert 1985] B. VOLLMERT: Das Molekül und das Leben. Reinbek bei Hamburg: Rowohlt 1985

[Volpert 1985] W. VOLPERT: Zauberlehrlinge. Die gefährliche Liebe zum Computer. Weinheim – Basel: Beltz 1985

[Volpert 1987a] W. VOLPERT: Kontrastive Analyse des Verhältnisses von Mensch und Rechner als Grundlage des System-Designs. Zeitschrift für Arbeitswissenschaft 41, 147-152 (1987)

[Volpert 1987b] W. VOLPERT: Lernen und Aufgabengestaltung am Arbeitsplatz. Zeitschrift für Sozialisationsforschung und Erziehungssoziologie 7, 242-252 (1987)

[Volpert 1989] W. VOLPERT: Work and Personality Development from the Viewpoint of the Action Regulation Theory. In: H. Leymann, H. Kornbluh (Hrsg.): Socialization and Learning at Work. A New Approach to the Learning Process in the Workplace and Society. 215-232. Aldershot: Avebury 1989

[Volpert 1990] W. VOLPERT: Welche Arbeit ist gut für den Menschen? Notizen zum Thema Menschenbild und Arbeitsgestaltung. In: F. Frei, I. Udris (Hrsg.): Das Bild der Arbeit. 23-40. Bern: Huber 1990

[Wagner 1984] I. WAGNER: Frauen in den Naturwissenschaften – Institutionelle und Cognitive Widerstände. In: P. Feyerabend, C. Zhomas (Hrsg.): Grenzprobleme der Wissenschaften. 215-226. Zürich: Verlag der Fachvereine 1984

[Wagner 1991] T. WAGNER: Der Narren und Weisen Stelldichein. In: Frankfurter Allgemeine Zeitung 12. 4. 91, S.35 1991

[Waismann 1976] F. WAISMANN: Logik, Sprache, Philosophie. Stuttgart: Philipp Reclam 1976 (Erstdruck 1939)

[Wartenberg 1971] G. WARTENBERG: Logischer Sozialismus. Die Transformation der Kantschen Transzendentalphilosophie durch Ch. S. Peirce. Frankfurt am Main: Suhrkamp 1971

[Watzlawick et al. 1971] P. WATZLAWICK, J.H. BEAVIN, D.D. JACKSON: Menschliche Kommunikation. Bern: Huber 1971

[Weber 1984] M. WEBER: Die protestantische Ethik. Tübingen: Mohr 1984

[Wedekind 1987] H. WEDEKIND: Gibt es eine Ethik der Informatik? Zur Verantwortung des Informatikers. Informatik Spektrum 10:6, 324-328 (1987)

[Wedekind 1989] H. WEDEKIND: Was ist und wozu studiert man Informatik? Zur Wissenschaftstheorie eines jungen Faches. ZfB 59:10, 1046-1057 (1989)

[Wedekind 1990] H. WEDEKIND: Objektorientierung und Vererbung. Informationstechnik it 32 (1990)

[Weizenbaum 1972] J. WEIZENBAUM: On the Impact of Computers in Society. Science 176, 690 ff. (1972)

[Weizenbaum 1978] J. WEIZENBAUM: Die Macht der Computer und die Ohnmacht der Vernunft. Frankfurt am Main: Suhrkamp 1978

[Weizenbaum 1991] J. WEIZENBAUM: Der Computer hilft uns, die Probleme schärfer zu sehen. Computerwoche 22.3.91. S. 7 und 10 (1991)

[Weizsäcker 1971] C. F. v. WEIZSÄCKER: Die Einheit der Natur. München: Hanser 1971

[Weizsäcker 1972] E. v. WEIZSÄCKER: Unterschiede zwischen genetischer und Shannon'scher Information, I. Kühlungsborner Kolloquium Philosophische und ethische Probleme der modernen Genetik. Berlin 1972

[Wendt 1989] S. WENDT: Nichtphysikalische Grundlagen der Informationstechnik. Berlin – Heidelberg – New York – Tokio: Springer 1989

[Wenzlaff 1990] R. WENZLAFF: Das Niveaustufenkonzept der Information – Ausgangspunkt für eine Bestimmung des Wesens der Information und seine Anwendung in Computerunterstützten Wissenssystemen. Dissertation A der Humboldt-Universität, Berlin 1990

[Wersig 1990a] G. WERSIG: Lokalisation und Gliederung der Informationswissenschaft. In [Buder et al. 1990] S.1108-1122

[Wersig 1990b] G. WERSIG: Tendenzen der Informationswissenschaft. In [Buder et al. 1990] S.1184-1194

[Wertsch 1981] J. V. WERTSCH (Hrsg.): The Concept of Activity in Soviet Psychology. Armonk: Sharpe 1981

[Wertsch 1985] J. V. WERTSCH: Vygotsky and the Social Formation of Mind. Cambridge, Mass.: Harvard University Press 1985

[Westerlund & Sjöstrand 1981] G. WESTERLUND, S.- E. SJÖSTRAND: Organisationsmythen. Stuttgart: Klett-Cotta 1981

[Whitby 1988] B. WHITBY: Artificial Intelligence – A Handbook of Professionalism. Chichester, U. K.: Ellis Horwood 1988

[Wiedemann 1986] H. WIEDEMANN: Mitarbeiter richtig führen. Ludwigshafen: Fr. Kiehl 1986

[Wiegerling 1989] K. WIEGERLING: Neue Technologie und die anthropologische Wende. Die Erzählbarkeit der Welt. 105-137, Lebach: Hempel 1989

[Wiener 1963] N. WIENER: Kybernetik. Düsseldorf – Wien: Econ 1963

[Willick 1983] M. S. WILLICK: Artificial Intelligence – Some Legal Approaches and Implications. AI-Magazine 4, 5ff. (1983)

[Winch 1965] P. WINCH: Die Idee der Sozialwissenschaft und ihr Verhältnis zur Philosophie. Frankfurt am Main: Suhrkamp 1965

[Wingert & Riehm 1985] B. WINGERT, U. RIEHM: Computer als Werkzeug. In: W. Rammert, G. Bechmann, H. Nowotny (Hrsg.): Technik und Gesellschaft Jahrbuch 3. 107-131. Frankfurt am Main – New York: Campus 1985

[Winograd 1989] T. WINOGRAD: Antwort auf E. W. Dijkstras »On the Cruelty of Really Teaching Computing Science«. Comm. of the ACM 32:12, 1412-13 (1989)

[Winograd & Flores 1986] T. WINOGRAD, F. FLORES: Understanding Computers and Cognition – A New Foundation for Design. Norwood, N.J.: Ablex Publ. 1986 (Deutsch: »Erkenntnis Maschinen Verstehen«, mit einem Nachwort von W.Coy. Berlin: Rotbuch 1989)

[Wirth 1976] N. WIRTH: Algorithms + Data Structures = Programs. Englewood Cliffs, N. J.: Prentice Hall 1976

[Witt 1989] J. WITT: Dogma und Skepsis. Gedanken zur Angemessenheit der aktuellen Technik-Kritik im Bereich der Informatik. Informatik-Spektrum 12:5, 274-280 (1989)

[Wittgenstein 1921] L. WITTGENSTEIN: Tractatus logico-philosophicus. Annalen der Naturphilosophie 14, Heft 3-4 (1921). In: Schriften 1, Frankfurt am Main: Suhrkamp 1980

[Wittgenstein 1939] L. WITTGENSTEIN: Vorlesungen über die Grundlagen der Mathematik. (Nach den Aufzeichnungen von R. G. Bosanquet et al.) (1939). In: Schriften 7, Frankfurt am Main: Suhrkamp 1980

[Wittgenstein 1953] L. WITTGENSTEIN: Philosophische Untersuchungen. Oxford: Blackwell 1953. In: Schriften 1, Frankfurt am Main: Suhrkamp 1980

[Wolfram 1987] S. WOLFRAM: Cellular Automaton Supercomputing. Center for Complex Systems Research, University of Illinois at Urbana-Champaign 1987 (Preprint)

[Wygotski 1978] L. S. WYGOTSKI (engl. transkribiert Vygotsky): Mind in Society. The Development of Higher Psychological Processes. Cambridge, Mass.: Harvard University Press 1978

[Wygotski 1985] L. S. WYGOTSKI: Ausgewählte Schriften, Bd. 1 u. 2. Köln: Pahl-Rugenstein 1985. (Russisches Original: Moskau 1982)

[Wygotski 1986] L. S. WYGOTSKI: Denken und Sprechen. Frankfurt am Main: Fischer 1986 (Russisches Original: Moskau 1934)

[Young 1989] J. Z. YOUNG: Philosophie und Gehirn. Basel: Birkhäuser 1989

[Zemanek 1978] H. ZEMANEK: Entwurf und Verantwortung. IBM Nachrichten 241, 173-182 (1978)

[Zemanek 1989] H. ZEMANEK: Formal Structures in an Informal World. In: G. X. Ritter (Hrsg.): Information Processing '89. 1101-1105. Amsterdam: North Holland 1989

[Zimmerli 1987] W. CH. ZIMMERLI: Wandelt sich die Verantwortung mit dem technischen Wandel? In [Lenk & Ropohl 1987] S.92-111

[Zimmerli 1989] W. CH. ZIMMERLI: Logik ist technisch, Technik logisch. Wissenschaft und Technik unterliegen einer zunehmenden Hybridisierung. DUZ 24/1989, 22-24 (1989)

[Zimmermann 1990] H. H. ZIMMERMANN: Informationswissenschaft an der Universität des Saarlandes (»Saarbrücker Modell«). In [Buder et al. 1990] S.1100-1107

[Zuboff 1988] S. ZUBOFF: In the Age of the Smart Machine. The Future of Work and Power. Oxford: Heinemann 1988

[Zuse 1969] K. ZUSE: Rechnender Raum. Braunschweig–Wiesbaden: Vieweg 1969

[Zuse 1970] K. ZUSE: Der Computer, mein Lebenswerk. München: Verlag Moderne Industrie 1970

Zu den Autoren

Einige Arbeitskreismitglieder

von links nach rechts (stehend):
Frieder Nake, Jürgen Seetzen, Wolfgang Coy, Reinhard Stransfeld, Margit Falck, Dirk Siefkes,
(sitzend): Britta Schinzel, Jörg-Martin Pflüger

Bernhelm Booß-Bavnbek

Geboren 1941. Studium der Mathematik, Physik und Wirtschaftswissenschaften an der Universität Bonn. Diplommathematiker 1966. Bis 1968 mathematische Verkehrsplanung. Promotion über elliptische Topologie 1971 in Bonn. Leiter des Mathematisierungszentrums Bielefeld 1971-77. Seit 1979 a.o. Professor für mathematische Modellierung an der Universität Roskilde in Dänemark. Gastprofessuren in Santiago de Chile (1971), Darmstadt (1979) und Greifswald (1985). Buchveröffentlichungen: »Mathematisierung der Einzelwissenschaften« (mit Klaus Krickeberg) 1976; »Topologie und Analysis. Einführung in die Atiyah-Singer-Index-Formel« 1977 (erweiterte engl. Ausgabe 1985 mit David Bleecker); »Von Mathematik und Krieg« (mit Jens Høyrup) 1984; »Elliptic Boundary Problems for Dirac Type Operators« (mit Krszysztof Wojciechowski) 1992.

Rafael Capurro

Studium der Philosophie, Literaturwissenschaft und Kunstgeschichte in Chile und Argentinien. Promotion in Philosophie an der Universität Düsseldorf und Habilitation für Praktische Philosophie an der Universität Stuttgart. Ausbildung und mehrjährige Praxis im Bereich Information und Dokumentation. Seit 1986 Lehrstuhl für Informationswissenschaft an der FH für Bibliothekswesen Stuttgart und seit 1987 Lehrbeauftragter am Philosophischen Institut der Universität Stuttgart. Forschungsschwerpunkte: Ethik, Philosophie der Technik, Hermeneutik, Grundlagen der Informationswissenschaft.

Wolfgang Coy

Geboren 1947. Studium der Elektrotechnik, Mathematik und Philosophie an der TH Darmstadt. Diplomingenieur der Mathematik 1972. Promotion über die Komplexität von Hardwaretests 1975. Wissenschaftliche Tätigkeiten an der TH Darmstadt, den Universitäten Dortmund, Kaiserslautern und Paris VI. Seit 1979 Professur für Informatik an der Universität Bremen. Sprecher des Fachbereichs »Informatik und Gesellschaft« der Gesellschaft für Informatik; Sprecher des Arbeitskreises »Theorie der Informatik«. Buchveröffentlichungen: »Industrieroboter – Zur Archäologie der Zweiten Schöpfung« (Berlin: Rotbuch 1985), »Aufbau und Arbeitsweise von Rechenanlagen«, (Braunschweig/Wiesbaden: Vieweg, 2.Aufl. 1991) und zusammen mit Lena Bonsiepen »Erfahrung und Berechnung – Zur Kritik der Expertensystemtechnik« (Berlin et al.: Springer, 1989). Herausgeber der Buchreihe »Theorie der Informatik« bei Vieweg.

Margrit Falck

Geboren 1942. Hochschuldozentin für Informatik an der Humboldt-Universität zu Berlin. Studium der Physik in Berlin (DDR), seit 1968 auf dem Gebiet der Informatik tätig. Beteiligt am Aufbau eines Rechenzentrums und an der Erschließung von Anwendungsgebieten der DV in der molekularbiologischen Forschung sowie im Krankenhaus. Promotion und Habilitation in der Angewandten Informatik, Lehrgebiet »Softwaretechnologie und Programmiersprachen«. Forscht zu Methoden der Anforderungsanalyse und des Entwurfs sozialverträglicher rechnergestützter Arbeitssysteme. Seit 1986 auch Arbeiten zu »Computer und Frauen«. Mitglied des Präsidiums der Gesellschaft für Informatik.

Klaus Fuchs-Kittowski

Seit 1972 Professor für Informationsverarbeitung an der Humboldt-Universität zu Berlin. Nach einer Lehre als Landmaschinenschlosser Studium der Philosophie mit Spezialausbildung in Biologie, mathematischen Grundlagen der Regelungstechnik und Informatk, EDV-Organisation und Betriebswirtschaft. 1964 wissenschaftlicher Mitarbeiter im Rechenzentrum der Humboldt-Universität, 1968 Dozent für Kybernetik. Arbeitsgebiet »Informatik und Gesellschaft« unter besonderer Berücksichtigung der gesellschaftlichen, wirtschaftlichen und sozialen Wirkungen und der wissenschaftstheoretischen Grundlagen nutzerorientierter Systementwicklung, Arbeits- und Organisationsgestaltung in betrieblicher Organisation, wissenschaftlichen Einrichtungen, Krankenhaus und Gesundheitswesen. Vorsitzender der Arbeitsgruppe 1 des TC 9 »Computer und Arbeit« der IFIP. Buchveröffentlichungen: »Probleme des Determinismus und der Kybernetik in der molekularen Biologie – Tatsachen und Hypothesen über das Verhältnis des technischen Automaten zum lebenden Organismus« (2. erweiterte Aufl., Jena: Gustav Fischer Verlag 1976) und »Informatik und Automatisierung« (Berlin: Akademie-Verlag 1976).

Sybille Krämer

Studium der Philosophie, Geschichte, Soziologie und Politikwissenschaften. 1981 Promotion mit einer Arbeit über den Technikbegriff. 1982-88 Hochschulassistentin am Institut für Philosophie in Marburg. 1989 Habilitation mit einer Arbeit über den Rationalismus. Seit 1990 Professorin für theoretische Philosophie an der FU Berlin. Monographien über Technik, Natur und Gesellschaft (Campus 1982), Symbolische Maschinen (Wissenschaftliche Buchgesellschaft 1988), Berechenbare Vernunft (de Gruyter 1991). Aufsätze über Informationstheorie, die Philosophie im 17. Jahrhundert, Künstliche Intelligenz und Kognitionswissenschaft.

Alfred Lothar Luft

Geboren 1944. Studium der Elektrotechnik, Informatik und Philosophie in Erlangen. Ing. (grad.), Dipl.-Ingenieur, Dr.-Ing., Akad. ORat. Dissertation »Zur ingenieurswissenschaftlichen Theorie von Rechensystemen«. Arbeiten zu begrifflichen und methodologischen Grundlagen der Softwaretechnik, insbesondere von Datenbank- und KI-Systemen. Buchveröffentlichung: »Informatik als Technik-Wissenschaft. Eine Orientierungshilfe für das Informatik-Studium« Mannheim: B. I. Wissenschaftsverlag 1988.

Bernd Lutterbeck

Geboren 1944. Dr. jur., seit 1984 Hochschullehrer für Informatik und Gesellschaft, insbesondere Datenschutz und Verwaltungsinformatik, am Fachbereich Informatik der TU Berlin. Wissenschaftliche Tätigkeiten an den Universtitäten Regensburg (Rechtswissenschaften) und Hamburg (Informatik) von 1970 bis 1978; praktische Tätigkeit beim Bundesbeauftragten für den Datenschutz in Bonn von 1978 bis 1984 mit den Aufgaben Kontrolle sozialer Sicherungssysteme, Personaldatenverarbeitung von Behörden und Technologiepolitik. Zahlreiche Veröffentlichungen auf den Gebieten des Datenschutzes, der Theorie der Informatik und der Medizininformatik. Derzeitiger Forschungsschwerpunkt: Leiter eines Diskurses zur rechtlichen Beherrschbarkeit der Informationstechnik.

Bernd Mahr

Studium der Philosophie, Literatur, Mathematik, Physik und Informatik. Forschungsarbeiten in Kategorientheorie, Komplexitätstheorie, Spezifikationstheorie, sowie Algebra, Logik und Programmiersprachen in der Informatik. Projekte zur Kommunikationstechnik in der Medizin, zur Wissensverarbeitung und zur maschinellen Übersetzung natürlicher Sprache. Verschiedene kunsthistorische und essayistische Arbeiten. Leiter des Fachgebiets für Funktionales und Logisches Programmieren am Fachbereich Informatik der TU Berlin. Vorsitzender der Kommission für Lehre und Studium an der TU Berlin.

Frieder Nake

Geboren 1938. Studium der Mathematik an der TH (später Universität) Stuttgart. Diplom 1964. Promotion über ein Thema aus der Wahrscheinlichkeitstheorie 1967. Postdoctoral Fellow des National Research Council of Canada an der University of Toronto 1968-69. Assistant Professor in Computer Science an der University of British Columbia in Vancouver von 1970 bis 72. Seitdem Professor an der Universität Bremen in Elektrotechnik/Kybernetik, seit 1983 in Informatik. Spezialgebiet grafische Datenverarbeitung und interaktive Systeme. Beschäftigung mit Computergrafik seit 1963. Nationale und internationale Ausstellungen von Computergrafiken seit

1965. Interessenschwerpunkte: gebrauchswertorientierte Gestaltung informationstechnischer Systeme, Maschinisierung von Kopfarbeit, Dokumentbearbeitung.

Glen Pate

Geboren 1939 in Louisiana (USA). Studierte Mathematik, Linguistik und Pädagogik in Cambridge (USA), Chicago und Bonn. Unterrichtete Mathematik und Informatik (letztere seit 1969) in Chicago, Istanbul und Gelsenkirchen. Seit 1973 Beschäftigung im In- und Ausland mit technischen und betriebswirtschaftlichen Anwendungen der Informatik bei Hersteller- und Anwenderkonzernen, sowohl unter Manager- wie unter Personalvertretungsperspektive. Dozent für Betriebsinformatik. Mitarbeit im Arbeitskreis »Theorie der informatik« mit dem Schwerpunkt skandinavische Beiträge zur arbeitsorientierten Informatik und zur pragmatischen Fundierung der Informatik. Absolviert zur Zeit in Hamburg in Umsetzung der so gewonnenen Einsichten eine Umschulung zum Altenpfleger.

Jörg-Martin Pflüger

Geboren 1948, Studium der Elektrotechnik, Mathematik und Philosophie. Promotion und Habilitation in Theoretischer Informatik an der TH Darmstadt. Zur Zeit beschäftigt als Oberingenieur im Fachgebiet Informatik der Universität Bremen. Weiterer Arbeitsschwerpunkt: kulturanthropologische und sozialpsychologische Fragen der Computerisierung (Buchveröffentlichung zusammen mit R. Schurz: Der maschinelle Charakter, Sozialpsychologische Aspekte des Umgangs mit Computern, Opladen: Westdeutscher Verlag, 1987).

Arne Raeithel

Dr.phil.habil., Hochschulassistent im Arbeitsbereich »Theoretische und Experimentelle Psychologie« am Fachbereich Psychologie der Universität Hamburg. Erster Kontakt mit einem Elektronenrechner an einer Zuse-Maschine der Universität München 1966. Heute eigene Programmentwicklung auf Arbeitsplatzrechnern mit grafischer Oberfläche, vor allem zur explorativen Analyse von Daten, die Rückschlüsse auf die Denkweise der Auskunftsperson zulassen. Mitarbeit im Hamburger Graduiertenkolleg »Kognitionswissenschaft« mit der Perspektive ihrer Anwendung in der Arbeitsforschung.

Arno Rolf

Hochschullehrer für Anwendungen und Wirkungen der Informatik am Fachbereich Informatik der Universität Hamburg, Projektbereich »Angewandte und Sozialorientierte Informatik«. Forschungs- und Lehrschwerpunkte: Wirkungen und Gestaltung von Büro- und Telekommunikationssystemen, Angewandte Informatik im Umweltschutz, Theorie der Informatik und Technikforschung. Buchveröffentlichung: Mikropolis – Mit Computernetzen in die »Informationsgesellschaft« (zus. mit Herbert Kubicek), Hamburg: VSA, 2.Aufl. 1986.

Peter Schefe

Studium der Germanistik, Geschichte, Philosophie, Pädagogik, Promotion in Linguistik (1974). Seit 1970 am Fachbereich Informatik der Universität Hamburg (1982: Professor). Forschungsarbeiten zur Künstlichen Intelligenz, insbesondere natürlichsprachliche Systeme, Expertensysteme, Wissensrekonstruktion, philosophische Grundlagen, Technikfolgenabschätzung. Buchveröffentlichungen: »Künstliche Intelligenz – Überblick und Grundlagen« (2. Aufl.1991), »Informatik – eine konstruktive Einführung« (1985), beide Bibliographisches Institut.

Britta Schinzel

Ich bin noch während des Krieges in Wien geboren, studierte Mathematik, Physik, sowie Philosphie und Musik in Wien und Innsbruck und promovierte in Algebraischer Geometrie. Danach ging ich nach Deutschland, zunächst in die Industrie (Compilerbau), wechselte jedoch nach vier Jahren wieder an die Universität: Im Institut für Automatentheorie und Formale Sprachen der TH Darmstadt habilitierte ich 1978 mit einer Arbeit über Grundlagen der Berechenbarkeit. 1981 nahm ich einen Ruf der RWTH Aachen an, wo ich seit 1984 das Lehrgebiet Theoretische Informatik geleitet habe. Fachlich habe ich auch dort die Bewegung von Reiner Mathematik über Komplexitätstheorie zur Künstlichen Intelligenz und zu Fragen der gesellschaftlichen Probleme der Informatik fortgesetzt. Dies führte schließlich 1991 zu einem Ruf der Universität Freiburg an das Institut für Informatik und Gesellschaft, wo ich heute tätig bin.

Jürgen Seetzen

Geboren 1929. Ingenieurwissenschaftliches Studium in Hannover. Promotion zum Dr.-Ing., dann Ingenieurstätigkeiten auf dem Gebiet des Reaktorbaus und der Hochenergiephysik in Karlsruhe und Hamburg. Planungs- und Beratungstätigkeit bei atomtechnischen Großprojekten und bei internationalen Organisationen in Karlsruhe, Brüssel und Paris. 1971-74 Leiter des Internationalen Instituts für Management der Technik in Mailand. 1975-79 Arbeiten zur Methodenentwicklung der Systemanalyse und Technikfolgenabschätzung bei der Arbeitsgemeinschaft der Großforschungseinrichtungen für Angewandte Systemanalyse in Köln. 1979-87 Leiter der Abteilung wirtschafts- und sozialwissenschaftliche Begleitforschung des Heinrich-Hertz-Instituts in Berlin. Seitdem Programmleiter Anwendungs- und Wirkungsforschung am VDI/VDE-Technologiezentrum Informationstechnik, Berlin.

Dirk Siefkes

Geboren 1938. Kam vom Studium der Theologie, dann der Mathematik über die Mathematische Logik (Promotion 1969 in Heidelberg) in die Theoretische Informatik. Seit 1973 Professor am Fachbereich Informatik der TU Berlin. Arbeitet mit seiner Gruppe an Theorien der Logik, der Ersetzungssysteme und der rechnerischen Komplexität sowie an philosophischen, historischen und didaktischen Fragen der Informatik. Geht dabei theoretisch und praktisch der Frage nach, wie man menschenwürdig Wissenschaft betreiben könne. Ist immer unter dem Kennwort »Kleine Systeme« ansprechbar, das seine Perspektive bezeichnet. Neuere Buchveröffentlichungen: »Logik«, 1990 und »Kleine Systeme«, 1992 (beide Braunschweig/Wiesbaden: Vieweg).

Reinhard Stransfeld

Geboren 1942. Studium der Betriebswirtschaft, anschließend der Soziologie mit dem Schwerpunkt Sozialisation. Promotion über lernpsychologische und medienpädagogische Probleme. Forschungsarbeiten zu Nutzungspotentialen und Auswirkungen neuer Kommunikationstechnologien im Heinrich-Hertz-Institut für Nachrichtentechnik. Seit 1987 im VDI/VDE-Technologiezentrum Informationstechnik Berlin mit Aufgaben zur Technikfolgenabschätzung der Informationstechnik für den BMFT tätig. Leitung der Abteilung Technikfolgenabschätzung. Arbeiten zur Vorausschau der Anwendungen von Informationstechnik 1988 und 1992 und zur politischen Techniksteuerung in 1992.

Walter Volpert

Geboren 1942. Studium der Psychologie, Soziologie und Pädagogik. Promotion 1969. Seit 1972 Professor für »Psychologie unter besonderer Berücksichtigung der Arbeits- und Berufspsychologie« an der PH Berlin. Seit 1975 Professor für »Arbeitspsychologie und Arbeitspädagogik« an der TU Berlin. Geschäftsführender Direktor des Instituts für Humanwissenschaft in Arbeit und Ausbildung der TU Berlin. Seit längerem beteiligt an Informations- und Diskussionsprojekten mit InformatikerInnen. Mitglied des Fachausschusses »Ergonomie in der Informatik« der GI. Veröffentlichungen zu Grundlagenproblemen der Arbeitspsychologie, zur psychologischen Arbeitsanalyse und -gestaltung sowie zur Technikfolgen-Abschätzung (u.a. »Zauberlehrlinge. Die gefährliche Liebe zum Computer«, 3. Aufl. 1988). Derzeit Arbeitsschwerpunkte in der Expertise-Forschung, in Kriterien und Methoden der Gestaltung menschengerechter Arbeit sowie in Überlegungen zur Rolle der InformatikerInnen im Prozeß der Arbeitsgestaltung.

Heinz Züllighoven

Geboren 1949. Staatsexamen in Mathematik und Germanistik an der Universität Bonn. Promotion am Fachbereich Informatik der TU Berlin. Seit 1973 an der GMD Birlinghoven im Institut für Systemtechnik. Arbeitsgebiete: Prototyping, Programmierumgebungen, Programmiermethodik, Entwurfsmethoden für Software-Systeme. Mehrjährige Lehrtätigkeit an der TU Berlin und der TH Hannover. Seit 1991 Vertretungsprofessur an der Universität Hamburg im Arbeitsbereich Softwaretechnik und Systementwicklung.

Berechenbarkeit, Komplexität, Logik

Eine Einführung in Algorithmen, Sprachen und Kalküle unter besonderer Berücksichtigung ihrer Komplexität

von Egon Börger

3., verbesserte und erweiterte Auflage 1992. XX, 499 Seiten.
Kartoniert.
ISBN 3-528-28928-7

Dieser Klassiker der Informatik liegt nun bereits in der dritten Auflage vor. Verbessert und erweitert stellt er u. a. einen neuen, erfolgversprechenden Ansatz zur mathematisch präzisen Spezifikation großer Programmiersysteme vor.

Der Text gibt eine einheitliche, lehrbuchartige Darstellung der sprachlichen und kombinatorischen Grundbegriffe und Methoden, die der Algorithmentheorie, der Automatentheorie, der Theorie formaler Sprachen und der Logik gemeinsam sind. Diese Darstellung orientiert sich durchgehend an komplexitätstheoretischen Aspekten, die im Hinblick auf Programmiersprachenanwendungen von Bedeutung sind. Konzipiert ist der Text als Kombination aus einem einführenden Lehrbuch für Studenten der Informatik bzw. der mathematischen Logik und einer Monographie.

Verlag Vieweg · Postfach 58 29 · D-6200 Wiesbaden

vieweg